APPLICATIONS

D'ANALYSE ET DE GÉOMÉTRIE.

PARIS. — IMPRIMERIE DE GAUTHIER-VILLARS,
RUE DE SEINE-SAINT-GERMAIN, 10, PRÈS L'INSTITUT.

APPLICATIONS

D'ANALYSE ET DE GÉOMÉTRIE,

QUI ONT SERVI DE PRINCIPAL FONDEMENT AU

TRAITÉ

DES

PROPRIÉTÉS PROJECTIVES DES FIGURES,

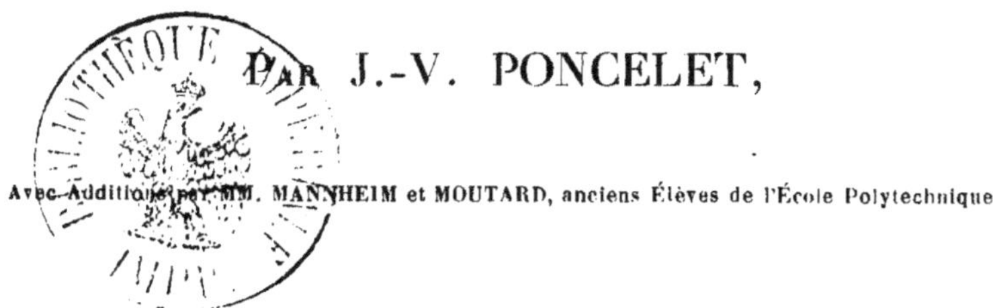

PAR J.-V. PONCELET,

Avec Additions par MM. MANNHEIM et MOUTARD, anciens Élèves de l'École Polytechnique

---

TOME DEUXIÈME ET DERNIER.

PARIS,

GAUTHIER-VILLARS, IMPRIMEUR-LIBRAIRE

DU BUREAU DES LONGITUDES, DE L'ÉCOLE IMPÉRIALE POLYTECHNIQUE,

SUCCESSEUR DE MALLET-BACHELIER,

Quai des Augustins, 55.

1864

PRÉFACE

DU IIe VOLUME DES APPLICATIONS.

Lorsqu'en juin 1814, à la notification de la paix générale, je dus inopinément quitter Saratoff, séjour pour moi de privations et d'exil, ce fut avec une joie bien vive que je pensai au bonheur de revoir ma patrie, ma ville natale, mes parents, mes amis. Et cependant, en jetant un dernier regard sur cette contrée qu'arrose le plus grand des fleuves de l'Europe, sur ce Volga que sillonnent à pleines voiles de gros navires chargés des riches tributs de la mer Caspienne, de la Géorgie et de la Perse, après que le soleil d'avril l'a débarrassé de ses immenses et épais glaçons qui, chaque année, viennent soulever, briser ces mêmes navires mal abrités le long d'un quai créé par la nature, et saper avec une puissance irrésistible le pied des rives et des côtes voisines entièrement dénudées; quand je dus abandonner cette ville renaissante, à longues files de maisons isolées, en bois, etc., les steppes incultes, mais non pas stériles, qui l'entourent, je ne pus me défendre d'une émotion profonde et d'un vif sentiment d'appréhension, en me demandant si, au milieu de la vie active qui m'attendait, je pourrais poursuivre, comme dans le silence et la solitude de l'exil, les études qui en avaient adouci l'amertume et m'étaient par là devenues si chères.

Rentré en France en septembre 1814, après une route,

des fatigues et des lenteurs dont nos rapides trajets en chemin de fer ne peuvent donner une idée et qu'avait rendue plus longue, plus pénible encore l'impatience de revoir ma patrie et d'y réaliser les projets de publication des travaux géométriques qui m'avaient préoccupé dans les derniers instants de mon séjour à Saratoff; réintégré presque immédiatement sur les cadres de l'armée active; attaché à la place de Metz, mais obligé bientôt de prendre une part plus ou moins directe à une série d'événements politiques, en dehors d'autres devoirs imposés par mon service d'ingénieur militaire, qu'il serait inutile de rappeler ici, bien que certains d'entre eux se rattachent d'une manière intime à des questions scientifiques (*); par ce concours de circonstances, il me fut absolument impossible de songer à mes études favorites, et ce ne fut qu'après la fatale catastrophe de 1815, et la conclusion d'un second traité de paix que je me garderai bien de caractériser par aucune épithète, que je pus enfin mettre à profit quelques loisirs forcés, à certains égards peu différents de ceux des prisons de Russie, et qu'avaient procurés à l'armée, à la France l'épuisement de ses finances et l'occupation de son territoire par les armées étrangères.

Ce fut surtout pendant les hivers de chaque exercice (1815 à 1820), et l'interruption complète de travaux d'entretien et de réparation, d'ailleurs fort languissants,

___

(*) Je mentionnerai pourtant, au nombre des missions ou devoirs que j'eus à remplir, celle de rédiger, dans l'hiver de 1815, les projets d'usines de l'arsenal du génie de Metz : bâtiments et four d'embattage des roues, martinets, scieries, etc., parce que ce travail et les études qui s'ensuivirent devinrent depuis le point de départ et l'occasion, en quelque sorte obligée, de recherches plus ou moins heureuses sur la Mécanique, recherches auxquelles je me suis livré avant et après la publication du *Traité des Propriétés projectives des figures* en 1822.

que je pus enfin reprendre le cours de mes idées géométriques et prendre connaissance des livres et des journaux scientifiques dont j'avais été entièrement privé depuis ma sortie de l'École Polytechnique.

La démonstration purement géométrique des propositions et des théories diverses que j'avais précédemment établies en m'appuyant sur le calcul; l'*analyse des transversales*, en prenant pour principal point de départ les ouvrages de Carnot et de Maclaurin; l'étude approfondie du *principe de continuité* et de la *loi des signes de position* qui s'y appuie; la *théorie des polygones fixes ou mobiles, des polaires réciproques, etc.*; un grand nombre d'autres résultats ou conséquences, d'articles de *correspondance*, de *philosophie mathématique*, de *polémique* ou de *critique* relatifs à la *Géométrie de l'infini* et aux *imaginaires*, tous d'une date antérieure à la publication du *Traité des Propriétés projectives*, mais résumés et accompagnés de Notes, de réflexions et d'explications nouvelles; tel est le contenu de ce second volume des *Applications d'Analyse et de Géométrie*.

J'ose espérer que la variété, l'importance et la nouveauté des aperçus qui s'y trouvent, en excitant l'intérêt des lecteurs instruits, répondront au bienveillant accueil qui a été fait au premier volume, et que les efforts persévérants par lesquels, depuis tant d'années, j'ai essayé d'éclairer la métaphysique de la Géométrie et d'en bannir les obscurités et les doutes, auront servi à répandre un jour plus grand sur des matières qui, dans ces derniers temps, ont excité la vive curiosité des Professeurs et de tous ceux qui, dans des sens divers, cherchent à ouvrir de nouvelles routes à l'esprit humain.

APPLICATIONS

D'ANALYSE ET DE GÉOMÉTRIE.

PREMIER CAHIER.

APPLICATION DES PRINCIPES DE PROJECTION ET DU PRINCIPE DE CONTINUITÉ A LA RECHERCHE ET A LA DÉMONSTRATION DES PROPRIÉTÉS DES FIGURES POLYGONALES MOBILES SOUS DIVERSES CONDITIONS (*).

INSCRIPTION ET CIRCONSCRIPTION DES POLYGONES PLANS MOBILES, A D'AUTRES POLYGONES FIXES.

Proposition I. — Théorème.

Si un polygone d'un nombre quelconque de côtés se déforme de manière que tous ses sommets parcourent autant de droites ou directrices fixes, considérées elles-mêmes comme constituant, par leurs rencontres mutuelles, un autre polygone

---

(*) Les Principes dont il s'agit sont ceux du *Traité des Propriétés projectives,* partiellement indiqués ou démontrés dans le premier volume de ces *Applications,* p. 116 à 127, 200 à 206, 287, 374, etc., mais qu'on trouvera développés d'une manière plus spéciale dans les Cahiers IV et V de celui-ci.

La plupart des Propositions ci-après ont été établies dans le premier volume, par des procédés mixtes plutôt analytiques que synthétiques; il s'agit ici d'un premier essai d'exposition et de démonstration purement géométriques, destiné à faire suite au VIe Cahier du même ouvrage édité en 1862, je veux dire à la deuxième partie du Mémoire que je me

invariable à côtés indéfiniment prolongés ; si, de plus, chacun des côtés du premier, un seul excepté, pivote sur un pôle ou point fixe de sa direction, le dernier côté du polygone variable, celui qui est libre, roulera dans toutes ses positions sur une seule et même section conique.

D'abord on démontre d'une manière très-simple, à l'aide de nos Principes de projection, que la proposition a lieu pour le cas d'un triangle et de deux pôles seulement.

En effet, soit ABC (*fig.* 1) le triangle fixe, *abc* le triangle mobile, *p* et *p'* les pôles autour desquels les côtés *ac* et *cb* sont assujettis à tourner ; *ab* sera le dernier côté libre qui décrira la courbe inconnue par ses intersections successives. En suivant le mouvement de ce côté libre, on s'apercevra sans peine qu'il se confond dans cinq de ses positions avec les di-

---

proposais, en 1814, d'adresser à l'Académie des Sciences de Saint-Pétersbourg. Ce fut là, en effet, l'une de mes vives préoccupations après ma rentrée en France à la fin de cette année. Dans ces primitives intentions, l'exposé des théorèmes sur les polygones en général aurait dû être précédé d'un complément indispensable concernant les figures polygonales les plus simples, extrait de la matière du IIIe Cahier ; mais les démonstrations synthétiques des propriétés de ces dernières figures, en quelque sorte élémentaires, étant aussi faciles que déjà bien connues, j'en ai ajourné la rédaction, quoiqu'elles formassent un préambule indispensable à celle du présent Cahier, que je destinais à entrer dans la composition d'un ouvrage très-distinct du Mémoire que j'avais en vue vers la fin de mon séjour à Saratoff. Ces considérations expliquent et justifient d'ailleurs les renvois assez fréquents que j'ai faits ici aux théories du précédent volume des *Applications*.

Enfin, je crois devoir faire remarquer que, dès l'hiver de 1814 à 1815 où je préparais les matériaux de ce Ier Cahier, j'avais pu prendre connaissance des tomes I à IV (1810 à 1815) des anciennes *Annales de Mathématiques*, publiées alors à Nîmes, où MM. Gergonne, Servois, Bérard, Lhuilier de Genève, etc., se sont exercés avec succès sur quelques-unes des questions relatives aux polygones, qui m'avaient déjà occupé dans les prisons de Russie ; de sorte que je pouvais mettre à profit certains de leurs travaux, auxquels d'ailleurs je me suis efforcé de rendre justice en 1822 dans la Sect. IV, Chap. III du *Traité des Propriétés projectives des figures*.

Nota. — Dans ce volume comme dans le précédent, les renvois au bas des pages, à moins d'un avertissement contraire, datent de l'impression même de 1863.

rections indéfinies de AC, CB, Bp', $p'p$ et pA, formant, comme le montre la figure, un pentagone circonscrit à la courbe. Supposez maintenant qu'on inscrive une conique dans ce même pentagone, je dis que le côté libre ab, qui forme

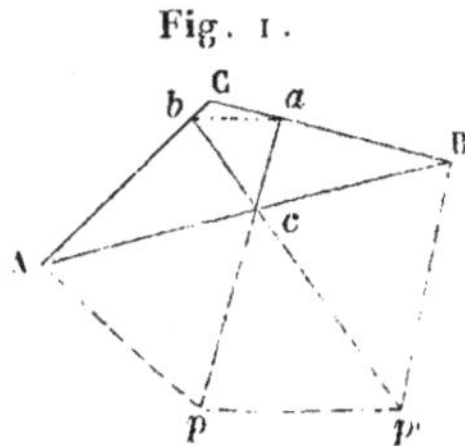

Fig. 1.

avec les cinq autres un hexagone baB$p'p$Ab, sera tangent à cette conique, et que par conséquent celle-ci n'est autre que la courbe sur laquelle roule la droite ab, puisqu'elle sera enveloppée par les mêmes droites ou tangentes.

La conique dont il s'agit peut être regardée (*fig.* 2) comme la projection d'un cercle qui aurait pour centre le point c considéré dans l'une de ses positions sur AB devenue diamétrale ainsi que acp et bcp'. Soit donc formé l'hexagone inscrit

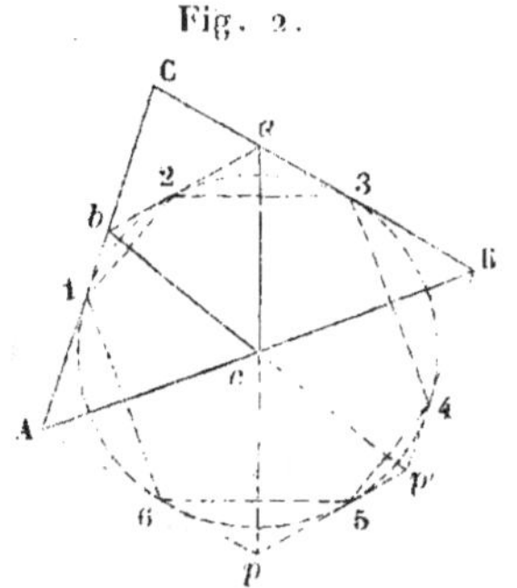

Fig. 2.

1.6.5.4.3.2.1 dont les cinq premiers sommets seront aux points de contact des côtés successifs AC, Ap, pp', p'B, BC, et dont le dernier sommet 2 est déterminé en abaissant perpendiculairement du point de contact 3 la droite $\overline{3.2}$ sur la diamétrale ap, et du point de contact 1 la droite $\overline{2.1}$ sur l'autre diamètrale bp'; car ces droites se rencontrent évidemment en un point du cercle (c) ou 1.6.5....

Cela posé, si l'on mène au cercle (c), en ce même point 2.

une tangente formant par sa rencontre avec les directions de AC et BC, un hexagone circonscrit A ba B $p'p$, cette tangente se confondra avec ab; car, en remarquant que l'hexagone inscrit 1.2.3.4.5.6 a les côtés opposés parallèles, il est facile de voir que les points où elle coupe les droites BC et CA sont situés respectivement sur les diamétrales ap et bp'. Donc la projection de ab dans la figure primitive, est aussi tangente à la conique inscrite dans le pentagone ACB $p'p$; conséquence, pour le dire en passant, qu'il eût été plus simple de conclure de la propriété de l'hexagone circonscrit aux coniques, découverte par Brianchon (t. Ier, p. 137).

Pour ramener la démonstration du cas général à celui qui vient d'être examiné, je considérerai comme exemple le quadrilatère quelconque ABCD (*fig.* 3), dans lequel est inscrit un

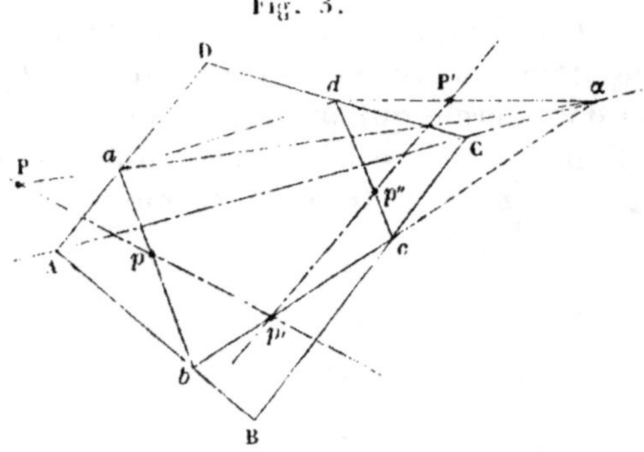

Fig. 3.

autre quadrilatère *abcd*, ayant ses sommets sur les côtés du premier. Je dis que, si l'on déform ce dernier quadrilatère de manière qu'il reste toujours inscrit dans le premier et que ses trois côtés ab, bc, cd tournent autour des pôles respectifs p, p' et p'', le côté libre ad roulera dans toutes ses positions sur une section conique.

Tracez les deux droites pp', $p'p''$ et la diagonale fixe AC que vous prolongerez jusqu'à sa rencontre en α avec le côté bc du quadrilatère mobile; joignez enfin α avec le premier sommet a et le dernier d par les droites αa, αd qui couperont respectivement les droites fixes pp' et $p'p''$ en P et P′: ces derniers points demeureront invariables pendant le mouvement du quadrilatère *abcd*.

Pour le prouver, remarquez que le triangle mobile $ab\,\alpha$ étant assujetti à avoir ses sommets respectivement sur trois droites fixes AD, AB et AC qui se croisent en un même point A, et ses deux côtés ab et $b\,\alpha$ étant assujettis à tourner autour des pôles fixes p et p', son côté $a\,\alpha$ resté libre, devra (t. I, p. 430) pivoter dans toutes ses positions autour d'un troisième pôle situé en ligne droite avec les deux premiers p, p', et qui se trouve par conséquent en P à l'intersection de $a\,\alpha$ et de pp'. En considérant l'autre triangle mobile $c\,\alpha\,d$, on prouvera de même que son côté libre αd passe toujours par le point fixe P' situé sur la droite $p'\,p''$.

Il résulte de là qu'on peut considérer le côté libre ad du quadrilatère $abcd$ comme le troisième côté d'un triangle $a\,\alpha\,d$, dont les deux autres passent toujours par les pôles fixes P, P', et qui reste inscrit dans le triangle invariable ACD; donc, d'après la proposition précédente, ce troisième côté ad roulera sur une section conique.

Nous venons de remplacer le quadrilatère par un triangle. La même construction servira évidemment à remplacer un polygone de n côtés par un autre de $n - 1$ côtés; celui-ci pourra à son tour être réduit à un polygone de $n - 2$ côtés avec $n - 3$ pôles : continuant ainsi, on parviendra à assigner deux pôles fixes autour desquels devront pivoter deux des côtés d'un dernier triangle dont le côté libre sera le même que celui du polygone mobile, et dont les trois sommets s'appuieront sur les deux derniers côtés du polygone fixe et sur la dernière de ses diagonales.

Soit par exemple (*fig.* 4), ABCDE le pentagone fixe, et *abcde* celui qui lui est inscrit, ae le dernier côté qui reste libre. Prolongez les côtés AE et CD jusqu'à leur rencontre en D', pour former le quadrilatère fixe ABCD' auquel sera inscrit le quadrilatère mobile *abcd*. En traçant les lignes marquées sur la figure d'après ce qui précède, on remplacera le pentagone fixe ABCDE par le quadrilatère ACDE et le pentagone mobile *abcde* par le quadrilatère $a\,\alpha\,dea$, dont les côtés $a\,\alpha$ et $d\,\alpha$ sont assujettis à pivoter autour des pôles fixes P et P'; car il est évident que la diagonale ad, qui lui est commune avec le pentagone mobile, aura les mêmes positions que dans le premier cas. Si maintenant l'on reprend ce quadrilatère et qu'on exécute encore une fois la même construction, on finira par le remplacer,

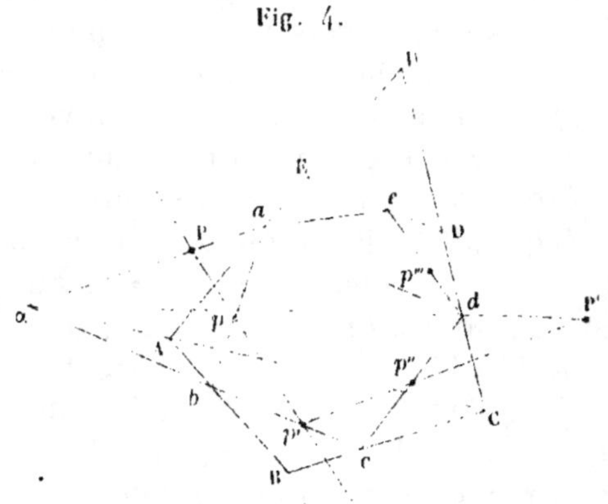

Fig. 4.

comme dans le cas précédent, par un triangle mobile dont *ea* sera le côté entièrement libre, etc.

Remarque I. — Quand les deux derniers pôles trouvés sont en ligne droite avec E, le côté mobile *ae*, au lieu de rouler sur une conique, passe évidemment dans toutes ses positions par un point fixe. En effet, soient AE et ED (*fig.* 5) les deux der-

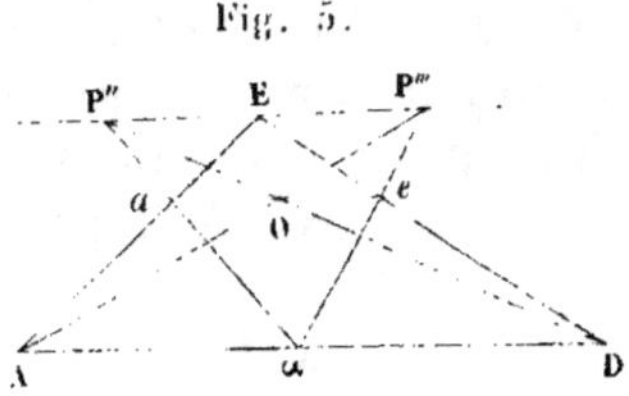

Fig. 5.

niers côtés du polygone en question, AD la dernière diagonale, P″ et P‴ les deux derniers pôles obtenus situés sur une droite passant par E; *αae* étant le triangle mobile, *ae* sera le dernier côté libre. Or on sait (t. Ier, p. 435) que si l'on trace les droites AP‴ et DP″ qui se croisent en O, la droite *ae* doit passer toujours par ce même point O qui, par suite, reste fixe.

Remarque II. — Au lieu de prendre une position quelconque *abcd* (*fig.* 3) du quadrilatère mobile pour construire les pôles P et P′, on pourra choisir celle où *b* se confond

avec B, ce qui simplifiera la construction. On trouvera de cette
manière que, pour obtenir P et P′, il suffirait de mener par le
point B et par les pôles p, $p′$, $p″$, les trois droites Bp, B$p′$, B$p″$,
coupant les côtés respectifs du triangle ADC, en $a′$, $α$ et $d′$,
je suppose, et de tracer ensuite les droites $αa′$ et $αd′$ qui,
prolongées, couperaient respectivement aussi $pp′$ et $p′p″$ aux
deux points P et P′ demandés.

Remarque III. — Faisons connaître un autre mode de réduction qui sera mis souvent en usage par la suite.

Soient ABCDE et *abcde* (*fig.* 6) les polygones fixe et mobile,
p, $p′$, $p″$, $p‴$,… les pôles de ce dernier; tracez les droites $pp′$·
et $p″p‴$ qui passent l'une par le 1er et le 2e pôle, l'autre par
le 3e et le 4e; prolongez-les jusqu'à leur rencontre en P. Tracez

Fig. 6.

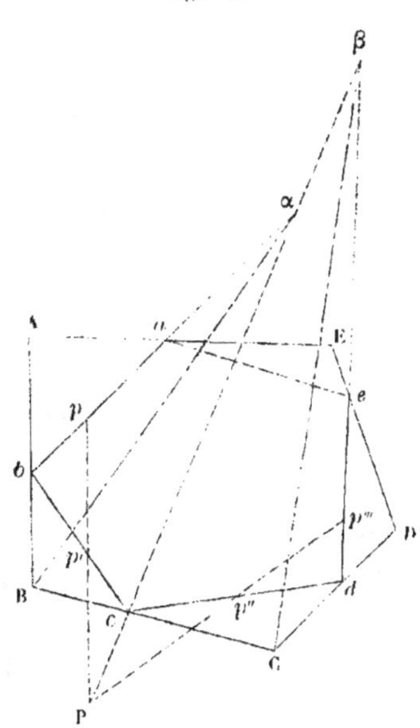

la droite Pc passant par le point fixe P et le 3e sommet c
du polygone mobile *abcde*; prolongez-la jusqu'à sa rencontre
en $α$ avec le 1er côté ab. Dans le mouvement du polygone
mobile, les côtés du triangle $αbc$ tourneront autour des trois
pôles p, $p′$ et P qui sont en ligne droite; donc le sommet $α$

décrira une autre droite passant par l'intersection B des lignes BA et BC directrices des sommets b et c de ce triangle.

Pareillement, si vous prolongez P c jusqu'à sa rencontre en β avec le 4ᵉ côté de du polygone mobile, le point β, différent de α, se mouvra sur une droite Cβ passant par le sommet C. Ainsi le pentagone mobile $abcde$ sera remplacé par le quadrilatère mobile aαβea dont les trois pôles seront p, P, p''' et dont les sommets variables α, β parcourront les droites fixes Bα et Cβ, les sommets a et e décrivant toujours les directrices AE et DE. Cette construction s'appliquera évidemment aux cinq premiers côtés d'un polygone quelconque de n sommets, ainsi remplacé par un polygone de $n - 1$ côtés, lequel pourra être à son tour remplacé par un autre de $n - 2$ côtés, et ainsi de suite jusqu'à ce qu'on arrive à un dernier quadrilatère avec trois pôles, auxquels la construction s'arrêtera ; car elle exige au moins quatre pôles. On sera donc obligé d'avoir recours à la transformation que nous avons d'abord fait connaître pour ramener la question au cas du triangle avec deux pôles.

Cette première transformation est, comme on voit, préférable à la seconde en ce qu'elle ne souffre aucune exception ; elle s'applique d'ailleurs au cas où les pôles p, p', p'', etc., sont tous ou en partie en ligne droite, tandis que l'autre n'a pas le même avantage.

Remarque générale. — Si les pôles sont tous en ligne droite, il est plus simple de se servir du procédé direct que nous allons faire connaître, pour découvrir les deux derniers pôles sans être obligé de recourir à des pôles auxiliaires.

Prenons pour exemple (*fig.* 7) le cas du pentagone et désignons les mêmes points par les mêmes lettres. Prolongez le premier côté mobile ab jusqu'à sa rencontre en α avec le troisième côté cd ; les trois pôles p, p', p'' étant en ligne droite, le sommet α du triangle α bc parcourra une droite fixe αB passant par le sommet B (t. I, p. 430) : ainsi voilà déjà le pentagone $abcde$ remplacé par le quadrilatère aαde, dont les trois pôles p, p'' et p''' sont en ligne droite. Pareillement, si vous prolongez le premier côté mobile aα de ce quadrilatère jusqu'à sa rencontre avec le troisième côté de en β, le sommet β du triangle mobile β$αd$ parcourra une droite invariable βh passant par le point de rencontre k des deux directrices fixes αB et CD de ce triangle, puisque (*ibid.*) les trois pôles p, p'', p''', autour desquels tournent ses côtés, sont en ligne droite (*).

Ainsi le pentagone *abcde* se trouve remplacé par le triangle mobile βae, dont les sommets s'appuient sur les droites fixes

Fig. 7.

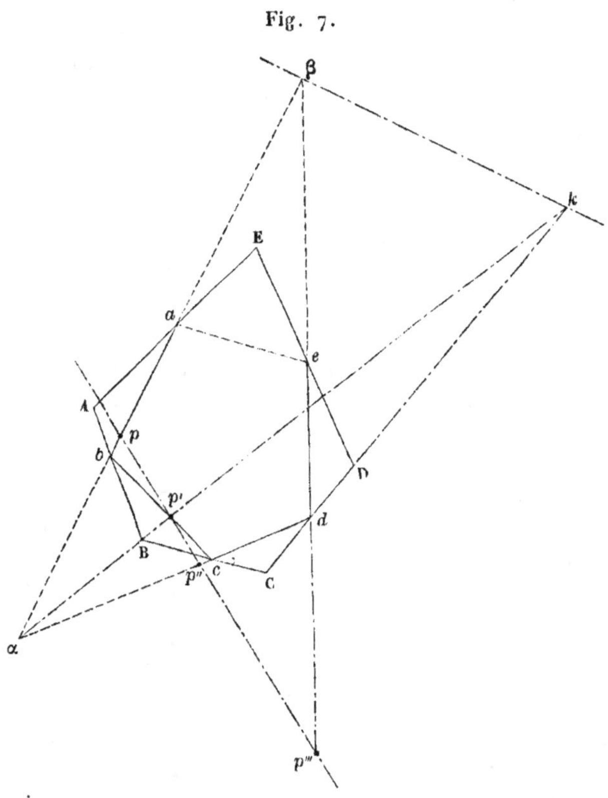

AE, ED, βk, et dont deux côtés $a\beta$ et $e\beta$ tournent autour des pôles p et p'''; donc le troisième côté libre ae de ce triangle ou le cinquième du pentagone *abcde* roule sur une conique;

____

(*) On peut remarquer que, quand les côtés du polygone fixe passent par un même point, les points de rencontre de deux côtés quelconques ou de deux diagonales, ou enfin d'un côté et d'une diagonale, décrivent autant de lignes droites Lhuilier (*Éléments d'analyse géométrique, etc.*) en donne la démonstration pour le cas où les pôles sont sur l'un des côtés

celle-ci se réduirait évidemment à un point dans le cas où la droite qui contient tous les pôles passerait par le dernier sommet E du polygone fixe. Ainsi on pourra reconnaître cette circonstance au premier abord (*).

Il est évident que, quel que soit le nombre des pôles donnés, les conséquences précédentes auront toujours lieu; si donc on fait attention que le troisième sommet β du dernier triangle se trouve toujours à la rencontre du premier côté *ab* et du dernier *de* du polygone mobile, on pourra en conclure cette proposition générale :

Proposition II. — Théorème.

Si tous les côtés d'un polygone mobile sont assujettis à tourner respectivement autour d'un même nombre de pôles fixes situés en ligne droite, et si, en même temps, on contraint tous les sommets, à l'exception d'un seul, à parcourir des droites fixes, le dernier sommet resté libre parcourra dans le mouvement général une seule et même ligne droite.

---

de ce polygone; mais sa démonstration (*voir* § 53, p. 107) suppose que, les côtés fixes restant quelconques, les diagonales passent néanmoins par des points situés sur la droite des pôles; ce qui n'a lieu que quand les côtés directeurs concourent en un même point (*a*).

(Note du manuscrit de 1815.)

(*) Même chose aura lieu quand il arrivera que β*k* passe par le sommet E du polygone fixe (*fig.* 7).   (*Note ancienne.*)

(*a*) Simon Lhuilier, de Genève, esprit étroit au point de vue de la Géométrie de Descartes et Leibnitz, de Desargues et Pascal, de Monge et de son École, d'un rigorisme lent et épineux à la manière des commentateurs ou interprètes d'Euclide, d'Apollonius et de Pappus, je veux dire des Fermat, des Halley, des Robert Simson, des Playfair, etc.; Lhuilier eut l'insigne bonheur d'initier à l'*Analyse géométrique et algébrique*, le sens naturellement droit et mathématique de Sturm, homme modeste jusqu'à la timidité, que j'ai appris à aimer, à estimer depuis 1825, où, encore inconnu, il écrivait dans le *Bulletin des Sciences de Férussac*, au prix annuel de 1500 francs; mais Lhuilier avait aussi inspiré à notre illustre confrère de fortes préventions contre le principe, la *loi de continuité*. Ces préventions avaient pour point de départ une objection plus spécieuse que juste, mentionnée dans la *Polygonométrie* (p. 98 à 100) publiée dès 1789 par le savant professeur de Genève, et qui repose sur un cas d'indétermination relatif à un problème de Géométrie statique, dont les exemples pourraient être variés à volonté, et qui se rattachent à des causes, à des considérations infinitésimales bien connues.

Dans le cas où toutes les directrices rectilignes concourraient en un même point, la droite parcourue par le sommet libre passerait aussi par ce point.

Après avoir examiné le cas où tous les pôles sont en ligne droite, nous allons nous occuper de celui où, les pôles étant quelconques, toutes les directrices fixes passent par un même point; ce qui nous donne lieu de démontrer la proposition suivante :

PROPOSITION III. — THÉORÈME.

Si tous les sommets d'un polygone mobile abcd... (fig. 8) sont assujettis à parcourir autant de droites fixes concourant en un même point A, *et si de plus tous les côtés, à l'exception d'un seul, doivent tourner constamment autour des pôles fixes* p, p', p",..., *le dernier côté libre ad pivotera aussi dans toutes ses positions sur un même point fixe* π.

Nous prendrons pour exemple le quadrilatère *abcd* de cette *fig.* 8. Soit tracée la diagonale *ac* jusqu'au point P de la droite

Fig. 8.

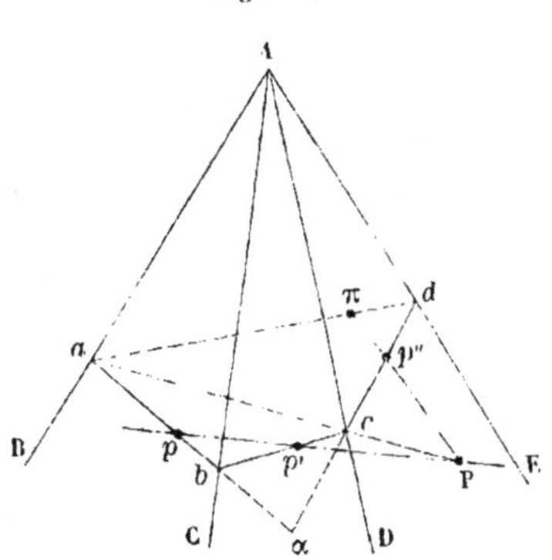

qui joint les deux pôles *p* et *p'*, je dis que cette diagonale passera dans toutes ses positions par le point P. En effet, le triangle mobile *abc*, dont les sommets parcourent trois droites AB, AC, AD concourant en un même point, ayant deux de ses côtés *ab* et *bc* qui tournent autour des pôles respectifs *p* et *p'*, sera par là même tel, que son troisième côté libre *bc* tournera aussi autour d'un pôle fixe, lequel, situé en ligne droite avec les deux autres, se confondra avec P. On démontrera d'une manière semblable que le triangle suivant *acd*, dont deux côtés *ac* et *cd* passent par les pôles fixes P et *p″*, est tel, que son troisième côté *ad* passe aussi, dans toutes ses positions, par un dernier pôle fixe π, situé à la rencontre de ce même côté avec la droite P *p″* qui joint les deux autres pôles fixes.

Remarques diverses. — On voit que, non-seulement le dernier côté libre *ad* du polygone tourne autour d'un point fixe, mais qu'il en est ainsi encore pour chacune des diagonales qu'on peut mener d'un sommet à un autre.

D'autre part, la démonstration précédente s'étendant à un polygone gauche quelconque assujetti aux mêmes conditions, on en conclut que, pour ce cas encore, le dernier côté libre et les diverses diagonales tourneront autour d'autant de points fixes situés dans l'espace ainsi que les directrices convergentes (*).

Dans le cas particulier où les différents points fixes *p*, *p′*, *p″*,..., considérés comme pôles, seraient situés en ligne droite, le pôle π et tous ceux des diagonales seraient aussi situés sur cette même droite.

Enfin, il est visible encore (t. I, p. 138 et 140), que si l'on prolonge le premier côté *ab* et le dernier *cd* du polygone mobile jusqu'à leur rencontre en α, ce sommet libre du nouveau polygone parcourt, en vertu du mouvement général, une section conique, qui se réduira à une droite dans le cas où tous les pôles seront eux-mêmes situés en ligne droite (Prop. II).

Remarque générale.

Les propositions précédentes renferment la solution de ce problème : « Dans un polygone donné, inscrire un autre polygone dont les côtés passent par des points aussi donnés. » La construction s'exécutera par la règle seulement, dans les deux cas suivants :

1° Quand les points donnés seront situés en ligne droite :

(*) D'après une remarque consignée à la page 504 du Iᵉʳ volume (ADDITIONS) par M. Mannheim, la position de tous ces points ou pôles fixes est indépendante de celle du point de concours A des directrices.

en laissant libre l'un des sommets du polygone cherché, et faisant abstraction du côté correspondant du polygone donné, il arrivera (Prop. II) qu'en déformant ce polygone de toutes les manières possibles dans ces conditions, le sommet libre parcourra une ligne droite qui, par son intersection avec le côté supprimé du polygone fixe, donnera la position d'un sommet du polygone inscrit, d'où l'on conclura tous les autres;

2° Quand le polygone donné s'évanouit ou que les directrices concourent toutes en un même point, les pôles fixes par où doivent passer les côtés du polygone cherché étant d'ailleurs quelconques, on fera pour un moment abstraction du dernier pôle, et l'on regardera en même temps comme libre, le côté du polygone cherché qui doit passer par ce pôle; alors, en déformant à volonté ce polygone d'après les conditions énoncées, le côté libre pivotera dans toutes ses positions autour d'un point fixe (Prop. III), et la droite qui joindra ce point avec le pôle dont on a fait abstraction donnera la position de l'un des côtés du polygone cherché, au moyen de quoi on trouvera successivement tous les autres côtés.

Corollaire I. — Quand le polygone *abcd*..., au lieu de s'appuyer sur autant de droites différentes concourant en un seul point qu'il a lui-même de sommets, s'appuiera seulement sur deux lignes droites quelconques, de façon que ses sommets successifs reposent alternativement sur l'une et sur l'autre de ces droites, la Proposition III, que nous venons de démontrer, pourra encore lui être appliquée; en sorte que, si tous les côtés, excepté un seul, tournent autour de pôles respectifs, le dernier côté pivotera lui-même autour d'un pôle, qui se trouvera en ligne droite avec les autres quand ceux-ci seront également disposés en ligne droite.

Corollaire II. — Dans la même supposition de deux directrices uniques, si on laisse libre un sommet α, tous les côtés étant assujettis à tourner autour de pôles respectifs, ce sommet libre parcourra une section conique, qui se réduira à une simple droite dans le cas où tous les pôles seraient euxmêmes situés en ligne droite.

DES POLYGONES MOBILES INSCRITS OU CIRCONSCRITS
A UNE SIMPLE CONIQUE ET A D'AUTRES POLYGONES.

PROPOSITION IV. — LEMME.

Si un triangle αxy (fig. 9) est inscrit à une section coni-que (O), et qu'on le déforme en assujettissant deux de ses côtés αx et αy à tourner autour de points fixes p et p′ comme pôles, le dernier côté xy resté libre, roule dans toutes ses positions

Fig. 9.

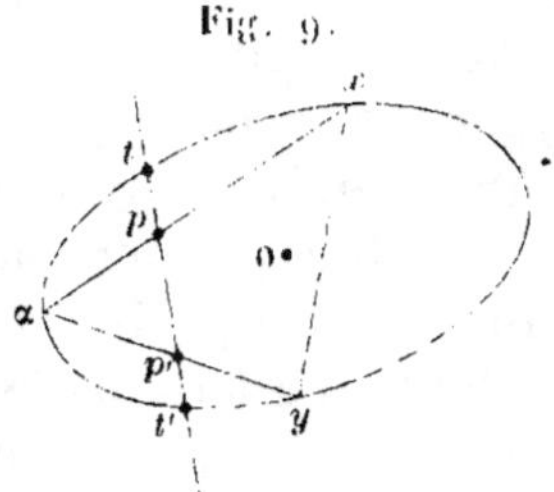

sur une autre conique tangente à (O) aux points t et t′ où elle est rencontrée par la droite des pôles pp′. En d'autres termes, si le sommet α d'un angle mobile est assujetti à parcourir une section conique (O), tandis que ses côtés pivotent respective-ment autour de pôles fixes, la corde xy sous-tendue par l'angle dans la courbe roulera sur une autre conique.

En effet, la figure peut être remplacée par une autre dans laquelle la conique (O) devient un cercle et la ligne droite pp′

Fig. 10.

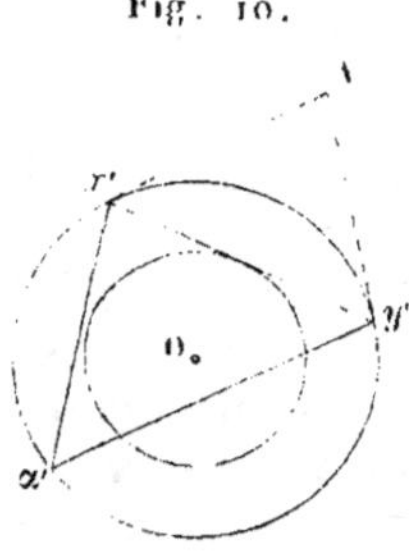

passe à l'infini (*fig.* 10); dans cette nouvelle figure, les côtés de l'angle se meuvent parallèlement à eux-mêmes, et par suite cet angle est constant; donc aussi la corde sous-tendue

$x'y'$ roule sur un cercle concentrique au premier (O); d'où suit la proposition énoncée.

On voit de plus (*fig.* 9), que, quand le sommet α est situé sur la droite pp', en t par exemple, la corde xy se confond avec la tangente en t' à la conique (O); par la même raison elle se confond aussi avec la tangente en t quand α est en t'. En outre, on peut s'assurer que dans cette *fig.* 9, l'enveloppe de xy est renfermée dans la courbe (O); par suite, elle ne saurait toucher les tangentes en t et t' en dehors de (O); donc elle les touche aux points t et t' eux-mêmes, et, par conséquent, elle touche aussi en ces mêmes points la courbe (O), comme nous l'avions énoncé.

Remarque. — Cette conséquence résulte immédiatement de nos Principes (t. Ier, p. 424), mais j'ai préféré en donner une démonstration directe afin de faire en quelque sorte la vérification de ces Principes par un exemple sensible.

Proposition V. — Lemme.

Imaginez (*fig.* 11) qu'on mène à la courbe (O) des tangentes aux sommets x, y, α du triangle mobile inscrit à cette courbe :

Fig. 11.

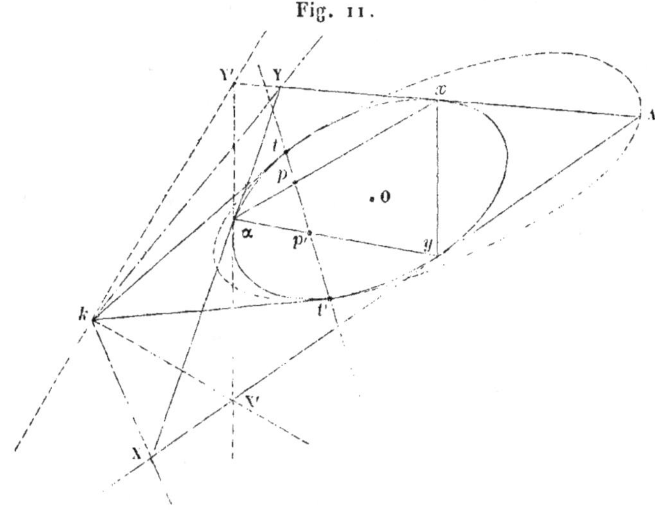

on formera un triangle circonscrit XYA, dont les sommets X et Y parcourront respectivement deux droites ayant pour pôles

p' et p, lesquelles passeront par le point k où se coupent les tangentes tk et $t'k$ menées aux extrémités de la droite des pôles p, p'. Quant au troisième sommet A qui correspond au côté xy du triangle inscrit, il restera libre et parcourra une nouvelle section conique tangente en t et t' à la proposée.

On se rendra raison de tout cela en se reportant à la *fig.* 10, qui est la projection de celle-ci; il est visible, en effet, que, tandis que la corde variable $x'y'$ roule sur une circonférence de cercle concentrique au cercle (O), le point A où se coupent les tangentes menées aux extrémités x', y' de cette corde, décrit par le même mouvement une troisième circonférence concentrique aux deux premières.

Remarque. — Quand la droite pp' qui passe par les pôles p et p' ne rencontrera pas la conique (O), ou, ce qui revient au même, quand le point k correspondant sera situé dans l'intérieur de cette courbe, les points de contact t, t' qui lui sont communs avec celles considérées ci-dessus n'existeront plus, et par suite ces courbes s'envelopperont les unes les autres sans se toucher. Néanmoins elles se comporteront entre elles comme si elles se touchaient effectivement (t. Ier, p. 200 à 208); circonstance qui offre une application remarquable de tout ce que nous avons dit en général (*ibid.*, p. 425, etc.) sur les relations projectives des figures, et nous présente en même temps l'exemple de deux courbes qui ont une corde commune existant géométriquement sans, pour cela, avoir aucun point commun.

Le point k est ici visiblement le pôle de la droite pp'; c'est aussi le sommet de l'angle des deux directrices $k\mathrm{Y}$ et $k\mathrm{X}$ de la courbe des points A.

PROPOSITION VI. — LEMME.

Soit toujours (fig. 12) le triangle mobile αxy inscrit dans la conique (O) et dont les côtés αx et αy passent par les pôles p et p', si d'un point quelconque A de cette courbe, on mène deux droites Ax, Ay aux extrémités de la corde mobile xy et qu'on prenne les points P et P' où elles coupent pp' pour nouveaux pôles des côtés Ax, Ay de l'angle A, la corde xy sous-

tendue par cet angle dans la courbe roulera sur la même section conique que la première.

En effet, les deux enveloppes auront la tangente xy en commun, et de plus, elles toucheront la courbe (O) aux deux mêmes

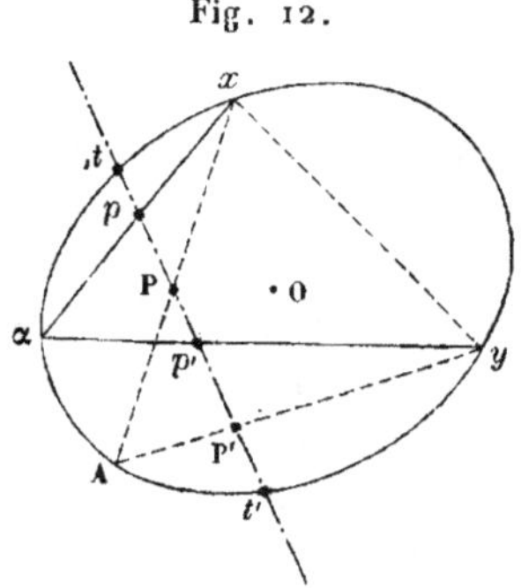

Fig. 12.

points t, t', ce qui ne peut avoir lieu sans qu'elles se confondent. Cela se démontre plus facilement encore sur la *fig.* 10. Il est visible en effet que l'angle $\alpha' x' y'$ de cette figure, peut être remplacé par tout autre angle ayant son sommet sur la circonférence (O), par conséquent de même mesure, de sorte qu'en faisant mouvoir ses côtés parallèlement à eux-mêmes, la corde xy correspondante roulera exactement sur la circonférence décrite par celle du premier angle.

Corollaire I. — On peut (*fig.* 12) se donner le pôle P à volonté sur pp'; on en conclura le correspondant P′ en traçant un triangle arbitraire αxy au moyen des deux premiers pôles p et p', joignant ensuite xP par une droite Px qui donnera le point A, enfin traçant par A et y la droite Ay qui coupera pp' en P′ au point demandé.

Corollaire II. — Cette dernière remarque nous montre que si les trois premiers côtés $y\alpha$, αx, xA d'un quadrilatère $y\alpha x$Ay inscrit à la courbe (O), passent par trois pôles fixes p', p et P situés en ligne droite, le quatrième côté Ay passera aussi dans toutes les positions correspondantes, par un quatrième pôle invariable P′ de cette ligne droite.

Corollaire III. — De même qu'il y a une infinité de couples de pôles p et p', P et P′, etc., au moyen desquels on peut obtenir l'enveloppe des cordes xy, il y a aussi une infinité de systèmes de directrices correspondantes kY et kX (*fig.* 11) qui peuvent déterminer la section conique parcourue par le point A ; mais tous ces systèmes ont le point k commun. On pourra se donner à volonté l'une d'elles kY', pourvu qu'elle passe par le point k ; pour obtenir sa conjuguée kX', on circonscrira à la courbe (O) un triangle quelconque YAX s'appuyant sur les deux premières kY et kX qui sont données ; le sommet A sera un point de la courbe correspondant à ces directrices. On formera avec les deux mêmes côtés AY, AX adjacents au sommet A, un nouveau triangle AY'X' circonscrit à la conique, et ayant un de ses sommets Y' sur la droite donnée Y'k, le troisième sommet X' de ce triangle sera un point de la directrice kX' conjuguée à kY'.

On peut remarquer qu'à un même pôle P ou à une même directrice kY' il en correspond toujours deux autres.

PROPOSITION VII. — LEMME.

La courbe sur laquelle roule la corde variable xy (fig. 11 et 13) se réduira à un point quand, dans une de ses positions

Fig. 13.

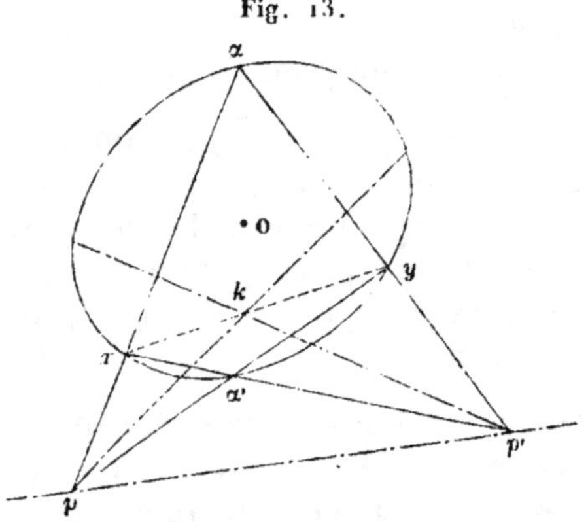

pour laquelle le triangle correspondant $xy\alpha$ subsiste, cette corde xy passe par le pôle k conjugué (t. Iᵉʳ, p. 440) à la droite pp', qui joint les pivots p et p' des deux côtés αx et αy de l'angle α.

En effet, si, dans cette circonstance, l'on met la figure en projection, de manière que la courbe (O) devienne un cercle et que la droite pp' passe à l'infini, il est visible (*fig.* 10) que le pôle k deviendra le centre O de ce cercle; or la droite $x'y'$ passant par hypothèse par ce point, l'angle $x'\alpha'y'$ correspondant sera droit; donc en faisant mouvoir ses côtés parallèlement à eux-mêmes, le sommet A restant toujours sur le cercle (O), la corde $x'y'$ passera constamment par son centre; donc aussi sa correspondante xy (*fig.* 13) pivotera sur le point k, projection de ce centre et *pôle conjugué* à pp'.

Remarque. — On ne peut pas prendre arbitrairement les deux pôles p et p' sur la droite polaire de k; mais si l'on se donne sur cette droite l'un d'eux, p par exemple, on trouvera tout de suite l'autre p' qui lui correspond, ainsi qu'il suit : tracez arbitrairement xy passant par le pôle k de la polaire donnée pp', joignez px qui donnera α, tracez enfin αy qui vous donnera le point p' cherché. On obtiendrait ce même point en joignant p à y pour obtenir α', et ensuite α' à x; cela paraîtra évident si l'on considère la projection (*fig.* 10). Il n'est pas difficile de s'apercevoir que les points p et k sont, à l'égard du troisième p', ce que les pôles p et p' sont à l'égard du premier k, en sorte que p' est le pôle conjugué de la droite pk; par la même raison, p est le pôle de kp'.

Corollaire. — De cette dernière remarque il suit que « si » trois points pris sur le plan d'une conique sont tels, que » l'un d'eux pris à volonté soit le pôle de la droite qui joint » les deux autres, on pourra inscrire dans la section conique » une infinité de triangles, dont les côtés passent par les trois » points en question ».

Toutes ces remarques ont leurs analogues quand on considère un triangle AXY (*fig.* 11) circonscrit à une section conique (O) et dont deux sommets XY sont assujettis à parcourir des directrices fixes kY et kX : ainsi par exemple, on a la proposition suivante.

PROPOSITION VIII. — LEMME.

Soit (O), *fig.* 14, *une section conique,* kY *et* kX *deux directrices situées sur son plan et tellement choisies que chacune*

2.

d'elles passe par le pôle conjugué à l'autre, le troisième som-
met α d'un triangle αxy circonscrit à la courbe et dont les
deux autres sommets parcourent ces directrices, décrira dans
toutes ses positions une ligne droite α t' t, polaire conjuguée
à leur point d'intersection k.

Il est visible, en effet, que dans notre supposition, si l'on
détermine la droite tt' polaire du sommet k des deux directrices, le point p où elle coupera l'une d'elles kY sera le pôle
de l'autre kX ; or, il n'est pas difficile de s'assurer, en consi-

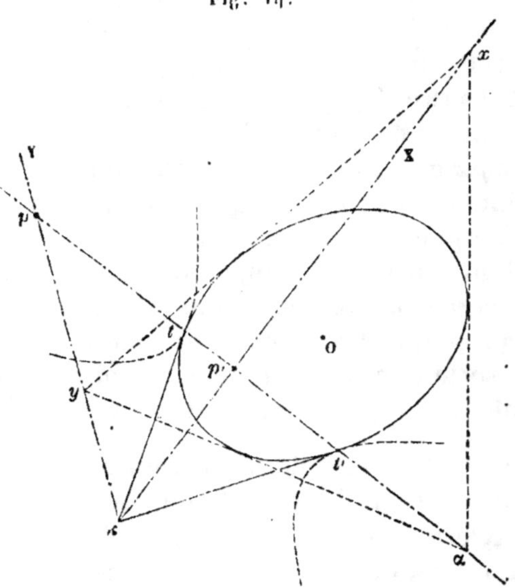

Fig. 14.

dérant les diverses positions du sommet libre α du triangle xy α,
qu'il coïncidera dans l'une d'elles avec le point p ; donc la
section conique, décrite en général par α, devant à la fois contenir ce point et les points de contact t et t' (**Prop. IV** et **V**)
en ligne droite avec p et p', elle se confondra tout entière avec
cette droite.

Remarque. — Il résulte de ce qui précède un paradoxe assez
singulier ; puisque la courbe parcourue par le point α doit en
général toucher la courbe (O) aux deux points t et t', quand
ces points existent réellement, il s'ensuivrait que la droite tt'

décrite par le sommet α dans le cas actuel devrait aussi toucher la courbe en ces points, ce qui semble au premier abord une absurdité; mais, en y réfléchissant, on verra que la droite tt' ou pp' est en quelque sorte la limite des hyperboles qui, susceptibles d'être décrites par le point α, toucheraient la courbe aux points t et t', de sorte que les deux parties de pp' situées en dehors de cette courbe peuvent être considérées comme appartenant aux deux branches de l'une des hyperboles en question, dont les asymptotes, infiniment voisines l'une de l'autre, se confondraient avec les prolongements de tt'. En effet, les points t et t' sont des espèces de limites que le point α ne saurait franchir, puisqu'il ne peut jamais entrer dans la conique; la partie tt' de la droite pp' ne satisfaisant réellement pas à la condition qui définit les sommets α.

La construction des lignes courbes et la géométrie descriptive offrent mille exemples de circonstances semblables. Elles se reproduisent, en général, toutes les fois que la courbe décrite par un point mobile, se trouve abaissée à un degré inférieur par quelque condition particulière.

PROPOSITION IX. — THÉORÈME.

Un polygone, abcd...f (fig. 15), étant inscrit dans une conique, si on le déforme de toutes les manières possibles en

Fig. 15.

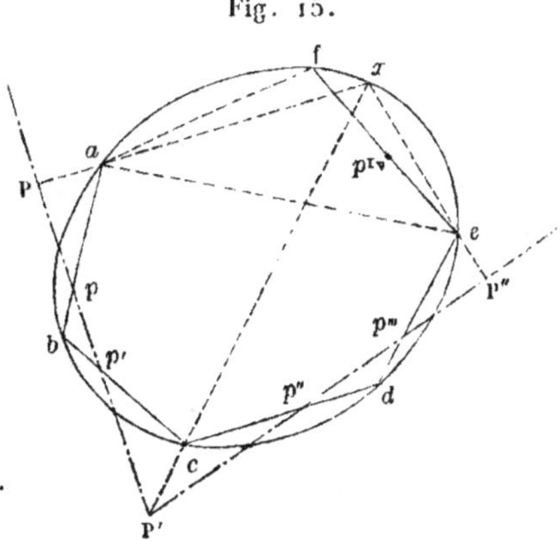

assujettissant à pivoter autour de pôles respectifs p, p',...,
tous ses côtés à l'exception d'un seul, af, qui restera libre, ce

dernier côté roulera sur une section conique tangente en deux points à la proposée.

Considérons d'abord le pentagone *abcde* formé par les quatre premiers côtés du polygone en question et la diagonale *ae* qui joint son premier et son cinquième sommet. Par les pôles *p* et *p′* faites passer la droite *pp′*, joignez pareillement les pôles *p″* et *p‴* par la droite *p″p‴* qui prolongée coupera la première en P′. Par ce point P′ et le sommet *c*, faites passer la droite P′*cx* qui coupera la courbe en un second point *x*, tracez enfin *ax* qui viendra couper *pp′* en P, vous formerez le quadrilatère mobile *abcx*, dont les trois premiers côtés passeront par les trois pôles *p*, *p′* et P′ situés en ligne droite; donc (Prop. VI, Coroll. II) le quatrième côté *ax* passera par le quatrième pôle fixe P situé sur la droite *pp′*. Si vous tracez pareillement *xe* qui coupera la droite *p″p‴* en P″, vous formerez le quadrilatère *xcde* dont les trois premiers côtés passent par les trois pôles P′, *p″* et *p‴* situés en ligne droite; donc le quatrième côté mobile *xe* passe aussi dans toutes ses positions par le pôle P″ situé sur la droite *p″p‴*.

Ainsi le cinquième côté *ae* du pentagone *abcde* se confond constamment avec le côté libre du triangle inscrit *axe* dont les deux autres côtés *xa* et *xe* passent par les pôles respectifs P et P″; donc le polygone *abcdef* que nous considérons peut être remplacé par *axef*, qui a deux côtés de moins et dont tous les côtés, excepté le dernier *af* qui leur est commun, tournent autour de pôles respectifs.

En traitant ce nouveau polygone de *n* — 2 côtés et de *n* — 3 pôles comme le précédent, on le remplacera par un autre de *n* — 4 côtés et de *n* — 5 pôles, et en continuant ainsi on parviendra à remplacer le polygone proposé par un dernier de trois ou quatre côtés avec deux ou trois pôles, selon que le nombre de ses côtés sera impair ou pair.

Cette construction exigeant qu'il y ait au moins quatre pôles, elle ne pourra pas servir à remplacer le quadrilatère par un simple triangle. La suivante remplira ce but :

Soit *abcd* (*fig.* 16) le quadrilatère dont il s'agit; *p*, *p′* et *p″* les pôles de ses trois premiers côtés; on tracera la droite *pp′* passant par les deux pôles *p* et *p′*; on tracera pareillement la droite P′P″ qui a *p″* pour pôle, laquelle prolongée, rencontrera la première en P′; on joindra P′ et c, ce qui donnera x; enfin on tracera les droites xa et xd qui couperont pp' en P et P′P″

Fig. 16.

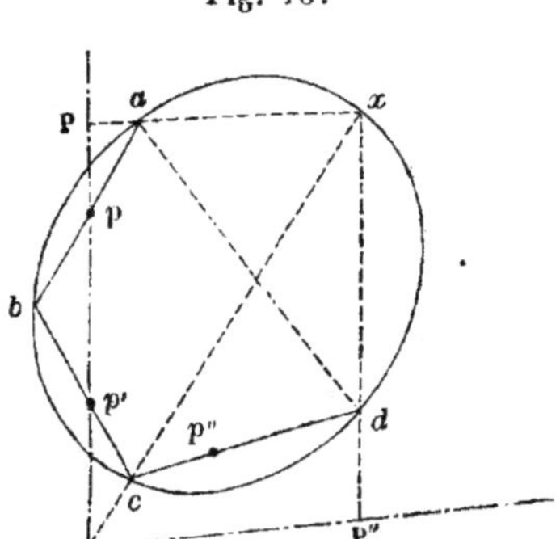

polaire de p'' en P″. Je dis maintenant que, pour toutes les positions possibles du quadrilatère mobile $abcd$, ax et xd passeront constamment par les pôles P et P″ déterminés comme on l'a expliqué ci-dessus.

En effet, en considérant le quadrilatère $abcx$ dont trois côtés passent par trois pôles p, p', P′, situés en ligne droite, on verra encore que le côté libre ax doit passer constamment par le quatrième pôle fixe P situé sur la même droite (Prop. VI, Coroll. I). Puis, considérant le triangle mobile cxd, on démontrera sans peine, à l'aide des remarques déjà présentées ci-dessus (Prop. VII), que le côté libre xd de ce triangle doit passer constamment par le point P″; donc aussi le quadrilatère mobile $abcd$ peut être remplacé par le triangle axd dont deux côtés ax et xd passent par des pôles fixes et dont le troisième ad, qui est resté libre, se confond avec le quatrième côté du quadrilatère.

Donc enfin, quel que soit le polygone considéré, l'on parviendra toujours, par des constructions successives, à déterminer les deux pôles d'un dernier triangle dont le côté libre prendra successivement toutes les positions du côté libre du polygone primitif, et par conséquent (Prop. IV), ce dernier côté roule sur une section conique qui touche la proposée en deux points, lesquels se trouveront, comme on l'a vu, à l'intersection de cette courbe avec la droite qui joint les deux derniers pôles trouvés.

Voici un autre théorème qui est la conséquence immédiate de celui que nous venons de démontrer.

PROPOSITION X. — THÉORÈME.

Quand un polygone ABCD . . . α (*fig.* 17) *est en même temps circonscrit à une conique* (O) *et inscrit dans un polygone* MNPQ..., *à l'exception d'un de ses sommets* α *resté libre, si l'on vient à le déformer de toutes les manières possibles d'après ces conditions, le sommet libre* α *parcourra dans ses diverses positions une même conique touchant la proposée en deux de ses points.*

Joignant successivement les points de contact des côtés du polygone mobile par des lignes droites *ab, bc, cd,...*, on formera un polygone inscrit *abcd...*, mobile comme le premier, et dont tous les côtés seront assujettis à passer par autant de

Fig. 17.

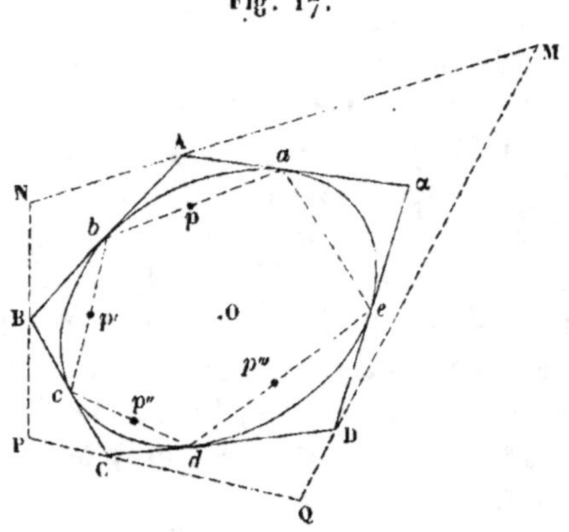

points fixes qui seront les pôles des côtés correspondants du polygone fixe donné MNP...., excepté un dernier côté *ae* correspondant au sommet α et restant libre avec lui. Or, nous avons démontré (**Prop. IX**) que ce polygone pouvait être remplacé par un triangle mobile dont deux côtés passeraient par des points fixes ou pivots faciles à assigner, et dont le côté libre se confondrait avec le dernier côté *ae* du polygone *abcd...*; donc le sommet α, qui correspond à ce côté, parcourra une section conique (Prop. V) touchant la courbe (O) en deux points.

Remarque. — Un cas très-remarquable des Propositions précédentes est celui où tous les points p, p', p'', ..., sont en ligne droite; alors le polygone MNP... (*fig.* 17) cesse de subsister, parce que tous ses côtés directeurs concourent en un point unique, lui-même évidemment pôle de la droite $pp'p''$..., qui renferme les pivots du polygone inscrit *abcde*... Nous allons maintenant nous proposer l'examen de ces circonstances particulières.

PROPOSITION XI. — THÉORÈME.

Si tous les côtés d'un polygone abcd...f (fig. 18) inscrit à une conique, pivotent sur les pôles respectifs p, p', p'',..., situés en ligne droite à l'exception du côté af qui reste libre, ce dernier côté passe dans toutes ses positions par un dernier pôle situé sur la droite qui contient les premiers, quand toutefois ceux-ci sont en nombre impair.

Considérons pour exemple le cas particulier de cinq pôles p, p', p'', p''', p^{iv} donnés en ligne droite. Soit tracée la diagonale ad qui forme avec les trois premiers côtés le quadrilatère inscrit *abcd*, les trois côtés ab, bc, cd passant par des

Fig. 18.

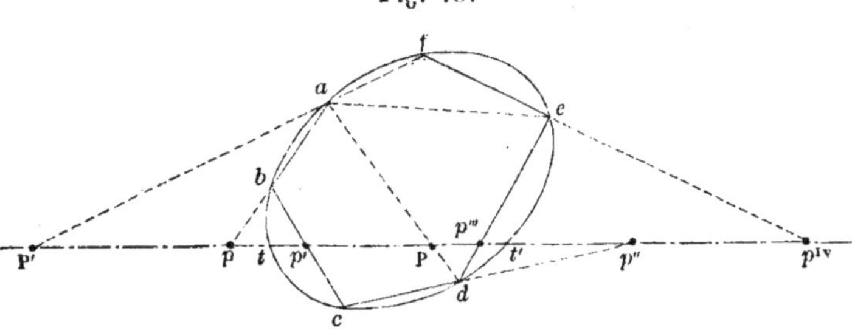

pôles p, p' et p'' situés en ligne droite, il arrivera que le quatrième côté ad passera aussi dans toutes ses positions par un même pôle P situé sur la droite $pp'p''$ (Prop. VI, Coroll. II). En considérant le quadrilatère suivant *adef*, on prouvera de même que son côté libre af tourne dans toutes ses positions autour d'un pôle P' situé sur la droite $pp'p''$..., comme il s'agissait de le démontrer.

Or, il est visible que la même démonstration s'appliquera à

tout polygone d'un nombre de côtés pair avec un nombre impair de pôles; car on pourra toujours le partager en plusieurs quadrilatères par des diagonales partant du point a et qui tourneront dans toutes leurs positions, autour d'autant de points fixes situés sur la droite des pôles; donc la proposition énoncée a lieu dans toute sa généralité.

Corollaire I. — Dans le cas où le nombre des côtés du polygone inscrit serait impair et où, par conséquent, celui des pôles, toujours en ligne droite, serait pair, le dernier côté ne tournerait plus autour d'un point fixe, mais il décrirait, comme dans le cas général, une section conique touchant la proposée aux deux points t et t', où celle-ci est rencontrée par la droite des pôles p, p', p'', ...

En effet, si l'on considère le dernier triangle afe formé par le côté libre, le dernier côté fe qui tourne autour d'un pôle fixe p^{iv} et la dernière diagonale ae de ce polygone, il est évident qu'en retranchant ce triangle du polygone entier, il restera un polygone qui rentrera dans le cas précédent. Donc le dernier côté de ce polygone ou la diagonale ae du proposé tourne dans toutes ses positions autour d'un pôle situé sur la droite $pp'p''$..., d'où l'on conclura que le côté libre af du triangle aef roule sur une conique (Prop. IV) touchant la proposée aux points t et t'.

L'on voit par ce que nous venons de dire, qu'on aura tout de suite les deux pôles du triangle mobile aef dont le côté af engendre la courbe; car l'un de ces pôles p^{iv} est donné, et l'autre s'obtiendra en prolongeant la diagonale ae jusqu'à sa rencontre avec la direction $pp'p''$....

Corollaire II. — Il suit encore de ce qui précède, que toutes les diagonales de rang pair d'un polygone inscrit, tournent par l'effet du mouvement général, autour d'autant de pôles situés sur la direction $pp'p''$, et que toutes celles d'un rang impair roulent sur des sections coniques qui touchent la proposée aux deux mêmes points t et t' (*).

(*) Nous avons déjà donné une démonstration géométrique directe et générale de la Proposition précédente, ainsi que de celle qui suit, dans le IVᵉ Cahier des anciennes Notes (t. I, p. 208).   (*Manuscrit de* 1814.)

Proposition XII. — Théorème.

Quand tous les sommets d'un polygone mobile ABCDEα
(*fig.* 19), *circonscrit à une conique* (O), *sont assujettis, sauf
un seul* α *qui reste libre, à parcourir autant de droites respectives* KM, KN, KP,..., *concourant toutes en un même point* K,
le dernier sommet α *parcourra lui-même une ligne droite* Kα
passant par le point de concours K *des premières, si toutefois
le nombre des côtés de ce polygone est pair, ou que le nombre
des directrices* KM, KN,... *est impair.*

En effet, formez le polygone inscrit *abcdef*, ayant pour sommets les points de contact du polygone circonscrit, il ne sera
pas difficile de démontrer que tandis qu'un sommet A du polygone circonscrit parcourra la directrice KM, le côté *ab* du

Fig. 19.

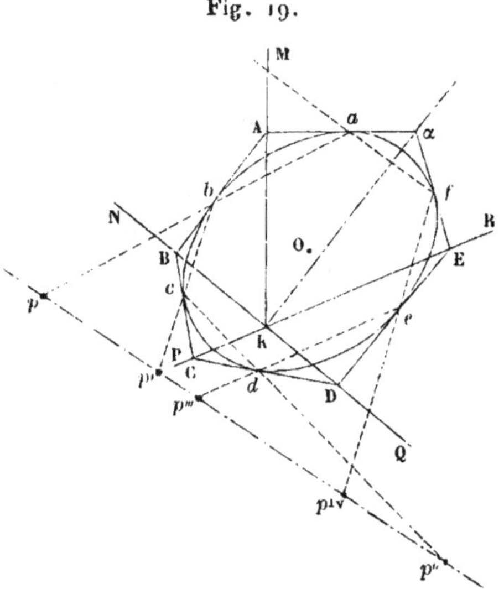

polygone inscrit qui lui correspond tournera autour d'un point
fixe *p*; donc tous les côtés du polygone inscrit *abcd*..., à
l'exception du côté *af*, resté libre puisqu'il correspond à α,
pivoteront chacun autour d'un point fixe, et ces points seront
évidemment situés sur une même droite, puisque leurs polaires respectives KM, KN,..., se coupent en un seul et même
point K; de plus, il est visible que ce dernier point sera le

pôle conjugué à $pp'p''$... Donc, puisque le nombre des pivots en ligne droite du polygone inscrit est impair, son côté libre af (Prop. XI) pivotera dans toutes ses positions sur un même point **P**, de la droite fixe $pp'p''$..., qui renferme tous les autres, et par suite, le sommet α qui lui correspond parcourra, comme tous les autres sommets du polygone circonscrit, une ligne droite **K**α, laquelle passera évidemment par le point **K**.

Corollaire. — Quand le nombre des côtés du polygone circonscrit est impair, on prouve, à l'aide de la Proposition précédente (Coroll. 1), que le sommet α parcourt une section conique touchant la courbe (O) aux deux points de contact des tangentes menées du point **K** à cette courbe.

Remarque. — Nous ne nous attacherons pas à démontrer toutes les conséquences particulières des propositions précédentes, qui sont aussi intéressantes que multipliées, à cause de la grande facilité avec laquelle ces conséquences pourraient se déduire des propositions générales auxquelles elles correspondent; nous nous bornerons à faire observer, que ces propositions auraient encore lieu dans le cas où deux ou plusieurs pôles se réuniraient en un seul comme dans celui où une ou plusieurs directrices se confondraient en une seule.

Soit, par exemple, le quadrilatère $abcd$ inscrit dans une conique (O), *fig.* 20; si l'on fait mouvoir ce quadrilatère en

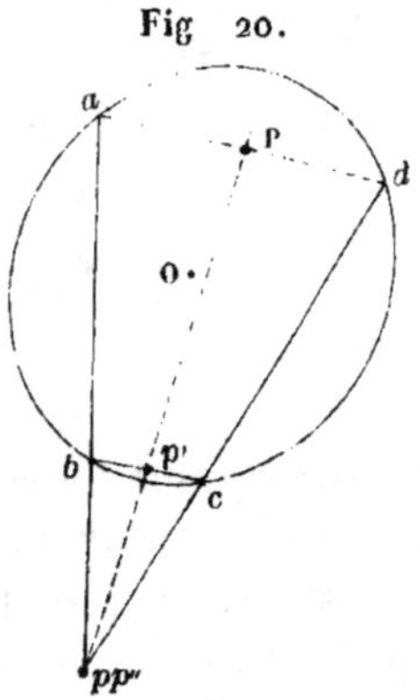

Fig 20.

assujettissant ses côtés opposés ab et cd à passer constamment par le même point fixe pp'', tandis que le côté bc est astreint à pivoter autour de p' comme pôle, il en résultera que le quatrième côté ad, resté libre, pivotera aussi autour d'un même point placé sur le prolongement de la droite $p'p''$: il est visible, en effet, que les pivots des trois côtés ab, bc et cd satisfont à la condition d'être en ligne droite.

Par la même raison, si un quadrilatère $abcd$, circonscrit à une conique (O), *fig.* 21, est assujetti à avoir ses sommets op-

Fig. 21.

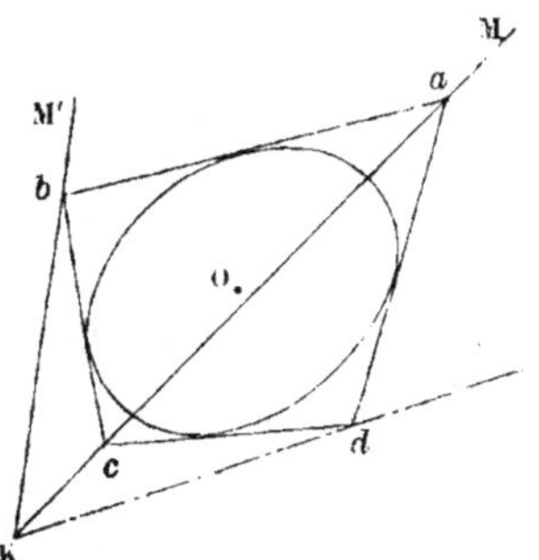

posés a et c sur une droite **KM**, tandis que le troisième b parcourt une autre droite **K'M'**, le dernier sommet libre d décrira dans toutes ses positions une troisième ligne droite **K**d passant par le point **K**, où se coupent les deux premières.

PROPOSITION XIII. — PROBLÈME.

Étant donnés une section conique (O) *et n points situés sur son plan, inscrire dans cette courbe un polygone dont les côtés passent respectivement par les points donnés, en ne se servant que de la règle quand la courbe est décrite.*

On pourrait résoudre ce problème en observant que si l'on fait abstraction, pour un moment, de l'un des points donnés, et qu'on inscrive à volonté dans la courbe un polygone dont tous les côtés, à l'exception d'un dernier, passent par les points donnés, le côté libre (**Prop. IX**), correspondant au point dont on a fait abstraction, roule dans toutes ses positions sur une conique facile à construire ; de sorte que, pour résoudre le problème proposé, il suffira de mener à cette dernière courbe, par le point en question, une tangente de laquelle on déduira un polygone inscrit dont les côtés passeront évidemment par les points respectifs donnés, et qui sera par conséquent une des solutions du problème proposé. D'ailleurs, de ce que d'un point donné on peut mener en général deux tangentes à une section conique et qu'on n'en peut mener davantage, il résulte qu'on ne pourra non plus trouver que deux polygones inscrits à la courbe proposée et dont les côtés passent par des points donnés.

La solution précédente, quoique générale et en apparence très-simple, a l'inconvénient d'exiger l'emploi du compas et de constructions assez multipliées ; la solution suivante n'a pas les mêmes désavantages.

Soit (O), *fig.* 22, la conique donnée ; p, p', p'',..., les points par lesquels doivent passer les côtés du polygone cherché. Construisez de proche en proche, en partant du point arbitraire a, les côtés successifs d'un polygone *abcd...*, passant chacun par

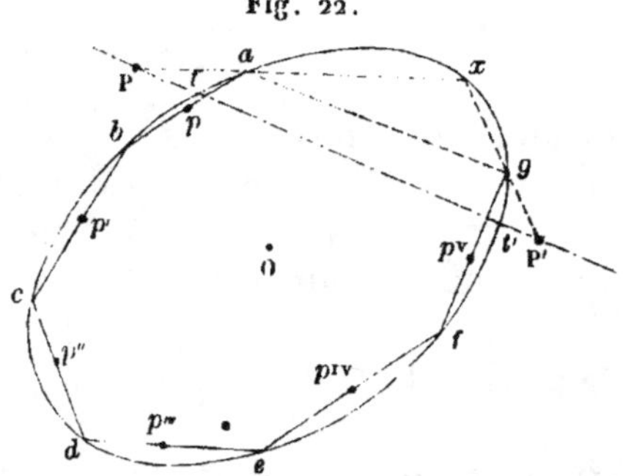

Fig. 22.

un des points donnés ; s'il arrivait qu'en traçant le côté *fg* passant par le dernier pôle p^v, le polygone se fermât de lui-même, c'est-à-dire si le point g se confondait avec le point a d'où l'on est parti, il est visible que le polygone *abcd...fg* (*fig.* 22) ainsi construit serait une des solutions du problème qui nous occupe ; mais généralement ce polygone ne se refermera pas de lui-même. Soit donc tracé le dernier côté *ag* qui ne passe par aucun des points fixes ou donnés, on formera ainsi un premier polygone *abcd...fg* inscrit à la conique proposée et dont tous les côtés, à l'exception d'un seul *ag*, passeront par les points p, p', p'',..., arbitrairement donnés.

Cela posé, concevons que l'on fasse varier le sommet a de

toutes les manières possibles, le côté libre *ag* variera aussi (Prop. IX); mais il touchera dans ses positions diverses une même section conique; or, il est visible que si, parmi les positions qu'il peut prendre autour de cette courbe, il en existe pour lesquelles sa longueur *ag*, comprise dans la conique (O), soit nulle, les polygones *abcd*..., qui leur correspondent, seront les polygones mêmes demandés. Cette circonstance aura évidemment lieu pour les deux points où la conique auxiliaire décrite par *ag* touche la conique proposée; la recherche qui nous occupe est donc finalement ramenée à trouver ces deux points.

Nous avons démontré (Prop. IX) qu'il est toujours possible de trouver, par des constructions successives dépendantes de la Géométrie de la règle, les pôles P et P′ de deux des côtés d'un triangle inscrit *axg*, dont le côté libre *ag* roule sur la même section conique que celle qui serait parcourue par le côté *ag*, considéré comme appartenant au polygone ci-dessus *abc*...*ga*. Or, nous avons démontré (Prop. IV) que cette courbe touche la conique donnée (O) aux deux points *t* et *t*′, où cette dernière est rencontrée par la droite PP′ qui joint les deux pôles P et P′ du triangle mobile *axg*; chacun de ces points est donc le dernier sommet de l'un des deux polygones cherchés, sommet d'où l'on déduira d'une manière facile et par la règle tous les autres éléments de ces polygones, qui seront ainsi entièrement déterminés.

Remarque. — D'après cela, le problème sera susceptible de deux solutions, d'une seule, ou sera impossible, selon que la droite PP′ rencontrera la section conique donnée en deux points, en un seul, ou ne la rencontrera pas du tout.

Si la section conique (O) n'était donnée que par cinq quelconques de ses points, on trouverait encore par la règle seule, les pôles P, P′ : les intersections de cette courbe avec la droite PP′ s'obtiendraient ensuite comme nous l'avons indiqué aux p. 36ȷ et suiv. du t. Iᵉʳ de ces *Applications* ou de toute autre manière. Une fois les points *t* et *t*′ connus, on achèverait les polygones demandés par des constructions qui n'exigeraient plus que le secours de la règle.

La solution du problème précédent a occupé un grand

nombre de géomètres distingués; mais ils ne sont parvenus à le résoudre que pour le cas du cercle et en faisant usage du compas. On trouve cependant une solution par la règle, du cas particulier de trois points et d'un cercle, dans les *Annales de Mathématiques de Nîmes* (t. I, 1810). M. Servois (*), en en donnant la démonstration, l'a étendue au cas d'une section conique quelconque et de trois points arbitraires. Nous ferons connaître plus loin celle qu'on déduit, pour ce cas particulier, de la solution générale exposée ci-dessus : nous en ferons autant pour celui où l'on se donnerait quatre points au lieu de trois, parce que la solution relative à ce cas est remarquable par son extrême simplicité.

PROPOSITION XIV. — PROBLÈME.

Inscrire (fig. 23) dans une conique décrite (O), *un triangle dont les côtés passent respectivement par trois points donnés* p, p', p'', *en ne faisant usage que de la règle.*

Tracez arbitrairement les trois premiers côtés ab, bc et cd

Fig. 23.

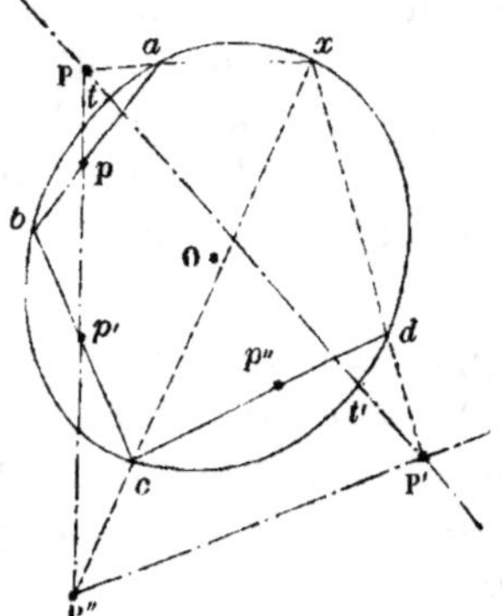

d'un quadrilatère inscrit dans la courbe, passant par les points

---

donnés p, p', p''; tracez également la droite $P'P''$, polaire du point p''; joignez les deux autres points fixes p, p' par la droite indéfinie pp' qui coupe $P'P''$ en P'''; tracez de même $P'''c$, qui rencontre la courbe en un second point x; enfin, tirez ax et dx, qui vous donneront les points P et P' par leurs intersections avec les droites pp' et $P''P'$. Cela posé, les points t et t', où la droite PP' ainsi obtenue viendra rencontrer la courbe, indiqueront l'un et l'autre des sommets des deux triangles cherchés, desquels on déduira par conséquent la position même de chacun de ces triangles.

Cette solution se simplifie beaucoup en remarquant, d'après la Prop. VII, que les points P', P'' et p'' sont tels, que l'un quelconque d'entre eux est le pôle de la droite qui joint les deux autres. Ainsi P' (*fig.* 24) est le pôle de la droite $p''P''$ conte-

Fig. 24.

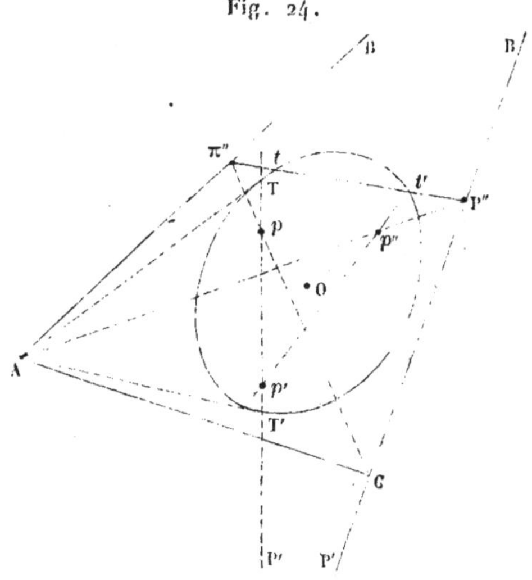

nant le pôle inconnu P'', et par conséquent toute droite $P'p'p$ émanant de ce point P', coupera la courbe en deux points T, T', tels, que les tangentes TA et $T'A$, qui leur correspondent, se rencontrent en un point A de la droite $p''P''$. Or ce point est évidemment celui où se coupent les deux droites AB et AC, qui ont respectivement p et p' pour pôles; donc, pour trouver P'', il suffit de joindre le point A avec p'', par une droite indéfinie Ap'', qui par son intersection avec BC, polaire de p'', donnera le point demandé.

Maintenant, faisons attention que si, au lieu de pp' passant par les pôles p et p', on eût tracé la droite des pôles p' et p'' et qu'on lui eût appliqué les constructions indiquées pour pp', sur la *fig.* 23 ci-dessus, on aurait obtenu, au lieu des points P et P' qui déterminent la droite cherchée tt', deux autres que je nommerai π, π'', appartenant à la même droite, en sorte que deux de ces quatre points, P'' et π'', je suppose, suffisent pour la déterminer complétement. Mais le pôle π'' en particulier (*fig.* 24), s'obtient par une construction tout aussi simple que celle du point P'', en joignant par une droite le pôle p opposé à $p'p''$, et le point C où se coupent AC et CB polaires de p' et p''; car, si on prolonge cette droite, elle coupera AB, polaire de p, au point π'' demandé. On peut donc construire avec la règle seule, la droite π''P'' qui donnera, par ses intersections en t et t' avec la courbe (O), les sommets de deux triangles inscrits dont les côtés passent par les points p, p', p''.

Remarque. — Cette solution revient à celle exposée par M. Servois, à l'endroit cité plus haut des *Annales de Nîmes;* nous avons voulu montrer comment elle peut se déduire de notre solution générale déjà exposée ci-dessus. Au reste, elle se démontrerait à priori par nos Principes de projection.

PROPOSITION XV. — PROBLÈME.

Inscrire dans une conique donnée (O), *fig.* 25, *un quadrilatère dont les côtés passent par les quatre points également donnés* p, p', p'' *et* p'''.

Tracez les deux droites pp', $p''p'''$ que vous prolongerez

Fig. 25.

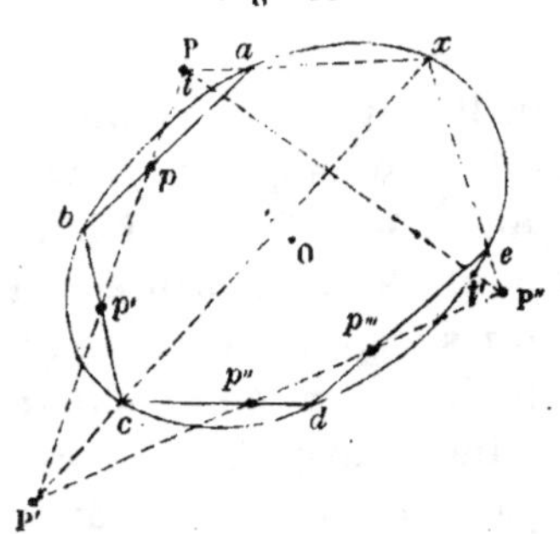

jusqu'à leur rencontre en P'; tracez également un pentagone

quelconque *abcde* inscrit dans la courbe, et dont les quatre premiers côtés passent par les points donnés; joignez le troisième sommet *c* avec P′ par la droite P′*c* qui, prolongée, coupera la conique en un second point *x*; tracez enfin *ax* et *ex* qui couperont respectivement *pp′* et *p″p‴* en P et P″; la droite PP″ coupera la courbe en deux points *t* et *t′* qui appartiendront respectivement aussi aux quadrilatères cherchés; c'est-à-dire qu'ils en seront l'un et l'autre les derniers sommets, d'où l'on déduira par conséquent tous les autres au moyen des pôles ou points donnés *p*, *p′*, *p″*, *p‴*.

PROPOSITION XVI. — PROBLÈME.

Circonscrire à une conique (O), *fig.* 26, *un polygone* ABCD..., *qui soit en même temps inscrit dans un polygone donné* MNPQ..., *c'est-à-dire dont les sommets soient sur les côtés respectifs de ce dernier polygone; en ne se servant que de la règle, quand la conique est décrite.*

D'après la Proposition X, si on laissait libre le dernier sommet E du polygone cherché en faisant abstraction pour un instant, du côté MR qui lui correspond dans le polygone donné, et qu'on déformât ce polygone de toutes les manières possibles,

Fig. 26.

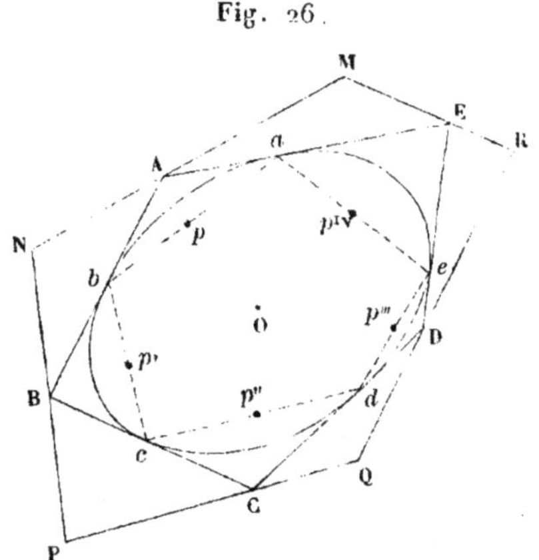

le sommet libre E parcourrait une section conique; donc les points où cette section conique rencontrerait le côté MR, dont on a fait d'abord abstraction, indiqueraient la position des der-

3.

niers sommets des polygones cherchés. Mais, comme la section conique parcourue par E n'est pas décrite, la solution précédente exigerait l'emploi du compas. Pour ne pas y avoir recours on ramènera le problème à celui de la Proposition **XIII**, ainsi qu'il suit :

On déterminera les pôles p, p', p''..., des côtés respectifs **MN**, **NP**,..., du polygone donné, ce qui s'exécutera par la règle seule; on construira ensuite (Prop. XIII) un des deux polygones *abcd*... inscrits dans la courbe (O), et dont les côtés passent respectivement par les points p, p', p'',..., trouvés ci-dessus; il est visible que si l'on circonscrit enfin à cette conique, un polygone dont les côtés respectifs la touchent aux sommets du précédent *abcd*..., ce polygone sera en même temps inscrit dans le polygone donné **MNPQ**....

Remarque. — Si l'on trouvait la solution précédente trop pénible à cause du grand nombre de lignes à tracer, on ferait usage de la suivante, qui n'a pas le même inconvénient, mais qui est aussi moins directe.

Soit circonscrit à la conique donnée (O), *fig.* 27, un polygone arbitraire **EABC**... α dont tous les sommets, à l'exception d'un seul α, se trouvent situés sur les côtés du polygone **MNP**...; il aura ainsi évidemment un sommet de plus que

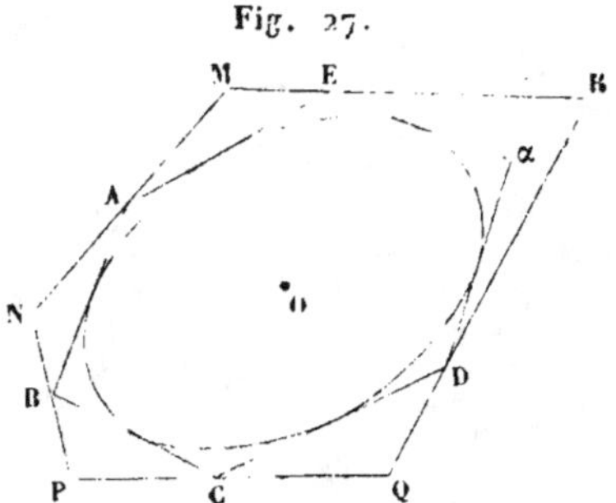

le polygone cherché; mais si, parmi le nombre infini de polygones analogues à **EAB**... α, il s'en trouve un ou plusieurs pour lesquels les côtés **E**α et **D**α se confondent en une seule et même droite, ces polygones seront évidemment les polygones demandés. Or on sait (Prop. **X**) que tous les sommets α sont situés sur une même section conique tangente en deux points à la proposée (O); donc il existe en effet deux positions du polygone α EAB... α, pour lesquelles le point α se trouve sur la courbe (O), ce qui ne peut avoir lieu sans que les côtés Eα et Dα se confondent en un seul tangent à la courbe en ce point. On obtiendra donc l'un des côtés du polygone cherché en menant à la conique (O) une tangente comprise entre les côtés MR et RQ, en l'un des points où cette courbe est touchée par celle que parcourt le sommet libre α : c'est donc à la recherche de ces deux points de contact que se réduit le problème proposé. Pour y parvenir, on choisira trois positions arbitraires du sommet α, et la question se trouvera ramenée à la suivante, beaucoup plus simple.

Étant donnés arbitrairement trois points sur le plan d'une section conique décrite, déterminer, par la règle seule, la droite qui contient ceux où cette courbe serait doublement tangente à une autre conique passant par les points donnés (*).

Nous nous bornerons à indiquer ici la construction, en elle-même extrêmement simple, et dont on trouvera la démonstration dans un autre Cahier (**).

(*) En d'autres termes, « par trois points donnés sur le plan d'une conique décrite, lui mener une autre conique doublement tangente »; ce qui se réduit proprement à déterminer la position de la sécante indéfinie de contact, commune aux deux courbes, toujours réelle, mais purement idéale quand le contact est imaginaire. La solution indiquée dans le texte dérive évidemment des données et théorèmes exposés p. 268 et suiv. du t. Ier de ces *Applications;* or M. Moutard me fait observer que cette solution étant quadruple, elle donne lieu à une incertitude relative au choix de la sécante inconnue de contact, tandis qu'il n'existe en réalité qu'une seule courbe des sommets α et une seule sécante contenant les sommets inconnus des polygones cherchés. Cette observation est parfaitement exacte; mais on doit considérer qu'il s'agit ici de simples tentatives de solutions, d'un acheminement vers les élégantes et faciles constructions linéaires, énoncées dans le t. VIII des *Annales de Mathématiques,* sous la date d'octobre 1817. (*Voir* le VIe Cahier à la fin du présent volume.)

' (**) Ce Cahier contenait un grand nombre de lemmes, de théorèmes ou de problèmes suivis de notes détachées, sans lien nécessaire et en majeure partie résumés dans le *Traité des Propriétés projectives,* dont j'ai l'intention de publier prochainement une nouvelle édition. Ces fragments

Soient *a*, *b* deux des trois points donnés ; de chacun de ces points on mènera deux tangentes à la courbe proposée (O), *fig.* 28, ce qui déterminera les points de contact T, T′, θ, θ′ ; on joindra les deux points θ et T qui correspondent aux

Fig. 28.

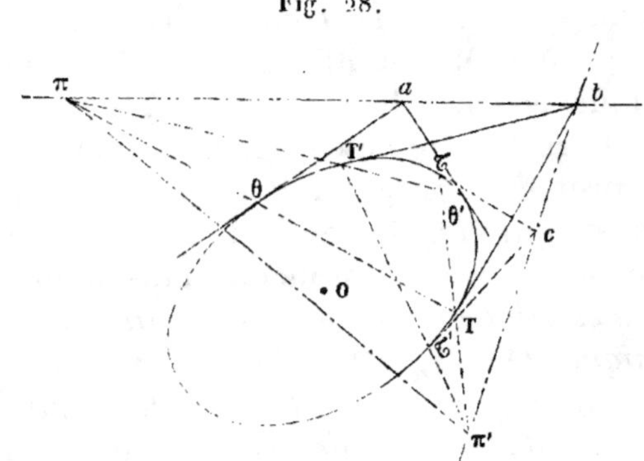

tangentes extérieures θ*a* et T*b*, par une droite θT qui, étant prolongée, ira couper celle *ab* des points donnés en un autre point π ; ce point sera l'un de ceux de la corde cherchée. En effectuant une construction semblable pour les points *b* et *c*, on obtiendra sur *bc* un second point π′ appartenant aussi à la corde cherchée ; donc ππ′ sera cette corde. Si l'on avait combiné directement le point *a* avec *c*, on aurait obtenu un troisième point π″, non indiqué, qui se serait trouvé sur la même ligne droite que les deux premiers.

Remarque. — Il n'est pas nécessaire de tracer les tangentes *a*θ, *a*θ′, etc., dont il a été question ci-dessus ; il suffira de déterminer les deux points où elles touchent la courbe (O) : ces points s'obtiendront facilement en construisant les droites θθ′ et TT′ polaires des points *a* et *b*. Il est visible aussi qu'on aurait encore obtenu le point π, si au lieu de joindre θ et T on eût joint θ′ et T′ qui appartiennent aux tangentes *a*θ′ et *b*T′.

---

ont d'ailleurs servi de base à divers articles imprimés en 1817 dans le *Journal* de Gergonne, et que je reproduis textuellement dans le VIᵉ Cahier de ce volume, à cause de leur intérêt historique et de la rareté de la Collection.

Je vais maintenant m'occuper du cas particulier où les points donnés sont en ligne droite et de celui où tous les côtés du polygone MNP... concourent en un même point; ce qui donnera lieu à plusieurs remarques intéressantes.

PROPOSITION XVII. — PROBLÈME.

Inscrire dans une conique donnée un polygone dont les côtés passent par des points en nombre quelconque, rangés sur une même ligne droite.

Il y a deux cas à distinguer : celui où le nombre des points donnés est impair, et celui où il est pair.

1er Cas. — Imaginez (*fig.* 29) qu'on inscrive au hasard dans la courbe, un polygone *abcd* dont tous les côtés, sauf le dernier *ad*, passent par les points donnés p, p', p'',... supposés en nombre impair; ce polygone ayant ainsi un nombre pair

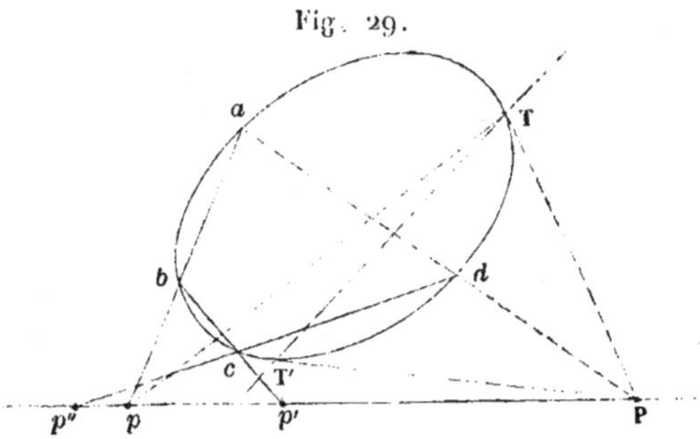

de côtés; si (Prop. XI) on le déforme arbitrairement, le dernier côté libre passera toujours par un même point P situé sur la direction de pp'. Donc enfin, si l'on mène par P une tangente PT à la conique, et que l'on construise le polygone correspondant, ce sera un des polygones demandés, puisque le côté libre *ad* sera réduit à zéro, les points *a* et *d* se trouvant réunis en un seul.

On obtiendrait l'autre solution du problème en menant par le point P une seconde tangente PT′ à la courbe; mais au lieu de tracer les tangentes elles-mêmes, ce qui est inutile, on déterminera par une construction très-simple la droite TT′ qui a P pour pôle et qui contient les derniers sommets T et T′ des deux polygones cherchés.

IIᵉ Cas. — Quand le nombre des points donnés $p, p', \ldots$ P situés sur une même ligne droite sera pair, il résulte de la Proposition XI que si le problème admet une seule solution, il y en aura par là même une infinité ; car en faisant pour un instant abstraction de l'un de ces points et laissant libre le côté correspondant, si l'on déforme le polygone de toutes les manières possibles, le côté libre passera, dans toutes ses positions, par un point de la droite des pôles. Or ce point est nécessairement le même que celui dont on a fait abstraction, puisque le côté libre y passe par hypothèse, au moins dans une de ses positions ; donc il ne peut exister que l'une de ces circonstances : ou le problème est complétement impossible, ou il admet une infinité de solutions.

On s'assurera que l'un ou l'autre de ces deux cas se présente, en inscrivant à volonté dans la conique un polygone dont les côtés respectifs passent par les points donnés : s'il reste ouvert, il n'y aura pas lieu à solution ; dans le cas contraire, tous les polygones tracés d'après les mêmes conditions que le premier, se refermeront d'eux-mêmes, et seront par conséquent autant de solutions du problème proposé.

Remarque. — Tout ce que nous venons de dire subsisterait encore dans le cas où deux ou plusieurs des points donnés se confondraient en un seul.

Proposition XVIII. — Problème.

Circonscrire à une conique donnée (O), *fig.* 3o, *un polygone dont les sommets soient situés sur des droites aussi données* MK, NK, …, *concourant toutes en un même point* K.

Iᵉʳ Cas. — Quand le nombre des droites données sera impair, on circonscrira à la courbe (O) un polygone quelconque ABC… α dont les sommets soient sur les droites données, à l'exception d'un seul α ; on joindra le dernier sommet ainsi obtenu au point K par la droite Kα, qui coupera la courbe en deux points ϑ et ϑ' indiquant respectivement le point de con-

tact du dernier côté de chacun des polygones cherchés, d'où
l'on déduira tous les autres côtés par des constructions fort

Fig. 30.

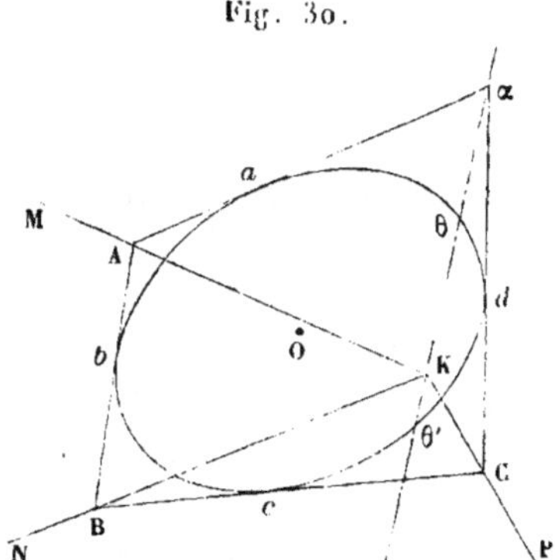

simples, en n'employant que la règle. Cette solution trouve sa
démonstration dans la Proposition XII.

IIe Cas. — Quand les droites données **MK, NK,** etc., sont en
nombre pair, il arrivera, comme dans le deuxième cas de la
Proposition XVII, que le problème proposé, ou sera entièrement impossible, ou qu'il admettra une infinité de solutions,
ce qu'on reconnaîtra en circonscrivant à cette même courbe
un polygone quelconque dont les sommets se trouvent sur les
droites données : si le polygone ainsi formé au hasard remplit
les conditions du problème, il y en aura une infinité d'autres
semblables ; dans le cas contraire, il n'y en aura aucun.

On voit, par ce qui précède, que les solutions exposées
(Prop. XIII et XVI) deviennent d'une simplicité extrême dans
les cas particuliers qui viennent d'être examinés; elles n'exigent que l'emploi de la règle et le tracé de la courbe donnée ;
or il me semble qu'elles seraient difficilement obtenues d'une
manière plus simple ou à l'aide d'un moindre nombre de lignes. Il en est ainsi encore des solutions générales déjà exposées ci-dessus (Prop. XIII et XVI).

Avant de quitter ce sujet intéressant, nous allons déduire
des deux derniers problèmes la proposition suivante, qui paraît digne de remarque.

PROPOSITION XIX. — THÉORÈME.

Si deux polygones d'un nombre impair de côtés inscrits dans une même section conique, sont tels, que leurs côtés pris deux à deux se coupent respectivement en des points situés en ligne droite, les droites joignant deux à deux les sommets de ces polygones respectivement opposés aux côtés qui concourent, iront toutes passer par un même point, pôle conjugué à la droite où convergent les côtés homologues.

Considérons en particulier (*fig.* 31) le cas de deux triangles; la démonstration s'appliquera facilement à deux polygones d'un nombre de côtés quelconque.

Supposons donc que l'on connaisse les trois points p, p' et p'', et qu'il s'agisse d'inscrire dans la conique (O) un triangle dont les côtés passent respectivement par ces trois points; on pourra regarder comme inconnu l'un ou l'autre des trois som-

Fig. 31.

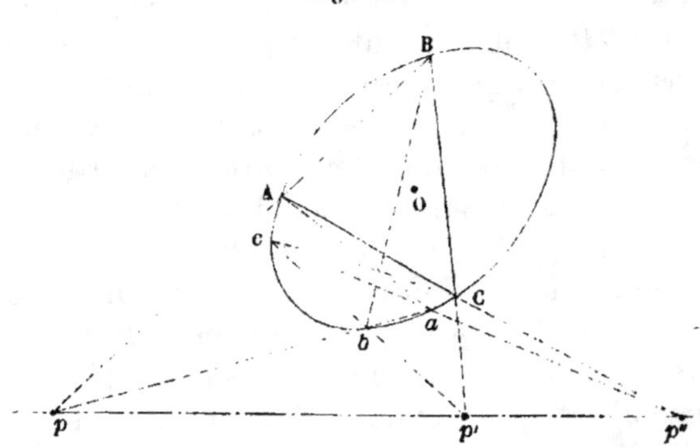

mets A, B, C de ce triangle; or, d'après la Proposition XVII, chacun de ces sommets est déterminé par l'intersection de la courbe avec une droite, polaire conjuguée de l'un des points de la droite $pp'p''$; les sommets de nos deux triangles sont donc deux à deux sur des droites ayant leurs pôles situés sur $pp'p''$; et partant, d'après la propriété connue des pôles et polaires conjugués, toutes les droites en question se coupent en un même point, lui-même pôle de la droite $pp'p''$.

De cette démonstration découle encore la proposition sui-

vante : « Si deux polygones d'un nombre impair de côtés cir-
» conscrits à une même section conique, sont tels, que leurs
» sommets soient deux à deux situés sur des droites concou-
» rant toutes en un même point, les droites qui joindront
» deux à deux les points de contact des côtés opposés aux
» sommets situés en ligne droite, concourront aussi toutes en
» un seul et même point, confondu avec celui où concourent
» les droites qui joignent deux à deux les sommets opposés. »

Proposition XX. — Théorème.

*Étant donnée une section conique quelconque, si l'on trace
à volonté un polygone dont tous les sommets, un seul excepté,
soient situés sur la courbe; puis qu'on prenne pour pôles les
points de rencontre de chacun des côtés avec une droite fixe;
qu'enfin on déforme ce polygone en faisant pivoter chaque
côté autour de son pôle et en faisant glisser sur la section conique les sommets qui s'y trouvent : le dernier sommet resté
libre, décrira une courbe du deuxième degré.*

Si l'on joint par une ligne droite les points où les côtés du
dernier angle non inscrit dans la conique rencontrent de nouveau cette courbe, on formera un second polygone qui lui sera
entièrement inscrit et dont tous les côtés, à l'exception du
dernier resté libre, pivoteront autour des pôles donnés en
ligne droite; ce dernier côté (Prop. XI) tournera donc sur un
nouveau point fixe de cette droite, ou roulera sur une section
conique tangente à la proposée, selon que le nombre des
pôles donnés sera impair ou pair. Supposons maintenant que
l'on mette la figure en projection, de manière que la courbe
devienne un cercle et que la droite des pôles passe à l'infini, il arrivera, dans le premier cas, que le côté libre du second polygone, devenu une corde du cercle, se mouvra toujours parallèlement à lui-même, et, dans le second cas, que
ce même côté roulera sur un cercle concentrique au premier. La démonstration de la proposition que nous avons en
vue se réduira donc à prouver l'une et l'autre de celles qui
suivent.

1° Si un triangle mobile est assujetti à avoir ses côtés constamment parallèles à eux-mêmes et deux de ses sommets si-

tués sur la circonférence d'un cercle, le troisième sommet resté libre décrira une section conique.

2° Si un triangle mobile est assujetti à avoir deux de ses côtés constamment parallèles à eux-mêmes et le troisième à toucher un cercle donné, et si, en même temps, les deux sommets situés sur ce dernier côté doivent parcourir une circonférence de cercle concentrique à la première, le troisième sommet resté libre parcourra encore une section conique.

On voit d'abord que la dernière proposition se ramène à la première. En effet, soit abx (*fig.* 32) le triangle mobile dont les côtés ax et bx restent parallèles à des droites données, et le dernier ab, tangent à une circonférence de cercle (C), tandis

Fig. 32.

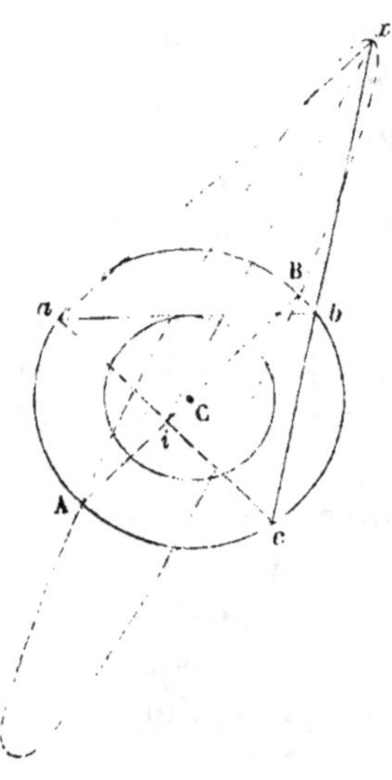

que les sommets a et b sont assujettis à parcourir la circonférence abc concentrique à la première ; soit prolongé le côté bx jusqu'à sa nouvelle rencontre en c avec le cercle abc ; soit tracée la corde ac : puisque le côté ab est constant, l'angle acb est aussi constant, mais la droite bc reste parallèle à elle-même dans le mouvement du triangle abx ; donc le côté ac du triangle acx reste aussi parallèle à lui-même, et par conséquent le sommet libre x du triangle mobile abx est aussi celui d'un autre triangle acx dont les côtés restent parallèles à eux-mêmes, et dont deux sommets a et c glissent sur un cercle donné.

Maintenant, pour démontrer que le sommet x parcourt une section conique, soit tracé le diamètre AB qui divise en deux parties égales au point i le côté ac dans toutes ses positions parallèles; soit tracée ensuite, pour chaque triangle cax, la droite ix, tous ces triangles acx et ceux qui, tels que cix, leur correspondent seront respectivement semblables; donc les carrés des droites parallèles ix seront entre eux comme les carrés des demi-cordes ai. Or, ai étant perpendiculaire à AB, on a

$$\overline{ai}^{\,2} = A\,i \times i\,B;$$

donc le carré de la droite ix sera au rectangle $A\,i \times i\,B$ dans un rapport constant pour chacun des points x de la courbe, et par conséquent cette dernière est une ellipse ayant AB pour l'un de ses diamètres, et les parallèles ix pour ordonnées obliques.

Remarque. — Il n'est pas difficile de voir que l'ellipse décrite par le point x est concentrique au cercle proposé et qu'elle a pour diamètre conjugué à AB une droite menée du centre C parallèlement à ix, et dont on aura la longueur en faisant passer la corde ac par ce même centre; car la droite correspondante ix sera évidemment la moitié du diamètre cherché. On peut d'ailleurs remarquer que les deux autres points de rencontre de l'ellipse et du cercle abc sont sur un autre diamètre de cette ellipse.

Corollaire. — En s'appuyant sur ce qui précède et sur la Proposition XI, on peut énoncer plus généralement le théorème dont nous venons de nous occuper, ainsi qu'il suit:

« Si un polygone d'un nombre quelconque de côtés est in-
» scrit dans une section conique, et qu'ayant pris sur la di-
» rection de chacun de ses côtés un pôle fixe placé à la ren-
» contre de ce côté avec une droite donnée, on déforme ce
» polygone en l'assujettissant toujours aux mêmes conditions,
» ce qui est possible (Prop. XI), les points d'intersection des
» côtés et des diagonales qui joignent des sommets de rang
» pair, décriront chacun en particulier, et en vertu du mouve-

» ment général, une section conique qui sera différente pour
» chaque intersection distincte. »

Remarque. — Dans le cas où les pôles des côtés mobiles ne
seraient pas situés en ligne droite, le dernier sommet libre α
ne parcourrait plus en général une conique, mais une courbe
du quatrième degré (t. I, p. 222). Cette courbe s'abaisse encore

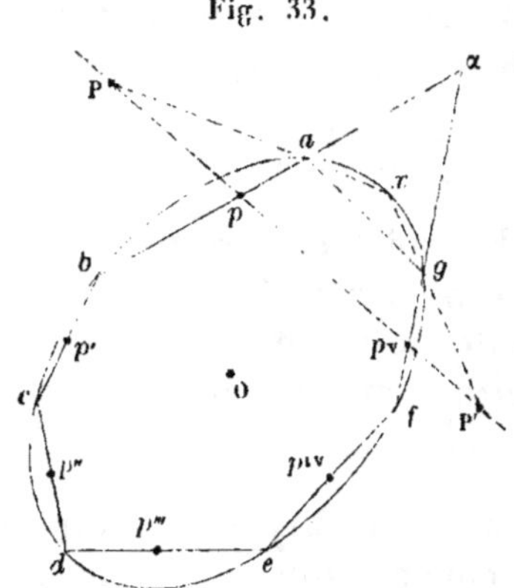

Fig. 33.

au second degré, quand les pôles p et p^v (*fig.* 33) des côtés de
l'angle $b\alpha f$ correspondant au sommet libre α sont sur la droite
qui passe par les deux points où la conique (O) est touchée
par celle qu'enveloppe le côté libre ag.

En effet, nous avons démontré (Prop. IX) qu'on peut trouver avec la règle seule, les pôles P et P′ des côtés ax, gx d'un
triangle inscrit agx dont le côté libre, confondu dans toutes ses
positions avec le côté ag du polygone inscrit $abc\ldots g$, roule
par conséquent sur la même section conique ; en sorte qu'on
peut substituer à ce polygone $abc\ldots g$ le triangle agx. Or on
formera ainsi un quadrilatère $axg\alpha a$ dont le sommet libre α
parcourra la même courbe que celui du polygone général
$abc\ldots f\alpha$, c'est-à-dire une section conique (Prop. XX) quand
les quatre pôles P, P′, p, p^v seront en ligne droite ; les pôles
p et p^v des côtés $b\alpha$ et $f\alpha$ de l'angle étant alors situés sur la
droite PP′, qui renferme (Prop. IV) les deux points où la co-
nique (O) est touchée par celle sur laquelle roule le côté mobile ag.

Comme il est facile de trouver **P** et **P′**, on voit qu'il sera aussi très-facile de reconnaître les cas où le sommet α parcourt une section conique.

Remarque générale.

On pourrait déduire de tout ce qui précède divers corollaires en particularisant convenablement les données générales : en voici un exemple très-simple.

Nous avons vu entre autres, que si un triangle variable $ac\alpha$ a ses côtés constamment parallèles et ses sommets a et c sur un cercle, le troisième sommet α décrit une ellipse qui a **AB** pour un de ses diamètres conjugués, l'autre étant parallèle aux

Fig. 34.

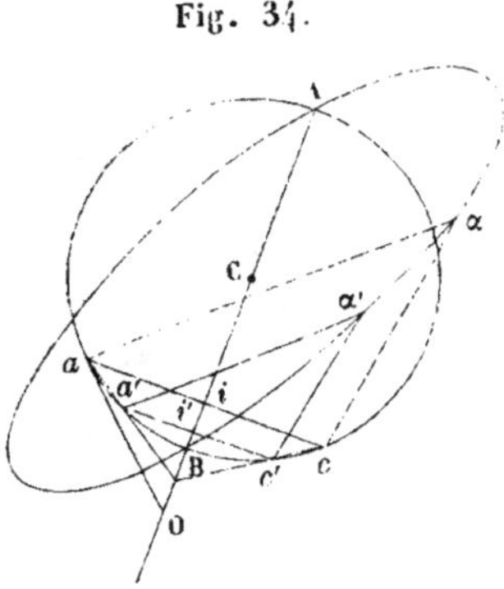

droites αi, $\alpha' i'$. Soient α et α' deux points de cette ellipse ; αac, $\alpha a'c'$ les triangles qui leur répondent : puisque ces triangles ont leurs côtés respectivement parallèles, les trois droites aa', $\alpha\alpha'$ et cc' qui joignent deux à deux leurs sommets homologues se coupent en un même point situé sur le diamètre **AB** prolongé. Quand les deux triangles se rapprochent indéfiniment, les droites ci-dessus deviennent respectivement tangentes au cercle et à l'ellipse ; donc un diamètre **AB** de cette ellipse, la direction αi de son conjugué et l'un α de ses points étant donnés, on pourra mener facilement une tangente à la courbe en ce point, ainsi qu'il suit :

Tracez sur **AB**, comme diamètre, une circonférence de cercle ; menez par α une ordonnée αi parallèle au conjugué de **AB**, ce qui vous donnera le point i ; élevez l'ordonnée ai perpendiculaire à AB, vous obtiendrez le point a par lequel vous mènerez la tangente aO au cercle, et le point O où elle coupera AB prolongée appartiendra à la tangente cherchée, en sorte que Oα sera cette tangente.

DES POLYGONES SIMULTANÉMENT INSCRITS A UNE CONIQUE ET CIRCONSCRITS A UNE OU PLUSIEURS AUTRES SUR UN PLAN.

Avant de parvenir à la démonstration de la Proposition **XIX** donnée plus haut, nous démontrions le théorème qui fait le sujet de cette proposition, à l'aide du lemme suivant qu'il ne sera pas inutile de rapporter ici. On en sentira facilement l'application à la proposition dont il s'agit.

Proposition XXI. — Lemme.

Soient (*fig.* 35) les coniques (O) et (o) se touchant en deux points réels ou imaginaires ; abc un triangle inscrit dans la courbe (O), dont un des côtés bc touche (o) et dont l'autre ba passe par un point fixe p : quand on déformera ce triangle

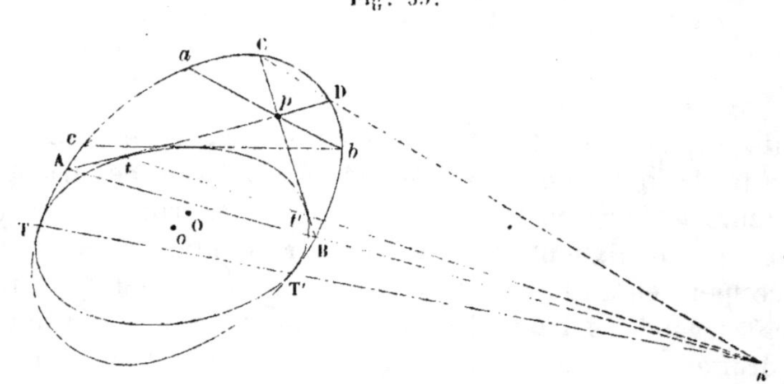

Fig. 35.

en l'assujettissant toujours aux mêmes conditions, le côté libre ac roulera dans toutes ses positions sur une troisième conique touchant aussi (O) en deux points.

Deux sections coniques, qui se touchent en deux points, pouvant être regardées en général comme la perspective de deux cercles concentriques, il suffira de démontrer la proposition pour ce dernier cas.

(O) et (o), *fig.* 36, étant les deux cercles en question, *abc* le triangle mobile inscrit dans le cercle (O); soit menée la droite Op qui joint le centre commun avec le pôle p, et par le point b une perpendiculaire bb' à Op coupant (O) en un se-

Fig. 36.

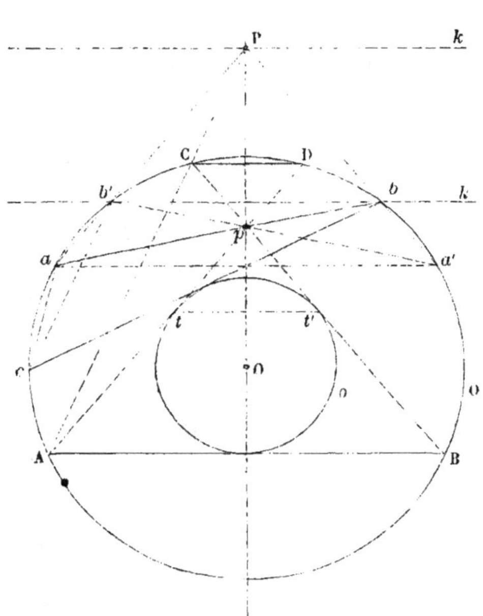

cond point b'; soit enfin formé le triangle $ab'c$. Pendant que le triangle *abc* se mouvra, l'autre $ab'c$ se mouvra aussi; or, je dis d'abord que son côté $b'c$ restera constamment parallèle à lui-même. En effet, l'angle $cb'b$ sera constant, puisqu'il aura toujours pour mesure un arc constant bBc; mais le côté bb' de cet angle reste parallèle à lui-même, donc il en sera ainsi de l'autre côté $b'c$ de cet angle (*).

En second lieu, je dis que le côté ab' du triangle mobile $ab'c$ passera toujours par un même point P situé sur la droite

---

(*) On remarquera que c'est accidentellement que sur la *fig.* 36, la corde AB est tangente au cercle (o).

O p. En effet, menez aa' parallèlement à bb', tracez ensuite $a'b'$ et $a'b$, il est visible qu'à cause de la symétrie $a'b'$ passera par le point p et $a'b$ par P. Or, en considérant le trapèze inscrit $aa'bb'$, il n'est pas difficile de prouver que quand on fait varier la diagonale ab autour du pôle p, les côtés bb', aa' restant constamment perpendiculaires à Op, les deux autres côtés ab' et $a'b$ de ce trapèze se couperont aussi toujours en un même point P (Prop. II); donc, puisque le triangle inscrit $ab'c$ a deux de ses côtés assujettis à tourner autour de pôles fixes, le côté libre ac (Prop. IV) se mouvra sur une conique doublement tangente au cercle (O).

Remarque. — Soient menées au cercle intérieur (o) les tangentes pA et pB qui rencontrent respectivement le cercle (O) en A et D, B et C; soient joints A et C par une ligne droite : il est facile de voir, 1° que AC sera la corde de contact de la section conique avec le cercle (O); 2° que cette corde passe par le point P; 3° qu'elle est parallèle à cb'. On peut remarquer aussi que les trois droites AB, tt', CD sont parallèles entre elles, et qu'ainsi elles vont concourir à l'infini sur la corde commune aux deux cercles concentriques (O) et (o) (*Principes de projection*, t. I); donc, si l'on trace les droites qui leur correspondent dans la *fig.* 35, projection centrale de celle-ci, ces droites, qui ne sont plus parallèles, iront se croiser en un même point k situé sur la corde de contact TT' commune aux courbes (O) et (o). Ceci démontre très-simplement l'exactitude de la construction employée à la fin de la Prop. XVI; car C et D peuvent être considérés comme deux points donnés sur la conique (O) doublement tangente à la courbe (o) censée décrite. On voit, en outre, que si le point p au lieu d'être intérieur à la courbe (O) lui était extérieur, on parviendrait à des conséquences analogues. Enfin, il est à remarquer qu'en raison de la symétrie qui existe dans la *fig.* 36, ou, plus généralement, à cause de la possibilité de mener du sommet b une seconde tangente distincte de ba au cercle ou à la conique (O), il existe nécessairement une autre section conique enveloppe, tangente à (O) en D et B.

Ces dernières remarques permettraient aussi de trouver la corde de contact idéale de deux sections coniques décrites quand elles n'ont aucun point commun, et cela en n'employant que la règle seule; la construction servirait en même temps à faire connaître si deux courbes données se touchent réellement, ou imaginairement en conservant néanmoins une sécante commune idéale de double contact.

PROPOSITION XXII. — THÉORÈME.

Si deux coniques (O) *et* (o), *fig.* 37, *ont un contact double, réel ou imaginaire, et qu'ayant inscrit dans l'une* (O), *un polygone abcd..., dont tous les côtés, à l'exception d'un seul ad, touchent l'autre conique* (o), *on vienne à déformer ce polygone de toutes les manières possibles en l'assujettissant aux mêmes conditions, le dernier côté ad, demeuré libre, enveloppera dans toutes ses positions une troisième section conique qui touchera les premières précisément aux deux points où elles se touchent entre elles, c'est-à-dire ayant avec elles même corde de contact réelle ou imaginaire.*

En effet, les deux courbes (O) et (o) peuvent être regardées comme les perspectives de deux cercles concentriques : or, il est visible que dans ce cas le dernier côté, perspective de *ad*, roule sur un troisième cercle concentrique aux deux premiers;

Fig. 37.

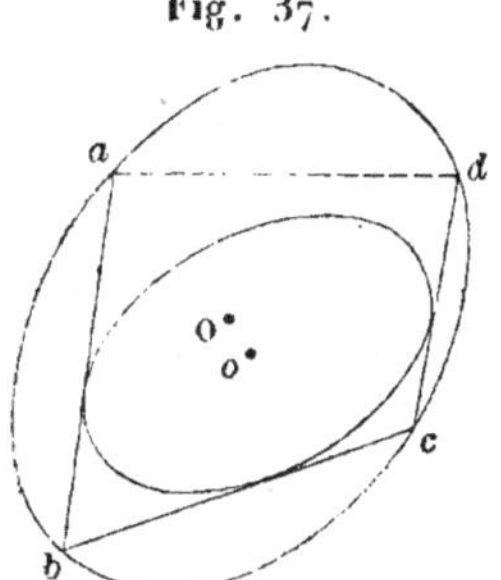

donc la proposition énoncée se trouve établie, puisque tout système de cercles concentriques est la perspective d'un système de coniques tangentes aux deux mêmes points.

————

Note pendant l'impression.

Les événements politiques et militaires du printemps de 1815 m'ont contraint d'interrompre ici la rédaction de cette partie du Iᵉʳ Cahier. Je ne me rappelle pas si, à cette époque, j'étais réellement en mesure de poursuivre, sous une forme synthétique, la démonstration des théorèmes concernant l'inscription et la circonscription simultanée des polygones aux sections coniques décrites sur un plan. Dans le fait, c'est seulement au nᵒ d'octobre 1817 des *Annales de Mathématiques de Montpellier* que, dans un article de *Philosophie mathématique*, je me crus en droit d'appeler l'attention du public sur ce problème général et sur divers autres résultats qui font l'objet des Cahiers ci-après, auxquels j'étais dès lors parvenu à l'aide de procédés très-distincts de ceux jusque-là préconisés par M. Gergonne. Néanmoins, dans cet article, textuellement reproduit parmi ceux du VIᵉ Cahier de ce volume, il n'est fait aucune mention explicite des tentatives par lesquelles, durant les loisirs qui, pour moi, ont succédé aux fatales catastrophes de 1815, je me suis efforcé d'étendre les spéculations relatives à l'inscription ou à la circonscription des polygones aux courbes géométriques en général. Or, en m'occupant de ce dernier objet, je ne tardai pas à me convaincre que la question était d'un tout autre ordre, et c'est pourquoi, dans le paragraphe ci-après, j'ai eu recours tout d'abord à la méthode analytique dont je m'étais déjà servi à Sarateff pour les courbes simples du 2ᵉ degré, en essayant de généraliser les recherches faites en 1733 par Braikenridge sur le degré des lignes décrites par « le sommet libre d'un polygone dont les côtés pivotent » autour de pôles fixes, tandis que les autres sommets sont assujettis à » demeurer sur des courbes géométriques de degrés donnés dans son » plan. » Mais j'ai bientôt, comme on le verra, abandonné cette route laborieuse et pour moi infertile, afin d'y substituer des méthodes purement géométriques fondées sur le principe de continuité, et dont on voit le résumé rapide dans le Chapitre III, Sect. IV, du *Traité des Propriétés projectives des figures.*

SUR LES POLYGONES MOBILES INSCRITS AUX COURBES GÉOMÉTRIQUES PLANES, DE DEGRÉS QUELCONQUES.

PROPOSITION XXIII. — THÉORÈME.

Soient décrits sur un plan une courbe du degré m et un polygone dont tous les sommets, un seul excepté, sont assujettis *à rester sur la courbe, tandis que ses divers côtés pivotent sur des pôles fixes situés en ligne droite; le sommet libre α de ce polygone parcourra une courbe du degré $m\,(m-1)^{u-1}$, n étant le nombre des sommets mobiles sur la courbe (m).*

La perspective ne changeant pas le degré de cette courbe ni celui de la ligne parcourue par α, puisque les données du problème ne dépendent d'aucune grandeur déterminée, il suffira de prouver que la propriété énoncée a lieu dans l'une quelconque des projections ou perspectives de la figure, pour qu'elle soit établie en général. Supposons donc qu'on fasse la projection centrale de la figure proposée, de manière que tous les pôles passent à l'infini; alors pour cette projection, les côtés du polygone, au lieu de tourner autour de points fixes en ligne droite, se mouvront parallèlement à autant de droites fixes, différentes pour chacun des côtés.

Les conditions pour que les sommets x', x'',..., x^s appartiennent à une courbe de degré m et que les côtés restent parallèles à des droites données, seront exprimées par des équations de la forme suivante :

$$(c_1) \qquad ay'^m + by'^{m-1}(Ax'+B) + cy'^{m-2}(Cx'^2+Dx'+E)\ldots + gx'^m + \ldots + k = 0, \qquad y'-\beta = o(x'-z) \qquad (l_1)$$

$$(c_2) \qquad ay''^m + by''^{m-1}(Ax''+B) + cy''^{m-2}(Cx''^2+Dx''+E)\ldots + gx''^m + \ldots + k = 0. \qquad y'-y'' = p(x'-x'') \qquad (l_2)$$

$$(c_3) \qquad ay'''^m + by'''^{m-1}(Ax'''+B) + cy'''^{m-2}(Cx'''^2+Dx'''+E)\ldots + gx'''^m + \ldots + k = 0. \qquad y''-y''' = q(x''-x''') \qquad (l_3)$$

$$\cdots\cdots\cdots\cdots\cdots\cdots\cdots\cdots\cdots\cdots\cdots\cdots\cdots\cdots\cdots\cdots\cdots\cdots\cdots\cdots$$

$$(c_n) \quad a(y^s)^m + b(y^s)^{m-1}(Ax+B) + c(y^s)^{m-2}[C(x^s)^2+Dx^s+E]\ldots + g(x^s)^m + \ldots + k = 0. \qquad y^{s-1}-y^s = u(x^{s-1}-x^s) \qquad (l_n)$$

$$y^s - \beta = N(x^s - z) \qquad (l_{n+1})$$

Supposons qu'on parte d'un point quelconque x' de la courbe (m), et que par ce point on mène le côté $x'x''$ parallèlement à la droite fixe correspondante, il est visible que cette droite rencontrera la courbe (m) en $m-1$ points x'' dif-

Fig. 38.

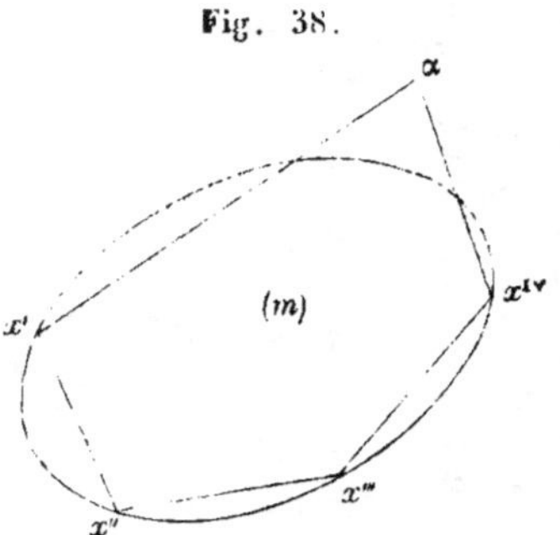

férents de x'. L'équation qui donnera les abscisses x'' de ces points en fonction de x' et y' ne sera donc que du degré $m-1$ en x''; mais (*) je dis de plus que, dans le cas actuel où la droite $x'x''$ doit être parallèle à une direction fixe, ce qui rend (l_2) linéaire, l'équation dont il s'agit en x', y' et x'' combinés, ne monte en effet qu'au degré $m-1$ au lieu de $2(m-1)$, c'est-à-dire que, dans tous les termes où ces coordonnées entrent, la somme de leurs exposants n'est jamais supérieure au nombre $m-1$.

Pour le prouver commençons par tirer y'' de l'équation (l_2) de la droite $x'x''$: on aura

$$y'' = y' - p(x' - x'');$$

(*) Je supprime ici tout un passage dans lequel je cherchais à faire pressentir à l'avance les résultats du calcul algébrique par des raisonnements à priori, fondés sur des considérations analytiques analogues à celles qui m'avaient guidé dans les IIIᵉ et IVᵉ Cahiers du précédent volume pour le cas simple des directrices coniques. Mais ces raisonnements généraux, par là même vagues et obscurs, ne pouvaient expliquer comment, dans le cas de pôles quelconques où les équations (l) cessent d'être linéaires, le degré des courbes engendrées par le sommet libre z du polygone mobile se trouvait généralement doublé.

substituant dans l'équation (c_2) et développant, il vient

$$ay'^m + by'^{m-1}(Ax''+B) + cy'^{m-2}(Cx''^2+Dx''+E)\ldots+fy'(Fx''^{m-1}\ldots+T)+gx'^{m}\ldots+hx''+k$$
$$+pa(x'-x'')\left[-\frac{m}{1}y'^{m-1}+\frac{m(m-1)}{1.2}p(x'-x'')y'^{m-2}\ldots\pm p^{m-1}(x'-x'')^{m-1}\right]$$
$$+pb(Ax''+B)(x'-x'')\left[-\frac{(m-1)}{1}y'^{m-2}+\frac{(m-1)(m-2)}{1.2}p(x'-x'')y'^{m-3}\ldots\mp p^{m-2}(x'-x'')^{m-2}\right]$$
$$+cp(Cx''^2+Dx''+E)(x'-x'')\left[-\frac{(m-2)}{1}y'^{m-3}+\frac{(m-2)(m-3)}{1.2}p(x'-x'')y'^{m-4}\ldots\pm p^{m-3}(x'-x'')^{m-3}\right]$$
$$\cdots\cdots\cdots\cdots\cdots\cdots\cdots\cdots\cdots\cdots\cdots\cdots\cdots\cdots\cdots\cdots\cdots$$
$$-fp(Fx''^{m-1}+Gx''^{m-2}\ldots+T)(x'-x'')=0.$$

Retranchant cette équation de l'équation (c_1), il en viendra une autre divisible par ($x'-x''$); supprimant ce facteur on aura

$$Aby'^{m-1}+cy'^{m-2}[C(x'+x'')+D]\ldots+fy'[F(x'^{m-2}+x'^{m-3}x''\ldots+x''^{m-2})\ldots+R]+g(x'^{m-1}+x'^{m-2}x''\ldots+x''^{m-1})\ldots+h$$
$$-pa\left[-\frac{m}{1}y'^{m-1}+m\frac{(m-1)}{1.2}p(x'-x'')y'^{m-2}\ldots\pm p^{m-1}(x'-x'')^{m-1}\right]$$
$$-pb(Ax''+B)\left[-\frac{m-1}{1}y'^{m-2}+\frac{(m-1)(m-2)}{1.2}p(x'-x'')y'^{m-3}\ldots\mp p^{m-2}(x'-x'')^{m-2}\right]$$
$$-cp(Cx''^2+Dx''+E)\left[-\frac{(m-2)}{1}y'^{m-3}+\frac{(m-2)(m-3)}{1.2}p(x'-x'')y'^{m-4}\ldots\pm p^{m-3}(x'-x'')^{m-3}\right]$$
$$\cdots\cdots\cdots\cdots\cdots\cdots\cdots\cdots\cdots\cdots\cdots\cdots\cdots\cdots\cdots\cdots\cdots$$
$$+fp[Fx''^{m-1}+Gx''^{m-2}\ldots+T]=0.$$

équation dont le degré est visiblement $m-1$, au plus, en x', y' et x''.

Il n'est point nécessaire de développer les calculs ainsi que je viens de le faire ; car on voit tout de suite que l'équation (l_2) étant linéaire, la substitution de y'' dans (c_2) doit donner une équation seulement du degré m en x'', x' ét y' à la fois, laquelle retranchée de (c_1) du même degré en x', y', donnera encore une équation du degré m en x'', x' et y' ; c'est-à-dire que, dans aucun terme, la somme des exposants de x', y' et x'' ne pourra surpasser m. Or, le développement de chacune des puissances de l'expression de y'' tirée de l'équation (l_2) se compose de deux parties, dont l'une, le premier terme, est la même puissance de y', et dont l'autre est divisible par $x' - x''$; considérant donc à part le résultat de la substitution des premiers termes et les retranchant respectivement de ceux de l'équation (c_1), le terme en y'^m disparaîtra aussi bien que $by'^{m-1}\mathbf{B}$, $cy'^{m-2}\mathbf{E}$, etc., et tous les autres fourniront des différences divisibles par $x' - x''$. Comme la deuxième partie du développement de l'équation ainsi obtenue par soustraction sera elle-même divisible par $x' - x''$, en supprimant ce facteur, on aura en définitive en x'', x' et y', une équation qui ne sera que du degré $m - 1$ par rapport à ces quantités.

En traitant de même les trois équations (c_2), (c_3) et (l_3), on en tirera une équation en x'', y'' et x''' du degré $m - 1$ seulement, et en continuant ainsi pour les autres équations qui appartiennent aux côtés successifs du polygone variable, on parviendra à remplacer les $n - 1$ dernières équations (c) par $n - 1$ autres équations complètes du degré $m - 1$ seulement par rapport aux coordonnées qui y entrent ; en y joignant la première du degré m et conservant les $n + 1$ équations du premier degré (l_1), (l_2),..., $(l_{(n+1)})$, éliminant ensuite toutes les inconnues x', y', x'', y'',..., excepté α et β, on sait, d'après la théorie de l'élimination, que le degré de l'équation finale en α et β ne montera pas au-dessus du produit des exposants de chacune de ces équations. Or les $n - 1$ équations du degré $m - 1$ donnent pour produit de leurs exposants $(m - 1)^{n-1}$, le produit des exposants des $n + 1$ équations linéaires (l) est $1.1..., = 1$; donc celui de l'équation (c_1) étant m, le produit de tous les exposants ou le degré de l'équation finale en α et β, et par conséquent celui de la courbe α, sera

$$1 . m . (m - 1)^{n-1} = m (m - 1)^{n-1}. \qquad \text{C. Q. F. D.}$$

Remarque. — Quand les pôles donnés ne sont pas situés en ligne droite, la démonstration analytique devient pour ainsi dire impossible à cause des difficultés que présentent les théories de l'élimination. On ne peut donc plus savoir par ce moyen quel est le degré de l'équation finale, c'est-à-dire le degré de la courbe engendrée par le mouvement du point α. La géométrie intuitive, combinée avec les considérations générales de l'analyse, parvient pourtant à ce but d'une manière assez simple. Nous allons, par ce moyen, démontrer une suite de théorèmes sur la description des courbes, qu'on pourra regarder comme l'extension de ceux qu'on trouve dans l'ouvrage de Braikenridge intitulé : *De descriptione linearum curvarum* (1733) (*).

PROPOSITION XXIV. — LEMME DÉMONTRÉ p. 1re.

Si un polygone est assujetti à avoir tous ses sommets, à l'exception d'un seul, situés sur autant de droites données dans son plan; que, de plus, chacun de ses côtés passant constamment par un pôle fixe, l'on vienne à déformer ce polygone de toutes les manières possibles, le dernier sommet libre parcourra une ligne du second degré.

Remarque. — Quand tous les pôles sont situés sur une même ligne droite, le sommet libre décrit une autre droite au lieu d'une section conique.

(*) L'ouvrage de Braikenridge, dont les citations de MM. Servois et Brianchon m'ont donné la première connaissance, et qui, rédigé d'une manière plutôt algébrique que géométrique, est par là même très-pénible à lire, ne concerne guère que la description des courbes géométriques au moyen du triangle mobile autour de trois pôles fixes : cette description toute linéaire n'exige que le tracé de simples lignes droites quand les directrices curvilignes sont données; mais, par cela même que les courbes décrites ont pour points multiples les pôles adjacents au sommet descripteur du triangle mobile, elle ne s'applique qu'à une classe particulière de lignes géométriques; ce qui a contribué, sans doute, à en diminuer beaucoup l'intérêt aux yeux des géomètres, indépendamment de quelques erreurs échappées à Braikenridge et de la revendication faite par Maclaurin dans les *Transactions philosophiques de la Société royale de Londres* (année 1735, p. 152 à 174, lu en 1732), revendication qui re-

Proposition XXV. — Théorème général.

Si l'on déforme un polygone quelconque en assujettissant tous ses côtés à tourner respectivement autour de pôles fixes dans son plan, et chacun de ses sommets, un seul α excepté, à parcourir des lignes quelconques de degrés respectifs m, n, p, q, r,..., le dernier sommet libre parcourra une courbe qui sera en général et au plus, du degré 2 mnpq....

D'abord, cette proposition a lieu (p. 1) pour le cas où les directrices sont des lignes droites; car alors $m = 1$, $n = 1$,...;

Fig. 39.

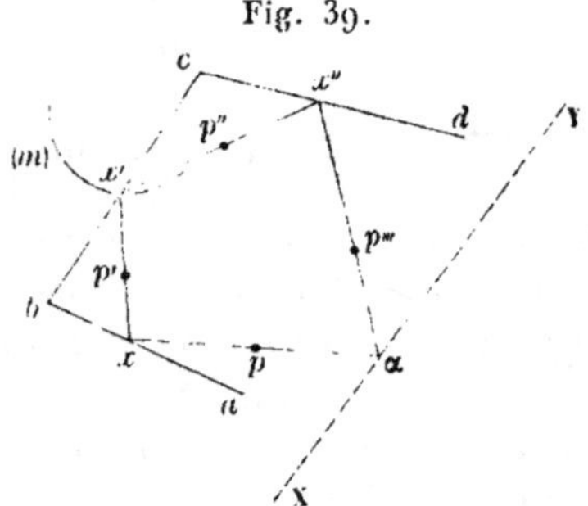

je dis, en outre, qu'elle aura également lieu si l'on substitue (*fig.* 39) une courbe du degré m à l'une quelconque de ces

---

monte à l'époque de 1722, lors du séjour de Maclaurin à *Nanci* (Nancy, en France, peut-être?). Mais le fond de cette revendication portait principalement sur la description linéaire des courbes du second degré par points au moyen de deux, de trois, ou d'un nombre quelconque de directrices rectilignes et de pôles arbitraires, conformément à un théorème qui, bien que facile à déduire de l'*hexagrammum mysticum* de Pascal, n'en appartient pas moins à Maclaurin, auquel on doit également d'avoir généralisé la description organique de ces courbes due à Newton, au moyen d'angles constants mobiles autour de pôles fixes quelconques sur un plan : cette description comprenant la précédente, relative au cas où les angles sont nuls ou de deux droits. Toutefois, aucune de ces intéressantes spéculations géométriques n'a trait aux théorèmes qui concernent l'enveloppe du dernier côté libre des polygones mobiles, et dont le véritable point de départ se trouve dans le théorème original et fécond de Brianchon sur l'hexagone circonscrit à une conique.

lignes droites, par exemple bc; c'est-à-dire que, dans ce cas, le point α parcourt une courbe du degré $2\,m$. Cette proposition sera démontrée si l'on prouve que la courbe (α) ne peut rencontrer une ligne droite quelconque XY tracée dans son plan qu'en $2\,m$ points seulement.

Qu'on rende en effet le sommet x' libre et que, tout restant comme auparavant, on oblige, à l'inverse, le sommet α à parcourir la droite XY; d'après le lemme qui précède, toutes les directrices étant de simples lignes droites, le sommet x' devenu libre, parcourra une courbe du second degré; mais, cette courbe étant indépendante de celle (m) qui est donnée, la coupera en général en $2\,m$ points, lesquels correspondront à $2\,m$ positions de α sur la droite XY. D'ailleurs, ces derniers points appartiennent visiblement à la ligne décrite par α libre, quand le sommet x' est assujetti à rester sur la courbe donnée (m); de plus, il est visible encore qu'il ne saurait y avoir sur XY d'autres points qui lui soient communs avec la courbe (α), car le point correspondant x' devant être situé à la fois sur la conique ci-dessus et sur la courbe (m), serait nécessairement l'un des $2\,m$ points de leur intersection commune. Donc enfin la courbe des α ne saurait rencontrer une droite XY, tracée arbitrairement dans son plan, en plus de $2\,m$ points; donc elle est, au plus, du degré $2\,m$.

La proposition étant établie pour le cas où l'on substitue une courbe de degré m à l'une des directrices droites du polygone mobile, on pourra démontrer de la même manière qu'elle a lieu pour le cas où l'on remplacerait deux directrices droites par deux courbes de degré m et n.

En effet, soit tracée (*fig.* 39), comme ci-dessus, une droite quelconque XY dans le plan de la courbe des sommets α, et cherchons de même quel sera le nombre de points qui lui sont communs avec la courbe, et par conséquent quel sera le degré de cette courbe. Si, au lieu d'astreindre le sommet x' à parcourir la courbe (n), on le rend libre tandis qu'au contraire on force le sommet α à parcourir la droite XY, il est visible, d'après ce qui précède, que le point x', devenu mobile, parcourra une ligne du degré $2\,m$ coupant, d'après un théorème bien connu, la courbe (n) qui en est généralement indépendante en $2\,mn$ points. Donc le sommet libre α, parmi toutes les positions qu'il peut prendre, en a $2mn$ pour lesquelles il est situé sur la droite XY. Donc le degré de la courbe qu'il parcourt est en général $2mn$.

Le même raisonnement servirait à démontrer que la proposition est vraie quand, à la place des directrices droites du lemme ci-dessus, on substitue successivement trois courbes, quatre courbes, etc.; donc elle est vraie en général pour des directrices courbes géométriques, en nombre quelconque.

C. Q. F. D.

PROPOSITION XXVI. — *Sur les points multiples polaires.*

Les pôles extrêmes p et p^{iv} (fig. 40), qui répondent aux deux derniers côtés adjacents au sommet libre α du polygone mobile dont il vient d'être parlé (Prop. XXV), appartiennent l'un et l'autre à la courbe (α) ; de plus, ils en sont des points multiples.

Effectivement, à mesure que le côté $x\alpha$, par exemple, s'approche de la droite indéfinie pp^{iv} qui passe par ces pôles, le point α doit se rapprocher du pôle p^{iv} et finir par se confondre avec lui ; la même chose a lieu pour le pôle p quand c'est le

Fig. 40.

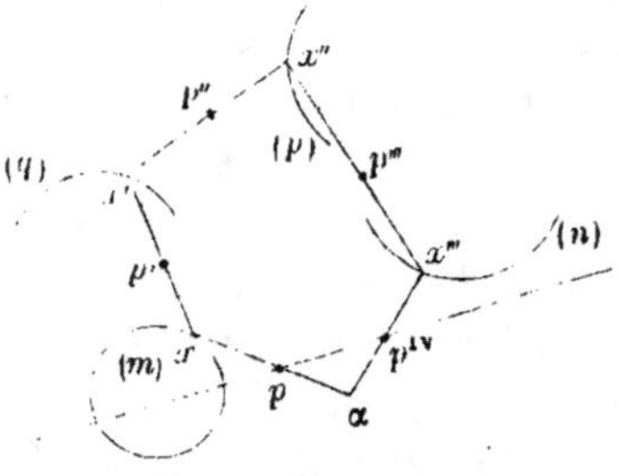

côté $x''' p^{\mathrm{iv}}$ qui tend à se confondre avec pp^{iv} ; en outre, il est facile de reconnaître que ces mêmes points sont des points *multiples ;* c'est-à-dire qu'il y passe à la fois plusieurs branches distinctes de (α). Pour le prouver d'une manière claire et en même temps pour découvrir le degré de *multiplicité* de ces points ou le nombre des branches qui y passent respectivement, nous considérerons le cas particulier de quatre directrices données de degrés m, n, p et q.

Cela posé, concevons que l'on ait tracé l'une quelconque $x\alpha$

des génératrices passant par le pôle p, et qu'on demande de
trouver les points tels que α qui lui correspondent : d'après
l'énoncé du théorème général qui fait l'objet de la Proposition **II**, on devra chercher le point inconnu x, où cette
génératrice rencontre la courbe (m), puis tracer la génératrice consécutive xp' qui passe par le second pôle p' et le
point x ainsi obtenu, chercher derechef le point x' où cette
génératrice rencontre la courbe (q), et ainsi de suite jusqu'à
ce qu'on arrive à un dernier point x''' situé sur la courbe (n),
voisine de α ou p^{iv}. Joignant alors ce point x''' au pôle adjacent p^{iv}, par la droite $x'''p^{\text{iv}}$, le point α où celle-ci coupera la
première des génératrices du polygone px, sera le point demandé de la courbe des α qui correspond à la position particulière de cette génératrice. Or, si l'on fait attention que la
génératrice px ne rencontre pas la courbe (m) en un seul
point x, mais encore en $m - 1$ autres points distincts de x,
et qu'il n'y a pas de raison pour se servir de la première de
ces intersections plutôt que de l'une quelconque des autres,
on en conclura que, à une même direction $x\alpha$, correspondent m autres droites xp'.

Pareillement, chacune de celles-ci rencontrant la courbe (q)
en q points x', il y aura q génératrices $x'p''$ qui répondront à
une même direction xp', et par conséquent mq de ces directions correspondront à la génératrice de départ px. En allant
ainsi de proche en proche, on voit enfin qu'on trouvera $mqpn$
dernières génératrices $x'''p^{\text{iv}}$ correspondantes à xp, lesquelles
donneront avec celle-ci un même nombre de points d'intersection appartenant tous à la courbe (α) : car il n'y a pas de raison
de choisir l'un plutôt que l'autre de ces points, puisqu'ils dérivent de la même loi.

Ainsi donc, à une même génératrice xp correspondent
$mnpq$ points appartenant à la courbe inconnue (α) ; or il est
visible que, quand cette génératrice viendra à prendre la position pp^{iv}, les $mnpq$ autres génératrices qui lui correspondent, et qui en général ne se confondent pas avec elle,
la couperont précisément en ce point p^{iv} ; et comme, avant
et après ce même point, les sommets α de la courbe situés
sur xp sont en nombre $mnpq$, il est évident qu'il y aura autant de branches passant par le pôle p^{iv} ; donc enfin ce pôle

est un point multiple de l'ordre $mnpq$. Le même raisonnement s'appliquant à la droite $x'''p^{\text{iv}}$ en la considérant comme génératrice de départ, on doit en conclure que le pôle p est aussi un point multiple de l'ordre $mnpq$ de la courbe (α). Enfin la droite pp^{iv} ne renferme évidemment aucun autre point de la même courbe, car elle ne peut être coupée qu'en $mnpq + mnpq = 2\,m.n.p.q$ points, au plus.

Proposition XXVII. — *Tracé des tangentes.*

Pour trouver les $mnpq$ tangentes à la courbe (α) en p ou p^{iv}, par exemple en p^{iv}, on considérera la droite xp parvenue à la position pp^{iv}, et ayant recherché par la loi indiquée ci-dessus tous les points x, x', x'',..., qui lui correspondent, on mènera en ces points les tangentes aux courbes respectives (m), (n), (p),...

Considérons à part l'un des polygones analogues à celui $\alpha xx'x''x'''$ de la *fig.* 4o, ainsi que les tangentes aux courbes (m), (q),... (n) répondant aux sommets x, x', x'', x''', et supposons que l'on vienne à déformer ce polygone en obligeant ses sommets à parcourir les tangentes respectives qui leur correspondent, et ses côtés consécutifs à tourner autour des pôles adjacents p, p',... p^{iv}, il est visible, d'après la Prop. XXIV, que le sommet α précédemment confondu avec le pôle p^{iv}, s'en détachant pour devenir libre, parcourra une section conique passant aussi par les points p et p^{iv}; or, cette conique aura au pôle p^{iv} un élément en commun avec l'une des branches de la courbe des α qui passe en ce point.

En effet, pour deux positions infiniment voisines, les sommets x, x', x'',... sont situés à la fois sur les tangentes et les directrices (m), (q),... (n) auxquelles elles appartiennent respectivement; et par conséquent les deux positions infiniment voisines du point générateur α qui leur correspondent, et dont l'une est p^{iv}, appartiennent à la fois, et à la conique dont il s'agit, et à la courbe des α; donc ces courbes ont une tangente commune en p^{iv}, facile à obtenir par la règle seule (t. Iᵉʳ, p. 138), en prenant avec les pôles extrêmes p et p^{iv}, trois autres points quelconques de la conique.

Un autre polygone distinct du précédent $(xx' \ldots x'''p^{\text{iv}})$, donnerait une nouvelle tangente à la courbe (α) en p^{iv}, puis par une méthode toute semblable, on obtiendrait les tangentes aux *mnpq* branches qui passent par l'autre point multiple p de cette même courbe des α.

Remarque. — En général, le même procédé donnera la tangente en un point quelconque de cette courbe, dès qu'on saura mener une tangente aux directrices (m), (n), (q). Nous chercherons par la suite (*) à mener directement la tangente à une courbe géométrique quelconque, du degré m, décrite sur un plan, en ne se servant que de la règle seule.

Pour le moment, nous allons nous occuper des différents cas où le degré de la courbe ci-dessus s'abaisse d'une ou de plusieurs unités. Et d'abord, commençons par examiner les cas où les pôles donnés p, p',... sont tous ou en partie, rangés sur une même ligne droite.

Proposition XXVIII. — Théorème.

Si tous les sommets d'un polygone mobile, un seul excepté, sont assujettis à parcourir autant de courbes géométriques de degrés m, n, p,... situées dans le même plan, et qu'en même temps tous les côtés de ce polygone soient astreints à pivoter constamment autour d'autant de pôles fixes situés en ligne droite, le dernier sommet demeuré libre décrira par le même mouvement une courbe de degré mnp....

On démontrera facilement cette proposition en appliquant à ce cas particulier le raisonnement du théorème général, p. 58, et en s'appuyant sur la remarque de la Proposition XXIV. Car, par exemple, si, dans le cas où toutes les directrices

---

(*) *Voir* le Cahier suivant où la théorie des transversales est appliquée à la recherche des osculatrices coniques en des points donnés quelconques. Quant au tracé des tangentes par la précédente méthode, **M.** Moutard me fait observer qu'elle n'a d'intérêt que s'il s'agit d'un point α quelconque de la courbe; car les considérations géométriques mêmes du texte prouvent qu'en un point multiple tel que p, par exemple, les tangentes ne sont autres que les *mnpq* directions de la génératrice $x'''p^{\text{iv}}$, qui correspondent à xp quand celle-ci vient à se confondre avec pp^{iv}.

étant du premier degré, la courbe des α est elle-même de
ce degré, on remplace l'une quelconque de ces directrices
droites par une ligne quelconque du degré m, on prouvera aisément que la courbe engendrée par le sommet α sera elle-
même du degré m. En effet, si l'on trace une transversale
droite **XY** arbitraire, dans le plan de la *fig.* 41, et qu'on assu-

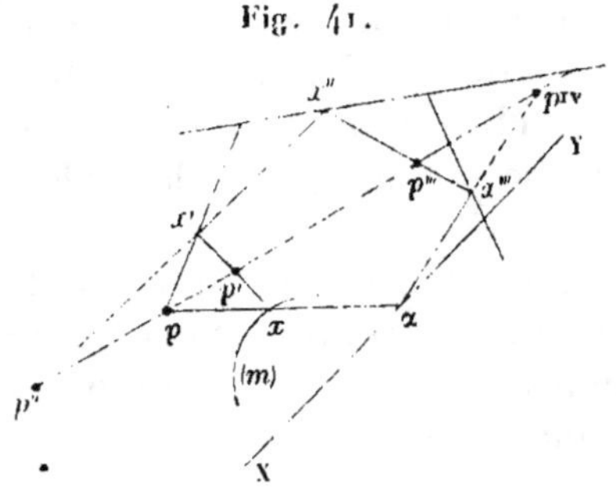

Fig. 41.

jettisse le sommet α à rester sur cette droite en rendant au
contraire libre le sommet x, qui d'abord parcourait la courbe,
alors il arrivera, en vertu du lemme cité, que ce sommet décrira une dernière ligne droite rencontrant la courbe (m) en m
points auxquels en correspondront m autres α situés sur **XY**,
et qui appartiendront à la courbe décrite par le sommet x,
supposé libre selon notre primitive hypothèse. Or, il ne saurait
y en avoir, sur la transversale **XY**, d'autres qui appartiennent
en même temps à la courbe des α; donc cette courbe ne rencontre une droite arbitraire menée dans son plan qu'en m
points; donc elle est en général et au plus du degré m. En poursuivant ce raisonnement de proche en proche pour les directrices courbes (p), (q)..., substituées à des directrices rectilignes, on arrivera enfin à la démonstration du théorème ci-
dessus énoncé.

Remarque concernant la multiplicité des points polaires. —
Dans le cas particulier considéré où tous les pôles sont en
ligne droite, on ne peut plus conclure qu'aucun d'entre eux
appartienne à la courbe et soit un point multiple. En effet,
quand la génératrice rectiligne xp, par exemple, vient à se
confondre avec la direction pp^{iv}, toutes les autres génératrices
polygonales mobiles, y compris la dernière $x'''p^{\mathrm{iv}}$, tendent à se

confondre avec la même droite ; donc alors les points α, relatifs à ce cas, ne sont plus distincts comme dans l'hypothèse générale, et il est impossible d'affirmer qu'ils se confondent avec p ou p^{iv}. Il y a plus, on peut se convaincre par des exemples que cela n'a pas lieu en général.

En particulier, quand toutes les directrices des sommets sont rectilignes, on sait que le sommet libre α parcourt lui-même une ligne droite ; or, cette ligne droite ne saurait évidemment passer par les pôles p et p^{iv}, puisqu'elle serait déterminée indépendamment de toutes les autres données du problème dont elle dépend essentiellement ; ce qui est absurde. Toutefois, on ne doit pas inférer de là que la courbe des α ne rencontre en aucun point la droite des pôles pp^{iv}, mais seulement que la position de ces points n'est pas immédiatement déterminée par la supposition actuelle.

Cette circonstance nous rappelle d'autre part que toute fonction algébrique qui prend la forme $\frac{o}{o}$, change nécessairement de nature. Or, dans le cas général où les pôles ont une position quelconque, l'équation de la courbe des α, dont les coefficients sont des fonctions des coordonnées constantes qui déterminent la position de ces pôles, peut être telle, qu'en y substituant à la place de l'abscisse x, celle de l'un quelconque des points p ou p^{iv}, le résultat, par suite de réductions, soit décomposable en deux facteurs de même degré $mnpq$, et dont l'un soit de la forme $(y - b)^{mqp^n}$ par exemple, ce qui annonce que la courbe passe $mpqn$ fois par le pôle correspondant. On conçoit encore qu'il puisse arriver que l'équation primitive de la courbe des α soit telle, qu'en y introduisant la condition des pôles en ligne droite, il s'évanouisse quelques termes, et qu'elle s'abaisse au degré $mnpq$, après avoir été délivrée du facteur qui l'embarrasse nécessairement, facteur de la forme même de l'équation de la droite pp^{iv}, c'est-à-dire

$$\left[y - a - \frac{a - a'}{b - b'} (x - b) \right]^{mnpq}$$

ou

$$[\, (b - b')\, y - (a - a')\, x + ab' - ba'\,]^{mnpq};$$

l'autre facteur pouvant ne plus s'évanouir par la substitution des coordonnées des points p et p^{iv}, etc.

Nous avons vu (Prop. IV) que, dans le cas général, les pôles p et p^{iv} étaient des points multiples de l'ordre $mnp\ldots$ de la courbe des α, elle-même du degré $2\,mnp\ldots$; mais cet ordre peut varier quand il arrive que trois ou plusieurs pôles parmi lesquels se trouvent p et p^{iv}, sont situés en ligne- droite ; le raisonnement déjà employé ci-dessus, étant appliqué à chaque cas particulier, fera connaître la nature de ces points multiples, et je crois inutile d'en dire davantage.

Nous allons maintenant passer au cas où un ou plusieurs pôles se trouvent sur des courbes directrices ; ce qui produit un abaissement du degré de la courbe des sommets libres α, comme Braikenridge l'a démontré analytiquement pour quelques cas particuliers relatifs aux triangles mobiles.

Note pendant l'impression.

J'ai déjà prévenu, vers la fin de la note de la page 52, que les propositions du précédent paragraphe, relatives aux polygones mobiles inscrits aux courbes géométriques planes, se trouvaient résumées dans le chapitre III, section IV, du *Traité des Propriétés projectives*. Je dois ajouter ici que le surplus des propositions, en grand nombre, qui devaient suivre, la proposition VI (*fig.* 41) ci-dessus, a été omis, non parce que la démonstration, purement géométrique et élémentaire, en eût été sans intérêt pour beaucoup de lecteurs, mais parce que la rédaction à l'état de simple ébauche et composée de notes, de croquis épars, aurait exigé un remaniement et des additions qui eussent fait perdre à l'ensemble le cachet d'ancienneté que je prétends conserver au corps de cet ouvrage.

DEUXIÈME CAHIER.

MÉTHODE DES TRANSVERSALES APPLIQUÉE A LA RECHERCHE ET A LA DÉMONSTRATION DES PROPRIÉTÉS DES LIGNES ET SURFACES GÉOMÉTRIQUES (*).

I.

DES ÉQUATIONS A DEUX TERMES ENTRE LES SEGMENTS DÉTERMINÉS PAR UNE COURBE GÉOMÉTRIQUE PLANE, SUR LES CÔTÉS D'UN TRIANGLE ARBITRAIRE.

Afin de marcher du simple au composé, du particulier au général, selon l'ordre logique des idées, qui offre aussi le plus de facilité pour l'étude et de chance de réussite dans la recherche des vérités nouvelles, nous débutons ici par des considérations géométriques tout à fait élémentaires.

(*) Lorsque, dans l'hiver de 1815 à 1816, après la funeste catastrophe de Waterloo, profitant des tristes loisirs de la paix, j'essayai d'appliquer la théorie des transversales aux courbes géométriques décrites sur un plan, quelques savants bien connus avaient déjà mis en usage, mais transitoirement, les relations à deux termes de cette théorie pour démontrer diverses propositions isolées sur les lignes ou surfaces du second degré. Je me proposais dès lors d'ouvrir une voie beaucoup plus large et toute nouvelle d'investigations relatives à des courbes géométriques d'ordre quelconque, voie dans laquelle personne n'est entré si je ne me trompe, même depuis la présentation à l'Institut de mon Mémoire de 1830, sur l'*Analyse des Transversales*. En effet, ce n'est qu'incidemment dans une courte Note au bas de la p. 173 du t. XVII des *Annales de Montpellier*, que Sturm indique comment le théorème de Carnot peut servir à démontrer la propriété de l'hexagramme de Pascal, relative aux coniques; le surplus de son intéressante étude, postérieure de dix ans à l'époque où ce Cahier a été écrit, est fondé sur de tout autres considérations géométriques ou analytiques; notamment sur la méthode des *Multiplicateurs indéterminés* de M. Lamé, que Sturm a eu, comme tant d'autres, le grand tort de ne pas citer, et dont j'ai dit quelques mots à la p. 489 du précédent vo-

5.

Exposé préliminaire, relatif aux simples coniques, du procédé général d'élimination et de réduction des éléments géométriques divers d'une figure coupée par des transversales.

THÉORÈME FONDAMENTAL. — *Si les côtés d'un triangle abc (fig. 42), rencontrent une section conique quelconque en*

Fig. 42.

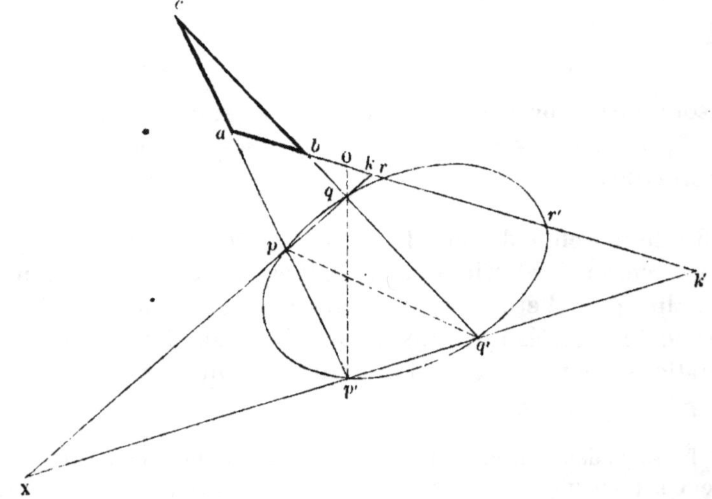

trois couples de points p et p', q et q', r et r', on aura, entre les segments formés par la courbe, sur les côtés prolongés du triangle abc, la relation

$$ap \cdot ap' \cdot br \cdot br' \cdot cq \cdot cq' = ar \cdot ar' \cdot bq \cdot bq' \cdot cp \cdot cp'$$

que nous écrirons simplement ainsi

$$(a) \qquad (ap)(br)(cq) = (ar)(bq)(cp).$$

---

lume. Ceci n'ôte rien d'ailleurs au mérite de sa belle découverte relative aux intersections, par une transversale arbitraire, de trois sections coniques ayant en commun les mêmes quatre points ; découverte qui est l'extension de celles dont les Anciens, Desargues, Pascal vers 1640, et en dernier lieu Brianchon en 1817, s'étaient déjà occupés, pour le cas simple il est vrai, du quadrilatère inscrit à une section conique.

En effet, cette relation est projective (*). Donc, si l'on prouve qu'elle est vraie pour le cas du cercle, elle aura lieu pour les coniques en général. .Or, elle est évidente par la propriété connue des sécantes intérieures ou extérieures au cercle, dans lequel on a

$$ap \cdot ap' \text{ ou } (ap) = (ar), \quad (br) = (bq), \quad (cq) = (cp);$$

car en multipliant ces équations membre à membre, on obtient la relation (a) énoncée.

Il est visible d'ailleurs que si, au triangle transversal ci-dessus, on substitue un polygone quelconque, la proposition sera susceptible de s'étendre à ce cas général.

Premières conséquences. — Tracez les cordes pq et $p'q'$ jusqu'à leurs rencontres en k et k' avec le côté ab du triangle, qui est indépendant de ces cordes et peut être regardé comme une transversale quelconque ab, coupant les prolongements des côtés du quadrilatère inscrit $pqq'p'$ en k, k', a, b et la courbe en r et r'; puisque les droites pqk et $p'q'k'$ sont aussi transversales du triangle abc, on aura

$$cp \cdot bq \cdot ak = ap \cdot cq \cdot bk,$$
$$cp' \cdot bq' \cdot ak' = ap' \cdot cq' \cdot bk';$$

mais on a, d'autre part, l'équation (a) ou

$$(ap)(br)(cq) = (ar)(bq)(cp);$$

(*) Ceci suppose la démonstration des théorèmes ou principes fondamentaux des pages 6 et suivantes du *Traité des Propriétés projectives*, publié seulement en 1822, démonstration dont je ne possède plus les notes originales, mais qui doit remonter au printemps de 1814, où, à Saratoff, je m'occupais des conditions générales de projectivité des relations métriques et descriptives des figures. Il me suffira ici de rappeler, d'après les n°s 9 et suiv., que cette démonstration résulte d'une considération aussi simple qu'élémentaire, relative au triangle qui a pour base l'un quelconque des segments à projeter, et pour côtés adjacents les projetantes des deux extrémités de cette base. Toutefois, il se peut que je me fusse contenté, en 1814, de la preuve, à posteriori, résultant de ce que la relation fondamentale (a) conduit à des constructions linéaires elles-mêmes essentiellement projectives.

multipliant par ordre ces trois équations entre elles, il viendra, en supprimant les facteurs communs aux deux membres,

$$br \cdot br' \cdot ak \cdot ak' = ar \cdot ar' \cdot bk \cdot bk',$$

ou

$$(b) \qquad (br)(ak) = (ar)(bk).$$

En traçant (*fig.* 42) les diagonales $p'q$ et pq', nommant O, O′ leurs intersections avec ab et prenant leur système pour transversal du triangle abc, on obtiendrait de même la relation

$$(c) \qquad (br)(aO) = (ar)(bO),$$

analogue à la précédente ; puis, en multipliant en croix ces deux dernières équations, on en déduit sur-le-champ cette troisième non moins remarquable

$$(aO)(bk) = (bO)(ak);$$

relation connue pour le quadrilatère simple à deux diagonales, mais qui s'étend, comme les précédentes, au cas où les couples de côtés opposés et des diagonales sont remplacés par des coniques quelconques passant par les sommets p, p', q', q de ce quadrilatère simple (*).

Si l'on considère le triangle Xkk' au lieu de abc, et qu'on regarde pp' et qq' comme des transversales, la relation analogue à (b) et (c) deviendra

$$(d) \qquad (kr)\,k'a \cdot k'b = (k'r)\,ka \cdot kb.$$

Celle-ci, combinée avec (b), donne les suivantes :

$$(kr)(br)\,\overline{ak'}^{\,2} = (k'r)(ar)\,\overline{bk}^{\,2},$$
$$(kr)(ar)\,\overline{bk'}^{\,2} = (k'r)(br)\,\overline{ak}^{\,2};$$

(*) On reconnaît dans (b), (c), (d), trois des relations nommées *involutions de six points* d'après Desargues, complétées au nombre de sept par Brianchon, et dont j'ai rappelé le nom original et véritable dans le *Traité des Propriétés projectives*. Mais on remarquera que, à l'époque de 1816 où j'écrivais, le Mémoire de Brianchon *sur les lignes du* 2e *ordre* n'avait point encore paru, et que déjà j'avais étendu ce genre de relations métriques aux lignes géométriques d'ordre quelconque, comme on le verra d'ailleurs ci-après.

d'où l'on déduirait, par voie de multiplication ou de division, beaucoup d'autres qui ont, je le répète, leurs analogues quand on remplace le système des diagonales, ou ceux des couples de côtés opposés du quadrilatère, par de nouvelles sections coniques transversales de la première.

Mais je ne m'étendrai pas davantage sur ce sujet.

Hexagramme de Pascal. — D'après le théorème fondamental, nous avons (*fig.* 43)

$$(ap)(br)(cq) = (ar)(bq)(cp);$$

or, les transversales pqk, $p'Or$, $Lq'r'$, donnent, pour le triangle quelconque abc,

$$(pq) \qquad cp.bq.ak = ap.cq.bk,$$
$$(p'r) \qquad cp'.ar.bO = ap'.br.cO,$$
$$(q'r') \qquad bq'.ar'.cL = cq'.br'.aL.$$

Multipliant ces quatre équations membre à membre et sup-

Fig. 43.

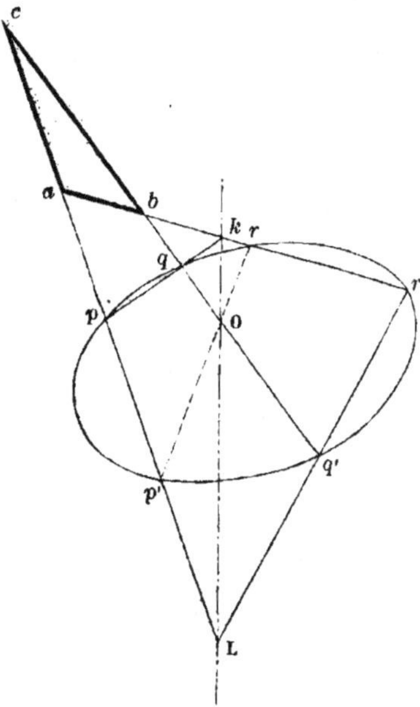

primant les facteurs égaux $(ap)(br)(cq)$ et $(ar)(bq)(cp)$, il viendra la relation très-simple,

$$ak.bO.cL = bk.cO.aL.$$

Donc les trois points k, O, L, situés en nombre impair sur les prolongements des côtés du triangle transversal abc, sont en ligne droite; or, ce sont là précisément les trois points de concours respectifs des côtés opposés de l'hexagone $pqq'r'rp'p$; ce qui constitue le théorème de Pascal.

Remarque générale. — Si l'on remplace la section conique par le système de deux droites, la démonstration est la même mot pour mot.

Le théorème d'où nous sommes partis, et qui, d'après Carnot, peut s'étendre à toutes les courbes géométriques décrites sur un plan, caractérise très-bien, comme on le voit, la section conique en particulier, puisqu'on retombe, sans effort, sur le théorème de Pascal relatif à l'*hexagone* inscrit, le plus général que l'on connaisse sur ces courbes. On va voir que la relation métrique elle-même suffit pour décrire une section conique par points, quand on en a cinq de donnés à priori.

Tracé des coniques par points. — Soit abc (*fig.* 44) un triangle transversal quelconque d'une section conique ; on a, d'après l'équation fondamentale (a),

$$(e) \qquad (ap)(br)\,cq'.cQ = (ar).bq'.bQ.(cp),$$

ou, ce qui revient au même,

$$\frac{ap.ap'}{ar.ar'} = \frac{bq'.bQ.cp.cp'}{cq'.cQ.br.br'}.$$

Supposons que les cinq points p, p', r, r' et Q étant don-

Fig. 44.

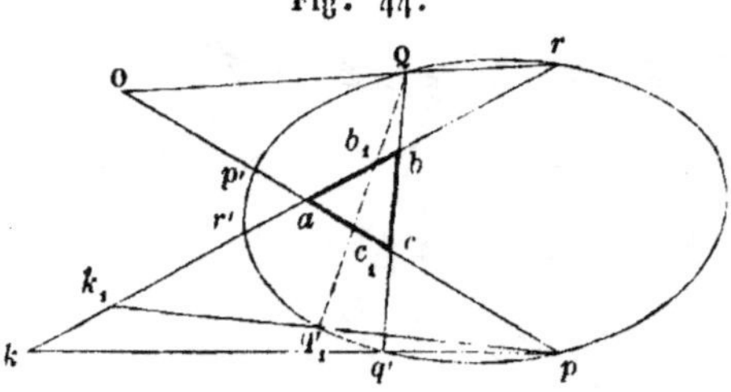

nés, on trace pp', rr' et qu'autour du point Q on fasse tourner

Qq' ou bc, on connaîtra pour chaque position de cette droite, les valeurs de $cp.cp'$, $br.br'$, bQ et cQ, et la relation ci-dessus donnera bq' par une équation du premier degré, puisque $cq' = bq' - bc$; par conséquent le point de la conique, situé sur la direction de bc, qui pivote autour de Q comme pôle, sera lui-même donné par une construction linéaire.

On déterminera plus facilement le point générateur q', si l'on construit la position correspondante de la sécante indéfinie pq'; il suffira, en effet, de trouver pour chacune des positions de Qq', celle du point tel que k, où pq' rencontre la direction rr' du côté fixe ba du triangle abc; or, ce triangle, coupé par la transversale rectiligne $pq'k$, donne

$$cp.bq'.ak = ap.cq'.bk;$$

multipliant cette équation par celle ci-dessus (e), il viendra simplement

$$ap'.cQ.(br).ak = (ar).cp'.bQ.bk,$$

d'où l'on tirera ak et bk, puisque $bk = ak + bk$.

Cette équation ne change pas de forme quand la droite Qq' vient à passer par p; on a alors

$$ap'.pQ.(br).ak = (ar).pp'.bQ.bk;$$

ce qui permet de construire, de déterminer la position de la tangente au point p.

Cette même équation peut se simplifier davantage encore en considérant la direction indéfinie de rQO comme transversale du triangle abc, ce qui donne

$$bQ.ar.cO = cQ.br.aO,$$

équation qui, multipliée par la précédente, devient

$$ap'.br'.cO.ak = pp'.ar'.aO.bk,$$

et qu'on pourrait simplifier à son tour.

Cas particulier de tangence. — Quand l'un des côtés du triangle transversal abc, ac par exemple (*fig.* 45), est tangent à la conique, l'équation (a) devient

$$\overline{ap}^2(br)(cQ) = (ar)(bQ)\overline{cp}^2.$$

Par conséquent, si l'on connaît les quatre points Q, r, r', Q' et la position de la tangente ac, on trouvera par l'équation ci-dessus la position du point de contact p; cette équation du 2e degré, indique qu'il y a deux coniques qui remplissent la

Fig. 45.

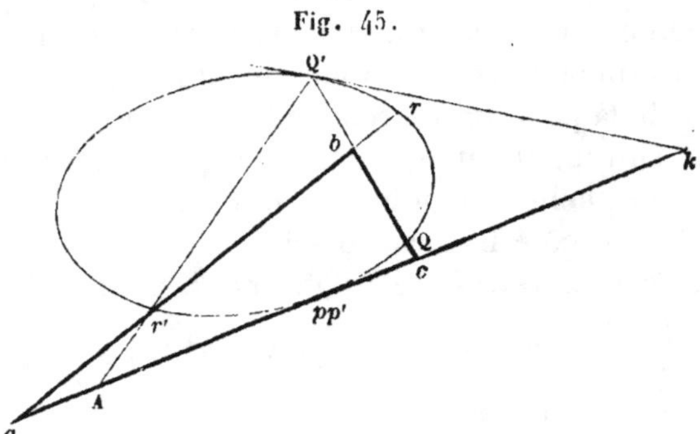

condition. Le point de contact p une fois obtenu, on pourra trouver autant de points Q'-de la courbe que l'on voudra, en faisant varier QQ' autour de Q ; on déterminera très-facilement ensuite et à priori la tangente en l'un quelconque de ces points, Q', par exemple.

Pour cela, il suffit de tracer la transversale Q'r, et de supposer que la droite rr' tourne autour de r' jusqu'à se confondre avec r'Q'. On aura en effet, par le procédé ci-dessus, k étant le point où la tangente en Q' rencontre ac, et A celui où r'Q' rencontre la même droite,

$$\overline{Ap}^2 . Q'r' . cQ . kc = \overline{cp}^2 . Ar' . Q'Q . kA ;$$

et, comme $kc = kA - Ac$, on obtiendra la valeur de kA par une équation du 1er degré seulement.

Cas particuliers où des sommets du triangle transversal sont sur la conique. — Premièrement, si le sommet c du triangle abc (*fig.* 46) se trouve seul sur la conique, les points c, p, Q' se confondent tous trois en Q', pQ' devient tangent à la courbe en ce même point, et alors on a, en remplaçant les notations de la *fig.* 44 par celles de la *fig.* 46,

$$ap' . QQ' . (br) \, aK = (ar) . p'Q' . bQ . bK.$$

En second lieu, qu'on prolonge rQ jusqu'en O, sur aQ′,

Fig. 46.

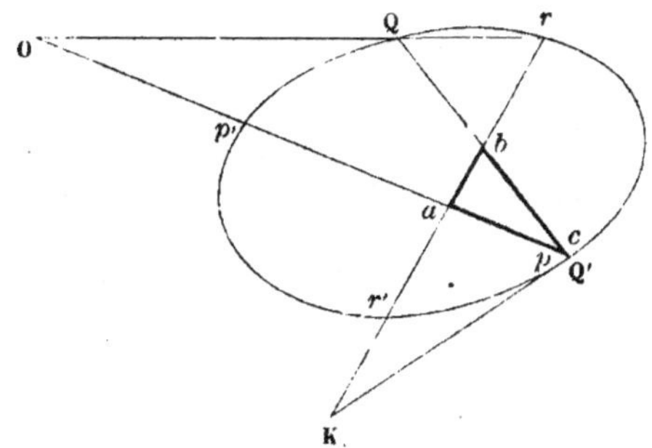

Qr transversale par rapport au triangle abc donne incontinent,

$$b\mathrm{Q}.a r.\mathrm{OQ}' = \mathrm{QQ}'.r b.\mathrm{O} a;$$

multipliant par la précédente équation, on obtient

$$a p'.b r'.a\mathrm{K}.\mathrm{OQ}' = a r'.p'\mathrm{Q}'.b\mathrm{K}.\mathrm{O} a;$$

et si, en outre, Qr devient tangent à la conique en Q (*fig.* 47),

Fig. 47.

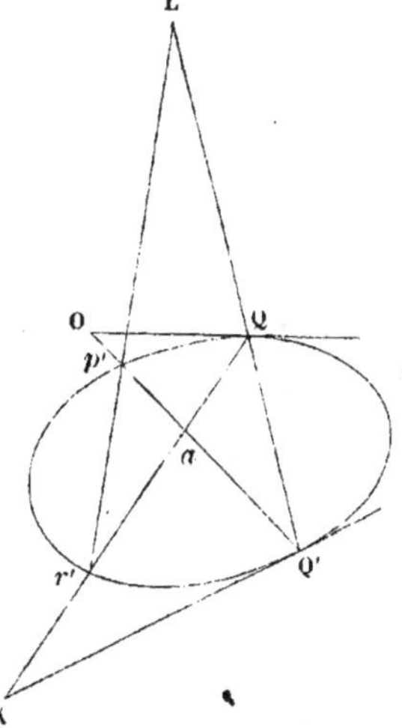

le sommet b s'y confondra aussi, de sorte qu'on aura

$$a p'.\mathrm{Q} r'.a\mathrm{K}.\mathrm{OQ}' = a r'.p'\mathrm{Q}'.\mathrm{QK}.\mathrm{O} a;$$

relation à remarquer en passant.

Considérons enfin la droite $p'r'$ de la *fig.* 47, comme transversale du triangle aQQ', qui coupe QQ' en L, on aura

$$Q'p' . QL \; ar' = ap' . Q'L . Qr',$$

et, en multipliant avec l'équation précédente,

$$a\mathbf{K}.\mathbf{QL}.\mathbf{OQ'} = a\mathbf{O}.\mathbf{QK}.\mathbf{Q'L};$$

par conséquent, si $p'r'$ devient à son tour tangent en P à la conique (*fig.* 48), c'est-à-dire quand le sommet a du triangle

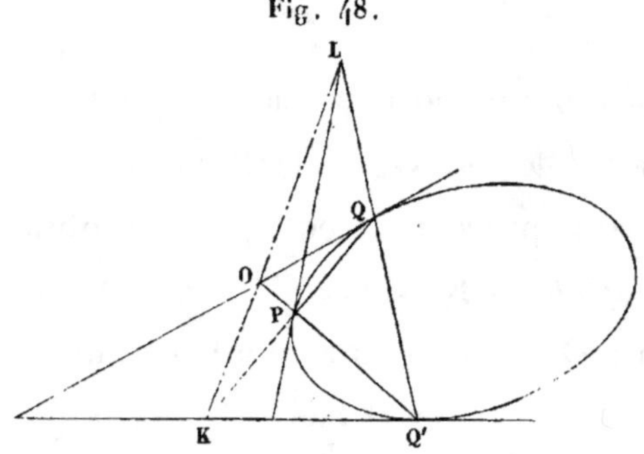

Fig. 48.

transversal primitif s'y confond avec p' et r', on a la nouvelle relation

$$\mathbf{PK}.\mathbf{QL}.\mathbf{OQ'} = \mathbf{PO}.\mathbf{QK}.\mathbf{Q'L},$$

qui prouve que les trois points K, O, L sont en ligne droite (théorème connu).

Avant de quitter ce sujet, je donnerai deux exemples de l'application du théorème fondamental (p. 68) aux propriétés des systèmes de coniques, qu'il serait facile d'étendre aux courbes de degré pair en général.

Théorème. — *Si l'on fait varier une conique quelconque, en l'assujettissant à passer toujours (*fig.* 49) par quatre points fixes* P', Q', R, R', *la corde* PQ, *déterminée par ses nouvelles rencontres avec les droites également fixes* P'Pba, Q'Qbc, *pivotera sans cesse autour d'un dernier point invariable* K, *de la direction* R'R.

Ce théorème est une conséquence évidente de ce qui précède ; mais on peut le démontrer directement. Ainsi, qu'on prolonge la corde P'Q' jusqu'à sa rencontre K' avec RR', il en résultera un quadrilatère inscrit PQ Q'P' coupé par la trans-

Fig. 49.

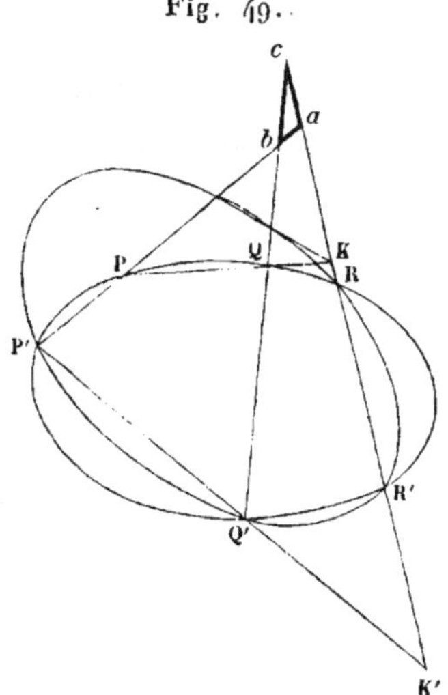

versale K'R'Rac, et, d'après ce qui a été tout d'abord démontré, on a la relation

$$aR.aR'.cK.cK' = cR.cR'.aK.aK'.$$

Or, dans cette équation tout est constant, excepté aK et cK; de plus $cK = aK + ac$, et comme ac est aussi constant, on en conclut que aK conserve la même valeur pour toutes les coniques qui passent par P', Q', R', R.

La proposition analogue a lieu pour le cas d'une courbe géométrique quelconque de degré pair.

Problème.—*Trois points p, q, q' (fig. 5o), communs à deux coniques, étant donnés, trouver le quatrième (p'), en supposant connues les intersections r', R, R' de ces coniques, par une transversale arbitraire bcr'.*

La direction de cbr', celle de qq' et de pp' formeront, par leurs rencontres mutuelles, un triangle abc qui, étant considéré comme transversal par rapport aux deux courbes, donnera respectivement

$$(ap)(cr)(bq) = (aq)(br)(cp),$$
$$(aq)(bR)(cp) = (ap)(cR)(bq);$$

multipliant ces équations par ordre, on obtient la relation très-simple, déjà remarquée ci-dessus (p. 70),

$$(cr)(b\mathrm{R}) = (br)(c\mathrm{R}):$$

on trouvera le point c, seul inconnu sur br', avec une simple règle, en formant à volonté un quadrilatère dont les côtés

Fig. 50.

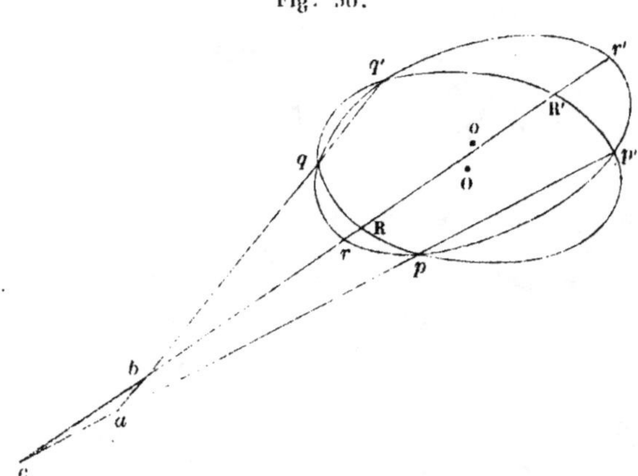

opposés s'appuient respectivement sur les couples de points r et r', R et R'; tandis que l'une de ses diagonales passe par le sommet b, l'autre ira déterminer c sur br', ce qui fera connaître p' sur la direction de cp.

Application de la méthode aux courbes géométriques d'ordre quelconque, coupées par trois droites arbitraires; construction de l'une des intersections par les autres successivement réduites à trois points en ligne droite.

Procédé général d'élimination des segments, applicable aux cas de tangence (p. 73 à 76). — Soient une courbe géométrique plane de degré quelconque m (*fig.* 51); abc un triangle dont les côtés rencontrent les diverses branches de cette courbe en $3\,m$ points : on aura, d'après le théorème général de Carnot,

$$(ap)(br)(cq) = (ar)(bq)(cp).$$

Au moyen de cette équation, $3\,m - 1$ points de la courbe,

$p, p', p'', \ldots, q, q', q'', \ldots, r, r', r'', \ldots$, étant connus, on déterminera linéairement le dernier, r'' par exemple. A cet

Fig. 51.

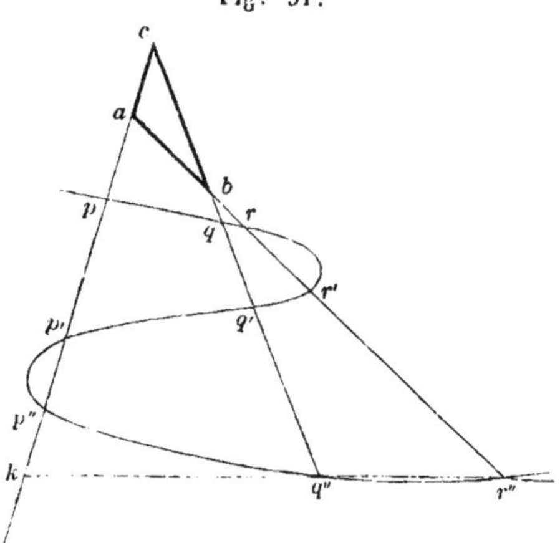

effet, soit tracée la droite indéfinie $r''q''$ qui rencontre le prolongement du côté ac du triangle abc en k; en la considérant comme transversale de ce même triangle, on aura

$$ar''.bq''.ck = br''.cq''.ak.$$

Multipliant la précédente équation par celle-ci, il viendra

$$(ap).br.br'.cq.cq'.ck = ar.ar'.bq.bq'.(cp).ak.$$

Cette équation ne renfermant plus bq'' ni br'', sert à déterminer la position de k linéairement, comme on le verra ci-après.

Supposez maintenant que la ligne droite cq'' vienne à tourner autour du sommet c jusqu'à passer par r''; dans ce cas les points b et q'' se confondront avec r'', et la relation ci-dessus ne changeant point de forme, donnera encore la position du point k; mais la droite $q''r''$ devient évidemment tangente à la courbe; donc ce procédé donnera la tangente en un point quelconque d'une ligne géométrique tracée dans un plan.

Cas des courbes de degré pair. — Pour éviter que la figure ne soit trop confuse, je suppose qu'une courbe du 4e degré soit décrite sur un plan; ce que nous allons dire de cette courbe particulière s'appliquera à toutes celles de degré pair.

Soit tracé quelque part, sur le plan de la courbe non représenté (*fig.* 52), un triangle transversal *abc* dont le côté *cb* passe par l'un des points donnés r''' de la courbe, auquel on veut mener une tangente, etc.; supposez d'ailleurs que chacun des

Fig. 52.

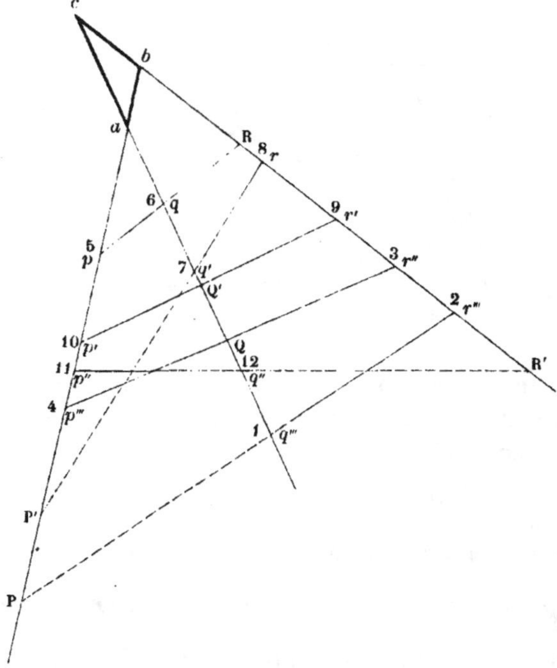

côtés de ce triangle rencontre la courbe en autant de points qu'il est marqué par son degré : le côté *cb*, par exemple, aux quatre points r, r', r'', r''', le côté *ab* en p, p', p'', p''', enfin le côté *ac* aux quatre points q, q', q'', q'''. On pourra joindre ces points deux à deux, par plusieurs manières différentes, de façon à former autant de polygones distincts, chacun de douze côtés et tels notamment que le dodécagone, de forme toute particulière,

$$q''' r''' r'' p''' p q q' r r' p' p'' q'' q''' \quad \text{ou} \quad 1\ 2\ 3\ 4\ 5\ 6\ 7\ 8\ 9\ 10\ 11\ 12\ 1,$$

inscrit dans la courbe, et dont tous les côtés de rang pair 2.3, 4.5, etc., se confondent en direction avec ceux du triangle *abc*, comme le montre la *fig.* 52 ci-dessus.

Cela posé, on a l'équation

$$(ap)(br)(cq) = (aq)(bp)(cr);$$

le côté 1.2, ou $q'''r'''$, non confondu avec un côté du triangle, et qui joint deux points q''' et r''' situés l'un sur ac et l'autre sur bc, rencontrera le 3ᵉ côté ab de ce triangle en un point P. Pareillement, le côté 3.4 ou $r''p'''$ coupera le côté ac en Q, et en considérant de même tous les côtés de rang impair jusqu'au dernier 11.12 ou $p''q''$, qui coupe cb en R′, on obtiendra six nouveaux points, P et P′, Q et Q′, R et R′, situés deux à deux sur les côtés prolongés du triangle abc ; ces six points correspondent respectivement aux six côtés de rang impair du polygone en question, lesquels pris successivement pour transversales du triangle abc, donnent :

transversale $(pq\,\mathrm{R})$, $\quad aq.bp.c\mathrm{R} = cq.ap.b\mathrm{R},$

» $(p''q''\mathrm{R}')$, $\quad aq''.bp''.c\mathrm{R}' = cq''.ap''.b\mathrm{R}',$

» $(rq'\mathrm{P}')$, $\quad aq'\;cr.b\mathrm{P}' = cq'.br.a\mathrm{P}',$

» $(r'''q'''\mathrm{P})$, $\quad aq'''.cr'''.b\mathrm{P} = cq'''.br'''.a\mathrm{P},$

» $(p'\mathrm{Q}'r')$, $\quad cr'.bp'.a\mathrm{Q}' = br'.ap'.c\mathrm{Q}',$

» $(p'''\mathrm{Q}r'')$, $\quad cr''.bp'''.a\mathrm{Q} = br''.ap'''.c\mathrm{Q}.$

Multipliant ces équations entre elles dans l'ordre où elles se présentent, il viendra, toutes réductions faites,

$$c\mathrm{R}.c\mathrm{R}'.b\mathrm{P}.b\mathrm{P}'.a\mathrm{Q}.a\mathrm{Q}' = b\mathrm{R}.b\mathrm{R}'.a\mathrm{P}.a\mathrm{P}'.c\mathrm{Q}.c\mathrm{Q}'.$$

Donc (p. 70) les points P, P′, Q, Q′, R, R′, obtenus par la règle seule, sont situés sur une même courbe du 2ᵉ degré ; c'est-à-dire, en général, sur une courbe d'un degré moitié ou sous-double de celui de la courbe primitive, puisque les raisonnements précédents sont applicables à une courbe quelconque d'un degré pair, dont les intersections avec les côtés du triangle transversal, satisfont aux conditions géométriques du principe de continuité (*).

(*) *Voir*, dans les premières parties du Cahier ci-après, ce qui concerne les équations à deux termes, dont les conséquences relatives au triangle transversal des courbes géométriques, particulièrement développées aux nᵒˢ 148, 149, 166 de l'*Analyse des Transversales* publiée dans

Si, à leur tour, on traitait les six points ainsi obtenus, de la même manière et comme on l'a fait notamment p. 71, on trouverait trois derniers points qui appartiendraient à une même ligne droite.

En général, les points P, P', Q, Q', R, R' étant sur une ligne continue, il existe entre eux une dépendance telle que, tous moins un seul étant donnés, le dernier peut se déterminer avec la règle; ce qui suppose évidemment une dépendance analogue entre les $3m$ premiers points p, p', p'',.... Concevons, en particulier, que le point r''' reste inconnu, tous les autres étant donnés, le point P sera aussi inconnu puisqu'il se trouve sur $r'''q'''$, mais les cinq autres P', Q, Q', R, R' étant donnés immédiatement, P pourra (p. 71) se déterminer par leur moyen avec la règle seule, puisqu'il est sur la même conique; donc aussi le point r''' sera constructible avec la règle seule.

Remarque. — Dans le cas où le degré de la courbe décrite serait une puissance quelconque de 2, on trouverait par des opérations successives qui s'effectueraient avec la règle seule, sur les côtés du triangle, de nouveaux points appartenant à des courbes d'un degré successivement sous-double, et l'on parviendrait définitivement à assigner trois derniers points qui devraient être en ligne droite. Si donc l'un des $3m$ premiers points appartenant aux trois côtés du triangle *abc* était inconnu, il pourrait se déterminer par la connaissance des autres; car il est visible que les constructions précédentes, étant appliquées aux points connus, donneront deux derniers points aussi connus de position, lesquels en détermineront à leur tour un troisième, d'où dépendra, par des constructions absolument inverses, le point cherché de la courbe. On conçoit au reste, que, dès qu'à un point primitif, il ne correspond qu'un seul côté inconnu du premier polygone, il n'y aura aussi, dans chacune des constructions successives, qu'un seul point

le tome VIII du *Journal de Crelle*, consistent en ce que les points d'intersection mutuelle doivent être en nombre pair ou zéro sur les prolongements des côtés du triangle; la relation à deux termes entre les segments ne comportant explicitement aucun signe algébrique.

qui reste inconnu; donc, quand la série des trois derniers points viendra à être déterminée, toutes les autres séries de points le seront simultanément.

D'ailleurs ces constructions faciles, quoique multiples, étant absolument indépendantes des sommets a, b, c du triangle,

Fig. 53.

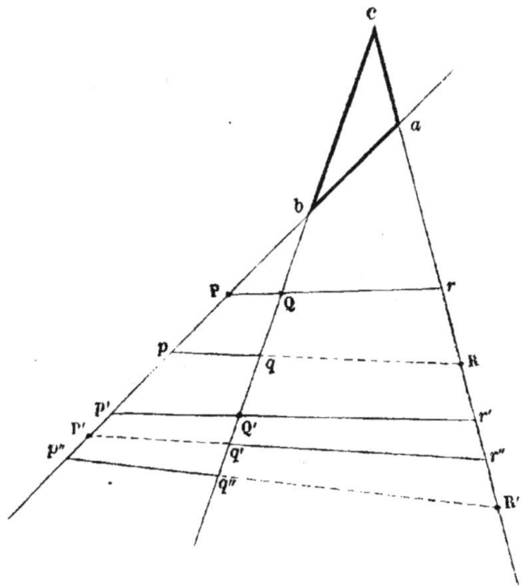

elles ne cesseront pas d'être exécutables, c'est-à-dire qu'elles ne deviendront pas illusoires, quand abc s'évanouira; donc, par la loi de continuité, elles devront encore déterminer le dernier point demandé. Cette observation s'applique aussi à la recherche de la tangente en un point donné.

Cas des courbes de degré impair. — Passons maintenant aux lignes géométriques d'un degré quelconque impair, et, comme ci-dessus, supposons-les, pour plus de facilité, du troisième degré. Ce que nous dirons de celles-ci s'étendra facilement à toutes les courbes d'un degré donné impair (*).

(*) M. Mannheim me fait observer, avec raison, que l'on peut toujours ramener ce dernier cas au précédent par l'addition d'une droite quelconque transversale du triangle abc; ce que j'ai fait en d'autres occasions,

6.

Dans ce cas il se trouve trois points $pp'p''$, $qq'q''$, $rr'r''$ sur chacun des côtés du triangle; joignez alternativement deux points p'' et q'' pris sur les côtés ab et bc, puis deux points q' et r'' pris sur les côtés bc et ac, et ainsi de suite, il ne vous restera plus à la fin qu'un seul point r, quelle que soit la courbe : en prenant successivement ces droites pour des transversales du triangle abc, il viendra comme ci-dessus,

transversale	$p''q''R'$	$bp''.cq''.aR' = ap''.bq''.cR',$
»	$r''q'P'$	$ar''.cq'.bP' = cr''.bq'.aP',$
»	$p'Q'r'$	$bp'.ar'.cQ' = ap'.cr'.bQ',$
»	pqR	$bp.cq.aR = ap.bq.cR,$

d'ailleurs, on a par définition,

$$(ap)(bq)(cr) = (bp)(cq)(ar);$$

multipliant et réduisant, on obtient

$$cr.aR'.bP'.cQ'.aR = ar.cR.cR'.aP'.bQ'.$$

Par le point restant r, soit menée à volonté une transversale rQP dans le triangle abc, elle donnera

$$ar.cQ.bP = cr.bQ.aP;$$

multipliant à son tour la précédente équation par celle-ci, il vient

$$aR.aR'.bP.bP'.cQ.cQ' = cR.cR'.aP.aP'.bQ.bQ'.$$

Les six points P, Q, P', Q', R, R' sont donc sur une même section conique, ou en général sur une courbe du degré $\frac{1}{2}(m+1)$, m étant impair.

Remarque. — On voit, par cette discussion, qu'on pourrait prendre le point Q ou P à volonté; d'après cela, il semble qu'il n'y ait aucune liaison nécessaire entre les points P', R',

---

en la conduisant toutefois par l'une des intersections à considérer; mais cette addition constituerait une complication et un changement de méthode que j'ai voulu éviter dans ces premières tentatives de généralisation.

R, Q' et r qui sont les derniers points obtenus; mais il est visible que le point r est déterminé avec la condition que, si par ce point on mène à volonté une droite rQP, les six points P, P', Q, Q', R, R' soient toujours sur une section conique. Or, cette seule condition suffit pour déterminer la position de r : en effet, qu'on prenne Q à volonté, on trouvera ensuite, avec la règle seule, le sixième point P qui, avec les cinq autres Q, P', Q', R, R', doit être sur une même conique; traçant enfin PQ, le point r où cette droite coupera le côté ac, sera le point demandé, etc. D'après ce qui précède, ce point restera le même, quel que soit le point Q qu'on ait choisi.

Pour compléter la solution du problème, on construira, à l'aide des 6 points dont on vient de parler et par la règle seule, 3 nouveaux points qui seront situés en ligne droite. Par conséquent l'un de ces points se déterminera au moyen de 2 autres : en remontant ensuite aux 6 points précédents, on obtiendra celui de ces points qui se trouve seul inconnu; ce dernier enfin fera connaître celui qu'on cherche parmi les 9 points, $p,\ldots q,\ldots r$, dont 8 sont donnés à priori.

Si la courbe était du 7e degré, on aurait 21 points d'intersection sur les côtés du triangle abc, 7 sur chacun d'eux; en laissant à part l'un de ces 21 points, on en conclurait d'abord, comme ci-dessus, 10 autres; si, par le point restant, on mène enfin une droite arbitraire qui coupe les deux côtés du triangle abc distincts de ce point, en de nouveaux points, on aura en tout 12 points qui devront appartenir à une courbe du 4e degré; l'un des 21 premiers points étant donc inconnu, il y en existe un parmi les 12 nouveaux qui le sera aussi, et il n'y en aura qu'un seul. En traitant ces 12 nouveaux points appartenant à une courbe du 4e degré comme nous l'avons fait ci-dessus, on en trouvera 6 autres, situés sur une conique, puis en remontant, on arrivera au point censé inconnu.

On saura donc déterminer le dernier point d'intersection d'une courbe du degré m avec un système de trois droites données de position, quand on connaîtra les $3\,m - 1$ autres intersections appartenant à ces droites.

Tracé des tangentes. — De ce qui précède et en se rappelant ce qui a été dit primitivement sur la manière de mener une tangente en un point quelconque d'une courbe géométrique donnée, on en conclura facilement le moyen de tracer cette tangente avec la règle seule. Il suffira, pour cela, de décrire un triangle dont un des sommets soit en ce point, et dont chaque côté coupe du reste la courbe en autant de points qu'il y a d'unités dans son degré; de remarquer qu'alors il y a deux points sur les côtés adjacents à ce sommet, qui se sont confondus en un seul avec lui, en sorte que la droite qui les joint est une tangente à la courbe. Le point où cette tangente rencontre le côté opposé du triangle sera déterminé par les mêmes opérations que ci-dessus, et il n'y aura rien à changer ni aux constructions, ni aux raisonnements.

Si le point auquel on veut mener une tangente était à l'infini, auquel cas les côtés adjacents du triangle deviendraient parallèles entre eux, la construction serait encore applicable; car étant indépendante des sommets du triangle, elle donnerait ainsi la position même de l'asymptote correspondante de la courbe; mais on voit qu'il faudrait en connaître nécessairement la direction.

Remarque spéciale. — Une courbe géométrique plane étant du degré m, si l'on en connaît à priori un point multiple de l'ordre $m-1$, on pourra la décrire par points avec la règle seule, tracer ses tangentes, etc. (*).

Détermination et tracé des coniques osculatrices en un point donné d'une courbe géométrique.

Problème I. — *Une courbe géométrique étant décrite sur un plan, déterminer pour un point quelconque de son périmètre, la conique osculatrice du second ordre en ce point, assujettie à satisfaire, en outre, à d'autres conditions.*

Considérons un triangle quelconque *abc*, situé sur le plan de la courbe *pqp'*... (*fig.* 54), comme transversal par rapport à

(*) *Voir* l'*Analyse des Transversales,* citée dans la précédente note (Iʳᵉ partie, § IV, nᵒˢ 198 et suivants); cette analyse contient le développement de ces premières idées.

cette courbe que nous supposerons, pour plus de simplicité, du 3e degré seulement; on a, comme on sait,

$$(ap)\,(bq)\,(cr) = (ar)\,(cq)\,(bp).$$

Menons par les trois points p', p'' et q'' une section conique quelconque : elle rencontrera les côtés du triangle abc prolon-

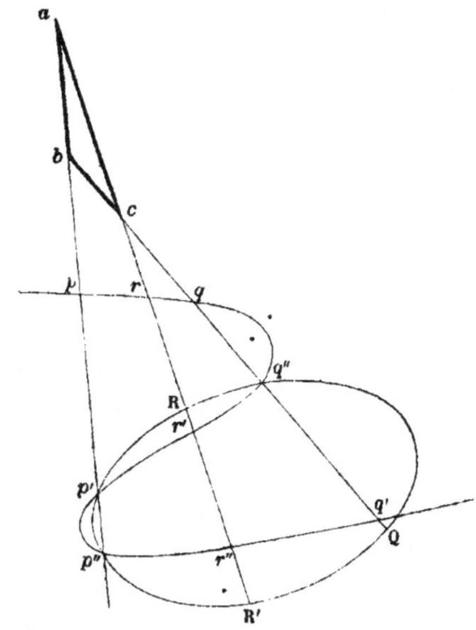

Fig. 54.

gés, en trois autres points R, R', Q, et l'on aura cette nouvelle relation métrique

$$a\mathrm{R}.a\mathrm{R}'.cq''.c\mathrm{Q}.bp'.bp'' = ap'.ap''.bq''.b\mathrm{Q}.c\mathrm{R}.c\mathrm{R}'.$$

Multipliant ces deux équations membre à membre, il vient

$$(1)\quad ap.bq.bq'.(cr).a\mathrm{R}.a\mathrm{R}'.c\mathrm{Q} = bp.cq.cq'.(ar).c\mathrm{R}.c\mathrm{R}'.b\mathrm{Q}.$$

Supposons, en premier lieu, que la transversale abp'' devienne tangente à la courbe donnée, c'est-à-dire que les points p' et p'' se réunissent en un seul : la conique deviendra elle-même tangente à la courbe en ce point, et la relation ci-dessus ne renfermant ni p' ni p'', subsistera toujours et donnera par là tout ce qui peut concerner le système de la courbe proposée et de la conique tangente.

Nous ne nous arrêterons pas à rechercher les propriétés qui résultent de cet état particulier du système, et nous passerons tout de suite au contact du second ordre.

Supposons donc, en second lieu, que la transversale bc se meuve en se rapprochant du point de contact ci-dessus représenté par $(p'\,p'')$, le point q'' se rapprochera pareillement de ce point et se confondra avec lui en même temps que le sommet b du triangle transversal abc (*fig.* 55). Mais alors, en appelant b le point de contact, la relation ci-dessus, conservant la même forme et demeurant toujours applicable, servira à décrire la section conique qui a au point b trois points réunis en un seul commun avec la proposée ; c'est-à-dire que la conique sera osculatrice à cette même courbe en ce point devenu le sommet du triangle abc, et de plus elle passera par deux points R, R' donnés à volonté sur le plan de cette courbe.

Tracé de l'osculatrice à l'aide du calcul (*).— On trouvera, par la règle seule (*fig.* 55), la tangente au point b de la courbe proposée, ce qui donnera le point p ; on tracera la droite indéfinie RR' qui coupera la courbe proposée aux points r, r', r'' dès lors connus ; enfin, par le point b on mènera une transversale arbitraire bc, et l'on obtiendra les points q et q'. Tout ce qui entre dans la relation (1) sera donc entièrement connu, sauf les segments $b\,Q$ et $c\,Q$, relatifs au point Q où la transversale arbitraire cb, rencontre la section conique. Cette relation

---

(*) Ce titre de subdivision s'adresse aux ingénieurs divers qui ont besoin de tracer à l'échelle, des courbes et des figures quelconques de grandes dimensions soit sur le terrain, soit sur des épures ou patrons préparés à cet effet et pour lesquels les ressources graphiques manquent absolument. Officier du génie, je ne pouvais pas dédaigner l'utilité de l'application du calcul aux arts, beaucoup trop négligée de nos jours dans les Écoles d'enseignement préparatoire. Écrivant à la hâte ces notes manuscrites en vue du *Traité des Propriétés projectives*, j'ai dû n'en pas oublier le but essentiel, inspiré par les remarquables travaux des Lambert, des Mascheroni, des Servois, des Brianchon, des Prony, etc. Peut-être, cette tendance de mes idées géométriques a-t-elle pu me nuire, plus tard, dans l'esprit des savants de profession trop exclusifs ?

pourra donc servir à déterminer le point Q, puisque d'ailleurs

$$c\,Q = bc - b\,Q.$$

On déduira facilement de l'équation (1) le rapport de $c\,Q$ à $b\,Q$

Fig. 55.

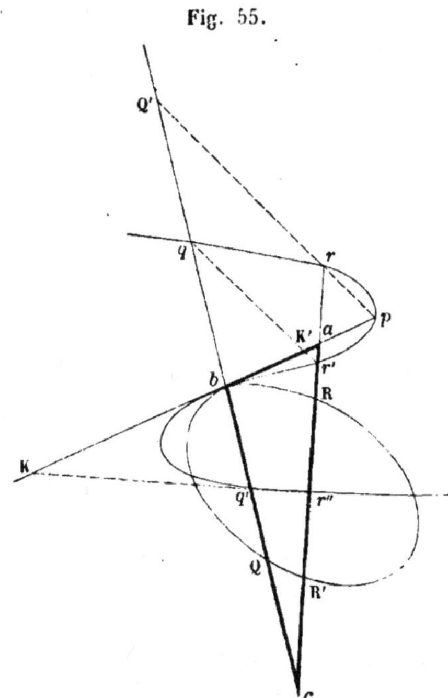

par les tables de logarithmes, puis appelant k le nombre correspondant, on posera

$$c\,Q = k.b\,Q = bc - b\,Q, \quad \text{d'où} \quad b\,Q = \frac{bc}{1 + k}.$$

Ainsi, rien n'est plus facile que de déterminer par points l'osculatrice à l'aide du calcul. Maintenant occupons-nous de la recherche d'une construction graphique qui n'exige que l'emploi de la règle ou d'alignements sur le terrain, etc.

On y parviendra sans peine en se rappelant le procédé employé ci-dessus pour trouver la tangente en un point donné de la courbe.

Tracé purement linéaire. — Qu'on décrive en effet les trois sécantes $r''q'K$, $r'K'q$, prQ', et qu'on les prolonge jusqu'à leur nouvelle rencontre avec les côtés respectifs du triangle abc, elles donneront respectivement, en les considérant comme des transversales par rapport à ce triangle :

$$1^o \quad (r''q'K) \qquad cq'.ar''.bK = bq'.cr''.aK,$$

$$2^o \quad (prQ') \qquad bp.ar.cQ' = ap.cr.bQ',$$

$$3^o \quad (K'r'q) \qquad cq.ar'\ bK' = bq.cr'.aK'.$$

On a d'ailleurs la relation (1) ci-dessus, c'est-à-dire :

$$ap.bq.bq'.(cr).aR.aR'.cQ = bp.cq.cq'.(ar).cR.cR'.bQ.$$

Multipliant ces quatre équations membre à membre, et effaçant les termes qui se détruisent, il viendra

$$bK.bK' \times cQ.cQ' \times aR.aR' = aK.aK' \times bQ.bQ' \times cR.cR',$$

relation qui prouve que les six points K, K', Q, Q', R, R', situés deux à deux sur les côtés du triangle abc, doivent appartenir à une seule et même conique. Or, cinq de ces points sont connus et donnés par la construction précédente, et il n'y a que le point Q qui ne le soit pas ; mais comme il doit se trouver sur une droite donnée $bq'c$ passant par l'un Q' des cinq points appartenant à la section conique dont il s'agit, on le déduira sans peine, au moyen de l'hexagone de Pascal et avec la règle seule, des cinq autres points déjà obtenus.

Si la courbe donnée, au lieu d'être du 3ᵉ degré, était d'un degré plus élevé, on ramènerait par le même procédé, et en ayant égard à ce qui a été dit précédemment, la recherche du point inconnu Q à celle du point d'intersection d'une section conique donnée par cinq points quelconques, avec une droite donnée également quelconque, passant par l'un de ces cinq points. Je pense, d'ailleurs, que, après tout ce qui a été dit (p. 86) du procédé pour mener une tangente en un point quelconque d'une courbe géométrique, il devient inutile d'examiner en détail les deux cas distincts où la courbe proposée est de degré pair ou impair.

Remarque I. — Dans le problème qui précède, au lieu de tracer la conique osculatrice par points à l'aide du procédé d'abord indiqué, on pourra se borner à rechercher un seul de ses points; on tracera ensuite cette conique par les méthodes connues (t. I, p. 138 et 150), puisque deux autres points R, R′ de cette courbe, la tangente *bp* et son point de contact sont donnés.

On pourra d'ailleurs, en décrivant un seul cercle tangent en *b*, trouver par nos procédés (*), le centre, les axes, etc., de l'osculatrice avec la règle seule, et ainsi le problème sera complétement résolu.

Remarque II. — Lorsque les points R et R′ de l'osculatrice passent à l'infini, la courbe devient une hyperbole ou une parabole selon les cas; enfin les mêmes points R et R′ pourront être pris sur la courbe proposée sans que les constructions en éprouvent de modifications essentielles.

Remarque III. — Si la conique osculatrice, au lieu de passer par deux points donnés sur le plan de la courbe, devait être simplement une circonférence de cercle, les deux points deviendraient superflus, car le cercle osculateur est entièrement déterminé par son point de contact; mais la construction qui vient de nous occuper cesserait d'être applicable, et il conviendrait d'avoir recours pour ce cas particulier à un procédé direct, par exemple à celui indiqué ci-après.

On peut cependant suivre une marche tout à fait simple en observant que, lorsque deux courbes sont osculatrices entre elles, elles ont nécessairement au point de tangence, même cercle osculateur, car il résulte de là qu'on pourrait déterminer comme ci-dessus, une conique quelconque osculatrice de la proposée, et tracer ensuite le cercle osculateur de cette conique; ce qui s'exécutera facilement et avec la règle seule (*Rem. I*), en se servant d'un cercle auxiliaire quelconque tangent en *b* à *bp* (*fig.* 55).

(*) *Voir* l'art. II, p. 262 et suiv. du précédent volume où se trouvent exposées les propriétés générales du système de deux coniques par rapport au *point de concours* des tangentes communes, véritable *centre de projection* mutuelle des deux courbes, nommé *centre d'homologie* dans le *Traité des Propriétés projectives :* les nombreuses conséquences de ces propriétés faisaient partie d'un Cahier manuscrit, que j'ai dû supprimer dans cette publication.

Remarque IV. — Sans sortir des considérations qui précèdent, on peut démontrer aisément et à posteriori, que la conique osculatrice et la courbe proposée ont même cercle osculateur en leur point de contact.

En effet, représentons par ρ la corde interceptée par la sécante arbitraire qbq' dans le cercle osculateur en b à la courbe géométrique proposée, et par ρ' celle qu'intercepte sur la même droite, le cercle osculateur de la conique osculatrice qui passe par les points R et R'.

On aura, pour déterminer ρ (p. 68), la relation

$$ap \cdot bq \cdot bq' \cdot (cr) \cdot \overline{ab}^2 = bp \cdot cb \cdot cq \cdot cq' \cdot (ar) \cdot \rho.$$

Mais on a aussi, pour déterminer le point Q de l'osculatrice, l'équation (1) ci-dessus,

$$bp \cdot cq \cdot cq' \cdot (ar)(c\mathrm{R}) \cdot b\mathrm{Q} = ap \cdot bq \cdot bq' \cdot (cr)(a\mathrm{R}) \cdot c\mathrm{Q}.$$

Multipliant ces équations membre à membre et par ordre, il viendra finalement,

$$\overline{ab}^2 \cdot (c\mathrm{R}) \cdot b\mathrm{Q} = bc \cdot (a\mathrm{R}) \cdot c\mathrm{Q} \cdot \rho.$$

Maintenant on aurait évidemment aussi, pour déterminer le ρ' correspondant au cercle osculateur de la conique, cette seconde relation semblable à la précédente

$$\overline{ab}^2 \cdot (c\mathrm{R}) \cdot b\mathrm{Q} = bc \cdot (a\mathrm{R}) \cdot c\mathrm{Q} \cdot \rho',$$

donc $\rho = \rho'$; et, comme il en serait de même de toute autre sécante, il est visible que les points des deux cercles osculateurs se confondent deux à deux. Ainsi, comme il s'agissait de le démontrer, le cercle osculateur est le même pour la courbe et pour la conique osculatrice.

Cas des simples coniques. — Examinons en particulier le cas où la courbe à laquelle il s'agit de mener une osculatrice du second ordre, est elle-même une conique quelconque : on a alors, pour déterminer le point Q,

$$(1) \qquad cq \cdot (ar)(c\mathrm{R}) \cdot b\mathrm{Q} = bq \cdot (cr)(a\mathrm{R}) \cdot c\mathrm{Q}.$$

Pour déduire de cette équation une solution graphique, tracez *qr′* (*fig*. 56), qui coupera la tangente *ba* en **K**, puis **KR′**,

Fig. 56.

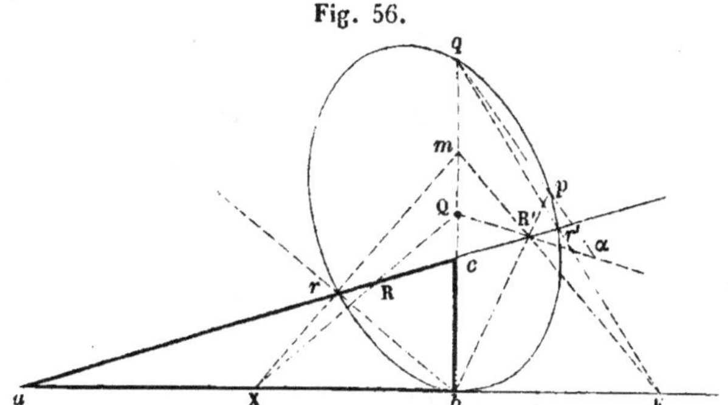

qui coupera *bq* en *m*, enfin *mr* qui coupera *ab* en **X** ; en considérant chacune de ces droites comme transversale du triangle *abc*, on aura

$$\text{pour } qr'\text{K} \qquad bq.cr'.a\text{K} = cq.ar'.b\text{K},$$

$$\text{pour } \text{KR}'m \qquad mc.a\text{R}'.b\text{K} = mb.c\text{R}'.a\text{K},$$

$$\text{pour } mr\text{X} \qquad mb.cr.a\text{X} = mc.ar.b\text{X}.$$

Multipliant ces équations par ordre et par l'équation (1) ci-dessus, il vient immédiatement

$$c\text{R}.b\text{Q}.a\text{X} = a\text{R}.c\text{Q}.b\text{X},$$

nouvelle équation qui apprend que les trois points **R**, **X** et **Q** doivent être en ligne droite ; mais le point **R** est donné et le point **X** est déterminé par la construction qui précède ; donc le point **Q** est aussi connu.

Remarque I. — Si l'un des points donnés, **R**, par exemple, se trouvait sur la courbe à laquelle on veut mener l'osculatrice, la construction deviendrait encore plus simple, car alors le point **Q** serait le point *m* lui-même, et il suffirait de tracer *bq*, *qr′* et **KR′**. Ainsi, dans le mouvement de la figure *q* **K** *m* **XQ** et pour le cas général qui précède, le point *m* décrit aussi une osculatrice en *b*, passant par **R′** et *r*.

Remarque II. — Supposez qu'on trace *b*R′ jusqu'à sa ren-

contre en *p* avec la conique donnée et qu'on mène *pq*, je dis
que cette droite ira rencontrer *m*R′ en un point de *br*. En effet, la figure *brr′qpb* forme un pentagone inscrit à la conique
donnée et *ab* est la tangente en l'un *b* de ses sommets; en
regardant donc cette tangente comme un sixième côté nul, et
se rappelant que les côtés opposés doivent se couper en trois
points situés en ligne droite, on en conclura sans peine la proposition énoncée.

De cette remarque on peut aisément conclure aussi que, si
l'on trace la corde QR′ correspondant à *qp*, ces deux droites se
rencontreront en un point α qui demeurera sans cesse sur une
troisième passant par *b*, corde commune à la conique cherchée et à la conique donnée, conformément aux considérations générales ci-dessus rapportées. Mais nous n'insisterons
pas davantage sur ce cas particulier, et nous allons passer à
l'examen des contacts du 3e ordre.

PROBLÈME II. — *En un point donné b (fig. 57) d'une courbe
géométrique quelconque, mener une conique osculatrice du
3e ordre, passant en outre par un autre point donné* R.

Supposons que, dans le problème qui nous a précédem-
ment occupé (*fig.* 55) et où il s'agissait de trouver l'osculatrice

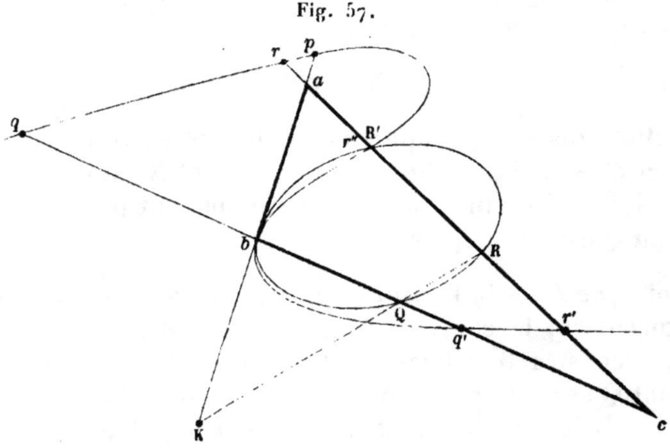

Fig. 57.

en *b*, passant par R et R′, le point donné R′ soit précisément un des points de la courbe géométrique proposée, et
qu'il se confonde par conséquent avec l'un des points *r, r′, r″*,

avec r'' par exemple : l'équation (1) qui sert à déterminer le point Q deviendra alors, puisque $ar'' = aR'$, $cr'' = cR'$,

$$ap.bq.bq'.cr\ cr'.aR\ cQ = bp.cq.cq'.ar.ar'.cR.bQ.$$

Pour déterminer graphiquement le point Q au moyen de cette équation, soit menée par les points R et Q la corde RQ qui rencontre en K le troisième côté ab du triangle abc; en la considérant comme transversale par rapport à ce triangle, on aura

$$CR.aK.bQ = aR.bK\ cQ;$$

multipliant ces deux équations par ordre, il viendra

$$\overline{ap.aK}.\overline{bq.bq'}.\overline{cr.cr'} = \overline{bp.bK}.\overline{cq\ cq'}.\overline{ar.ar'},$$

relation qui apprend que les six points q, q', r, r', p et K sont situés sur une seule et même section conique. Or, parmi ces six points, un seul K est inconnu; de plus, ce point est situé sur une droite donnée ba passant par l'un p des cinq autres ; donc on obtiendra ce point par la règle seule, au moyen de l'hexagramme mystique de Pascal. Traçant ensuite KR, cette droite coupera $bq'c$ au point Q qui appartient à la conique osculatrice cherchée.

Nous avons supposé ici que la courbe donnée fût du 3e degré, mais, en se rappelant ce qui a été exposé (p. 86) dans la recherche de la tangente en un point donné d'une courbe géométrique, on voit sans peine comment il faudrait agir si le degré de cette courbe était plus élevé; car, en traçant toujours RQ, on obtiendrait en général $3(m-1)$ points situés $m-1$ à $m-1$ sur chacun des côtés du triangle abc, et appartenant à une courbe d'un degré moindre d'une unité que celui de la proposée supposée du degré m : parmi ces $3(m-1)$ points, il y en aurait $3(m-1)-1$ de connus et un seul K d'inconnu. On parviendrait donc sans peine, par nos procédés (p. 78 et suiv.), à assigner six points, dont K ferait partie, situés deux à deux sur les côtés du triangle abc et devant tous être placés sur une même section conique; ce qui ramènerait le problème à celui qui précède.

Cas où la courbe donnée est une conique. — Avant de

passer aux conséquences générales, examinons le cas particulier où la courbe donnée est elle-même du second degré. Alors (*fig.* 58), la dernière des relations ci-dessus devient

$$a\mathrm{K}.bq.cr = b\mathrm{K}.cq.ar;$$

ce qui indique que les trois points K, q, r, doivent être en ligne droite. Or nous sommes déjà parvenus à ce résultat par

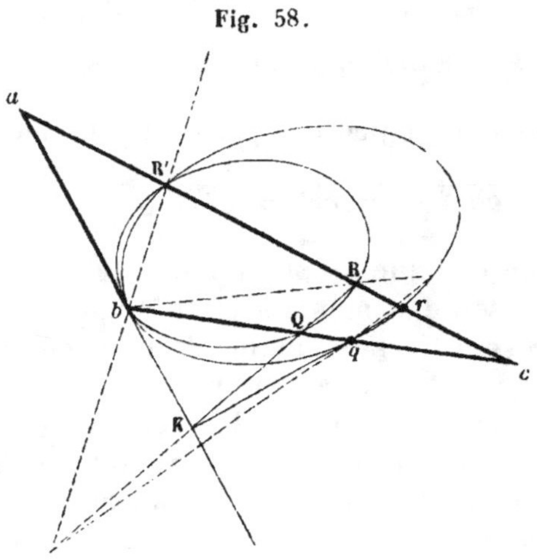

Fig. 58.

la méthode des pages 76 à 77, et nous savons d'ailleurs que le théorème de cet endroit conduit immédiatement aux propriétés connues du système de deux coniques qui ont un contact du 2e ordre. D'autre part, en supposant que R′ se confonde avec le point b, il donne immédiatement la conique osculatrice du 3e ordre en ce point, qui contient R.

Passons maintenant au contact du 3e ordre relatif aux courbes de degré quelconque et qui est une conséquence bien simple de ce qui précède.

Cas général. — Nous avons vu (*fig.* 57, p. 94) que les six points q, q', r, r', p et K devaient, dans le cas d'une courbe du 3e degré, être situés sur une seule et même ligne du 2e degré afin que la conique QRb fût osculatrice du second ordre à la courbe donnée, et eût le point r'' ou R′ en commun avec elle.

Supposons actuellement que la sécante ac (même figure) se rapproche sans cesse du point b en tournant autour du point donné R, les six points ci-dessus devront toujours appartenir à une même conique, pour qu'à son tour le point Q appartienne à la conique osculatrice en b. Si donc on suppose que la sécante dont il s'agit passe enfin par le point b, le point R′ ou r'' s'étant réuni au point b, la courbe sera devenue osculatrice du 3e ordre avec la première; or les cinq points q, q', r, r' et p conservant leur existence géométrique, en recherchant le sixième point K d'après la condition qu'il soit avec eux, sur une même conique, on en déduira (*fig.* 59) le point Q qui appartient à la section conique osculatrice du 3e ordre au point b avec la première.

Cette conséquence résulte immédiatement de la loi de continuité; car, puisque la construction de Q subsiste, elle doit

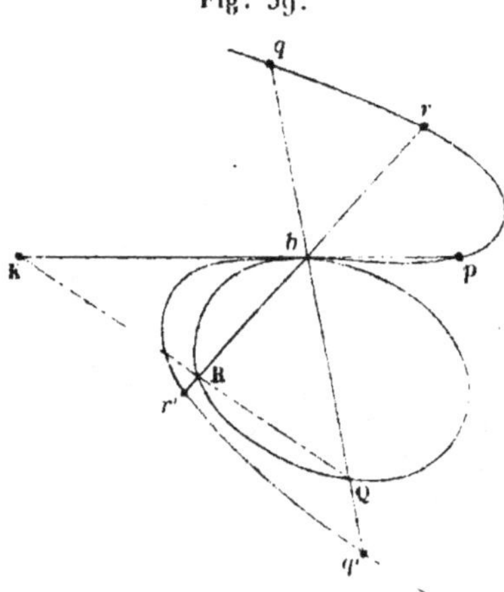

Fig. 59.

toujours donner des points qui appartiennent à une conique passant par R et par R′, désormais confondu avec b, tout en conservant un contact du 2e ordre au même point b avec la proposée, c'est-à-dire qu'elle doit avoir quatre points réunis en un seul en b.

Solution définitive.— Les six points q, q', r, r', p et K, étant, dans le cas actuel (*fig.* 59), situés deux à deux sur trois droites qui passent par le même point, il est aisé de construire l'un

quelconque **K** d'entre eux au moyen des cinq autres, sans
même recourir à l'hexagramme de Pascal.

En effet, soient (*fig.* 60) q, r, p, q', r', k, six points quelconques d'une section conique, placés deux à deux sur trois
droites qq', rr', pk passant par un même point b. Achevons
le quadrilatère inscrit $q'rqr'$ dont rr' et qq' sont les diago-

Fig. 60.

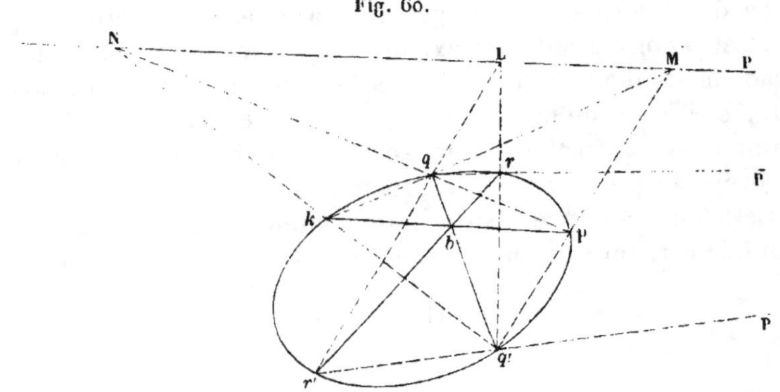

nales; les côtés opposés concourront respectivement en deux
points **L** et **P** situés sur la polaire **PL** du point b; or il en
serait de même du quadrilatère $pqkq'$ si l'on connaissait le
point k; donc si l'on détermine le point **N** où le côté connu
pq de ce quadrilatère rencontre la polaire **PL**, et qu'on joigne
le point **N** ainsi trouvé au point q' par la droite **N**q', celle-ci
coupera la direction de la diagonale pb au sixième point k
demandé : ainsi la recherche de ce point n'exigera seulement
que le tracé de sept lignes droites.

Remarque. — D'après la remarque déjà faite plus haut, la
solution précédente s'étend à toutes les courbes géométriques
possibles, décrites sur un plan : pour éviter les erreurs, il convient de s'occuper d'abord des constructions à effectuer dans
le cas (*fig.* 54, p. 87, et 55, p. 89) où le point **R'** n'est pas
censé confondu avec b, et où la conique doit être seulement
osculatrice du 2e ordre avec la proposée; puis de les appliquer au cas où le point **R'** est confondu avec b, et où par conséquent la sécante ac correspondante, passant par ce même
point, le triangle abc s'évanouit; car toutes ces constructions

resteront applicables sans aucune modification au tracé de l'osculatrice du 3e ordre.

La solution qui précède peut nous conduire encore à celle de cette autre question d'un ordre plus élevé, mais dépendant toujours de la géométrie de la règle :

PROBLÈME III. — *En un point donné b (fig. 61) d'une courbe géométrique quelconque, mener la conique osculatrice du 4e ordre en ce point.*

Supposons, dans le problème ci-dessus, que le point R, donné à priori, soit précisément sur la courbe proposée et se confonde par conséquent avec le point correspondant r' de cette courbe ; la construction par laquelle on obtenait à vo-

Fig. 61.

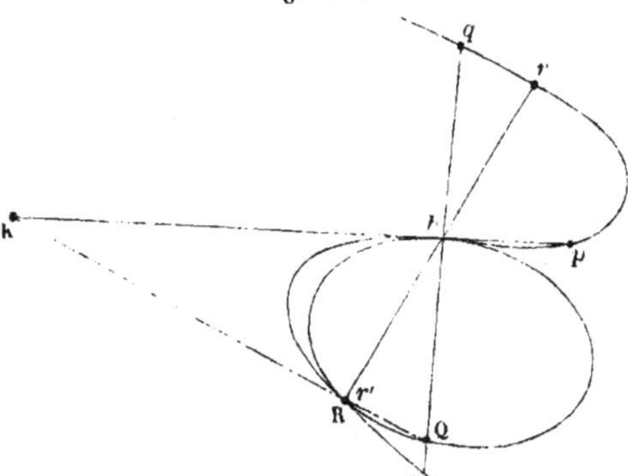

lonté un point Q de l'osculatrice du 3e ordre en b passant par R subsistera toujours sans aucune modification ; mais, si l'on veut, en outre, que ce point donné R se confonde avec b, et que par conséquent la conique cherchée y devienne oscula- trice du 4e ordre, cette même construction deviendra complé- tement illusoire. C'est pourquoi il est nécessaire de recourir à une autre méthode pour parvenir à la solution du problème dont il s'agit, et qui semble difficile pour les courbes géomé- triques d'un degré supérieur au 3e.

Supposons que, dans les hypothèses du cas général (*fig.* 59) où R n'est pas confondu avec b, on veuille déterminer les positions du point Q pour lesquelles il se confond avec son correspondant q', ce qui revient à rechercher les autres points où l'osculatrice coupe la courbe proposée, et exige que les trois points K, R et q' soient en ligne droite. Or nous savons (p. 78 et suiv.) que les six points q, r, p, q', R et K doivent, en général, appartenir à une même section conique; donc les trois points q, r, p doivent aussi être en ligne droite.

Si la courbe était par exemple du 4e degré, il y aurait trois nouveaux points, en sus des six qui précèdent, situés avec les premiers sur les droites bq, br, bp; et, par les mêmes raisons, les trois points K, R, q' devant toujours être en ligne droite, les six derniers seraient sur une conique: des circonstances analogues auraient lieu pour les courbes de degré supérieur au 4e. Mais, sauf le cas des courbes du 3e degré, la question de trouver une transversale qbq' (*fig.* 61) qui remplisse les conditions exigées est très-difficile à résoudre, et on s'en rend compte en observant que le nombre des positions cherchées du point Q ou q' est nécessairement, et en général, $2m-5$ pour une courbe du degré m. En conséquence nous ne nous occuperons d'abord que des courbes du 3e degré.

Cas des courbes du 3e ordre. — Les trois points p, q, r (*fig.* 61) doivent alors, comme on l'a vu, être en ligne droite, mais les points r et p sont donnés par les conditions du problème; traçant donc la droite pr, qui coupe de nouveau la courbe au point q, puis la droite qb, celle-ci donnera le point q' demandé, pour lequel K, R, q' sont en ligne droite, et, par suite, Q est confondu avec q'. Quand le point donné R est lui-même confondu avec b, la construction subsiste, seulement la direction de pr devient tangente à la courbe.

On peut donc encore, pour les lignes du 3e ordre, déterminer un point de l'osculatrice avec la règle seule. On en obtiendra ensuite autant d'autres que l'on voudra, en faisant attention que la conique osculatrice cherchée doit nécessairement avoir un contact du 3e ordre avec toute autre section conique, elle-même osculatrice de cet ordre en b avec la courbe proposée; car en traçant cette conique par points avec la règle, on en déduira simultanément ceux de la section conique osculatrice du 4e ordre, dont un point est donné.

Sans passer par ces intermédiaires, on peut d'ailleurs construire l'osculatrice immédiatement, en agissant comme dans la question précédente et prenant le point d'abord obtenu pour le point ci-dessus R ou r'.

Cas d'une courbe géométrique quelconque. — Si la courbe proposée est du degré m, on pourra encore construire l'osculatrice du 4e ordre comme on va le montrer.

Soient toujours $r'br$, bpp' (*fig.* 62) les deux droites données à priori, et qq' celle dont on recherche la position; d'après ce qui précède, les trois points $q'r'k$ devant être en ligne droite, ceux $p, r, q, \ldots, p', r'', q'', \ldots$ en nombre $3(m-2)$,

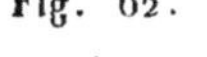

Fig. 62.

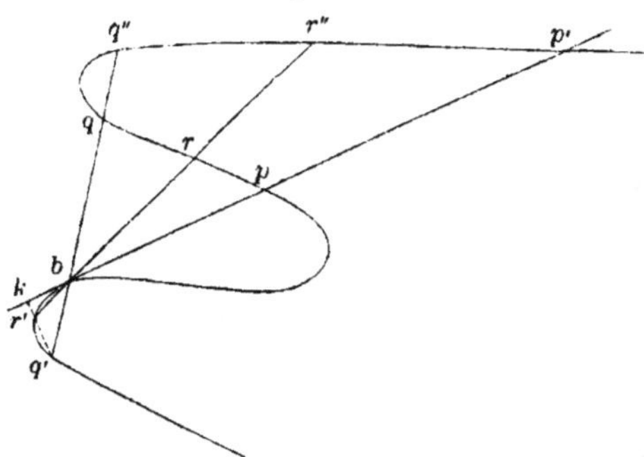

devront être à une courbe de degré $m-2$. Cette condition suffit pour déterminer la position de bq': supposez, en effet, qu'on trace une droite arbitraire bqq'', elle ira couper la courbe en $m-1$, points distincts de b, dont on choisira $m-3$ à volonté; on regardera ces $m-3$ points comme faisant partie de la courbe du degré $m-2$ ci-dessus, avec les $2(m-2)$ autres points donnés sur les droites fixes bp et br; on aura ainsi $3(m-2)-1 = 3m-7$ points de la même courbe, et on en déduira par la règle seule (p. 78 et suiv.), le $3(m-2)^{ième}$. Supposant donc qu'on exécute pour chaque sécante arbitraire bq la même construction, la suite des points ainsi obtenus formera une ligne continue, et les points où elle ira rencontrer la proposée seront tels, qu'en joignant le point b à l'un d'eux par une droite, elle remplira les conditions du problème; c'est-à-dire que chacun des points où elle coupera la courbe donnée appartiendra à l'osculatrice demandée.

Nous n'en dirons pas davantage sur cette solution à cause de son extrême complication; je crois néanmoins, malgré les apparences contraires, qu'il doit exister, pour ce cas général de l'osculatrice conique du 4e ordre, une construction non moins simple que celle indiquée ci-dessus pour les osculations d'ordres inférieurs, et qui n'exige également que l'emploi de constructions purement linéaires (*).

II.

APPLICATION DIRECTE DES MÊMES PROCÉDÉS D'ÉLIMINATION ET DE RÉDUCTION A DES CAS SPÉCIAUX.

Propriétés des lignes planes du troisième degré.

THÉORÈME PRINCIPAL. — Soient p, p', q, q', r, r' six points situés à la fois sur une conique et une courbe du 3e ordre;

Fig. 63.

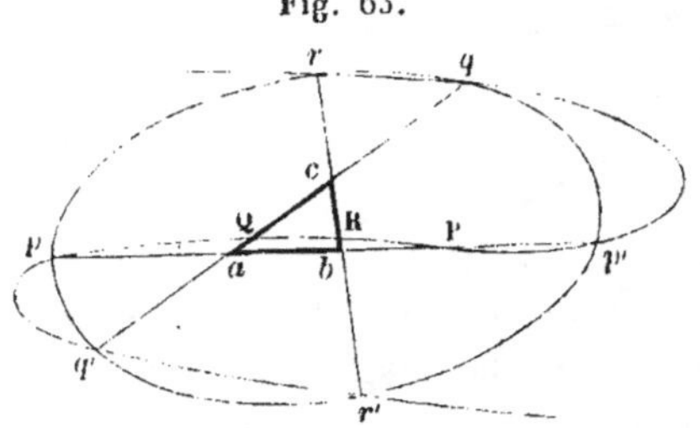

soient tracées les droites pp', qq', rr', dont les rencontres mutuelles forment le triangle transversal abc, qui coupe la courbe aux nouveaux points P, Q, R.; je dis que *ces trois points doivent appartenir à une ligne droite.*

(*) Ceci explique comment, après l'examen du cas particulier des lignes du 3e ordre et de la détermination du rayon de courbure en un point donné des courbes géométriques en général, j'en suis venu à changer de route et à me rapprocher de la méthode de Maclaurin que j'avais ignorée jusque-là (1816), mais en cherchant à généraliser ou simplifier ses solutions, ce à quoi je suis parvenu en transformant une équation à deux termes, relative aux produits de segments et qui se rapporte à l'involution généralisée, en fonction de réciproques d'abscisses ou d'autres segments comptés d'une origine fixe, comme on le verra plus loin.

En effet, on a pour la conique

$$(ap)\,(br)\,(cq) = (aq)\,(bp)\,(cr),$$

et pour la courbe du 3ᵉ degré

$$(ap)\,a\mathrm{P}\,(br)\,b\mathrm{R}\,(cq)\,c\mathrm{Q} = (aq)\,a\mathrm{Q}\,(bp)\,b\mathrm{P}\,(cr)\,c\mathrm{R},$$

relations d'où l'on tire immédiatement

$$a\mathrm{P}.b\mathrm{R}.c\mathrm{Q} = a\mathrm{Q}.b\mathrm{P}.c\mathrm{R};$$

ces trois points P, Q, R, doivent donc être en ligne droite. Par conséquent, si les cinq points p, p', q, q', r, communs à la conique et à la courbe du 3ᵉ degré, étaient donnés, le sixième se trouverait facilement (p. 71) par des constructions linéaires.

Supposez que r se déplace sur la courbe du 3ᵉ degré, Q et P étant immobiles; R restera fixe aussi, mais r' variera avec la droite rr', qui tournera par conséquent autour de R comme pôle et décrira la section conique.

THÉORÈME RÉCIPROQUE. — Soit abc (*fig.* 64) un triangle transversal d'une ligne du 3ᵉ ordre ; si trois quelconques des inter-

Fig. 64.

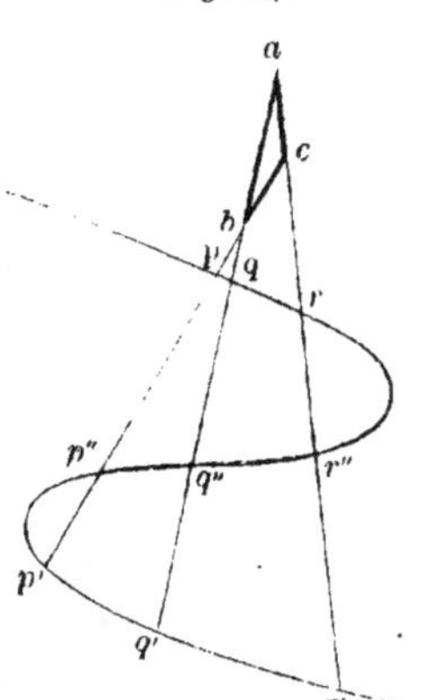

sections p'', q'', r'', appartenant à des côtés différents du triangle, sont sur une même droite, les six intersections restantes p, q, r, p', q', r', sont sur une conique.

Donc si l'on fait tourner à volonté les trois transversales *ab*, *ac*, *bc* autour des points p'', q'' et r'', *les six intersections ne cesseront pas d'appartenir à une conique.*

De cette seule remarque découlent une foule de conséquences curieuses et utiles; nous nous bornerons à quelques exemples.

Imaginons (*fig.* 65) que les trois points p, q, r se réunissent en un seul p, la conique passant par $p'q'r'$ sera osculatrice

Fig. 65.

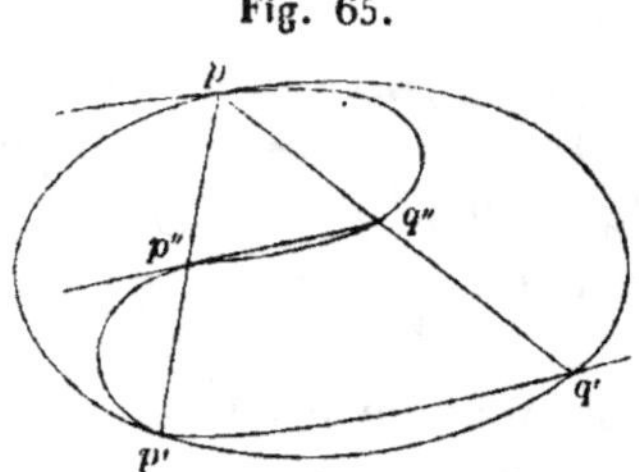

du second ordre en *pqr*; si donc on donnait le point de contact et deux autres points quelconques q' et r' sur la courbe, on obtiendrait aisément le point p' avec la règle, en traçant une transversale arbitraire $p''q''r''$.

Remarquons d'ailleurs que si cette dernière droite passait par le point où la tangente commune rencontre de nouveau la courbe du 3e degré, r' se confondant dès lors avec le point de contact commun p, la conique deviendrait *osculatrice du 3e ordre* en ce point avec cette même courbe censée décrite ou convenablement déterminée.

Si l'on veut que la conique, toujours osculatrice du 2e ordre en p (*fig.* 65), touche la courbe en un nouveau point p', il faudra tracer pp', qui donnera p'', puis en p'' mener la tangente $p''q''$, qui donnera q''; tracer enfin pq'', qui donnera un nouveau point q' de l'osculatrice demandée; on construira ensuite facilement la conique avec la règle seule.

Si la conique osculatrice en p devait l'être en même temps en p', il faudrait que q' se réunît avec p' et q'' avec p''; donc p'' devrait être un point d'inflexion.

Dans les courbes du 3e degré, tout point d'inflexion est donc tel, que si par ce point on mène une sécante arbitraire, elle ira couper la courbe en deux autres points par lesquels passera une conique *doublement osculatrice* en ces points à la ligne du 3e degré.

Supposons, dans le cas général, que les quatre points p, q, p', q' de la conique soient donnés, p'' et q'' seront donnés aussi et par suite r''; si la conique doit toucher la courbe, il faudra que les points r et r' se confondent en un seul; on obtiendra donc le point de contact en menant de r'' une tangente à la courbe autre que celle qui correspond au point r'' même.

Supposons enfin (*fig.* 66) que d'un point d'inflexion d'une courbe du 3e degré, on mène trois sécantes arbitraires, elles

Fig. 66.

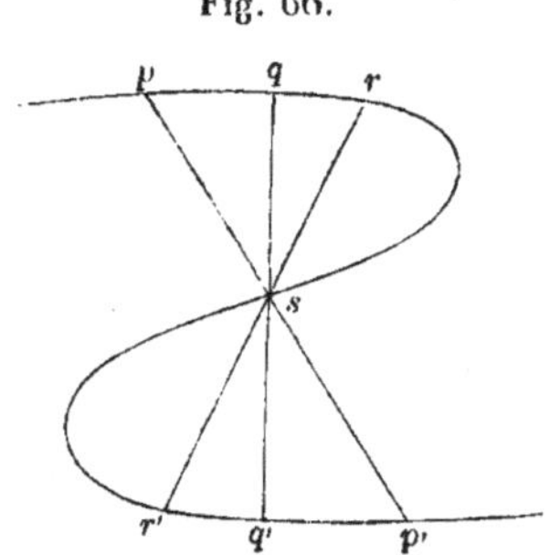

donneront sur la courbe six nouveaux points *appartenant à une même conique*, selon ce qui précède. Ayant donc cinq des points de cette conique, on trouvera le sixième r' avec la règle seule, etc., etc.

En particulier, du point d'inflexion s d'une courbe du 3e degré, menez les sécantes arbitraires sp, sq, sr, les six autres intersections p, q et r, p', q' et r' étant à une simple conique, les droites opposées, qui, dans un ordre quelconque, joignent deux à deux ces six points, telles que, par exemple, qr et $q'r'$, qr' et $q'r$, etc., iront concourir sur une même ligne droite, et il en sera ainsi encore des couples de tangentes aux extrémités de chaque sécante : on peut appeler cette droite unique la *polaire* du point d'inflexion s; or, cette polaire viendra couper la courbe aux trois points de contact des tangentes issues du pôle s.

D'un point d'inflexion, on ne peut donc mener que quatre tangentes à la courbe, y compris celle qui correspond à ce point et qui d'ailleurs compte pour trois réunies en une seule.

Qu'en un point quelconque T d'une courbe du 3ᵉ degré il s'agisse de mener le cercle osculateur à cette courbe, on y choisira, à volonté, trois autres points p', q', r' en ligne droite, puis on tracera Tp', Tq', Tr', qui donneront trois derniers

Fig. 67.

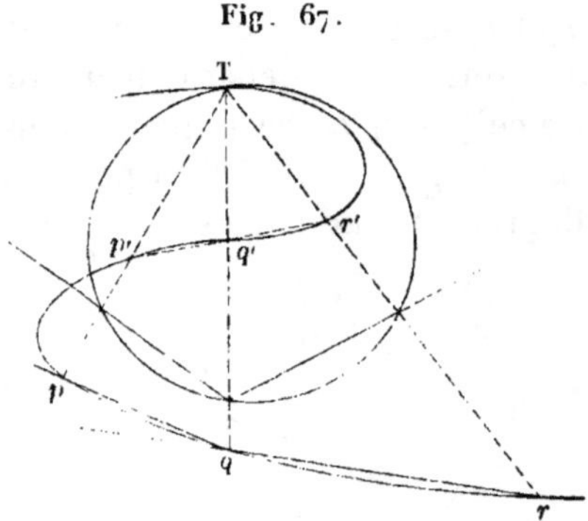

points p, q, r, appartenant à une conique osculatrice en T, laquelle sera ainsi déterminée, puisque, outre quatre de ses points, l'on aura la tangente en l'un d'eux. On tracera ensuite facilement le cercle osculateur en T au moyen d'un seul cercle auxiliaire tangent en T, et en n'employant que la règle seule, d'après des procédés déjà mentionnés à la page 91, mais sur lesquels nous n'insisterons pas davantage ici.

Au lieu de poursuivre ces questions relatives au tracé du cercle osculateur dans le cas particulier des lignes du 3ᵉ degré, et avant de reprendre celles qui concernent les problèmes analogues, relatifs aux coniques et aux cercles osculateurs des courbes en général, revenons aux propositions et aux hypothèses particulières des *fig.* 63 et 64.

Supposons, plus particulièrement encore, que trois nouvelles intersections p', q', r' (*fig.* 64) soient en ligne droite, de même que p'', q'', r'', les trois dernières p, q, r seront aussi en ligne droite, ce qu'on peut énoncer ainsi en observant (*fig.* 68) que la figure $q\,q'\,r'\,r''\,p''\,p\,q$ forme un hexagone inscrit à la courbe :

THÉORÈME. — « Si l'on inscrit à une ligne du 3ᵉ ordre, un
» hexagone 1 2 3 4 5 6 1, dont deux systèmes de côtés res-
» pectivement opposés $q'r'$ et pp'', qq' et $p''r''$, se rencon-

» trent en des points p' et q'' situés sur la courbe, les deux

Fig. 68.

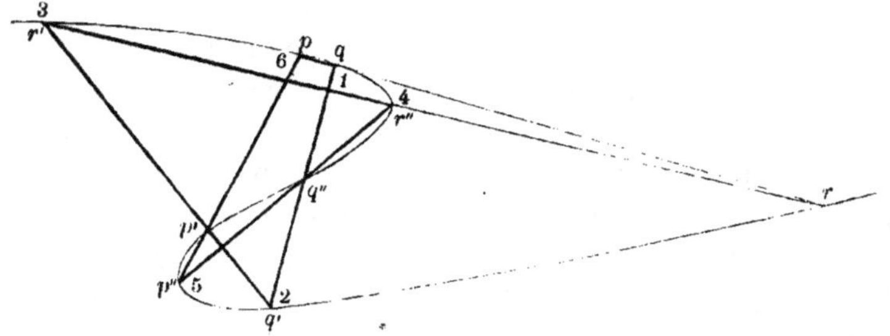

» derniers côtés $r'r''$, pq, ou 3.4 et 1.6, iront aussi concourir
» en un 3ᵉ point r de cette courbe (*). »

Si l'on suppose maintenant que p se confonde avec q, la

(*) On reconnaît ici, pour les lignes du 3ᵉ ordre, le théorème analogue
à celui de l'*hexagrammum mysticum* (*a*) découvert par Pascal pour les
simples coniques. C'est seulement par le Mémoire de 1830 sur l'*Analyse
des Transversales*, déjà cité dans une précédente Note, que les géomètres
ont pu avoir une tardive connaissance des résultats ci-dessus et des suivants auxquels j'étais parvenu dès 1816 pour les lignes de cet ordre :
quelques-uns des plus simples offrent une grande analogie avec ceux que
Maclaurin a consignés dans son célèbre *Traité d'Algèbre*, sans pourtant
s'y confondre ni dériver d'une même source ; car ce n'est qu'après avoir
communiqué, dans la même année, mes propres résultats tirés du théorème de Carnot, à feu Français, de l'École d'application de Metz, posses-
seur de la riche bibliothèque d'Arbogast, que j'ai pu moi-même prendre
connaissance de l'ouvrage, fort rare, publié en 1768 par la veuve de Maclaurin, et dans lequel se trouvent consignées les belles recherches de ce
grand géomètre sur les lignes géométriques en général, et plus particulièrement sur les lignes du 3ᵉ ordre. La partie la plus intéressante de ces
recherches est, sans contredit, celle où l'on voit les propositions relatives aux quadrilatères inscrits, aux pôles et polaires des courbes du second degré, se reproduire dans celles du troisième : à ce point de vue, on
peut dire qu'en 1816, on ne connaissait rien de plus original en France,
où ces travaux du savant anglais étaient pour ainsi dire complétement
ignorés ou oubliés.

Toutefois, je ne pense pas que l'illustre auteur ait jamais songé à rat-
tacher cette singulière analogie ou correspondance aux énoncés généraux
établis dans le texte ci-dessus, d'après lesquels une branche ou portion
de branche infinie d'une courbe du 3ᵉ degré peut être assimilée à une

(*a*) Cette expression *latinisée* a été consacrée par Pascal et Leibnitz.

direction de *pq* sera tangente au point correspondant, et l'hexagone se changera en un pentagone, le dernier côté *pq* étant devenu infiniment petit.

On arrive à des conséquences analogues relatives aux quadrilatères et aux triangles inscrits ou circonscrits à la courbe, et l'on voit en particulier, comment on pourra tracer le pentagone ou la tangente dont il vient d'être parlé : prenez arbitrairement trois points p'', q'', r'' en ligne droite sur la courbe, joignez ensuite le sommet double (pq) avec q'' et p'', par d'autres droites qui vous donneront q' et p'; tracez l'indéfinie $p'q'$, qui vous donnera r'; tracez enfin la droite $r'r''$ qui viendra couper la courbe au point *r* appartenant à la tangente en (pq) (*).

---

droite sans limite, par rapport au restant de la courbe, lui-même assimilé à une section conique ou au système de deux lignes droites indéfinies. En outre, dans mon **Mémoire** de 1830, inséré au t. VIII de l'excellent *Journal Mathématique de Crelle*, j'ai montré, comme dans mon ébauche de 1816, que, relativement aux quadrilatères, à l'*hexagramme* et à leurs principaux corollaires, la théorie était susceptible de s'étendre, par cette directe et facile application de l'analyse des transversales, à une infinité d'autres figures inscrites dans les lignes du 3ᵉ ordre; proposition remarquable et dont, à mon sens, on n'a pas jusqu'ici tiré un suffisant parti, malgré les beaux travaux de MM. Steiner et Plucker, dont les brillants imitateurs ou amplificateurs se sont, de plus en plus, attachés à un genre de spéculations mal à propos nommé quelquefois *Géométrie de position* ou *de situation*, mais qu'il serait plus exact d'intituler : *Monographie géométrique et combinatoire*. En effet, on s'y livre à des énumérations de lemmes, de théorèmes, de problèmes et de corollaires où l'on épuise, pour ainsi dire, le nombre des combinaisons possibles relatives aux points, aux lignes, surfaces ou accidents géométriques inhérents à certaines figures, jusque-là compréhensibles dans leur élégante simplicité, et dont l'extrême et récente complication ne tend rien moins, qu'à détourner les jeunes adeptes du but véritablement utile, sérieux et philosophique de la science, par des exercices en quelque sorte gymnastiques, dont, je le répète ici à dessein, les algébristes de ce siècle et du précédent ont offert de trop fâcheux et nombreux exemples.

(*) Ces conséquences deviennent bien évidentes si l'on se reporte aux p. 127 à 140 (Cah. III) du Iᵉʳ volume de ces *Applications d'Analyse et de Géométrie*, et l'on comprend parfaitement que, dans cette rédaction rapide et écourtée relative aux lignes du 3ᵉ ordre, j'aie négligé d'entrer dans le développement de corollaires aussi simples et dont on trouvera les plus saillants dans l'*Analyse des Transversales* déjà citée.

Problème. — *Une section conique abcd (fig. 69) ayant 5 points a, b, c, d, e communs avec une courbe du 3ᵉ ordre, trouver le sixième avec la règle seule.*

Tracez *ab* et *cd* se coupant en **M**; si la troisième droite *ex* était connue, elle viendrait couper de nouveau la courbe en un certain point **N**, et celui-ci devrait être en ligne droite avec les points **M** et **L** connus, où les deux droites *dc* et *ba* ren-

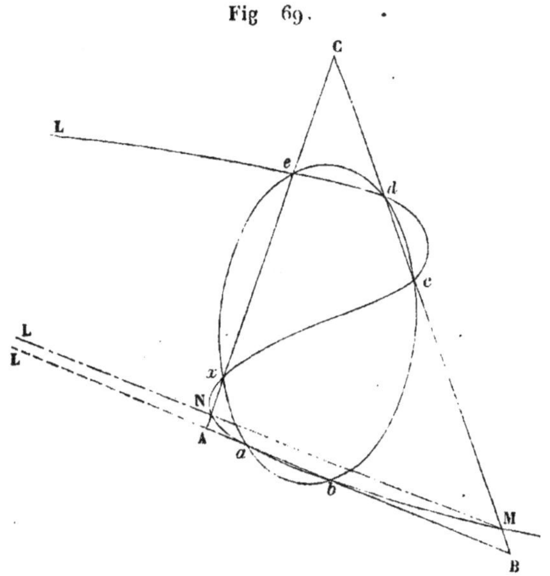

contrent respectivement, une troisième fois, la courbe. Donc, pour obtenir le point *x*, tracez **ML** qui vous donnera **N**, tracez enfin **N***e* qui vous donnera le point cherché par son intersection en *x* avec la courbe.

La démonstration directe de ce résultat est facile : car le triangle **ABC** formé par les rencontres mutuelles des cordes prolongées *ab*, *cd* et *e***A**, étant regardé comme transversal, d'abord de la section conique, ensuite de la courbe, on aura

$$(\mathbf{AN}.\mathbf{A}x.\mathbf{A}e)(\mathbf{C}d.\mathbf{C}c.\mathbf{CM})(\mathbf{B}b.\mathbf{B}a.\mathbf{BL})$$
$$=(\mathbf{A}a.\mathbf{A}b.\mathbf{AL})(\mathbf{BM}.\mathbf{B}c.\mathbf{B}d)(\mathbf{C}e\;\mathbf{C}x.\mathbf{CN}),$$
$$(\mathbf{A}a.\mathbf{A}b)(\mathbf{B}c.\mathbf{B}d)(\mathbf{C}e.\mathbf{C}x)=(\mathbf{A}x.\mathbf{A}e)(\mathbf{B}b.\mathbf{B}a)(\mathbf{C}d.\mathbf{C}c),$$

et en multipliant membre à membre,

$$AN.BL.CM = AL.BM.CN ;$$

c'est-à-dire que les 3 points **M**, **N**, **L** sont en ligne droite.

Théorèmes divers. — Soit abc un triangle dont les côtés ab, bc, ac rencontrent une courbe du 3e ordre aux points respectifs p, p', p'' ; q, q', q'' ; r, r' et r'',..., on aura, en con-

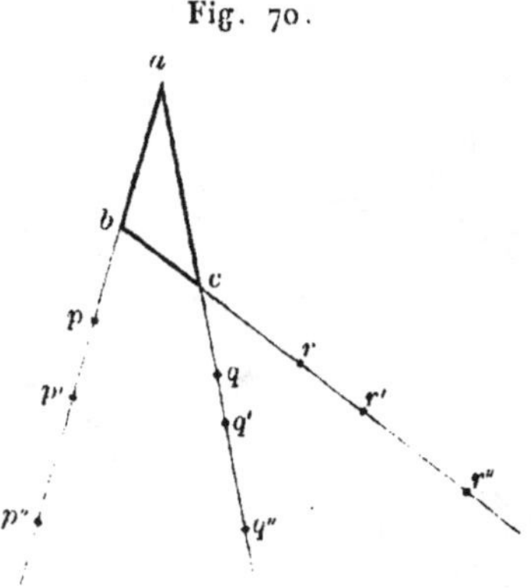

Fig. 70.

sidérant la courbe comme transversale par rapport à ce triangle abc,

$$(ap)(br)(cq) = (aq)(bp)(cr).$$

Si l'on suppose maintenant que les côtés du triangle deviennent tangents à la courbe, c'est-à-dire que les points d'intersection p' et p'', q' et q'', r' et r'' se réunissent, respectivement et en un seul, cette équation deviendra

$$ap.br.cq.\overline{ap'}^2 \cdot \overline{br'}^2 \cdot \overline{cq'}^2 = aq.bp.cr.\overline{aq'}^2 \cdot \overline{bp'}^2 \cdot \overline{cr'}^2.$$

Supposant, en outre, que les trois points de contact soient en ligne droite, on aura cette nouvelle relation

$$ap'.br'.cq' = aq'.bp'.cr'$$

qui réduira la précédente à celle-ci

$$ap.br.cq = aq.bp.cr ;$$

c'est-à-dire que les trois points d'intersection des tangentes avec la courbe seront aussi en ligne droite (*), et l'on conçoit que la réciproque doit avoir également lieu dans certaines conditions.

Cette proposition peut être généralisée ainsi : Les côtés d'un triangle rencontrant une courbe géométrique de l'ordre m, chacun en m points, tels qu'en les prenant 3 par 3 et sur des côtés différents, ces points soient rangés sur autant de lignes

Fig. 71.

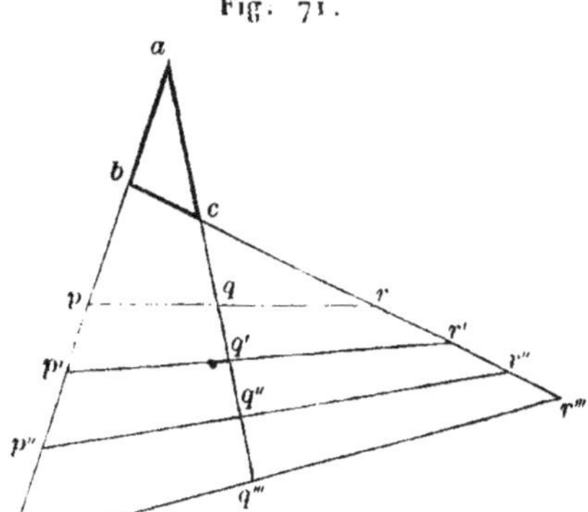

droites, à l'exception d'un dernier groupe des trois points; ceux-ci seront par là même aussi en ligne droite; ainsi $r'''q'''p'''$, $r''q''p''$, $r'q'p'$ (*fig.* 71) étant respectivement en ligne droite, les intersections r, q, p avec la courbe seront aussi sur une même droite.

Dans le cas des lignes du 3e ordre, s'il n'y avait que trois des intersections qui fussent en ligne droite, les six intersections restantes seraient à une section conique, et réciproquement, la section conique pouvant d'ailleurs être remplacée par le système de deux droites.

Du cercle osculateur en un point donné d'une ligne géométrique plane de degré quelconque.

Problème. — *Une courbe géométrique étant donnée sur un plan, déterminer pour un de ses points le rayon de courbure et le cercle osculateur.*

(*) Cette élégante proposition est due à Maclaurin, qui l'a démontrée par d'autres procédés dont on prendra une idée un peu plus loin.

Considérons le triangle abc (*fig.* 72) comme transversal par rapport à la courbe donnée, que nous supposerons néanmoins du 3e degré pour plus de facilité dans les tracés et démonstrations; on aura

$$(ap)(bq)(cr) = (ar)(cq)(bp).$$

Si l'on fait passer par les 3 points p', p'' et q' une circonférence de cercle, on aura aussi

$$bq' . b\mathrm{Q} = bp' . bp''.$$

Multipliant ces équations en croix il viendra, toutes réductions faites,

$$(ap) . bq . bq''(cr) = bp . (ar) . (cq) . b\mathrm{Q}.$$

Supposons, en premier lieu, que la transversale abp, ou si l'on veut le côté ab du triangle abc, vienne à se déranger de sa position, alors le cercle $\mathrm{R}\,p'\,p''$ variera aussi de grandeur en passant toujours par le point fixe q', et la relation ci-dessus aura

Fig. 72.

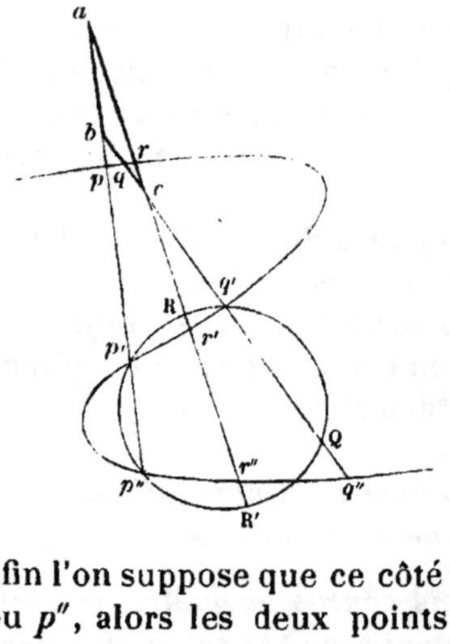

encore lieu; si enfin l'on suppose que ce côté vienne à toucher la courbe en p' ou p'', alors les deux points p' et p'' se confondront et le cercle sera devenu tangent au même point à la courbe, comme on le voit *fig.* 73; appelant P le point de réunion de p' et p'', il faudra dans l'équation ci-dessus faire

$$ap' = ap'' = a\,\mathrm{P}.$$

En second lieu, si l'on suppose que la transversale bc ($fig.$ 72) se meuve en se rapprochant de pp' ou P, le cercle qui touche la courbe en ces points et qui passe par le point q', changera de grandeur en restant toujours tangent à cette courbe et il

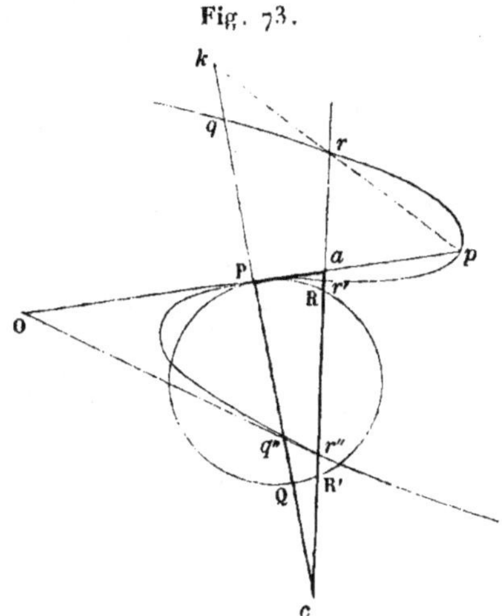

Fig. 73.

arrivera un instant où q' se confondant avec le point P ($fig.$ 73), b s'y confondra à son tour. Dans ce même cas, le cercle tan_gent coïncidera évidemment aussi avec le cercle osculateur en ce point; et, comme l'équation ci-dessus ne cesse pas d'exister, il s'ensuit qu'elle donnera la valeur de la corde PQ que ce dernier cercle intercepte sur la transversale $q\,\mathrm{P}\,c$.

Les points b, p' et q' de la $fig.$ 72, s'étant ainsi confondus en un seul P de la $fig.$ 73, on a, pour exprimer cette circonstance, outre les conditions ci-dessus, les relations suivantes

$$bp = \mathrm{P}p, \quad bq = \mathrm{P}q, \quad bq'' = \mathrm{P}q', \quad cq' = c\,\mathrm{P}, \quad b\mathrm{Q} = \mathrm{PQ}.$$

Substituant, il viendra

$$ap \cdot a\mathrm{P}^2 \cdot \mathrm{P}q \cdot \mathrm{P}q'' \cdot (cr) = \mathrm{P}p \cdot \mathrm{PQ} \cdot c\,\mathrm{P} \cdot cq \cdot cq'' \cdot (ar).$$

Cette relation qui n'est pas projective, ne saurait fournir un tracé exécutable avec la règle seule.

Si, au lieu de choisir la transversale PQ arbitrairement on la prenait perpendiculaire à la tangente Pp, l'équation ci-dessus du 1er degré, donnerait évidemment le double du rayon de courbure cherché.

La même méthode s'applique d'ailleurs à la recherche du rayon de courbure d'une courbe géométrique quelconque; mais on y peut remplacer les transversales auxiliaires par d'autres moins arbitraires et dépendantes de la courbe elle-même.

Soient tracées (*fig.* 73) les transversales prk et $r''q''O$ qui coupent respectivement les côtés du triangle aPc en p, r, k et r'', q'', O, on aura pour ce triangle,

$$ar \cdot Pp \cdot ck = ap \cdot cr \cdot Pk,$$
$$ar'' \cdot cq'' \cdot PO = P q'' \cdot cr'' \cdot aO.$$

Multipliant entre elles, par ordre, ces deux équations et la dernière de celles ci-dessus, il viendra

$$\overline{aP}^2 \cdot Pq \cdot cr' \cdot Pk \cdot PO = PQ \cdot cP \cdot cq \cdot ar' \cdot ck \cdot aO.$$

Supposons actuellement que p et r se confondent ainsi que

Fig. 74.

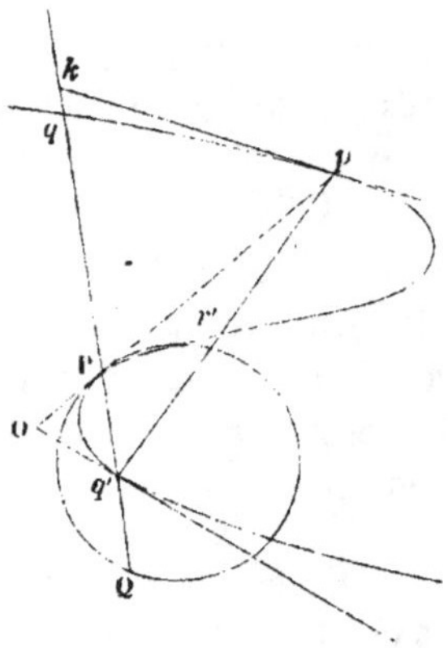

q'' et r'', les transversales pr et $q''r''$ deviendront (*fig.* 74) les tangentes pk, $q'O$, à la courbe, et l'on aura

$$aP = Pp, \quad cP = q'P, \quad ar' = pr', \quad cr' = q'r';$$

par conséquent

$$\overline{Pp}^2 \cdot Pq \cdot q'r' \cdot Pk \cdot Po = PQ \cdot q'P \cdot qq' \cdot pr' \cdot q'k \cdot pO.$$

Exemples relatifs aux lignes du 2ᵉ ordre. — Appliquons ce qui précède à la détermination du rayon de courbure d'une simple section conique.

En appelant toujours Q (*fig.* 75) le point où la transversale

Fig. 75.

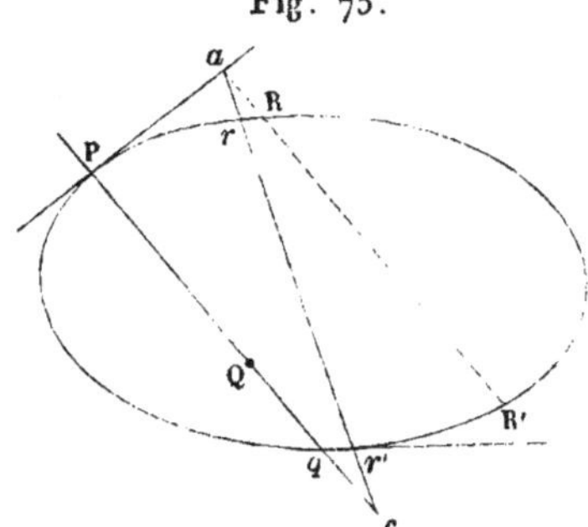

cP rencontre le cercle osculateur au point P de la conique, on aura

$$\overline{a\mathrm{P}}^2 . cr. cr'. \mathrm{P}q = ar. ar'. cq. c\mathrm{P}.\mathrm{PQ}.$$

Soit mené par le point a une parallèle à PQc, rencontrant la courbe en R et R′, on aura, comme on sait,

$$\frac{cr. cr'}{cq. c\mathrm{P}} = \frac{ar. ar'}{a\mathrm{R}. a\mathrm{R}'},$$

et l'équation précédente deviendra, en la multipliant par cette dernière relation,

$$\frac{\overline{a\mathrm{P}}^2 . \mathrm{P}q}{a\mathrm{R}. a\mathrm{R}'} = \mathrm{PQ}.$$

Si l'on fait attention que

$$\frac{a\mathrm{P}^2}{a\mathrm{R}. a\mathrm{R}'} = \frac{b'^2}{a'^2},$$

en désignant par b' et a' les demi-diamètres respectivement parallèles à aP et à aR ou Pq, cette équation deviendra enfin

$$\mathrm{PQ} = \frac{b'^2}{a'^2} \mathrm{P}q.$$

8.

Cette expression très-simple, représentera le diamètre du cercle de courbure quand la droite PQ sera tracée perpendiculairement à la tangente en P.

Supposons (*fig.* 76) que Pq' soit un diamètre de la courbe, on aura pour calculer le point correspondant du cercle osculateur,

$$PQ = 2\,\frac{b'^2}{a'}.$$

Cette quantité est l'expression du paramètre du diamètre en question. Qu'on divise PQ également en Q', et qu'on élève Q'R

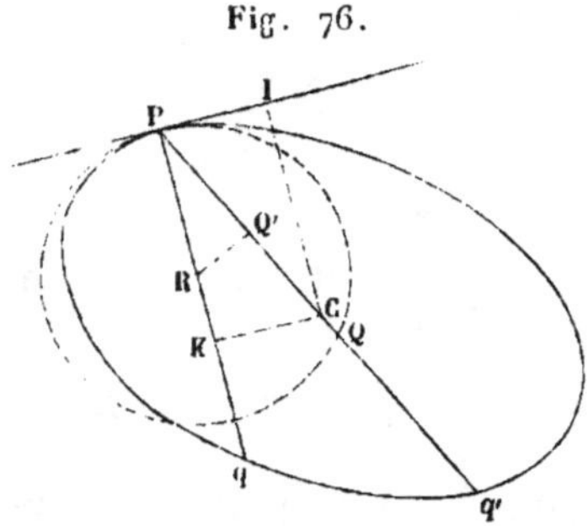

Fig. 76.

perpendiculairement au demi-diamètre PC, il rencontrera la normale au centre de courbure R; abaissez la perpendiculaire CK du centre C de la conique sur la normale Pq, les triangles CKP et PQ'R seront semblables et l'on aura

$$PR : PQ' :: PC \quad \text{ou} \quad a' : PK,$$

d'où l'on tire, conformément à un théorème dû à M. Dupin,

$$PR = \frac{1}{2}\cdot\frac{PQ\ a'}{PK} = \frac{b'^2}{PK};$$

expression très-simple dans laquelle PK = CI est la distance de la tangente en P au centre C. On peut la traduire ainsi :

« Dans toute conique, le rayon de courbure en un point
» donné, est une troisième proportionnelle au demi-diamètre
» parallèle à la tangente en ce point, et à la distance de cette
» tangente au centre de la courbe. »

Remarques. — Au sommet du grand axe, le rayon de courbure étant égal au rapport de b^2 à a, demi-paramètre de cet axe, on voit qu'à partir de ce sommet le diamètre b' augmente et la distance PK diminue, en sorte que la fraction ci-dessus, qui représente le rayon de courbure PR, augmente sans cesse, jusqu'au sommet du petit axe; elle décroît ensuite suivant la même loi : les rayons de courbure aux deux sommets sont donc les plus grands et les plus petits possibles (*).

Le cercle osculateur rencontre en général la conique en un second point distinct du point de contact et pour lequel (*fig.* 75) $PQ = Pq$; or on a, en général,

$$PQ = \frac{b'^2}{a'^2} Pq,$$

b' et a' étant les demi-diamètres parallèles à Pq et à la tangente en P; donc on doit avoir $a' = b'$, ce qui n'a lieu que pour deux droites également inclinées sur les axes principaux de la conique.

III.

DES COURBES GÉOMÉTRIQUES DÉFINIES, A LA MANIÈRE DE MACLAURIN, PAR DES ÉQUATIONS ENTRE DEUX SOMMES DE RÉCIPROQUES DE SEGMENTS INTERCEPTÉS SUR UNE TRANSVERSALE ARBITRAIRE.

Transformation algébrique de l'équation fondamentale, à deux termes, entre produits de segments.

En considérant (*fig.* 77) une courbe géométrique de degré quelconque m, comme transversale d'un triangle abc, nous savons, d'après le théorème fondamental de Carnot, que

$$(ap)(br)(cq) = (bp)(cr)(aq).$$

(*) M. Mannheim, dont les recherches originales, relatives aux rayons de courbure en des points divers des lignes géométriques, sont aujourd'hui bien appréciées, et qui a eu l'obligeance de relire les manuscrits de ce volume avant leur impression, m'a remis sur ce même sujet, une Note qu'on trouvera à la fin du présent Cahier, et dont l'élégante simplicité m'a paru mériter assez l'attention des lecteurs de cet ouvrage, pour y trouver place au risque de lui faire perdre beaucoup par la comparaison, si l'on venait à oublier la différence des dates et le développement récent des idées géométriques.

Soient tracées les droites rq, $r'q'$, $r''q''$, jusqu'à leurs rencontres respectives en k, h', h'', avec le côté ab opposé au sommet c, point de concours des droites $qq'q''$ et $rr'r''$; en considérant successivement chacune des premières droites comme transversale à l'égard du triangle abc, on aura

transversale $r\,q$, $bk \cdot aq \cdot cr = ak \cdot cq \cdot br$,

» $r'q'$, $bk' \cdot aq' \cdot cr' = ah' \cdot cq' \cdot br'$,

» $r''q''$, $bh'' \cdot aq'' \cdot cr'' = ah'' \cdot cq'' \cdot br''$.

Multipliant ces équations par ordre et le produit par la première, on obtiendra la relation plus simple,

$$(bk)(ap) = (ak)(bp),$$

ce qui constitue une proposition analogue à celle que nous

Fig. 77.

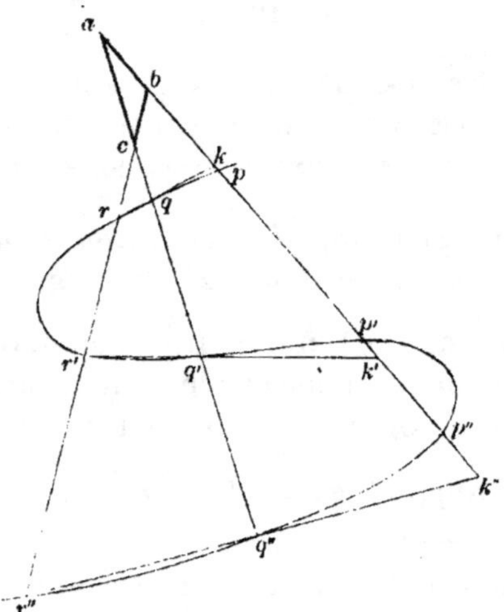

avons trouvée pour le cas du quadrilatère inscrit à une conique et coupé par une transversale quelconque (*).

(*) Ceci se rattache à ce que, dans mes publications postérieures à 1822, j'ai nommé, par extension, *involution* de m points, et dont, comme on voit, j'étais en possession dès 1816.

Mais on a ici, en posant $ab = d$.

$$ak = bk + ab = bk + d,$$
$$ak' = bk' + ab = bk' + d.$$
$$\ldots \ldots \ldots \ldots \ldots \ldots \ldots$$
$$ap = bp + ab = bp + d,$$
$$ap' = bp' + ab = bp' + d.$$

Substituant dans l'équation ci-dessus, il viendra

$$(bp)(bk+d)(bk'+d)(bk''+d) = (bk)(bp+d)(bp'+d)(bp''+d).$$

Cette équation a lieu et conserve la même forme analytique, quel que soit le degré de la courbe; en l'ordonnant par rapport à d, observant que le terme qui en est indépendant disparaît de lui-même, ainsi que celui qui renferme d^3, divisant ensuite par d, il viendra

$$d^2\left[(bp)-(bk)\right]+d\left[(bp)(bk+bk'+bk'') - (bk)(bp+bp'+bp'')\right]$$
$$+(bp)(bk.bk'+bk.bk''+bk'.bk'') - (bk)(bp.bp'+bp.bp''+bp'.bp'') = 0.$$

Cette équation doit avoir lieu quelle que soit la grandeur de d ou de ab. De plus, on doit remarquer que si l'un quelconque des points k, k', etc., k par exemple, se trouvait situé d'un côté différent du point b, origine des segments par rapport aux autres intersections de la transversale, le signe de bk devrait nécessairement changer, en sorte qu'on aurait

$$ak = d - bk\ldots$$

Théorème de Maclaurin. — Que $d = ab$ soit nul, ou, si l'on veut, supposons que la droite $bcrr'\ldots$ tourne autour du point c,

Fig. 78.

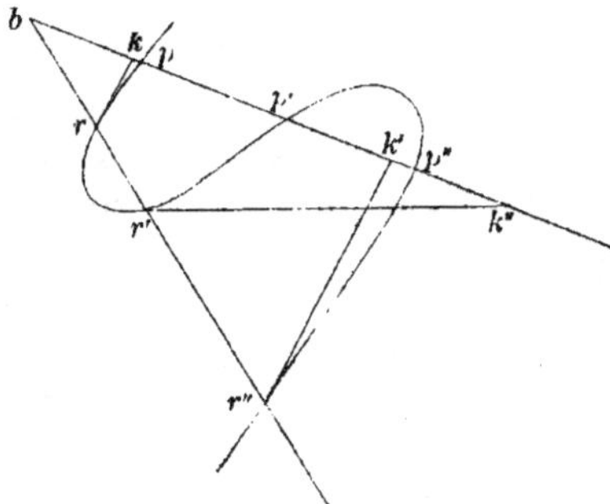

jusqu'à ce qu'elle se confonde avec ac, comme le montre la *fig.* 78, les droites rq, $r'q'$,...., deviendront des tangentes à la courbe, et les distances ak ou bk conservant des grandeurs finies et déterminées, l'équation ci-dessus deviendra

$$(bp)(bk.bk' + bk.bk'' + bk'.bk'')$$
$$= (bk)(bp.bp' + bp.bp'' + bp'.bp'').$$

Dans cette équation (bp) est le produit de tous les segments bp, bp',... formés par la courbe, (bk) celui de tous les segments bk, bk',..., formés par les tangentes, et $bk.bk' + bk.bk'' + ...$, $bp.bp' + ...$ est la somme des produits deux à deux de ces mêmes segments. En divisant cette équation par (bp) et par (bk), elle deviendra

$$\frac{1}{bk} + \frac{1}{bk'} + \frac{1}{bk''} + \cdots = \frac{1}{bp} + \frac{1}{bp'} + \frac{1}{bp''} + \cdots :$$

on obtient ainsi le théorème de Maclaurin (*), soumis à la loi ordinaire des signes de position pour les divers segments. On voit donc que, quand la sécante br vient à varier autour du point b, la somme des réciproques des segments bk, bk'... formés par les tangentes sur la transversale fixe bpp'..., reste constante *quel que soit le degré de la courbe géométrique considérée.*

La manière dont nous avons démontré ce théorème a cela de remarquable qu'elle n'oblige pas à recourir aux notions du calcul différentiel, comme l'a fait Maclaurin, et c'est là un des avantages que procure l'emploi de l'analyse des transversales.

Corollaires et généralisations. — Si d devient infini dans

(*) *A Treatise of Algebra*, by Colin Maclaurin, *Appendix : De linearum geometricarum proprietatibus generalibus Tractatus*; 1748. J'ai déjà dit dans une précédente note, que je devais à l'amitié de mon ancien professeur M. Français, de Metz, la connaissance de ce précieux ouvrage, qu'il voulut bien me prêter au printemps de 1816; j'ajoute que je m'empressai d'en faire, pour mon usage particulier, une translation exacte du latin en français, sans commentaires, interprétations ni mutilations quelconques, comme il convient quand il s'agit d'une production en elle-même aussi correcte et remarquable d'un grand géomètre : cette traduction littérale est demeurée, jusqu'à ce jour, entre mes mains, dans un état qui en permettrait la publication immédiate, si le goût des sérieuses études géométriques venait à se propager davantage.

l'équation transformée (a), ce qui suppose ac (*fig.* 77) parallèle à ab, comme le montre la *fig.* 79, $bcrr'\ldots$ restant fixe, on obtient la nouvelle relation

$$(bk) = (bp);$$

c'est-à-dire que le produit des segments bk, bk',..., est simplement égal à celui des segments bp, bp',....

Or, chose bien digne de remarque, la même relation subsiste sans modification essentielle, même quand on vient à supposer que, à son tour, la droite $acq\ldots$ de la *fig.* 79 passe

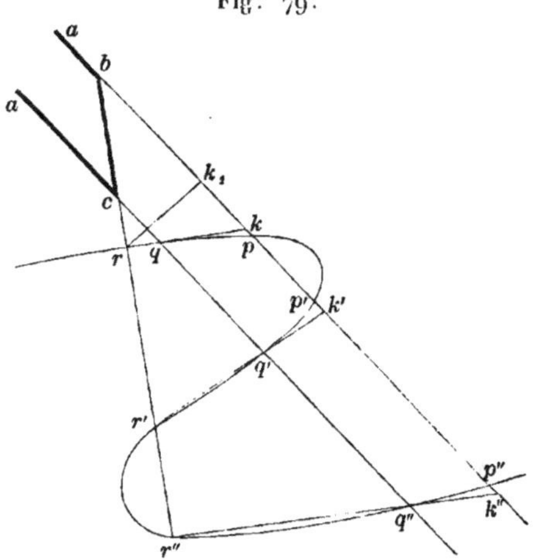

Fig. 79.

entièrement à l'infini; ce qui conduit à divers autres corollaires relatifs aux branches infinies et aux asymptotes des courbes géométriques.

Si, par les points a et b de la *fig.* 77, comme on le voit (*fig.* 80) où a et b sont censés réunis en un seul, d'après l'hypothèse de la *fig.* 78 où $d = 0$, on menait deux nouvelles sécantes arbitraires $bq_1q'_1\ldots$, $br_1r'_1\ldots$, qu'on traçàt ensuite les cordes r_1q_1, $r'_1q'_1$,..., qui leur correspondent et déterminent sur la direction fixe quelconque de la transversale indéfinie $ab\,kk'\ldots$ de nouvelles intersections k_1, k'_1, k''_1,..., analogues à celles k, k', k'',..., on aura, d'après l'équation (a),

$$d^2[(bp) - (bk_1)] + d[(bp)(bk_1 + bk'_1 + bk''_1) - (bk_1)(bp + bp' + bp'')]$$
$$+ (bp)(bk_1.bk'_1 + bk_1.bk''_1 + bk'_1.bk''_1) - bk_1(bp.bp' + bp.bp'' + bp'.bp'') = 0.$$

Cette équation, soustraite de (a), après les avoir préparées toutes deux d'une manière convenable, donne

$$d^2\left(\frac{1}{(bk)}-\frac{1}{(bk_1)}\right)+d\left(\frac{bk+bk'+bk''}{(bk)}-\frac{bk_1+bk'_1+bk''_1}{(bk_1)}\right)$$
$$+\frac{1}{bk}+\frac{1}{bk'}+\frac{1}{bk''}-\frac{1}{bk_1}-\frac{1}{bk'_1}-\frac{1}{bk''_1}=0,$$

relation indépendante des segments bp, bp', etc., et qui subsiste ainsi même quand le triangle transversal s'évanouit.

En particulier, si d devenait nul, c'est-à-dire si a se confondait avec b (*fig.* 80), on aurait

$$\frac{1}{bk}+\frac{1}{bk'}+\frac{1}{bk''}=\ldots=\frac{1}{bk_1}+\frac{1}{bk'_1}+\frac{1}{bk''_1},\ldots,$$

quelle que fût d'ailleurs la direction de la transversale $abk\ldots$.

Si les deux sécantes ar et aq venaient en outre à se confondre, ainsi que ar_1 et aq_1, les droites rq, $r'q'$, etc.,. r_1q_1, $r'_1q'_1$, etc., deviendraient

Fig. 80.

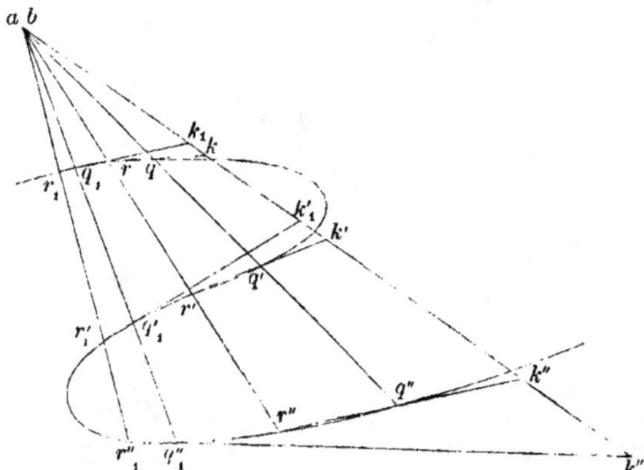

des tangentes à la courbe, et l'équation ci-dessus subsisterait toujours, conformément à la remarque déjà faite plus haut.

Enfin, si, dans les hypothèses générales de la figure primitive 77, à laquelle seraient jointes les nouvelles transversales aq_1 et ar_1 de la *fig.* 80, on suppose que le sommet b du triangle transversal abc se confonde avec c sans que le côté bc coïncide avec ac comme ci-dessus, les droites rq, $r'q'$,... (*fig.* 81), sans devenir pour cela des tangentes de la courbe, jouiront toujours de la propriété exprimée par la relation

$$\frac{1}{bk}+\frac{1}{bk'}+\ldots=\frac{1}{bp}+\frac{1}{bp'}+\frac{1}{bp''}\ldots$$

de quelque manière d'ailleurs que l'on joigne deux à deux les points d'intersection r, r',... q, q',..., des transversales ar'', aq'', ap'', avec la courbe

Fig. 81.

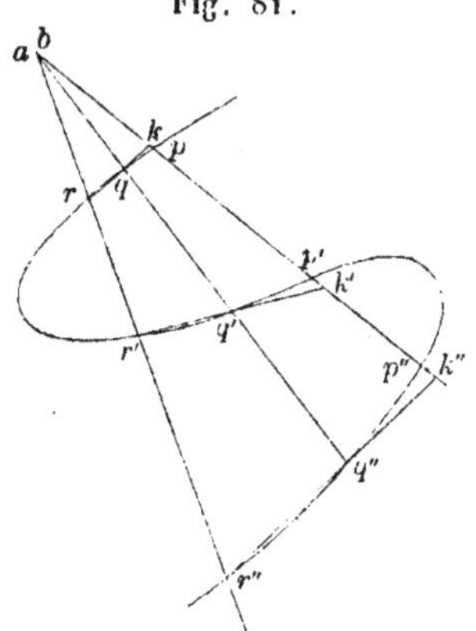

proposée, à la condition de ne pas faire de double emploi ou de fausse combinaison des diagonales ; telles sont, par exemple, rq', $r'q''$, etc.

Application des nouvelles relations aux problèmes déjà résolus par la précédente méthode, pour l'osculation des courbes par les coniques.

« **Problème.** — Une courbe d'ordre quelconque étant décrite » sur un plan, déterminer pour un de ses points donné la » position de la parabole ou, plus généralement, de la conique » osculatrice du 3ᵉ ordre en ce point. »

Lemme général.— Soit pp' (*fig.* 82) une conique quelconque touchant la courbe donnée aux points p' et p'' ; traçons la corde de contact $p'p''$, elle coupera de nouveau la courbe aux points p,.... Soit cr une autre transversale quelconque, rencontrant la même courbe aux points r, r', r'', et la conique en a et b ; qu'on trace de plus les tangentes aux points p, p',..., etc., elles viendront couper la transversale crr' aux points k, k', k'', etc. Les tangentes $p'k'$ et $p''k''$ sont évidemment communes aux deux courbes ; or, d'après le théorème ci-dessus de Maclaurin, on a à la fois

$$\frac{1}{cr} + \frac{1}{cr'} + \frac{1}{cr''} + \cdots = \frac{1}{ck} + \frac{1}{ck'} + \frac{1}{ck''} + \cdots,$$

$$\frac{1}{ca} + \frac{1}{cb} = \frac{1}{ck'} + \frac{1}{ck''} :$$

de là on tire l'équation de condition suivante

$$\frac{1}{ca} + \frac{1}{cb} = \frac{1}{cr} + \frac{1}{cr'} + \frac{1}{cr''} + \ldots - \frac{1}{ck} - \ldots,$$

Fig. 82.

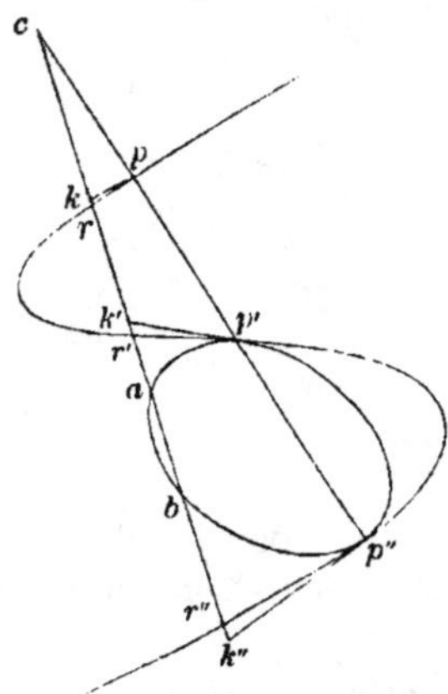

pour exprimer que les deux courbes se touchent aux points p' et p'' à la fois.

Cette dernière équation étant indépendante des segments ck' et ck'', elle aura lieu quelles qu'en soient les valeurs parti-

Fig. 83.

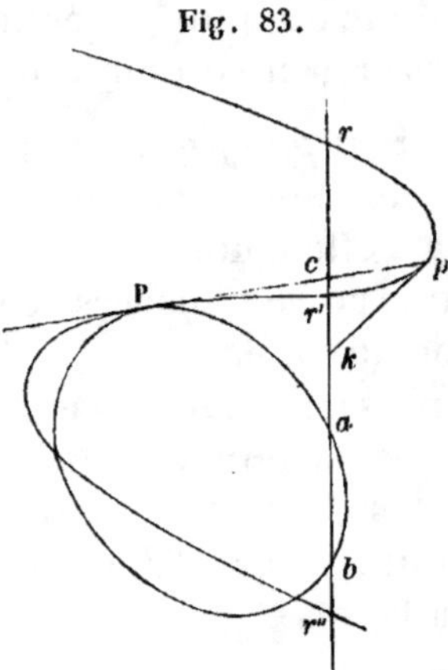

culières. Par exemple, si l'on conçoit que la transversale cp tourne autour du point c, jusqu'à devenir tangente à la courbe proposée, auquel cas les deux points de contact p' et p'' se confondront en un seul P (*fig.* 83), cette équation exprimera aussi que la section conique a, avec la courbe géométrique, quatre points confondus en un seul en P, et qu'elle lui est par conséquent osculatrice du 3ᵉ ordre en ce même point ; elle pourra donc servir à déterminer par le calcul la position de cette section conique.

Solutions par le calcul. — Le point P étant donné ainsi que la transversale *crr′*, il ne restera d'inconnues dans l'équation ci-dessus que les quantités *ca* et *cb*. L'une d'elles sera évidemment arbitraire ; mais quand une fois on l'aura choisie, l'autre sera donnée par l'équation même ; donc on peut mener une infinité de sections coniques osculatrices du 3ᵉ ordre en un point donné d'une courbe géométrique. Du reste, il n'est pas difficile de voir qu'en se donnant un seul point *a* arbitrairement, la courbe entière est parfaitement déterminée et peut se construire par points.

En effet, qu'on trace à volonté (*fig.* 84) une autre transver-

Fig. 84.

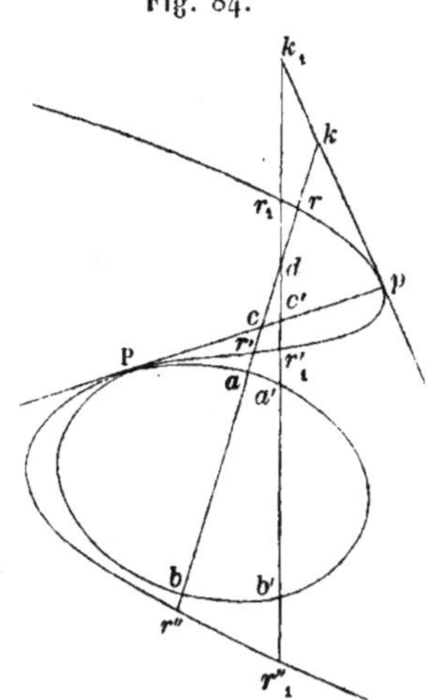

sale *r₁r′₁ r″₁*, qui coupe *cb* en *d* et P*p* en *c′*, on aura, en considérant le triangle *cdc′* comme transversal de la section conique,

$$\overline{c\mathrm{P}}^{2}.c'a'.c'b'.da.db = \overline{c'\mathrm{P}}^{2}.da'.db'.ca.cb.$$

Mais on a, comme ci-dessus,

$$\frac{1}{c'a'} + \frac{1}{c'b'} = \frac{1}{c'r_1} + \frac{1}{c'r'_1} + \ldots - \frac{1}{c'k_1} - \ldots = \mathbf{P}.$$

Ces deux équations, avec l'analogue de celle-ci déjà obtenue, suffiront pour calculer les valeurs de da' et db', puisque, par hypothèse, ca est donnée, et que $da'=c'a'+c'd$, $db'=c'b'+c'd$.

Quoique ces calculs soient très-simples à exécuter, puisque l'un et l'autre des segments $c'a'$ et $c'b'$ seraient fournis par les racines d'une équation unique (*) du 2e degré, cependant il vaut mieux déterminer l'osculatrice par des conditions particulières tirées des équations générales ci-dessus; ce qui offrira en même temps l'avantage de faire connaître d'une manière plus intime, la dépendance mutuelle des deux courbes.

Occupons-nous d'abord des osculations du second ordre.

PROBLÈME. — *Trouver, pour un point donné d'une courbe géométrique, la direction du diamètre de la conique osculatrice du* 2e *ordre en ce point.*

Lemme général. — Supposez que, dans les conditions des *fig.* 82 et 83, on fasse tourner la transversale cb autour du point c devenu C (*fig.* 85), comme pôle fixe, et qu'on prenne sans cesse sur cette droite une longueur Co moyenne harmonique entre Ca et Cb, c'est-à-dire telle que

$$\frac{2}{Co} = \frac{1}{Ca} + \frac{1}{Cb} = \frac{1}{Cr} + \frac{1}{Cr'} + \frac{1}{Cr''} + \ldots - \frac{1}{Ck} - \ldots;$$

la suite de tous les points o, o',... relatifs à la section conique, sera, comme on sait, sur une même droite polaire de C passant par le point de contact P. Or, cette polaire sera déterminée et pourra être tracée sans que l'on connaisse l'oscula-

---

(*) Je supprime ici cette équation assez complexe, peu susceptible de calcul numérique ou d'une interprétation géométrique, et que, pour ce motif, je rangerai volontiers au nombre de ces avortements, de ces résultats stériles qui viennent inutilement surcharger le bagage déjà si encombré des mathématiques.

trice; car l'équation ci-dessus donne la valeur de Co en fonction de $Cr, Cr',\ldots, Ck, Ck'$, etc., qui sont connues. On pourrait donc aussi en conclure, sans plus faire attention à la conique osculatrice, que si, « autour d'un point fixe C quelconque de

Fig. 85.

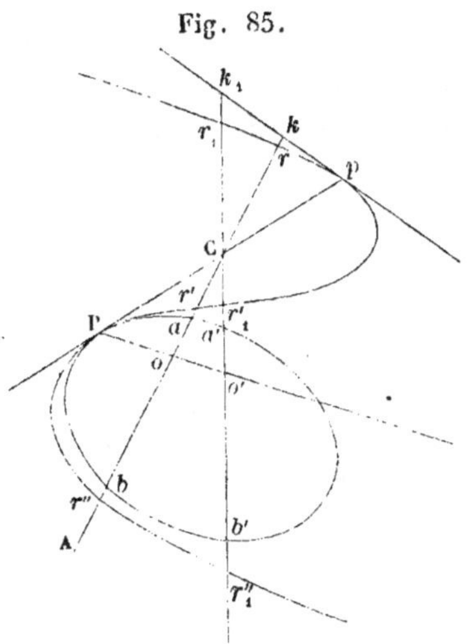

» la tangente Pp, on fait tourner la transversale Cr rencontrant la courbe géométrique en $r, r', r'',\ldots$, et ses tangentes correspondantes à p... aux points $k, k',\ldots$, et qu'on prenne sans cesse sur la ligne pivotante Cr'A, »

$$(1) \qquad \frac{2}{Co} = \frac{1}{Cr} + \frac{1}{Cr'} + \frac{1}{Cr''} + \cdots - \frac{1}{Ck} - \cdots,$$

la suite de tous les points $o, o',\ldots$, ainsi obtenus, se trouvera ne former qu'une seule et même droite, passant par le point P de contact de la tangente CP.

Remarques diverses. — Cette proposition se rattache à une autre de Cotes et Maclaurin, en observant que l'on peut remplacer les tangentes $pk,\ldots$, qui répondent aux signes négatifs, par des droites parallèles et placées symétriquement à l'égard du pôle C, sauf à prendre dans la nouvelle équation les segments qui les concernent avec les signes qu'ils doivent naturellement avoir par rapport à leurs positions correspondantes de part et d'autre du pôle C.

Si le point C de la tangente Pp était situé à l'infini, c'est-à-dire si les tranversales $Cr'A'$ devenaient parallèles à cette tangente, la droite oo',..., polaire de C, se confondrait, comme on sait, avec le diamètre de la section conique osculatrice au point P ; mais, dans ce même cas, l'équation précédente, sous sa forme actuelle, ne ferait plus connaître la position des points o, o',..., parce qu'alors Co deviendrait infini pour toutes les sécantes cr, cr',.... Cependant il n'en résulte nullement que la suite de tous les points o, o',..., cesse d'être située dans la région finie de la courbe, puisqu'elle constitue le diamètre même de la conique osculatrice. C'est ce dont, au surplus, on peut s'assurer par une analyse directe.

Pour déterminer alors la position des points o, o',..., il est nécessaire de mettre l'équation (1) ci-dessus sous une autre forme, en remplaçant l'origine C, qui s'éloigne à l'infini, par une autre qui soit absolument indépendante de cette circonstance particulière (*).

Transformation de la dernière équation. — A une distance connue de P, soit pris sur la direction de la sécante mobile Cr', le point A comme origine des segments, alors on aura

$$Co = AC - Ao, \quad Ca = AC - Aa, \quad Cb = AC - Ab,$$
$$Cr = AC - Ar, \quad Cr' = AC - Ar', \quad Ck = AC - Ak...$$

Substituant dans l'équation (1) ci-dessus, il viendra

$$\frac{2}{AC - Ao} = \frac{1}{AC - Ar} + \frac{1}{AC - Ar'} + \frac{1}{AC - Ar''} + \cdots - \frac{1}{AC - Ak} - \frac{1}{AC - Ak'} - \cdots$$

ou, en réduisant au même dénominateur,

$$2(AC - Ar)(AC - Ar')\ldots(AC - Ak)(AC - Ak')\ldots$$
$$= (AC - Ao)\left[\begin{array}{l}(AC - Ar')(AC - Ar'')\ldots(AC - Ak)(AC - Ak')\ldots \\ + (AC - Ar)(AC - Ar'')\ldots(AC - Ak)(AC - Ak')\ldots \\ \cdots\cdots\cdots\cdots\cdots\cdots\cdots\cdots\cdots\cdots\cdots\cdots\cdots\cdots \\ - (AC - Ar)(AC - Ar')\ldots(AC - Ak')\ldots - \cdots\end{array}\right].$$

La partie renfermée entre les grandes parenthèses est composée de $2m - 2$ termes dont m sont positifs et $m - 2$ négatifs, ceux-ci étant

---

(*) Ces considérations et les suivantes contiennent le premier germe des théories géométriques et des recherches analytiques qu'on trouvera développées dans l'art. IV ci-après.

relatifs aux tangentes $pk,\dots$; un terme quelconque est composé de $2m-3$ facteurs tels que $AC-Ar,\dots$; le premier terme du produit développé est donc $\overline{AC}^{2m-3}$ pour chacun des termes, et, comme il y en a m positifs et $m-2$ négatifs, il ne restera plus que le terme $2\overline{AC}^{2m-3}$, qui sera par conséquent le premier de ceux du second membre de l'équation développée; les autres termes ordonnés renfermeront successivement les puissances $\overline{AC}^{2m-4}$, $\overline{AC}^{2m-5}$,....

Donc on aura, en appelant $M, N,\dots$, les coefficients de ces termes respectifs,

$$2\,(AC-Ar)\,(AC-Ar')\dots(AC-Ak)\,(AC-Ak')\dots$$
$$= (AC-Ao)\left(2\,\overline{AC}^{2m-3}+M.\overline{AC}^{2m-4}+N.\overline{AC}^{2m-5}\dots\right).$$

Développant le premier membre d'après la théorie des facteurs, et appelant P la somme des quantités $Ar, Ar',\dots, Ak, Ak'$; Q la somme de leurs produits deux à deux, il viendra, puisque le nombre des facteurs est $2m-2$,

$$2\left(\overline{AC}^{2m-2}-P.\overline{AC}^{2m-3}+Q.\overline{AC}^{2m-4}+\dots\right)$$
$$= (AC-Ao)\left(2\,\overline{AC}^{2m-3}-M.\overline{AC}^{2m-4}+\dots\right),$$

ou bien, en ordonnant,

$$\left(2.Ao+M-2P\right)\overline{AC}^{2m-3}+\dots=0.$$

Si, dans cette équation, on fait $\dfrac{1}{AC}=0$, ce qui répond au cas où le point C passe à l'infini, elle devient

$$2.Ao+M-2P=0,$$

équation du 1er degré qui donnera la valeur de Ao.

Dans cette équation, M est le coefficient du terme $\overline{AC}^{2m-4}$ de l'équation ci-dessus. Pour le déterminer, observons qu'il est le second terme du développement de tous les produits du second membre. Or nous avons vu. que ce second membre se compose de deux parties : l'une positive, composée des m produits

$$(AC-Ar')(AC-Ar'')\dots(AC-Ak)\dots+(AC-Ar)(AC-Ar')\dots(AC-Ak)\dots,$$

l'autre négative, composée des $m-2$ produits

$$(AC-Ak')(AC-Ak'')\dots(AC-Ar),\dots,\ (AC-Ak)(AC-Ak')\dots(AC-Ar)\dots.$$

Le second terme de la première partie aura évidemment pour coefficient $m-1$ fois la somme des quantités $Ar, Ar', Ar'',\dots$, prises négativement, et m fois la somme des quantités Ak, Ak',..., c'est-à-dire

$$- [(m - 1)(Ar + Ar'...) + m(Ak + Ak'...)]\overline{AC}^{2m-4}.$$

Pareillement celui de la partie négative sera

$$+ [(m - 2)(Ar + Ar'...) + (m - 3)(Ak + Ak'...)\overline{AC}^{2m-4}.$$

Donc le second terme du développement total que nous avons représenté par $- M\overline{(AC)}^{2m-4}$ prendra la forme

$$- M\overline{(AC)}^{2m-4} = - [Ar + Ar' + ... + 3(Ak + Ak'...)]\overline{AC}^{2m-4},$$

et par conséquent on a

$$M = Ar + Ar' + ... + 3(Ak + Ak'...).$$

Or
$$P = Ar + Ar' + ... + Ak + Ak',...,$$

donc aussi l'équation ci-dessus, $2.Ao + M - 2P = 0$, deviendra

$$2.Ao + Ak + Ak' + ... - Ar - Ar' - ... = 0;$$

d'où
$$Ao = \frac{1}{2}(Ar + Ar' + Ar'' + ... - Ak - Ak' - ...),$$

valeur égale à la demi-somme de tous les segments Ar,..., Ak (*fig.* 85), formés sur la sécante Ar devenue parallèle à la tangente Pp, mais en ayant soin de prendre les segments Ak, Ak',... d'un signe contraire à celui qu'ils devraient naturellement recevoir.

Première conséquence. — L'origine A étant arbitraire, si, par hasard, on l'avait prise au point o lui-même, resté fixe, la distance Ao devrait être telle qu'on eût

$$or + or' + or'' + ... - ok - ok' ... = 0;$$

re point deviendrait alors le *centre de moyenne distance* des points r, r', r'',..., et d'autres points symétriques à k, k',..., par rapport à l'origine accidentelle o. On peut remarquer aussi que, dans le déplacement de cette origine, les points r, r', r'',..., restent naturellement fixes, mais qu'il n'en est pas ainsi des points symétriques à k, k'...; de sorte que le point o n'est pas le véritable centre des moyennes distances pour un état quelconque du système ou relativement à toute autre origine.

Enfin on peut s'assurer, d'une manière directe, que le point o, déterminé par ce qui précède, est indépendant de la position particulière de l'origine A.

En effet, pour une autre origine A', située au delà de CA, on aurait

$$A'o = \frac{1}{2}(A'r + A'r' + A'r'' + \dots - A'k \dots);$$

or $A'o = Ao + AA',\quad A'r = Ar + AA',\dots,\quad A'k = Ak + AA'\dots,$

d'où l'on tire, en substituant pour avoir Ao,

$$Ao + AA' = \frac{1}{2}(m.AA' + Ar + Ar' + \dots - (m-2).AA' - Ak - Ak'\dots),$$

$$Ao = \frac{1}{2}(Ar + Ar' + \dots - Ak - Ak'),$$

comme par la première formule, chose presque évidente à priori.

Diamètre de l'osculatrice conjugué à la tangente. — Sans nous attacher à la recherche des diverses propriétés du point o, terminons en prouvant que la droite qu'il parcourt dans les différentes positions des transversales ab, $a'b'$,..., quand le pôle C passe à l'infini, renferme le point P de contact de la tangente Pp à laquelle ces sécantes rr'' sont parallèles.

En effet, on a pour la position particulière Pp de la sécante (*fig.* 85),

$$Ar = AP,\quad Ar' = AP,\quad Ar'' = Ap,\quad Ak = Ap,\dots,$$

et $$Ao = \frac{1}{2}(Ar + Ar' + Ar'' + \dots - Ak - Ak'\dots)$$

$$= \frac{1}{2}(AP + AP + Ap + Ap' - Ap - Ap'\dots) = AP.$$

De tout ce qui précède il résulte :

« Que pour déterminer à priori le diamètre d'une section conique oscu
» latrice en un point P (*fig.* 86) d'une courbe géométrique donnée sur

Fig. 86.

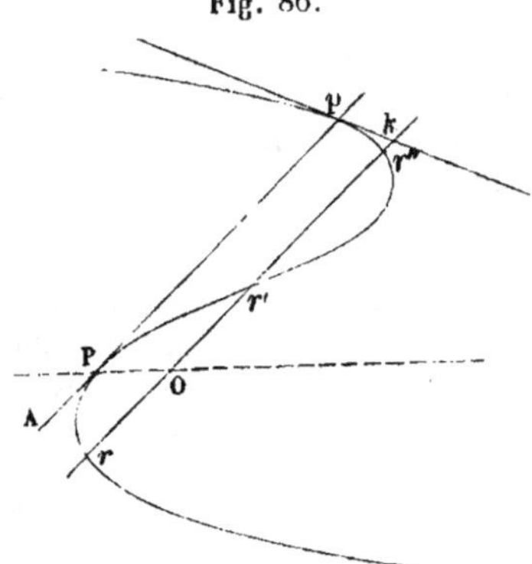

» un plan, il suffira de tracer à volonté une transversale rr'' parallèle à

9.

» la tangente au point P; puis, ayant déterminé sur cette sécante un
» point O, comme il a été dit ci-dessus, de joindre ce point au point P
» par une ligne droite PO qui sera le diamètre demandé. »

Réflexions à ce sujet. — Il est bien évident que la droite PO étant un
diamètre de la conique osculatrice en P, elle divise en deux parties égales
les sécantes infiniment voisines menées dans la courbe, parallèlement à
la tangente Pp au point P; c'est la recherche de l'angle formé par cette
droite et cette tangente, que s'est proposée Carnot à la page 477 de sa
Géométrie de position; il en détermine la valeur par l'analyse différentielle, comme cela se fait pour le rayon même de courbure. Il propose
aussi, en cet endroit, de prendre le rayon de courbure et l'angle dont il
s'agit pour les coordonnées variables des lignes courbes indépendantes
de toute constante auxiliaire. D'un autre côté, M. Ampère, dans un Mémoire présenté à l'Institut en décembre 1803 (14° cahier du *Journal de
l'École Polytechnique*), propose de choisir pour coordonnées en chaque
point, le paramètre et l'angle du diamètre avec la tangente de la parabole
osculatrice du 3° ordre en ce point. On peut y voir avec quelle peine
l'analyse algébrique arrive à des résultats si faciles pour la Géométrie :
ainsi, notamment, ce n'est que par des comparaisons délicates entre plusieurs expressions compliquées, qu'Ampère parvient à prouver que cette
parabole pour un point quelconque d'une conique, a même diamètre et
même paramètre (*). On verra ci-après, comment ces propriétés sont des
conséquences nécessaires de ce qui a été exposé précédemment.

Revenons au sujet dont je me suis un instant écarté.

(*) Ampère et Carnot, sans le savoir, avaient été précédés dans cette intéressante étude relative aux éléments de la courbure du 3° ordre des lignes courbes,
par le géomètre anglais Maclaurin, dont l'ouvrage déjà cité, antérieur de près
d'un demi-siècle à ceux de ces illustres savants, contient la détermination de
ce que l'auteur appelle *la variation de la courbure* par la parabole osculatrice ;
détermination dont Newton s'était également occupé sous un autre nom, dans
son *Énumération des lignes du 3° ordre*. La détermination dont il s'agit repose
sur des considérations géométriques tirées de la définition de la *moyenne harmonique,* sur laquelle je reviendrai un peu plus loin ; or ces considérations
offrent une grande analogie avec celles exposées ci-dessus, qui prennent uniquement
ment pour point de départ le théorème de Carnot relatif au triangle transversal,
et, comme on sait, ce dernier a pour fondement celui de Newton sur les produits des segments ou appliquées parallèles des courbes géométriques, théorème
qui, à son tour, sert de point de départ aux recherches de Maclaurin.

Au surplus, le désir d'abréger et de ne pas grossir inutilement ce volume, me
fait supprimer une longue discussion relative à la préférence qui doit être accordée aux équations à deux termes de l'analyse des transversales, sur les
modes de représentation des courbes proposés par Ampère et Carnot, ou tout
autre mode où l'on prétendrait bannir de leur équation les variables ou coor-

Solution finale. — La direction du diamètre de la conique osculatrice du 3ᵉ ordre en un point donné d'une courbe géométrique étant connue par ce qui précède, rien n'est plus facile que d'achever la solution du problème :

Par le point donné *a* de la courbe (*fig.* 87), on mènera la sécante arbitraire *a*C, et, d'après ce qui a été dit plus haut,

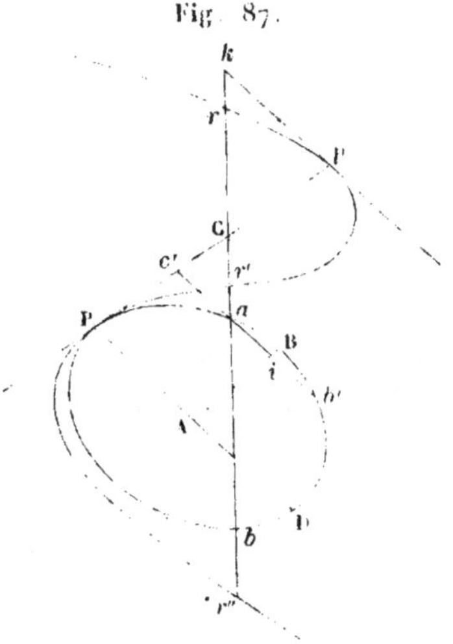

Fig. 87.

on trouvera la position correspondante du point *b*, et la co-

---

données étrangères à leur nature propre. Lorsque j'embrassais ainsi en 1816, avec une sorte d'enthousiasme et de prédilection exclusive, l'idée de la supériorité de l'analyse des transversales sur ces divers systèmes de représentation des lignes courbes par les équations ou relations métriques quelconques, M. Lamé n'avait point encore développé cette belle méthode des multiplicateurs indéterminés mentionnée à la fin du précédent volume, p. 489, et j'étais loin surtout d'imaginer le parti que, dix années plus tard, d'autres amateurs de la Géométrie tireraient d'une application de l'analyse de Descartes, assez simple et d'apparence assez évidente pour qu'on se dispensât, je le redis ici avec intention et regret, d'en indiquer la véritable et féconde origine.

Quant aux études de prédilection dont le commencement de ce Cahier contient une ébauche sans doute fort imparfaite, quant à celle notamment qui concerne les lignes du 3ᵉ ordre, elles m'avaient particulièrement séduit à cause de leur élégante simplicité et de leur nouveauté; car, en ce moment, j'ignorais encore les belles propriétés que Maclaurin avait lui-même découvertes sur ces courbes, par la méthode des réciproques de segments; méthode très-distincte d'ailleurs et d'une application moins facile que celle dont j'avais d'abord fait usage, mais qui peut lui servir d'utile et fécond couronnement.

nique sera entièrement déterminée. Si l'on traçait aC parallèlement au diamètre PD, comme ac', alors les points a et b' étant connus, si par le milieu i de la distance qui les sépare l'on mène une droite parallèle à la tangente PC, ce sera la direction du diamètre conjugué au premier PD, le centre A sera donc connu ainsi que le demi-diamètre PA ; quant à l'autre AB, il s'obtiendra par cette proportion

$$\overline{\mathrm{PA}}^2 : \overline{\mathrm{AB}}^2 :: c'a \cdot c'b' : \overline{\mathrm{P}c'}^2.$$

Si la courbe osculatrice, au lieu d'être en général une section conique passant par un point donné a quelconque, devait être en particulier une parabole, alors ce point a ne serait plus arbitraire ; car son conjugué b', devant être situé à l'infini, serait réellement donné, et l'on aurait ainsi, pour déterminer a, cette nouvelle équation déduite de l'équation générale (p. 126), en y faisant $c'b'$ infini,

$$\frac{1}{c'a} = \frac{1}{c'r} + \frac{1}{c'r'} + \frac{1}{c'r''} \cdots - \frac{1}{c'k} - \cdots.$$

Or, $c'a$ étant connue, l'ordonnée correspondante, dans la parabole osculatrice, le serait aussi, et, par suite, le paramètre de cette parabole ; « donc on ne peut mener qu'une seule parabole osculatrice en un point donné d'une courbe géométrique quelconque. »

Il est visible aussi que, en général, la conique osculatrice et la courbe géométrique correspondante ont le même rayon de courbure, puisque le cercle osculateur a trois points ou deux éléments consécutifs communs avec chacune d'elles, et pareillement que le cercle osculateur intercepte sur le diamètre PAD un segment égal au paramètre de la section conique osculatrice cherchée. Cette dernière propriété est évidemment une conséquence de l'autre.

Comme il existe une infinité de coniques osculatrices du 3e ordre en un point donné d'une courbe géométrique, on peut demander également que ce soit en particulier, une ellipse ou une hyperbole.

Nous savons (p. 127) que si, autour du point C, on fait tourner Ca, et qu'on prenne toujours

$$\frac{2}{Co} = \frac{1}{Cr} + \frac{1}{Cr'} \cdots - \frac{1}{Ck} - \frac{1}{Ck_1}.$$

la suite des points o n'est autre chose que la corde de contact PT (*fig*. 88) des deux tangentes issues du point C dans la section conique, c'est-à-dire la polaire de ce point. Or, on démontre aisément que si l'on menait une parallèle à PT, divi-

Fig. 88.

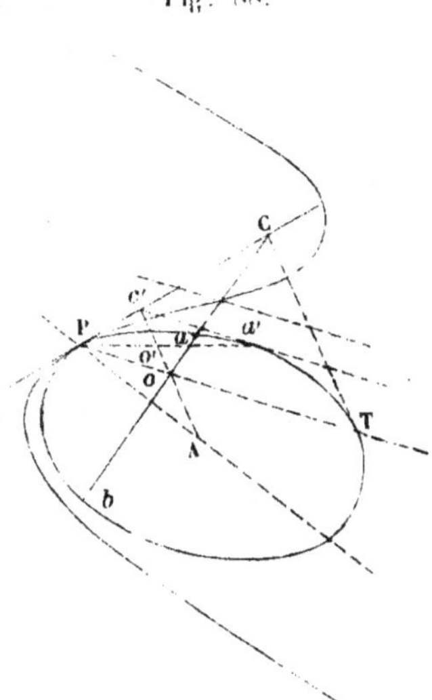

sant la distance Co en deux parties égales, cette parallèle ou *sous-polaire* couperait la section conique en deux points quand c'est une hyperbole, qu'elle lui serait simplement tangente si c'est une parabole, enfin qu'elle ne la rencontrerait pas quand c'est une ellipse. Si donc on veut que la section conique soit une hyperbole, il faudra se donner comme tangente une droite parallèle à la sous-polaire et située au delà; pour la parabole, on prendra la sous-polaire elle-même, enfin pour l'ellipse, une parallèle quelconque au-dessous de la sous-polaire. On cherchera ensuite le point de contact a' sur cette tangente représentée ici par C'a', C' étant la position correspondante de C sur la tangente donnée en P, pour laquelle Ca

et $\mathrm{C}b$ sont devenus égaux, de sorte qu'on a

$$\frac{2}{\mathrm{C}'a} = \frac{1}{\mathrm{C}'r} + \frac{1}{\mathrm{C}'r'} \cdots - \frac{1}{\mathrm{C}'k} - \frac{1}{\mathrm{C}'k_1} \cdots :$$

le centre A se trouvera au moyen de a', en divisant la distance
$\mathrm{P}a'$ également en o' et traçant la diamétrale $\mathrm{C}'o'\mathrm{A}$ conjuguée
à $\mathrm{P}a'$, etc.

Exemples relatifs aux simples coniques.

Appliquons maintenant ce qui précède à une section conique arbitrairement donnée, et à laquelle il s'agit de mener
une osculatrice du 3e ordre.

Dans ce cas (*fig.* 89), l'on a pour un point quelconque C de
la tangente au point P,

$$\frac{1}{\mathrm{C}a} + \frac{1}{\mathrm{C}b} = \frac{1}{\mathrm{C}r} + \frac{1}{\mathrm{C}r'}\cdot$$

Donc les polaires de ce dernier point, pour les deux coniques,
se confondent en une seule droite passant par le point de tangence P. Quand le point C est pris à l'infini sur la tangente
en P, la polaire en question devient un diamètre commun aux

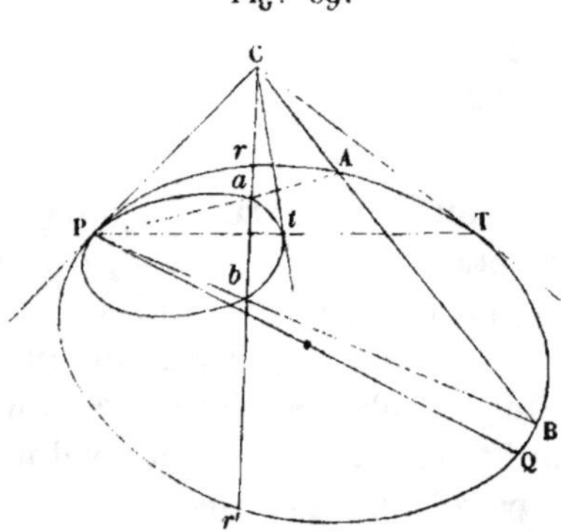

Fig. 89.

deux courbes; ce qui est encore évident puisque la somme
des ordonnées est nulle pour l'une et l'autre coniques.

Il est aisé de voir aussi que si l'on traçait les droites $a\mathrm{P}$
et $b\mathrm{P}$ qui rencontrent la conique donnée en A et B, les droites

correspondantes AB et *ab* devraient concourir au même point c; car sa polaire, par rapport au système de PaA et PbB, doit nécessairement se confondre avec celle ci-dessus, commune aux deux coniques, ce qui ne peut avoir lieu à moins que **AB** ne passe par **C**. Ceci offre, comme on le voit, un moyen simple de décrire l'osculatrice du 3e ordre par points, quand le point *a*, par exemple, sera donné. En effet, après avoir mené arbitrairement la transversale C*ab* et tracé P*a*, qui coupe la conique donnée en A, il suffira de mener CA qui coupe cette même courbe en B, puis de tracer la droite PB, qui coupera C*ab* au point *b* de la conique osculatrice.

« On peut donc, avec la règle seule, déterminer la section
» conique, passant par un point donné, osculatrice du 3e ordre
» en un point d'une autre conique décrite. »

Remarque. — Si l'on regardait PAB comme la base d'un cône dont le sommet se projetât en P, la conique osculatrice ne serait autre chose que la projection de l'intersection de cette même surface par un plan passant par la tangente en P à la première (*Développements de géométrie*, par M. Dupin).

Osculatrice parabolique. — Dans ce cas (*fig.* 90), le point *a* de l'osculatrice du 3e ordre peut être supposé à l'infini, et la

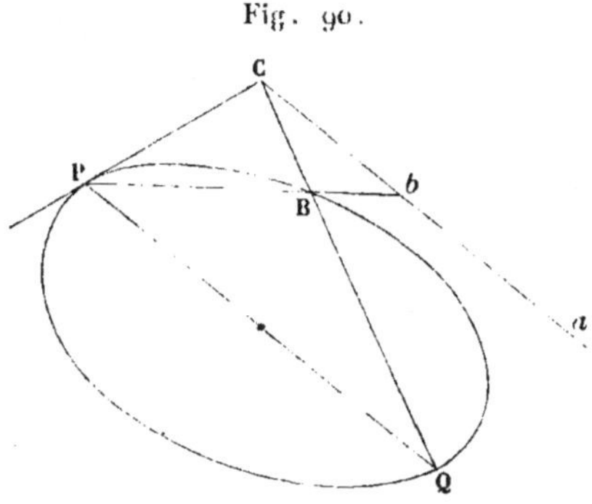

Fig. 90.

transversale C*a* doit être prise alors parallèlement au diamètre PQ; la construction subsiste toujours, mais ne s'exécute plus avec la règle seule, puisqu'il faut tracer des parallèles à des droites données. Le point A (*fig.* 89) se confond alors avec l'extrémité Q du diamètre PQ, et la construction, toujours applicable, se réduit à ceci :

« Tracez arbitrairement Ca parallèle à PQ ; joignez CQ, qui
» coupe la conique donnée en B ; tracez PB, elle coupera Ca
» au point b de la parabole osculatrice. »

Égalité des paramètres. — Prouvons à priori que nos deux coniques osculatrices ont même paramètre p, relativement au

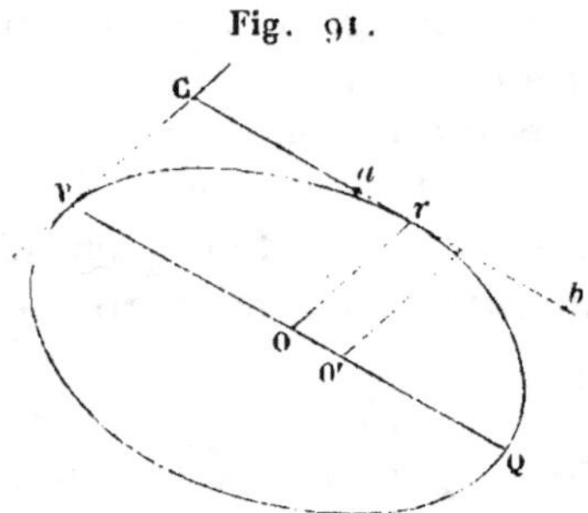

Fig. 91.

diamètre commun. En effet, qu'on mène (*fig.* 91) Cr parallèle au diamètre PQ et touchant la conique donnée en r, on aura

$$\frac{1}{Ca} + \frac{1}{Cb} = \frac{2}{Cr} = \frac{2}{PO} = \frac{2}{a} :$$

or, pour l'autre conique osculatrice en P,

$$PO' \quad \text{ou} \quad a' = \frac{Ca + Cb}{2} = \frac{\overline{Ca}^2}{2Ca - a},$$

et $\quad \dfrac{\overline{CP}^2}{Ca.Cb} = \dfrac{b^2}{Ca.Cb} = \dfrac{b'^2}{a'^2}, \quad$ d'où $\quad b'^2 = \dfrac{\overline{Ca}^2 . b^2}{a(2Ca - a)} ;$

donc enfin $\qquad p = \dfrac{2b'^2}{a'} = \dfrac{2b^2}{a}, \qquad\qquad$ C. Q. F. D.

On voit que cela a lieu indépendamment du point a que l'on se donne à volonté.

Quand la courbe donnée est une parabole (*fig.* 92), la démonstration devient encore plus facile ; car alors Cb étant infini,

$$\frac{1}{Ca} = \frac{2}{a} : \quad \text{d'où il résulte que} \quad Ca = \frac{a}{2} = \frac{2}{Cr} :$$

or $$\overline{aq}^{\,2} = p.\mathrm{P}q = p.\mathrm{C}a = \frac{1}{2}\,pa = \overline{\mathrm{O}r}^{\,2} = b^2,$$

d'où l'on tire finalement

$$p = \frac{2\,b^2}{a}\cdot \qquad\qquad \text{C. Q. F. D.}$$

Paramètre relatif à une courbe géométrique quelconque.— Pour un point donné **P** il se calculera facilement; car en

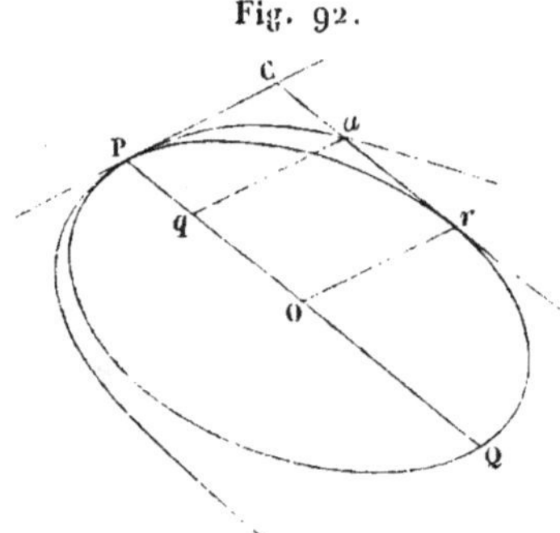

menant une parallèle C*r* à **PQ**, qui rencontre la courbe en $r, r', \ldots$, et la parabole osculatrice, en a, on aura (p. 134)

$$\frac{1}{\mathrm{C}a} = \frac{1}{\mathrm{C}r} + \frac{1}{\mathrm{C}r'} + \cdots - \frac{1}{\mathrm{C}k} - \cdots,$$

et $$p = \frac{\overline{aq}^{\,2}}{\mathrm{C}a} = \overline{\mathrm{CP}}^{2}\left(\frac{1}{\mathrm{C}r} + \frac{1}{\mathrm{C}r'} + \frac{1}{\mathrm{C}r''} + \cdots - \frac{1}{\mathrm{C}k} - \cdots\right)\cdot$$

PROBLÈME III. — *Une courbe géométrique d'un degré quelconque étant décrite sur un plan, déterminer pour un point donné de cette courbe, la position de la conique qui lui est osculatrice du 4e ordre.*

Nous avons vu ci-dessus (p. 126) que la conique $ab\mathrm{P}$ (*fig.* 85 et 93) et la courbe donnée $\mathrm{P}\,rr'\ldots$ qui ont quatre points confondus en un seul **P**, devaient satisfaire généralement à la relation métrique

$$\frac{1}{\mathrm{C}a} + \frac{1}{\mathrm{C}b} = \frac{1}{\mathrm{C}r} + \frac{1}{\mathrm{C}r'} + \frac{1}{\mathrm{C}r''} + \cdots - \frac{1}{\mathrm{C}k} - \cdots.$$

Cette équation ne suffit pas pour déterminer les deux points a et b de la conique osculatrice Pab, et il reste encore une quantité entièrement arbitraire, qu'on ne peut obtenir qu'en assujettissant cette courbe à remplir une nouvelle condition; mais parmi l'infinité de coniques osculatrices qu'on puisse considérer, il en est une qui a un contact du 4e ordre avec la courbe proposée.

Supposons, en vue de la construire, que b se confonde avec r'', ou que r'' soit l'une des intersections des deux

Fig. 93.

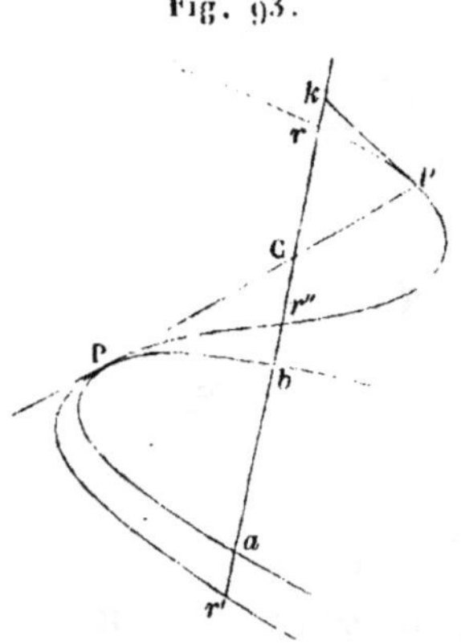

courbes, alors le point correspondant a sera entièrement déterminé, car il suffira de faire $Cb = Cr''$ dans l'équation ci-dessus, qui deviendra

$$\frac{1}{Ca} = \frac{1}{Cr} + \frac{1}{Cr'} + \cdots - \frac{1}{Ck} - \frac{1}{Ck'} - \cdots$$

Si donc l'on faisait tourner la droite Cr autour du point donné r'', on obtiendrait successivement tous les points a de la conique osculatrice en P et passant par ce point r''.

Supposons que, au lieu de prendre le point b en un point quelconque de la courbe donnée, on le prenne précisément au point P; alors la section conique sera osculatrice du 4e ordre avec la courbe en ce point; Cr'' deviendra nul, mais l'équation ci-dessus ne changera pas de forme et donnera toujours la valeur de Ca ou Pa, c'est-à-dire le point de l'osculatrice qui se trouve sur la sécante arbitraire Pa; puisqu'elle donne

$$\frac{1}{Pa} = \frac{1}{Pr} + \frac{1}{Pr'} + \cdots - \frac{1}{Pk} - \cdots$$

En faisant varier Pr on aura successivement tous les points a de la conique osculatrice; on pourra donc la décrire par points. On aura d'ailleurs son diamètre qui passe par le point de contact P, comme cela a été dit ci-dessus; menant donc par le

Fig. 94.

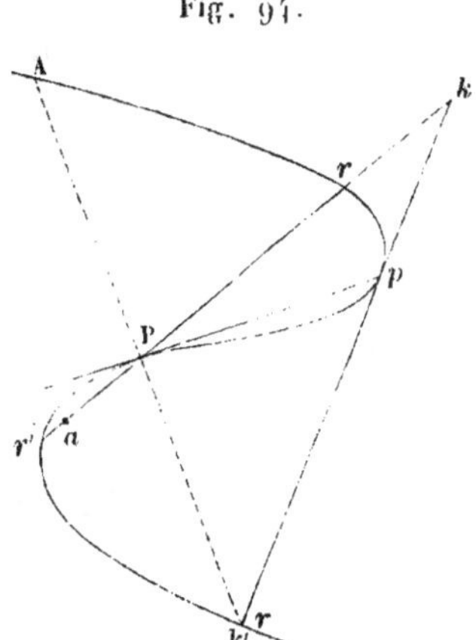

point P ce diamètre, et le prenant pour la sécante Pa dans une de ses positions, on calculera la longueur du diamètre de la conique cherchée dont ensuite on trouvera facilement le reste.

Exemple des courbes du 3e degré. — On a alors simplement (*fig. 94*)

$$\frac{1}{Pa} = \frac{1}{Pr} + \frac{1}{Pr'} - \frac{1}{Pk};$$

qu'on prolonge la tangente pk jusqu'à sa rencontre avec la courbe en k', et soit menée la sécante particulière Pk'; Pk deviendra égale à Pr dans cette supposition, et l'équation ci-dessus se réduira à la simple égalité

$$\frac{1}{Pa} = \frac{1}{Pr'} \quad \text{ou} \quad Pa = Pr'.$$

Donc le point A, où la sécante Pk' vient de nouveau rencontrer la courbe, est précisément le 6ᵉ point d'intersection de la conique et de cette courbe, qui se détermine, comme on le voit. par la règle seulement.

IV..

CONSÉQUENCES GÉNÉRALES RELATIVES AUX SYSTÈMES DE POINTS, DE DROITES, DE PLANS, DE LIGNES ET DE SURFACES GÉOMÉTRIQUES D'ORDRE QUELCONQUE.

Notions fondamentales relatives aux centres et aux axes de moyenne distance, de moyenne et d'origine harmonique (*).

Définition de la moyenne harmonique d'après Maclaurin. — Soit (*fig.* 95) la relation, toute géométrique,

$$\frac{m}{Ok} = \frac{1}{Oa} + \frac{1}{Ob} + \frac{1}{Oc} + \ldots,$$

dans laquelle Ok est appelée par Maclaurin (ouvrage cité, *Appendice*, p. 20 et suiv.) *moyenne harmonique* entre les *m*

Fig. 95.

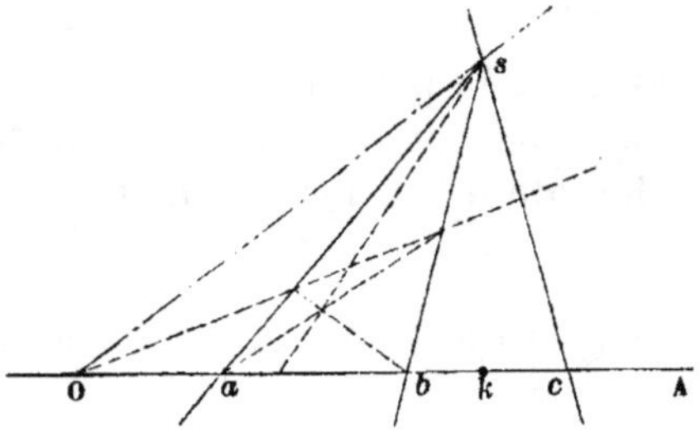

segments Oa, Ob, Oc, ... comptés sur une droite OA, à partir d'une origine fixe O, donnée à priori et par rapport à laquelle la loi ordinaire des signes de position est observée comme

---

(*) Cette partie du manuscrit, écrite dans l'hiver de 1816, se composant d'un texte fort laconique, de notes éparses et non encore mises en ordre, j'ai dû en compléter la rédaction, en m'astreignant, comme toujours, à n'en modifier en aucune manière, le sens ni les intentions.

dans toutes les relations, entre réciproques de segments, dont on s'est précédemment occupé (*).

De cette équation on déduit immédiatement la valeur de Ok en Oa, Ob, Oc,..., et, comme Maclaurin le montre dans son Traité, le point k peut être construit de proche en proche, linéairement ou avec la règle seule, par un procédé géométrique fondé sur les propriétés du *faisceau* de quatre droites convergentes, nommées *harmonicales* par Ph. de La Hire, successeur de Desargues et de Pascal, auquel Maclaurin attribue gratuitement la découverte de ces beaux théorèmes dus aux Anciens : Euclide, Apollonius, Pappus. Mais cette marche indirecte, adoptée par Maclaurin, n'éclaire pas suffisamment la question non plus que la nature géométrique ou algébrique du point k, et il paraît bien évident, par exemple, que si l'on rapportait les segments Oa, Ob, Oc,... de la relation ci-dessus, à une autre origine A de l'axe OA, elle ne conserverait plus la même forme algébrique, ou bien elle définirait un point très-distinct de k, et qui serait conjugué harmoniquement à la nouvelle origine A. De plus, il est remarquable que cette même relation devient identique, illusoire, quand on suppose

---

(*) Ceci est une pure convention, permise néanmoins comme définition à priori de la *moyenne harmonique*. Quant à la loi même des signes de position, telle qu'on l'admettait dès l'époque de Maclaurin, elle consiste, comme on a dû s'en apercevoir par ce qui précède, en ce que les réciproques des segments dirigés en sens contraire, par rapport à l'origine commune, doivent prendre des signes différents. Mais il n'est pas nécessaire, comme le fait Maclaurin dans l'*Appendice* à son Algèbre posthume, de s'inquiéter, à l'avance et pour chaque cas, de la nature des signes de réciproques qui entrent dans la somme à considérer; il suffit, ainsi que nous l'avons constamment fait dans ce Cahier, de raisonner d'après l'hypothèse générale où les termes sont positifs dans les deux membres de l'équation primitive de définition, ce qui a lieu quand on suppose une position extrême ou extérieure au *point d'origine* des segments. Ainsi il s'agit ici de sommes envisagées au point de vue ordinaire purement algébrique ou implicite des signes, dont toute la difficulté, dans chaque cas d'application et en général, consiste à montrer l'accord qui existe entre la loi de mutations de ces signes et les changemens mêmes de position des points correspondants de la figure, conformément au principe de continuité. Or tel est le but que, dès 1816, je m'étais proposé d'atteindre. (*Voir* le IIIe Cahier ci-après.)

le point O à l'infini ou simplement confondu avec l'un quelconque des points donnés a, b, c, ...

Changement de l'origine des segments. — Afin d'éviter de tels inconvénients, il est indispensable de transformer l'équation qui définit le point k de manière qu'elle puisse s'appliquer à une autre origine A, sans altérer la position inconnue de ce point par rapport aux points donnés a, b, c, ...

Or on a, par exemple, en supposant A tout à fait au dehors et à droite de ces points,

$$O k = AO - A k, \quad O a = AO - A a, \quad O b = AO - A b, \ldots,$$

puis, en substituant dans la relation proposée,

$$\frac{m}{AO - A k} = \frac{1}{AO - A a} + \frac{1}{AO - A b} + \frac{1}{AO - A c} + \ldots;$$

d'où l'on tirera $A k$ quand AO sera donné à priori, et réciproquement.

En réduisant tous les termes de cette dernière équation au même dénominateur, on peut lui donner la nouvelle forme

$$m (AO - A a) (AO - A b) (AO - A c) \ldots$$
$$= (AO - A k)[(AO - A b)(AO - A c) \ldots + (AO - A a)(AO - A c) \ldots + \ldots].$$

Développant d'après la théorie des équations, appelant P la somme des simples segments ou racines $A a$, $A b$, $A c$, .., Q la somme de leurs produits deux à deux, . . ., R celle de leurs produits $m - 1$ à $m - 1$; enfin S leur produit total ou complet, il vient

$$m \left(\overline{AO}^m - P . \overline{AO}^{m-1} + Q . \overline{AO}^{m-2} - \ldots \pm R . AO \mp S \right)$$
$$= (AO - A k)\left[m \overline{AO}^{m-1} - (m-1) P . \overline{AO}^{m-2} + (m-2) Q . \overline{AO}^{m-3} - \ldots \pm R \right] :$$

réduisant, le terme $m \overline{AO}^m$ disparaîtra naturellement, et il restera, en ordonnant par rapport à AO,

$$(P - m A k) \overline{AO}^{m-1} + [(m-1) P . A k - 2 Q] \overline{AO}^{m-2} + \ldots \mp (R . A k - m S) = 0.$$

Cas où le centre de moyenne harmonique se change en un centre de moyenne distance. — Si l'on fait AO infini dans cette équation, après l'avoir divisée d'abord par $\overline{AO}^{m-1}$, elle cessera de devenir identique, et donnera pour calculer la valeur correspondante de Ak,

$$P - mAk = 0, \quad \text{ou} \quad Ak = \frac{Aa + Ab + Ac + \ldots}{m};$$

c'est-à-dire que le point O étant à l'infini, son conjugué harmonique k se trouve être le *centre de moyenne distance* des points a, b, $c,\ldots$, selon la définition adoptée par Carnot, d'après Lhuilier de Genève, et qui suffit pour caractériser la nature et les propriétés géométriques du point k, que par analogie, je nomme le centre de *moyenne harmonique* des points a, b, $c,\ldots$, relativement à l'origine particulière O, des segments. Mais il y a plus encore, les nombreuses propriétés du centre de moyenne distance, qui, au fond, sont les mêmes que celles du centre de gravité, conduisent pour le centre de moyenne harmonique à beaucoup d'autres intéressants théorèmes auxquels on n'avait pas songé jusqu'ici (1816) (*).

Propriétés, relations fondamentales projectives, des centres de moyenne distance et de moyenne harmonique. — Qu'il me suffise ici de rappeler que l'une des propriétés les plus remarquables du centre de moyenne distance consiste en ce que, si l'on y place l'origine des abscisses ou segments, *la somme de ceux qui sont situés à droite de ce point devient précisément égale* à celle des segments situés à gauche. Or, c'est réellement ainsi que Newton, dans son *Énumération des lignes du* 3ᵉ *ordre*, définit le *point milieu* des appliquées parallèles des courbes géométriques dont le lieu constitue la droite nommée *diamètre* par ce grand homme, d'après l'analogie offerte par les coniques ou lignes du second degré, analogie poussée beaucoup trop loin, comme on le verra ci-après, quand on veut l'étendre avec Newton, jusqu'à la définition même des *sommets* et du *centre* des courbes géométriques en général.

D'autre part, la correspondance intime entre le centre de moyenne distance et celui de moyenne harmonique laisse

---

(*) *Voir* le *Mémoire sur les centres de moyennes harmoniques*, t. III, p. 213, du *Journal de Crelle*, où la définition de ces points est étendue au cas où les réciproques des segments sont multipliés par des coefficients numériques quelconques.

entrevoir que l'un est la perspective ou projection centrale de
l'autre, et que, par conséquent, il en doit être de même des
relations métriques ou descriptives qui leur appartiennent.
Or, c'est là encore une présomption facile à vérifier par une
nouvelle et très-simple transformation de l'équation primitive ; mais je me contente ici de faire observer qu'il résulte
de ces rapprochements une manière nouvelle, très-concise et
très-élégante d'énoncer les théorèmes de Newton, de Cotes et
de Maclaurin (*) :

« Si l'on fait tourner la transversale Ok (*fig.* 95, p. 142) au-
» tour de O comme pôle, et qu'elle rencontre une courbe
» géométrique en autant de points a, b, c,... que le marque

(*) Newton, dans son *Énumération des lignes du* 3ᵉ *ordre*, s'est servi,
le premier, de la projection des courbes par les ombres, en remarquant
qu'elle n'altérait nullement le degré et les affections essentielles de ces
courbes relatives à leurs intersections et tangences avec d'autres ; mais
ni lui ni ses successeurs immédiats, Maclaurin et Waring, n'ont songé à
établir un rapprochement quelconque entre les propriétés des diamètres
des courbes géométriques et celles des droites lieu des points de moyenne
harmonique de Cotes, du moins au point de vue de leurs projections réciproques ; le motif en est fort simple : ils ignoraient la correspondance
intime qui existe entre ce que je nommais, dès l'époque de 1816, le *centre
de moyenne harmonique* et le *centre de moyenne distance* relatif au cas
où le pôle des transversales rayonnantes passe à l'infini. Et voilà aussi
pourquoi je ne pense pas qu'antérieurement à mars 1824 où je présentai
à l'Institut de France les Mémoires qui ont suivi de près le *Traité des Propriétés projectives*, personne ait eu la nette intuition de cette remarquable correspondance, comme quelques auteurs modernes semblent l'admettre
par prévention ou ignorance de ce qui caractérise une véritable découverte et une méthode nouvelle de démonstration, soit en Géométrie pure,
soit en Analyse algébrique.

Au surplus, ce que je viens de dire des centres de moyenne distance et
de moyenne harmonique dont Newton et Maclaurin ne pouvaient connaître
le nom, je puis le répéter à l'égard du beau théorème du premier de ces
grands géomètres, relatif à la coïncidence du diamètre d'une courbe algébrique avec celui du système de ses asymptotes, quand on prétend le
comparer à son analogue relatif aux *axes de moyenne harmonique* communs à une courbe et à un certain système de ses tangentes. Ce théorème,
découvert et démontré algébriquement par Maclaurin, se trouve établi ci-
dessus à notre manière (p. 120 à 123, *fig.* 81) ; car, à l'époque où il écrivait, ainsi qu'à celle de Newton, on ne se doutait guère, si j'en crois un

» son degré m, le centre k des moyennes harmoniques de ces
» divers points pris relativement au pôle O, se meut sur une
» droite qu'on peut appeler l'*axe* ou *polaire harmonique* de
» la courbe par rapport à ce pôle ; cet axe se changeant en
» celui du centre de moyenne distance des intersections
» $a, b, c, \ldots$, nommé *diamètre* par Newton, quand le pôle pas-
» sant à l'infini, les sécantes transversales deviennent paral-
» lèles à une droite fixe. »

Démonstration du théorème de Cotes par Maclaurin. —
Maclaurin démontre le théorème de Cotes d'une double manière : 1° géométriquement, en partant du cas singulier où la
courbe est remplacée par un système de lignes droites dont
l'axe ou polaire harmonique s'obtient en procédant de proche
en proche, comme je l'ai rappelé ci-dessus ; car c'est là une

---

célèbre apophthegme de philosophie transcendante, tour à tour attribué à
Platon, à Descartes, à Leibnitz, à Pascal, etc., que tous les points à l'infini
d'un plan ou de l'espace dussent se trouver, non pas sur un *cercle ou une
sphère dont le centre est partout et la circonférence nulle part,* mais bien,
comme je l'ai géométriquement établi par les principes de continuité
et de projection centrale, sur une ligne droite ou un plan indéterminé de
situation, à la limite idéale et fictive attribuée à l'infini de l'espace ; ce
qui soulève le voile dont étaient jusque-là enveloppées un grand nombre de
vérités géométriques ou analytiques.

Enfin, j'en dirai tout autant encore de ce théorème non moins admirable de Newton, relatif aux appliquées parallèles des courbes algébriques, que Carnot, d'après une considération élémentaire tirée de la théorie
des lignes proportionnelles, a étendu à un triangle quelconque transversal
des mêmes courbes ; théorème auquel on pourrait en ajouter une infinité
d'autres que, avant l'époque de 1820 ou 1822, on ne savait point encore
généraliser par les principes dont il s'agit, exposés dans le *Traité des
Propriétés projectives des figures,* où j'en ai offert assez d'applications
pour mettre sur la voie les lecteurs intelligents, mais que j'ai pris le soin
de développer dans les Mémoires déjà mentionnés, sur les *centres de
moyennes harmoniques* et les *polaires réciproques,* présentés au commencement de 1824 à l'Académie des Sciences. Pour mieux dire, la limite
idéale des philosophes est l'*enveloppe des plans ou,* ce qui revient au
même, *des droites indéterminées de situation à l'infini,* enveloppe qui
peut être une courbe quelconque plane, ouverte ou fermée, réelle ou imaginaire, etc. (*Voir,* pour les exemples, le *Supplément* du *Traité des Propriétés projectives des figures.*)

10.

conséquence nécessaire des théorèmes des p. 119 et 142, dus à Maclaurin, lorsque venant à supposer ($fig.$ 81) la transversale $app'p''$... mobile autour du point a comme pôle, on admet, au contraire, que les autres transversales $aqq'q''$..., $arr'r''$..., restent fixes ou immobiles ; 2° algébriquement, par des considérations mixtes fondées sur la définition même des courbes géométriques dans le système des coordonnées linéaires de Descartes, et d'où Maclaurin déduit, par des comparaisons analytico-géométriques relatives aux coefficients des deux derniers termes de l'équation qui représente la courbe proposée, les sommes de réciproques des abscisses ou segments formés sur la transversale mobile autour du pôle fixe et qui répondent aux intersections imaginaires avec la courbe.

Mais cet ingénieux procédé, né d'un scrupule géométrique alors plausible, peut être remplacé par d'autres, indépendants de toute représentation des courbes par les équations algébriques, et qui exigent seulement que les intersections imaginaires soient définies par un système convenable de lignes géométriques distinctes, données sur le même plan; chose toujours possible géométriquement, comme on en a vu des exemples élémentaires dans le précédent volume de ces *Applications* (Ier et Ve Cahiers relatifs aux *sécantes et cordes idéales communes aux cercles ou aux coniques*).

Démonstration par nos principes. — Quant à démontrer intuitivement et par le principe de continuité l'existence de l'axe conjugué ou harmonique d'un pôle fixe donné sur le plan d'une courbe géométrique, il suffit de considérer que le centre de moyenne harmonique est unique sur chaque transversale ou rayon vecteur; que jamais le lieu de ces centres ne peut passer par le pôle fixe censé hors de la courbe, et qu'en conséquence ce lieu est une ligne droite, etc. (*).

Cette démonstration s'étend au cas où les réciproques de segments dont les sommes définissent le point générateur, sont élevées à des puissances égales, supérieures au 1er degré et multipliées par des coefficients numériques arbitraires,

---

(*) Ce genre de considérations, déjà mis en usage à la fin du Ier Cahier, a été plus amplement justifié, en 1822, dans le *Traité des Propriétés projectives* (p. 332, etc.).

pourvu qu'en extrayant la racine de la puissance relative à la réciproque inconnue, on n'oublie ni les signes, ni la multiplicité de sa racine, et que l'on ait, de plus, égard à la multiplicité du pôle des rayons vecteurs, s'il appartient à la courbe dont on recherche le degré à priori (*).

Des courbes polaires lieu des origines ou centres contre-harmoniques par rapport à un pôle et à une courbe géométrique arbitrairement donnés sur un plan.

Théorème fondamental. — Soit (*fig.* 96) une courbe géométrique de degré quelconque m; d'un point fixe p, considéré

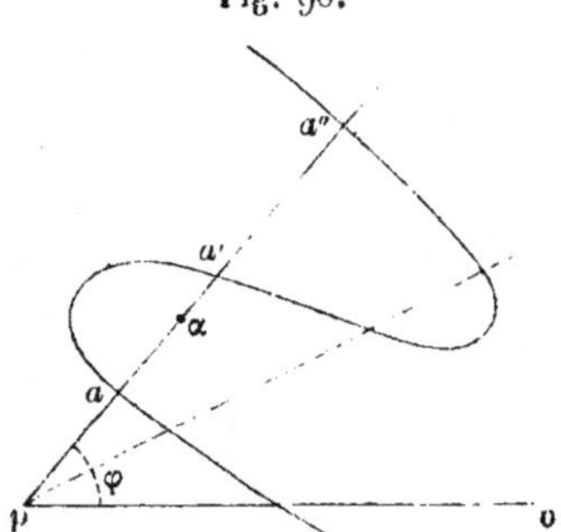

Fig. 96.

comme *pôle* de rayons vecteurs, soit menée une sécante arbitraire pa, rencontrant la courbe aux m points a, a', a'',...; qu'on prenne sur cette sécante un point α tel que

$$(a_1) \qquad \frac{1}{\alpha p} = \frac{1}{m}\left(\frac{1}{\alpha a} + \frac{1}{\alpha a'} + \frac{1}{\alpha a''} + \dots\right):$$

(*) De telles questions sont aujourd'hui d'un bien faible intérêt au point de vue géométrique, quoiqu'elles aient beaucoup préoccupé Waring, continuateur peu fécond des idées de Newton, de Cotes et de Maclaurin, dans un ouvrage de 1762, intitulé : *Miscellanea analytica,* publié par souscription à Cambridge, et dans lequel se trouve une incomplète *énumération des lignes du 4ᵉ ordre ou 3ᵉ genre.* Je cite cet ouvrage, que je connaissais dès 1816, parce que l'auteur s'y est aussi occupé du problème de mener les tangentes à une courbe géométrique par un point quelconque donné sur un plan, problème dont on verra la solution dans le paragraphe ci-après, à l'aide de procédés algébriques très-différents, et qui assignent au nombre de ces tangentes la limite $m(m-1)$, inférieure de m

je dis qu'en faisant mouvoir cette sécante autour du pôle p, la suite de tous les points α d'origine des segments comptés ici du centre de moyenne harmonique relatif à ce pôle et qu'on peut nommer *centres de réciproques* ou *contre-harmoniques*, seront situés sur une seule et même ligne géométrique de l'ordre $m - 1$.

L'équation ci-dessus peut être écrite ainsi :

$$\frac{1}{\alpha p} = \frac{1}{m}\left(\frac{1}{\alpha p - p a} + \frac{1}{\alpha p - p a'} + \frac{1}{\alpha p - p a''} + \ldots\right).$$

Développant, réduisant, ordonnant par rapport à αp, et faisant de plus, pour abréger,

$$\mathrm{P} = p a + p a' + p a'' + \ldots,$$

c'est-à-dire égal à la somme algébrique de tous les segments formés, dans la courbe, à partir du pôle fixe p,

$$\mathrm{Q} = p a \cdot p a' + p a \cdot p a'' + \ldots + p a' \cdot p a'' + \ldots,$$

la somme des produits deux à deux des mêmes segments ; appelant de même R, la somme de leurs produits trois par trois ; T, celle de leurs produits $m - 1$ à $m - 1$; enfin V, le produit total ou complet des mêmes segments, on aura pour calculer $p\alpha$, l'équation

$$(a)\quad \mathrm{P}.\overline{p\alpha}^{\,m-1} - 2\mathrm{Q}.\overline{p\alpha}^{\,m-2} + 3\mathrm{R}.\overline{p\alpha}^{\,m-3} - \ldots \mp (m-1)\mathrm{T}.\overline{p\alpha} \pm m\mathrm{V} = 0.$$

Cette équation, n'étant que du degré $m - 1$, ne donnera sur chaque sécante $p a$ que $m - 1$ points tels que α ; d'autre part V, ne pouvant s'annuler ni, par suite, α se confondre avec le pôle p pour aucune des positions du rayon vecteur, à moins que ce pôle n'appartienne à la courbe proposée, il en résulte la démonstration du théorème énoncé.

---

unités à celle indiquée (p. 100 de l'ouvrage cité) par Waring ; m représentant d'ailleurs le degré de la courbe proposée, dont cet auteur n'a nullement recherché la ligne des points de contact qui, à ses yeux sans doute, comme à ceux même de Maclaurin, ne paraissait pas jouir du degré d'importance qu'on lui accorde généralement depuis la publication de la *Notice sur la théorie des polaires réciproques*, que j'ai adressée en 1817 au rédacteur des premières *Annales de Mathématiques*. (*Voir*, à la fin de ce volume, l'extrait de cet article qui a paru dans le tome VIII de ces *Annales*.) Je crois d'ailleurs superflu de faire remarquer que les démonstrations de cette Notice sont très-différentes de celles du texte ci-dessus, qui s'appliquent aux surfaces comme aux courbes géométriques, mais qu'il n'entrait nullement dans mes intentions de publier dès l'époque de 1817.

Pour découvrir la forme explicite des coefficients P, Q,..., V, soit

$$y^m + (a + bx)y^{m-1} + (c + dx + ex^2)y^{m-2} + \ldots$$
$$+ fx^m + gx^{m-1} + hx^{m-2} + \ldots + k = 0;$$

l'équation de la courbe donnée (*fig.* 96), rapportée actuellement à la droite fixe quelconque po et à sa perpendiculaire comme axe des x et des y; l'équation relative à la sécante paa'' prise pour nouvel axe des x, sera donnée par les formules de transformation bien connues,

$$x = x' \cos\varphi - y' \sin\varphi, \quad y = y' \cos\varphi + x' \sin\varphi,$$

où φ est l'angle apo des x et x', et qu'il faudrait substituer dans la proposée pour faire ensuite $y' = 0$ dans le résultat; ce qui donnerait une équation dont les segments ou abscisses pa, pa', pa'',... seraient les racines. Mais, au lieu d'opérer ainsi, on peut faire à l'avance $y' = 0$ dans les formules de coordonnées ci-dessus, ce qui donne simplement

$$x = x' \cos\varphi, \quad y = x' \sin\varphi,$$

et, en substituant et ordonnant par rapport à φ,

$$x'^m (\sin^m\varphi + b\cos\varphi \sin^{m-1}\varphi + e\cos^2\varphi \sin^{m-2}\varphi + \ldots + f\cos^m\varphi)$$
$$+ x'^{m-1} (a\sin^{m-1}\varphi + d\cos\varphi \sin^{m-2}\varphi + \ldots + g\cos^{m-1}\varphi) + \ldots;$$

d'où l'on tire respectivement, en nommant D le coefficient de x'^m,

$$P = -\frac{a\sin^{m-1}\varphi + d\cos\varphi \sin^{m-1}\varphi + \ldots + g\cos^{m-1}\varphi}{D},$$

$$Q = \frac{c\sin^{m-2}\varphi + \ldots + h\cos^{m-2}\varphi}{D}, \ldots\ldots\ldots, \quad V = \pm\frac{k}{D}.$$

Substituant dans l'équation (a), il viendra finalement, en observant que

$$\overline{px}.\cos\varphi = \alpha, \quad \overline{px}.\sin\varphi = \beta,$$

α et β étant les coordonnées de l'origine ou centre contre-harmonique α,

$$(b) \quad + a\beta^{m-1} + d\alpha\beta^{m-2} \ldots + g\alpha^{m-1} + 2(c\beta^{m-2} + \ldots + h\alpha^{m-2}) + \ldots = mk,$$

équation effectivement du degré $m - 1$, comme cela était annoncé.

Mais, avant de nous occuper de sa discussion, il est bon d'examiner encore ce qui arrive dans le cas particulier où l'on suppose le pôle p à l'infini, et par conséquent les sécantes aa'' toutes parallèles entre elles; le point générateur α de chaque transversale prenant alors, comme dans la recherche de la p. 128, un caractère tout particulier très-distinct d'ailleurs de celui qui appartient au centre de moyenne harmonique, puisqu'il n'est point unique, et que sa détermination dépend d'une équation du degré $m - 1$.

Faisant en effet αp infini dans l'équation de définition ci-dessus, du centre contre-harmonique, elle devient

$$\alpha a' . \alpha a'' \ldots + \alpha a . \alpha a'' \ldots + \ldots \ldots + \alpha a . \alpha a' \ldots$$

Soit $oo'x$ (*fig.* 97) une droite ou axe fixe quelconque, o' étant une nouvelle origine de segments, on aura

$$(o\alpha - oa)(o\alpha - oa')(o\alpha - oa'') \ldots \ldots = o.$$

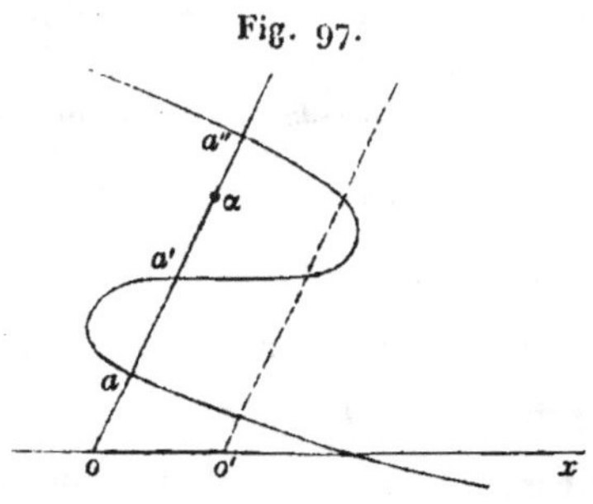

Fig. 97.

Posant pour abréger $o\alpha = x$, et faisant attention que o remplace ici le p de la *fig.* 96 comme origine des segments, cette équation devient, d'après les notations déjà admises,

$$mx^{m-1} - (m-1)Px^{m-2} + (m-2).Qx^{m-3} - \ldots \pm T = o;$$

c'est, comme on voit, la différentielle de l'équation

$$x^m - Px^{m-1} + Qx^{m-2} - \ldots \pm Tx \mp V = o,$$

dont le rapprochement avec celle (a) du cas général, porte à soupçonner que le lieu des points α dont on recherche l'équation, n'est autre que la courbe même des points de contact des tangentes, ici parallèles, menées du pôle fixe p à la courbe proposée (m).

Il n'est pas difficile de voir, en effet, que l'équation (a) ou (b) est précisément celle que l'on obtiendrait en cherchant à déterminer en général ces diverses tangentes.

Courbe polaire des contacts ou tangences. — Appelant α et β les points de contact qu'il s'agit de découvrir, on aura, pour exprimer qu'une tangente à la courbe (1) passe par le pôle p, origine des axes coordonnés des x et y (*fig.* 97),

$$\beta - \frac{d\beta}{d\alpha}\,\alpha = 0.$$

L'équation de la courbe devant être satisfaite par les coordonnées α et β, il en résulte la relation de condition

$$(c) \quad \left\{ \begin{aligned} & \beta^m + (a+b\alpha)\,\beta^{m-1} + (c+d\alpha+e\alpha^2)\,\beta^{m-2} + \dots \\ & \qquad + f\alpha^m + g\alpha^{m-1} + h\alpha^{m-2}\dots + i\alpha + k = 0, \end{aligned} \right.$$

de laquelle on tire, par la différentiation,

$$\frac{d\beta}{d\alpha} = -\,\frac{b\beta^{m-1} + (d+2e\alpha)\beta^{m-2} + \dots + mf\alpha^{m-1} + (m-1)g\alpha^{m-2} + \dots + i}{m\beta^{m-1} + (m-1)(a+b\alpha)\beta^{m-2} + (m-2)(c+d\alpha+e\alpha^2)\beta^{m-3} + \dots};$$

substituant dans l'équation ci-dessus, il vient

$$\begin{aligned} & m\beta^m + mb\alpha\beta^{m-1} + me\alpha^2\beta^{m-2} + \dots \\ & \qquad + (m-1)a\beta^{m-1} + (m-2)c\beta^{m-2} + (m-1)d\beta^{m-2} + \dots + i\alpha = 0; \end{aligned}$$

multipliant enfin l'équation primitive (c) par m, et retranchant de cette équation celle qui précède, on retombera sur l'équation (b), ou

$$\alpha\beta^{m-1} + 2c\beta^{m-2} + d\alpha\beta^{m-2} + \dots + g\alpha^{m-1} + \dots + (m-1)i\alpha + mk = 0,$$

d'abord obtenue par la définition directe de la courbe comme lieu des points, tels que α, qu'on pourrait nommer les *contre-harmoniques* du pôle p des rayons vecteurs ou transversales de la proposée; le point α lui-même pouvant se nommer *point d'origine* des segments.

PROBLÈME. — *D'un point p donné sur le plan d'une courbe géométrique de degré quelconque m, mener graphiquement les tangentes à cette courbe.* On prendra les points d'origine ou centres contre-harmoniques α des intersections a, a',... (*fig.* 96), relative aux diverses sécantes pa, issues du point p considéré comme pôle; la courbe de degré $m-1$, que ces points α formeront, viendra rencontrer la proposée (m) précisément aux points de contact des tangentes cherchées. Malheureusement, sauf pour le 1er et le 2e degré, cette solution est à peu près inexécutable par des procédés graphiques.

Dans le cas d'une courbe du 3e degré, la polaire de contact dont il s'agit étant simplement une conique, on pourra se contenter d'en trouver cinq points quelconques au moyen de trois transversales arbitraires, et l'on construira le reste de la courbe par des procédés linéaires bien connus (t. **I**, p. 138).

Dans ce même cas, l'équation ci-dessus, propre à déterminer directement la position des deux points α, sur chaque transversale issue d'un point donné p, se réduit à celle-ci :

$$\mathrm{P}.\overline{p\alpha}^2 - 2\mathrm{Q}.\overline{p\alpha} + 3\mathrm{V} = 0,$$

dans laquelle

$$\mathrm{P} = pa + pa' + pa'', \quad \mathrm{Q} = pa.pa' + pa.pa'' + pa'.pa'',$$
$$\mathrm{V} = pa.pa'.pa'',$$

et d'où l'on tire immédiatement

$$p\alpha = \frac{\mathrm{Q} \pm \sqrt{\mathrm{Q}^2 - 3\,\mathrm{PV}}}{\mathrm{P}}.$$

p, a, a', a'' étant donnés par la courbe supposée décrite, toute la difficulté serait de trouver α géométriquement; chose ici très-facile, notamment quand le point p est à l'infini ou sur la courbe du 3ᵉ degré dont il s'agit, car la détermination de $p\alpha$ ne dépend plus alors que d'équations d'une forme et d'une construction très-simples.

Intersections de la courbe proposée avec la polaire de contact. — Voici comment on peut démontrer directement et géométriquement qu'en effet, quand la polaire, lieu des centres contre-harmoniques, coupe la proposée en un certain point, ce dernier est nécessairement un point de contact ou l'équivalent. Il suffit pour cela de prouver qu'en chacun de ces points l'équation de définition (a_1 ou a) est naturellement satisfaite. Prenant pour exemple la courbe géométrique du 3ᵉ degré, on mettra cette équation sous la forme

$$p\alpha\left[(p\alpha - pa)(p\alpha - pa') + (p\alpha - pa)(p\alpha - pa'') + (p\alpha - pa')(p\alpha - pa'')\right]$$
$$- 3(p\alpha - pa)(p\alpha - pa')(p\alpha - pa'') = 0,$$

et remarquant que, si a et a', par exemple, se confondent, ce qui suppose $pa' = pa$, l'équation ci-dessus acquiert le facteur $p\alpha - pa$ commun à tous ses termes, et que, par conséquent, si l'on égale ce facteur à zéro, on aura, par cela même, l'une des racines $p\alpha$ de l'équation, c'est-à-dire

$$p\alpha = pa = pa',$$

qui indique précisément que le point α s'est confondu avec a et a' sur une même branche ou sur deux branches distinctes de la courbe proposée.

Réciproquement, $p\alpha$ ne saurait être égal à pa ou pa', etc., sans que la sécante devienne tangente; car alors, en introduisant cette hypothèse dans l'équation ci-dessus, elle deviendra

$$pa\,(pa - pa')\,(pa - pa'') = 0,$$

qui ne peut être satisfaite qu'en faisant

$$\text{ou} \quad pa = pa' \quad \text{ou} \quad pa = pa'';$$

c'est-à-dire qu'alors la sécante pa touche nécessairement la courbe proposée aux points a et a' ou a et a'', respectivement confondus entre eux.

Propriété essentielle des deux courbes et de leurs dérivées polaires contre-harmoniques. — Laissant de côté l'examen intéressant de ce qui arrive quand le pôle ou point de convergence p des tangentes à la courbe donnée est à l'infini ou sur cette courbe même, je me contente de faire remarquer :

1° Que la polaire de contact dont on vient de s'occuper est le lieu des points α tels, qu'en les prenant respectivement pour origine des segments relatifs aux transversales qui y passent, ou, si l'on veut, pour pôles fixes de ces transversales, les axes de moyenne harmonique correspondants (théorème de Cotes) pivoteront autour du point de convergence p des tangentes comme pôle réciproque des points α ou centres contre-harmoniques de p; de sorte que toutes les droites qui passent par ce même point p, peuvent être considérées comme autant d'*axes de moyenne harmonique* ayant pour pôles respectifs, à l'égard de la courbe proposée *base des contacts*, les points α mêmes de la *courbe des contacts*.

2° Que, dans l'équation générale (a), d'abord obtenue et qui donne les valeurs $p\alpha$ répondant aux centres contre-harmoniques α, on a, en appelant α, α', α'' les points qui répondent aux $m - 1$ racines de cette équation,

$$\frac{(m-1)\,T}{P} = p\alpha \cdot p\alpha' \ldots p\alpha^{(m-3)} + p\alpha' \cdot p\alpha'' \ldots p\alpha^{(m-2)} + \ldots,$$

somme des produits $m - 2$ à $m - 2$ des $m - 1$ racines,

$$\frac{m\,V}{P} = p\alpha \cdot p\alpha' \cdot p\alpha'' \ldots p\alpha^{(m-2)},$$

le produit des mêmes racines ; d'où l'on tire généralement

$$\frac{(m-1)\,T}{m\,V} = \frac{1}{p\alpha} + \frac{1}{p\alpha'} + \frac{1}{p\alpha''} + \ldots + \frac{1}{p\alpha^{(m-2)}},$$

relation digne de remarque et dans laquelle

$$T = pa \cdot pa' \cdot pa'' \ldots pa^{(m-2)} + \ldots$$

est la somme des produits $m - 1$ à $m - 1$, tandis que

$$V = pa \cdot pa' \cdot pa'' \ldots pa^{(m-1)}$$

est le produit total ou complet des m segments relatifs aux intersections de la transversale $pa\alpha$ (*fig.* 96) avec la courbe proposée. Or, de là on conclut, par un rapprochement facile,

$$\frac{1}{m-1}\left(\frac{1}{p\alpha} + \frac{1}{p\alpha'} + \frac{1}{p\alpha''} + \ldots + \frac{1}{p\alpha^{(m-2)}}\right)$$
$$= \frac{1}{m}\left(\frac{1}{pa} + \frac{1}{pa'} + \frac{1}{pa''} + \ldots + \frac{1}{pa^{(m-1)}}\right);$$

c'est-à-dire que la moyenne harmonique des segments $p\alpha$, $p\alpha' \ldots$, $p\alpha^{(m-2)}$, en nombre $m - 1$, qui se rapportent à la courbe des contacts, est égale à la moyenne harmonique de ceux pa, $pa' \ldots$, $pa^{(m-1)}$ qui, sur la transversale commune issue du point p, correspondent à la courbe donnée de degré m. En d'autres termes, on peut dire que :

3° Relativement au point fixe p pris pour pivot des sécantes communes mobiles, la courbe proposée (m) et la ligne des contacts $m - 1$ ont *même axe de moyenne harmonique*. Et, comme il en est ainsi encore de la courbe de degré $m - 2$ dérivée de la précédente, et ainsi de suite, on voit que cet axe harmonique, commun à toutes les dérivées, n'est autre que la droite, c'est-à-dire l'axe harmonique même auquel se réduit en définitive la dernière des dérivées de degré $m - (m - 1) = 1$.

4° A chacun des points p du plan de la courbe proposée (m), pris pour pôle, correspond nécessairement un axe, mais un seul axe de moyenne harmonique selon la définition ci-dessus; donc réciproquement, à une droite quelconque donnée, considérée comme axe harmonique, correspond au moins un pôle conjugué p, par rapport à la courbe (m), pôle déterminable géométriquement et qui doit décrire une certaine courbe continue quand on assujettit l'axe harmonique conjugué à se mouvoir suivant une loi géométrique donnée, elle-même continue.

5° En particulier, il résulte des relations métriques ou de réciprocité qui lient la courbe des contacts ou des points α à la proposée et au pôle de concours p des tangentes, que les points générateurs α de cette courbe ont pour axes de moyennes harmoniques dans la proposée, des droites qui passent toutes par le pôle fixe p; propriété analogue à celle qui a lieu pour les coniques où la ligne des contacts est du 1er degré, et se nomme, comme on l'a vu, la *polaire* de p.

Plus généralement, l'enveloppe des axes harmoniques de (m), conjugués aux divers points d'une autre ligne quelconque de degré n, tracée sur son plan, est une dernière ligne du degré

$$n(m-1)[n(m-1)-1] = n^2(m-1)^2 - n(m-1),$$

qui s'abaisse au degré $(m-1)(m-2)$ quand $n = 1$; de sorte que si la droite correspondante à $n - 1$ passe à l'infini, les axes de moyenne harmonique étant devenus autant de diamètres de (m), suivant la définition de Newton, l'enveloppe dont il s'agit se réduit au degré $(m-1)(m-2)$, courbe à laquelle on ne peut mener que $m - 1$ tangentes seulement, d'un point arbitraire du plan, etc., etc.

On pourrait faire d'autres rapprochements curieux et non moins remarquables au moyen de l'équation (a); mais je m'arrête aux précédents, et termine par quelques remarques et réflexions essentielles.

Considérations diverses. — Supposons, entre autres, à l'infini le point ou pôle p, et construisons la courbe des points de contact relative à la proposée de degré m; faisons la même chose pour une autre direction quelconque de sécantes parallèles : si parmi les points en nombre $(m-1)^2$, où les deux courbes ainsi construites s'entrecoupent, il en est qui appartiennent à la proposée, ce seront des points singuliers très-remarquables, soit multiples, soit de rebroussement, conjugués, etc.

En effet, la courbe des contacts passe évidemment par ces points singuliers, et la limite $m(m-1)$ du nombre des tangentes possibles s'abaisse d'autant de fois 2 unités que les droites allant du point donné p aux différents points singuliers renferment de cordes nulles de la courbe (m). Quant aux points d'intersection en apparence étrangers à (m), ils n'en sont pas moins très-importants à étudier, et doivent, comme les points singuliers propres à cette courbe, être totalement indépendants de la direction attribuée aux sécantes parallèles, je veux dire à la position même des points p, sur la droite à l'infini du plan de la courbe (m).

Ces considérations, qui se rattachent à la théorie ordinaire des pôles et polaires des coniques, ont, d'autre part, une relation très-intime avec le peu que nous apprend jusqu'ici l'analyse infinitésimale relativement aux points singuliers des courbes, notamment aux points de multiple inflexion, de multiple rebroussement, etc., aux points d'extrême grandeur, servant de limites, de sommets à ces courbes dans des positions pour lesquelles les coefficients différentiels des ordonnées, des abscisses, ou de toute autre fonction déterminée de ces variables, deviennent plusieurs fois nulles, infinies, et prennent la forme algébrique de l'indétermination (*).

(*) *Voir* à la fin de ce volume (Cah. VI) l'extrait d'un article sur la *théorie des polaires réciproques*, imprimé en 1817 dans le *Journal Mathématique* de Gergonne, et où l'on trouvera l'empreinte de quelques-unes de ces idées, de celles surtout qui concernent la polaire des contacts, lieu des *centres contre-harmoniques*, mais envisagée sous un aspect purement analytique à la manière de l'époque; attendu que, à propos de la solution accidentelle des problèmes proposés dans les *Annales de Montpellier*, je

Voici les énoncés de quelques autres propositions relatives aux propriétés des axes et des centres de moyenne harmonique et qui dérivent immédiatement de celles qui précèdent.

Fragments résumés relatifs aux centres, aux axes et plans de moyenne distance ou de moyenne harmonique des courbes et des surfaces.

I. *Définitions.* — Si l'on prend pour base d'un faisceau de lignes droites convergeant en un même point s (*fig.* 95, p. 142), considéré comme sommet ou centre de projection d'un système de points a, b, c,... en nombre m, rangés sur une même droite, et pour lesquels le point k est un *centre de moyenne harmonique* ou de réciproques de segments relativement à un point O de la même droite, pris pour origine de ces segments, on formera un *faisceau harmonique* ou *harmonical* (mot adopté par de La Hire pour les coniques), dans lequel les projetantes sk et sO sont respectivement ce que je nomme les *axes de moyenne et d'origines harmoniques* du faisceau, axes qui jouissent de la propriété d'être coupés par une transversale rectiligne arbitraire, en un nouveau système de points harmoniques, analogue au système primitif des points de base.

Nota. — Lorsque l'axe des origines harmoniques est donné à priori, celui des centres ou moyennes harmoniques s'en déduit par des constructions linéaires, dépendantes uniquement de la *Géométrie de la règle.* Dans l'hypothèse inverse, la détermination de l'axe des origines dépend de la résolution d'une équation de degré $m - 1$ ou du tracé d'une courbe de ce degré, ayant un point multiple de l'ordre $m - 2$, elle-même constructible linéairement par points isolés et successifs (*).

II. *Théorème.* — Si, pour une courbe de degré quelconque m (*fig.* 98), on détermine l'*axe de moyenne harmonique* pq du faisceau des tangentes à cette courbe, issues d'un point quelconque p d'une droite arbitraire oo',

---

ne voulais point entamer l'exposé de théories que je me proposais d'approfondir et de publier lorsque des circonstances m'en offriraient la possibilité matérielle et l'occasion propice; le peu que j'ai dit dans ce même article, des polaires réciproques et de la courbe des contacts, a d'ailleurs suffi pour mettre sur la voie, neuf années après, d'autres savants moins empêchés, ou plus favorisés que moi (t. XVI, XVII et XVIII des mêmes *Annales*).

(*) *Voir* la démonstration de ces propositions dans le tome VIII du *Journal de Crelle* (p. 51, 117, 213, 370), qui contient la première partie du Mémoire déjà cité sur l'*Analyse des transversales*, présenté en septembre 1830 à l'Institut, et auquel les recherches de ce II⁰ Cahier ont servi de point de départ et d'appui.

située dans son plan et prise pour *axe fixe des origines harmoniques* du faisceau, le premier de ces deux axes, mobile avec le point p de con-

Fig. 98.

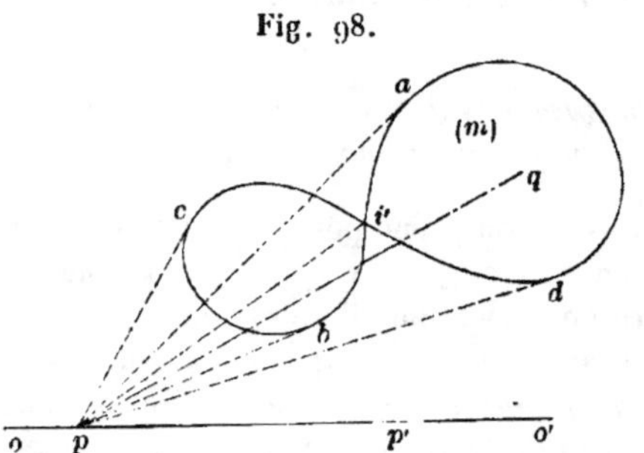

vergence des tangentes, ira concourir, dans toutes ses positions, en un point q, fixe comme la courbe (m) et le second des axes dont il s'agit.

III. *Théorème.* — Si, d'un autre point quelconque p' de l'axe des origines oo', on mène des rayons ou projetantes vers les points de contact a, b, c,... des tangentes ci-dessus, elles formeront un nouveau faisceau dont l'axe des moyennes harmoniques, conjugué à l'axe fixe oo', coïncidera avec l'axe pareil des tangentes issues de p', et pivotera, par conséquent, aussi sur le pôle immobile q, lequel, pour ce motif et d'autres encore, peut être nommé le *centre harmonique* général de la courbe géométrique (m), relativement à la droite invariable oo'.

IV. *Théorème.* — Si l'on fait pivoter, à son tour, l'axe des origines harmoniques oo' autour d'un point fixe quelconque p de sa direction, le centre q des moyennes harmoniques changera, mais les points de contact a, b, c,..., des tangentes issues de p restant immobiles, ce centre q décrira la courbe même des contacts conjuguée à p, et dont, comme on l'a vu, le degré est généralement $m - 1$.

Remarque. — Les théorèmes ci-dessus s'étendent, sans aucune difficulté, aux courbes à double courbure et aux surfaces géométriques situées dans l'espace, en observant que nos définitions (I) s'étendent elles-mêmes au faisceau de m plans qui ont une droite commune de convergence en s (*fig.* 95), et seraient coupés par un plan fixe OkA des origines contre-harmoniques. Ainsi notamment :

V. *Théorème.* — La *fig.* 98, représentant une courbe à double courbure ou une surface géométrique de degré quelconque m, figure dans laquelle oo' représente également un plan arbitraire pris pour *plan des origines harmoniques*, et le point p une droite quelconque située dans ce plan, de laquelle partent les $m - 1$ plans pa, pb, pc,... tangents à la courbe ou surface (m); enfin pq représentant le plan des moyennes harmoniques de ce faisceau de plans tangents, par rapport au plan des origines oo', tous ces plans pq et leurs analogues passeront par un point unique q de l'espace, que l'on peut encore nommer le *centre général et unique de moyennes harmoniques* de la courbe ou de la surface proposée relativement au plan oo'.

Nota. — Des théorèmes analogues ont lieu quand on substitue aux faisceaux de plans tangents, les cônes enveloppes d'une courbe ou d'une surface, issus de chacun des points d'un plan d'origine oo', et l'on entrevoit, à priori, que leur système possède, relativement à un axe ou à un plan donné d'origines harmoniques, une infinité de diamètres ou d'axes harmoniques qui viennent tous converger en un centre commun et unique de moyennes harmoniques, jouissant de propriétés entièrement analogues à celles des pôles, polaires et plans polaires des courbes et des surfaces du second degré. Ces propriétés se convertissent en d'autres relatives aux centres, axes, diamètres et plans diamétraux-ordinaires ou de moyennes distances, quand les points, les droites, ou les plans d'origines harmoniques sont censés à l'infini; et comme, dans ce cas, les propositions diverses qui viennent d'être indiquées sont d'une démonstration facile, elles peuvent, au moyen de nos principes de projection centrale et de continuité, servir de points de départ à l'étude des propriétés les plus générales, qu'il convient d'ailleurs de faire précéder des théorèmes analogues relatifs au cas, plus élémentaire encore, où les courbes et les surfaces géométriques dont il s'agit se réduisent simplement à des systèmes de points, de droites ou de plans donnés quelconques, etc. (*).

ADDITION AU IIe CAHIER, PAR M. MANNHEIM (MARS 1863).

Déterminer l'expression du rapport des rayons de courbure en deux points quelconques d'une courbe du 3e ordre.

Coupons la courbe du 3e ordre par un triangle ABC (*fig.* 99).
En vertu du théorème de Carnot, on a la relation

$$(1) \quad \begin{cases} \mathrm{A}a.\mathrm{A}a'.\mathrm{A}a''.\mathrm{B}b.\mathrm{B}b'.\mathrm{B}b''.\mathrm{C}c.\mathrm{C}c'.\mathrm{C}c'' \\ = \mathrm{A}c.\mathrm{A}c'.\mathrm{A}c''.\mathrm{C}b.\mathrm{C}b'.\mathrm{C}b''.\mathrm{B}a.\mathrm{B}a'.\mathrm{B}a'', \end{cases}$$

(*) C'est ce que j'ai fait dans le *Mémoire sur les centres de moyennes harmoniques*, présenté en mars 1824 à l'Institut de France, et postérieurement imprimé dans le tome III, p. 213, du *Journal Mathématique de Crelle*.

que l'on peut écrire

$$(2)\quad Aa.Aa'.Aa''.Bb.Bb''\frac{Cc.Cc'}{Cb''}Cc'' = Ac.Ac'.Ac''.Cb.Cb'.Ba\frac{Ba'.Ba''}{Bb'}.$$

Décrivons une circonférence passant par les points a', a'', b', et désignons par Q le point où elle coupe le côté BC; désignons de même par

Fig. 99.

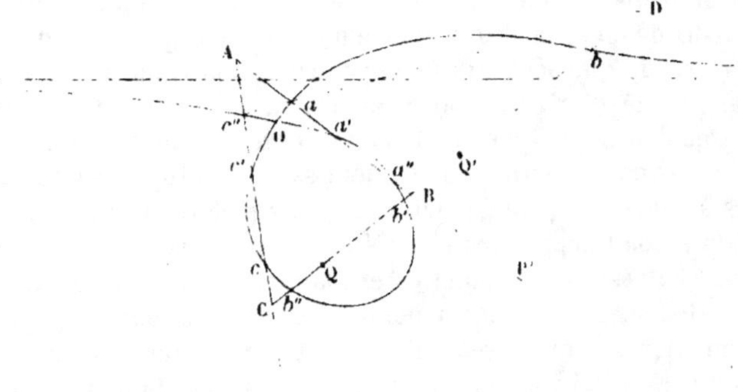

Q' le point d'intersection du même côté BC avec une circonférence contenant les trois points c', c, b''. On a alors

$$BQ = \frac{Ba'.Ba''}{Bb'}, \quad CQ' = \frac{Cc.Cc'}{Cb''}.$$

Introduisant BQ et CQ' dans la relation (2), il vient

$$(3)\quad Aa.Aa'.Aa''.Bb.Bb''.CQ'.Cc'' = Ac.Ac'.Ac''.Cb.Cb'.Ba.BQ.$$

Nous allons transformer cette relation de manière à faire disparaître quelques-uns des segments qui ne sont pas comptés sur le côté BC. Pour cela considérons le triangle ABC coupé par la transversale $c''aD$; on a

$$Aa.BD.Cc'' = Ac''.CD.Ba,$$

d'où

$$\frac{Aa.Cc''}{Ac''.Ba} = \frac{CD}{BD};$$

substituant dans la relation (3), il vient

$$(4)\quad CD.Aa'.Aa''.Bb.Bb''.CQ' = Ac.Ac'.BD.Cb.Cb'.BQ.$$

Supposons actuellement qu'on déforme le triangle ABC de manière que a', a'' et b' se confondent en un seul point B de la courbe, et que c', c

et b'' se confondent de même en un point C de la courbe ; le côté AB devient alors la tangente dont le point de contact est B, AC la tangente en C et les deux circonférences $a'a''b'Q$ et $c'cb''Q'$ deviennent les cercles osculateurs en B et C (*).

La relation (4), en supprimant les facteurs Cb' et Bb'' qui deviennent égaux, donne alors

$$(5) \qquad CD.\overline{AB}^2.Bb.CQ' = \overline{AC}^2.BD.Cb.BQ.$$

Désignons par ρ le rayon de courbure de la courbe en B et ρ' le rayon de courbure en C :

$$BQ = 2\rho.\sin ABC, \quad CQ' = 2\rho'.\sin BCA,$$

d'où

$$\frac{BQ}{CQ'} = \frac{\rho}{\rho'} \times \frac{\sin ABC}{\sin BCA} = \frac{\rho}{\rho'} \cdot \frac{AC}{AB}.$$

Portant cette valeur dans la relation (4), on en tire

$$(6) \qquad \frac{\rho}{\rho'} = \frac{\overline{AB}^3.CD.Bb}{\overline{AC}^3.BD.Cb}.$$

Telle est l'expression cherchée : elle ne contient que les tangentes à la courbe issues des points B et C et limitées à leur point de rencontre A, et des segments comptés sur la ligne qui joint les deux points B et C.

La marche que nous venons de suivre s'applique à une courbe de degré quelconque. Dans le cas d'une conique on retrouve une relation connue que l'on peut du reste déduire de (6). En effet, si notre courbe du 3e ordre se décompose en une droite et une conique, les points D et b se confondent en un seul, et il vient simplement

$$\frac{\rho}{\rho'} = \frac{\overline{AB}^3}{\overline{AC}^3}.$$

De là le théorème connu : *Les rayons de courbure en deux points quelconques d'une conique sont entre eux comme les cubes des tangentes issues de ces points et limitées à leur point de rencontre.*

Les courbes du 3e ordre donnent lieu au même rapport lorsque les points B et C sont sur une droite passant par un point d'inflexion.

______

(*) Nous ne ferons pas une nouvelle figure. Il est facile de supposer que le triangle ABC a ses côtés tangents en B et C à la courbe donnée. Q et Q' représentent alors les points d'intersection avec le côté BC des cercles osculateurs à la courbe en B et C.

Lorsque les points B et C viennent se confondre au point double O de la courbe, la relation (6) paraît illusoire.

On peut pourtant en tirer l'expression du rapport des rayons de courbure des deux branches passant au point double; mais il est plus simple d'opérer directement cette recherche. C'est ce que nous allons faire.

Reprenons la relation (1) et écrivons-la de la manière suivante :

$$(7) \qquad \frac{\mathrm{A}a'.\mathrm{A}a''}{\mathrm{A}c''}\,\mathrm{B}b.\mathrm{B}b'.\mathrm{B}b''.\mathrm{C}c.\mathrm{C}c'.\mathrm{C}c'' = \frac{\mathrm{A}c\,\mathrm{A}c'}{\mathrm{A}a}\,\mathrm{C}b.\mathrm{C}b'.\mathrm{C}b''.\mathrm{B}a.\mathrm{B}a'.\mathrm{B}a''.$$

Décrivons une circonférence passant par les points c, c', a et désignons par P′ le point où elle coupe le côté AB; désignons de même par P le point d'intersection du côté AC avec une circonférence contenant les points c'', a', a''. On a

$$\frac{\mathrm{A}a'.\mathrm{A}a''}{\mathrm{A}c''} = \mathrm{AP}, \qquad \frac{\mathrm{A}c.\mathrm{A}c'}{\mathrm{A}a} = \mathrm{AP}'.$$

Introduisant AP et AP′ dans la relation (7), il vient

$$(8) \qquad \mathrm{AP}.\mathrm{B}b.\mathrm{B}b'.\mathrm{B}b''.\mathrm{C}c.\mathrm{C}c'.\mathrm{C}c'' = \mathrm{AP}'.\mathrm{C}b.\mathrm{C}b'.\mathrm{C}b''.\mathrm{B}a.\mathrm{B}a'.\mathrm{B}a''.$$

Supposons que le triangle ABC soit déformé de manière que c'', a', a'' soient confondus en un seul point O et que a, c', C soient aussi le même point O ; les côtés AB et AC sont alors les tangentes en O aux deux branches de la courbe, et les circonférences $c''a'a''$ et $ac'c$ sont osculatrices de la courbe en O (*).

La relation (8) devient

$$(9) \qquad \mathrm{OP}.\mathrm{B}b.\mathrm{B}b'.\mathrm{B}b''.\overline{\mathrm{CO}}^3 = \mathrm{OP}'.\mathrm{C}b.\mathrm{C}b'.\mathrm{C}b''.\overline{\mathrm{BO}}^3.$$

Désignons par ρ le rayon de courbure de la branche $c''a'a''$ et par ρ' le rayon de courbure au même point de l'autre branche ; on a

$$\mathrm{OP} = 2\rho\sin\mathrm{COB}, \quad \mathrm{OP}' = 2\rho'\sin\mathrm{COB},$$

d'où

$$\frac{\mathrm{OP}}{\mathrm{OP}'} = \frac{\rho}{\rho'}.$$

Portant cette valeur dans la relation (9), on en tire

$$(10) \qquad \frac{\rho}{\rho'} = \frac{\overline{\mathrm{OB}}^3.\mathrm{C}b.\mathrm{C}b'.\mathrm{C}b''}{\overline{\mathrm{OC}}^3.\mathrm{B}b.\mathrm{B}b'.\mathrm{B}b''}.$$

(*) Nous ne ferons pas une nouvelle figure. P et P′ représentent maintenant les intersections des côtés OC et OB avec les cercles osculateurs de la courbe en O.

On peut écrire cette expression sous une autre forme : joignons O aux points b, b', b''; appelons β, β', β'' les angles de ces droites avec OB, et γ, γ', γ'' les angles que font les mêmes droites avec OC. Il est facile de voir qu'on a alors

$$(11) \qquad \frac{\rho}{\rho'} = \frac{\sin\gamma.\sin\gamma'.\sin\gamma''}{\sin\beta.\sin\beta'.\sin\beta''}.$$

Lorsque la droite BC est tout entière à l'infini, cette formule subsiste et l'on a le rapport des rayons de courbure au point double en fonction des sinus des angles que font les tangentes en ce point avec les directions asymptotiques. On peut du reste donner à ce rapport des formes très-diverses.

Lorsqu'une courbe du 3ᵉ ordre est à la fois inscrite et circonscrite à un triangle ABC, *le produit des rayons de courbure correspondant aux sommets* A, B, C *est égal au cube du rayon du cercle circonscrit au triangle* ABC.

Considérons (*fig.* 100) un triangle ABC et une courbe du 3ᵉ ordre.

Fig. 100.

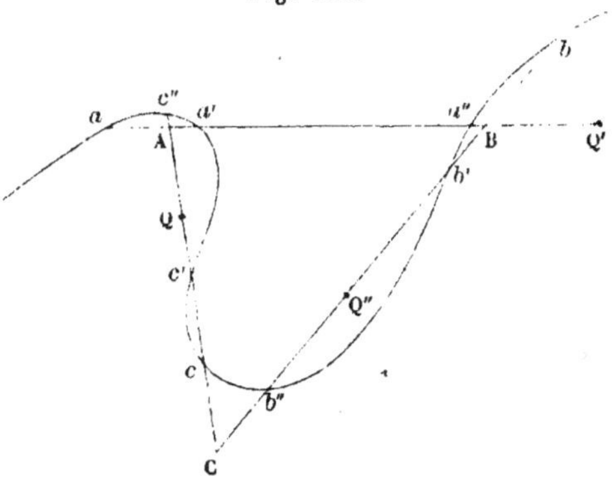

Le théorème de Carnot nous donne une relation que nous écrivons tout de suite ainsi :

$$(1) \qquad \frac{\mathrm{A}a.\mathrm{A}a'}{\mathrm{A}c''} \times \frac{\mathrm{B}b.\mathrm{B}b'}{\mathrm{B}a''} \times \frac{\mathrm{C}c.\mathrm{C}c'}{\mathrm{C}b''} = \frac{\mathrm{A}b'.\mathrm{A}c.\mathrm{C}b'.\mathrm{C}b.\mathrm{B}a'.\mathrm{B}a}{\mathrm{A}a''.\mathrm{B}b''.\mathrm{C}c''}.$$

Par les points a, c'', a' faisons passer une circonférence qui coupe AC en Q; de même la circonférence qui contient b', a'', b coupe AB en Q' et la circonférence qui contient b'', c, c', coupe CB en Q''. On a

$$\mathrm{AQ} = \frac{\mathrm{A}a.\mathrm{A}a'}{\mathrm{A}c''}, \quad \mathrm{BQ}' = \frac{\mathrm{B}b.\mathrm{B}b'}{\mathrm{B}a''}, \quad \mathrm{CQ}'' = \frac{\mathrm{C}c.\mathrm{C}c'}{\mathrm{C}b''}.$$

Introduisant AQ, BQ′, CQ″ dans la relation (1), il vient

$$(2) \qquad AQ \times BQ' \times CQ'' = \frac{Ac'.Ac.Cb'.Cb.Ba'.Ba}{Aa''.Bb''.Cc''}.$$

Supposons maintenant que le triangle ABC soit à la fois inscrit et circonscrit, nos circonférences sont alors osculatrices. En désignant toujours par Q, Q′, Q″ les points de rencontre de ces circonférences avec les côtés du triangle et supprimant les facteurs communs, la relation (2) devient

$$(3) \qquad AQ \times BQ' \times CQ'' = AB \times BC \times CA.$$

Appelons ρ, ρ'. ρ'' les rayons de courbure correspondant aux sommets A, B, C. et R le rayon du cercle circonscrit au triangle ABC :

$$AQ = 2\rho\sin A, \quad BQ' = 2\rho'\sin B, \quad CQ'' = 2\rho''\sin C.$$

On a donc

$$8\rho\rho'\rho''\sin A.\sin B.\sin C = AB.BC.CA.$$

d'où

$$\rho.\rho'.\rho'' = \frac{BC \times CA \times AB}{8\sin A.\sin B.\sin C} = R^3.$$

TROISIÈME CAHIER.

SUR LA LOI DES SIGNES DE POSITION EN GÉOMÉTRIE, LA LOI ET LE PRINCIPE DE CONTINUITÉ (*).

En employant transitoirement dans ce qui suit, avec M. Carnot (*Géométrie de position*), les mots de *corrélation, corrélatif,* ainsi que ceux de *direct* et *inverse* proposés, en 1799, par de Velay, de Genève (*Introduction à l'Algèbre*), pour indiquer un certain état de correspondance entre des figures analo-

---

(*) J'ai supprimé de ce Cahier, sauf quelques indications et explications indispensables, les quarante premières pages manuscrites, qui concernaient l'examen critique des objections soulevées par Carnot, dans sa *Géométrie de position*, contre l'interprétation et l'emploi de la règle des signes jusque-là admis dans les applications de l'Algèbre à la Géométrie ; car cet examen prématuré, ces réfutations à priori, datées de l'hiver de 1815 à 1816, sont en majeure partie, reproduites et mises à leur véritable place dans le cours de ce IIIe Cahier et du suivant, où se trouve exposée, justifiée, d'une manière plus approfondie et plus philosophique, l'admission du *Principe de continuité*, tel que je l'ai entendu et indiqué dès le premier volume de ces *Applications*.

Dans ses nombreux tableaux de corrélation des figures, généralement complexes et assujetties à un même mode de description ou de génération continue, Carnot épuise, en quelque sorte, tous les cas, toutes les situations, à la manière des Anciens ; il suppose implicitement la permanence des relations métriques, la loi des signes de position, mais il ne les démontre pas, et, en cela même, il s'écarte de la marche toujours logique d'Euclide, d'Archimède et d'Apollonius, se rapprochant ainsi de l'idée, toute moderne et algébrique, qu'on attache au mot de *fonction ;* mot qui implique en lui-même, cette permanence ou principe de continuité, bien qu'on en ait, contradictoirement et sans motifs plausibles, reproché l'emploi au moins tacite, dans certains raisonnements, certaines démonstrations de la *Géométrie* de Monge, comme j'en ai déjà fait la remarque en plusieurs endroits du précédent volume.

Cette antinomie dans les idées, et les épineuses objections adressées par d'Alembert et Carnot à l'ancienne loi des signes de position, expliquent

gues, *dérivées* ou non de la même source, du même *type primitif*, nous aurons soin d'en indiquer nettement l'acception dans chaque cas.

Nous admettrons, à priori, l'hypothèse de la continuité sans la discuter ni l'approfondir à l'avance, aussi bien que les règles anciennes et indiscutables du calcul algébrique, fondées sur le rapprochement, l'analogie logique des idées ou des résultats antérieurement acquis, et non pas simplement sur des conventions à priori et arbitraires, telles qu'on en adopte trop souvent en faveur des élèves paresseux de l'esprit. Au contraire, nous repousserons comme vaines et dangereuses toute idée préconçue, toute interprétation à priori des quantités isolées, *positives*, *négatives* et *imaginaires*, quelque séduisante qu'elle puisse paraître.

Ainsi nous n'adopterons nullement, avec certains métaphysiciens algébristes, les soi-disant *êtres de raison* détachés de leurs attributs concrets et des signes de représentation géométrique, algorithmique ou figuratifs en langage convenu et exactement défini. Pour nous, qui admettons la génération continue des grandeurs simples, fussent-elles isolées, nous aurons

---

pourquoi ses théories ont été froidement accueillies par les géomètres, et comment, malgré ma profonde admiration pour ce grand homme, profitant des loisirs que m'avaient imposés les événements à dater de la fin de 1815, j'ai été conduit, par une pente irrésistible de mon esprit et pendant même le douloureux exil de l'illustre auteur, à combattre dans le silence du cabinet, les doutes et, à certains égards, les doctrines philosophiques de la *Géométrie de position*; toutefois, avec la volonté expresse d'ajourner toute rédaction définitive, toute publication officielle de mes idées jusqu'à une époque moins défavorable à beaucoup d'égards; n'ayant en principe d'autre but que d'affermir par de sévères et consciencieuses études, ma route vers des recherches plus positives, moins discutables dans les résultats et, en quelque sorte, plus matériellement utiles.

Aujourd'hui, après quarante-huit ans écoulés, je me borne, comme pour les précédents Cahiers, à transcrire le texte manuscrit, sans rien changer d'essentiel dans l'ordre ni la nature des idées, en un mot sans en altérer la pensée fondamentale, mais en supprimant cependant de cet ancien texte, les exemples trop multipliés, les développements surperflus pour beaucoup de lecteurs, et en m'abstenant même d'y introduire aucune des réflexions critiques que pourraient suggérer quelques écrits postérieurs, touchant la théorie géométrique des signes de position.

plus spécialement à considérer le double mode de cette génération dans le sens *progressif* ou *rétrograde, positif* ou *négatif* (additif ou soustractif), à compter d'une origine commune, exactement indiquée et définie. Mais, afin de procéder du simple au composé, nous débuterons par examiner, dans leur état en quelque sorte rudimentaire, les objets de la Géométrie pure pour en déduire des règles certaines, relatives aux conditions sous lesquelles a lieu l'entière concordance entre la loi des signes algébriques et la situation relative des grandeurs figurées, telles qu'on en rencontre dans la Théorie des transversales, la Trigonométrie, l'Analyse des coordonnées, etc.

Relations génétiques entre les distances, les angles et les aires relatives aux figures élémentaires de la Géométrie.

1. De toutes les relations que la Géométrie envisage, les plus simples sont, sans contredit, celles qui appartiennent aux distances respectives d'un système de points rangés sur une même ligne droite; viennent ensuite celles qui concernent la grandeur des angles formés autour d'un même point ou sommet et les arcs qui les mesurent dans un cercle ayant pour centre ce point. Les relations de position et de grandeur, c'est-à-dire *descriptives* et *métriques* qui lient entre eux ces différents objets, ont, comme on sait, la dépendance la plus intime, et peuvent être comparées, étudiées séparément ou simultanément, ainsi qu'on le verra ci-après.

2. Soit, en premier lieu, **AB** (*fig.* 101) la droite indéfinie qui renferme les points à examiner.

Supposons que, de chacun des points *a, b, c,...* de cette

Fig. 101.

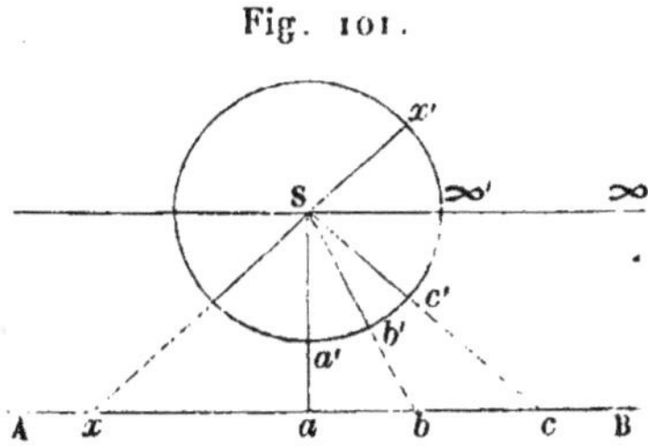

droite, on mène à un point extérieur quelconque *s*, d'autres lignes droites telles que *sa*, *sb*, *sc*,..., et que les angles que ces dernières forment entre elles soient, ainsi que les distances mutuelles des points *a*, *b*, *c*..., à examiner simultanément. Décrivons enfin, de *s* comme centre, une circonférence de cercle quelconque dans le plan qui contient à la fois **AB** et ce point, sorte de *pôle* ou de *centre de projection* de la droite **AB** et des points, des distances qu'elle renferme. Les droites *rayonnantes* ou *projetantes sa*, *sb*, *sc*,..., nommées aussi *rayons vecteurs* dans certaines circonstances, viendront déterminer sur ce cercle, de nouveaux points *a′*, *b′*, *c′*,... correspondant aux premiers *a*, *b*, *c*,..., et fournissant, par leurs *distances circulaires et mutuelles*, c'est-à-dire par les arcs qui les séparent, la mesure respective des angles au centre soustendus, formés par les droites rayonnantes.

Cela posé, admettons qu'il existe une relation quelconque de position et de grandeur, entre les distances mutuelles des points *a*, *b*, *c*,... ; il en existera nécessairement d'analogues entre les arcs et les angles correspondants, sinon quant à la mesure effective et absolue, du moins quant à la disposition, à la situation relative des parties. Ainsi les systèmes de points, de droites, de distances, d'arcs et d'angles considérés auront entre eux la correspondance ou *corrélation* la plus intime, bien qu'envisagés isolément, ils puissent comporter toute l'indépendance et la généralité possibles.

3. Ce rapprochement entre les arcs de cercle, les angles et les distances rectilignes, est d'autant plus naturel que, à proprement parler, on ne saurait fixer graphiquement la position d'un point sur une ligne droite ou courbe, qu'en assignant une autre ligne continue qui renferme ce point, et que, à son tour, on ne saurait fixer la direction indéfinie de cette ligne auxiliaire, si elle est droite, qu'autant qu'on connaisse un point fixe *s* par où elle passe, et l'angle qu'elle fait avec une autre droite également fixe déjà connue et passant aussi par ce point. Tel serait, par exemple, l'*axe* arbitraire, *sa′a*.

4. Le système le plus simple est celui où l'on ne considère que deux points *a* et *b*, ou une seule distance *ab* sur la droite indéfinie **AB** : distance *absolue*, *constante*, si l'on suppose *a* et *b* fixes, mais variable si ces points changent de position

sur **AB**, l'un par rapport à l'autre, soit en s'écartant, soit en
se rapprochant entre eux d'un mouvement essentiellement
continu. Or, de cette supposition découlent toutes les notions
géométriques concernant la *mobilité* ou déplacement relatif
des points et la génération des distances mutuelles ou des
chemins parcourus.

Tant qu'on ne considère qu'une seule distance ab, un seul
angle asb, ou un seul arc $a'b'$, ces grandeurs sont, à proprement parler, des quantités absolues et abstraites, susceptibles
de croître et de décroître depuis zéro jusqu'à l'infini, représentés par les indices o et $\frac{1}{o}$ ou ∞. Mais, quand on veut
considérer à la fois la grandeur et la position relative, il se
forme dans l'esprit une conception nouvelle, consistant en ce
que la distance, l'arc et l'angle dont il s'agit, peuvent avoir
une position contraire par rapport à l'extrémité fixe d'où ils
se mesurent, soit en deçà, soit au delà, soit à gauche, soit à
droite de cette même extrémité. Si l'on n'en connaissait que
la mesure absolue, il y aurait indétermination; il faudrait de
toute nécessité, dans l'indécision où l'on serait à l'égard de
leur position effective, les supposer indistinctement à droite
ou à gauche, etc. De là aussi utilité manifeste d'indiquer le
sens par un signe mnémonique attribué à chaque grandeur,
outre son mode propre de génération continue; d'autant plus
que, par exemple, deux distances ou chemins *inverses* (opposés de sens) ne comportent pas nécessairement, ainsi qu'on
en aura plus tard la preuve, des signes algébriques contraires,
s'ils ne dérivent point d'un seul et même mode de génération
continue.

5. D'autre part, pour construire une longueur donnée avec
une ouverture de compas fixe ou par un tracé continu, il y a
lieu de s'enquérir de celle des extrémités a ou b qui doit servir de point d'appui, de départ ou d'*origine*, ainsi que du sens
attribué à la génération. Enfin si, au lieu d'être donnée de
grandeur et de direction, la distance ab est supposée variable
sur la ligne droite indéfinie **AB**, suivant une loi quelconque, il
y a lieu de s'enquérir, non-seulement de sa *direction* par rapport au point fixe ou d'origine a, mais aussi du sens direct ou

inverse qu'il convient d'attribuer au mouvement de l'extrémité b; sens impossible à fixer à priori, c'est-à-dire abstraction faite de la connaissance des lois de la figure géométrique
ou du système variable auquel ce point appartient.

6. Algébriquement parlant, une grandeur continue quelconque ne peut changer de signe qu'en passant par zéro ou
son *réciproque* l'infini absolu; mais elle n'en change pas nécessairement, et cela arrive aussi bien en Géométrie quand zéro et
l'infini sont des limites infranchissables au delà desquelles la
grandeur devient impossible, *imaginaire*.

En particulier, ces remarques sont applicables à la distance
variable ab (*fig.* 101) dont a serait l'origine fixe, ainsi qu'aux
sécantes, aux projetantes sa, sb et aux aires triangulaires sab,
$sa'b'$ qui s'y appuient; mais elles cessent de l'être pour les arcs
$a'b'$ et les angles correspondants asb', qui ne deviennent point
infinis avec ab, ni par conséquent négatifs ou inverses de
sens, comme cela arrive entre autres pour la sécante sb, à
l'égard de l'origine fixe s, quand cette sécante prend la position $s\infty$, parallèle à AB.

*Loi des signes de position, relative aux points rangés sur une
ligne droite, une circonférence de cercle, etc.*

Ces définitions et notions premières étant admises, passons
à l'examen du système de trois points en ligne droite; en
vertu du rapprochement que la *fig.* 101 établit entre les distances linéaires, les arcs et les angles, ce que nous dirons
des uns pourra s'appliquer immédiatement aux autres; c'est
pourquoi, dans ce qui suit, je me bornerai à considérer les
distances linéaires seules, mais on devra se rappeler que les
mêmes choses s'appliquent aux arcs et aux angles.

7. Soient donc a, b, c (*fig.* 102) trois points donnés sur la
droite indéfinie AB; l'on aura évidemment, pour le cas où b
est entre a et c, en cheminant de la gauche vers la droite,
c'est-à-dire dans l'ordre

$$(abc), \quad ac = ab + bc.$$

Or cette relation intuitive aura lieu tant que b sera entre a

et c, quelles que soient d'ailleurs les distances qui séparent ces points; c'est-à-dire tant que a, b, c n'auront pas changé de position entre eux, ou, si l'on veut encore, tant qu'aucune de leurs distances mutuelles ne sera devenue inverse, rétrograde par rapport au sens et à l'ordre primitifs.

Il en sera de même évidemment de toutes les autres relations dérivées de la première, soit géométriquement, soit algébriquement, par exemple de celles-ci,

$$ab = ac - bc, \quad \overline{ac}^2 = \overline{ab}^2 + \overline{bc}^2 + 2\,ab\,.\,bc,$$
$$\overline{ab}^2 = \overline{ac}^2 + \overline{bc}^2 - 2\,ac\,.\,bc,\ \text{etc., etc;}$$

car elles en sont des transformations exactes et rigoureuses : toutes ces relations demeurent immédiatement applicables, sans aucun changement de signe, à l'état supposé du système.

8. Mais la même chose n'a plus lieu dès l'instant où la disposition réciproque des points vient à changer, par suite du déplacement d'un ou de plusieurs d'entre eux; c'est-à-dire dès l'instant où l'une quelconque des distances ab, ac, bc devient inverse ou rétrograde par rapport à l'origine d'où elle se mesure, en allant toujours de la gauche vers la droite selon notre hypothèse invariable.

En effet, si le point b, par exemple (*fig.* 102.), s'est trans-

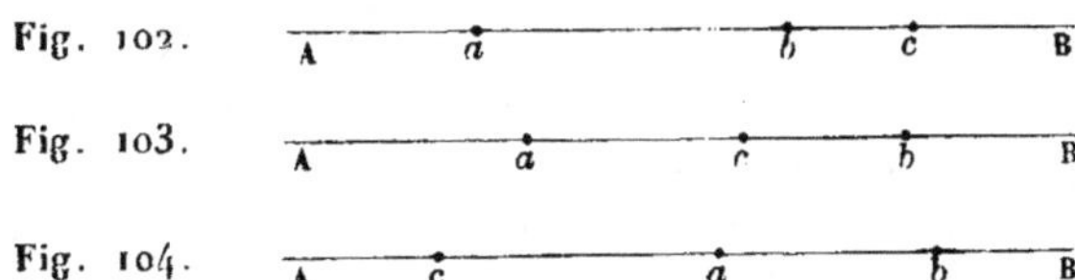

porté (*fig.* 103), d'un mouvement continu quelconque, de la gauche à la droite de c, la distance bc ayant changé de sens, on aura (*fig.* 102), dans l'ordre

$$(acb), \quad ac = ab - bc;$$

relation caractéristique qui ne diffère de $ac = ab + bc$, qu'en ce que bc a pris un signe contraire à celui qu'il avait primitivement, c'est-à-dire est devenu négatif en même temps qu'inverse en passant par zéro. Or, il en sera évidemment ainsi de toutes les autres relations métriques qu'on pourra déduire de celle-là algébriquement, et qui correspondront, chacune à chacune, aux premières de la combinaison (abc) appartenant à la *fig.* 102; elles ne différeront toutes, de leurs *corrélatives*, que par le changement de signe de bc.

Si donc on voulait rendre applicables à la seconde situation (acb) des points a, b et c, les relations trouvées pour la première (abc), il suffirait de changer bc en $-bc$ dans la relation primitive et dans toutes ses dérivées.

Désormais nous cesserons, pour la simplicité, de distinguer les relations dérivées de la relation primitive, parce qu'elles sont des conséquences rigoureuses de celle-ci, algébriquement ou géométriquement parlant.

9. Considérons maintenant la troisième et dernière disposition distincte que peuvent prendre les points a, b, c, par exemple celle où le point c, de la droite **AB**, passe en **rétrogradant** à gauche du point a. On a alors (*fig.* 104), dans l'ordre

$$(cab), \quad ac = bc - ab,$$

ou, algébriquement,

$$- ac = ab - bc;$$

relation qui fait voir que, par suite du déplacement du point c de la *fig.* 102 à la *fig.* 104, ac et bc ont changé à la fois de signe, de même que les distances qu'elles représentent, devenues inverses, ont changé de sens relativement à l'ordre primitif des points ou des lettres.

Si donc l'on veut rendre applicable à la dernière de ces figures les relations diverses trouvées pour la première, il suffira d'y changer les signes des deux distances bc et ac, devenues (*fig.* 102) cb et ca dans l'ordre rétrograde.

D'ailleurs, ces diverses relations et leurs dérivées algébriques auront lieu pour toutes les grandeurs des lignes qui y entrent et qui, rapportées à la même unité de mesure, pourraient être représentées par des lettres quelconques, à la manière de Viète, et cela quand bien même elles changeraient de signe ou de sens en passant par l'infini.

10. Sans qu'il soit besoin d'aller plus loin, il est visible que

les observations ci-dessus, relatives au système des points a, b, c (*fig.* 102), se reproduisent également dans toutes les autres permutations de ces points, à l'égard des changements de signe que doivent subir les distances de la relation primitive, pour qu'elle devienne applicable indistinctement à toutes les situations possibles. En particulier, quand les points a, b, c prennent la position indiquée par la *fig.* 105 ci-dessous, les distances sont devenues à la fois inverses ou rétrogrades par rapport à celles de la *fig.* 102; mais alors on a

$$ac = ab + bc, \quad \text{soit} \quad -ac = -ab - bc;$$

ces distances sont donc aussi devenues simultanément négatives; ce qui confirme la règle algébrique. On voit par là, d'ailleurs, que les signes ne sauraient, sans convention ex-

Fig. 105.

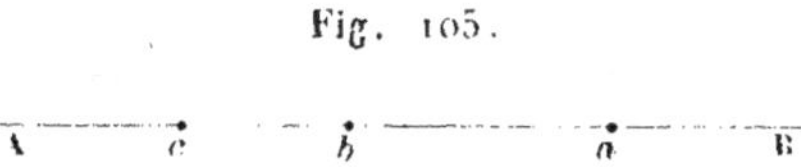

presse, fixer la position absolue des points a, b, c sur la droite AB; on pourra toujours les renverser symétriquement sans que les relations en soient troublées, en changeant le sens de la génération des lignes de la droite vers la gauche.

11. Donc, pour rendre une relation appartenant au système de trois points quelconques en ligne droite, et relative à une situation donnée de ces points, applicable à toutes les situations possibles des mêmes points, il suffit de changer dans cette relation, le signe des distances devenues inverses ou rétrogrades par rapport au sens dans lequel on les supposait primitivement engendrées. En d'autres termes, *il suffit de regarder comme positives les quantités qui conservent le même sens à l'égard de l'extrémité d'où elles se mesurent, et comme négatives celles qui changent de sens par rapport à ce même point.*

Ainsi, il y aura *variation* de signe et *permanence* en même temps que variation ou permanence de position relative. Il est visible, en outre, que la permanence aura lieu toutes les fois que la distance ne sera devenue ni nulle ni infinie, et que, réciproquement, la variation n'arrivera que dans l'hypothèse contraire.

12. Supposons maintenant qu'on introduise un quatrième point parmi les trois autres, je dis que la règle examinée ci-dessus aura encore lieu à l'égard des relations qui concerneront leurs distances mutuelles, alors au nombre de six, et en admettant toujours la notion de continuité et la convention que le sens progressif va de A vers B, de gauche à droite, et le sens rétrograde de B vers A, de droite à gauche.

Pour le démontrer directement et sans recourir à un nouvel examen circonstancié, j'observe que, quelles que soient les relations géométriques entre les distances mutuelles d'un pareil système, elles doivent nécessairement provenir de transformations géométriques ou algébriques, appliquées à trois quelconques des équations primitives, linéaires et indépendantes, du genre de celles ci-dessus qui concernent trois points rangés en ligne droite.

On aura, par exemple (*fig.* 106), entre les distances qui lient entre eux quatre points a, b, c, d sur la droite **AB**,

$$bc = ac - ab, \quad bd = ad - ab, \quad cd = ad - ac;$$

s'il pouvait exister entre les six distances ab, ac, ad, bc, bd, ca, toute autre relation qui ne fût pas une conséquence algébrique ou géométrique de celles, en quelque sorte identiques, qui définissent la position des points a, b, c, d, il arri-

Fig. 106.

verait qu'en y remplaçant, par exemple, bc, bd, cd par leurs valeurs ci-dessus, on obtiendrait une nouvelle relation entre ab, ac et ad, qui ne serait pas d'elle-même une identité de cette espèce ; ce qui est visiblement absurde, puisque l'on pourrait calculer l'une de ces distances au moyen des deux autres, et que, par hypothèse, les points b, c, d, comme les distances ab, ac, ad qui en déterminent les positions relatives, sont supposés indépendants de toute condition ou relation mathématique donnée à priori et étrangère à celles que rend évidentes le raisonnement géométrique, aidé de simples et légitimes transformations ou combinaisons algébriques (7 et 17).

Or, nous avons démontré que chacune des relations d'identité géométrique qui appartiennent au groupe de trois points arbitraires, pouvait s'appliquer à tous les états possibles du système complet des points a, b, c, d, en ayant égard à la règle ci-dessus des signes algébriques de position; donc il en sera ainsi des nouvelles relations métriques, je veux dire des équations qui peuvent en dériver par des opérations licites, exécutées sur les plus simples d'entre elles et qu'on pourrait nommer *relations, équations linéaires de situation*.

13. Le même raisonnement étant applicable à un nombre quelconque de points distribués sur une ligne droite, il en résulte, en définitive, que les relations géométriques d'un pareil système peuvent toutes être censées provenir d'un nombre limité de relations du genre de celles que nous venons de définir et d'examiner.

Concluons enfin que, *quel que soit un système de points situés sur une ligne droite, les relations métriques qui lui appartiennent sans conditions étrangères à la situation naturelle des parties, demeurent applicables à toutes les positions possibles des points dont ce système se compose, toujours en ayant égard à la règle des signes de position.*

Un simple coup d'œil suffira, comme on voit, pour établir la correspondance des signes entre les divers systèmes dérivés ou corrélatifs. Cependant il existe quelques difficultés qu'il est intéressant de faire connaître à l'avance, parce qu'elles sont la source de contradictions et d'erreurs apparentes dans l'application de l'Algèbre à la Géométrie.

14. Dans ce qui précède, nous avons supposé fixe l'axe, la droite indéfinie qui renferme les points examinés; mais cette droite pourrait faire partie d'une figure générale variable, et, dans le passage de cette figure à celle qui lui est corrélative par voie de continuité, il pourrait arriver non-seulement que les points dont il s'agit changeassent de position entre eux, mais encore que la droite elle-même changeât de position relativement aux données de la figure, par exemple, en pivotant autour d'un point fixe. Dans ce cas, il est très-essentiel pour ne pas se tromper, de suivre exactement le mouvement de la droite et de ne pas perdre de vue quel est le sens positif ou négatif, progressif ou rétrograde, primitivement attribué

aux lignes ; car, si l'axe rectiligne considéré avait, par exemple,
accompli une demi-révolution dans l'espace par rapport à sa
position première, il est visible que le sens de *droite* sera
devenu celui de *gauche* et inversement, sans même que la position relative des points ait changé: Alors donc, comme dans
toutes les circonstances où il pourrait y avoir incertitude sur
le véritable sens des signes et des distances, on fera bien de
recourir à des repères extérieurs tels que ceux A et B (*fig.* 101
à 106), situés à une distance assez grande des points du système, pour indiquer nettement, l'un le côté droit, l'autre le
côté gauche sur l'axe mobile, et qui permissent en même
temps de suivre, au moins par la pensée, le sens de son propre
mouvement de rotation et de translation (*).

15. La difficulté relative au signe de la sécante des arcs supérieurs à 200 degrés, si obscurément discutée et résolue par
MM. Carnot et Gaudin, provient essentiellement d'une confusion de cette espèce, qui ne saurait se produire dans le système
des axes coordonnés de notre illustre Descartes : là, en effet,
l'origine et le point fictif vers l'infini à droite, servent de repères naturels aux autres points et aux distances variables comp-
tées, de l'origine commune, sur ces axes respectifs censés immobiles. Néanmoins, comme ces distances et ces points ne sont
que la représentation, la projection géométrique de ceux de
la figure variable à considérer dans l'espace, les mêmes difficultés se reproduisent dans l'interprétation du résultat final
des calculs algébriques sur la figure transformée ou corréla-

---

(*) En généralisant cette considération et l'étendant à des lignes et à
des surfaces quelconques mobiles dans l'espace absolu, on conçoit qu'il
se passe ici des choses analogues à celles qui ont lieu pour les mouvements relatifs des systèmes invariables, sinon quant au temps, aux vitesses, aux accélérations totales ou résultantes, du moins quant aux déplacements mutuels des parties et des points dont les distances peuvent
d'ailleurs varier suivant des lois quelconques. Ces considérations se rattachent, comme on voit, à ce qu'on nomme, en général, *la transformation
des coordonnées* dans l'espace absolu ou relatif, problème dont nos grands
géomètres algébristes nous ont déjà offert de belles solutions, sans néanmoins soulever entièrement le voile et résoudre les difficultés qui tiennent
à la loi de continuité et des signes de position.

tive, ainsi que nous en verrons plus tard des exemples remarquables. C'est pourquoi il me semble utile d'insister ici encore sur divers éclaircissements.

16. Pour suivre avec une entière facilité la loi de la mutation des signes dans les figures corrélatives d'un système quelconque de points en ligne droite, on pourra écrire pour la figure type ou primitive, à la suite les unes des autres, les lettres qui désignent le système des points variables à considérer dans l'ordre même où ils se présentent en cheminant de la gauche vers la droite, c'est-à-dire dans le sens supposé positif et progressif à priori : soit (*fig.* 106, p. 176) dans l'ordre

$$a, \ b, \ c, \ d, \ e, \ldots,$$

Alors si, pour une nouvelle position du système, l'ordre est devenu

$$a, \ e, \ d, \ b, \ c, \ldots,$$

ce sera une preuve évidente que les distances bd, be, cd, ce, de, par exemple, ont changé à la fois de sens et de signe en passant par zéro ou par l'infini, c'est-à-dire, en d'autres termes, sont devenues inverses ou rétrogrades, tandis que les distances ab, ac, ad, ae, bc sont restées directes dans l'ordre progressif, non-seulement pour toutes les relations de positions linéaires primitives, mais aussi pour toutes celles qui en seraient déduites algébriquement.

Pareille chose aura lieu encore pour des relations particulières quelconques mais non identiques, lorsque, d'après les données de la figure et les conditions du problème, elles seront soumises à la loi de continuité et des signes de position : telles sont, par exemple, les relations qui définissent, sur une droite fixe, la *proportion* ou *moyenne harmonique* selon Platon et Pappus (*), ainsi que la plupart des relations qui nous

---

(*) Serait-il vrai qu'Euclide et Apollonius, et à leur suite Legendre dans sa *Géométrie élémentaire,* se fussent trompés dans leurs écrits sur cette relation si élégante et si simple, en la privant de tout signe symbolique et conventionnel? Je le pense d'autant moins que la Géométrie analytique, celle des coordonnées de Descartes, ne saurait justifier en aucune

ont occupés dans le IIe Cahier de ce volume, et qui, d'après ce qu'on a vu, prennent leur source et leur point d'appui nécessaire dans les propriétés mêmes des racines ou des coefficients des équations algébriques.

17. Mais si, au contraire, les relations métriques données à priori et étrangères à celles qui définissent la position respective des points ci-dessus d'une manière indépendante de toute convention particulière, si ces relations métriques et algébriques ne sont point, par elles-mêmes ou par les hypothèses du problème, assujetties à la loi de continuité et des signes de position, leur combinaison avec les premières ne pourra évidemment conduire à des résultats soumis à cette même loi, et par conséquent d'une interprétation géométrique facile ; notamment si, parmi ces équations, il en existe une seule de ces formes toutes géométriques,

$$\mathbf{A} . cd = \overline{ab}^{\,2}, \quad cd = \frac{\mathbf{A}^3}{\overline{ab}^{\,2}},$$

ou, algébriquement, de celles-ci

$$\mathbf{A}\, x = y^2, \quad x = \frac{\mathbf{A}^3}{y^2} :$$

A étant une constante linéaire, $x = cd$, $y = ab$ des indéterminées ou variables arbitraires ; dans des cas pareils, disons-nous, l'interprétation des résultats de l'élimination ou des transformations algébriques pourra offrir des difficultés véritables, des paradoxes même dont on verra, dans la suite de cet écrit, divers exemples choisis parmi ceux qui ont déjà exercé la sagacité des géomètres, et qui se reproduisent aussi bien en

---

manière et par aucun artifice de calcul ou de raisonnement, cette introduction à priori du signe négatif dans une égalité à deux termes ; introduction inopportune, et qui ne tend à rien moins qu'à obscurcir, oblitérer même, le sens géométrique des adeptes, en s'adressant exclusivement à leurs yeux et à leur mémoire ; méthode permise seulement dans les basses classes de nos institutions scientifiques, dans les écoles commerciales et industrielles, où il s'agit moins d'exercer le jugement que d'enseigner des faits et des vérités pratiques.

Géométrie, en Mécanique, en Physique, en Astronomie, etc.,
qu'en Algèbre ou en Analyse pure.

18. La plus simple de toutes les relations métriques qui
peuvent appartenir à une série de points a, b, c, d, e, situés
en ligne droite, et dont les déplacements mutuels restent soumis à la continuité, se rapporte, sans contredit, aux relations
d'abord examinées qui expriment la somme algébrique linéaire des distances consécutives entre ces points. Or, d'a-
près ce qui précède, on ne sera jamais embarrassé de lire et
d'énoncer géométriquement une telle somme pour toutes les
figures corrélatives et dans toutes les situations possibles des
points, en cheminant, je suppose, dans le sens positif de
gauche à droite. Mais, pour éviter la fatigue de l'esprit, abréger, généraliser tout à la fois le discours et l'écriture, on peut
considérer géométriquement cette somme comme représentant
la projection orthogonale ou oblique du contour d'un certain
polygone ouvert ou fermé, plan ou gauche, sur l'axe dont il
s'agit, et le long duquel un mobile cheminerait *continûment*
dans le sens positif ou progressif primitivement adopté, en allant de l'une à l'autre des extrémités de ce polygone.

19. On a un célèbre exemple d'une telle considération géométrique, dans la composition des forces ou des vitesses appliquées à un même point, ici représentées par des droites, des
chemins respectivement parallèles aux côtés du polygone et
dirigés dans le même sens. De pareilles considérations, très-
simples, sont en effet généralement familières aux intelligences
tant soit peu exercées en Géométrie : les premiers linéaments,
si je ne me trompe, en sont dus à Varignon (*Nouvelle Mécanique*, 1685), esprit philosophique et généralisateur trop oublié de nos jours, et dont les aperçus géométriques, nés d'un
théorème célèbre de Leibnitz relatif à la résultante et au centre
de gravité des extrémités de forces appliquées à un même
point, sont, en quelque sorte, complétés par les études de
MM. Lhuilier (de Genève) et Carnot, relatives à la projection
orthogonale des polygones et des polyèdres sur un axe rectiligne ou un plan fixe arbitraires ; projections dans la dernière
desquelles les aires des faces polyédrales correspondent aux
moments mêmes des forces concourantes d'abord mentionnées.

20. Les additions et soustractions indiquées par les signes $+$ et $-$ dans les sommes géométriques à considérer en projection sur un axe fixe rectiligne, peuvent d'ailleurs s'opérer suivant les règles algébriques ordinaires, c'est-à-dire dans un ordre tout à fait arbitraire, comme la construction même des côtés successifs du polygone des forces, des chemins ou droites convergentes de la figure (*).

Il y a plus, ces projections, s'opérant par des ordonnées parallèles à un second axe fixe quelconque, sur lequel, à son tour, le polygone peut être projeté par d'autres parallèles au premier axe, il en résulte un système de coordonnées tout à fait analogue à celui de Descartes, et auquel on peut appliquer des remarques pareilles à celles des nᵒˢ 14 et suiv., relatives aux lignes et distances du plan ou de l'espace rapportées à trois axes coordonnés fixes arbitraires issus d'un même point d'origine. Quant aux ordonnées, aux *appliquées parallèles* des divers sommets du polygone et des extrémités des chemins convergents, bien qu'elles soient, à d'autres égards, indépendantes entre elles et distinctes dans leurs positions respectives, il n'en est pas moins vrai qu'elles sont soumises

---

(*) Dans des leçons du soir faites, en 1827, aux ouvriers messins, pendant une convalescence longue et pénible, j'avais pris pour base de la Mécanique la notion, pour ainsi dire intuitive, de la composition des chemins issus d'un même point et des projections du polygone qui sert à construire le dernier côté ou *chemin résultant*. Ainsi, par exemple, afin de démontrer que, pour tout déplacement *virtuel*, fini ou infiniment petit, du point commun d'origine de ces chemins représentant autant de forces concourantes, *la somme des moments ou des travaux virtuels de ces forces est égale au moment ou au travail virtuel de leur résultante*, il suffisait de multiplier le déplacement arbitraire du point général d'application dont il s'agit par la projection de la *résultante géométrique*, c'est-à-dire par la somme algébrique des projections des forces sur la direction indéfinie du même déplacement. Or, cette proposition capitale conduit, par une voie toujours simple et intuitive, à la *composition des travaux et des moments des forces en général*. (Iᵉʳ Cahier lithographié du *Cours de Mécanique industrielle* ; édition de 1827, rédigée par le capitaine du génie Gosselin, d'après des leçons orales qui n'étaient qu'une rapide et simple émanation de celles que, à partir de janvier 1825, j'avais été chargé de professer aux élèves de l'École d'application de Metz.)

aux mêmes lois de signes que leurs projections sur chaque axe respectif.

Ainsi les considérations précédemment exposées (17) pour les sommes algébriques des segments de points rangés sur une même droite leur sont directement applicables, et les principes de continuité et de corrélation relatifs aux signes dans les équations algébriques transformées, n'ont lieu qu'autant qu'il n'existe aucune relation métrique exprimant des conditions étrangères à la loi des signes de position et à la génération continue des grandeurs que l'on considère.

A l'égard des lignes polygonales en particulier et des chemins convergents qu'elles représentent, il est à remarquer que ces chemins ne comportent par eux-mêmes aucun signe algébrique ou géométrique de position, s'ils ne dérivent d'un mode unique de génération qui, pour ainsi dire, se transporte hypothétiquement et d'une manière indépendante, d'une direction rectiligne à celle qui lui est contiguë par voie de continuité; tout comme il arrive, par exemple, pour les attractions planétaires, la chute des graves, etc., ou, simplement, pour les sécantes du cercle, dont les signes de position ne peuvent être que *relatifs* à la direction tournante du rayon (15), signes non convenus à l'avance ni imposables à priori.

Seulement, comme, dans le cas de chemins convergeant ou rayonnant autour d'un même point et projetés sur un axe fixe, le rapport numérique de chaque ordonnée au chemin correspondant n'est autre que ce qu'on nomme en Trigonométrie, selon les cas, le *sinus* et le *cosinus* de l'angle formé par la direction propre du chemin avec l'axe fixe dont il s'agit, il en résulte que ces lignes trigonométriques, ces ordonnées ou projetantes suivent encore la loi des signes de position, à l'exclusion des distances elles-mêmes ou des chemins projetés (*).

21. En terminant l'examen intéressant qui concerne les *sommes algébriques* des segments relatifs aux points rangés en

---

(*) J'ai joint ces derniers développements aux considérations géométriques de l'ancien texte, ici beaucoup trop laconique eu égard à leur généralité et à leur importance dans les applications en Géométrie et en Mécanique, et cela avec d'autant plus de motifs qu'ils sont entièrement d'accord, si je ne me trompe, avec les opinions généralement admises à notre époque sur la loi des signes des distances, selon qu'elles sont obliques les unes par rapport aux autres, ou qu'étant parallèles, l'intervention de lignes trigonométriques auxiliaires cesse d'être indispensable; car on peut alors recourir à la projection ordinaire des distances sur un axe fixe, lui-même parallèle à ces ordonnées, en se laissant d'ailleurs guider par les considérations du texte, relatives à la génération continue des lignes de la figure dans un sens déterminé, aux lois du calcul algébrique et à la projection polygonale qui tend à supprimer tout vague et arbitraire dans les applications à chaque cas particulier.

ligne droite, je ne veux point passer sous silence un fait très-important, c'est que les relations d'identité géométriques et linéaires auxquelles elles se rapportent subsistent, à cause de leur grande généralité, dans les perspectives de cette droite sur un plan ou un axe arbitraire, et qu'elles jouissent ainsi, quoique sous une autre forme, du caractère qui appartient à toutes les relations entre segments formés sur des transversales rectilignes quelconques, qui nous ont occupés dans le IIe Cahier de ce volume. Or, je crois devoir prévenir, dès à présent, que les relations métriques de ce genre, même celles qui concernent la simple juxtaposition des distances rangées sur une droite, peuvent être facilement transformées en relations directement projectives par des opérations géométriques très-simples, pour ainsi dire évidentes (*).

(*) *Voir* l'observation placée au bas de la page 69, ainsi que les *Notes sur quelques principes généraux de transformation des relations métriques des figures*, insérées par moi, dans la *Correspondance mathématique et physique de Bruxelles*, t. VII, p. 118, 141, 143, 146, 149, 151, 153, 157, art. I à VIII (octobre 1831); mais plus particulièrement ce dernier article, p. 157, dans lequel les identités géométriques relatives aux sommes de distances mutuelles de points en ligne droite et à celle de produits similaires et homogènes sont rendues *projectives coniquement*, en y introduisant en facteurs les segments relatifs au point à l'infini de l'axe des distances. L'intervention de ce point, considéré comme origine d'abscisses ou segments, et qui prend en projection sur le nouvel axe une position quelconque p, conduit à des transformées d'autant plus remarquables, que leurs différents termes ou produits peuvent être mis sous la forme

$$\left(\frac{1}{pb} - \frac{1}{pa}\right)\left(\frac{1}{pd} - \frac{1}{pc}\right)\left(\frac{1}{pf} - \frac{1}{pe}\right)\cdots,$$

où il n'entre que des *réciproques* de segments comptés de l'origine commune p, et analogues, par conséquent, aux réciproques dont on s'est occupé dans le précédent Cahier; or cela constitue un autre mode de transformation souvent mis à profit depuis la publication de mon Mémoire de 1831, et qui, dans les endroits cités de la *Correspondance de Bruxelles*, se trouve appliqué à des identités géométriques dignes d'intérêt.

Examen de la loi des signes de position et du principe de continuité dans les relations métriques des figures de la Géométrie élémentaire.

22. D'après les remarques faites, en général (n°s 1 et suivants), sur la correspondance intime qui existe entre les arcs, les angles et les distances, il est évident que ce qui a été dit des sommes algébriques de segments restera applicable aux sommes d'arcs sur un même cercle ou d'angles contigus autour d'un même point, si ce n'est qu'ils ne peuvent devenir inverses en passant par l'infini, mais seulement en passant par zéro ou un multiple quelconque de 400 degrés ; néanmoins il n'y a pas lieu alors de construire directement les sommes dont il s'agit par la projection ou le tracé du polygone des chemins rectilignes. Enfin il ne faut, en aucun cas, perdre de vue (n°s 14 et suiv.) le renversement possible de sens dû au déplacement relatif et au transport des lignes dans l'espace toujours censé fixe et absolu.

23. Après les relations fondamentales qui appartiennent à un système de points rangés sur une droite ou un cercle, et à des droites rayonnantes autour d'un même point, viennent successivement les diverses propriétés élémentaires de la Géométrie plane, qui servent de base essentielle à toutes les autres :

1° La propriété des angles d'un triangle ou, plus généralement, des angles formés deux à deux par trois droites qui se coupent à des distances finies ou infinies ;

2° La propriété des triangles semblables et des lignes proportionnelles ;

3° La mesure des angles par les arcs dans les figures inscrites à la circonférence du cercle ;

4° La mesure des aires triangulaires.

Les autres propriétés métriques des figures, même celles des aires, ne sont que des corollaires de celles-là et de celles déjà examinées pour les simples distances. C'est ce qu'on vérifiera sur quelques exemples exposés ci-après.

Nous allons préalablement et successivement examiner chacune des relations élémentaires, afin de constater qu'elles subsistent et s'étendent à toutes les positions possibles des parties qu'elles concernent, quand on tient compte des valeurs et des signes de position, par voie de continuité.

24. Soit *abc* (*fig.* 107) un triangle rectiligne quelconque servant de type primitif, et dans lequel les angles sont tous mesurés intérieurement.

Fig. 107.

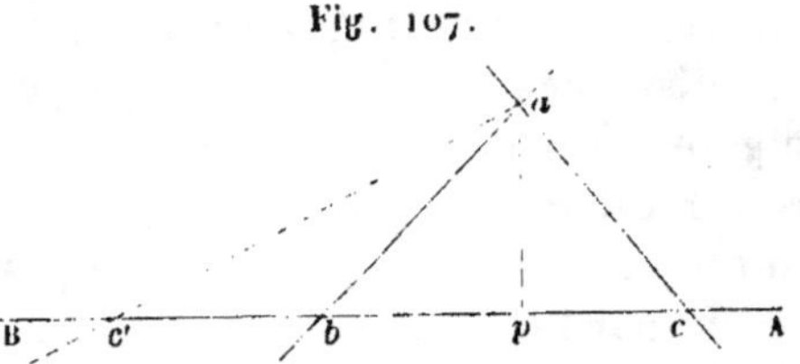

On a, comme on sait, d'après les notations proposées par M. Carnot,

$$\widehat{abc} + \widehat{acb} + \widehat{bac} = 200^\circ \quad \text{ou} \quad b + c + a = 200^\circ.$$

Cela posé, je dis que, quel que soit le déplacement relatif de la direction indéfinie des côtés de ce triangle, l'équation ci-dessus lui demeurera toujours applicable en ayant égard aux signes de position ou de *corrélation*, selon la dénomination adoptée par le même auteur.

Supposons, par exemple (*fig.* 107), que le côté *ac* prenne la direction *ac'*; le triangle *abc* devenant *abc'*, l'angle *bac* passera seul par zéro en rétrogradant vers la gauche, et sera seul inverse ou négatif, tandis que, des deux autres angles, l'un *acb* se sera changé en l'angle *ac'*B extérieur à *ac'b*, et l'autre *abc* dans son propre supplément *ab*B ou *abc'* à 200 degrés; de sorte qu'ayant pour le triangle ainsi transformé

$$a = -\widehat{bac'}, \quad c = 200^\circ - \widehat{ac'b}, \quad b = 200^\circ - \widehat{abc'},$$

il vient pour ce triangle, toutes réductions faites,

$$\widehat{bac'} + \widehat{ac'b} + \widehat{abc'} = 200^\circ.$$

en remplaçant les anciens angles par leurs valeurs corrélatives ci-dessus; ce qui confirme à la fois la règle des signes et la généralité du théorème fondamental; car tous les autres changements que pourrait éprouver le triangle type ou la position de ses sommets conduiraient à des vérifications analogues du principe de continuité (*).

(*) Considérez, par exemple, le cas où le sommet *a* passe graduellement au-dessous de la base opposée *bc*, les angles intérieurs en *b* et *c* deviendraient simplement inverses ou négatifs, tandis que l'angle pareil en *a*, se changerait en un angle extérieur pour le nouveau triangle. Donc, en substituant algébrique-

On peut d'ailleurs démontrer la chose d'un seul coup, en partant d'un théorème de Géométrie, plus fondamental encore, tiré de la théorie des parallèles.

Soit *abc* (*fig*. 108) un triangle quelconque; par l'un de ses sommets *a* concevez une parallèle *b'c'* au côté opposé *bc*; les angles externes *bac'*,

Fig. 108.

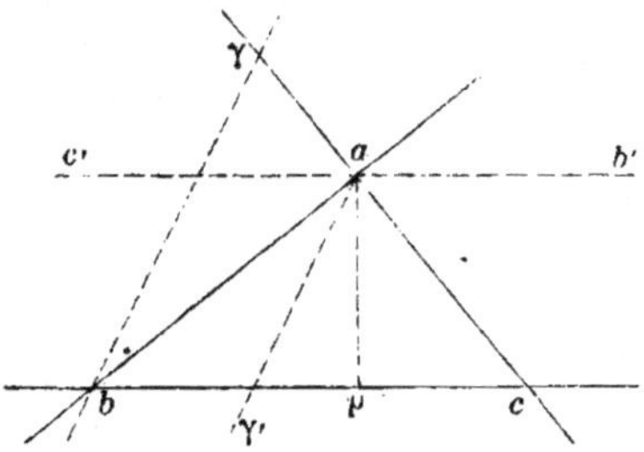

cab' étant respectivement égaux à leurs alternes-internes *abc* et *acb* intérieurs au triangle *abc*, on aura identiquement, n'importe la grandeur et le signe des angles du triangle corrélatif,

$$\widehat{bac'} + \widehat{bac} + \widehat{cab'} = 200^{\circ},$$

relation qui, étant entre les angles formés autour d'un même point, est en effet applicable (**22**) à toutes les positions de leurs côtés, en tenant compte de la valeur algébrique ou de position des angles de la figure dérivée, que l'on ne doit jamais perdre de vue, dans le passage gradué de ces angles par zéro, etc.

25. Les diverses autres relations d'angles pouvant se déduire de la précédente, puisque les théorèmes élémentaires relatifs à la somme des angles adjacents, alternes-internes ou correspondants, ont lieu pour tous les cas possibles (*), ces relations restent soumises à la loi de continuité des signes et des règles algébriques, n'importe la situation du triangle.

---

ment ces trois derniers angles aux anciens, dans l'équation type $a + b + c = 200^{\circ}$, puis, remplaçant l'angle extérieur par sa valeur, supplément à 400 degrés de l'angle intérieur correspondant du nouveau triangle, on retomberait encore sur le théorème ordinaire de la Géométrie.   (*Note* de 1816.)

(*) En effet, quelle que soit (*fig*. 108) la position de *bc* par rapport à *ab*, on aura toujours ang. *abc = bac'*. Que *bc*, par exemple, devienne *bγ* en traversant la position de *ba*, sa parallèle *ac'*, menée par *a*, étant *aγ'*, l'angle *abc*, changé en *abγ*, sera devenu inverse et négatif; mais il en sera évidemment ainsi de son correspondant alterne *baγ*, qui aura dû aussi coïncider avec *ab*; donc on aura, algébriquement et identiquement,

$$- \widehat{ab\gamma} = - \widehat{ba\gamma'}, \quad \text{ou} \quad \widehat{ab\gamma} = \widehat{ba\gamma'},$$

sans signes de corrélation; inutiles ici puisqu'ils disparaissent comme dans toutes les relations à deux termes de la Géométrie.

Pareillement tout polygone rectiligne étant partageable en triangles de même sommet, d'ailleurs arbitraire, par lequel on ferait passer un axe invariable comme ci-dessus, les relations d'angles qui lui appartiennent s'en déduiront, et seront applicables également aux diverses grandeurs ou situations des figures qui en dérivent par voie de continuité. Mais il sera plus général et plus simple de mener directement, par ce point ou sommet commun arbitraire, des droites égales, parallèles aux côtés successifs du polygone et dirigées dans le sens *progressif* (19).

26. Revenons un instant au cas élémentaire du triangle *abc* (*fig.* 107), dont la base *bc* et l'angle au sommet *bac* deviennent inverses et négatifs (24) pour le triangle transformé *ab'c'*, et remarquons qu'il en est ainsi encore de son *aire* comparée à celle du triangle primitif *abc*, mesurée par $\frac{1}{2}bc.ap$; le facteur *ap* étant la hauteur commune aux deux triangles. Rappelons, en outre, que, d'après les définitions et conventions généralement admises, on a, dans le triangle rectangle *acp*,

$$\frac{ap}{ac} = \sin.\widehat{acp}, \quad \frac{cp}{ca} = \cos.\widehat{acp}, \quad \frac{pa}{pc} = \tan.acp, \text{ etc.,}$$

relations purement numériques dont on ramène le calcul aux tables bien connues, et qui donnent aussi pour l'aire du triangle *abc*,

$$\frac{1}{2}bc.ap = \frac{1}{2}\sin.\widehat{acp}.ac.bc \;(\star).$$

27. Pour généraliser et élucider encore mieux la question relative aux signes de corrélation, supposons (*fig.* 109) que le triangle *abc* ait pris,

---

($\star$) Ces formules et équations à deux termes, ici purement géométriques, ne comportent aucun signe, ou plutôt les auxiliaires trigonométriques n'y ont pour signes que ceux des rapports mêmes qui les définissent dans les figures corrélatives, dérivées d'un mode de génération continue et convenue. Voilà ce qu'il est nécessaire de répéter aujourd'hui, où l'on s'est familiarisé avec l'emploi, à priori, des notations et conventions de la Trigonométrie analytique. Ainsi, par exemple, si l'on suppose l'angle en *c* obtus dans le triangle type *abc*, la perpendiculaire *ap* tombant en dehors de la base *bc*, l'angle *acp*, au lieu de rester égal à l'angle intérieur *acb* de ce triangle, se confond avec son supplément extérieur dont le sinus reste positif.

Il n'en serait plus de même si, raisonnant algébriquement, on voulait conserver l'angle intérieur *acb* ou *c* dans les équations ci-dessus; alors il conviendrait d'avoir égard aux règles des signes trigonométriques et de positions relatives, qui rendant simultanément sin *c* et *cp* inverses ou négatifs quand l'angle *c* est obtus, tendent par là encore (note de la p. 187), à faire disparaître ces signes dans les équations à deux termes dont il s'agit.

dans le système dérivé, la position renversée $b'ac'$, correspondante à l'angle opposé au sommet bac du triangle primitif.

Cela posé, j'observe que, dans la translation continue de bc en $b'c'$, les côtés ab', ac', bc' sont devenus tous les trois inverses en passant par le sommet commun a, où, s'évanouissant simultanément, ils changent aussi de signe dans les relations métriques qui leur correspondent, ce qui sem-

Fig 109.

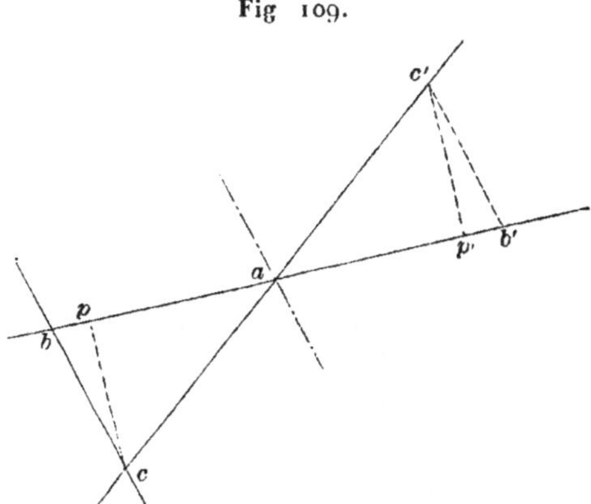

blerait, à première vue, devoir avoir lieu également pour l'angle $b'ac'$ opposé par le sommet à bac, de même que pour l'aire du triangle $ab'c'$ qui, dépendant du rectangle de deux de ses dimensions linéaires devenues inverses et négatives simultanément, reste cependant positive ; car, par exemple, on a, pour l'expression de cette aire,

$$\frac{1}{2}\sin a\,(-\,ab')\,(-\,ac') = \frac{1}{2}\sin a\,.ab'\ ac';$$

résultat auquel on arrive aussi par la considération de la mesure purement géométrique de la surface des triangles, puisque la hauteur $c'p'$, entre autres, est devenue aussi inverse et négative par rapport à sa parallèle cp.

Quant aux angles mêmes du triangle transformé, leurs grandeurs et leurs signes algébriques de corrélation dépendent, comme on l'a vu (24), de la manière même dont on suppose que s'est opéré le déplacement de bc en $b'c'$; ce que l'on reconnaîtra toujours par les moyens précédemment indiqués, qui deviennent d'ailleurs superflus s'il s'agit simplement des angles intérieurs, dont la somme n'est point susceptible de changements de signes de position.

28. Les résultats concernant les triangles abc, $ab'c$ ou abc' des *fig.* 109 et 108 seraient évidemment tout autres, si l'on supposait, comme dans

la *fig.* 110 ci-dessous, que la direction indéfinie de la base *bc* du triangle primitif fût passée en *b'c'*, à gauche du sommet *a*, dans le supplément *b'ac'* de l'angle *bac*; le sommet *b'* restant du côté de *b* sur *ab*, et *ab'* par conséquent *direct* ou positif, tandis que *ac'* est devenu inverse en passant

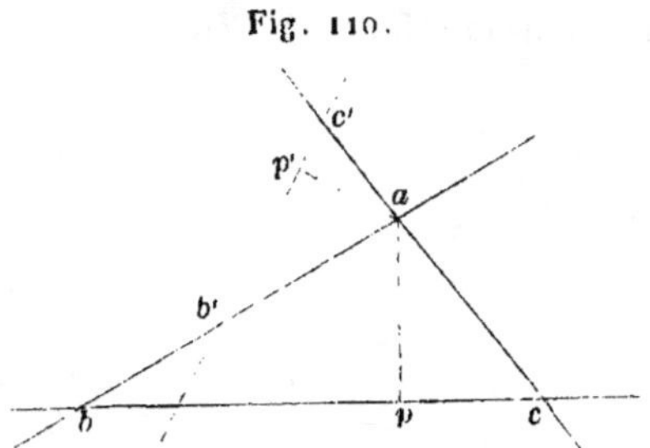

Fig. 110.

par zéro en *a*, ou par l'infini au moment où sa direction est rendue parallèle à celle de *ac*; enfin *b'c'* devenant lui-même inverse en passant par zéro en *a*, ou par l'infini si *b'c'*, dans sa rotation, traverse la position de parallélisme par rapport à *cc'*. Dans ces circonstances, d'ailleurs, les angles en *a* et *c* du triangle primitif se sont changés, l'un dans le supplément *bac'* de *bac*, l'autre dans le supplément extérieur de l'angle en *c'* du triangle *ab'c'*. Quant à l'angle en *b*, changé en l'angle intérieur *ab'c* de ce dernier triangle, il est devenu inverse en passant par zéro. Enfin il en est ainsi encore de l'aire du triangle *ab'c'* corrélatif de *abc*; circonstances dont on se rendrait plus aisément compte en imaginant, comme au n° 24, une parallèle passant ici par le sommet *b*. D'après cela, rien n'est plus facile que de prévoir à l'avance les mutations de signes et de grandeurs qui pourront s'effectuer par le passage graduel de la figure *abc* à la figure *ab'c'*, dans les relations métriques et les formules supposées obtenues pour la première.

Par exemple, on aurait pour le système transformé

$$\text{Surf.}\,ab'c' = \frac{1}{2}\sin a \cdot a'b'(-ac') = \frac{1}{2}\,ap'(-bc'),$$

$\sin a$ étant essentiellement positif, ainsi que *ab* par hypothèse, et la hauteur *ap'* comme la hauteur *ap* du triangle primitif, qui ont des directions distinctes non parallèles, restant sans signes de corrélation (20), etc. (*).

(*) Ce sont là, d'ailleurs, des formules de substitution, de transformation de coordonnées purement algébriques en quelque sorte et dans lesquelles Surf. *ab'c'* est une inconnue à déterminer par l'expression du second membre, en valeur et en signe; là en effet, tout antagonisme doit forcément disparaître au point de vue géométrique, puisque le triangle lui-même s'évanouit avec ses deux côtés

29. Passons maintenant aux lignes proportionnelles et à la similitude des triangles.

Soit $a'b'$ (*fig.* 111) une parallèle à la base ab d'un triangle sab : on démontre en Géométrie, pour la position actuelle, l'exactitude rigoureuse des proportions ou égalités de rapports,

$$\frac{sa}{sb} = \frac{sa'}{sb'} = \frac{aa'}{bb'} = \frac{ab}{a'b'}$$

sans signes de position. Mais si, dans le mouvement des lignes de la figure, la parallèle $a'b'$ passe de la droite à la gauche du sommet s en $\alpha\beta$, les côtés ou segments $s\alpha$, $s\beta$, $\alpha\beta$ changent à la fois de sens et de signe par rapport à leurs homologues, parce que $\alpha\beta$ aura passé par le sommet s

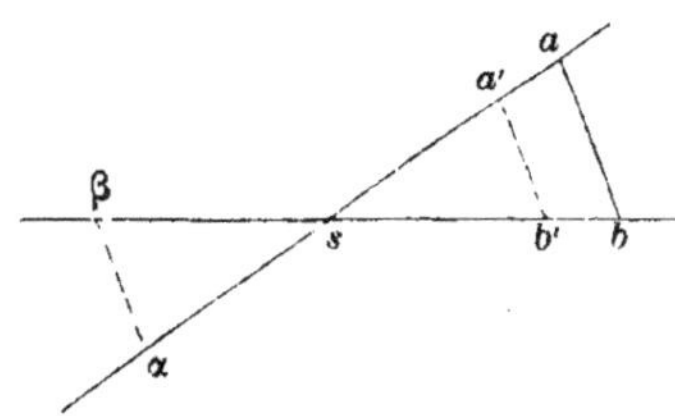

Fig. 111.

ou par l'infini du plan, mais $a\alpha$, $b\beta$ conserveront leur sens primitif de aa'. bb', ou, selon l'expression admise par M. Carnot, ils resteront *directs*. Donc, en remplaçant, dans les équations ci-dessus, les anciens segments ou côtés par les nouveaux avec leurs signes, ces signes allant par couple dans chaque rapport se détruiront algébriquement; ce qui est conforme aux données de la Géométrie élémentaire, qui ne fait ici aucune acception des changements de position et de grandeur des côtés ou des angles ni, par conséquent, des signes; car ils n'entrent pour rien dans les démonstrations, de même qu'ils se neutralisent algébriquement.

Les mêmes circonstances arrivent généralement pour les triangles semblables, considérés dans des situations arbitraires, mais assujettis à des conditions analogues; car des longueurs quelconques ne peuvent changer

---

variables ac', bc'. Carnot (*Géométrie de position, Dissertations préliminaires*, p. xvj) n'hésite pas à considérer comme fausses les équations à deux termes

$$\cos(\pi + a) = -\sin a, \quad \sin(2\pi + a) = -\sin a,$$

qui, ajoute-t-il, « ne peuvent être employées que comme de simples formes » algébriques, propres, par là même qu'elles sont *fausses*, à redresser une pre- » mière erreur commise; elles la redressent en effet dans certains cas...... Ces » expressions, telles que $-\sin a$, sont ce que je nomme des *valeurs de corréla-* » *tion*, etc. »

de signes et de sens ou devenir proprement inverses que si elles appartiennent à la même ligne droite ou à des directions parallèles (20). D'autre part, toutes les relations métriques déduites algébriquement de celles qu'on obtient par des considérations géométriques sont nécessairement exactes et rigoureuses mathématiquement.

30. Soit, comme exemple particulier, abc (*fig.* 112) un triangle rectangle en b; du sommet b soit abaissée sur l'hypoténuse ac, la perpendi-

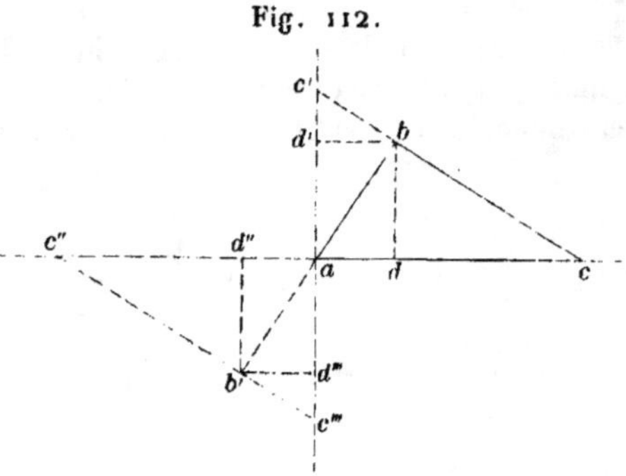

Fig. 112.

culaire bd; les trois triangles abc, abd, bdc seront respectivement semblables, et l'on aura, en les comparant deux à deux,

$$\frac{ab}{ac} = \frac{ad}{ab} = \frac{bd}{bc}, \quad \frac{bc}{ac} = \frac{cd}{bc} = \frac{bd}{ab}, \quad \frac{ab}{bc} = \frac{ad}{bd} = \frac{bd}{cd},$$

ou, ce qui revient au même,

$$ab^2 = ac.ad, \quad ab.bc = ac.bd, \quad ad.bc = ab.bd,$$

$$\overline{bc}^2 = ac.cd, \quad ab.bc = ac.bd, \quad cd.ab = bc.bd,$$

$$\overline{bd}^2 = ad.cd.$$

En vertu de ce qui précède, ces relations appartiennent tout aussi bien aux triangles rectangles abc', $ab'c''$ construits sous des conditions entièrement analogues, et de plus, comme on a l'identité géométrique

$$ac = ad + cd$$

qui ne peut changer de signe, puisque le pied de la perpendiculaire bd sur ac, tombe nécessairement entre a et c; les combinaisons algébriques de ces diverses équations, par exemple celles-ci

$$\overline{ab}^2 + \overline{bc}^2 = ac.ad + ac.cd = ac(ad + cd) = \overline{ac}^2,$$

sont applicables sans signes de position, dans toutes les hypothèses possibles relatives à la direction et à la grandeur de ab et ab' (*).

31. Il est assez remarquable, d'ailleurs, que, dans toutes les relations élémentaires à deux termes jusqu'ici examinées, les changements de position n'influent en aucune manière sur les signes explicites; cela tient, comme on l'a vu, à ce qu'un facteur quelconque dans ces relations purement géométriques ne peut, par suite d'inversion, prendre un signe négatif dans l'un des deux membres, sans qu'il en existe dans l'autre un pareil qui détruise algébriquement le premier. Or c'est là un fait général applicable à toutes les équations géométriques à deux termes, quelle que soit la manière dont elles aient été déduites de relations et de théorèmes élémentaires par voie exacte et rigoureuse.

Les relations à deux termes composés de segments linéaires, tels qu'en présente, en général, la *Théorie des Transversales* (IIᵉ Cahier), sont évidemment dans le cas dont il s'agit, et c'est ce dont on peut se convaincre directement pour le cas élémentaire des figures rectilignes, en recourant au beau Mémoire de Carnot sur cette matière (1806), dans lequel les équations dont il s'agit se trouvent démontrées par la simple considéra-

---

(*) On se jetterait dans des contradictions et des difficultés inextricables, si l'on prétendait repousser ces conséquences. Ainsi, par exemple, si, à priori, l'on voulait considérer le triangle abc' (*fig.* 112), comme dérivé ou corrélatif du triangle abc, par la rotation continue de l'hypoténuse ac autour du sommet a, resté fixe ainsi que le sommet b et la direction de ac', on trouverait que les lignes bc', $d'c'$, bd' seraient devenues inverses et négatives en passant par zéro en b, limite infranchissable où ac atteint sa valeur minimum, ce qui offre un désaccord complet avec les notions de similitude, puisque ces distances ne sont nullement les homologues de bc, dc et bd, et ne peuvent ainsi leur être comparées dans les équations et les proportions ci-dessus. Il en serait de même évidemment du triangle $ab'c'''$ opposé par le sommet au précédent, et si l'accord subsiste pour les triangles abc, $ab'c''$, cela provient, en réalité, de ce que le premier peut se déduire du second par la simple translation parallèle du côté bc et l'inversion, le changement simultané des signes de toutes les distances homologues. Enfin, si l'on est conduit à des interprétations faciles et non contradictoires, pour le cas où l'on supposerait le sommet b du triangle type abc placé symétriquement au-dessous de l'hypoténuse ac, cela vient de ce que toutes les longueurs y conservent des signes invariables, sauf bd qui entre deux fois et similairement ou au carré dans les équations à deux termes ci-dessus, dont ainsi le signe négatif disparaît d'après les règles algébriques.

tion des théorèmes relatifs à la similitude des triangles et aux lignes proportionnelles. Quant aux relations métriques et géométriques à plusieurs termes, elles peuvent varier dans les signes de position de ces termes, comme le théorème relatif au carré de l'un des côtés d'un triangle oblique, connu des Anciens, en montre un exemple très-simple.

32. D'après la remarque faite d'une manière générale dans le nᵒ 22, le principe de continuité et des signes de position doit s'appliquer à une somme d'arcs de cercle et d'angles au centre, consécutifs ou juxtaposés dans un ordre quelconque, en entendant le mot *somme* dans le sens algébrique ou géométrique déjà adopté pour le cas de la ligne droite; et, comme les angles *inscrits* à la circonférence ont pour mesure la moitié des arcs positifs ou négatifs (directs ou rétrogrades) qui les sous-tendent, c'est-à-dire des angles au centre correspondants, il en résulte que les projetantes ou droites rayonnantes qui partent d'un point fixe quelconque de cette circonférence et vont aux extrémités de divers arcs, forment entre elles des angles dont la somme algébrique est assujettie aux mêmes lois. Or cela permet d'étendre le sens de diverses propositions de Géométrie élémentaire, relatives aux angles simples ou aux angles des polygones inscrits à la circonférence de cercle, tout en abrégeant beaucoup les énoncés.

Par exemple, on peut dire que *la somme des angles à la circonférence d'un quadrilatère inscrit quelconque, et qui sont opposés l'un à l'autre et par conséquent s'appuient aux mêmes extrémités d'arcs, équivaut à deux droits ou 200 degrés, quelle que soit la forme du quadrilatère;* toute la question, en général, étant de reconnaître la grandeur et le signe de position des arcs ou des angles, ce qui oblige de recourir au procédé indiqué nᵒ 16 ou à celui des tableaux de corrélation de Carnot, chose toujours délicate et pénible. Cela explique comment les Anciens évitaient soigneusement de pareilles généralisations, à cause des difficultés et des discussions épineuses qu'elles amènent, mais dont l'absence, plus apparente que réelle dans l'Analyse moderne, empêche néanmoins de lire clairement dans les formules géométriques qui en dérivent.

33. Au lieu de nous étendre sur cet objet, considérons en particulier (*fig.* 113, à gauche), l'angle ASB formé par la ren-

Fig. 113.

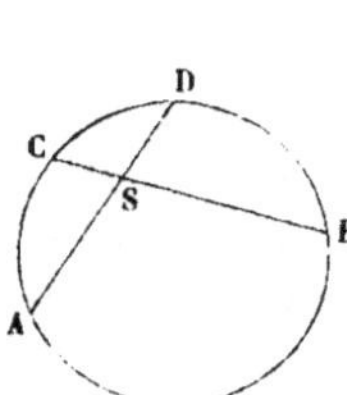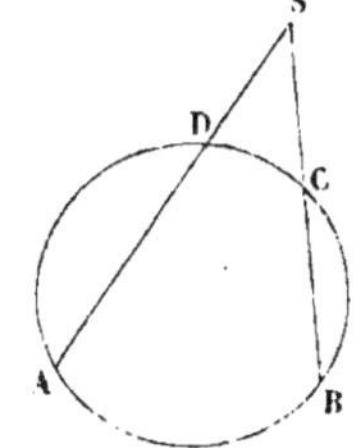

contre intérieure de deux cordes quelconques AD, BC d'un cercle : on a, sans discussion, en substituant, d'après les principes de la Géométrie élémentaire, les arcs aux angles formés au centre du cercle par les rayons parallèles à ces cordes,

$$\text{ang. ASB} \quad \text{ou} \quad \text{CSD} = \frac{1}{2}(\text{arc AB} + \text{arc CD});$$

mais quand le sommet S venant à franchir la circonférence d'une manière continue quelconque, se place comme dans la *fig.* 113 de droite, on a, au contraire,

$$\text{ang. ASB} \quad \text{ou} \quad \text{CSD} = \frac{1}{2}(\text{arc AB} - \text{arc CD}),$$

parce que l'arc CD est devenu inverse en passant par zéro, tandis que l'arc AB a conservé son signe primitif.

Dans cette seconde figure, l'inversion subie par CD entraîne celle des segments SC, SD sur les cordes et sécantes, par rapport aux segments SB et SA; mais ces segments devenus négatifs, n'apportent aucune modification dans cette autre relation fondamentale de la Géométrie,

$$\text{SA.SD} = \text{SC.SB} \quad \text{ou} \quad \frac{\text{SA}}{\text{SC}} = \frac{\text{SB}}{\text{SD}},$$

parce que, dans la substitution de $-\text{SC}$, $-\text{SD}$, à SC et SD, les signes disparaissent algébriquement. Or de là résulte cette conséquence capitale :

Les équations à deux termes entre produits de segments re-

*latifs au cercle et qui s'étendent (IIᵉ Cahier, p. 69) projecti-
vement aux sections coniques en général, sont rigoureusement
applicables à toutes les positions des lignes de la figure : il en
est de même des diverses propriétés métriques et descriptives
qui s'en déduisent.*

34. D'autre part, le théorème général de Newton sur les
produits des *appliquées parallèles* des courbes géométriques
ne comportant aucun signe négatif, et le théorème de Carnot
relatif au triangle transversal d'une telle courbe se déduisant
du précédent par la considération de la similitude des triangles
ou des lignes proportionnelles, il en résulte que le fait ci-
dessus s'étend rigoureusement aussi aux théories exposées
dans toute la dernière partie du IIᵉ Cahier.

35. En particulier, c'est une grave erreur analytique et
géométrique que d'attribuer le signe négatif au second membre de l'équation (*fig.* 114)

$$\overline{MN}^2 = AN.NB,$$

qui exprime que l'ordonnée MN d'un cercle, perpendiculaire
en un point quelconque N du diamètre AB, est moyenne pro-

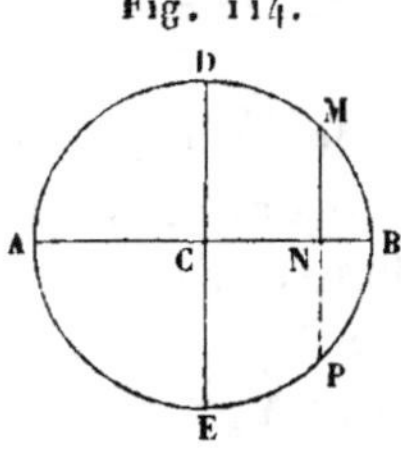

Fig. 114.

portionnelle entre les segments adjacents et opposés NA et
NB de ce diamètre ; de sorte qu'on aurait algébriquement

$$\overline{MN}^2 = -AN.NB, \quad AB = NB - AN,$$

en attribuant, selon la convention admise en Géométrie analytique, le signe — au segment situé à gauche de l'origine commune N et le signe + à celui de droite ; ce qui viole et le
principe de continuité et la loi des signes de position, tels que

nous les avons définis ou entendus, et conduit, par une fausse interprétation, une fausse extension de la règle des signes algébriques, justement combattue par Carnot, à des conséquences absurdes, qui deviennent manifestes quand on suppose le pied N de l'ordonnée au centre même du cercle.

36. En attachant trop d'importance à l'ancienne dispute relative à *l'existence isolée des quantités négatives, imaginaires*, etc., M. Carnot, dans sa *Géométrie de position*, a peut-être plutôt encouragé que détourné les esprits aventureux, d'ailleurs bien moins géomètres qu'algébristes, à s'occuper de semblables questions qui, par elles-mêmes, sont peu aptes à fortifier et agrandir le domaine de l'Analyse, supposât-on qu'on admît, avec **MM.** Français et Argand, que le signe $\sqrt{-1}$ représente en Géométrie la *perpendicularité*, comme le signe $-$ y exprime l'opposition des distances (*).

Au surplus, on éviterait sans aucun doute ces difficultés, ces fausses interprétations masquées par des notations symboliques et algorithmiques séduisantes, mais qui jettent comme un voile obscur sur les vérités premières de la Géométrie et de l'Algèbre, rendues par là des sciences spécieuses et mystiques; on éviterait, dis-je, ces difficultés si l'on voulait bien se ressouvenir que, dans le cercle notamment, on a, en réalité, en prolongeant (*fig.* 114) l'ordonnée MN jusqu'à l'extrémité P de la corde à laquelle elle appartient, non pas simplement

$$\overline{MN}^2 = -\,NA.NB, \text{ mais bien}$$

$$NM.(-NP) = (-NA).NB, \quad \text{ou} \quad NM.NP = NA.NP$$

sans aucun signe algébrique de position, conformément aux principes exposés ci-dessus.

37. Cette conclusion est même tout à fait d'accord avec les vrais principes de l'Algèbre où les signes $-$ et $\sqrt{-1}$ n'appa-

---

(*) *Voir* à la fin de ce IIIe Cahier la réfutation que, en 1816, j'avais entreprise des doctrines de **MM.** Français, Argand, etc., à propos de laquelle on lira avec intérêt une Notice historique, par M. Vallès, dans l'ouvrage intitulé : *Études philosophiques sur la science du calcul;* Paris, 1841, p. 186.

raissent d'une manière détachée que dans la résolution finale des problèmes, c'est-à-dire dans la résolution même des équations définitives, ainsi que nous en offrirons divers exemples ci-après. Mais cela ne doit nullement nous empêcher d'examiner à ce point de vue rationnel, ce que devient la loi de continuité et des signes ainsi que les diverses règles ou principes posés précédemment, quand certains points d'une figure cessant de rester réels et constructibles géométriquement dans la transformée par le déplacement graduel et progressif de quelques parties essentielles de cette figure type, les distances qui se comptent de ces points respectifs étant devenues elles-mêmes impossibles, imaginaires, etc., il n'y a plus moyen de reconnaître à priori la loi des signes de position qui les concerne ou de les distinguer en *directes* et *inverses, progressives et rétrogrades*. La même chose aura lieu encore pour tout l'intervalle où ces distances resteront inconstructibles, idéales, imaginaires, et celui où elles s'évanouissent ou deviennent infinies momentanément, transitoirement; ce qui fait rentrer de telles circonstances dans des cas déjà suffisamment étudiés ou qui le seront à l'occasion, et ne présentent aucune difficulté essentielle sous le rapport des signes de position.

38. Dans cet état particulier du système, les relations métriques ou descriptives qui concernent les points, les grandeurs géométriques impossibles, sont purement idéales, et si l'on persiste à les considérer dans cette hypothèse, c'est pour maintenir la continuité même dans les intervalles où elle cesse d'exister d'une manière absolue, non dans la forme des équations ou relations métriques, mais dans l'état en quelque sorte physique des grandeurs qui y entrent.

Je le répète, il doit être permis dans de tels intervalles, de considérer les grandeurs imaginaires comme des inconnues qu'il s'agirait de construire graphiquement au moyen des équations qui s'y rapportent et les déterminent. Cette supposition est d'autant plus permise qu'alors nécessairement, ces relations sont géométriquement incompatibles pour la série entière des positions de la figure où les grandeurs, les points en question restent imaginaires; sans quoi il existerait des valeurs réelles correspondantes des distances ou racines inconnues, propres à construire les points dont il s'agit; ce qui est contradictoire et en soi absurde.

Il est donc bien vrai que, pour les états variés d'une figure dont les données constitutives changent par degrés continus et qui, par cela même, est soumise au principe de continuité, les distances, les aires, lignes et dimensions quelconques devenues impossibles graphiquement, doivent être considérées comme indéterminées à la fois de sens, de grandeur et de position; ou plutôt, il convient de ne rien statuer dans les relations métriques où elles entrent pour tout l'intervalle où elles restent impossibles (*), tandis qu'il est rationnel de continuer à appliquer la règle ordinaire des signes de position aux quantités demeurées réelles et qui seraient devenues inverses en passant par zéro ou l'infini.

39. Éclaircissons tout ceci par un exemple très-simple (*fig.* 115).

Soient *sb* et *s*β deux sécantes extérieures au cercle dont le centre

Fig 115.

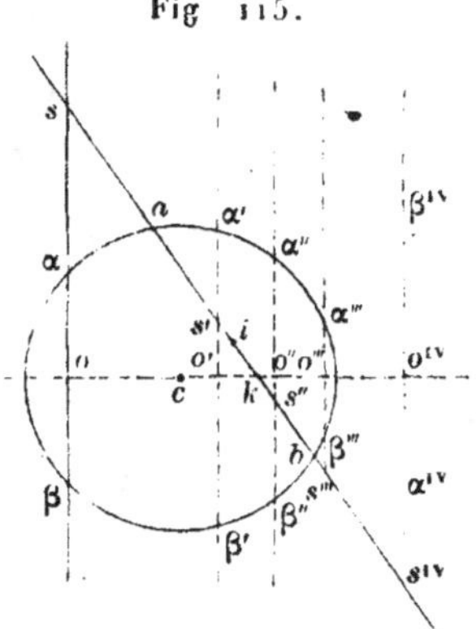

est *c*; de ce centre soit abaissée la perpendiculaire *co* sur la sécante *s*β, on aura, pour la situation actuelle,

$$s\alpha . s\beta = sa . sb$$
$$s\alpha + s\beta = 2so$$

1er système (s).

(*) Remarquons qu'il ne s'agit nullement ici d'impossibilité absolue, mais seulement d'imaginarité relative, transitoire et en quelque sorte temporaire; car nous n'admettons pas l'existence géométrique de quantités négatives, imaginaires, infinies, considérées isolément (p. 168), comme l'entendent quelquefois les géomètres algébristes, c'est-à-dire d'une manière purement analogique, conventionnelle et partant arbitraire.

Supposons que $s\alpha\beta$ se meuve parallèlement à elle-même jusqu'en $\alpha'\beta'$, les seules distances $s'\alpha'$ et $s'a$ seront devenues inverses, et, d'après la règle des signes, on aura

$$\left.\begin{array}{l} - s'\alpha'.s'\beta' = - s'a.s'b \\ - s'\alpha' + s'\beta' = 2s'o' \end{array}\right\} \text{2}^{\text{e}} \text{ système } (s').$$

Si de nouveau $\alpha'\beta'$ se meut par la même loi jusqu'en $\alpha''\beta''$, au delà du point k d'intersection de sab et de co, $s''o''$ sera devenu nul puis inverse, et aura changé de signe; les autres segments étant restés directs, il viendra

$$\left.\begin{array}{l} - s''\alpha''.s''\beta'' = - s''a.s''b \\ - s''\alpha'' + s''\beta'' = - 2s''o'' \end{array}\right\} \text{3}^{\text{e}} \text{ système } (s'').$$

$\alpha''\beta''$ prenant ensuite la position $\alpha'''\beta'''$, pour laquelle s''' est de nouveau hors du cercle, $s'''\beta'''$ et $s'''b$ seront seuls devenus négatifs, en sorte que les équations prennent la forme algébrique

$$\left.\begin{array}{l} (- s'''\alpha''')(- s'''\beta''') = (- s'''a)(- s'''b) \\ - s'''\alpha''' - s'''\beta''' = - 2s'''o''' \end{array}\right\} \text{4}^{\text{e}} \text{ système } (s'''),$$

qui se confondent avec les équations (s) de départ.

· Donc $\alpha'\beta'$, $\alpha''\beta''$, $\alpha'''\beta'''$ finissant par sortir tout à fait du cercle après lui avoir été tangentes, et prenant la position $s^{\text{IV}}o^{\text{IV}}$, les points correspondants à α''' et β''' cesseront d'exister ainsi que les distances $s'''\alpha'''$, $s'''\beta'''$; mais $s'''a$, $s'''b$, $s'''o'''$ seront restées réelles sans devenir inverses et sans changer de signe positif. Si donc on veut persister à conserver les relations primitives, il faudra ne plus rien prononcer sur les signes des distances imaginaires, et les regarder comme de vraies inconnues. Représentant ces inconnues analogiquement par $s^{\text{IV}}\alpha^{\text{IV}}$, $s^{\text{IV}}\beta^{\text{IV}}$, il viendra

$$\left.\begin{array}{l} (- s^{\text{IV}}\alpha^{\text{IV}})(- s^{\text{IV}}\beta^{\text{IV}}) = (- s^{\text{IV}}a)(- s^{\text{IV}}b) \\ - s^{\text{IV}}\alpha^{\text{IV}} - s^{\text{IV}}\beta^{\text{IV}} = - 2s^{\text{IV}}o^{\text{IV}} \end{array}\right\} \text{5}^{\text{e}} \text{ système } (s^{\text{IV}}), \text{ imaginaire.}$$

Si ces équations n'exprimaient par elles-mêmes aucune incompatibilité, on pourrait en déduire des valeurs réelles pour $s^{\text{IV}}\alpha^{\text{IV}}$ et $s^{\text{IV}}\beta^{\text{IV}}$; attribuant implicitement les valeurs ainsi trouvées aux distances qui les représentent dans les relations ci-dessus, ces relations seraient satisfaites. Or, alors on pourrait aussi trouver sur $s^{\text{IV}}o^{\text{IV}}$ deux points réels pour lesquels les distances correspondantes auraient entre elles et avec $s^{\text{IV}}o^{\text{IV}}$, $s^{\text{IV}}a$, $s^{\text{IV}}b$, les relations examinées.

Soient α^{IV}, β^{IV} ces deux points : on aurait donc rigoureusement

$$\left.\begin{array}{l} s^{\text{IV}}\alpha^{\text{IV}}.s^{\text{IV}}\beta^{\text{IV}} = s^{\text{IV}}a.s^{\text{IV}}b \\ s^{\text{IV}}\alpha^{\text{IV}} + s^{\text{IV}}\beta^{\text{IV}} = 2s^{\text{IV}}o^{\text{IV}} \end{array}\right\} \text{5}^{\text{e}} \; (bis).$$

Or si, par une marche inverse à celle qui a fait découvrir les relations du 1er système (s), on remontait de proche en proche, des relations (s^{IV}) aux relations primitives qui leur correspondent, on trouverait évidemment que les points réels α^{IV}, β^{IV} sont à des distances du centre c, égales à celles de ce même centre aux points a et b; d'où l'on conclurait que les points α^{IV} et β^{IV} appartiennent au cercle dont le centre est c et qui passe par a et b; car sur le plan de la figure, il n'y a aucun point hors de la circonférence qui jouisse de cette propriété. Il faudrait donc, dans l'hypothèse où les relations examinées (s^{IV}) expriment des dépendances réelles, que la droite $s^{\mathrm{IV}}o^{\mathrm{IV}}$ rencontrât le cercle (c), ce qui est contraire à l'autre hypothèse faite en même temps que la première, à savoir : que la droite $s^{\mathrm{IV}}o^{\mathrm{IV}}$ soit entièrement au dehors de la circonférence dont il s'agit. Donc les relations (s) ou (s^{IV}) doivent, dans l'état où elles se trouvent, être incompatibles entre elles, en ce sens qu'elles ne fournissent aucune valeur réelle pour les distances $s\alpha$, $s\beta$, ou $s^{\mathrm{IV}}\alpha^{\mathrm{IV}}$, $s^{\mathrm{IV}}\beta^{\mathrm{IV}}$.

40. Si, au lieu d'examiner, comme dans ce qui précède, la variation successive des signes pour les diverses positions que peut prendre le système primitif, en le faisant varier d'une manière continue, on se bornait à comparer entre eux directement les états extrêmes (s) et (s^{IV}), les seuls qu'on ait en vue, il faudrait toujours agir de même et regarder les distances imaginaires comme des inconnues positives, en ayant égard seulement à la variation des signes des distances restées réelles. Ainsi les relations trouvées pour le système (so) étant

$$s\alpha . s\beta = sa . sb,$$
$$s\alpha + s\beta = 2so,$$

celles du système imaginaire $(s^{\mathrm{IV}}o^{\mathrm{IV}})$ seront

$$s^{\mathrm{IV}}\alpha^{\mathrm{IV}} . s^{\mathrm{IV}}\beta^{\mathrm{IV}} = (-s^{\mathrm{IV}}a)(-s^{\mathrm{IV}}b) = s^{\mathrm{IV}}a . s^{\mathrm{IV}}b,$$
$$s^{\mathrm{IV}}\alpha^{\mathrm{IV}} + s^{\mathrm{IV}}\beta^{\mathrm{IV}} = -2s^{\mathrm{IV}}o^{\mathrm{IV}},$$

puisque sa, sb et so sont devenus tous trois inverses.

Ces dernières relations diffèrent par le signe des distances $s^{\mathrm{IV}}\alpha^{\mathrm{IV}}$, $s^{\mathrm{IV}}\beta^{\mathrm{IV}}$, de celles (s^{IV}) précédemment trouvées pour le même système, et cela doit être naturellement, puisque l'on n'a pas eu égard à ces signes; mais ces équations n'expriment ni plus ni moins que les premières, et doivent être également incompatibles entre elles. En effet, elles doivent donner les mêmes valeurs pour $s^{\mathrm{IV}}\alpha^{\mathrm{IV}}$, $s^{\mathrm{IV}}\beta^{\mathrm{IV}}$, mais seulement avec d'autres signes; si donc les unes exprimaient des dépendances réelles, les autres en exprimeraient aussi, ce qu'on a démontré être absurde. Donc elles expriment à la fois des impossibilités géométriques et la non-existence des points et des distances qu'elles concernent : la même chose arriverait encore si, au lieu de partir du système *so*, on partait d'un système quelconque $(s'o')$; car on aurait, pour ce système $(s'o')$.

$$- s'\alpha'.s'\beta' = - s'a.s'b,$$
$$s'\beta' - s'\alpha' = 2\,s'o',$$

et, pour le système dérivé $(s^{\text{IV}}o^{\text{IV}})$.

$$- s^{\text{IV}}\alpha^{\text{IV}}.s^{\text{IV}}\beta^{\text{IV}} = (- s^{\text{IV}}a).(- s^{\text{IV}}b),$$
$$s^{\text{IV}}\beta^{\text{IV}} - s^{\text{IV}}\alpha^{\text{IV}} = - 2s^{\text{IV}}o^{\text{IV}},$$

puisque $s'b$ et $s'o$ sont seules devenues inverses; or ces dernières relations ne diffèrent et ne peuvent évidemment différer que par le signe de $s^{\text{IV}}\beta^{\text{IV}}$ de celles du système (s^{IV}).

41. Dans l'exemple qui précède, nous avons supposé, pour plus de simplicité, que la droite *so* se mût parallèlement à elle-même, mais il est visible que les conséquences ne varieraient pas quand bien même la direction de cette corde se mouvrait d'une manière entièrement arbitraire aussi bien que *sab* (*).

En général, on peut supposer le cercle (c) non tracé, cas auquel, ignorant si la droite *so* le rencontre, on se trouve naturellement obligé de considérer les intersections de cette droite avec le cercle comme inconnues de position, et les distances $s\alpha$, $s\beta$ elles-mêmes, comme inconnues à la fois de grandeur et de signe, tout en conservant les formules, les équations relatives à la situation primitive arbitraire, de $\alpha\beta$.

Concluons de cet examen particulier et des réflexions générales qui le précèdent, que la règle des signes aura encore lieu pour les états de la *fig.* 116, où, en vertu du déplacement de quelques-unes de ses parties, certains points et les distances

---

(*) Tout cela est parfaitement conforme, pour le fond, aux résultats que fournit le calcul algébrique dans les équations du second degré à racines réelles ou imaginaires, de la forme $x^2 - px + q = 0$. Pour s'en convaincre directement, on peut supposer que la sécante *sab* devienne mobile autour du point fixe *s*, aussi bien que $s\alpha\beta$. *i* étant d'ailleurs le point milieu de *ab*. auquel cas on a évidemment

$$p = sa + sb = 2si, \quad q = sa.sb, \quad \text{etc.}$$

qui les séparent sont devenus imaginaires, pourvu qu'alors on se rappelle qu'il est inutile de s'occuper du signe même des expressions qui représentent ces distances imaginaires.

Réflexions générales sur le principe de continuité et la différence caractéristique qui existe entre la Géométrie pure et le calcul algébrique.

42. Avant de terminer le sujet qui nous occupe, je crois devoir ajouter à ce qui précède quelques nouvelles réflexions propres à montrer que la permanence ou *continuité* des relations métriques et la règle des signes de position jusqu'ici constatée dans certaines figures élémentaires de la Géométrie, s'étendent, par là même, à toutes les figures possibles et à toutes les équations qui s'y rapportent.

La question revient évidemment à faire voir comment les relations métriques en général, peuvent se déduire de celles que nous avons précédemment examinées.

D'abord cela paraît évident à priori, quand on réfléchit que l'Analyse des coordonnées de Descartes n'emprunte elle-même à la Géométrie qu'un très-petit nombre de principes, et qu'en les combinant d'une manière convenable par les procédés algébriques, ils permettent d'arriver à la connaissance de toutes les relations et propositions possibles relatives aux figures composées.

D'un autre côté, et sans recourir à ce moyen, il est visible qu'une telle figure, toujours décomposable en d'autres plus simples ou plus élémentaires, ne jouira d'aucune relation et propriété métrique ou descriptive, si elle n'a été démontrée pour une situation actuelle et donnée, au moyen du raisonnement géométrique aidé ou non des calculs de l'Algèbre. Or, ce genre de raisonnement repose essentiellement sur la décomposition dont il vient d'être parlé ou la considération de figures plus simples, plus élémentaires encore, telles que nous en avons précédemment étudié, et soumises, par hypothèse, au principe de continuité non-seulement en elles-mêmes, mais aussi dans leurs conséquences, sans introduction ni mélange (17) d'aucune relation, d'aucune condition géométrique ou algébrique étrangères à la loi des signes de position.

C'est ainsi, par exemple, que les formules de la Trigonométrie, plane ou sphérique, se déduisent des plus simples propriétés du cercle et des triangles semblables. Or, il résulte de
ces considérations évidentes que toutes les relations ou théorèmes obtenus par la combinaison licite des premières relations ou propositions, seront également soumis au principe de
continuité et à la loi des signes précédemment exposés (*).

Que si l'on contestait les déductions de ce genre de raisonnement, je répondrais par cet autre argument : je suppose
que, à une époque quelconque de l'enseignement de l'Algèbre
et de la Géométrie, l'on y ait introduit, avec les ménagements
et la gradation convenables, mais non brusquement, les notions intuitives inévitables de la continuité, de l'infini, de
l'opposition de sens et de signes des grandeurs, etc.

43. Ces réflexions me paraissent devoir provoquer une re-
fonte, sinon des éléments de la Géométrie pure, du moins de
ceux qui ont pour objet spécial l'application de l'Analyse algébrique, dont les hardiesses, les abstractions contrastent singulièrement avec le caractère timide, réservé de la Géométrie

---

(*) Par exemple, les formules ou relations fondamentales de la Trigonométrie

$$\tan s = \frac{R \sin s}{\cos s}, \quad \sec s = \frac{R^2}{\cos s}, \quad \cot s = \frac{R \cos s}{\sin s} = \frac{R}{\tan s}, \quad \operatorname{coséc} s = \frac{R^2}{\sin s};$$

dans lesquelles s est l'arc, R le rayon positif tournant toujours dans le
même sens, ces formules n'ayant que deux termes qui ont été obtenus
par la considération des triangles semblables, ne comportent par elles-
mêmes aucun signe *explicite*, et les signes *implicites*, variables avec la
position et le sens, doivent constamment s'y détruire ; de sorte que si
l'on considère comme inconnue la ligne trigonométrique de l'un quelconque des premiers membres, sa valeur de signe et de position sera donnée
par le second. Ainsi notamment, la sécante a toujours le signe du cosinus, et, par conséquent, si l'on regarde le rayon mobile du cercle
comme unité de longueur, la sécante sera négative pour tous les arcs
compris entre $\frac{1}{2}\pi(2n+1)$ et $\pi(n+1)$; ce qui s'accorde avec la règle
des signes géométriques, puisque la sécante aura alors une position opposée à celle du rayon toujours censé positif et tournant progressivement dans
le sens même des arcs positifs, etc.

des Anciens; car l'esprit, d'abord accoutumé aux restrictions de toute espèce, interprète et s'explique péniblement les généralités de la Géométrie analytique; souvent même elles lui paraissent contrarier les notions les plus rigoureuses et le plus généralement admises : on se forme difficilement de nouvelles idées, parce qu'on ne songe pas à remonter aux principes et à les approfondir. On veut interpréter à priori la nature des solutions positives, négatives et imaginaires, on veut expliquer, démontrer la règle des signes de position, sans faire attention que ces solutions diverses ont pour fondement et explication nécessaire des faits placés à l'entrée même de la science et indépendants de toute vérité antérieure, parce qu'ils sont de véritables axiomes auxquels on ne saurait rien substituer de plus clair.

Ce sont ces faits primitifs qu'il faut d'abord nettement exposer, afin de pouvoir en déduire avec certitude les conséquences les plus générales. Il n'est pas permis, en effet, de prétendre démontrer rigoureusement et à priori un théorème compliqué en esquivant ceux dont il est la conséquence nécessaire, c'est-à-dire indépendamment de toute donnée antérieure. Les vérités géométriques les plus éloignées sont liées, par une chaîne continue, aux vérités les plus élémentaires, et il est impossible à notre entendement d'apercevoir un rapport compliqué entre des grandeurs quelconques, si l'on n'en montre la filiation, la dépendance intime et rigoureuse avec d'autres rapports précédemment admis ou démontrés, et ainsi de suite jusqu'aux axiomes qui tombant immédiatement sous le sens, n'ont absolument rien avant eux (*).

(*) Je prie le lecteur de se rappeler (note de la p. 107) que ces réflexions ont été écrites en 1816 pour moi seul, et sans nulle intention de les publier sous la forme qui leur a été conservée ici. C'était, comme on voit, peu après l'époque où l'auteur de la *Technie de l'Algorithmie*, fondée sur la doctrine philosophique de la soi-disant *raison pure*, déjà cité à la p. 495 du précédent volume, essayait, non sans succès, d'attaquer les écrits mathématiques de nos plus grands géomètres, défendus par M. Servois et d'autres; ce qui a conduit de plus jeunes savants algébristes à se laisser entraîner à l'attrait de discuter, de refondre même et de démontrer à priori les plus anciennes vérités mathématiques, celles qui sont dues aux lents et pénibles progrès des siècles antérieurs.

44. Que penser donc de ceux qui, voulant expliquer la règle des signes de position, commencent par poser ce principe vague : *Tout ce qui existe dans le calcul doit exister aussi en Géométrie, par la seule raison que le calcul est applicable à tous les objets que cette science considère* (*). Ce n'est certes pas là un axiome; aussi est-il impossible d'en rien déduire qui soit bien clair ou mathématiquement établi : n'est-ce pas oublier ainsi que le calcul algébrique n'est point, à proprement parler, une science, mais bien un art, un mécanisme assujetti à des règles, à des procédés invariables qui s'appliquent à nos premières conceptions géométriques, lorsqu'elles se bornent à formuler des rapports préexistants entre certaines grandeurs des figures, etc.? Ce mécanisme servant à découvrir d'autres rapports qui découlent des premiers, soulage la mémoire, abrége le travail de l'esprit, mais jamais il ne le dirige; car, dans son mystérieux symbolisme, il cache trop souvent, non pas simplement des erreurs matérielles, mais des contre-vérités ou d'insignifiantes vacuités.

Comment appliquerait-on l'Algèbre à la Géométrie, notamment, si l'on ne commençait par raisonner sur les figures pour en déduire les propriétés métriques et élémentaires? Il est néanmoins d'illustres savants qui ont conçu l'espoir chimérique de rendre l'analyse des coordonnées tout à fait indépendante de la Géométrie, et cela faute d'avoir fait la remarque qui précède. Il ne serait guère plus absurde, ce me semble, de prétendre démontrer algébriquement les bases de la Mécanique et les lois du système planétaire, sans partir de la notion expérimentale et physique des forces qui se manifestent à la surface de la terre ou des lois naturelles les plus simples que Képler et Galilée ont découvertes, en se fondant sur l'observation directe des phénomènes.

Mais il est temps de revenir à notre sujet principal, que les discussions précédentes nous ont fait un instant abandonner.

45. Nous venons de démontrer rigoureusement qu'en admettant la règle des signes en Géométrie, toutes les relations et propriétés métriques relatives à une figure appartiennent,

---

(*) Gaudin, *Essai sur la théorie des signes, etc.;* Nantes, 1816, p. 5.

non-seulement à une disposition donnée des parties de cette figure pour laquelle elles seraient géométriquement démontrées, mais encore à toutes les dispositions possibles de ces parties, pourvu que la transformation puisse être conçue comme ayant lieu en vertu d'un déplacement continu.

Il résulte de là que, de même que pour une situation particulière et donnée d'une figure, chaque relation est apte à déterminer une certaine distance ou un certain point sur une certaine droite, quand les autres distances qui y entrent sont connues, de même cette relation devient propre, quand on suppose le système variable, à construire la suite des points analogues au premier; ce sera donc la définition *génétique* d'une certaine ligne, c'est-à-dire son *équation*, et comme telle, elle devra en renfermer implicitement les propriétés essentielles; car elle construit et détermine parfaitement toutes les parties de la courbe.

Donnons quelques exemples :

Soient ab, ab' (*fig.* 116) des parallèles quelconques comprises dans l'angle AsB formé par deux droites fixes indéfinies sA et sB : on a, comme on l'a vu (n° 29) sans signe algébrique,

$$\frac{a'b'}{sb'} = \frac{ab}{sb},$$

quelle que soit la position des lignes ou des distances. Or, si l'on suppose que l'angle en s et la droite ab restant invariables, $a'b'$ se meuve parallè-

Fig. 116.

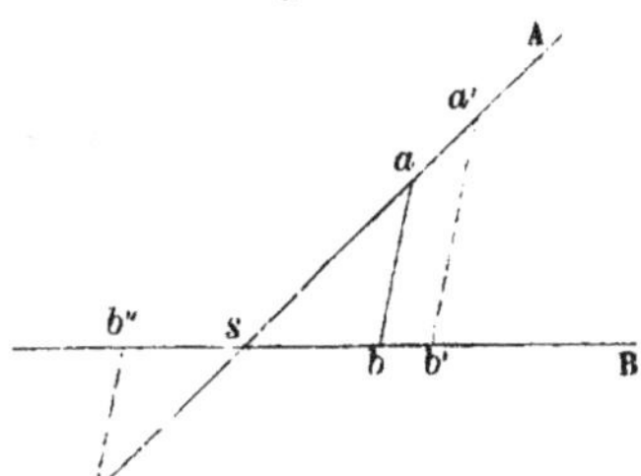

lement à ab, la relation ci-dessus sera apte à déterminer à chaque instant l'ordonnée $a'b'$, et par conséquent l'extrémité mobile a', si l'on se donne l'abscisse variable sb'; car on aura, m étant une constante,

$$a'b' = \frac{ab}{sb} sb' = m \cdot sb'.$$

Cette relation sera donc propre à construire successivement tous les points de la droite indéfinie sA et rien que ses points; ce sera donc l'équation même de cette droite, en ayant égard à la loi des signes de position. Ce serait aussi l'équation de l'autre droite sB, si l'on regardait les distances sa' comme successivement données, et celles de $a'b'$ comme inconnues.

46. Ces considérations géométriques s'appliquent à une relation métrique ou algébrique quelconque, entre les abscisses et les ordonnées d'une courbe plane, pourvu que cette relation, assujettie à la loi des signes, subsiste dans toutes les positions possibles des coordonnées variables.

Par exemple, dans le cercle (c), *fig.* 117, dont c est le centre,

Fig. 117.

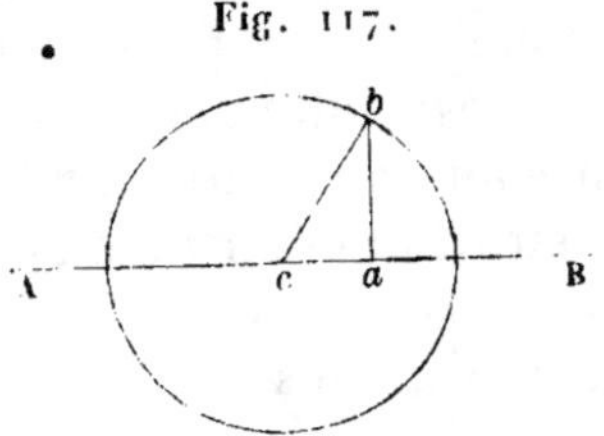

AB une diamétrale, $cb = r$ un rayon quelconque, ba perpendiculaire à AB l'ordonnée, ca l'abscisse de l'extrémité b du rayon, on a algébriquement

$$\overline{ac}^2 + \overline{ab}^2 = \overline{cb}^2 = r^2,$$

quel que soit b; c'est donc l'équation de ce cercle. Je n'insisterai pas ici sur les théories de l'Analyse des coordonnées, qui, au fond, n'est qu'un cas particulier de l'application de l'Algèbre à la Géométrie; ce que nous venons de dire, en effet, des équations entre les coordonnées ordinaires d'une ligne courbe, s'applique aux relations géométriques entre des distances variables quelconques.

Soit $acbd$ ou (o), *fig.* 118, un cercle quelconque, ab et cd deux sécantes se coupant en s; on a, toujours sans signes algébriques,

$$sc.sd = sa.sb.$$

Fig. 118.

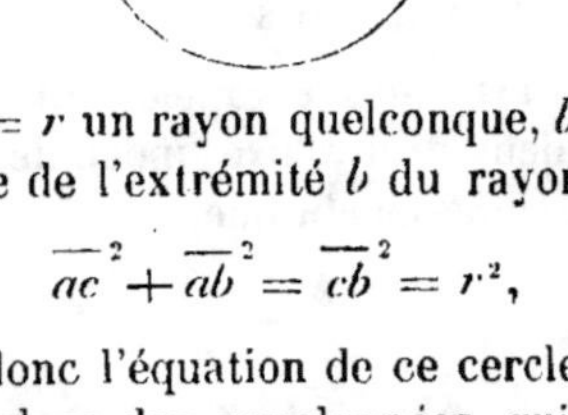

Imaginons que les points a, c, d restent fixes, tandis que la droite ab

tourne autour du point a: l'équation ci-dessus, en ayant égard aux inversions de sens et de signes, donnera, pour chaque position de ab, un point b du cercle (o) qui passe par a, c, d, et elle ne donnera aucun point en dehors de ce cercle; ce sera donc son équation génétique, de même que l'équation $sm = r$ constante, serait celle d'un autre cercle ayant pour centre le point fixe s.

Soit encore abc un triangle inscrit au cercle (o), *fig.* 119, dont le

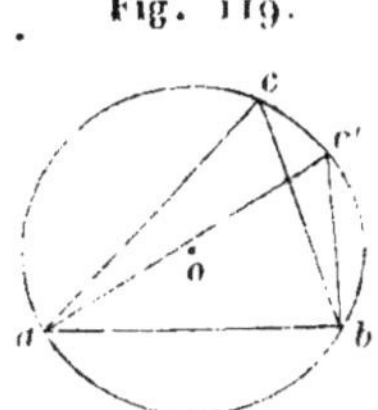

Fig. 119.

sommet c vienne à se mouvoir, tandis que a et b restent fixes : on aura, intérieurement au triangle,

$$\text{angle } acb \quad \text{ou} \quad c = \text{C const.,}$$

quelle que soit la situation de c sur le cercle, ou, si l'on veut encore,

$$a + b + \text{C} = 200^n.$$

Cette relation est aussi l'équation du cercle (o); car, en se donnant a, elle fournit b, et par suite le point correspondant c du cercle, dont, par conséquent, elle construit successivement tous les points en considérant a et b comme variables.

Il en est évidemment de même de toutes les propriétés possibles des figures à l'égard des lignes qu'elles sont supposées construire; mais il est à remarquer qu'une même équation relative à une figure donnée peut souvent être la définition de plusieurs lieux, selon la nature des quantités qui y entrent. Cela arriverait notamment pour les figures qui nous ont occupés ci-dessus, si l'on changeait les hypothèses concernant le mode de description. Il faut donc, dans chaque cas, distinguer attentivement les grandeurs et les points censés fixes, des grandeurs et des points qui doivent être mobiles ou variables en vertu de la liaison admise; autrement, on ne saurait prononcer sur la nature des lignes que représentent les relations examinées. Or cela peut arriver dans toutes les questions géométriques où la nature et la loi du déplacement des parties constituent la donnée essentielle.

47. Il nous reste à faire sur les relations métriques appartenant aux figures, une remarque générale qui nous sera très-utile par la suite.

Toutes les propriétés géométriques pouvant être censées déduites avec exactitude du raisonnement ordinaire, elles ne doivent évidemment renfermer rien d'étranger aux figures mêmes qu'elles concernent; elles sont nécessairement, dans leur expression algébrique, les plus simples possible.

Pour faire concevoir ce que nous entendons par là, reprenons les données et les hypothèses de la *fig.* 117, nº **46**, on aura, pour tous les points du cercle (·*c*),

$$\overline{ab}^2 = r^2 - \overline{ac}^2.$$

Voilà une relation primitive, car elle ne peut provenir par aucune transformation d'une autre plus simple qu'elle. En l'élevant au carré, on a nécessairement aussi

$$\overline{ab}^4 = \left(r^2 - \overline{ca}^2\right)^2;$$

mais quoique cette relation soit une conséquence rigoureuse de la première, elle dit pourtant plus qu'elle, par la raison que $r^2 - \overline{ca}^2$ au lieu d'être essentiellement positif peut y devenir négatif, sans que cette dernière équation change de forme algébrique; en sorte qu'elle exprime à la fois tout ce que renferme la relation $\overline{ab}^2 = r^2 - \overline{ca}^2$ et celle-ci $-\overline{ab}^2 = r^2 - \overline{ca}^2$, qui est bien différente, puisqu'elle appartient, non plus au cercle lui-même, mais à l'*hyperbole équilatère*, et construit cette hyperbole par points.

La relation $\overline{ab}^2 = r^2 - \overline{ca}^2$ est celle que nous appelons *primitive*, l'autre $\overline{ab}^4 = \left(r^2 - \overline{ca}^2\right)^2$ n'est que *dérivée*. Or, je dis que les relations de la Géométrie sont toutes d'une nature simple comme la première.

D'abord, cela peut résulter du fait géométrique même, et l'on peut toujours supposer qu'on n'admette que de semblables relations; mais on peut aussi montrer que cela résulte immédiatement des principes fondamentaux de la Géométrie pure, à l'aide d'un raisonnement déjà employé et que nous allons reproduire.

48. Il est incontestable qu'il en est ainsi dans les figures

élémentaires auxquelles peuvent se ramener toutes les autres.
Or, nous avons vu que les propositions les plus générales de
la Géométrie peuvent se déduire de la combinaison des égalités qui appartiennent aux figures élémentaires. D'ailleurs, il
est bien visible que ces combinaisons se réduisent, en dernier
terme, à l'élimination de certaines quantités entre les égalités
primitives; si donc on a le soin de ne jamais employer pour
cette élimination que des méthodes qui ne compliquent pas
inutilement les résultats, il arrivera que les équations finales
ne diront ni plus ni moins que les relations primitives; par
conséquent si celles-ci n'appartiennent qu'à la figure proposée,
les autres n'appartiendront également qu'à cette seule figure,
et en seront, par cela même, des définitions exactes, des équations caractéristiques. Mais c'est précisément ce qu'il faut
admettre dans la recherche de propositions nouvelles, et c'est
nécessairement ce qui arrive quand on procède par le raisonnement ordinaire. Donc, les propriétés géométriques sont des
relations simples, inséparables, irréductibles à de moindres
termes; elles n'appartiennent en toute rigueur, qu'à la figure
dont elles émanent. Quant aux équations qui s'en déduisent par
voie de multiplication, d'élévation aux puissances, etc., nous
en faisons abstraction, et regardons de telles opérations comme
non permises au point de vue de la Géométrie ancienne.

Ce que nous venons de dire relativement aux relations de
cette nature est précisément aussi ce que l'on observe dans les
recherches purement algébriques; car on n'admet jamais pour
résultats véritables tous ceux qui proviennent d'éliminations
ou de transformations non immédiatement ou implicitement
comprises dans les équations primitives; il faut que ces résultats les rendent identiques par substitution directe et ne donnent
ni plus ni moins que ces équations. C'est dans l'hypothèse où
l'on n'admet que des opérations et des résultats licites, que
nous raisonnerons dans ce qui va suivre, afin d'éviter toute
équivoque, tout paradoxe, et de détruire par là les nombreux
reproches adressés jusqu'ici aux applications de l'Analyse algébrique à la Géométrie.

49. Considérons toujours une figure composée d'éléments
géométriques quelconques, séparément soumis à la loi de

continuité et des signes de position, tant dans son état actuel
ou primitif que dans ses états corrélatifs ou dérivés; il est indispensable de distinguer attentivement les données des inconnues ou grandeurs restées entièrement arbitraires; les *constantes* des *variables* ou *indéterminées;* les objets fixes des objets mobiles ou susceptibles de changer de position par rapport
aux premiers; enfin les *constantes fixes* des *constantes mobiles,*
c'est-à-dire variables de position. Par exemple, dans un triangle, la base peut être donnée de grandeur et de position, tandis
que l'un des côtés adjacents, aussi donné de grandeur, ne le
sera pas de position relativement au sommet fixe par lequel il
est assujetti à passer.

Cela posé, imaginons qu'on résolve les équations qui expriment les propriétés de l'état primitif du système, équations
en nombre suffisant par rapport aux inconnues pour les déterminer de grandeur et de position; les valeurs ainsi obtenues
satisferont, par hypothèse, aux relations primitives en les
prenant collectivement avec leurs signes. Si ces signes sont
positifs, la position d'abord attribuée aux divers éléments de
la figure sera, sans nul doute, la véritable position du système, conformément aux principes généralement reçus. Donc
alors les quantités inconnues se trouveront à la fois déterminées de grandeur et de situation.

Mais si, au contraire, le signe algébrique de la valeur finale
d'une inconnue quelconque est négatif, c'est, admet-on encore, la preuve que cette inconnue doit avoir un sens opposé
à celui qu'on lui attribuait d'abord, et, si cette valeur était
imaginaire, ce serait aussi une preuve que les équations d'où
l'on part sont incompatibles entre elles pour l'hypothèse faite
sur la position relative des points, les signes des données, etc.;
le résultat définitif, la figure à découvrir étant elle-même
inconstructible géométriquement.

30. La chose est en soi incontestable, en général, d'après
les règles de l'Algèbre et les principes précédemment établis
pour la loi des signes de position; mais il peut se présenter
bien des difficultés dans l'application, et ces difficultés proviennent moins de l'Analyse algébrique que de la manière restreinte dont on envisage souvent les questions.

Nous allons essayer, dans les paragraphes ci-après, de parcourir successivement les principales solutions de cette espèce qui sont jusqu'ici (1817) parvenues à notre connaissance.

1.º Si les objets connus sont tous fixes, tandis que les inconnus restent seuls indéterminés de situation et de grandeur, il est visible que les conséquences ci-dessus seront directement et rigoureusement applicables, pourvu toutefois que les équations de départ expriment des propriétés effectives du système. En effet, les signes et les valeurs des inconnus étant alors seuls indéterminés, le système obtenu et la figure qui s'y rapporte ne peuvent être en désaccord avec les hypothèses de la mise en équation, que par les signes mêmes et la grandeur absolue ou la situation des quantités cherchées.

Dans les mêmes circonstances, il peut arriver deux cas : ou les distances inconnues se mesurent sur des lignes droites de position fixe et déterminée, ou elles se mesurent sur des lignes droites de situation inconnue; le premier de ces cas ne saurait offrir aucune difficulté, que les valeurs obtenues algébriquement soient positives, négatives ou même imaginaires, pourvu toujours que les équations d'où l'on part expriment les véritables conditions ou propriétés du système cherché.

Examen raisonné et critique de la solution connue de quelques problèmes déterminés relatifs aux points rangés sur une droite fixe.

51. Une erreur que l'on commet facilement et très-souvent dans la mise en équation, c'est de confondre le système cherché avec d'autres systèmes plus ou moins analogues, mais qui en sont réellement distincts géométriquement, sinon algébriquement. Cette erreur est d'autant plus facile à commettre que, sous un certain point de vue, sous celui de l'énoncé verbal de la question notamment, ces systèmes ne semblent différer que par la situation et non par leur nature propre.

Pour en donner un exemple élémentaire, soit abx (*fig.* 120) une circonférence de cercle, dont le centre est o, sb et sx deux sécantes, dont l'une sb détermine des segments sa, sb qu'on suppose connus, tandis qu'on regarde comme inconnus les segments sx et sy formés sur l'autre;

du centre o soit abaissée une perpendiculaire oi sur la droite sx : si l'on suppose sxy donnée de direction, is sera aussi connue, et l'on aura tout ce qu'il faut pour déterminer x et y ou sx et sy. En effet, i étant nécessairement le milieu de xy, on a, pour la position hypothétiquement supposée aux points x et y, remplissant d'ailleurs la condition que ces points soient sur un cercle qui passe par a et b, on a, dis-je,

$$sa.sb = sx.sy, \quad 2si = sx + sy.$$

Ces équations étant des traductions algébriques rigoureuses de l'énoncé doivent infailliblement faire connaître les points x et y cherchés.

Mais si, au lieu de supposer les points x et y d'un même côté du

Fig. 120.

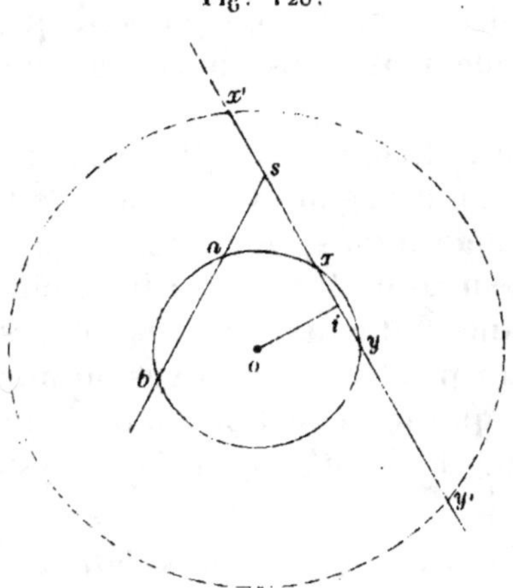

point s, on les eût supposés de côtés différents en x' et y', on aurait obtenu les équations

$$sa.sb = sx'.sy', \quad 2si = sy' - sx',$$

lesquelles diffèrent entièrement des premières et fournissent aussi des valeurs distinctes. En effet, tandis que les premières donnent

$$sx = si \pm \sqrt{\overline{si}^2 - sa.sb},$$

les autres, au contraire, donnent

$$sx' = -si \pm \sqrt{\overline{si}^2 + sa.sb}.$$

Le problème semblerait donc susceptible de quatre solutions réelles et distinctes, ce qui paraît véritablement absurde. D'un autre côté, l'absurdité ne vient pas de ce que l'Analyse a mêlé des racines étrangères à celles

qui appartiennent au problème, car les racines obtenues satisfont algébriquement aux équations primitives correspondantes; elle ne peut donc
provenir que de la mise en équation elle-même, ou plutôt encore, de
l'hypothèse particulière qui a été faite sur la position des points x' et y' :
en effet, l'hypothèse faite en second lieu sur la position de ces deux
points, ne saurait convenir à la nature du cercle; car on sait que, dans
cette courbe, le point d'intersection de deux sécantes quelconques est à
la fois au delà ou en deçà des quatre points d'intersection qui leur correspondent.

Ainsi le système des dernières équations n'appartient pas à la question
proposée, puisqu'il est expressément spécifié, dans son énoncé, que les
points inconnus doivent appartenir au cercle contenant a et b. Mais si,
négligeant cette condition particulière, on se borne à exiger que le rectangle $sx.sy$ soit donné à priori, ainsi que le point i milieu de xy, alors
le problème aura quatre solutions effectives, qui ont déjà été données ci-
dessus; car il n'y aura plus de raison pour rejeter l'hypothèse où les points
x et y seraient situés de part et d'autre du point s.

On aurait donc bien tort ici de croire que les incertitudes tiennent au
mode d'opérer, à ce que l'on se sert de l'Analyse algébrique; car si, en
traitant la même question géométriquement, il arrivait qu'on ne connût
ni la position du centre, ni celle de la circonférence (o), on tomberait évidemment dans une indécision pareille à l'égard de la véritable position
des points inconnus x et y.

D'ailleurs, de quelque manière que l'on procède, on n'échappe point à
toute difficulté; puisque si on met le problème en équation dans ces conditions générales, on ne pourra partir que de l'une de ces hypothèses
distinctes : ou les points x et y sont à la fois d'un même côté ou ils sont
de côtés opposés du point s; or, dans l'un et l'autre cas, on n'obtiendrait
que deux solutions du problème, tandis que réellement il en a quatre,
d'après l'énoncé verbal, dès que, dans cet énoncé, rien ne spécifie quelle
est la position relative des points cherchés x et y à l'égard du point s,
toujours censé donné à priori ainsi que le point milieu i.

52. Dans cette dernière hypothèse comme dans la première,
on ne saurait accuser l'Analyse algébrique; car les mêmes raisons qui prouvent qu'elle n'avait pas nécessairement et de
son fait, mêlé des racines fausses ou étrangères à celles qui
appartiennent au problème, servent aussi à démontrer qu'elle
ne saurait en avoir diminué le nombre. Il est bien évident,
en effet, qu'ici les équations de départ ne peuvent avoir d'autres racines algébriques que celles qui s'en déduisent par
les procédés ordinaires du calcul.

C'est donc encore à la façon dont le problème a été mis en

équation qu'il faut attribuer la limitation des résultats obtenus; c'est parce que cette mise en équation n'exprime pas
tout le sens de la question, qu'en un mot elle est trop restreinte. Il ne faut pas croire, au surplus, que la Géométrie pure
se conduise d'une manière différente dans les mêmes circonstances; car on peut s'assurer ici du contraire en cherchant à
résoudre le problème d'après les procédés d'intuition qui lui
sont propres. Ce qui fait que l'Algèbre, comme la Géométrie,
ne donne, dans certains cas, que des solutions partielles, c'est
que ces solutions sont séparables et ont quelque chose de
distinct; c'est que l'équation générale qui les donnerait toutes
simultanément, est décomposable en facteurs rationnels plus
simples. Dans toute autre circonstance, la même chose n'aurait
plus lieu. Ainsi, par la même raison qu'il y a en Algèbre des
racines étroitement conjuguées, des équations indécompo-
sables, il y a aussi en Géométrie des solutions qu'on ne peut
séparer autrement que par la pensée et en violant la continuité : tels sont, par exemple, les deux points d'intersection
d'un cercle et d'une droite arbitraire, etc.

53. On peut demander comment, dans les circonstances
dont il a été parlé, il faudra se conduire pour obtenir les véritables solutions ou équations du problème, celles qui répondent pleinement à l'énoncé verbal de la question. Or voici, si
je ne me trompe, un moyen d'y parvenir sans trop d'hésitation.

On tracera quelque part une figure qui soit dans les conditions générales de cet énoncé, et dans laquelle tout sera
supposé connu et possible. Cette figure servira de type général pour les diverses questions du même genre. On recher-
chera ensuite les relations descriptives ou métriques qui
appartiennent à cette figure, en choisissant de préférence
celles qui lient d'une manière immédiate les inconnues aux
données de l'énoncé verbal. Enfin on imaginera que, par un
mouvement gradué, les objets qui, dans la figure type, correspondent à ceux de cet énoncé, viennent prendre la situation
qu'on prétend leur attribuer en particulier sans violation du
principe de continuité, et tout en appliquant la règle des
signes de position aux diverses relations considérées, en se
rappelant toutefois (38) que, dans le passage d'une position à

l'autre, les distances supposées inconnues ne doivent pas changer de signe.

Appliquons ceci au problème déjà pris pour exemple.

54. Dans ce problème, il s'agit de « déterminer les points d'intersection » d'une droite indéfinie sB (*fig.* 121) tracée sur un plan, avec un cercle

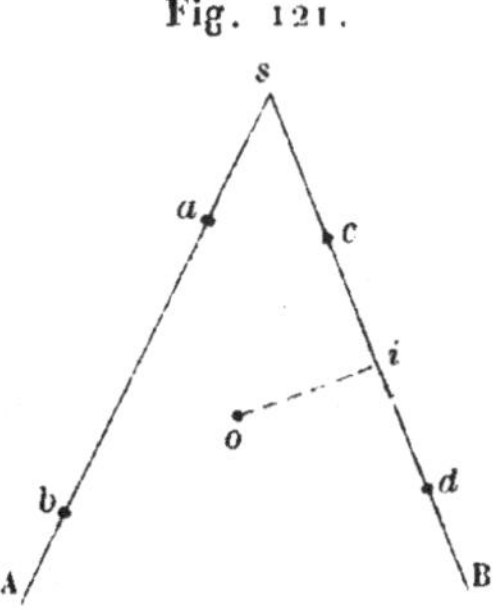

Fig. 121.

» dont le centre o est connu, et qui, de plus, doit rencontrer une autre » droite sA donnée de position aux points a et b de sa direction. »

Quoique cet énoncé ne fasse nullement mention de la position relative des données, toutefois je continuerai à supposer qu'on veuille le résoudre pour la situation attribuée à la *fig.* 120 ou 121.

D'après ce qui précède, on tracera (*fig.* 122) une circonférence de cercle quelconque près de la *fig.* 121 dont on s'occupe, puis on lui mènera deux sécantes également arbitraires, telles que cd et ab, se coupant quelque part en s. Supposant que l'une d'elles ab, représente la sé-

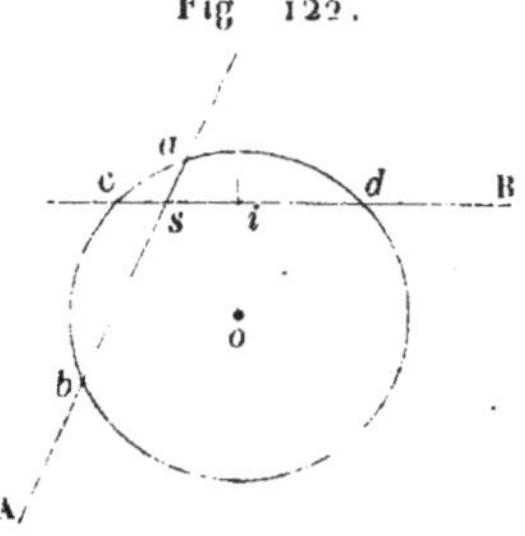

Fig 122.

cante donnée à priori, l'autre cd représentera la sécante inconnue : du centre o du cercle, ayant abaissé la perpendiculaire oi sur cette dernière, elle la partagera en deux parties égales au point i ; ce point sera donc aussi connu, puisque o est censé donné ainsi que la direction indéfinie de cd. Or, pour la position actuelle et toute hypothétique de la figure, on a

$$sc.sd = sa.sb, \quad sd - sc = 2si.$$

Telles sont les équations qui servent de type général à la solution du problème; en les résolvant par rapport à sc et sd qu'on suppose inconnues, on aura séparément

$$sc = - si \pm \sqrt{\overline{si}^2 + sa.sb},$$

$$sd = \quad si \pm \sqrt{\overline{si}^2 + sa.sb}.$$

Ces formules appartiendront à toutes les situations possibles des lignes de la figure, lorsqu'on y aura égard à la loi géométrique des signes.

Supposons, par exemple, qu'on veuille les appliquer aux hypothèses particulières faites sur les données de la *fig.* 121. On remarquera que, dans le passage de cette figure à la suivante, la distance *sa* devient seule inverse parmi ces données, relativement à la position qu'elle occupait du côté opposé du point *s* : cette distance devant donc seule changer de signe puisque *sc*, *sd* sont des inconnues (53), les formules ci-dessus deviendront, pour le nouveau cas,

$$sc = - si \pm \sqrt{\overline{si}^2 - sa.sb},$$

$$sd = \quad si \pm \sqrt{\overline{si}^2 - sa.sb}.$$

La première de ces formules donne pour sc deux valeurs négatives, et apprend que, dans la *fig.* 121, *c* a aussi une situation contraire à celle qu'on lui avait supposée dans la figure type, c'est-à-dire qu'au lieu d'être à gauche de *s*, il doit être à droite comme le montre la *fig.* 122. Quant à la formule qui donne *sd*, elle fournit les distances absolues, toutes deux positives, déjà trouvées au nº 51 (*fig.* 120) (*).

55. Tout ceci résulte immédiatement de ce que la figure prise pour type ne diffère que par la situation des parties intégrantes, et non par leur nature propre, de celle que l'on se propose d'obtenir algébriquement d'après l'énoncé verbal, quelle que soit d'ailleurs la situation relative des objets donnés ou connus à priori; aussi les formules trouvées sont-elles applicables à tous les cas possibles, dès qu'on a égard à la mutation des signes de position qui s'y rapportent.

Je ne crois pas qu'on puisse éprouver de difficultés relativement à la

___

(*) Le texte manuscrit ne contient rien de particulier relativement à l'interprétation des valeurs positives, négatives et imaginaires des diverses inconnues, parce que ce genre de questions se trouve approfondi d'une manière toute spéciale et contrairement aux opinions de Carnot, dans les articles suivants de ce IIIᵉ Cahier.

manière dont se comportent les signes des inconnues, selon la position : cela dérive naturellement des règles et des lois précédemment établies d'une manière générale. Mais on peut faire une autre question plus difficile en demandant la raison pour laquelle on obtient simultanément les valeurs de sc et sd quoiqu'on ne cherche que sc seule. Nous répondrons : la raison en est que les points c et d sont unis entre eux de telle sorte que ce qu'on peut dire de l'un s'applique naturellement à l'autre, qu'en construisant l'un on construit en même temps l'autre, et que par conséquent sc et sd doivent dépendre d'une même équation algébrique. En effet, le cercle (o), *fig.* 122, les détermine d'une manière simultanée et inséparable, à moins qu'on ne restreigne le tracé de ce cercle. A la vérité, on pourrait dire que les distances sc et sd entrant symétriquement dans les équations de départ, il n'y a pas de raison pour que le résultat final donne l'une des racines plutôt que l'autre; mais alors aussi on peut demander pourquoi sc et sd entrent symétriquement ainsi dans les équations primitives; ce qui revient toujours au même.

56. On conçoit bien maintenant qu'en agissant comme on vient de l'expliquer sur des exemples, on évitera, dans la mise en équation, de confondre la question réelle de l'énoncé verbal avec d'autres questions plus ou moins analogues, mais pourtant distinctes de nature : en effet, par là on aura nécessairement obtenu un système en corrélation réelle et directe avec le système cherché. Cependant il n'est pas toujours nécessaire de tracer une figure à part de celle des données du problème, pourvu que la position hypothétiquement adoptée pour les objets inconnus fasse réellement partie du système indiqué par l'énoncé verbal.

Après avoir montré d'ailleurs comment on peut renfermer la mise en équation de la question dans les bornes véritables de l'énoncé verbal, il paraîtrait convenable d'indiquer aussi les moyens propres à faire découvrir à priori tous les systèmes de solutions qui peuvent appartenir à un énoncé général, lorsque, de leur nature, ces systèmes sont séparables et ont quelque chose de distinct. Il est difficile de donner une règle générale; cependant on peut remarquer que les équations qui appartiennent à ces divers systèmes de nature séparable, doivent, d'après l'hypothèse, ne différer que par les signes de position qui y entrent; car, autrement, elles ne répondraient pas à un même énoncé, mais à des énoncés différents.

D'un autre côté, il est visible aussi que ce ne sont pas les données d'un problème qui doivent porter des signes différents; car ces données sont les mêmes pour tous les systèmes corrélatifs, à moins qu'elles n'appartiennent à des objets indéterminés de situation. Ces systèmes ne doivent donc différer que par les signes de position attribués aux inconnues; or, s'il existe plusieurs équations distinctes propres à traduire les conditions du problème, il pourra se faire que les unes définissent la situation des parties du système, tandis que les autres seront des relations métriques entièrement étrangères à cette situation, ou au moins pouvant être regardées comme telles : cela arriverait, par exemple, si le rectangle d'une distance par une autre, devait être égal à un rectangle ou à une aire donnée, etc. Dans ces cas et tous les semblables, les équations qui expriment des conditions étrangères à la situation demeurant invariables, quelle que soit la position qu'on suppose aux distances et objets inconnus, on obtiendra évidemment autant de systèmes différents d'équations qu'il existera de positions distinctes de ces inconnues, susceptibles de faire varier les signes des termes dans les relations métriques qui définissent la situation.

57. Qu'on demande, par exemple, combien de systèmes différents d'équations appartiennent à la question suivante, dont la correspondance avec celle ci-dessus est facile à apercevoir.

« Trouver sur une droite indéfinie si (*fig.* 123) deux points x et y, tels
» que leur distance xy soit divisée également au point i, et que le rec-

Fig. 123.

$$\text{A} \quad x' \quad s \quad x \quad i \quad y \quad \text{B}$$

» tangle des distances de ces points à un autre point s de la droite soit
» donné. »

Pour la situation actuellement attribuée aux points x et y, les équations du problème sont évidemment, en nommant a^2 l'aire du rectangle donné.

$$sx \cdot sy = a^2, \quad ix = iy,$$
$$si = sx + ix, \quad si = sy - iy.$$

De ces trois équations, les deux premières sont étrangères à la situation des points x et y, et par conséquent invariables dans leur forme; les dernières seules peuvent varier dans les signes parce qu'elles expriment des propriétés générales de situation. Si donc on venait à faire varier la situation supposée aux points x et y, elles pourraient changer de forme; et, comme celles-là demeureraient invariables, la question serait autre. Ainsi le point x, au lieu d'être à droite, étant supposé en x' à gauche de s, les dernières équations deviendraient

$$si = -sx' + ix', \quad si = sy - iy.$$

et conduiraient évidemment à des valeurs distinctes pour sx et sy, par leur combinaison avec les deux premières.

Maintenant, il est aisé de s'assurer que les autres hypothèses que l'on pourrait faire sur la situation des points x et y, ne sauraient fournir d'équations distinctes de celles déjà trouvées ci-dessus. En effet, après les deux suppositions précédentes, il ne reste plus que celles où sy passe à droite de s, ce qui donne

ou
$$si = \quad sx + ax, \quad si = iy' - sy'.$$
ou
$$si = -sx' + ix', \quad si = iy' - sy';$$

équations qui rentrent dans les premières, parce qu'elles n'en diffèrent qu'en ce que sx y est changé en sy et réciproquement.

58. M. Carnot (*Géométrie de position*, p. 53, n° 58) résout un problème qui offre une grande analogie avec le précédent sous le rapport des difficultés : l'illustre géomètre présente à ce sujet diverses réflexions qui sont loin de s'accorder avec les nôtres. Comme ces réflexions tendent à prouver que l'Analyse algébrique ne donne pas toujours des solutions véritables, et qu'elle peut, de son fait propre, en introduire d'absolument insignifiantes ou même de fausses, je crois devoir discuter ces réflexions avec une certaine étendue, afin de jeter un plus grand jour encore sur ce genre de questions.

Voici le problème dont il s'agit :

« Trouver sur la direction d'une droite ab (*fig.* 124), un point x tel

Fig. 124.

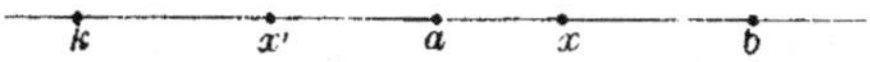

» que le rectangle de $xa \cdot xb$ soit égal à une surface donnée, égale à la
» moitié du carré fait sur ab. »

En admettant, avec l'auteur, que le point x soit entre a et b, on a

$$xa \cdot xb = \frac{1}{2}\overline{ab}^2, \quad ax + xb = ab;$$

d'où l'on tire

$$xa = \frac{1}{2}\, ab \pm \frac{1}{2}\, ab \sqrt{-1} = \frac{1}{2}\, ab \left(1 \pm \sqrt{-1}\right).$$

Ces deux valeurs étant imaginaires, l'auteur en conclut que le problème a pu *être mal mis en équation, parce que l'on aurait fait les raisonnements sur une figure qui n'était pas celle que l'on devait considérer.* Il établit donc ses nouveaux raisonnements en supposant le point x au delà de ba en x'; alors les équations deviennent

$$xa . xb = \frac{1}{2}\, \overline{ab}^2 , \quad x'b - x'a = ab;$$

d'où l'on tire

$$xa = \frac{1}{2}\, ab \pm \frac{1}{2}\, \sqrt{3\, \overline{ab}^2} = \frac{1}{2}\, ab \left(1 \pm \sqrt{3}\right).$$

Ces deux valeurs étant réelles, l'auteur en conclut (p. 55) qu'elles résolvent la question proposée; mais ensuite il ajoute : « On voit que le
» signe imaginaire des racines d'une équation n'annonce pas plus que le
» signe négatif l'impossibilité de résoudre le problème proposé...... On
» ne doit considérer la question telle qu'elle a été résolue que comme
» une question partielle, dont les racines négatives et imaginaires indi-
» quent d'autres questions plus ou moins analogues à la première, les-
» quelles pourraient être réunies à celles-ci dans un énoncé général
» auquel l'équation qu'on trouverait alors serait toujours applicable immé-
» diatement et sans aucune modification dans les signes. »

M. Carnot justifie son opinion sur l'exemple même qu'il vient de traiter en prenant pour inconnue non plus xa, mais la distance du point x à un point k du prolongement de ba. Ayant tiré de cette nouvelle mise en équation, deux valeurs réelles et positives pour l'inconnue kx, il pense avoir obtenu les deux racines cherchées parce qu'il a donné une extension suffisante aux hypothèses ou conditions du problème. Ces conséquences ne nous paraissent pas exactes.

59. Premièrement, il n'est pas vrai de dire que dans la première hypothèse, celle qui plaçait x entre a et b, le problème ait été mal mis en équation, et qu'on ait établi le raisonnement sur une figure étrangère à celle qu'il s'agissait de considérer. En effet, l'énoncé général de la question laisse la position du point x entièrement arbitraire, et il n'y a aucune incompatibilité entre les hypothèses et l'énoncé; l'Analyse, en donnant deux racines imaginaires, apprend que les données de la question, incompatibles avec ces hypothèses pour le cas actuel, peuvent ne plus l'être pour d'autres valeurs des données.

En effet, si le rectangle de $xa . xb$ devait être égal, non pas à la surface $\frac{1}{2}\, \overline{ab}^2$, mais à une surface quelconque k^2, les équations deviendraient.

en admettant toujours l'hypothèse que x soit entre a et b,

$$xa.xb = k^2, \quad xa + xb = ab,$$

d'où l'on tirerait

$$xa = \frac{ab}{2} \pm \sqrt{\frac{\overline{ab}^2}{4} - k^2};$$

expressions qui pourront être tour à tour réelles, toutes deux positives ou imaginaires, selon que k sera $<$ ou $>$ que $\frac{1}{2} ab$. Les racines imaginaires trouvées d'abord indiquent donc que le problème, non résoluble pour les données et les hypothèses actuelles, pourrait le devenir en changeant simplement les valeurs absolues de ces données, sans modifier en rien les conditions et les hypothèses.

60. Ces idées s'accordent, comme on voit, avec celles que nous avons données en général des imaginaires (38 et suiv.), en disant qu'elles n'indiquent point des impossibilités absolues, mais bien des impossibilités relatives aux positions et aux grandeurs qu'elles concernent. A la vérité, dans le cas actuel, on pourrait être conduit avec M. Carnot à envisager les choses sous un tout autre point de vue, en regardant les hypothèses ou conditions elles-mêmes comme mal établies, puisque, en changeant ces hypothèses et supposant le point x au delà de ab, on obtient deux solutions réelles du problème; mais il est facile de démontrer que cette opinion sur les racines imaginaires en général est inadmissible.

En effet, si les hypothèses étaient mal établies pour le cas actuel, il n'y aurait aucun motif de croire qu'elles fussent mieux établies pour toute autre valeur attribuée au rectangle $xa.xb$. Or on a vu ci-dessus que ces hypothèses pouvant très-bien convenir à une infinité de grandeurs supposées à ce rectangle et donnant deux valeurs réelles pour l'inconnue xa, il ne serait pas plus exact de dire que les racines imaginaires obtenues, indiquaient d'autres hypothèses propres à rendre le problème possible, c'est-à-dire donnant des solutions géométriques réelles; car on pourrait tout aussi bien admettre que les valeurs réelles trouvées pour le cas de $xa.xb = k^2$, indiquent également d'autres solutions du problème et un changement nécessaire dans les hypothèses. En admettant alors que x se trouve en x', au delà de ab, on obtiendrait

$$x'a = \frac{ab}{2} \pm \sqrt{\frac{\overline{ab}^2}{4} + k^2};$$

or ces valeurs sont toujours réelles.

Ce qui fait qu'en changeant les hypothèses on a obtenu des solutions réelles, c'est, comme on vient de le remarquer, que le problème est susceptible en général de quatre solutions de cette espèce, séparables en deux groupes distincts, et que l'un de ces groupes peut être imaginaire tandis que l'autre est nécessairement réel. Quant aux racines négatives obtenues dans les différentes hypothèses, elles redressent véritablement ces hypothèses, mais sous le seul rapport de la position, en apprenant que la distance cherchée est inverse de ce qu'on la supposait d'abord : ce sont toujours des solutions réelles et géométriques du problème tel qu'il a été mis en équation.

61. Secondement, il n'est pas exact non plus de dire que, parce que dans la seconde hypothèse on a trouvé deux racines réelles, on ait, par là même, obtenu toutes les solutions du problème ; pour l'affirmer, il faudrait avoir parcouru toutes les hypothèses admissibles. Il ne l'est pas davantage de prétendre qu'on puisse réunir les divers cas dans un seul énoncé général, auquel les équations alors obtenues seraient toujours applicables sans modification dans les signes.

Car, par exemple, en prenant une nouvelle origine k (*fig.* 124) en deçà de ab, le nombre des hypothèses possibles sur la position du point x, n'est pas changé, et chacune de ces hypothèses donne des équations différentes tout aussi bien que si l'origine était prise en a. Aussi arrive-t-il que, quand le problème est susceptible de quatre solutions réelles, la nouvelle mise en équation ne donne encore que les solutions partielles du problème.

Concluons de là que les racines négatives indiquent (**38** et suiv.) des solutions réelles, en même temps qu'un changement dans les hypothèses sur la situation des inconnues, et que, à l'inverse, les imaginaires indiquent que, pour les grandeurs actuelles des données du problème, les solutions examinées sont véritablement impossibles, quoiqu'elles puissent devenir possibles et constructibles géométriquement en changeant ces grandeurs sans changer les hypothèses. Dans aucun cas, on ne peut affirmer avoir obtenu intégralement les solutions du problème quand ces solutions sont séparables et offrent quelque chose de véritablement distinct.

Ce qui fait encore qu'ici, comme dans les questions examinées plus haut, les changements d'hypothèses relatives à la position de l'inconnue ont pu fournir des solutions nouvelles, c'est que, parmi les équations primitives, il en est qui, étrangères à la situation et aux hypothèses qui la concernent, sont purement relatives à la grandeur constante ou absolue des données, tandis que, d'autre part, il s'en trouve aussi qui ne concernant que la situation mutuelle des parties, sont par conséquent variables dans les signes. Ces dernières relations, sans conditions de grandeurs absolues, expriment véritablement les propriétés générales du système qu'il s'agit d'étudier; les autres sont des conditions de mesure (17) étrangères auxquelles on veut l'assujettir. Pour qu'une relation métrique exprime une propriété géométrique de la figure ou du système considéré, il faut que les grandeurs y puissent changer de signe en même temps que de position; alors le changement d'hypothèse n'influerait plus sur le nombre des solutions effectives, le système examiné devenant distinct de tout autre, et les hypothèses admises ne pouvant influer que sur les signes et les valeurs relatives des inconnues.

62. M. Carnot reproche encore (p. 58) à la doctrine ordinaire d'affirmer que le calcul doit redresser de lui-même l'erreur qu'on pourrait avoir commise en exprimant algébriquement les conditions du problème. En cela je pense qu'il a parfaitement raison; car, s'il arrive, comme dans les précédents exemples, que le problème ait plusieurs solutions séparables et distinctes, il est bien évident que le calcul ne donnera que ce qui concerne l'un quelconque de ces systèmes de solutions sans rien redresser. Cependant, comme dans le même cas on n'aura réellement commis d'erreur qu'en prenant un système pour un autre, on aura vraiment obtenu par le calcul toutes les racines ou solutions qui lui appartiennent, puisque ces solutions seront inséparables; de plus, ce calcul fera connaître si la position supposée à l'objet inconnu est conforme ou non à celle qui peut avoir lieu, et en cela encore il redressera l'erreur commise. Dans le cas le plus général où les solutions appartenant au problème seront toutes inséparables, le calcul fera connaître évidemment celles qui ont le sens admis par l'hypothèse, ou celles qui ont un sens contraire, ou enfin celles qui sont susceptibles de devenir impossibles, imaginaires pour certaines conditions ou données relatives à la position, à la grandeur et aux signes.

D'après ces considérations, je n'admettrai pas, avec M. Carnot, que des figures, dérivées l'une de l'autre par voie de continuité, puissent être géométriquement en corrélation *com-*

plexe, c'est-à-dire *imaginaire* selon ses définitions, qui s'appliquent au cas où certaines données constantes et fixes, n'auraient par elles-mêmes aucune existence réelle et géométrique, mais purement algébrique et hypothétique, comme il arrive, par exemple, quand on vient à changer arbitrairement une constante telle que a^2 en $-a^2$, ou a en $a\sqrt{-1}$, etc., et, en général, quand on modifie la nature même des conditions et des équations algébriques fondamentales d'un problème géométrique : toutes celles que je prétends étudier ou examiner ici se rapportent essentiellement à ce que **M.** Carnot nomme *corrélation directe* ou *inverse*, la seule que l'on ait à considérer dans la recherche des Propriétés projectives des figures et dans l'Analyse des transversales.

63. Ce qui précède fait voir clairement, ce me semble, que, quand on a obtenu algébriquement deux racines ou valeurs de l'inconnue d'un problème, on peut, en toute sûreté, affirmer que ces racines sont des solutions véritables du problème tel qu'il a été mis en équation, aussi bien que des solutions véritables de l'énoncé verbal de la question, pourvu que la mise en équation en soit la traduction fidèle, et cela même quand ces racines sont négatives, imaginaires, etc. Néanmoins on ne pourra pas dire avoir résolu complétement la question dans le sens général de l'énoncé, si, de sa nature et par de simples mutations de signe ou de position, elle est séparable en plusieurs autres et susceptible de divers systèmes de solutions entièrement distincts.

Ne craignons pas de le répéter : parce que, dans certains cas, l'Analyse algébrique ne saurait donner toutes les solutions d'un problème, il ne faut pas croire que cela tienne à son essence propre, mais bien à la nature même des choses; car on peut prouver par une infinité d'exemples, que, dans les mêmes circonstances, la Géométrie ne saurait, de son côté, renfermer toutes les solutions en une seule.

64. En particulier, reprenons le problème ci-dessus dans lequel il s'agit de trouver sur une droite ab (*fig.* 124) un point x tel, que le rectangle de $xa.xb$ soit égal à une surface donnée k^2. Il est évident, d'après les propriétés connues du cercle, qu'on résoudra aussi la question en décrivant (*fig.* 125) sur ab comme diamètre, une demi-circonférence, puis en

menant à ab, à une distance XY égale à $\sqrt{xa.xb} = k$, la parallèle A'B' : car cette parallèle viendra rencontrer le cercle en un point y, par exemple. tel qu'en abaissant de ce point l'ordonnée yx, son pied x sera l'une des solutions demandées, puisque l'on aura

$$xa.xb = \overline{xy}^2 = k^2.$$

On obtient ainsi deux solutions x et x' du problème ; mais cette construction ne saurait en donner plus de deux remplissant les conditions propo-

Fig. 125.

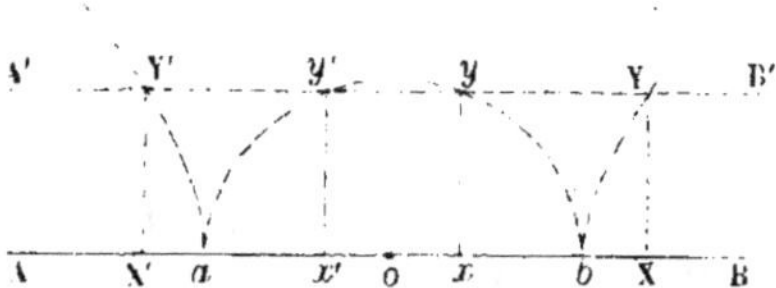

sées : ce sont les mêmes d'ailleurs que l'on obtiendrait en traçant au lieu de la sécante A'B' sa parallèle symétrique par rapport à ab. et qui répond à la valeur négative du radical ci-dessus $\sqrt{xa.xb}$.

Pour en obtenir (60) deux autres X et X', il faut substituer au cercle une hyperbole équilatère décrite sur le même diamètre principal ab; c'est-à-dire qu'il faut avoir recours à un expédient tout à fait distinct du premier ; cet expédient manquerait évidemment si l'on ignorait que l'hyperbole équilatère, en corrélation complexe avec le cercle selon la définition de M. Carnot, jouit d'une propriété qui lui est commune avec cette courbe ; ainsi on serait porté à croire, d'après un premier aperçu, que le problème n'a d'autres solutions effectives que les deux qui ont d'abord été trouvées. Dans le cas actuel ce serait certainement une erreur, puisque l'énoncé du problème laisse la position du point x entièrement indéterminée ou arbitraire par rapport à a et b.

On voit aussi par là, ce que nous avons avancé d'une manière générale. que les solutions imaginaires n'indiquent pas plus que les solutions réelles s'il existe d'autres solutions du problème. Car, de ce que la parallèle A'B' ne rencontrerait pas le cercle, on pourrait être tenté de conclure qu'il n'existe effectivement aucune solution du problème ; tout comme on pourrait croire qu'il n'en existe que deux seulement. quand cette même droite le rencontre en deux points réels.

65. Au surplus, on pourrait multiplier beaucoup les exemples par lesquels on serait conduit aux mêmes difficultés d'interprétation ; dans tous. elles tiennent à la séparabilité des solutions algébriques ou géométriques. provenant de ce qu'il existe (17) dans l'énoncé du problème des condi-

tions indépendantes de la position des points ou des lignes. Nous n'en offrirons plus qu'un seul, remarquable parce qu'il a été approfondi par un savant qui s'est occupé, après M. Carnot, de la règle des signes en Géométrie (Gaudin, 2ᵉ partie, p. 28).

« D'un point M (*fig.* 26), dont la position est donnée par rapport aux » droites fixes AC et AS formant un angle connu CAS ou a, mener, dans

Fig. 126.

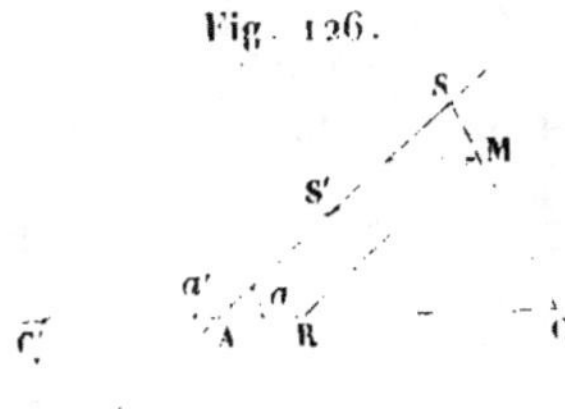

» cet angle, une droite CMS, de manière que le triangle intercepté ACS » soit égal à une surface donnée l^2. »

Soit abaissée du point M l'ordonnée MR $= m$ parallèle à AS, sur AC dont elle retranche l'abscisse AR $= n$, on aura, par la similitude des triangles ACS, RCM,

$$AS : MR = m :: AC : RC = AC - AR = AC - n;$$

ce qui donne l'équation de situation

$$AS(AC - n) = m.AC.$$

Or, d'après l'énoncé,

$$AS.AC.\sin a = 2\,l^2;$$

donc on a, dans l'hypothèse actuelle de la figure,

$$\frac{\overline{AC}^2.m\sin a}{AC - n} = 2\,l^2 \quad \text{ou} \quad \overline{AC}^2 - \frac{2\,l^2}{m\sin a}AC + \frac{2\,nl^2}{m\sin a} = 0,$$

ce qui donne pour première solution les valeurs

$$AC = \frac{l^2 \pm \sqrt{l^4 - 2\,l^2 mn\sin a}}{m\sin a} = \frac{l^2 \pm l\sqrt{l^2 - s^2}}{m\sin a},$$

en posant l'aire constante et donnée $2\,mn\sin a = s^2$.

Mais si, au lieu de supposer le triangle inconnu dans l'angle SAC, on l'eût imaginé en S'AC' dans le supplément $a' = 200° - a$ de cet angle, on eût obtenu, en raisonnant d'une manière analogue,

$$AC' = \frac{l^2 \pm \sqrt{l^4 + 2\,l^2 mn\sin a}}{m\sin a} = \frac{l^2 \pm l\sqrt{l^2 + s^2}}{m\sin a},$$

valeurs toujours réelles et très-distinctes des précédentes; l'une positive répondant à l'angle même SAC', l'autre négative appartenant à son opposé au sommet en A, c'est-à-dire située du côté de AC, contraire à AC'.

Le problème est donc susceptible de quatre solutions différentes et distinctes, toutes réelles quand on a $l^2 > 2mn \sin a$ ou s^2, mais dont les unes sont positives et les autres négatives; circonstance d'autant plus digne de remarque que les auteurs qui se sont occupés de la question, tels que Bezout (*Cours de Mathématiques*, t. II, p. 247), Biot (*Géométrie analytique*, 6e édit., p. 66), n'ont pas soupçonné qu'elle pût avoir plus de deux solutions effectives. M. Gaudin (p. 3o du Mémoire précédemment cité) affirme même avoir obtenu les deux uniques solutions de ce problème; et, comme ses raisonnements pour découvrir la signification de la racine négative que lui donne l'analyse dans le premier cas, semblent justifier une telle assertion, on pourrait reprocher à ces raisonnements de n'être pas, au fond, parfaitement rigoureux, ni parfaitement clairs. Nous croyons, en conséquence, devoir faire ici l'application de la règle des signes de position d'après nos principes.

66. Nous ferons d'abord observer que les solutions du problème se partageant en deux systèmes bien distincts, il devient nécessaire de s'occuper de chacun d'eux séparément. Mais, comme le premier système nous a fourni deux racines essentiellement positives pour $s^2 < l^2$, il paraît inutile de s'en préoccuper; il est visible, en effet, que ces deux racines appartiennent à l'angle même CAS donné. Considérons donc séparément l'autre système, celui qui a pour point de départ les équations

$$AS'(AC' + n) = m \cdot AC',$$
$$AS' \cdot AC' \cdot \sin a = 2 l^2;$$

la première d'entre elles exprime seule une propriété de situation de ce système, car elle a été déduite géométriquement des hypothèses faites sur la figure. Cette équation peut donc exprimer, par la variation des signes des distances qui y entrent, toutes les positions imaginables de la droite MS'C' autour du point M.

Ainsi, par exemple, quand AS' et AC' (*fig.* 126) y changeront à la fois de signes en devenant inverses, les points C' et S' passeront évidemment dans l'angle opposé au sommet à celui C'AS' que l'on considère par hypothèse, mais si AC' change seul de signe dans les deux membres, on retombe algébriquement sur l'équation $AS(AC - n) = m \cdot AC$ aux accents près. D'autre part, à cause de l'équation de condition $AS \cdot AC \cdot \sin a = 2 l^2$, qui doit coexister avec la précédente, il n'y aura d'admissible, parmi toutes les situations de la droite MC', que celles qui s'accordent pour les signes et pour la grandeur avec cette même équation; mais on voit que l'accord n'aura lieu que pour les valeurs à la fois positives ou à la fois négatives des distances AS', AC'; car autrement on tomberait dans une contradiction manifeste résultant de ce qu'on suppose ici l'aire l^2 essentiellement

invariable de grandeur et de signe. Donc les valeurs qu'on trouvera algébriquement pour ces distances . ne pourront également qu'être toutes les
deux positives ou toutes les deux négatives. Or, quand elles sont à la fois
positives, l'équation de situation fait connaître que la droite S'C' est réellement dans l'angle a' examiné, et, quand elles sont toutes deux négatives,
elle apprend que cette droite est alors dans l'angle opposé au sommet par
rapport à a', puisque AC' et AS' y deviennent à la fois inverses et changent de sens à l'égard de l'origine commune A. Donc aussi la racine négative trouvée pour AC' doit être portée du côté de AC, c'est-à-dire en sens
contraire de ce qu'on le supposait dans la seconde mise en équation.

67. Il est donc vrai de dire que, quand la solution algébrique d'un problème géométrique convenablement circonscrit et énoncé, donne à la fois plusieurs racines, les unes
positives, les autres négatives, celles qui sont positives résolvent la question dans l'hypothèse même faite sur la position
de l'inconnue, puisqu'elles indiquent que cette racine doit
être portée dans le sens arbitrairement choisi pour la représenter. Les racines négatives, par là même, indiquent que la
grandeur à laquelle elles correspondent doit avoir une situation opposée à celle de l'hypothèse.

Le genre de raisonnement établi sur les exemples qui précèdent peut évidemment s'appliquer à tous les cas d'une nature
analogue; car alors il y aura des équations qui exprimeront
les propriétés géométriques du système auxquelles la règle
des signes de position demeure applicable, et d'autres relations qui, étrangères à la situation à cause des constantes absolues qu'elles renferment, restreindront le nombre des variations de signes possibles, et excluront ainsi des solutions
algébriques et géométriques, toutes celles qui n'appartiennent
pas à la figure, au système examiné en particulier. Or, je le
répète, quelles que soient les racines ainsi obtenues, s'il y en
a une de négative, elle satisfera, conjointement avec ses conjuguées réelles ou imaginaires, .aux équations de situation de
ce même système, et appartiendra en conséquence à une position de la figure pour laquelle la distance correspondante
sera devenue inverse par rapport à celle qu'on lui supposait
en premier lieu.

68. On voit avec quelle facilité les principes établis au commencement de ces recherches conduisent au dénouement de

toutes les difficultés de signes dans l'application de l'Algèbre
à la Géométrie, et combien sont peu exactes et rigoureuses
les démonstrations qu'on a voulu donner à priori de la règle
ordinairement admise. Si, en effet, nous n'avions pas justifié
à l'avance que cette règle existe pour les positions corrélatives
d'un système soumis à la continuité, sur quelle base aurions-
nous pu appuyer nos raisonnements? Il aurait toujours fallu
admettre, tacitement ou non, le principe général qui s'y rapporte; autrement on eût été réduit à démontrer la concordance des résultats pour chacun des exemples considérés en
particulier, en reprenant la série entière des raisonnements
déjà établis, et en cherchant à obtenir des racines positives
à la place des racines négatives, par une extension ou par un
changement convenable dans les hypothèses de l'énoncé du
problème : par exemple, en prenant pour nouvelle inconnue,
non plus la distance trouvée négative, mais une autre distance
liée d'une certaine façon à la première, ou encore en changeant l'origine même des distances, etc.

On admet alors, il est vrai, que la racine positive résout
immédiatement le problème dans l'hypothèse d'abord établie
sur la position des distances inconnues; or, c'est encore là
une hypothèse qui ne pouvait se justifier que par le fait même
de la Géométrie, c'est-à-dire en prouvant que les propriétés
métriques d'une figure sont immédiatement applicables, sans
changement de signe, à toutes ses dérivées qui n'en diffèrent
par aucun renversement de position des parties.

69. Pour montrer qu'en effet ce principe d'apparence si évidente, ne
peut résulter de connaissances étrangères à la Géométrie, il suffit d'offrir
un seul exemple.

Soit ASB (*fig.* 127) un angle inscrit à la circonférence (C), il s'agit

Fig. 127.

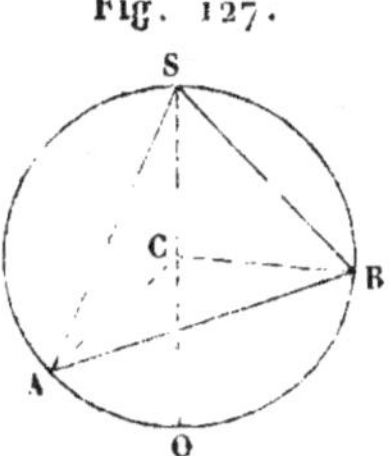

de démontrer que tous les angles inscrits qui, s'appuyant sur la corde AB, sont situés d'un même côté de cette corde, ont pour mesure la moitié de l'arc AB.

Voici la démonstration ordinaire :

Supposons, comme dans la figure ci-dessus, que le centre C du cercle soit compris entre les côtés de l'angle S, menons le diamètre OCS et les rayons CA, CB, on aura

$$\widehat{ACO} = 2\,\widehat{ASC}, \quad \widehat{BCO} = 2\,\widehat{BSC}.$$

et par conséquent

$$\widehat{ACO} + \widehat{BCO} = 2\left(\widehat{ASC} + \widehat{BSC}\right) \quad \text{ou} \quad \widehat{ACB} = 2\,\widehat{ASB};$$

mais, on a également

$$\widehat{ACB} = \text{arc AOB}, \quad \text{donc} \quad 2\,\widehat{ASB} = \text{arc AOB}.$$

Voilà la démonstration établie pour la situation actuelle de l'angle $\widehat{ASB}$; mais si l'on vient à déplacer cet angle par un mouvement graduel jusqu'à ce que, *fig.* 128, il ne renferme plus le centre C, la proposition n'est plus une conséquence immédiate des premiers raisonnements, quoique les deux

Fig. 128.

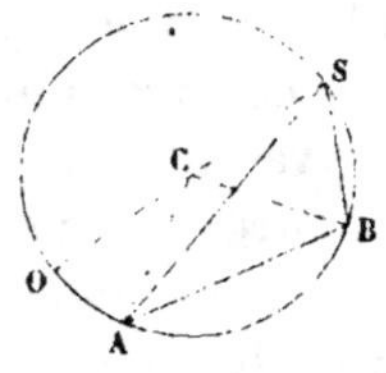

systèmes soient en corrélation directe; ces raisonnements en effet cesseront d'être immédiatement applicables, puisque les lignes auxiliaires CS, SA, SB ayant changé de position entre elles et à l'égard de celles que l'on considère, l'angle ASO est devenu inverse de ce qu'il était; ce ne sera donc plus alors la somme, mais la différence des angles BSO et ASO qu'il s'agira de considérer, et il en sera de même à l'égard des arcs correspondants.

70. Si, pour un exemple aussi simple que celui qui précède, on ne peut pas affirmer, sans recourir de nouveau à la figure et au raisonnement géométrique, que la propriété demeure applicable à toutes les situations du système quand les parties de ce système conservent la même situation relative les unes à l'égard des autres, comment pourrait-on l'admettre en général et pour une figure quelconque? Le seul moyen d'y parvenir est évidemment celui dont nous avons fait usage en établissant d'abord la règle des signes pour les figures élémentaires de la Géométrie, puis l'étendant à toutes les figures possibles.

Ainsi, quand M. Carnot admet qu'une quantité géométrique qui, dans un premier système, était la différence de deux quantités dont la plus petite a été retranchée de la plus grande, devient, dans le système corrélatif, la différence de deux autres dont la plus grande a été, au contraire, retranchée de la plus petite, quand il admet ainsi que cette quantité change de signe dans toutes les équations qui expriment des propriétés du système, il avance précisément ce qu'il fallait prouver, savoir : que les quantités qui changent de sens, changent simultanément de signe dans les relations métriques où elles entrent.

En effet, admettre que cette même quantité, après avoir été la différence directe de certaines distances, en devient la différence inverse, c'est supposer, en réalité, que la distance dont il s'agit a changé de sens à l'égard de l'origine d'où elle se mesure, et rien de plus. Admettre ensuite que cette même longueur change de signe dans les relations examinées, c'est supposer, à priori ou tacitement, que ces relations demeureraient immédiatement applicables au système corrélatif, sans changement de signe, si l'on venait à remplacer, dans le système primitif, chaque quantité variable par la différence algébrique des lignes dont elle est la différence géométrique. Or cela implique évidemment que les nouvelles formules demeurent invariables de signes pour tous les cas où les lignes qui composent la différence demeurent directes; proposition qui n'est, comme nous l'avons vu ci-dessus, pas plus admissible en toute rigueur, que la proposition même qu'il s'agit de démontrer.

Mais je reprends l'objet principal des précédentes discussions, dont je me suis un instant écarté et qu'il s'agit d'approfondir et de généraliser davantage.

71. Quand une fois on a trouvé toutes les solutions algébriques d'un problème de Géométrie pour la position actuelle des données, on étend sans peine ces solutions à toutes les situations possibles des mêmes données, en ayant égard à la

continuité et à la règle des signes; car les nouveaux systèmes
de solutions peuvent être censés provenir de ceux de la figure
type ou primitive, par le déplacement graduel des données,
et les équations de conditions étrangères à la situation, demeurent par hypothèse d'une forme explicite invariable, tandis
que les relations métriques qui expriment les propriétés géométriques de la figure varient seules dans les signes des données qu'on supposait d'abord fixes et qui ont ensuite changé
de situation entre elles dans le système dérivé, ce qui doit
entraîner des changements analogues dans les équations finales du problème.

Ainsi, ayant posé, dans le cas où M et SC (*fig.* 126, nᵒ 65) sont situés
dans l'angle CAS, les équations

$$AS(AC - n) = m.AC, \quad AS.AC \sin a = 2l^2,$$

ce qui donne

$$AC = \frac{l^2 \pm l\sqrt{l^2 - 2mn\sin a}}{m \sin a} = \frac{l}{m \sin a}\left(l \pm \sqrt{l^2 - s^2}\right).$$

pour trouver celles qui correspondent au cas (*fig.* 129) où M passe en
M′ par exemple, dans l'angle supplémentaire SAC′, on imaginera que ce

Fig. 129.

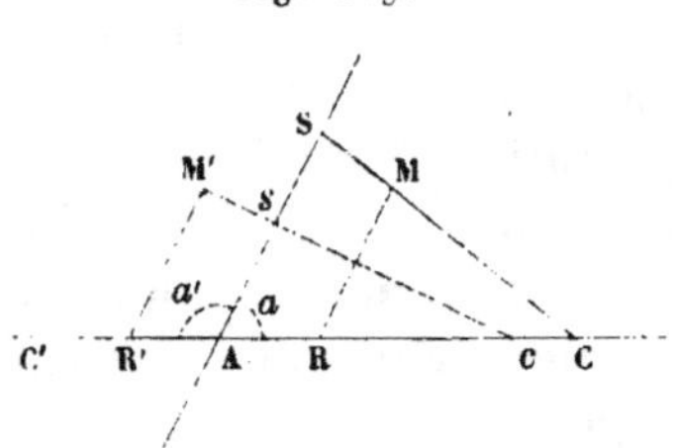

point M s'y transporte d'un mouvement continu quelconque; le point R
passant en R′, AR ou *n* deviendra inverse, mais tout le reste demeurera le
même, puisque, par hypothèse, on conserve à SC devenu *sc*, une position
analogue dans l'angle SAC, afin de ne pas modifier les conditions primitives du système. Changeant donc le signe de *n* = AR dans les formules
ci-dessus, il viendra

$$AS(AC + n) = m.AC, \quad AS.AC \sin a = 2l^2,$$

$$AC = \frac{l^2 \pm l\sqrt{l^2 + 2mn\sin a}}{m \sin a} = \frac{l}{m \sin a}\left(l \pm \sqrt{l^2 + s^2}\right).$$

Ces dernières racines concernent encore l'angle SAC; or, on doit remarquer qu'elles sont absolument de la même forme que celles qui ont été trouvées (65 et 66) pour le second système de solution, celui qui appartient au point M, mais à une droite MS'C' (*fig.* 126) tracée dans le supplément a' de l'angle donné a; ce qui doit être, puisque tout est semblable de part et d'autre, et que d'ailleurs le signe du sinus de l'angle a est égal à celui de son supplément a'.

Si l'on plaçait M' dans l'angle opposé au sommet à l'angle donné CAS, m et n changeraient à la fois de signe dans les formules, et l'on aurait alors pour la solution du problème :

$$AC = \frac{l^2 \pm l\sqrt{l^2 - 2mn\sin a}}{-m\sin a} = \frac{-l}{m\sin a}\left(l \pm \sqrt{l^2 - s^2}\right) :$$

les deux racines seraient ainsi toutes les deux négatives, ce qui apprend que la droite CS ou sc, au lieu d'être dans l'angle même CAS, selon l'hypothèse. serait dans son opposé au sommet, etc.

72. On voit, par les précédentes discussions, que les angles de deux droites, opposés au sommet, se comportent absolument comme s'ils formaient un seul et même système, une seule et même ligne courbe, tandis que leurs suppléments se comportent comme s'ils constituaient un autre système essentiellement distinct du premier. Cette distinction est en effet conforme à la nature des choses ; car, dans le cas des angles opposés, une droite peut, en se mouvant parallèlement à elle-même, engendrer d'une manière continue les côtés et les autres parties de ces angles, par exemple leurs aires triangulaires, etc., ce qui ne saurait avoir lieu à l'égard de deux angles adjacents ou supplémentaires, qui constituent ainsi véritablement (**28**) des systèmes en corrélation *indirecte* sinon *complexe*.

Si, au lieu de procéder à la solution directement, comme nous venons de le faire, on employait l'Analyse des coordonnées de Descartes, on arriverait absolument aux mêmes conséquences; on n'en obtiendrait pas plus, à la fois, les quatre solutions du problème, et l'on ne trouverait, pour chaque hypothèse établie sur la position de la droite cherchée, que deux solutions seulement qui seraient inséparables entre elles. Les mêmes choses arriveraient à plus forte raison, en procédant d'une manière purement géométrique.

73. En effet, on sait que, dans l'hyperbole rapportée à ses asymptotes (*fig.* 130), le triangle ACS, formé entre ces asymptotes et une tangente CS, est toujours égal en surface au parallélogramme construit sur les demi-axes ou à la *puissance* de l'hyperbole. De là il résulte qu'un point M étant donné quelque part sur le plan de l'angle formé par ces

Fig. 130.

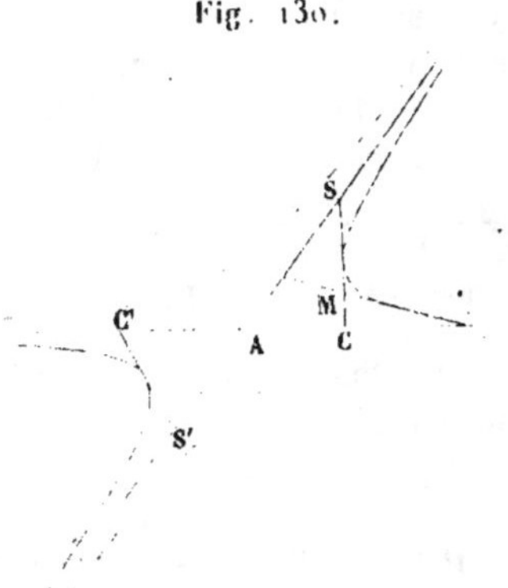

asymptotes, pour résoudre par la Géométrie la question traitée ci-dessus algébriquement, il faudrait, du point donné M, mener des tangentes à la courbe; car chacun des triangles interceptés ASC, équivalant à la puissance de l'hyperbole, serait égal à l'aire donnée. On trouverait donc ainsi deux solutions seulement du problème, comme cela a été avancé. Pour obtenir les deux autres, il faudrait considérer à la place de l'hyperbole construite dans les angles opposés aux sommets CAS, C'AS', celle qui appartient à leurs suppléments SAC', S'AC. Il est visible, en effet, qu'on obtiendrait deux nouvelles solutions très-différentes des premières, quoique répondant au même point M.

Si l'on recherchait par l'Analyse des coordonnées la courbe enveloppée par les droites SC qui interceptent des triangles équivalents, on ne trouverait non plus qu'une seule hyperbole, et pour trouver l'autre, il faudrait changer l'hypothèse même faite sur la position de SC par rapport à l'angle ou aux droites indéfinies qui en limitent les extrémités. D'ailleurs ces circonstances se présenteraient également si la droite SC devait intercepter des segments AS, AC', dont le rectangle fût constant et donné à priori sans égard au signe de position (p. 26 et suiv.).

74. Plus généralement, lorsque, parmi les conditions d'un problème géométrique, il entre des relations indépendantes de la situation ou de la loi des signes, on peut, comme nous l'avons avancé (65), être sûr que la question est susceptible de plusieurs systèmes de solutions séparables et distincts, et que l'Analyse, pas mieux que la Géométrie, ne les donnera d'une

manière simultanée; de même aussi la Géométrie, pas plus
que l'Analyse algébrique, ne parviendrait à les séparer si réellement ils étaient soumis à une même loi continue, comme
cela aurait lieu, par exemple, dans chaque système distinct de
solutions.

Quand donc il arrive que l'énoncé verbal d'une question
spécifie un système en particulier et le sépare par quelque
caractère tranché de ses analogues, une traduction algébrique
rigoureuse et qui ne pourra appartenir qu'à ce système seul,
fera connaître, tout comme la Géométrie pure, les solutions
qui lui sont propres, et rien que ces solutions; car les racines
obtenues conviendront, par hypothèse, aux équations de définition et les rendront identiques, si elles appartiennent
exclusivement au système examiné. Donc aussi il est inexact
de dire, avec M. Carnot, que l'Analyse algébrique amalgame
des solutions fausses ou étrangères à celles des questions
proposées. Et, quand bien même on arriverait à des résultats
imaginaires, ce ne saurait être non plus (58 et 64) un signe
qu'elles appartiennent à un système différent.

75. Ainsi, que, d'un point s (*fig.* 131), il s'agisse de mener deux tangentes au cercle (C) : dans le cas où ce point sera intérieur au cercle,
on trouvera pour déterminer algébriquement les points de contact t et
t' deux racines imaginaires; cela signifiera tout simplement que les deux

Fig. 131.

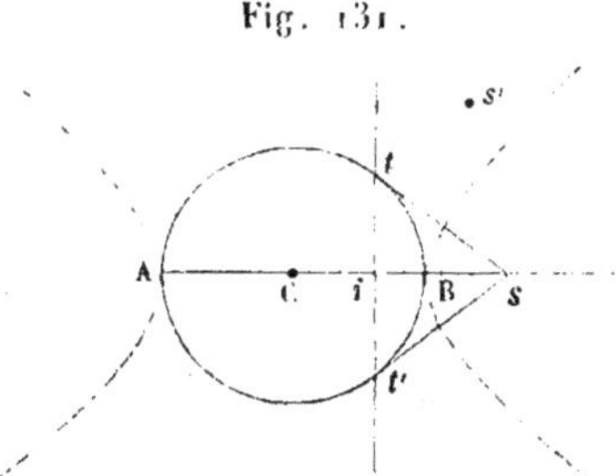

tangentes sont impossibles dans l'hypothèse actuelle. A la vérité, si, sur
le diamètre AB passant par s, on décrit une hyperbole équilatère, au
point s correspondront deux tangentes réelles et des racines en apparence
analogues aux premières; mais cette hyperbole formant une courbe entièrement distincte du cercle, et ne pouvant être censée provenir d'une transformation réelle et continue de ce cercle, il n'est ni naturel, ni géométriquement permis de considérer le système des dernières tangentes comme

le corrélatif du premier ou constituant un même système dans des positions différentes. En effet, si le point s, au lieu d'être pris sur la direction du diamètre commun AB, était pris quelque autre part, en s' par exemple, on obtiendrait à la fois deux tangentes pour le cercle et deux pour l'hyperbole ; ce qui annonce bien que les racines trouvées sont quadruples et séparables par couples, ainsi que les courbes elles-mêmes. Quant aux racines négatives, elles n'indiquent pas des solutions d'un système autre que celui des données elles-mêmes, pourvu qu'on regarde les lignes comme prolongées indéfiniment, ce qui est bien naturel et bien conforme à l'idée qu'il convient d'en prendre d'après la notion de continuité : lorsque la Géométrie ordinaire n'envisage qu'une portion plus ou moins étendue de ces lignes, c'est pour faciliter le raisonnement et réduire à priori le nombre des cas possibles, et non par une nécessité absolue.

En un mot, si, avec M. Carnot, on regarde les racines imaginaires comme indiquant des solutions réelles d'un système analogue mais pourtant distinct du proposé, il faut nécessairement aussi admettre que les solutions réelles, quand elles renferment des radicaux, indiquent d'autres solutions encore que celles qu'elles donnent effectivement ; notion qui contrarie évidemment toutes les idées reçues.

Nous nous sommes beaucoup étendus sur les exemples qui précèdent, parce que les difficultés qu'ils offrent se reproduisent presque à chaque pas et souvent avec des caractères tout opposés. Nous allons, ci-après, passer à d'autres considérations en continuant de raisonner dans le même esprit d'examen critique, sans trop oublier d'ailleurs qu'il s'agit de la théorie des signes de position appliquée au principe de continuité.

Problèmes dans lesquels les inconnues appartiennent essentiellement à des droites mobiles.

76. Jusqu'ici nous avons, à proprement parler, envisagé les questions géométriques sous le point de vue particulier où les données d'un problème, aux constantes près, étant fixes, les inconnues elles-mêmes se mesurent sur des droites données. Nous allons maintenant nous occuper des questions dans lesquelles les données étant toujours fixes, les distances inconnues se mesurent sur des droites elles-mêmes indéterminées de situation.

Dans ce cas plus général, le problème est doublement indéterminé, et chaque solution ou racine obtenue pour une

position arbitraire donnée du système mobile, peut se reproduire sur une infinité d'autres d'après les conditions particulières de l'énoncé. Or, pour cette situation déterminée du
système mobile, tout ce qui a été dit précédemment, entre
autres dans le cas particulier des droites ou axes fixes, quant
au nombre des racines ou solutions et aux signes algébriques
que ces racines comportent eu égard à la position des points
et des distances relatives réelles, imaginaires, etc., tout cela
doit s'appliquer nécessairement au cas plus général qui nous
occupe. Mais chacune des inconnues répondant à un point
du système mobile qui remplit les conditions du problème,
quand on fera varier la position de ce système ou de la ligne
droite qui renferme les points inconnus, ces points eux-
mêmes changeront de place et décriront, chacun en particulier, une certaine ligne nommée le *lieu* de ce point; l'ensemble de ces lignes représentera évidemment tous les points
possibles qui satisfont aux conditions du problème dans son
état d'indétermination générale.

Offrons quelques exemples.

77. « Sur une droite SD (*fig.* 132), assujettie à passer par le point S de
» la droite fixe AB, trouver un point x, tel qu'en le joignant à deux points

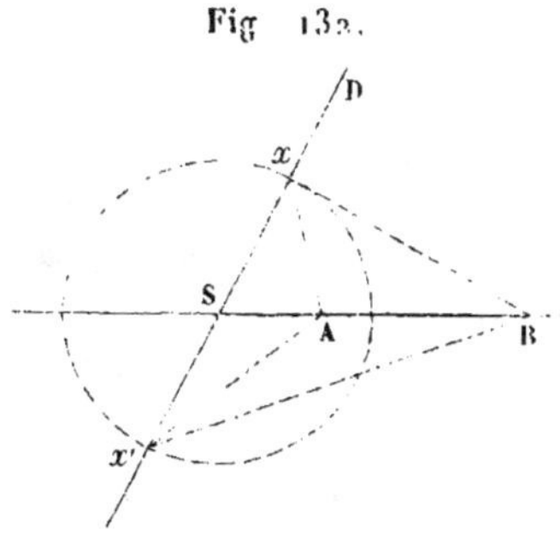

Fig 132.

» donnés A, B de AB, les triangles SAx, SBx qui en résultent soient
» semblables entre eux. »

Quelle que soit la situation du point x sur la droite SD, il est visible
que ces triangles ne sauraient être semblables dans les hypothèses de la
figure, à moins que l'angle SxA ne soit égal à l'angle SBx; mais alors on
aurait, en comparant les côtés homologues,

$$\text{SA} : \text{S}x :: \text{S}x : \text{SB}, \quad \text{d'où} \quad \overline{\text{S}x}^2 = \text{SA} \cdot \text{SB}.$$

et, par conséquent, en nommant K^2 l'aire du rectangle SA.SB,

$$S x = \pm \sqrt{\overline{SA.SB}} = \pm K,$$

ce qui apprend : 1° que la distance du point x au point fixe S est constante, quelle que soit la direction de la droite SD, et 2° que, pour une même direction de SD, il existe deux points x, situés l'un à droite, l'autre à gauche de l'origine S. En effet, les relations d'où l'on a tiré la valeur de Sx expriment des propriétés géométriques du système et sont par conséquent assujetties à la règle des signes de position, de sorte que la distance affectée du signe —, est réellement inverse de celle que précède le signe +, supposé correspondre au point supérieur D de la droite mobile SD.

Il résulte de là que tous ces points x et leurs opposés x' sont situés sur une circonférence de cercle unique dont S est le centre, et la constante $\pm K$, un double rayon. Réciproquement, puisque le cercle en question représente le lieu de tous les points x et x', il donnera par sa rencontre avec une rayonnante quelconque D les deux points x et x', qui appartiennent à cette droite. On pourra donc regarder l'équation

$$S x = \pm \sqrt{\overline{SA.SB}} = \pm K$$

comme propre à représenter l'intersection d'une circonférence de cercle dont le centre est S et le rayon K avec l'un quelconque de ses diamètres, et il en sera de même de toute expression de la forme

$$S x = \pm \sqrt{K^2} = \pm K.$$

Si l'on avait cherché le point x d'une manière purement géométrique, on eût trouvé, tout aussi bien que par la règle des signes algébriques, les deux solutions dont le problème est susceptible; car le point x est évidemment le point de contact d'un cercle passant par A et B, avec la droite SD donnée de direction, et l'on sait que, par deux points, on peut en effet tracer deux cercles tangents à une droite donnée.

78. Supposons, pour second exemple, que la droite SD (*fig.* 132), au lieu de tourner autour d'un point fixe situé sur la direction indéfinie de la droite AB, reste (*fig.* 133) constamment parallèle à elle-même, et que l'on doive toujours avoir entre Sx et les segments SA, SB formés sur la direction fixe de **AB**, par son point de rencontre variable S avec l'appliquée CD, la relation purement géométrique

$$\overline{Sx}^2 = SA.SB \quad \text{ou} \quad S x = \pm \sqrt{\overline{SA.SB}}.$$

Cette expression changeant avec la position de S, indique, selon ce qui précède, qu'il existe sur la direction de CD, deux points tels que x et x_i, situés à la rencontre de cette droite et du cercle dont le centre est S, et

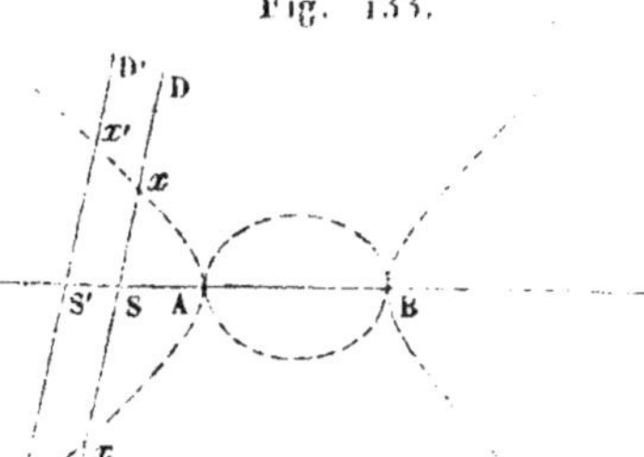
Fig. 133.

qui a pour rayon la valeur absolue de $\sqrt{\overline{SA.SB}}$. Faisant donc mouvoir la droite CD parallèlement à elle-même, les points x et x_i varieront aussi et décriront, comme on sait, une hyperbole à deux branches, pour toutes les positions situées en deçà ou au delà de AB.

Au surplus, quelle que soit la manière dont la droite CD ou SD change de position dans le plan de AB, en continuant de posséder avec cette droite l'origine commune S, qui, dans certains cas, peut être fixe, la formule

$$\overline{Sx}^2 = SA.SB \quad \text{ou} \quad Sx = \pm \sqrt{\overline{SA.SB}}$$

n'en sera pas moins l'équation d'une certaine ligne ou d'un système de lignes continues renfermant tous les points qui remplissent les conditions du problème dans son état d'indétermination hypothétique.

79. Dans ce qui précède, les relations primitives, celles d'où l'on déduit les valeurs de Sx, sont censées exprimer des propriétés géométriques du système, assujetties à la loi des signes pour chacune des positions de la droite mobile CD; s'il en était autrement, il pourrait arriver que les solutions et racines ainsi obtenues ne comprissent pas toutes celles du problème envisagé dans son énoncé le plus général, parce que ces solutions seraient séparables en plusieurs groupes ou systèmes; mais alors, comme on l'a vu (64 et suiv.), le lieu cherché serait lui-même susceptible d'être partagé en lieux distincts, dont le tracé s'obtiendrait pour chaque groupe, ainsi qu'on vient de l'expliquer, et cela bien que leur ensemble appartînt à une équation primitive unique et géométriquement assujettie à la loi de continuité et des signes de position. Or, toute la difficulté, dans chaque cas, est de bien distinguer entre eux les différents groupes de solutions ou de racines, qui semblent parfois s'exclure ou se confondre mutuellement, à moins que l'énoncé verbal de la question n'en limite lui-même

l'étendue, soit explicitment, soit par malentendu ou manque de généralité et d'extension, comme les énoncés purement géométriques en montrent de fréquents exemples.

Supposons notamment que l'énoncé du problème ci-dessus (**78**), soit conçu en ces termes :

« Trouver (*fig.* 134) la suite des points x tels que, en menant de cha-
» cun d'eux une parallèle CSD à une droite fixe donnée, puis deux autres

Fig. 134.

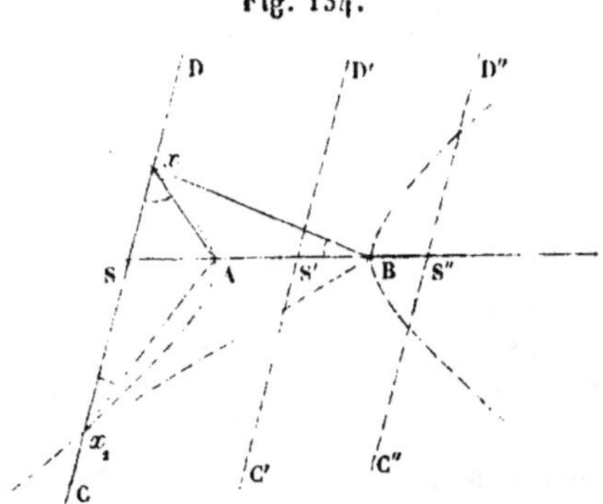

» droites xA, xB à deux points fixes A et B, les triangles SxA, SxB,
» formés par ces droites et par AB, soient semblables entre eux. »

D'après cet énoncé et la position particulière attribuée aux lignes de la figure, on a (**77**) entre ces lignes la proportion

$$\mathrm{SA} : \mathrm{S}x :: \mathrm{S}x : \mathrm{SB} \quad \text{ou} \quad \overline{\mathrm{S}x}^2 = \mathrm{SA} . \mathrm{SB};$$

ce qui donne, sur chacune des parallèles indéfinies CD, deux points x et x, par une construction graphique qu'il est inutile de rappeler à cause de sa simplicité. Mais, comme cette relation exprime à la fois une propriété de situation et une propriété métrique de la figure, elle est, par là même, assujettie à la règle établie dans les n^{os} **29** et suivants, d'après laquelle les signes de position doivent se détruire réciproquement dans les égalités de cette espèce.

Supposons donc que SD se meuve parallèlement jusqu'à ce qu'elle vienne en S'D' entre A et B, l'abscisse S'A sera devenue inverse ou négative dans l'hypothèse de la figure, et la relation ci-dessus prendra la forme

$$\overline{\mathrm{S}x}^2 = -\mathrm{SA} . \mathrm{SB}, \quad \mathrm{S}x = \pm \sqrt{-\mathrm{SA} . \mathrm{SB}},$$

qui indique qu'il n'existe alors, sur la parallèle correspondante S'D', aucun point qui remplisse la condition exigée; et en effet, les deux cercles qui (**77**), passant par A et B, seraient tangents à l'appliquée parallèle S'D', deviennent alors inconstructibles. Que si, au contraire, la parallèle SD ou CD se transporte en S″D″ ou C″D″, à droite et au delà de AB, les segments SA, SB, changeant à la fois de sens et de signes, conduiront à des valeurs réelles ou possibles de Sx. Le lieu des points x est donc, dans les hypothèses de la *fig.* 133, une seule et même hyperbole : il eût été une ellipse (*fig.* 132) décrite sur AB comme diamètre conjugué à la direction de la droite CD, si, dans cette figure type ou primitive, on eût supposé CD en C′D′ entre A et B; l'énoncé de la question exigeant d'ailleurs, chose bien naturelle, que les relations qui s'en déduisent géométriquement expriment des propriétés de situation véritables de la figure ou des points cherchés, il ne pourra plus y avoir lieu à équivoquer, et la courbe définie par l'équation

$$\overline{S x}^{2} = \mathrm{SA}.\mathrm{SB}$$

sera unique; dans le cas contraire, cette même relation pourra appartenir à plusieurs courbes distinctes (*).

80. *Conséquences.* — On voit, par cette discussion, que si, en Géométrie, on prétendait ne pas avoir égard aux signes de position dans les figures corrélatives, on pourrait être entraîné

(*) Comme me le fait remarquer avec raison M. Moutard, il existe dans ce qui précède une sorte de confusion provenant de ce que l'énoncé géométrique du problème se fonde sur la similitude de deux triangles qui ne peuvent être équiangles, à la manière ordinaire, quand le point S (*fig.* 134) passe à l'intérieur de l'intervalle AB. Dans ce cas, en effet, l'angle BSD cesse d'être commun aux deux triangles ASx, BSx, et devient le supplément de ASD ou ASx; par suite, l'angle AxS et le côté AS changent de signes et de sens; mais, d'après nos principes (24 et suiv.), les angles intérieurs des triangles, au lieu d'être égaux, sont suppléments respectifs l'un de l'autre et ont même *sinus,* ce qui entraîne également la *proportionnalité* des côtés homologues, véritable caractère de la similitude des triangles en général. Dès lors aussi la construction des points x et x', pour le cas où l'appliquée CSD vient en C′S′D′, dépend non plus du contact de deux cercles passant par A et B tangents à cette appliquée, mais bien de la rencontre de celle-ci avec une circonférence unique décrite sur AB comme corde, et ayant pour centre le point commun aux perpendiculaires élevées en son milieu et au point S de la droite C′D′; car en traçant ce dernier cercle, on s'assure qu'en effet, l'équation de condition $\overline{S x}^{2} = \mathrm{SA}.\mathrm{SB}$ est satisfaite sans contradiction dans les signes de position. Les deux systèmes de construction ci-dessus établissent d'ailleurs un caractère distinctif entre les propriétés de l'ellipse et de l'hyperbole, et il est digne de remarque qu'en appliquant aux diamètres conjugués de l'ellipse et de l'hyperbole en général, le genre de considérations critiquées pour le cas particulier du cercle, dans les n°s 35 et 36, on serait induit à conclure que le *coefficient algorithmique* $\sqrt{-1}$ n'est point exclu-

16.

à de graves erreurs, puisqu'il arriverait de confondre entre elles des courbes très-distinctes, bien que jouissant de certaines propriétés communes quand on fait abstraction de la situation relative des points et des lignes.

Donnons-en un nouvel exemple :

« On demande quelle est la suite des points x (*fig.* 135 et 135′) tels,
» qu'en menant de chacun d'eux, comme le montrent ces figures, deux
» lignes droites xA et xB à deux points fixes A et B, la somme des angles
» α et β formés par ces lignes avec des droites fixes AK et BK soit égale à
» un angle constant k donné, en sorte qu'on ait

$$\alpha + \beta = k.$$

Pour la situation de la *fig.* 135, le point x appartient évidemment à une circonférence de cercle; car on déduit facilement de l'énoncé que

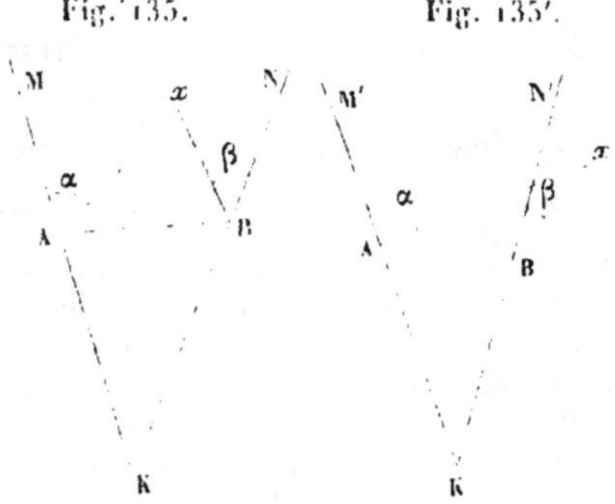

l'angle en x du triangle ABx est lui-même constant; mais si l'on voulait admettre la même relation pour toutes les situations possibles des lignes de la figure, sans avoir égard aux changements qui s'opèrent dans les signes de position, le point x pourrait cesser d'appartenir à cette courbe, et cela arrive notamment dans les hypothèses de la *fig.* 135′.

---

sivement le signe de la *perpendicularité*; mais qu'il peut tout aussi bien représenter l'*obliquité* des droites dirigées sous un angle d'inclinaison quelconque. D'après cela, il me paraît difficile de s'expliquer rationnellement comment M. Cauchy, notre célèbre et très-habile transformateur de formules, d'équations algébriques, ait appuyé de l'autorité de sa plume élégante et facile, l'interprétation exclusive du signe $\sqrt{-1}$, en se fondant sur un genre de considérations géométriques pour le moins discutables au point de vue des principes (*Comptes rendus de l'Académie des Sciences*, 1850, t. XXII, p. 131 et 192).

En effet, de la situation représentée par la *fig.* 134 on déduit, en appelant M et N les angles constants MAB, NBA,

$$\text{ang}\, x = 200^{\circ} - \widehat{x\text{AB}} - \widehat{x\text{BA}} = 200^{\circ} - \text{M} + \alpha - \text{N} + \beta$$

ou

$$x = 200^{\circ} - \text{M} - \text{N} + \alpha + \beta = 200^{\circ} - \text{M} - \text{N} + k,$$

tandis que pour la seconde position (*fig.* 135) du point *x*, on aura

$$\text{ang}\, x = 200^{\circ} - \widehat{x\text{AB}} - \widehat{x\text{BA}} = 200^{\circ} - \text{M} + \alpha - \text{N} - \beta$$

ou

$$x = 200^{\circ} - \text{M} - \text{N} + \alpha - \beta = 200^{\circ} - \text{M} - \text{N} + k - 2\beta,$$

relation différente de celle qui a d'abord été obtenue, à tel point que l'une apprend que l'angle *x* est constant, et l'autre qu'il est variable. On peut, en outre, s'assurer que la première correspond au cercle et la seconde à l'hyperbole équilatère : la véritable solution embrasse donc l'ensemble des deux courbes, dès que l'énoncé verbal ne spécifie pas la position à laquelle correspond la relation examinée $\alpha + \beta = k$; mais, si l'on entendait assujettir cette même relation à la loi des signes de position ou de continuité, il n'y aurait plus qu'un seul lieu géométrique relatif à chacune des figures distinctes choisie en particulier (*).

Remarque. — On pourrait multiplier à l'infini les exemples, ce qui servirait à faire découvrir les propriétés communes aux courbes de diverses espèces. Dans d'autres circonstances, il pourrait aussi arriver qu'on n'obtînt qu'une portion limitée ou une simple branche d'une courbe, comme on en a des exemples dans la cissoïde et la conchoïde des Anciens, etc.

81. *Examen de la loi des signes de position dans le système des coordonnées de Descartes.* — Les diverses relations

---

(*) Il est arrivé plus d'une fois à ma connaissance, et sans doute à celle de beaucoup d'autres, que, dans les examens d'admission aux diverses Écoles et dans des compositions de concours pour des prix de mathématiques spéciales, le même problème de Géométrie analytique, mis en équation par les élèves sous des aspects ou conditions distinctes quant à la position hypothétique des lignes inconnues de la figure, ait conduit à des solutions différentes, contradictoires même dans les résultats. Bien souvent aussi, il est arrivé que, faute d'une attention suffisante de la part de l'examinateur ou des membres du jury, on ait adopté comme seule bonne et rigoureuse la composition qui offrait des résultats conformes à ceux que l'on connaissait déjà, et qui avaient été préparés à l'avance par des professeurs étrangers ou non au concours

métriques examinées ci-dessus sont ce que, d'après l'usage général, j'ai déjà appelé les *équations des lignes correspondantes;* mais on voit combien on peut être induit en erreur sur la nature véritable de la ligne représentée; car, selon qu'on suppose à la figure telle ou telle situation, selon qu'on prétendra rendre l'équation applicable simultanément à toutes ces situations sans avoir égard à la mutation des signes ou en y ayant égard, elle pourra correspondre (74 et suiv.) tantôt à une ligne ou portion de ligne courbe, tantôt à une autre ligne, et tantôt aussi elle peut appartenir à la fois à deux ou plusieurs lignes distinctes géométriquement, c'est-à-dire qu'elle est apte alors à en construire successivement et séparément tous les points.

On doit voir par là encore, si je ne me trompe, combien est grande l'erreur de ceux qui prétendent expliquer la règle des signes de position dans le système des coordonnées de Descartes, à priori et par convention, c'est-à-dire sans recourir aux notions premières de la Géométrie. Ils sont nécessairement obligés de supposer tacitement cette règle toute démontrée, ou de l'admettre par analogie avec ce qui se passe dans les courbes déjà connues telles que la circonférence de cercle, la ligne droite, etc. Aussi les démonstrations qu'ils veulent établir ainsi pèchent-elles toutes en ce qu'elles supposent, d'une manière plus ou moins déguisée, ce qu'il s'agissait précisément de prouver, à peu près comme il arrive dans les prétendues théories des parallèles où l'on cherche à éviter toute notion de continuité ou de l'infini.

82. *Problème.* — Soit, par exemple,

$$f(sp = x \quad \text{et} \quad xp = y) = 0$$

» une équation algébrique exprimant la relation qui lie (*fig.* 136) les
» ordonnées **x**p aux abscisses correspondantes sp, d'une courbe, en pre-
» nant les droites fixes YsY', XsX' pour axes de coordonnées rectangu-
» laires ou obliques, ayant leur intersection commune s pour origine.
» Supposons encore que l'on parte de la situation actuelle des coordonnées
» variables sp et px, soumises à l'équation algébrique ci-dessus. On de-
» mande quel sera le lieu des points x, et comment on pourra le construire
» au moyen de cette équation. »

Je donne à sp successivement toutes les valeurs possibles **depuis zéro** jusqu'à l'infini. L'équation ci-dessus fournira pour sp des valeurs ou racines correspondantes, parmi lesquelles je n'en considère qu'une seule que je suppose essentiellement réelle et positive, afin d'éviter de prime abord toute difficulté relative à l'interprétation des signes; il est naturel et ra-

Fig. 136.

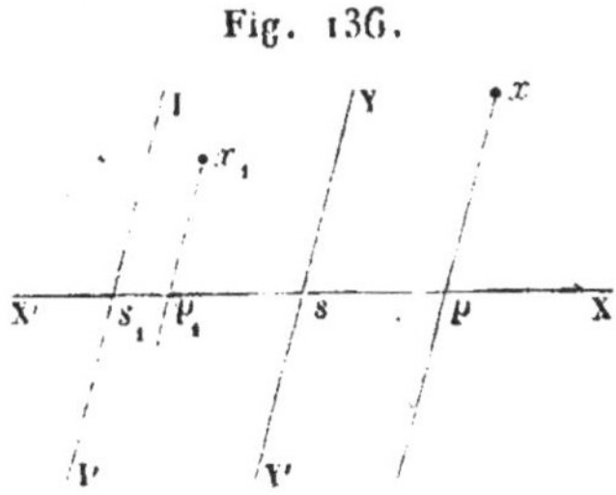

tionnellement permis de porter ces valeurs, de p en x, sur les parallèles à l'axe sY, et cela au-dessus de l'axe sX, c'est-à-dire dans la région YsX; au moins cela peut-il résulter d'une convention explicitement admise dans l'énoncé de la question; car on pourrait tout aussi bien convenir de porter les valeurs positives obtenues algébriquement pour px, au-dessous de l'axe $X'sX$.

On obtiendrait donc ainsi une série de points x situés tous dans l'angle XsY et correspondants à la série de positions distinctes, mais consécutives, que l'on peut attribuer à p le long de l'axe sX, en s'écartant d'un mouvement continu de l'origine fixe s. Or, il y a lieu de se demander tout d'abord : 1° si la succession des points x fournis par une même valeur algébrique de xp, conjuguée à l'abscisse sp, constitue une courbe ou branche de courbe elle-même *continue;* 2° le point p ayant ainsi parcouru une portion plus ou moins grande de l'axe XX' vers la droite de l'origine s des abscisses, à quels points x ou à quelle ligne ou branche de courbe pourraient correspondre les diverses positions de p situées à gauche de l'origine s des abscisses sp.

Ici il y a vraiment lieu d'être fort embarrassé si l'on ne veut pas admettre à priori la règle des signes de position et l'hypothèse de la continuité. Voici comment on s'y prend d'ordinaire pour résoudre ces difficultés, non toutefois sans admettre tacitement cette hypothèse de la continuité. Puisque l'équation $f(sp, xp) = 0$ exprime, pour la position actuelle des axes sX, sY, la relation entre les abscisses et les ordonnées de la courbe, on ne changera rien à la généralité ni à la nature de cette courbe, si on la rapporte à une nouvelle origine s_1 et à un nouvel axe d'ordonnées II', situés à gauche des précédents, et pour lesquels on a, relativement à chacune des positions de xp,

$$sp = s_1p - ss_1;$$

substituant donc pour sp cette valeur dans l'équation primitive, rien ne sera changé et il viendra

$$f(s_1 p - ss_1, xp) = 0.$$

Ce raisonnement est jusqu'ici très-exact, c'est-à-dire tant qu'on suppose aux ordonnées px la situation qu'elles ont actuellement d'après l'hypothèse, c'est-à-dire encore tant qu'on suppose p à droite de l'origine s; mais il cesse de l'être dès que, au contraire, on le prend en p_1 à gauche du point s.

En effet, on n'aura plus alors

$$sp = s_1 p - ss_1, \quad \text{mais bien} \quad sp_1 = ss_1 - s_1 p_1;$$

de sorte que pour toutes ces positions p_1 à gauche de s, on devrait avoir

$$f(ss_1 - s_1 p_1, \ p_1 x) = 0.$$

très-différente de celle qui précède.

Pour admettre que l'équation $f(s_1 p - ss_1, px) = 0$ pût s'appliquer à la fois aux points p situés à droite de l'origine comme aux points p_1 situés à gauche, il faudrait supposer que, dans l'équation primitive $f(sp, px) = 0$, sp pût recevoir à priori un signe négatif, ce qui revient à admettre la règle des signes de position, soit comme pure convention, soit par analogie avec ce qui se passe dans des courbes déjà connues par leurs propriétés géométriques. En prenant donc pour équation unique du lieu des points x rapportés à la nouvelle origne s :

$$f(s_1 p - ss_1, \ px) = 0.$$

on étend véritablement le sens attribué à l'équation primitive; on admet, à priori, qu'elle s'applique à toutes les positions du point p, moyennant les changements de signes convenus; en un mot, on invoque le principe de continuité et l'analogie.

N'est-ce pas effectivement parce que, dans la relation simple

$$sp = s_1 p - ss_1,$$

on a déjà observé le changement de signe que doit subir sp quand p passe en p_1 à gauche de s, afin que cette relation demeure applicable géométriquement à la nouvelle position, que l'on est induit à supposer qu'il doit en être ainsi, en général, des abscisses et ordonnées qui entrent dans l'équation $f(sp, px) = 0$ de la courbe à construire ou à étudier? Or, cette manière de raisonner n'est nullement acceptable en principe.

Admettons toutefois que la nouvelle équation $f(s_1 p - ss_1, px) = 0$ ne dise ni plus ni moins que la première, et qu'elle s'applique indistinctement aux points p et p_1; pour avoir reculé l'origine, on n'aura pas reculé la difficulté; car la nouvelle équation n'a une signification claire et précise que pour les seuls points situés à droite de l'origine s_i et non pour ceux qui le sont à gauche ou en deçà. A fortiori, en sera-t-il ainsi de l'équation dont on est parti. A la vérité, on peut reculer l'origine s_i à une distance arbitraire de s, mais, quelle que soit cette distance, on pourra toujours concevoir des points et des ordonnées de courbe au delà, vers la gauche, et pour lesquels, par conséquent, la difficulté restera la même; car rien n'empêche que la courbe à construire ne s'étende indéfiniment de ce côté de l'origine s, auquel cas, pour admettre les conséquences ci-dessus sans restriction aucune, il faudrait imaginer l'origine s_i et l'axe $11'$ transportés à une *distance infinie* de l'origine primitive, ce qui détruit toutes les notions géométriques claires et précises qu'on s'est formées antérieurement.

83. *Conséquences du précédent examen.* — Concluons de ces raisonnements :

1° Que la règle des signes de position n'est, en toute rigueur, ni démontrable ni démontrée pour les équations algébriques entre les abscisses et ordonnées ordinaires des lignes courbes, c'est-à-dire pour les relations purement algébriques non déduites de considérations géométriques établies sur les données mêmes d'une figure ;

2° Que, en admettant pour ces équations la loi des variations de signes qui s'observe dans les relations métriques élémentaires de la Géométrie, on agit par pure analogie sans y être suffisamment autorisé par les règles d'une saine et rigoureuse logique ;

3° Qu'enfin, et à la vérité, on peut bien adopter à priori, pour les équations algébriques, la règle ci-dessus des signes comme une convention particulière dont il résulte, par le fait, des lignes continues ou non dans toutes leurs parties ; mais qu'alors aussi il faut bien se garder de les confondre, sans discussion ni vérification préalables, avec les lignes courbes de même équation, déduites de considérations purement géométriques, à moins de prouver que celles-ci sont toutes assujetties aux règles conventionnellement adoptées.

Admettre, à priori, l'identité parfaite des deux genres de courbes, c'est, je le répète, supposer sans discussion et sans preuve que les relations métriques des figures, en général, sont assujetties à la loi de continuité et des signes de position ; c'est admettre, notamment, que les portions distinctes d'une courbe ou d'une surface représentée par une équation entre les coordonnées x, y, z, limitées aux axes ou plans respectifs de ces coordonnées, se raccordent parfaitement les unes avec les autres, sans *coudes* ni *jarrets* ; qu'elles y ont les mêmes coefficients différentiels de tous les ordres, etc.; ce qui certainement n'est pas un axiome évident en soi, comme on a dû s'en apercevoir d'après tout ce qui précède.

Ainsi donc, il y a une distinction très-grande à faire entre les équations purement algébriques ou qu'on se donne à priori comme représentant des lignes ou des surfaces dans le système de Descartes, et celles qui se déduisent, à posteriori, de considérations purement géométriques : pour que les premières signifient une chose unique et distincte, il faut les assujettir à des conventions tirées de l'analogie et vérifiables seulement par les applications ultérieures ; tandis que les autres sont assujetties à des règles invariables et sûres déduites de faits conformes à l'essence même des êtres géométriques. De là d'ailleurs naissent toutes les difficultés qui résultent de la comparaison et du rapprochement entre ces manières de raisonner de deux sciences en apparence si distinctes.

84. A l'égard de la démonstration à priori ci-dessus de la règle des signes de position dans la théorie des coordonnées de Descartes, elle est conforme notamment à celle qui a été exposée par M. Biot (*Essai de Géométrie analytique*, 2e édition, 1805, p. 16 à 20), d'après les doctrines de M. Carnot, sans discussion ni vérification préalable, si ce n'est pour le cas de la ligne droite et du cercle. Quant à la convention toute gratuite, relative aux signes de position généralement admise et que ce dernier savant combat lui-même, mais à un autre point de vue, dans sa *Géométrie de position* (p. xxi, 25, 72, etc.), cette convention et sa prétendue démonstration impliquent, je le répète, la notion métaphysique de la continuité et de l'infini, repoussée des Anciens et non jusqu'ici adoptée avec une entière franchise par les modernes. Je défie notamment qu'on démontre, sans invoquer cette notion, l'exact raccordement de deux arcs de ligne courbe appartenant à des angles différents des axes coordonnés et à des signes différents des abscisses ou des ordonnées sous les conditions ci-dessus indiquées. Cela suffit pour expliquer la répugnance que de sévères et profonds géomètres tels que Huygens, Newton, etc., éprouvaient à se servir de l'Analyse des coordonnées, qui venait à peine d'être découverte par Descartes, et dont l'usage fut si longtemps à se généraliser, à se répandre en Europe.

85. *Parallèle entre la géométrie des Anciens et celle de Descartes.* — Les conventions relatives aux signes de position dans le système de coordonnées ordinaires, dont il vient d'être parlé, ne peuvent donc être admises que comme les conséquences et les résultats à posteriori de nombreuses vérifications et d'une expérience antérieurement acquise, si l'on ne veut pas suivre la marche ascendante et progressive des Anciens, la seule véritablement rationnelle, dont je me suis constamment efforcé de me rapprocher dans ce qui précède, et en l'absence de laquelle les ingénieux tableaux de corrélation imaginés et partiellement réalisés par M. Carnot, aussi bien que la théorie des *quantités directes* et *inverses*, sont sans fondement véritablement logique.

A coup sûr, la règle des signes de position, admise conventionnellement dans l'Analyse des coordonnées, suffit pour déterminer la position d'un point sans ambiguïté ni incertitude, mais elle ne suffit pas pour prouver que ce point appartient à la ligne ou à la surface qu'une équation donnée doit représenter (*).

Dans l'immortelle *Géométrie* de Descartes, où se trouvent pour la première fois, tentées la description et la classification des courbes aujourd'hui improprement nommées *algébriques,*

(*) Les conventions et notations algébriques abréviatives qui servent à soulager la mémoire sans fortifier le jugement ou l'entendement, n'ont de valeur effective qu'autant qu'elles dérivent de la nature intime des choses et s'y accommodent exactement, comme c'est le cas présent; mais elles peuvent devenir un abus regrettable et une source d'obscurité, d'erreur même et de confusion inextricable dans toute autre circonstance, comme quelques écrits de notre époque en montrent de fâcheux exemples; obscurité, confusion dont le système des coordonnées de Descartes et celui des coordonnées polaires ne sont nullement exempts, malgré leurs ingénieuses notations algorithmiques.

à peine entrevue par les Anciens dans le célèbre problème de Pappus : *Ad quatuor lineas* ; dans cette *Géométrie*, Descartes indique très-bien la correspondance qui existe entre la position des indéterminées x et y et les signes positifs ou négatifs qu'elles portent dans les équations des courbes ; signes dont le dernier appartient aux ordonnées et abscisses *au-dessous de zéro* ou *de rien*, comme le dit l'auteur d'après l'usage d'alors, ce qui signifie simplement au-dessous des axes à partir desquels elles se mesurent. Mais, cela ne l'empêche nullement, dans sa théorie subséquente des équations numériques, d'appeler *fausses* les racines négatives de ces équations dont pourtant il avait en main l'interprétation géométrique (*).

86. Descartes n'avait certainement pas entrevu la fécondité et la portée de sa méthode, qui, dans les derniers temps, entre les mains d'Euler, de Clairaut, mais surtout de Lagrange et de Monge, est devenue un instrument général de démonstration et de découvertes, une langue géométrique pour ainsi dire universelle ; avantage qu'elle doit non-seulement à la simplicité de son algorithme et de ses notations, mais surtout à son système métrique de représentation des éléments droits ou courbes des figures, par la projection, véritable transformation linéaire ou rectiligne de ces derniers éléments, qui n'altère pas le degré, les affections et les propriétés essentielles des lignes, et ne sort point, en apparence, des voies de l'Algèbre pure, justement ici nommée *Analyse indéterminée*.

De là, d'ailleurs, il résulte, chose vraiment digne d'attention, que l'on se surprend, après un certain temps d'exercice, à confondre les êtres géométriques véritables avec leur représentation ou traduction algorithmique par des équations entre les ordonnées et les abscisses, qui ne sont pourtant que de purs auxiliaires du raisonnement logique. De là aussi, se croit-

---

(*) Ces remarques et celles qui suivent sont un rapprochement naturel, un résumé de divers passages, de Notes toutes fort anciennes, que j'ai dû supprimer à cause de leur étendue ou des répétitions, des disparates qu'elles offraient dans l'ordre et la filiation des idées, mais dont l'entière suppression eût entraîné de véritables lacunes dans l'exposition de cette partie épineuse de mes recherches.

on fort souvent en droit, dans la solution des problèmes de Géométrie analytique, de faire abstraction de la figure à laquelle cette représentation fictive s'applique, et de l'influence que peut avoir sur les résultats, la position attribuée primitivement, lors de la mise en équation, aux parties dont cette figure se compose. Or, ne l'oublions pas, ce n'est point là une conséquence rigoureuse de vérités géométriques antérieurement établies, mais bien un simple rapprochement, une vérification à posteriori, de laquelle on ne pourrait déduire aucune conséquence nouvelle, indiscutable et applicable à tous les cas possibles; à moins d'admettre qu'il soit permis de conclure du particulier au général par voie d'analogie, ou d'adopter ouvertement le principe de continuité, qui suppose l'existence de la loi des signes de position dans les équations ou relations métriques des figures.

87. *Considérations générales.* — En rapprochant ce que nous venons de dire des problèmes indéterminés, de ce qui a été précédemment établi sur les problèmes déterminés relatifs au cas où les données et les inconnues appartiennent à une droite fixe, il est aisé de reconnaître que les mêmes réflexions, les mêmes difficultés concernant les équations de condition étrangères ou indépendantes de la loi des signes de position, les constantes fixes ou mobiles, la séparation de divers systèmes distincts de solution, se reproduisent dans tous les cas possibles, même dans celui où l'on se sert du système des coordonnées linéaires de Descartes, le plus remarquable de tous par son universalité.

Ainsi les considérations relatives à la mise en équation des problèmes déterminés qui nous ont occupés dans les n°ˢ 51 et suivants, subsistent dans l'application de ce dernier système, et il n'y a d'exceptions que pour les seuls cas où les relations métriques et descriptives qui se rapportent aux hypothèses faites sur la figure type ou primitive, satisferaient naturellement au principe de continuité et à la loi des signes de position; ce qui arriverait notamment s'il s'agissait de figures, de relations métriques et de propriétés aptes à construire géométriquement ou organiquement d'une manière continue, des lignes, des surfaces tout entières et partant soumises elles-mêmes à la loi des signes de position dans leurs propriétés diverses. Il est évident en effet, d'après nos principes, que les résultats déduits algébriquement de ces premières relations, par l'Analyse des coordonnées de Descartes, jouiront du même caractère de généralité et de continuité. Or il est à remarquer que cela arriverait encore pour chaque système de solution distinct, dans l'hypothèse de la séparabilité des résultats due à des conditions de grandeurs constantes et indépendantes de la situation; ce dont le problème des n°s 65 et suivants offre un exemple remarquable, en ce que l'aire du triangle ASC (*fig.* 126), bien que donnée à priori, étant inconnue de position, amène avec elle une ambiguïté de signe d'où résultent une indétermination correspondante et des différences caractéristiques dans les divers modes de solutions.

88. *Système d'appliquées polaires ou rayonnantes.* — Au surplus, le système ancien des ordonnées parallèles, *appliquées* à un axe fixe des abscisses et concourant en un point situé à l'infini, n'est qu'un cas particulier de celui des lignes convergentes ou polaires (*fig.* 101, n° 2), dont la considération a servi de point de départ aux études de ce III° Cahier; car les droites AB ou *a*B, et S*a* perpendiculaire ou oblique à AB, y représentent des axes fixes; *ab*, *ac*, *ax*,..., des abscisses; S*b*, S*c*, S*x* des lignes rayonnant autour du pôle S, et qui portent les *rayons vecteurs* égaux ou circulants S*b'*, S*c'*, S*x*,..., et les distances variables *appliquées* à l'axe AB des abscisses.

Cet ensemble, où les abscisses sont des fonctions purement linéaires des tangentes trigonométriques des angles polaires ou des arcs circulaires correspondants, peut être considéré comme la projection centrale du système de coordonnées ordinaires, et il offre l'avantage de permettre l'introduction immédiate des segments ou distances rayonnantes infinies, disparues de ce dernier système, etc. (*).

89. Pour le but particulier et élémentaire que nous cher-

(*) La note ci-après justifiera l'addition au texte, de ces rapprochements si naturels fondés sur d'anciens souvenirs; pour être complets, ils devraient s'étendre au système polaire des appliquées parallèles relatives à *l'axe des ordonnées* dans le système ordinaire, impliquant un second

chons ici à atteindre, il suffit de remarquer que, dès qu'il est convenu qu'une relation métrique telle que $\overline{ax}^2 = k^2$, $ax = \pm k$ ou ses analogues tirées d'équations algébriques relatives à un axe fixe AB (*fig.* 101, p. 169), impliquent l'existence de longueurs partant d'un même point, mais opposées de sens et de génération continue, il est bien entendu que la même convention peut être admise, en général, pour un axe mobile suivant une loi quelconque (14), et, en particulier, pour une droite Sx pivotant autour d'un point fixe S, et qui emporterait, dans sa rotation continue et uniforme, l'axe AB des abscisses, passant alors par ce pôle S, distinct ou non de l'origine a des abscisses.

Or, le pivotement du rayon vecteur Sx' pouvant lui-même s'opérer dans un sens rétrograde, il en résulte une double indétermination de signe, qu'on ne peut éviter qu'en fixant, une fois pour toutes, le sens positif de la rotation de Sx'; de sorte que l'origine a, si on la supposait relativement fixe à l'égard du pôle S, parcourrait une circonférence de cercle, tandis que l'extrémité x de l'abscisse variable ax, décrirait elle-même une ligne continue distincte de cette circonférence, et qui, dans l'hypothèse particulière de la relation ci-dessus $\overline{ax}^2 = k^2$, soit $x = \pm k$, ou plus généralement dans le cas où le point a, situé lui-même à une distance variable du pôle, serait assujetti à demeurer sur une courbe ou surface directrice donnée, parcourrait une autre ligne ou surface jouissant de propriétés étroitement liées à celles de la *directrice*, et dont les plus simples avaient déjà occupé les Anciens (*).

---

pôle et la droite qui, l'unissant au premier, représente tous les points à l'infini de ce dernier système. Pour le cas de trois coordonnées, on aurait trois pôles et un plan polaire à considérer, etc.

(*) Cette classe fort étendue comprend non-seulement la *conchoïde* de Nicomède, la *cissoïde* de Dioclès, la *spirale* de Conon et d'Archimède, mais un grand nombre d'autres lignes à circonvolutions simples ou multiples, dont je me suis occupé avec une sorte de persévérance exclusive, pendant mon séjour en 1808 et 1809 à l'École Polytechnique, à propos des recherches sur la projection des courbes de séparation d'ombre et de lumière de la vis, mentionnées aux pages 447 à 460 du tome Ier de ces *Applications;* courbes dans lesquelles le pôle fixe des rayons vecteurs et

Mais laissant là ces généralités, revenons à l'objet de nos précédentes études relatives à la détermination, à priori, des points appartenant à une droite mobile autour d'un pôle fixe.

90. Les discussions et les exemples qui se rapportent à cette détermination, nous ont naturellement amenés à examiner les problèmes indéterminés de la Géométrie sous le point de vue le plus général possible. Cependant nous étions partis de l'hypothèse, toute particulière, où les objets donnés de la

---

des appliquées pivotantes est, selon les circonstances, un point singulier multiple, de rebroussement, isolé ou conjugué, etc., dans lequel diverses branches bouclées et leurs *appliquées pivotantes*, réelles ou imaginaires, se trouvent confondues avec le pôle. Ces faits, que l'Analyse algébrique des coordonnées laisse difficilement et confusément apercevoir, la Géométrie de l'espace, ou, plus spécialement, la projection des courbes à double courbure et des intersections de surfaces, dont on s'occupait beaucoup dans l'École de Monge, en donnait une intuition très-claire, qui ne pouvait d'ailleurs comprendre les points d'inflexion à changement de sens ou de signe de la courbure des lignes, lequel constitue une sorte de rebroussement dans la direction angulaire et l'inclinaison variable des tangentes aux lignes continues.

La discussion des courbes planes à point polaire multiple, par l'examen attentif du mouvement graduel d'un point générateur mobile sur une droite tournant elle-même continûment soit dans un sens, soit dans le sens contraire non moins utile à considérer dans la génération de certaines courbes transcendantes, cette discussion, dis-je, m'avait beaucoup préoccupé dès l'époque de 1808, et sans aucun doute, je dois à ce genre épineux d'exercices les premières notions un peu nettes, que j'aie acquises sur la loi et le principe de continuité dont je me suis depuis occupé d'une manière toute spéciale dans le Cahier ci-après.

Quant à une longue note que j'avais anciennement écrite sur les coordonnées polaires en usage, je me borne à faire remarquer qu'elle avait principalement pour but de montrer qu'en réduisant, comme l'a fait autrefois M. Cauchy et, avant lui, M. Biot (*Géométrie analytique*), la discussion des équations polaires de l'ellipse et de l'hyperbole, à l'examen des angles de rayons vecteurs compris entre 0 et 200 degrés, on rompait toute continuité dans la description de ces courbes par le point générateur; ce qui arriverait à fortiori pour les lignes à évolutions multiples dont j'ai précédemment parlé, et à l'égard desquelles on doit non-seulement considérer une rotation de 400 degrés du rayon vecteur, mais encore une infinité de rotations pareilles dans le sens positif et négatif.

figure seraient constants de grandeur et de position; mais il
est évident, quand bien même les constantes en question seraient supposées mobiles, que rien ne serait changé dans les
conséquences relatives aux signes de position. En effet, pour
un même système, les quantités constantes, quelles que soient
les positions qu'elles prennent, ne pouvant devenir ni nulles
ni infinies, conservent nécessairement le même signe implicite, ou ne sauraient devenir inverses par elles-mêmes, de
sorte que rien n'est changé dans les conséquences dont il
s'agit, les variables auxiliaires qui déterminent chacune des
positions du système et les variables réellement inconnues
qui s'en déduisent pouvant seules devenir inverses et changer
de signe et de sens avec le changement de position. Cependant
il peut se faire encore que certaines constantes soient inconnues de situation; dans ce cas on pourrait éprouver des difficultés dans l'interprétation des signes des résultats algébriques;
c'est ce qui arriverait en particulier si l'une des constantes était
la distance comprise entre deux points inconnus et mobiles.
Éclaircissons ceci par un dernier exemple.

91. Problème. — On demande (*fig.* 137) « le lieu des points x et y
» situés deux à deux sur des droites sD, passant par un pôle ou point

Fig. 137.

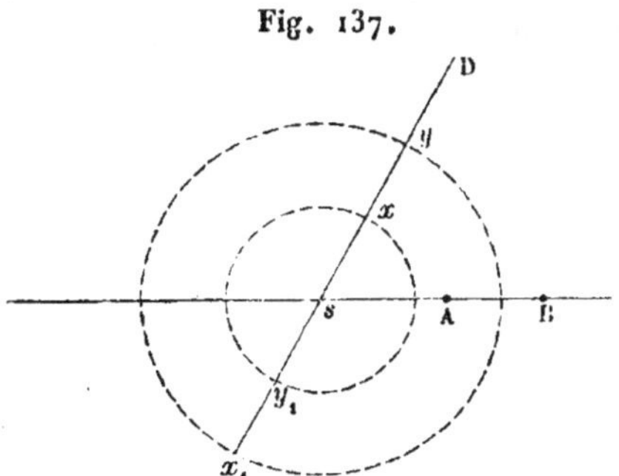

» fixe s de la droite immobile et indéfinie AB, ce couple de points x et y
» remplissant d'ailleurs les conditions suivantes

$$xy = s\dot{y} - sx = \text{K}, \quad sx.sy = s\text{A}.s\text{B}. \text{ »}$$

De ces équations on tire séparément,

$$sx = -\frac{1}{2}\text{K} \pm \frac{1}{2}\sqrt{\text{K}^2 + 4s\text{A}.s\text{B}}, \quad sy = \frac{1}{2}\text{K} \pm \frac{1}{2}\sqrt{\text{K}^2 + 4s\text{A}.s\text{B}},$$

formules dans lesquelles les signes des radicaux se correspondent respectivement.

Comme sx comporte deux valeurs, l'une positive, l'autre négative, il existe nécessairement deux points x répondant à un même rayon sD : l'un à droite du point s comme on l'avait supposé, l'autre à gauche du même point en x_1; les deux distances sx, sx_1, étant inégales, chacun des points correspondants décrira une circonférence de cercle particulière autour du pôle ou centre s. Les mêmes choses ont lieu pour le couple des points y et y_1; mais ce qu'il y a de remarquable ici, c'est que les cercles qui leur correspondent se confondent respectivement avec ceux des points x et x_1, en sorte que la série de tous les points inconnus et mobiles se trouve distribuée sur deux circonférences de cercle uniques.

92. *Remarques et discussions.* — On sera peut-être surpris du renversement qui se produit dans la position respective des points x et y; car il serait naturel de croire que les deux autres x_1 et y_1 dussent, à l'égard de l'origine s, se trouver dans la même condition que les premiers, qui répondent directement à la question telle qu'elle a été posée.

En effet, si l'on avait mis le problème en équation dans l'hypothèse où x et y se trouveraient tous les deux à gauche de s, on aurait évidemment obtenu les mêmes racines que ci-dessus. Mais il faut observer que le problème mis en équation dans la nouvelle hypothèse, aurait réellement différé de celui qui a été résolu tout d'abord; la raison en est qu'alors on supposait la constante K essentiellement positive et invariable de sens ou de signe; or il est aisé d'apercevoir que cette nouvelle hypothèse exige, au contraire, que K ou xy en change.

Supposons, en premier lieu, que x prenne la position x_1 (*fig.* 138) en

Fig. 138.

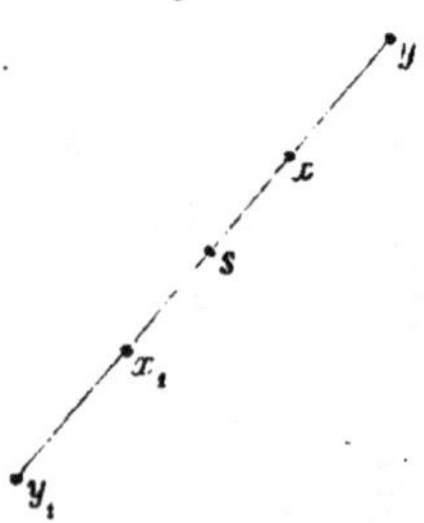

passant par s, sx deviendra seule inverse dans la relation primitive $sy - sx = K$, de sorte qu'on aura

$$sy + sx_1 = K.$$

Supposons, en second lieu, que y passe par l'origine s, sy deviendra à son tour inverse, mais $x_1 y$ restera directe, tant que y n'aura pas dépassé x_i, position correspondante à celle qu'a donnée ci-dessus le calcul algébrique. Si, enfin, le point y passe au delà du point x_i en y_i, non-seulement sy sera devenu inverse, mais encore $x_i y$ lui-même, de sorte qu'on aura

$$- sy_i + sx_i = - x_i y_i = - K.$$

La seconde hypothèse revient encore, en effet, à changer le signe de la constante K ou à supposer xy inverse. C'est donc réellement changer la nature du problème d'abord mis en équation, puisque nous sommes partis de la supposition que les constantes étaient invariables de signe. Mais, à proprement parler, on voit ici que la relation

$$sy - sx = K,$$

par la raison que K y est considéré comme constant, est véritablement une équation étrangère à la position, dans le genre de celle que nous avons plusieurs fois déjà eu à examiner.

Pour qu'elle devînt une relation à la fois de grandeur et de position, il faudrait admettre que K pût, tout à la fois aussi, y changer de signe et conserver un signe propre; or c'est ce qui est vraiment impossible à priori, puisque, par hypothèse, la position de la distance correspondante est encore inconnue. Pour savoir à quoi répond l'hypothèse de K invariable de grandeur et de signe, on peut imaginer que la longueur constante $xy = K$ glisse vers l'origine sans changer de grandeur et de sens, sans devenir inverse, mais aussi sa situation n'aura pas changé à l'égard du repère extérieur D, car l'ordre primitif était Dyx, et le nouveau $Dy_i x_i$, c'est-à-dire le même. Supposer donc à priori K invariable, c'est admettre qu'il glisse sans renversement.

93. *Conséquences.* — L'Analyse algébrique, en apprenant que l'ordre des points x, y est renversé, ne donne rien qui ne soit parfaitement exact et conforme aux hypothèses établies sur les équations primitives; elle fournit les solutions qui correspondent véritablement à ces équations et par conséquent au problème tel qu'il a été posé. La difficulté que ce problème présente vient absolument de ce qu'en combinant les données du calcul avec les notions de la Géométrie, on veut regarder comme appartenant à une seule et même question, des solutions ou des points qui appartiennent à plusieurs systèmes distincts et séparables par des conditions en elles-mêmes différentes.

D'un autre côté, en s'en tenant aux aperçus purement géométriques, il arrive aussi que l'on restreint le nombre des solutions possibles du problème, tandis que l'Analyse algébrique apprend qu'il en existe davantage. Il est incontestable d'ailleurs que les solutions fournies par l'Algèbre résolvent toujours le problème tel qu'il a été mis en équation.

94. *Solutions multiples du même problème.* — Pour mieux faire voir encore, sur l'exemple qui précède, comment un même énoncé peut renfermer plusieurs questions distinctes, nous supposerons (*fig.* 139) que, au lieu de prendre les points x et y tous deux à la droite du point s pour

Fig. 139.

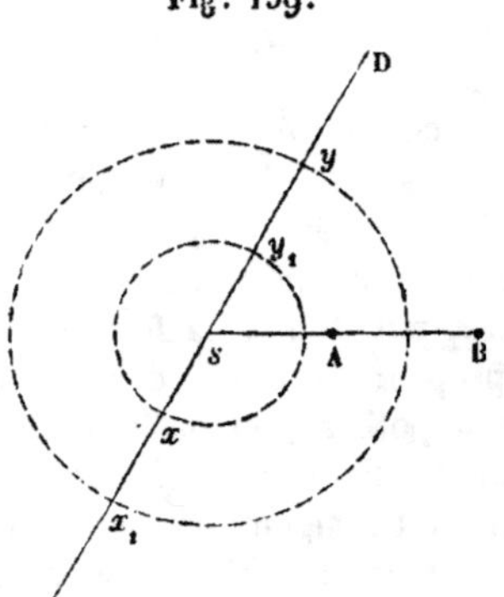

mettre le problème en équation, on les ait choisis arbitrairement l'un à gauche et l'autre à droite de ce point; les équations de condition deviennent alors

$$sx + sy = \mathrm{K}, \quad sx.sy = s\mathrm{A}.s\mathrm{B},$$

et donnent séparément

$$sx = \frac{1}{2}\mathrm{K} \pm \frac{1}{2}\sqrt{\mathrm{K}^2 - 4s\mathrm{A}.s\mathrm{B}}, \quad sy = \frac{1}{2}\mathrm{K} \mp \frac{1}{2}\sqrt{\mathrm{K}^2 - 4s\mathrm{A}.s\mathrm{B}}.$$

Dans ces expressions, le signe supérieur et le signe inférieur se correspondent respectivement.

Comme on le voit, elles diffèrent totalement de celles qui ont été obtenues dans la première hypothèse, en sorte que les points x et y, x_1 et y_1 qu'elles fournissent ont des positions très-distinctes de celles qu'ils avaient alors, les circonférences qui leur correspondent étant aussi différentes.

Du reste, les remarques déjà faites ci-dessus, s'appliquent à cette nouvelle hypothèse. Le problème, dans son énoncé général, a véritablement quatre systèmes distincts de solutions, soit au point de vue géométrique, soit au point de vue algébrique. On pourrait réduire ces quatre systèmes à deux seulement, si l'on regardait le signe de la constante K comme indéterminé; or rien n'est plus naturel, puisque, en effet, la position ou direction correspondante de l'axe mobile xy est elle-même inconnue. Ainsi les deux premiers systèmes de solution seraient représentés par

$$sx = \pm \tfrac{1}{2} K \pm \tfrac{1}{2} \sqrt{K^2 + 4\,s A.\,s B}\,, \quad sy = \mp \tfrac{1}{2} K \pm \tfrac{1}{2} \sqrt{K^2 + 4\,s A.\,s B}\,,$$

et les deux derniers par

$$sx = \pm \tfrac{1}{2} K \pm \tfrac{1}{2} \sqrt{K^2 - 4\,s A.\,s B}\,, \quad sy = \pm \tfrac{1}{2} K \mp \tfrac{1}{2} \sqrt{K^2 - 4\,s A.\,s B}\,;$$

les signes supérieurs se correspondant respectivement dans chaque groupe de formules : la même remarque est applicable à tous les cas possibles où les constantes seraient censées mobiles et entièrement indéterminées de situation, ce qui, pour embrasser algébriquement tous les systèmes de solutions en un seul, exigerait qu'on appliquât le double signe $\pm$ à ces constantes, soit ici à K et au rectangle également donné SA.SB.

Problèmes déterminés où les points inconnus dépendent de la rencontre de lieux géométriques.

95. *Règles à suivre en général dans la solution des problèmes.* — Pour terminer ce que nous avions à dire de particulier sur les difficultés inhérentes à l'interprétation, à l'application de la règle des signes aux solutions algébriques des diverses questions de la Géométrie, il ne nous reste plus qu'à nous occuper de celles de ces questions où les distances cherchées sont tout à la fois inconnues de grandeur et de direction. Après tout ce que nous venons de dire des problèmes indéterminés, nous n'éprouverons aucune peine à résoudre les difficultés qui pourraient se présenter.

En effet, le but qu'il s'agit d'atteindre dans toute question géométrique est en définitive, la détermination d'un certain point de la figure dont la position est actuellement inconnue, mais dont la dépendance avec les autres objets de cette figure est définie par des relations métriques ou descriptives explicitement énoncées. Or, cette détermination exige que le point cherché se trouve, soit à l'intersection de deux lignes connues ou pouvant être considérées comme telles, quand tous les objets de la figure sont situés dans un même plan; soit à l'intersection de trois surfaces données ou à la rencontre d'une ligne et d'une surface données quand les objets de la figure sont situés d'une manière quelconque dans l'espace.

C'est donc à la recherche de ces systèmes de lignes ou de surfaces que se réduit finalement toute espèce de problèmes déterminés. Fort souvent, l'une de ces lignes ou surfaces est donnée par les conditions mêmes du problème, comme il arrive, par exemple, quand on demande sur une circonférence de cercle un point qui remplisse une certaine condition ; alors, en effet, on n'a plus qu'à s'occuper de la recherche d'une autre ligne qui contienne simultanément ce point. Or cette ligne doit être telle, que chacun de ses points jouisse, en particulier, de la propriété même qui appartient à celui-ci, d'après l'énoncé du problème.

96. Si la propriété dont il s'agit est purement métrique ou algébrique, il pourra se présenter les mêmes difficultés que celles déjà reconnues et étudiées dans ce qui précède, relativement au nombre des systèmes de lignes ou de surfaces qui remplissent réellement les conditions énoncées. Dans ces circonstances, on résoudra toujours les difficultés en ayant soin de distinguer les divers systèmes de solutions et de ne choisir que celui ou ceux qui remplissent strictement les conditions de l'énoncé.

Si, au lieu de connaître à priori l'une des lignes ou des surfaces qui renferment le point cherché, on connaissait simplement la relation ou la propriété qui appartient individuellement à chacun de ses points générateurs, il faudrait prendre les mêmes précautions que dans les exemples très-simples qui précèdent. Quand deux lignes sont ainsi définies par les propriétés métriques qui les caractérisent, leurs intersections communes sont nécessairement déterminées aussi de situation ; mais, pour l'être implicitement, elles ne le sont pas toujours d'une manière explicite et propre, par exemple, à faire trouver au besoin tout ce qui leur appartient

Les procédés au moyen desquels on peut ainsi faire ressortir de deux ou plusieurs relations métriques données tout ce qui doit appartenir à leur système, constituent un art très-difficile et qui demande une sagacité toute particulière de la part des géomètres. Les transformations algébriques y sont d'une nécessité souvent presque indispensable, mais on ne doit pas s'y abandonner sans réserve, et croire qu'elles puissent toujours se suffire à elles-mêmes; il convient de ne s'en servir que comme d'utiles auxiliaires, non pour diriger, mais pour abréger le raisonnement.

97. Au surplus, dès l'instant où les équations algébriques que l'on a posées définissent véritablement le système examiné, les résultats qui s'en déduisent par des transformations licites conviennent parfaitement aussi à ce système, elles ne disent ni plus ni moins que les équations primitives, et si ces dernières sont circonscrites dans les seules conditions de l'énoncé verbal du problème, les transformées et les résultats le sont aussi et ne donnent rien qui lui soit étranger. Les difficultés qu'on éprouve souvent à reporter ces résultats sur la figure proposée et à les interpréter géométriquement ne proviennent nullement du fait même de l'Analyse algébrique, mais bien de la manière restreinte dont on peut envisager la question au point de vue géométrique, et souvent aussi de la facilité avec laquelle il arrive de confondre le système réellement supposé dans la mise en équation, avec les systèmes plus ou moins analogues, quoique non dérivés d'un même mode de génération continue, ce qui fait qu'on applique à l'un d'eux ce qui n'appartient qu'à l'autre, et inversement.

Cette confusion n'a plus lieu quand on a l'attention de circonscrire la mise en équation dans les véritables limites de l'énoncé, et réciproquement quand il s'agira d'interpréter, de découvrir la signification du résultat final, on devra remonter aux équations primitives dont il émane algébriquement, pour reconnaître à posteriori la figure à laquelle il correspond effectivement, et la distinguer de toutes ses analogues, qui en sont séparables et distinctes au point de vue du principe de continuité et de la loi des signes de position.

98. *Sur la mise en équation.* — Ce qu'il y a de plus difficile dans la solution analytique d'un problème, c'est donc la mise en équation; si cette mise en équation a été bien faite, si le système d'équations obtenu appartient réellement à l'énoncé verbal, et ne dit ni plus ni moins que cet énoncé,

les résultats seront immédiatement applicables, sans restriction, à la question proposée.

Il faut avoir bien soin, dans tous les cas, de ne pas combiner arbitrairement et inutilement les données ordinaires de
la Géométrie avec celles de l'Analyse algébrique, afin de pouvoir prononcer sur l'état véritable de la figure d'après la connaissance des racines obtenues ; surtout il faut être sûr que le
système de ces racines est complet à l'égard des parties constitutives de cette figure. En effet, s'il reste encore quelque
chose d'indéterminé dans le système des constructions, il n'est
plus permis de se prononcer sur l'état véritable de ce système,
soit géométriquement, soit algébriquement, sans risquer de
tomber dans des conséquences en contradiction plus ou moins
manifeste avec les idées admises et ce qui se passe effectivement dans la figure dont on s'occupe.

Offrons-en divers exemples très-simples de Géométrie.

99. *Iᵉʳ Exemple*. — « *abc* (*fig.* 140) est un triangle dont les trois

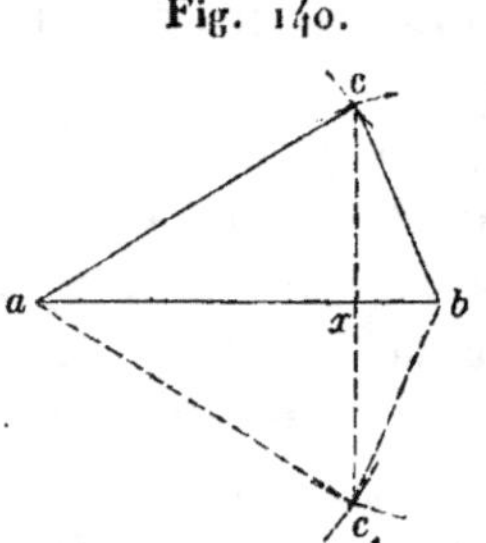

» côtés sont donnés : on demande quel est le pied x de la perpendicu-
» laire cx, abaissée de son sommet c sur la base ab. »

Un théorème bien connu de la Géométrie élémentaire donne, entre
autres,

$$bx = \frac{\overline{ac}^2 - \overline{ab}^2 - \overline{bc}^2}{2\,ab} \; ;$$

cette expression étant toujours réelle, on pourrait en conclure, au premier aspect, que l'état de la figure est aussi toujours réel ; notion contraire aux faits connus de cette Géométrie, qui nous apprennent que, si
$ab > ac + cb$, le triangle est inconstructible. Par contre, s'il s'agissait
de prononcer sur l'existence géométrique du point x, on serait conduit à
affirmer que ce point cesse d'exister quand le triangle ou le sommet c

devient impossible. Mais ces contradictions disparaissent quand on joint
à la première relation, celle-ci

$$\overline{bc}^2 = \overline{cx}^2 + \overline{bx}^2 \ ;$$

car alors on en déduit la valeur de cx nécessaire pour déterminer entièrement la position du sommet c, et par conséquent la forme du triangle.
Aussi apprend-on que, pour le cas de $ab > ac + cb$, la longueur sinon la
position ou direction indéfinie de cette perpendiculaire est imaginaire.

Néanmoins il se présente ici une difficulté, car l'Analyse algébrique
donne deux valeurs égales et de signes contraires pour cx, tandis que
géométriquement il semble qu'il n'en existe qu'une seule; or cette difficulté disparaît à son tour, si l'on observe que, dès l'instant où l'on recherche la valeur algébrique de la perpendiculaire cx inconnue de grandeur
et de position, l'Algèbre, par sa nature intime, donne nécessairement, à
la fois, et la distance et le signe de position ou de corrélation.

Si, au contraire, on suppose la situation donnée, c'est n'admettre de
racines que celles qui sont positives et absolues. Donc si, dans la question
précédente, on suppose la hauteur du triangle abc inconnue à la fois de
grandeur et de situation, c'est admettre implicitement que ce triangle
soit seulement donné par la grandeur de ses côtés et la position de ab,
et il paraît bien visible qu'à une même base ab correspondent effectivement deux triangles abc, abc_1 dont les sommets c et c_1 sont placés d'une
manière symétrique par rapport à cette base.

100. *Remarques.*—Pareilles choses arrivent dans les diverses
questions où les données ne suffisent pas pour construire
géométriquement la position du système, ainsi que dans toutes
celles où les relations métriques, les équations ne sont pas en
nombre suffisant pour déterminer les différentes parties qu'on
regarde comme inconnues. Quand ces inconnues et les données se mesurent toutes sur une droite fixe à partir de points
également fixes ou donnés, les mêmes difficultés d'interprétation des résultats algébriques ne sauraient avoir lieu, comme
on l'a vu, du moins quant aux signes de position des distances
inconnues.

Dans toute autre circonstance, il sera impossible de rien
prononcer sur la position des points correspondants, et, je le
répète, ce que l'on pourra seulement affirmer, c'est que les
points inconnus se trouvent nécessairement sur certaines
lignes algébriquement ou géométriquement définies par les
conditions et les solutions du problème.

101. *II*ᵉ *Exemple.* — « Que l'on se donne, en grandeur et en direction
» indéfinie, les deux petits côtés *sa* et *ab* d'un triangle *sab* rectangle en *a*
» (*fig.* 141) et qu'on demande la grandeur et la position de l'hypoté-
» nuse *sb*. »

On trouve pour résultat algébrique

$$sb = \pm \sqrt{\overline{sa}^2 + \overline{ba}^2},$$

expression toujours réelle et qui indique, si d'ailleurs on ne veut pas
combiner directement les données de la Géométrie avec celles de l'Analyse des coordonnées ordinaires, que le sommet *b*, considéré comme inconnu de position sur la direction indéfinie de la droite *sb*, elle-même
indéterminée de position autour du point fixe *s*, se trouve quelque **part**

Fig. 141.

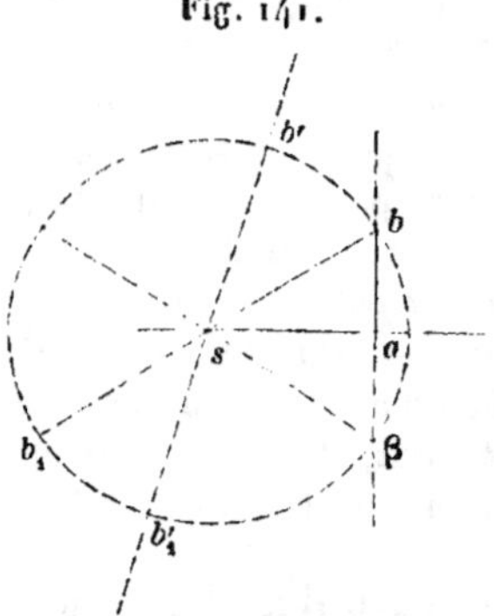

sur une circonférence de cercle décrite de ce point *s* comme centre, avec
un rayon $\sqrt{\overline{sa}^2 + \overline{ba}^2}$. L'Analyse algébrique indique en même temps que,
pour obtenir deux points *b'* et *b'₁* de cette circonférence appartenant à une
direction quelconque *sb'* de la droite indéfinie qui les renferme, il faut porter la valeur du radical à gauche et à droite de l'origine fixe *s*.

102. Si les côtés *sa* et *ab* étaient donnés à priori en grandeur et en
direction, le triangle *abs* serait par là même connu de position dans toutes
ses parties, et il ne resterait qu'à calculer la grandeur absolue de son
hypoténuse, sans égard au double signe du radical; mais il en est tout
autrement au double point de vue géométrique et algorithmique de la
génération continue de cette grandeur, qui peut avoir lieu de *s* vers *b*,
ou inversement de *b* vers *s* (4 et 5). A fortiori en est-il ainsi dans les
conditions de l'énoncé ci-dessus, où l'origine *s* de l'hypoténuse, la position du côté *sa* et la direction indéfinie du côté *ab* sont seules données à
priori, mais non le sens ou le signe algorithmique. De plus, comme l'hypoténuse *sb* est elle-même indéterminée de sens et de direction au-

tour du point s, la formule algébrique ci-dessus indique uniquement les rayons opposés de l'une quelconque des diamétrales d'un cercle.

Donc aussi les intersections b et β de la circonférence dont il s'agit avec la direction indéfinie du côté ab, font connaître les positions uniques du sommet b du triangle cherché.

103. *Remarques diverses.* — Le nombre des solutions ainsi obtenues est précisément égal à celui des racines algébriques, mais il en serait tout autrement si, par exemple, le sommet b devait se trouver sur une section conique donnée, auquel cas les intersections de la circonférence des points b avec cette section conique pourraient être quadruples; mais alors même l'équation $\overline{sb}^2 = \overline{sa}^2 + \overline{ba}^2$ exprimerait une condition étrangère au système de cette conique.

D'autre part, on peut se demander pour le cas actuel où cette même relation exprime une véritable propriété de situation du triangle rectangle sab, si les deux uniques solutions sb et $s\beta$ (*fig.* 141) correspondent respectivement aux signes $+$ et $-$ du radical algébrique. Or cela ne saurait faire l'objet d'aucun doute d'après les considérations géométriques exposées au n°⁵ 6, 14, 15 (*).

Pour expliquer dans des cas semblables le double signe d'une distance telle que sb, M. Gaudin (ouvrage déjà cité p. 57) admet que la valeur positive appartenant réellement à la ligne donnée ab, la valeur négative doit correspondre à une droite indéfinie, symétrique à ab, par rapport au point fixe s. Sans insister sur cette manière incomplète d'envisager la question, je ferai seulement remarquer qu'ici, à la vérité, la relation $\overline{sb}^2 = \overline{as}^2 + \overline{ba}^2$ étant invariable dans ses signes, quelle que soit la position relative des côtés du triangle inconnu, on peut bien admettre que les triangles qui lui sont symétriquement opposés par le sommet s et par la base ab, puissent remplir la condition, mais alors aussi ce serait admettre que les racines obtenues appartiennent à un triangle rectangle et à des données ayant une situation différente de celles qu'on leur a primitivement supposées; ce qui me paraît être une fausse interprétation du résultat de l'Analyse algébrique dans les hypothèses actuelles, et même dans celles du problème que s'est proposé M. Gaudin (art. 36), qui, au lieu de la droite indéfinie $ba\beta$ de la *fig.* 141, considère une circonférence de cercle quelconque passant par le point donné s, et ne s'occupe nullement d'ailleurs de l'opposition de signes des longueurs sb et $s\beta$.

(*) Je supprime ici la longue discussion par laquelle je démontrais la vérité de cette assertion, et me borne à renvoyer aux articles de ce Cahier qui démontrent clairement que, dans l'hypothèse où la rotation du rayon positif sb s'opère de droite à gauche à partir de la direction sa, $s\beta$ doit être considéré comme négatif ou inverse.

Du reste, il est incontestable en soi que l'équation algébrique

$$\overline{sb}^2 = \overline{as}^2 + \overline{ba}^2,$$

invariable dans les signes de position des distances qui y entrent, doit, par cela même, correspondre à une infinité de situations et de questions relatives aux triangles rectangles.

104. *IIIᵉ Exemple.* — Si l'on demande de calculer le rayon **R** du cercle circonscrit à un triangle *abc* quelconque (*fig.* 142), dont *a*, *b*, *c*

Fig. 142.

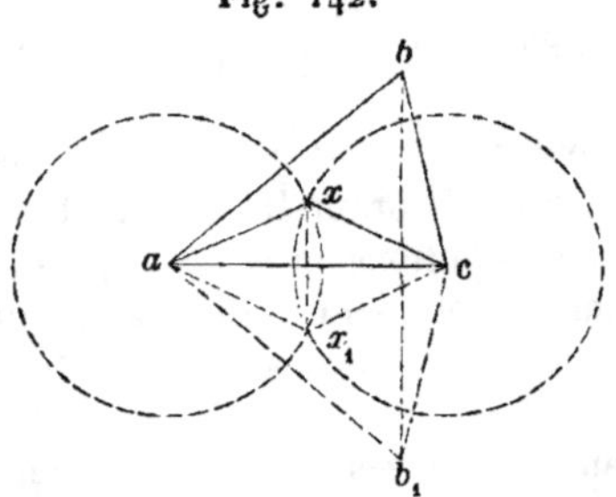

sont les côtés, on trouve, en résolvant algébriquement, une équation bien connue :

$$R = \pm \frac{abc}{\sqrt{2\,a^2 b^2 + 2\,a^2 c^2 + 2\,b^2 c^2 - (a^4 + b^4 + c^4)}},$$

formule invariable où les côtés peuvent aussi changer de signe en prenant des directions opposées au sens primitivement adopté. Cependant, que signifie le signe négatif fourni par le calcul algébrique?

Nous répondrons qu'adopter le double signe du radical, c'est admettre par là même implicitement que le rayon est inconnu tout à la fois de grandeur et de situation, car autrement le signe négatif n'aurait plus de sens, géométriquement parlant. Supposons donc que le rayon cherché soit celui *ax* (*fig.* 142) dont l'extrémité est au sommet connu *a*, et qu'on demande la position du centre *x*; la direction de *ax* étant entièrement indéterminée par hypothèse, la double valeur trouvée pour R indique le couple de rayons opposés relatifs à l'une quelconque de ces directions, et détermine par conséquent un cercle qui passant par *x* a le sommet fixe *a* pour centre.

Mais cela ne suffit nullement pour déterminer le point inconnu *x* de position, et il est nécessaire de recourir à un autre sommet *c* du triangle *abc*, supposé fixe comme le premier *a*, ce qui laisse seulement le troisième sommet *b* arbitraire de position, et place le centre inconnu *x* à l'intersection commune des cercles décrits de *a* et *c* comme centres avec un rayon égal à la valeur absolue trouvée pour R. De cette façon, on obtient deux points x, x_1 symétriques par rapport au côté ac et remplissant les conditions prescrites; ce qui doit être, puisque l'on n'a point encore fait concourir à la détermination du point x le sommet b du triangle, dont la situation reste entièrement arbitraire en conservant toutes les autres données, et qui peut ainsi occuper la position b_1, elle-même symétrique par rapport au côté ac.

105. *Remarques et interprétations diverses.* — En général, dès l'instant où l'on cherche analytiquement dans une figure une distance quelconque inconnue, on en recherche par là même à la fois la grandeur et la position. Alors il est naturel d'obtenir deux ou plusieurs valeurs de signes algébriques distincts, réelles ou imaginaires, quand cette distance correspond à un point d'une certaine ligne assignée ou non de position, puisque dans cette circonstance, la direction en est entièrement indéterminée et arbitraire, la droite prise originairement pour représenter l'inconnue pouvant prendre des routes distinctes et opposées même, pour arriver à sa véritable position. Mais, dans tous les cas, il est exact de regarder l'expression algébrique qui la donne comme indiquant une courbe (ici le cercle), qui renferme le point dont, jusque-là, la position est indéterminée.

Au surplus, toutes les difficultés relatives à l'interprétation des signes algébriques, disparaissent dès l'instant où l'on se reporte aux hypothèses sur lesquelles se fondent les données et les équations primitives, ce dont les exercices suivants montrent divers exemples plus ou moins analogues au précédent relatif au cercle circonscrit à un triangle donné : ici, en effet, chaque côté offre une double solution dont la première seule est à conserver, l'autre appartenant à un triangle distinct du proposé par le signe et la position des deux derniers côtés ; signe et position dont la valeur algébrique de R ne saurait tenir compte, puisqu'elle correspond à tous les triangles possibles construits avec les mêmes côtés. Voici d'ailleurs une autre manière d'interpréter cette double solution, qui ne se présente pas dans la détermination linéaire et directe du centre du cercle circonscrit, due aux Anciens.

106. Soit abc (*fig.* 143) le triangle dont il s'agit, x le centre inconnu du cercle circonscrit ; du sommet b soit abaissée la perpendiculaire bp sur la base *ac*, et du centre *x* soit mené le rayon *ax* et la perpendiculaire *xo* au côté *ab*; ce côté sera divisé en deux parties égales en *o*, et, de plus,

Fig. 143.

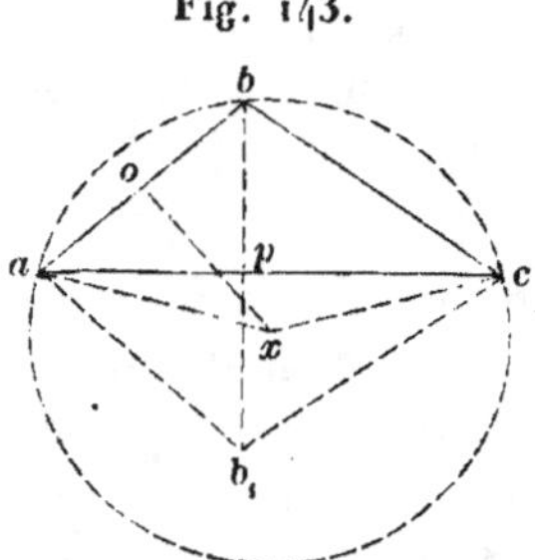

les triangles rectangles *aox* et *bpc* seront semblables, puisque l'angle au centre *x* a même mesure que l'angle en *c*; on aura donc

$$ax = \mathrm{R} : ao = \frac{1}{2}\,ab :: bc : bp; \quad \text{d'où} \quad \mathrm{R} = \frac{ab \cdot bc}{2\,bp};$$

d'ailleurs on a aussi, comme on sait,

$$\overline{bp}^2 = \frac{2\,\overline{ab}^2 \cdot \overline{ac}^2 + 2\,\overline{ab}^2 \cdot \overline{bc}^2 + 2\,\overline{ac}^2 \cdot \overline{bc}^2 - \overline{ab}^4 - \overline{ac}^4 - \overline{bc}^4}{4\,\overline{ac}^2}.$$

Telles sont les équations directes de la question proposée : l'une et l'autre de ces équations exprime des propriétés de situation du système, et l'on voit que le nombre des inconnues est alors en réalité de deux, à savoir : la perpendiculaire *bp* et le rayon que l'on cherche.

Ici il n'est nullement difficile d'expliquer l'origine de la valeur négative du rayon inconnu *ax* ou R, elle provient évidemment de ce que la perpendiculaire *bp* est susceptible du double signe ± dans la seconde des équations ci-dessus, quand on y regarde cette perpendiculaire elle-même comme une quantité inconnue. Or, admettre ce double signe, c'est par là aussi admettre que l'on considère à la fois et le triangle *abc* et le triangle *ab₁c* qui lui est égal et symétrique (*).

(*) Les diverses remarques et réflexions qui accompagnaient les exemples IIᵉ et IIIᵉ des nᵒˢ 102 et 104, étant d'une rédaction obscure et par trop laconique, j'ai dû en développer, sinon modifier, la pensée, comme je l'ai fait dans d'autres occasions déjà citées, mais sans rien toucher aux différents modes de solution et d'interprétation qui constituent chaque exercice; ces modes témoignent d'ailleurs que, à l'époque de 1816 ou 1817, mes idées n'étaient point entièrement fixées au sujet de l'interprétation des signes algébriques dans la solution des problèmes déterminés de la Géométrie.

Examen critique de la solution connue de quelques problèmes déterminés de Géométrie élémentaire.

107. Pour terminer le sujet qui nous occupe, nous allons examiner successivement diverses questions présentées par **M.** Carnot, dans sa *Géométrie de position*, comme autant d'exemples propres à combattre les idées ordinairement admises dans l'application de l'Algèbre à la Géométrie, questions dont quelques-unes avaient déjà occupé d'Alembert et ont été reproduites dans le Mémoire cité de **M.** Gaudin.

108. Ier Problème. — « D'un point s (*fig.* 144) pris en dehors d'un cercle » donné (c), on propose de mener une droite sxy telle, que la portion xy » interceptée dans le cercle soit d'une longueur donnée $xy = k$. »

Traçons dans le cercle (c), *fig.* 144, une sécante arbitraire sab; les points a et b pourront être censés donnés, ainsi que les segments sa, sb,

Fig. 144.

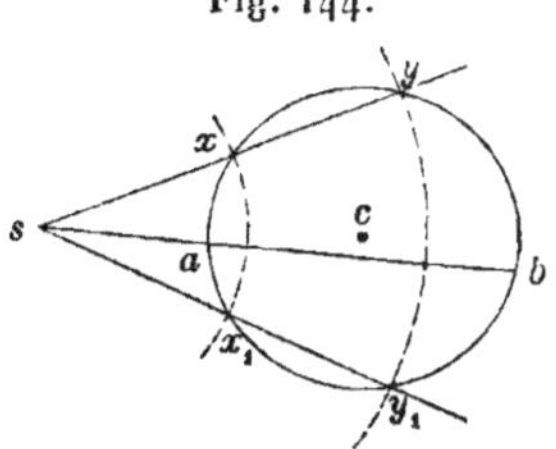

et pour déterminer la sécante sxy, l'on aura par les conditions géométriques du problème,

$$xy = sy - sx = k, \quad sx.sy = sa.sb;$$

en combinant entre elles algébriquement ces équations où la constante mobile k pourrait être affectée à l'avance du double signe $\pm$, afin d'obtenir le système entier des solutions, on en déduit le système particulier des valeurs suivantes :

$$sx = -\frac{1}{2}k \pm \frac{1}{2}\sqrt{k^2 + 4 sa.sb}, \quad sy = +\frac{1}{2}k \pm \frac{1}{2}\sqrt{k^2 + 4 sa.sb},$$

dans lesquelles les signes supérieurs se correspondent respectivement.

La direction de la droite qui renferme les points x et y étant indéterminée, les racines obtenues expriment, comme on l'a vu (n° 91 et suiv.), que les points inconnus x et y appartiennent à un couple de circonférences concentriques à *s*, dont les rencontres avec (*c*) donneront tout à la fois la position et la grandeur des segments cherchés, ici réellement au nombre de quatre (94), et non de deux, comme le suppose M. Carnot, qui, après avoir obtenu les deux valeurs de *sx* opposées de signes par le radical, admet à priori que la valeur négative ne peut répondre qu'à la seconde distance *sy*; mais c'est là une erreur évidente, puisque rien n'empêche que cette racine ne soit représentée par sy_1, longueur qui, en effet, doit être censée négative (n° 103) à l'égard de la première.

Ceci paraît d'autant plus rationnel que l'Analyse algébrique nous avertit que les deux points *x* et *y*, situés sur la même sécante du cercle, ne sont nullement donnés par la même équation.

En effet, si l'on admet que la racine positive $sx = -\frac{1}{2}k + \frac{1}{2}\sqrt{k^2 + 4sa \cdot sb}$ représente véritablement *sx* pour la position actuellement indiquée sur la *fig.* 144, on trouvera que la valeur correspondante de *sy* est

$$sy = \frac{1}{2}k + \frac{1}{2}\sqrt{k^2 + 4sa \cdot sb},$$

c'est-à-dire essentiellement positive comme celle de *sx*; ce qui, d'ailleurs, résulte immédiatement de l'équation de condition

$$sy = sx + k.$$

Je conclus de là que l'objection tirée de cet exemple, contre la règle ordinaire des signes pour les distances mesurées sur une même droite, n'est nullement fondée en principe, et qu'il est impossible, par conséquent, d'admettre avec M. Carnot que cette règle soit ici en défaut (*).

(*) On n'a pas rappelé, à propos du problème 108, le mode imparfait de solution proposé par M. Gaudin, aux p. 57 à 61 de son ouvrage, sans doute parce qu'il a été suffisamment combattu dans le n° 103; mais je ne saurais passer sous silence une remarque qui ne manque pas d'importance à cause de sa généralité, mais n'aurait point été à sa véritable place, peut-être, dans les articles précédents : c'est que le problème dont il s'agit ici, appartient à une classe étendue de questions intéressantes, relatives à l'inscription d'une longueur donnée ou constante dans une courbe tracée sur un plan ou définie par ses propriétés géométriques, lorsque d'ailleurs la direction indéfinie de cette longueur, véritable corde, doit satisfaire à une autre condition, comme de passer par un point connu ou d'envelopper une seconde courbe donnée. Cette question, dont la solution algébrique offre des difficultés toutes particulières, peut se résoudre d'une manière purement graphique par le tracé d'une troisième courbe, dont le degré généralement très-élevé (*voir* VIᵉ Cah., art. II), peut se déterminer à priori, à l'aide du principe de géométrie déjà mis en usage aux p. 60 et 148 de cet ouvrage, et qui, dans le cas très-élémentaire où la seconde courbe, l'enveloppe fixe des sécantes,

109. *Remarques diverses.* — C'est, au surplus, le lieu de remarquer de nouveau combien on a tort, en général, de regarder les solutions algébriques des problèmes de ce genre comme la représentation effective des distances à déterminer, et de rappeler que ces racines concernent seulement le cas où les longueurs inconnues sont rangées sur une droite de position donnée et non variable à volonté autour d'un point tel que s; car les conditions analytiquement exprimées ci-dessus ne suffisent pas, à elles seules, pour indiquer que les points x et y appartiennent à la circonférence du cercle (c).

D'autre part, d'après la forme trouvée pour les racines algébriques du problème qui vient de nous occuper, les distances sx et sy demeureraient réelles quelle que fût la grandeur de k, et l'on serait ainsi facilement tenté d'en conclure que les points correspondants sont toujours possibles; ce qui est

---

se réduirait à un point, appartient à la classe de celles que nous avons mentionnées dans la note du n° 88.

Mais, ce que nous devons ici particulièrement faire observer, c'est que ces dernières lignes courbes, à plusieurs branches continues et rentrantes sur elles-mêmes, sont susceptibles de se décomposer, de se séparer dans certains cas, en plusieurs lignes distinctes de degrés inférieurs, comme le problème ci-dessus en offre un exemple d'autant plus remarquable, que si, au cercle dans lequel il s'agit d'inscrire une corde de longueur donnée, on substitue l'angle de deux droites indéfinies, ou une section conique quelconque, le même partage, la même réduction de degré ne s'opèrent plus.

Enfin, n'est-il pas remarquable, à un autre point de vue, que l'hyperbole considérée par Carnot (p. 122 de la *Géométrie de position*) comme étant en corrélation complexe ou imaginaire par rapport à l'ellipse décrite sur les mêmes axes principaux, soit néanmoins susceptible d'un même mode continu et géométrique de génération? D'une part, ces courbes peuvent se changer l'une dans l'autre par le déplacement continu d'un plan sécant dans le cône du second degré; de l'autre, elles peuvent résulter des procédés graphiques uniformes indiqués aux p. 48 à 52 du Ier volume de ces *Applications*, procédés qui ne supposent rien d'imaginaire ou de complexe dans le sens algébrique attaché à ces mots par Carnot (*voir* p. 226, n° 62, de ce Cahier); ce qui arrive aussi dans cette définition analogue, commune à l'ellipse et à l'hyperbole, d'être le lieu des rencontres du rayon prolongé d'un cercle donné, avec la perpendiculaire indéfinie élevée sur le milieu de la droite qui joint l'extrémité circulante du rayon à un point fixe quelconque situé dans le plan du cercle; la courbe étant une *ellipse*, ou une *hyperbole*, selon que la distance de ce point fixe, premier *foyer*, au centre du cercle donné, second *foyer*, est inférieure ou supérieure au rayon de ce cercle, mais se réduisant à un autre cercle quand cette distance devient nulle ou égale au rayon du premier, etc.

II. 18

ici visiblement absurde quand la constante k ou xy surpasse le diamètre du cercle donné. En un mot, lorsque les inconnues d'un problème de Géométrie se mesurent sur des axes de position indéterminée, il faut bien se garder de prononcer à priori sur l'existence des points qui leur correspondent.

On pourrait se demander d'ailleurs pourquoi l'Analyse algébrique présente les distances sx et sy sous une forme toujours réelle, fussent-elles imaginaires. Nous répondrons qu'on n'a pas exprimé toutes les conditions du problème, qui exige impérieusement que les points x et y appartiennent à la circonférence du cercle donné et non à toute autre : or, évidemment, les équations de condition ne seront pas changées si l'on remplace le cercle (c) par un cercle quelconque passant par les points a et b ; de sorte aussi que ces équations doivent appartenir, non-seulement à la circonférence (c), mais encore à toutes celles qui contiennent ces deux points ; et comme, quelle que soit la grandeur de k, il y aura toujours une infinité de circonférences pour lesquelles le problème sera possible, on voit que, de toute nécessité, les valeurs algébriques de sx et sy doivent être indépendantes de toute condition d'imaginarité absolue ou relative.

Ainsi, des objections qui, au premier aperçu, auraient pu faire accuser l'Analyse d'absurdité, de contradiction, ou tout au moins d'insignifiance et d'obscurité, servent, bien au contraire, à en prouver la certitude et la fécondité, quand on sait l'employer et l'interpréter d'une manière convenable, en laissant de côté les notions, souvent trop restreintes, acquises dans la Géométrie élémentaire. Cet exemple prouve en même temps que, si l'on continuait à demeurer dans les voies séculaires des géomètres de l'École d'Alexandrie, on ne pourrait parvenir à interpréter d'une manière facile et entièrement satisfaisante les résultats généraux de l'Analyse algébrique. Ainsi le besoin, l'utilité signalés par Lagrange de rapprocher et d'éclairer l'une par l'autre, ces deux bases fondamentales de nos connaissances, deviennent tous les jours plus pressants, plus indispensables.

Passons à un nouvel exemple qui a également occupé M. Carnot (p. 37 de la *Géométrie de position*).

110. IIe Problème. — « Deux points A, B (*fig.* 145) étant donnés sur la
» circonférence d'un cercle, trouver sur cette circonférence un troisième

Fig. 145.

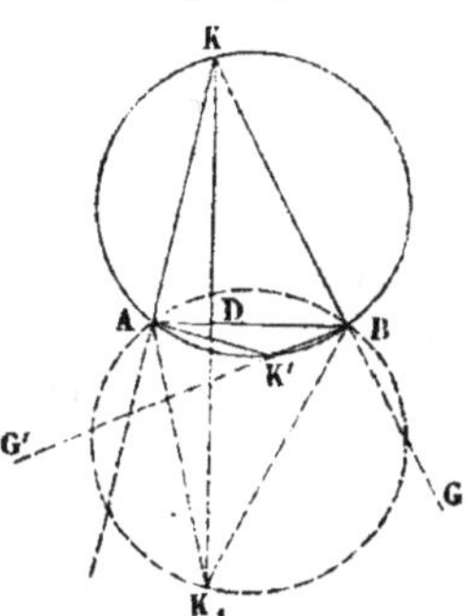

» point **K** dont les distances respectives AK et BK, aux deux points pro-
» posés, soient en raison donnée. »

Première solution de M. Carnot. — Appelons a le rapport donné et
constant, de sorte que

$$\mathrm{AK} = a.\mathrm{BK};$$

k l'angle également donné AKB; on a aussi

$$\overline{\mathrm{AB}}^2 = \overline{\mathrm{AK}}^2 + \overline{\mathrm{BK}}^2 - 2\,\mathrm{AK}.\mathrm{BK}\cos k.$$

De là on tire séparément

$$\mathrm{BK} = \frac{\mathrm{AB}}{\pm\sqrt{1 + a^2 - 2a\cos k}}; \quad \mathrm{AK} = \frac{a.\mathrm{AB}}{\pm\sqrt{1 + a^2 - 2a\cos k}};$$

formules dont la première, seule, a été considérée par M. Carnot, et permet de comparer directement ses idées aux nôtres.

Ne pouvant expliquer d'une manière conforme à la règle ordinaire des
signes la valeur négative de BK, et pensant d'ailleurs être parti d'une mise
en équation exacte du problème proposé, ce géomètre en conclut que la
valeur négative dont il s'agit est purement *insignifiante ;* mais je ne veux
nullement insister ici sur les objections tirées du double signe du radical
qui, selon notre manière de voir (91 à 94), tient à l'infinité de rayons BK
diamétralement opposés dans le cercle dont la circonférence doit contenir
le point K en même temps que la proposée. Je me borne à faire remarquer que cette dernière est incomplétement définie par l'angle mobile et
constant k, puisque cet angle introduit dans la solution une donnée étrangère à celles de l'énoncé primitif du problème, tandis que l'autre constante
a, étant censée entièrement indépendante de tout signe de position, amène
une confusion inévitable dans l'interprétation géométrique des résultats.

18.

Deuxième solution de M. Carnot. — Après avoir rejeté la valeur négative de BK comme insignifiante, et remarqué que le problème proposé a réellement deux solutions distinctes et positives, correspondant à l'angle en K du triangle ABK et à son supplément en K′ sur l'arc opposé de la circonférence, ce qui introduit le terme $\pm 2a\cos k$ sous le radical de BK, M. Carnot, dis-je, veut ensuite prouver sur le même exemple « qu'encore » bien qu'un problème soit susceptible de deux solutions algébriques ef» fectives, il ne s'ensuit nullement que l'équation finale doive avoir deux » racines, mais qu'on peut trouver séparément chacune d'elles par une » équation du premier degré au moyen d'un choix convenable de l'in» connue; » opinion qui s'accorde d'ailleurs avec une remarque de l'*Arithmétique universelle* de Newton.

En conséquence, l'auteur prend pour nouvelle inconnue le rapport de la perpendiculaire KD, abaissée du point K sur la base donnée AB, au segment AD formé par le pied de cette perpendiculaire sur la même base.

Nommant z ce rapport inconnu, les conditions du problème donnent, en continuant à substituer la considération de l'angle en K à celle du cercle AKB,

$$z = \frac{\text{AD}}{\text{KD}}, \quad a = \frac{\text{AK}}{\text{BK}} = \frac{\sin.\text{ABK}}{\sin.\text{BAK}}, \quad \widehat{\text{ABK}} = 200° - k - \widehat{\text{BAK}}.$$

Ces équations, qui appartiennent à la partie supérieure de la circonférence AKB, donnent à leur tour,

$$a\sin.\text{BAK} = \sin.\text{ABK} = \sin(\text{BAK} + k) = \sin.\text{BAK}.\cos k + \cos.\text{BAK}.\sin k,$$

ou, en divisant par $\sin\text{BAK}$, et observant que $\cot\text{BAK} = z$,

$$a = \cos k + z\sin k, \quad z = \frac{a - \cos k}{\sin k}.$$

Pour obtenir la solution relative à la partie inférieure du cercle toujours censé donné à priori, M. Carnot observe que, dans cette partie située au-dessous de AB, l'angle AK′B devenant le supplément de l'angle en K, on doit mettre $200° - k$ à la place de k, dans la formule ci-dessus, puisque d'ailleurs les raisonnements resteraient les mêmes; il obtient ainsi pour la seconde solution

$$z = \frac{a + \cos k}{\sin k};$$

d'où il résulte que les véritables solutions du problème sont données par cette formule unique

$$z = \frac{a \pm \cos k}{\sin k}.$$

111. *Remarque et rappel des principes.* — Tout ceci prouve, non-seulement que les transformations algébriques n'ont pas introduit de racines étrangères à celles du problème, mais aussi que ces transformations n'ont point éliminé de véritables racines du résultat final des équations.

Si les relations qui définissent la question algébriquement étaient la traduction fidèle des conditions du problème, tel qu'il a été verbalement énoncé et entendu, elles donneraient strictement les solutions qui conviennent à l'énoncé; mais comme, fort souvent, pour faciliter la mise en équation on change les conditions et la nature des données, il arrive que les équations de départ, ou n'expriment pas toutes les conditions du problème, ou en expriment de superflues; par là nécessairement on doit parvenir à des résultats algébriques qui tantôt donnent des solutions étrangères à l'énoncé de ce problème, et tantôt en donnent seulement une partie. Or, il en arrive presque toujours ainsi lorsque certaines données, sans être variables de grandeur, le sont néanmoins de signe et de position. Les solutions se séparent alors, non par le fait des transformations algébriques, mais par les hypothèses de la mise en équation, dans laquelle on suppose les constantes complétement invariables de signe. Les mêmes circonstances ne se reproduisent pas :

1° Si l'on a soin de ne rien changer soit aux conditions, soit aux données de l'énoncé verbal, c'est-à-dire si l'on évite de substituer au système de cet énoncé un autre système qui, bien qu'identique au premier aspect, en diffère néanmoins par quelque côté inaperçu ou sous quelque rapport distinct en réalité et qui ne permette pas aux équations fondamentales de demeurer identiques pour toutes les situations possibles des parties de la figure ;

2° Si, après avoir exprimé strictement les conditions de l'énoncé pour la position actuellement supposée aux lignes inconnues de la figure, on a soin d'attribuer aux constantes mobiles, celles qui représentent les grandeurs variables de position, le double signe $\pm$ quand ces grandeurs peuvent devenir inverses pour des situations connues ou inconnues du système, et changer par conséquent de signe implicitement en changeant par cela même l'hypothèse première de la mise en équation :

3° Si, dans l'interprétation des résultats, on a soin de ne pas confondre à son tour la figure, le système cherché et obtenu, avec d'autres systèmes d'apparence identique bien que distincts au fond : ce qui exige que cette figure, ce système soit en corrélation directe avec celui qu'on a hypothétiquement pris pour terme de comparaison au point de départ ou lors de la mise en équation ; c'est-à-dire si l'on se rappelle que l'un de ces deux systèmes doit résulter de l'autre par un mouvement progressif et continu de ses parties variables, mouvement qui n'est point arbitraire, mais déterminé par la liaison existant entre les divers éléments de la figure.

112. *Réfutation des objections tirées des résultats précédents.* — Pour appliquer ces principes à la question posée en dernier lieu par M. Carnot, j'observe qu'en tous les points de la circonférence de cercle ABK (*fig.* 145), censée donnée à priori, on a effectivement

$$\text{ang AKB} = k \text{ constant,}$$

pourvu qu'on ne confonde pas cet angle avec son supplément quand le point K vient à passer au-dessous de AB en K', et c'est à quoi l'on arrive quand on suit exactement le mouvement de l'angle dont il s'agit. Car il est bien évident que le point K passant en K', l'angle AKB ou AKG devient AK'G' et non AK'B qui en est le supplément.

D'un autre côté, le triangle ABK' conservera, d'après nos principes (24), la relation fondamentale

$$\widehat{\text{ABK}'} + \widehat{\text{BAK}'} + \widehat{\text{AK}'\text{B}} = 200° \quad \text{ou} \quad \widehat{\text{ABK}'} + \widehat{\text{BAK}'} - k = 0.$$

Reste donc à s'occuper de la condition dernière et fondamentale de l'énoncé, exprimée par l'équation

$$\frac{\sin \text{ABK}}{\sin \text{BAK}} = \frac{\text{AK}}{\text{BK}} = a,$$

qui est étrangère à la position à cause de la constante *a,* dont le signe et la grandeur sont supposés invariables, tandis qu'en réalité ce signe ne saurait ici être indépendant de la position.

En effet, lorsque K passe en K' (*fig.* 145) en traversant B, BK et l'angle opposé BAK deviennent tous deux négatifs en passant par zéro, tandis que AK et son angle opposé ABK sont restés directs, ce qui fait que le rapport ci-dessus $\dfrac{\text{AK}}{\text{BK}}$ devrait pouvoir changer de signe pour satisfaire au principe de continuité.

Si donc on persiste à regarder a comme un nombre absolu et invariable de signe, on devra se restreindre au système de solution qui correspond à la partie supérieure AKB du cercle, seule en concordance géométrique avec l'hypothèse. Si, au contraire, on suppose a négatif, on devra limiter la question à la portion de circonférence inférieure à AB. En conséquence, pour obtenir simultanément tous les systèmes ou triangles qui satisfont aux conditions multiples de l'énoncé, il faudra donner à la constante a le double signe $\pm$ dans la relation ci-dessus, qui deviendra ainsi

$$\sin ABK = \pm\, a \sin BAK.$$

En la combinant avec les précédentes, on en tire directement

$$\frac{AD}{KD} = \cot BAK \quad \text{ou} \quad z = \frac{\pm\, a - \cos k}{\sin k},$$

formule qui fournit les deux solutions vraies de la question proposée dans les hypothèses présentes où il s'agit d'un cercle tout tracé, et non simplement donné par la corde AB et l'angle k, comme le veut M. Carnot qui, confondant ces deux genres distincts de questions, oublie le cercle décrit sous le même angle, symétriquement par rapport à la base AB du triangle ABK (*fig.* 145).

La double valeur de z ci-dessus, ainsi que celle donnée par la formule

$$z = - \frac{\pm\, a - \cos k}{\sin k},$$

qui doit lui être associée, diffèrent essentiellement, comme on le voit, de la formule

$$z = \frac{a \pm \cos k}{\sin k}$$

obtenue par M. Carnot : celle-ci non-seulement est incomplète au point de vue analytique, c'est-à-dire géométrico-algébrique, mais encore ne peut être d'une exactitude rigoureuse puisque, dans l'un ou l'autre des deux cercles symétriques mentionnés, le rapport de BK à AK, quoique variable entre zéro et l'infini, ne saurait par lui-même changer de signe, tandis que le rapport z de AD à KD en change nécessairement avec KD, quand le sommet K du triangle inconnu passe au-dessous du côté AB.

Supposant, en effet, que l'angle $k = 100°$, ce qui, par là même, suppose $\sin k = 1$, $\cos k = 0$, la formule de M. Carnot donne simplement $z = a$, et assigne une position unique au triangle cherché, ce qui véritablement est inadmissible.

113. *Réflexions générales.* — Cet exemple, comme tant d'autres, prouve que les racines sont séparables, non par le fait même des opérations algébriques, comme le répète si souvent M. Carnot, mais par la nature géométrique du problème. A la vérité, un choix convenable d'inconnues peut faire abaisser le degré de l'équation finale du problème, en rendant cette équation décomposable en facteurs rationnels répondant à des systèmes de solutions ou de figures qui ont quelque chose de distinct sous le rapport de la corrélation géométrique et des signes de position; mais il nous faut le remarquer encore, ce ne sont pas des transformations purement algébriques qui ont ainsi abaissé le degré de la solution obtenue, mais bien la manière plus restreinte dont on a mis le problème en équation, et grâce surtout à ce que les racines relatives aux nouvelles inconnues sont, de leur nature, séparables tant géométriquement, qu'algébriquement. Fort souvent aussi le nombre de ces nouvelles inconnues, quand chacune d'elles en comporte implicitement d'autres qui lui sont intimement conjuguées, est naturellement inférieur à celui des anciennes inconnues; or une telle circonstance qui ne saurait faire diminuer ou augmenter en principe le nombre des solutions effectives dont est susceptible le problème verbalement proposé, n'en abaisse pas moins le degré de l'équation finale.

Ainsi, dans l'exemple qui précède, si au lieu de prendre l'angle BAK pour inconnue, on choisissait (*fig.* 146) le point T où la tangente en K vient rencontrer la direction de la base ou de la corde donnée AB, on trouverait que le problème ainsi mis en équation est essentiellement du

Fig. 146.

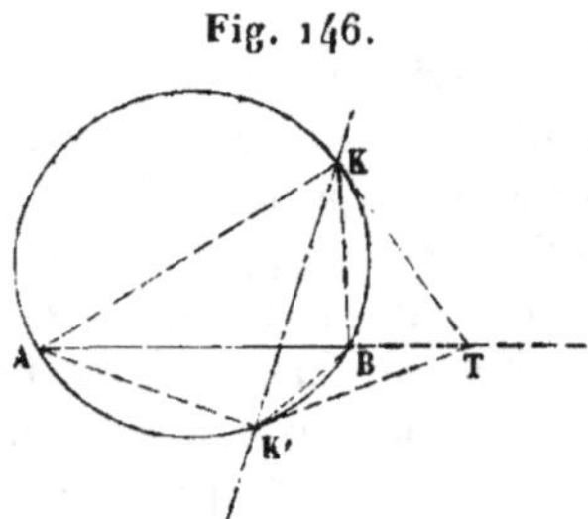

premier degré; mais cela n'empêche pas que les triangles inconnus ABK, ABK′ ne soient au nombre de deux; car, pour avoir trouvé le point T, l'on n'a pas entièrement résolu la question, et il reste à rechercher les points de contact K et K′ qui lui correspondent sur le cercle donné. Afin d'obtenir la solution du problème ainsi présenté, nous observerons que les triangles AKT et BKT sont semblables comme ayant l'angle en T commun, et les angles BKT et BAK de même mesure dans le cercle, ce qui donne, en conséquence,

$$AK : BK :: AT : KT, \quad AT = \frac{AK}{BK} \cdot KT = a.KT ;$$

et comme on a, par les propriétés du cercle,

$$\overline{KT}^2 = AT.BT,$$

il en résulte la nouvelle relation

$$\frac{\overline{AT}^2}{a^2} = AT.BT \quad \text{ou} \quad AT = a^2.BT,$$

qui donne évidemment la valeur de AT par une équation du premier degré; car on en tire successivement

$$AT = a^2(AT - AB) \quad \text{et} \quad AT = \frac{a^2}{a^2 - 1} AB.$$

D'ailleurs, ce qui fait que le problème s'est ainsi abaissé, c'est que le point T dépend simultanément des points de contact inconnus K et K′, c'est-à-dire qu'il appartient à la fois à ces points. Or, il en arrivera évidemment de même toutes les fois qu'on pourra substituer à certains groupes de points inconnus un seul point ou une seule ligne propre à construire ces groupes; mais fort souvent aussi, pour y parvenir, il faudra connaître à l'avance certaines des propriétés géométriques de la figure dont on recherche la position, ainsi que Newton l'a fait dans son *Arithmétique universelle*.

114. *Dernier exemple.* — Nous allons terminer ces diverses applications (*) par l'examen d'une célèbre question, d'abord résolue par Newton dans l'*Arithmétique universelle*, et ensuite par MM. Bossut et Carnot, comme exemple des difficultés qui peuvent s'offrir dans l'application de l'Algèbre à la Géométrie. On verra, par la discussion de cet exemple, que les difficultés tiennent toujours à la manière restreinte dont

---

(*) Je supprime ici, pour abréger, l'examen de quelques autres problèmes dont la solution et l'interprétation douteuses sont exposées dans la *Géométrie de position* de Carnot, ou ailleurs.

on envisage géométriquement la question, soit dans l'énoncé, soit dans la mise en équation, soit dans l'interprétation du résultat final, mais jamais à ce que l'Analyse algébrique aurait, par elle-même, introduit des racines fausses ou étrangères parmi les véritables.

Posons la question.

Problème. — « Soit (*fig.* 147) un triangle rectangle en A dans lequel » on connaît l'hypoténuse BC et la somme AB + AC + AD des deux pe-

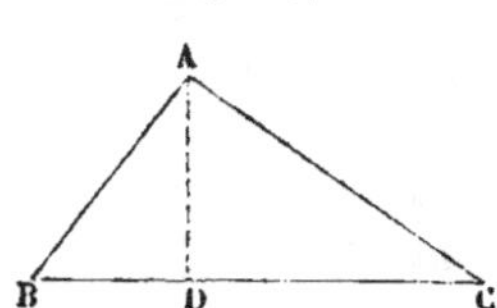

Fig. 147.

» tits côtés et de la perpendiculaire AD : on demande la valeur de cette » perpendiculaire. »

Posant BC $= a$, la somme donnée $= b$, le côté AC $= z$; la perpendiculaire cherchée AD $= x$, enfin le côté AB $= y$: les trois équations de condition du problème seront

$$x + y + z = b, \quad y^2 + z^2 = a^2, \quad \frac{y}{x} = \frac{a}{z} \quad \text{ou} \quad yz = ax;$$

d'où l'on tire par de simples éliminations

$$x = a + b \pm \sqrt{2a^2 + 2ab} = a + b \pm \sqrt{2a(a+b)},$$

expression algébrique toujours réelle et qui fournit deux racines nécessairement positives. La première d'entre elles donne pour la perpendiculaire AD une longueur qui surpasse $a + b$, ce qui paraît absurde; mais il ne faut pas en induire que cette racine soit fausse, comme l'avance, sans examen préalable, M. Carnot, p. 62 de la *Géométrie de position*.

En effet, le triangle ABC étant à la fois inconnu de grandeur et de position, les valeurs ci-dessus de x ou AD, bien que satisfaisant pleinement aux équations primitives, ne suffisent aucunement pour le construire, et si l'une de ces valeurs implique une absurdité, c'est seulement par la Géométrie que l'on en est averti, car l'Analyse algébrique n'a point encore prononcé sur la valeur des autres indéterminées propres à construire le triangle ABC. Tout ce qu'il est permis de conclure avec certitude des valeurs obtenues, c'est que le sommet A du triangle ABC ou des triangles qui remplissent les conditions géométriques du problème, sont sur l'une ou l'autre des parallèles à la base BC, déterminées par les hauteurs algébriquement trouvées.

En conséquence, je recherche la valeur des autres inconnues du problème, celle de y par exemple, et je tire des primitives équations

$$y = \pm \sqrt{\tfrac{1}{2} a^2 \pm \tfrac{1}{2} a \sqrt{a^2 - 4x^2}}.$$

Pour que ces quatre valeurs de y soient réelles, il faut d'abord que a^2 soit $> 4x^2$, ou qu'on ait

$$a > 2x > 2a + 2b \pm 2\sqrt{2a(a+b)};$$

or, cela ne saurait avoir lieu, évidemment, pour le signe supérieur du radical. L'Analyse apprend donc qu'en effet les triangles relatifs à la première des valeurs de x sont impossibles.

Pour que les deux autres soient réels et constructibles géométriquement, on doit avoir

$$a > 2a + 2b - 2\sqrt{2a(a+b)} \quad \text{ou} \quad 2\sqrt{2a(a+b)} > a + 2b,$$

et, par conséquent,

$$7a^2 + 4ab > 4b^2.$$

On arrive à des conséquences analogues par rapport à l'indéterminée $z = AC$.

En général, l'ensemble des racines algébriques se partageant ici en plusieurs groupes ou systèmes distincts qui se correspondent, il est indispensable, pour que l'un des groupes représente une figure constructible, que les valeurs dont il se compose soient toutes réelles, ce qui fournit autant de constructions effectives et géométriques du problème qu'il existe de ces groupes réels.

115. *Remarque spéciale.* — Dans l'exemple qui précède, nous avons bien trouvé deux valeurs réelles pour x; mais, comme l'une d'elles correspond à une valeur imaginaire de y, elle n'appartient pas à un triangle constructible. C'est ce qu'on aperçoit aussi immédiatement par les principes de la Géométrie élémentaire.

En effet, le triangle ABC devant être rectangle en A, le sommet A doit nécessairement aussi se trouver sur la circonférence de cercle décrite sur AB comme diamètre; donc la perpendiculaire AD ou x abaissée de A sur ce diamètre doit être inférieure à la moitié de AB ou $< \tfrac{1}{2} a$; mais la première valeur obtenue pour x est au contraire plus grande, donc les triangles qui lui correspondent sont impossibles à construire.

Quant à la seconde valeur de x, elle correspondra à un triangle véritable si l'on a

$$\tfrac{1}{2} a > a + b - \sqrt{2a(a+b)},$$

condition qui est précisément celle déjà trouvée par l'analyse ci-dessus (*).

Principales conséquences des discussions précédentes.

116. On voit, par ces divers exemples et exercices, que, quand on possède toutes les équations algébriques d'un problème, on n'a plus besoin de recourir à la Géométrie pour découvrir si les solutions correspondantes à l'une des racines inconnues appartiennent ou non à une figure constructible; il n'est pas même besoin de recourir aux conditions primitives de l'énoncé, ni aux hypothèses sur lesquelles le raisonnement a été établi; il suffit de considérer le système complet des racines relatives aux autres inconnues du problème proposé, et l'analyse apprendra, tout aussi bien que la Géométrie, quelles sont les conditions qui rendent la figure constructible. Ceci suppose pourtant que le problème *mis en équation* soit identique à celui de l'énoncé verbal, car les racines obtenues ne pouvant satisfaire rigoureusement qu'aux équations primitives ou de départ, il est indispensable que ces équations soient une traduction fidèle des conditions géométriques de l'énoncé verbal.

Dans tous les cas, on aura obtenu les solutions qui appartiennent au problème tel qu'il a été mis en équation, et cela suffit pour justifier les résultats fournis par l'Algèbre; car la mise en équation est une opération indépendante de ses règles ou principes propres; elle appartient aux raisonnements et aux conceptions purement géométriques.

En particulier, si, en se fondant sur ces conceptions, on

(*) M. Carnot pense que les valeurs de x qui correspondent à un triangle impossible proviennent de ce que les transformations algébriques les ont amalgamées avec les racines effectives du problème; mais, tant qu'on n'aura pas démontré, géométriquement ou non, qu'en effet ces racines sont immédiatement séparables des autres, on aura tort de l'attribuer purement à l'Analyse algébrique. La complication est dans la nature même des choses, et il n'y a pas apparence que la Géométrie puisse l'éviter : on peut s'assurer en effet que le problème tel qu'on l'a posé, est généralement du 4ᵉ degré, c'est-à-dire qu'il ne peut s'obtenir que par l'intersection du cercle ABC avec une courbe d'un degré supérieur au premier.

(*Note de* 1817.)

choisit, pour définir la figure actuellement inconnue de situation, des propriétés métriques ou descriptives appartenant à la fois à cette figure et à d'autres qui, bien qu'en apparence analogues, en soient réellement distinctes, on ne devra pas être surpris que la résolution algébrique des équations donne des racines qui paraissent étrangères à l'énoncé verbal lui-même; la faute en reviendra évidemment aux conceptions géométriques à priori.

C'est encore à de telles conceptions qu'il faut attribuer la disparition de certaines solutions vraies de la question, quand l'énoncé verbal indiquant plusieurs systèmes distincts de figures, on se borne, dans la mise en équation, à ne considérer que l'un de ces systèmes en particulier; car la résolution algébrique ne peut alors évidemment donner que les seules solutions qui se rapportent à ce système.

La première de ces deux circonstances a lieu quand, par méprise ou faute d'un examen préalable suffisamment attentif des termes de l'énoncé, on substitue au système qu'ils indiquent un système non parfaitement identique pour toutes les situations possibles de la figure, c'est-à-dire non assujetti à la même loi géométrique et algébrique des signes de position. L'autre circonstance peut se présenter lorsque l'énoncé verbal ne spécifie pas à l'avance la position que doit avoir le système cherché, et que, dans la mise en équation, on se borne à raisonner sur l'une quelconque de ses positions possibles, mais choisie arbitrairement et sans avoir égard au changement qui peut s'opérer dans les signes des données ou constantes mobiles (65, 77, 90, 109), quand on passe de cette position hypothétique à celle que fait découvrir le résultat des transformations algébriques appliquées aux équations primitives.

Dans la dernière de ces circonstances où la situation des constantes mobiles est vraiment inconnue, on doit leur attribuer, dans la mise en équation du problème, le double signe $\pm$, par suite de l'ignorance où l'on est de celui de ces signes de corrélation qui convient à la position cherchée.

Il peut arriver ainsi que l'on soit conduit à considérer, à priori, comme négatives des constantes ou données représentant des aires, des volumes ou toutes autres grandeurs expri-

mées par des fonctions algébriques de certains éléments de la
figure, qui, envisagés dans leur état de simplicité linéaire, doivent, en vertu du signe négatif dont il vient d'être parlé, être
par là même supposés de véritables imaginaires.

Par suite aussi, comme il n'est nullement d'usage, dans la
résolution des problèmes de Géométrie, même par l'Analyse
des coordonnées de Descartes, d'avoir égard à ces circonstances et à ces distinctions fondées sur le principe de continuité et la loi des signes de position qui s'y appuie, il arrive
souvent qu'on substitue un système de solutions à un autre;
qu'on en introduit d'étrangers en laissant échapper les véritables; qu'enfin cette séparabilité des divers systèmes de solutions appartenant à un même énoncé et à une même figure
géométrique, conduit à des résultats algébriques sinon en eux-
mêmes fautifs, du moins incomplets, puisqu'ils ne comprennent
pas tous ceux qui peuvent provenir du changement de
signes des données mobiles ou constantes indéterminées de
position. C'est pour éviter ceci que, dans les équations de condition primitives, on doit attribuer partout le double signe $\pm$
à de telles constantes afin d'obtenir le système entier des racines inconnues, algébriques ou géométriques.

117. Quand l'énoncé verbal d'un problème ne renferme que
des conditions descriptives ou concernant la direction, le concours réciproque et le tracé géométrique des points, des lignes
et des surfaces d'une figure donnée, définie de nature et d'espèce, variable ou non de position, mais absolument indépendante de toute considération de mesure comparée, de toute
relation métrique, les observations ci-dessus, relatives aux
signes de position, cessent d'avoir lieu; et, comme il est impossible alors de confondre les objets donnés, fixes ou mobiles, avec d'autres de position et d'espèce distinctes, il est
également impossible que l'énoncé conduise à des solutions
multiples décomposables, à moins qu'il ne soit lui-même partageable en plusieurs énoncés distincts, par le changement
possible de la disposition des points et des lignes qui définissent la nature géométrique du système.

Ainsi, par exemple, si l'on demande d'inscrire à un cercle
donné et décrit un polygone quelconque dont les côtés passent

par des points aussi donnés, il faut que l'énoncé spécifie, par une figure décrite ou autrement, l'ordre dans lequel on veut que les côtés se succèdent à l'égard de ces points respectifs. Autrement, cet énoncé comprendrait plusieurs questions et solutions distinctes dont la combinaison mutuelle pourrait exiger un examen séparé et spécial.

Conclusions générales et récapitulatives.

118. Je pense avoir donné dans cet écrit la théorie des variations de signes dans les figures géométriques et avoir levé toutes les difficultés, tous les nuages dont cette théorie paraissait encore enveloppée dans les applications, malgré les écrits de l'illustre Carnot et ceux des estimables savants qui s'en sont occupés après lui. On a dû s'apercevoir que la notion que nous y donnons des expressions négatives en Géométrie ne diffère pas, quant au fond, de celle présentée par M. Carnot. Nous admettons avec lui qu'il n'existe pas de *quantités négatives* absolues et isolées proprement dites ; celles qu'on appelle ainsi n'étant que des formes purement algébriques qui rappellent à la fois la grandeur métrique d'une quantité et la fonction qu'elle doit remplir dans les calculs ; qu'à cet égard il en est ainsi encore des quantités algébriques *positives ;* que cependant ces dernières remplissant dans les calculs où elles entrent, le même rôle que les quantités numériques et absolues, rien n'empêche, à la rigueur, de leur conserver le nom de *quantités ;* qu'enfin les expressions négatives isolées peuvent être considérées comme provenant de la différence de deux quantités absolues dont la plus grande a été retranchée de la plus petite, etc. Mais nous n'en conclurons pas, avec ce géomètre philosophe, que les *expressions* négatives isolées sont insignifiantes ou absurdes : elles ne sont telles, en effet, que quand on prétend les regarder comme des quantités simples et leur appliquer l'idée abstraite de grandeur ; car elles représentent à la fois la grandeur et l'état, la fonction opposée et contraire à celle qu'indiquent les expressions algébriques isolées, positives ou additives.

En Géométrie comme en Analyse algébrique où l'on considère des quantités indéterminées ou variables suivant certaines lois continues, les signes $+$ et $-$, qui précèdent une grandeur, peuvent aussi représenter le sens direct ou inverse, progressif ou rétrograde, par rapport à l'origine d'où cette grandeur se mesure. A la suite et comme résultat d'un calcul algébrique, elles indiquent une concordance ou une opposition de sens d'une grandeur supposée inconnue algébriquement, par rapport au sens qu'on lui avait d'abord attribué dans les formules, équations ou relations quelconques, considérées comme fondamentales au point de départ.

Dans les figures dont tous les éléments sont soumis à la loi de continuité, il existe un constant accord entre la loi des signes de position et celle qu'indiquent les règles algébriques ; leur désaccord dans les résultats, s'il n'est pas purement apparent, provient toujours d'erreurs de calcul ou de raisonnement, de fausses hypothèses ou d'une cause de discontinuité quelconque inhérente aux données ou aux relations métriques primitives et conditionnelles.

Dans toutes les relations géométriques de cette espèce qui ne comptent que deux termes, il ne saurait subsister aucun signe algébrique, conformément aux résultats de la logique sévère des Anciens ; ces signes se détruisent mutuellement, inévitablement, pour toutes les situations possibles de la figure, comme cela a lieu en particulier dans la théorie des transversales que les géomètres grecs possédaient comme nous, dans ses principaux éléments.

L'antagonisme des signes, dans les relations métriques à deux termes, ne peut subsister qu'au point de vue algébrique des formules de substitution, de corrélation et de transformation, où l'un au moins des termes est supposé inconnu quant aux signes algébriques de position. Cette considération ne saurait, en aucune manière (n°s 35 et suiv.), autoriser la représentation soi-disant géométrique et symbolique des imaginaires absolues ou isolées.

Quant aux objections de M. Carnot relatives à la résolution algébrique des problèmes de Géométrie, nous les avons suffisamment réfutées dans les dernières parties de ce IIIe Cahier, pour nous dispenser d'insister sur tout ce qui concerne l'interprétation des racines ou solutions algébriques négatives et positives dont les dernières sont seules admises par ce savant comme entièrement rigoureuses, quoique au fond, ainsi qu'on l'a vu, elles puissent être tout aussi sujettes à difficulté et à contestation dans certains cas.

A la rigueur, nous aurions pu nous dispenser d'entrer dans un examen, une réfutation aussi détaillée des idées de M. Carnot à cet égard, puisqu'elles tiennent moins à des erreurs de principes qu'à des différences dans la manière d'envisager les questions. Mais notre grand concitoyen a pu induire en erreur beaucoup de personnes en cherchant à démontrer que l'Analyse algébrique donne tantôt plus, tantôt moins que ce qu'on lui demande, qu'elle peut même *amalgamer* des racines tout à fait insignifiantes ou fausses aux racines véritables des questions, qu'enfin on ne pouvait être sûr, en aucun cas, d'avoir obtenu une racine effective d'un problème qu'après des vérifications à posteriori épineuses, qui tendent à ébranler la confiance dans la certitude du résultat des connaissances algébriques ou géométriques ; c'est pourquoi j'ai cru pouvoir, malgré mon peu d'autorité et mon profond respect pour un illustre maître, entreprendre cette longue et pénible réfutation.

Comme on ne reproche que trop souvent à l'Analyse algébrique sa trop grande généralité sous prétexte qu'elle donne plus qu'on ne lui demande, et qu'elle ajoute aux racines que l'on cherche d'autres racines qui, n'appartenant pas à la question, sont inutiles, sinon tout à fait absurdes ou insignifiantes, je crois devoir joindre ici quelques réflexions générales à celles en grand nombre, déjà répandues dans le cours de ce Cahier, relativement à la séparabilité des solutions algébriques des problèmes de Géométrie, séparabilité dont la cause principale, comme on l'a vu encore, tient à l'ambiguïté, à l'incertitude des signes de position des constantes mobiles ou indéterminées de situation.

D'abord je dis que, tant que l'on n'aura pas prouvé par des exemples que la Géométrie ordinaire peut, dans les mêmes cas où l'Analyse algébrique donne des systèmes de racines inséparables, séparer et isoler les unes des autres les diverses solutions qui correspondent à ces racines, on aura tort de lui imputer un défaut, si toutefois c'en est un, qu'elle a en commun avec le raisonnement géométrique ordinaire. Or, il est très-certain que la Géométrie ne parvient pas mieux que le calcul algébrique à opérer cet isolement, cette séparation; témoin la résolution de tous les problèmes du second degré par la règle et le compas, où les intersections marchent toujours par couples, sauf les cas mêmes où ce calcul parvient à les séparer; témoin encore les problèmes de la duplication du cube, de la trisection de l'angle, que les Grecs, pas mieux que les modernes, n'ont pu résoudre qu'à l'aide des courbes dites mécaniques, ou par l'intersection de deux sections coniques, dont l'une au moins diffère de la circonférence du cercle.

Le premier de ces exemples est d'autant plus remarquable, qu'il n'est susceptible que d'une seule et unique solution réelle, les deux autres solutions ou racines étant nécessairement imaginaires, impossibles géométriquement. Cette complication, je le répète, se trouve dans la nature des choses et non dans l'essence de l'Analyse algébrique, qui ne saurait agir différemment sans conduire à des contradictions et à des absurdités manifestes. On aurait tort de penser que l'on puisse un jour parvenir à séparer les diverses racines ou inconnues d'un problème géométrique autrement que par la résolution effective de l'équation algébrique dont elles dépendent nécessairement : cette résolution, à cause de l'indétermination absolue du signe implicite ou explicite des expressions radicales, donnera toujours, quoi qu'on fasse, et cela simultanément, toutes les racines de l'équation proposée.

L'idée attribuée primitivement à l'illustre Leibnitz, et depuis reproduite par d'Alembert (*Encyclopédie*, article SITUATION), d'une *Analyse* qui donnerait le moyen de faire entrer la situation dans le calcul des problèmes, de sorte que l'on pût séparer par un caractère bien distinctif et par conséquent isoler facilement le système particulier que l'on a dessein de considérer dans l'énoncé de chaque question, cette idée, dis-je, me paraît être, pour les raisons qui précèdent, une conception entièrement chimérique et dénuée de fondement, si toutefois on veut entendre par là que l'on parviendrait à séparer, sans changer les inconnues du problème, le système des solutions qui appartiennent à ces inconnues, dans les cas mêmes où ces solutions seraient considérées en Géométrie comme de leur nature, tout à fait inséparables. Ce serait, en effet, abaisser toutes les équations algébriques à des équations rationnelles du premier degré; chose, comme j'en ai souvent fait la remarque, impossible dès le second degré.

Dans les cas où les solutions d'un problème sont séparables, l'Analyse peut les isoler tout aussi bien que la Géométrie, et, s'il arrive parfois que, dans ce cas même, elle les donne d'une manière simultanée, c'est moins sa propre faute que celle du calculateur, qui a posé la question dans un sens trop général, point assez circonstancié, ou, si l'on veut, de ce que la mise en équation enveloppe à la fois plusieurs questions analogues à celles de l'énoncé; car les équations primitives doivent en être la traduction rigoureuse et fidèle. Aussi, en examinant attentivement les diverses solutions obtenues, reconnaîtra-t-on que l'Analyse n'a rien donné de trop, et qu'en effet les diverses solutions répondent au problème tel qu'il a été mis en équation. Malgré cela, les racines afférentes à la question étant de leur nature rationnelles et séparables, on pourra toujours parvenir à la seule et unique solution cherchée, non en changeant de données et d'inconnues, ce qui, au fond, revient à changer la nature du problème, mais en posant les équations de départ d'une manière précise et absolue.

Les solutions soi-disant surabondantes ou étrangères qu'on rencontre en traitant les problèmes géométriques par le calcul, ne viennent donc pas de ce qu'elles ont été amalgamées avec les autres par les transformations algébriques, puisqu'elles appartiennent, en toute rigueur, aux divers systèmes que représentent les équations primitives, mais bien de la manière inexacte, vague ou trop générale dont on a mis le problème en équation.

Nous ne disons rien des facteurs introduits par des procédés particuliers d'élimination; car, non-seulement ces facteurs sont inutiles et insignifiants, mais encore ils ne satisfont nullement aux équations de définition, et peuvent toujours être évités en employant un mode convenable d'élimination. On doit donc avoir soin de distinguer ces sortes de facteurs de ceux dont il a été question dans ce qui précède, lesquels font nécessairement partie de l'équation finale du problème: il n'y

a que le changement même de la mise en équation qui puisse
les faire disparaître de ce résultat (*).

Qu'on ne dise pas qu'il est impossible à l'avance de reconnaître si le problème présenté de telle ou telle manière dans
la mise en équation, introduira une ou plusieurs solutions
étrangères à la question telle qu'elle a été énoncée verbalement : une discussion exacte et suffisamment approfondie y
fera toujours parvenir d'une manière certaine ; mais elle suppose, de la part du géomètre, une grande habitude du calcul
et du raisonnement géométrique ; ce n'est qu'en résolvant
beaucoup de questions difficiles et en les traitant d'une manière complète que l'on peut parvenir à acquérir cette précieuse habitude.

C'est peu, en effet, d'être parvenu à mettre un problème
en équation, à trouver même la marche à suivre dans les opérations subséquentes, pour prouver par là que l'on sait résoudre
ce problème ; souvent c'est la plus petite partie de la difficulté
qui se trouve vaincue, et, pour avoir ramené la question à
quelques-unes des opérations bien connues de l'Algèbre, on
n'a nullement résolu la question proposée. Ce n'est d'ailleurs
qu'en abordant les discussions de détail avec une entière franchise qu'on parviendra à faire faire des progrès à la science.
Une solution plus ou moins élégante ou heureuse n'est en soi
que peu de chose, mais il n'en est pas de même de la marche
qui y a fait parvenir ; car enfin, si la question était tant soit peu
difficile ou complexe, si le résultat final n'était pas une conséquence simple des données, si surtout la question semblait
se soustraire aux règles générales du calcul ou de l'élimination algébrique, il est certain que rien ne serait plus utile
pour l'avancement de la science elle-même que de l'étudier
aux diverses phases pour l'appliquer ensuite à tous les cas
analogues, et, à force d'essais et de tentatives fructueuses, parvenir peut-être à une théorie générale qui, en agrandissant
cette science, en éclairerait de plus en plus la partie métaphysique. Ce n'est, en effet, que par des efforts répétés, sou-

---

(*) Ces réflexions se trouvent en partie reproduites dans un article
de 1817, déjà cité, des anciennes *Annales de Mathématiques*. (*Voir* les
Extraits du VIᵉ Cahier, n° II.)

tenus pendant des siècles, c'est en s'élevant des cas particuliers aux théories générales, que l'édifice des sciences s'est simplifié, perfectionné, et qu'il peut grandir sans cesse.

Enfin, il est toujours intéressant en soi de rechercher la solution la plus simple, la plus directe et la plus facile ; mais cette dernière expression du calcul ou du raisonnement n'eût-elle que l'avantage de fournir une construction à la fois élégante, rapide et facile à retenir, elle serait infiniment précieuse pour les arts graphiques, dont le plus ou le moins de perfection est étroitement lié à la prospérité publique et particulière des hommes.

Les réflexions que nous venons d'offrir sur la multiplicité des solutions données par l'Analyse algébrique font voir, en même temps, que, si la mise en équation peut introduire des racines étrangères à la question proposée, énoncée en langage ordinaire, parce que cette mise en équation renferme un sens plus étendu que celui de l'énoncé, réciproquement il est possible aussi, sans qu'on puisse reprocher à l'Analyse un défaut de généralité, que l'on parvienne à un résultat final qui ne renferme pas toutes les solutions propres à cette même question telle qu'elle est énoncée ; car les équations primitives peuvent à leur tour ne pas renfermer tout le sens qui est propre à cet énoncé. Mais, ainsi que nous en avons déjà fait la remarque, cette circonstance ne pourra avoir lieu que dans les cas où les solutions géométriques elles-mêmes seront séparables de leur nature, et auront quelque chose de distinct par rapport aux signes et à la position des diverses données. Dès lors aussi il sera possible encore de parvenir simultanément à toutes les solutions du problème à résoudre en généralisant, d'une manière convenable, l'énoncé et les équations diverses qui définissent les conditions du problème.

La grande difficulté, comme on l'a vu, est la mise en équation. C'est ce qui fait que telle question a été réputée, pendant tout un siècle, du quatrième, du huitième degré, qui n'était au fond que du second, parce que les solutions qui lui appartenaient étaient séparables de leur nature ; témoin, entre autres, la recherche analytique d'une sphère tangente à quatre sphères données, pour laquelle la Géométrie a devancé de longtemps l'Analyse algébrique, mais qui n'a plus offert de dif ficulté dès l'instant où on a su la mettre en équation d'une manière exacte et suffisamment circonstanciée.

Cet exemple et tant d'autres doivent faire sentir vivement la nécessité qu'il y a de cultiver la Géométrie rationnelle de pair avec l'Analyse algébrique, en les faisant marcher, autant que possible et si je puis m'exprimer ainsi, à la même hauteur; car chacune de ces deux sciences s'accroîtra de tous les progrès qu'on aura pu faire faire à l'autre.

En résumant ce qui précède, on peut conclure que toutes les fois que les équations de départ ou de définition d'un problème auront été bien posées et rigoureusement établies, c'est-à-dire toutes les fois que ces équations ne diront ni plus ni moins que l'énoncé verbal lui-même, on ne devra parvenir et l'on ne parviendra jamais qu'aux solutions uniques et véritables du problème; que si, malgré cela, l'équation finale semble donner des solutions en apparence surabondantes ou inutiles à l'objet particulier qu'on se propose, c'est que ces solutions ne peuvent, de quelque manière qu'on s'y prenne, être séparées de celles qu'on cherche, et qu'alors la Géométrie n'est pas plus capable que l'Analyse d'y parvenir; que les équations finales, à plusieurs racines inséparables, dénotent en conséquence l'impossibilité absolue d'isoler, soit géométriquement, soit analytiquement, la question énoncée de celles qui lui sont étroitement conjuguées, tout comme, par exemple, il est impossible de séparer autrement que par la pensée et en renonçant à toute idée de continuité dans le tracé des lignes, les deux points d'intersection d'une droite et d'une circonférence de cercle situées dans un même plan; qu'enfin, s'il se présente des racines imaginaires à la suite d'un calcul, elles n'arrivent là que pour indiquer des solutions qui, sous leur forme algébrique, sont susceptibles de devenir réelles et possibles en changeant, non le sens ni la nature de l'énoncé de la question, mais bien la grandeur absolue des données qui y entrent.

L'Analyse algébrique exige donc, lorsqu'on l'applique à des questions de Géométrie, de la pénétration d'esprit et du jugement, et l'on a tort de croire qu'on puisse l'employer comme un véritable instrument qui doive même redresser, dans tous les cas possibles, les erreurs et les fausses hypothèses que l'on pourrait commettre. C'est une arme commode dont tout le monde indistinctement peut se servir; elle donne toujours des résultats bons en eux-mêmes, mais qui, fort souvent, ne seront applicables à ce qu'on cherche et n'auront de signification véritable, qu'entre les mains de ceux qui savent les lire et les interpréter d'une manière convenable. En un mot, l'Analyse ne doit être appelée que comme auxiliaire du raisonnement ordinaire; elle sert à soulager la mémoire, à symboliser le résultat des premières conceptions géométriques, et à en tirer des conséquences faciles au moyen du mécanisme qui lui est propre; mais elle ne saurait jamais diriger ni suppléer le jugement et la conception : c'est le *vrai bâton des aveugles*.

Note pendant l'impression.

Comme on peut le voir par l'indication au bas de la page 197, j'avais l'intention d'ajouter ici diverses Notes manuscrites d'une date contemporaine à 1817; mais l'étendue qu'a prise à l'impression la matière de ce IIIe Cahier, malgré de nombreuses abréviations et suppressions, m'oblige à y renoncer, sinon définitivement, du moins jusqu'à la fin du volume, où, peut-être alors, le temps et l'espace me permettront d'en publier au moins un extrait abrégé. Je regrette d'autant plus cet ajournement, que ces Notes venaient ici dans leur ordre de date, et que la publication de la *Correspondance* que j'ai entretenue, de 1818 à 1820, avec MM. Terquem, Servois et Brianchon, pouvait servir à combler la lacune qui existe entre ce IIIe Cahier et les suivants, sous le rapport des idées et des intentions.

QUATRIÈME CAHIER.

CONSIDÉRATIONS PHILOSOPHIQUES ET TECHNIQUES SUR LE PRINCIPE DE CONTINUITÉ DANS LES LOIS GÉOMÉTRIQUES (*).

§ Ier.

EXAMEN DU PRINCIPE DANS LA GÉOMÉTRIE RATIONNELLE.

1. La Géométrie analytique ayant acquis sur la Géométrie ordinaire, une supériorité et une généralité qu'il est impossible de lui contester, dans l'état actuel de ces deux sciences (1818), à moins d'ignorer tout à fait les brillantes découvertes des algé-

---

(*) Ce Cahier, dont la rédaction définitive date de l'hiver de 1818 à 1819, est le développement méthodique des idées et des considérations générales sur le principe de continuité, qui servaient, pour ainsi dire, de préambule et de justification aux théories du IIIe Cahier, essentiellement basées sur l'admission ouverte de ce principe, mais dont il importait de démontrer l'existence de fait et l'admission, du moins implicite, dans toutes les recherches et les découvertes fondées sur l'Analyse moderne. Comme je l'ai dit dans la note de la page 167, ces préliminaires ont été entièrement supprimés, parce qu'ils amenaient des discussions épineuses et prématurées, relatives à la fausse interprétation quelquefois donnée à certains signes algébriques. La *Correspondance*, déjà mentionnée dans la Note finale du même Cahier, montre qu'après avoir donné en 1818, à MM. Terquem, Servois et Brianchon, un aperçu sommaire de mes premières idées sur le principe de continuité, la loi des signes de position, etc., j'ai adressé à ces savants, au commencement de 1819, outre la rédaction qui constitue le texte même de ce IVe Cahier, celle d'un autre Mémoire relatif aux principes généraux de la projection centrale des figures situées dans l'espace ou dans un plan, Mémoire que je me proposais de publier immédiatement et de faire suivre, sans lacune, de

bristes modernes, ou d'être entièrement épris des méthodes anciennes, c'est une question aussi utile qu'intéressante que de rechercher directement quelles sont les causes de la faiblesse naturelle à l'une, et de la puissance extensive qui constitue en quelque sorte le caractère propre de l'autre. Car, si ces causes étaient une fois bien connues, il deviendrait peut-être possible de faire passer dans la Géométrie ordinaire la généralité des conceptions de l'Analyse algébrique, généralité qui doit nécessairement appartenir à l'essence même de la grandeur figurée, indépendamment de toute manière de raisonner. Par là on parviendrait à donner à cette Géométrie, sinon tous les avantages de l'Analyse, au moins un certain degré de perfection dont, on le voit bien, elle manque encore de nos jours. Or, ce n'est évidemment qu'en examinant avec

---

la démonstration des propriétés projectives les plus intéressantes et les plus nouvelles sur les sections coniques. Mais les bienveillantes observations et les objections qui me furent adressées à ce sujet, par ces mêmes géomètres, et les devoirs de mon service d'ingénieur militaire pendant l'été de 1819, m'empêchèrent de réaliser ce projet, et je dus me borner à présenter, en avril 1820, à l'Académie des Sciences de l'Institut, un Mémoire qui forme le Ve Cahier de ce volume, et que, dans ce but tout spécial, je rédigeai pendant les mois précédents, en me limitant à des points de doctrine et à des résultats que je considérais comme devant être à l'abri de toute contestation. Néanmoins, malgré cette réserve, inspirée par les scrupules et les objections de MM. Terquem, Servois et Brianchon, l'usage très-sobre, mais nullement déguisé, que je faisais du principe de continuité n'ayant pu obtenir grâce aux yeux du savant rapporteur de l'Académie, j'ai pris, en 1821, le parti de présenter la copie *in extenso* des considérations philosophiques de ce IVe Cahier, à la Société des Lettres, Sciences et Arts de Metz (*a*); mais là encore, mes idées sur la continuité furent accueillies de telle sorte par le rapporteur Président de cette Académie, que je dus renoncer à l'espoir de faire goûter et comprendre convenablement mon but et la tendance de mes idées avant la publication de l'ensemble de mes recherches géométriques.

(*a*) *Compte rendu* des travaux de la Société pendant l'année de 1821 à 1822, Metz, chez Lamort, imprimeur. C'est dans la même année 1821 (*voir* p. 28 et 29) que je lus, en présence de M. Arago, un exposé rapide des principaux résultats auxquels j'étais parvenu dans l'application de l'Analyse des transversales à la recherche des propriétés des courbes géométriques de tous les ordres, qui constitue le fond du IIe Cahier de ce volume.

attention quelle est la différence qui existe entre la manière de procéder de ces deux sciences ; c'est en recherchant quelle est la marche et quelles sont les ressources de l'une et de l'autre dans la solution générale des diverses questions qui se présentent, qu'on pourra parvenir à atteindre ce but aussi important que désirable.

De grands géomètres, dont je me complairai souvent à citer l'autorité dans le cours de cet écrit, ont déjà tenté, de la manière la plus savante et la plus approfondie, la comparaison que nous voulons établir ; mais, comme leur objet était moins déterminé que le nôtre, il n'est pas inutile, il est même indispensable que nous reprenions, de nouveau, la question pour l'examiner avec plus de détails et sous le point de vue qui peut nous conduire, de la manière la plus facile, aux conséquences générales que nous nous proposons d'en déduire.

Mais, avant d'entrer en matière, il est essentiel de faire quelques remarques préliminaires sur le sens qu'on devra attacher, par la suite, à plusieurs expressions dont nous ferons un fréquent usage.

2. L'objet de la Géométrie, considérée d'une manière générale, est d'étudier les propriétés des corps sous le rapport de leur étendue ou de leur configuration. Mais, parmi ces propriétés, il en est qui concernent moins la grandeur absolue ou déterminée de telles ou de telles parties, que les affections, les relations générales et indéterminées qui leur sont communes ou qui appartiennent à leur combinaison mutuelle. Ces dernières propriétés doivent seules faire l'objet des considérations qui suivent ; car, à cause de leur généralité et de l'indétermination même des grandeurs qu'elles concernent, ces propriétés renferment implicitement toutes les autres, et il suffira, pour y parvenir, de descendre du cas général au cas particulier, en attribuant aux grandeurs indéterminées la valeur ou la relation qui les particularisent. Ainsi, à moins qu'on ne prévienne du contraire, les figures, les relations, les propriétés dont il sera fait mention dans ce qui va suivre auront toute la généralité possible.

3. De plus, parmi toutes les propriétés de l'étendue, il en est qui ne concernent que les rapports ou relations existantes

entre les grandeurs mesurées des parties des figures, tandis que les autres, sans dépendre explicitement de ces relations, n'ont trait qu'aux affections relatives à leur configuration, à leur manière d'être réciproque. Pour les distinguer entre elles, on pourrait appeler celles-ci *graphiques* ou *descriptives*, tandis que les premières recevraient le nom de propriétés *métriques*, c'est-à-dire concernant les rapports, la mesure; et c'est ainsi que nous en userons dans ce qui va suivre, afin d'abréger le discours et de lui donner plus de clarté, puisque les expressions qui précèdent ont un sens bien déterminé.

4. Malgré la distinction que nous venons d'établir entre ces deux espèces de propriétés, on sent toutefois qu'elles ont entre elles la dépendance la plus intime, et que souvent celles d'une espèce pourront conduire immédiatement à celles de l'autre. On a constamment réuni dans les recherches purement géométriques ces deux genres de propriétés, parce que, en effet, il n'est aucun moyen de les isoler d'une manière absolue et parfaite.

Cependant, la *Géométrie descriptive* pourrait être considérée comme ayant principalement pour objet les propriétés *graphiques* des figures, et la *Géométrie analytique* comme ayant pour objet, de son côté, les relations ou les propriétés *métriques;* car cette dernière science ne commence ses opérations que quand la Géométrie lui a livré les premiers rapports, et elle les termine précisément quand il s'agit d'en interpréter les résultats sur la figure.

Envisagée sous ce point de vue, la Géométrie analytique ne serait que l'art d'appliquer aux rapports métriques des figures le mécanisme du calcul algébrique, pour transformer ces rapports en d'autres qui en découlent en vertu des lois abstraites de la grandeur; et c'est en effet ainsi qu'elle a été mise en usage dans l'origine, par Viète, sous le nom d'*Analyse déterminée.*

Mais la Géométrie analytique a reçu, dès le temps de Descartes, une extension beaucoup plus grande sous le nom d'*Analyse indéterminée;* par elle on est parvenu, non-seulement à soumettre les rapports métriques au calcul, mais encore à peindre les formes et la disposition même des objets de la

Géométrie : c'est cette analyse, qu'on nomme aussi *méthode des coordonnées,* qu'ont cultivée avec tant de succès les Euler, les Monge, les Lagrange, etc.; ses avantages sur la première sont aujourd'hui bien connus, et ne forment le sujet d'aucun doute.

5. Nous avons cru nécessaire d'établir, avant d'aller plus loin, cette distinction entre les deux espèces d'Analyses qui précèdent, parce qu'on n'est que trop souvent entraîné à reprocher à l'Analyse en général les défauts et les difficultés, qui n'ont lieu, en particulier, que pour l'application de l'Algèbre à la Géométrie dans des questions déterminées, laquelle n'est qu'une espèce de Géométrie dont les règles sont imparfaites, et dont la marche varie à chaque instant et dépend tout à fait de la sagacité de celui qui l'emploie.

Dans ce qui suit, c'est toujours de l'Analyse des coordonnées que nous entendrons parler; car elle seule possède, dans ses résultats, la généralité dont nous voulons étudier et rechercher le principe.

6. Notre sujet ayant quelque analogie avec celui de la *Géométrie de position* de M. Carnot, nous aurons souvent besoin de comparer une même figure avec toutes celles qui peuvent être censées en résulter par le mouvement progressif et continu de certaines des parties qui y entrent, sans violer la liaison et la dépendance primitivement établies entre elles. Nous appellerons avec cet illustre géomètre (*), *figure primitive,* celle à laquelle on compare toutes les autres qui en dérivent; celles-ci, à leur tour, seront appelées en général les *corrélatives* de la première : cette correspondance particulière entre deux systèmes sera désignée, en outre, par le mot *corrélation.*

Nous distinguerons trois degrés de corrélation, suivant la plus ou moins grande analogie que peuvent conserver entre eux le système primitif et le système dérivé. Pour tous, nous admettrons que le mouvement par lequel on suppose que la figure primitive ait pu se changer en sa dérivée soit réel et géométriquement possible.

(*) *Géométrie de position,* art. 23 et 78.

Cela posé, nous dirons que la corrélation est *directe* toutes les fois que les figures corrélatives seront composées d'un même nombre de parties semblables quant à leur nature, se correspondant chacune à chacune, et disposées absolument dans le même ordre à l'égard les unes des autres : dans cette situation, elles ne différeraient évidemment que par la grandeur absolue de ces parties, et nullement par leur nature et leur position relative.

Nous dirons que la corrélation est au contraire *indirecte* ou *inverse* toutes les fois que le déplacement nécessaire à opérer dans l'une des figures, pour la rendre identique avec sa corrélative, changerait l'ordre, la disposition de quelques-unes des parties dont elle se compose, sans toutefois en changer la nature.

Enfin la corrélation pourrait être telle que, en vertu du déplacement toujours réel de certaines parties de la figure primitive, une ou plusieurs autres parties de cette figure devinssent, dans la corrélative, imaginaires de réelles qu'elles étaient, ou réciproquement; c'est-à-dire telle que certaines distances, certains points cessassent d'exister d'une manière géométrique : nous nommerons cet état de deux figures *corrélation idéale*.

Si la figure primitive renfermait une droite et un cercle, par exemple, et que cette droite rencontrât d'abord la circonférence de ce cercle en deux points, on pourrait concevoir qu'elle se détachât ensuite du cercle par un mouvement continu; alors les deux points dont il s'agit cesseraient d'être réels aussi bien que la direction des rayons qui leur correspondent, et la nouvelle figure serait, d'après ce qui précède, en corrélation idéale avec la première.

Ces définitions ne cadrent que jusqu'à un certain point avec celles de la *Géométrie de position ;* elles ne concernent proprement que la corrélation de *situation* des figures, tandis que les autres concernent la corrélation des *signes* qui affectent les grandeurs qui entrent dans les formules appartenant à ces figures. Il ne faut pas confondre entre elles ces deux sortes de corrélations; pour qu'il fût permis de le faire, il faudrait qu'on eût démontré à l'avance, d'une manière absolue et rigoureuse, que chaque espèce de corrélation de situation entraîne néces-

sairement l'espèce correspondante de corrélation de signes;
ce qui n'a pas lieu jusqu'à présent.

7. Quel que soit, dans la Géométrie pure, l'objet que l'on
se propose et le mode de raisonnement qu'on veut employer
pour y parvenir, il s'agit toujours, en définitive, d'établir, de
rechercher la dépendance ou la relation *explicite* qui existe
entre telles ou telles parties d'une figure donnée, que cette
relation soit *métrique* ou *descriptive*.

Si cette relation est assez simple en elle-même, ou si elle
est liée d'une manière prochaine avec des vérités, des relations connues entre quelques parties de cette figure, il sera
souvent facile de passer de la connaissance des unes à celle
des autres, sans avoir besoin de recourir à aucun intermédiaire
étranger à la figure. Mais, si cette relation et les parties qu'elle
concerne n'ont qu'une liaison lointaine et difficile à établir
avec ces autres parties de la figure ou avec d'autres relations
déjà connues, ou si, même, on ne connaît aucune relation
entre les parties actuelles de cette figure, alors on se voit conduit à décomposer la difficulté en d'autres plus abordables;
ce à quoi l'on parvient presque toujours en traçant sur la figure, de nouvelles lignes liées d'une manière intime aux premières.

Si ces nouvelles lignes, qui ne sont que des auxiliaires pour
l'objet principal, sont bien choisies, il arrivera que leur manière d'être à l'égard des autres fera apercevoir quelques relations ou dépendances déjà connues, et alors, en rapprochant
successivement ces relations entre elles, on pourra parvenir,
comme dans le premier cas, à la relation dont on s'occupe,
en faisant voir, d'une manière ou d'une autre, quelle est sa
dépendance et sa liaison avec elles. Le but qu'on se propose
se trouvera donc entièrement rempli, sous quelque point de
vue qu'on le considère.

On voit par là que la chose vraiment difficile, celle qui tient
surtout au génie et au talent du géomètre, c'est le choix des
lignes et des relations auxiliaires qui doivent servir à lier les
différents membres de la proposition; c'est en cela que consiste l'élégance d'une solution ou d'une démonstration. Car,
si ces auxiliaires n'ont qu'une dépendance lointaine avec la

figure donnée ou avec l'objet qu'on se propose, elles exige-
ront beaucoup de propositions intermédiaires, et ces propositions seront compliquées dans leur rapprochement mutuel ;
aussi arrivera-t-il souvent que si cette marche a conduit au résultat, après bien des détours, on n'aura encore obtenu qu'une
relation ou qu'une construction aussi difficile à saisir que
tous les intermédiaires par lesquels on aura été obligé de
passer.

8. Si cette difficulté et cette indétermination du choix des
auxiliaires, dans les questions géométriques traitées d'une
manière purement rationnelle, offrent des désavantages relativement à la marche générale et uniforme de la Géométrie analytique, puisqu'elles peuvent arrêter le géomètre dès le premier abord, il faut avouer toutefois que cette indétermination
est, en particulier, aussi la cause de l'élégance et de la simplicité de certaines solutions et de certaines démonstrations,
dans des questions que la méthode des coordonnées ne peut
atteindre que d'une manière pénible.

On conçoit, en effet, que la Géométrie analytique, dans sa
marche générale et uniforme, rapportant constamment tous les
objets d'une figure aux mêmes auxiliaires, doit parvenir à des
résultats d'autant plus compliqués et plus difficiles à saisir,
que ces auxiliaires offrent moins d'analogie avec les formes
ou les objets mêmes de la figure, et qu'ainsi leur dépendance
mutuelle est moins simple et moins intime. Elle ne peut
d'ailleurs, comme la Géométrie rationnelle, faire usage immédiatement des propositions déjà connues, et qui sortent tant
soit peu de ses principes élémentaires ; elle est forcée de reprendre les choses presque à leur définition, et de parcourir
tout l'intervalle qui sépare ces définitions des relations finales
auxquelles on se propose de parvenir. La méthode des coordonnées, considérée en elle-même et d'une manière générale,
est donc limitée autant dans le choix des principes ou des
propositions auxiliaires, que dans celui des lignes dont elle
doit nécessairement faire usage pour définir chacun des objets
de la figure.

Il est vrai que, à la rigueur, on pourrait admettre des propositions déjà connues et diminuer par là, de beaucoup, la

complication des calculs et le nombre des opérations nécessaires pour arriver au résultat final ; mais cela exigerait,
dans chaque cas particulier, la recherche de l'expression analytique de cette propriété, car cette expression varie avec la
position des axes coordonnés : or, c'est ce qui serait loin d'être
facile dans tous les cas, comme cela a lieu dans la Géométrie
ordinaire.

D'un autre côté, l'Analyse, dans chaque cas particulier, n'est
pas entièrement bornée au choix de tels ou tels axes coordonnés ; elle peut, ainsi que la Géométrie, mais d'une manière
moins immédiate, faire usage de lignes et de grandeurs auxiliaires liées intimement à la figure, pourvu que la dépendance
qu'elles ont avec les autres objets donnés ou inconnus de cette
figure, soit déterminée à l'avance et, par conséquent, telle
qu'on puisse passer directement de la connaissance des unes
à celle des autres par des relations algébriques. Mais alors on
éprouve, dans le choix de ces auxiliaires, les mêmes difficultés
que dans la Géométrie pure elle-même, et il faut être déjà profond géomètre pour reconnaître, à l'avance, la simplification
que le choix de tel auxiliaire ou de telle inconnue pourra
amener dans l'équation ou le résultat final. S'il suffisait de
faire en sorte que les équations primordiales fussent simples
et les plus simples possible, on conçoit qu'il serait assez facile
de choisir les auxiliaires ; mais il n'en est pas toujours ainsi,
et, souvent, les équations les plus simples en apparence conduisent aux résultats les plus compliqués.

9. Ce n'est donc pas l'indétermination et la difficulté du
choix des auxiliaires qui rendent la Géométrie inférieure à
l'Analyse, car cette indétermination et cette difficulté subsistent
également dans la dernière pour chaque question que l'on
peut se proposer en particulier ; et, si la Géométrie analytique
a l'avantage d'offrir, dans sa marche méthodique, des moyens
de solutions pour toutes les questions possibles, il faut avouer
encore que, sauf certains cas où les auxiliaires, abscisse et ordonnée, ont une liaison intime avec les données de la question,
elle ne conduit, la plupart du temps, par ses procédés généraux et directs, qu'à des résultats d'une grande complication
et dont l'interprétation et la construction géométrique sont

très-difficiles : au moins, cette interprétation exige-t-elle une grande pénétration d'esprit de la part de l'algébriste et une connaissance très-approfondie des conceptions propres à la Géométrie ordinaire.

Ce n'est pas encore, comme le dit très-bien l'auteur de la *Géométrie de position*, l'avantage qu'a l'Analyse des coordonnées de se servir du calcul, en tant qu'il sert à soulager la mémoire, qui fait sa grande supériorité sur la Géométrie ordinaire; car, 1° celle-ci peut, jusqu'à un certain point, en faire usage sans cesser d'être purement Géométrie, pourvu qu'elle en suive tous les développements sur la figure; 2° elle part toujours des relations et des auxiliaires les plus simples, et par conséquent les plus faciles à saisir et à comparer, même de tête; 3° le nombre des propositions et des objets auxiliaires croissant sans cesse, et pouvant devenir immense par la succession des temps et des travaux des géomètres, il arrive que, tout au contraire de l'Analyse pure, profitant immédiatement, et sans intermédiaire, de ces ressources, de ces vérités antérieurement acquises, pour les appliquer à l'objet proposé, elle pourra parvenir, sans calcul et par forme de simple corollaire, à la détermination même de cet objet.

10. Jusqu'ici donc, on le voit, les ressources et les moyens qu'offrent ces deux manières différentes de traiter la science de l'étendue possèdent des avantages et des désavantages réciproques qui se balancent mutuellement, et l'on ne voit pas, dans la faculté qu'a la Géométrie analytique de soulager la mémoire par des signes, une raison suffisante et nécessaire de sa supériorité sur la Géométrie rationnelle; il est même remarquable que, sous le point de vue de l'application de l'une et de l'autre à des questions particulières, la Géométrie analytique ne saurait aucunement se passer du secours des considérations de la Géométrie pure, soit pour simplifier l'état de la question en la ramenant à des circonstances plus faciles, soit pour simplifier la marche de ses opérations, soit enfin pour interpréter et traduire géométriquement ses résultats définitifs; sous ce rapport tout particulier, on peut même dire, sans trop s'avancer, que la Géométrie analytique livrée à ses propres ressources, c'est-à-dire aux règles qui en forment la

partie élémentaire, serait de beaucoup inférieure à la Géométrie pure, tant pour l'élégance que pour la simplicité des résultats.

Mais si, en considérant ainsi la Géométrie pure sous le point de vue de son application à une question particulière et à une figure donnée d'espèce ou déterminée quant à la situation des parties, elle semble offrir des avantages sur l'Analyse, ou au moins les balancer, elle les perd bientôt sous le rapport de l'extension possible de ses résultats à toutes les figures qui, bien que de la même nature que la première, en diffèrent cependant par le déplacement de quelques parties ; c'est là et uniquement là qu'elle se refuse d'une manière absolue à suivre l'Analyse dans toutes ses conséquences. Pour en sentir la véritable raison, jetons un léger coup d'œil en arrière sur sa manière de procéder et sur la nature des moyens qu'elle emploie pour répondre aux questions qu'on lui propose.

11. La Géométrie, envisagée comme nous venons de le faire, c'est-à-dire la Géométrie traitée dans toute sa pureté et telle qu'elle a été cultivée par les Anciens, ne perdant jamais de vue son objet, raisonnant toujours sur des formes réelles et existantes, et ne pouvant même jamais tirer de ses raisonnements des conséquences qu'elle ne puisse peindre à l'imagination par des images sensibles, doit nécessairement s'arrêter aussitôt que les objets qu'elle considère cessent d'avoir une existence positive et absolue ; mais il y a plus : si les objets de son premier raisonnement ne conservent pas entre eux une position toujours semblable et telle, qu'il n'y ait absolument rien à changer dans les formes de ce raisonnement, elle s'arrête encore et se refuse, quoi qu'on fasse, à étendre la conséquence de ce même raisonnement, établi sur la figure primitive, à la nouvelle disposition de cette figure ; elle exige qu'on reprenne la série des raisonnements, pour lui donner, dans chaque cas, une forme différente et presque toujours nouvelle ; et cependant les objets et les propositions auxiliaires ont conservé une existence positive et réelle ; leur dépendance mutuelle et celle qu'ils ont avec la figure donnée est restée la même quant au fond ; seulement la position et l'ordre de grandeur des parties a changé : ce qui était à droite est actuellement à gauche, ce qui était dedans est actuellement dehors, etc.

12. Qu'il s'agisse, par exemple, de démontrer ce théorème fort simple, emprunté à la Géométrie élémentaire :

« Si d'un point S, intérieur à une circonférence de cercle » ABCD (*fig.* 148), on mène à volonté, dans son plan, deux

Fig. 148.

Fig. 149.

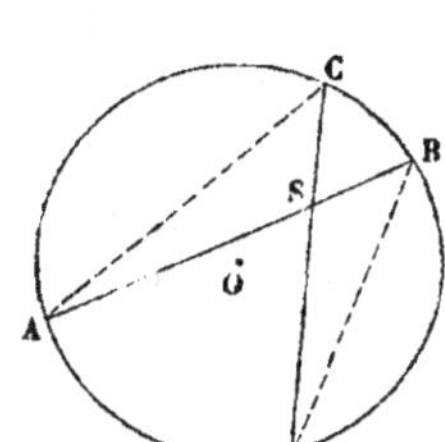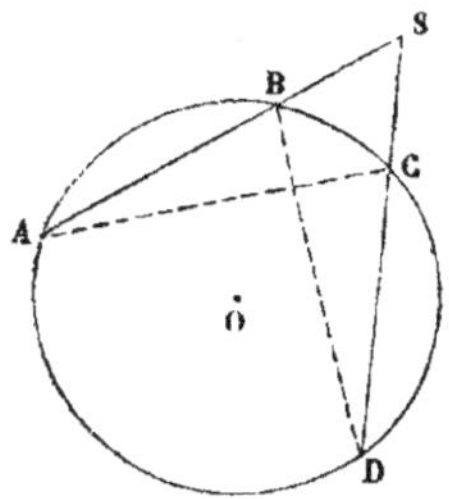

» sécantes ASB, DSC, rencontrant cette circonférence aux » points A et B, C et D respectivement, le rectangle SA.SB » des deux segments formés sur l'une, sera égal au rectangle » SC.SD des segments formés sur l'autre. »

Après avoir tracé les cordes opposées AC, BD et avoir formé par conséquent les triangles auxiliaires ACS, BDS opposés par le sommet S, on observe que, en vertu d'une propriété antérieurement démontrée, les angles ACS ou ACD, SBD ou ABD de ces triangles sont égaux comme ayant chacun pour mesure la moitié de l'arc sous-tendant AD, et qu'il en est de même des angles CAS, BDS; de là on conclut que les triangles en question sont semblables, et que, par conséquent, on a, par la comparaison des côtés homologues, la proportion

$$SA : SC :: SD : SB,$$

ou, ce qui revient au même,

$$SA.SB = SC.SD,$$

comme il s'agissait de le démontrer.

Tant que le point S sera situé à l'intérieur du cercle ACBD, la disposition mutuelle des parties restant la même, il n'y aura évidemment pas lieu à refaire cette démonstration ; mais si le point S vient à passer du dedans au dehors du cercle (*fig.* 149), cette première disposition se trouvera totalement changée; les segments SA, SB et SC, SD (*fig.* 148), dirigés dans des sens respectivement contraires, le seront (*fig.* 149) dans le même sens par rapport au point S; quànt aux angles ACS et DBS de l'une ou l'autre figure, puisqu'ils cessent d'être sous-tendus, mesurés directement par les arcs AD et BC de chaque circonférence, c'est-à-dire de la manière que le supposent les premiers raisonnements, ces raisonnements ont besoin, tout au moins, d'être modifiés et appuyés sur d'autres lemmes, sur d'autres principes (*).

Ainsi, en suivant la marche rigoureuse de la Géométrie, on se voit obligé de recommencer sur de nouveaux frais, la démonstration de la proposition ci-dessus, pour le cas où le point S est situé au dehors de la circonférence de cercle ABCD ; c'est en effet ainsi que les Anciens, toujours scrupuleux, et ceux d'entre les modernes qui ont suivi leurs traces, en agissaient dans tous les cas semblables.

13. La corrélation des figures qui précède est simplement indirecte (6), et il est assez remarquable que la conséquence finale des raisonnements reste la même de part et d'autre sans modification explicite ou apparente; nous avons à dessein choisi cet exemple pour montrer jusqu'à quel point la Géométrie peut être sévère et restreinte dans sa marche et dans les conséquences de ses raisonnements. Mais, dans des exemples plus compliqués que celui qui précède, et où néanmoins la . corrélation resterait simplement indirecte, la conséquence finale pourrait éprouver des changements, non dans la forme, mais dans les signes et les dénominations mêmes des grandeurs. C'est ce qui arriverait, par exemple, si l'on se proposait de démontrer la relation connue entre les côtés et les segments d'un triangle oblique, du sommet duquel on aurait abaissé une perpendiculaire sur la base; cette relation changeant dans les signes + et — , selon que le pied de la perpendiculaire tombe sur la base elle-même ou sur son pro-

---

(*) *Voir* le n° 33 du précédent Cahier, p. 195.

longement. Je ne m'arrêterai pas à cet exemple et je renverrai, pour plus de détails, aux Sect. I et II de la *Géométrie de position,* qui, outre celui qui précède, en renferment un grand nombre d'autres semblables, l'auteur ayant précisément pour objet de rechercher la mutation qui peut arriver dans les signes d'une formule applicable à une certaine figure, quand les parties de cette figure viennent à éprouver une transposition réelle et continue.

Ce que nous disons de la variation des signes qui peut avoir lieu dans les relations appartenant à deux figures en corrélation indirecte, ne concerne évidemment que celles de ces relations qui sont métriques (3) ; car, on le sent assez, les propriétés purement descriptives ne sauraient éprouver d'autres variations que celles qui tiennent au changement de grandeur absolue, d'ordre et de situation des parties ; elles rentrent, par conséquent, sous ce rapport, dans la première des circonstances examinées.

14. Nous n'avons encore envisagé que le cas où la corrélation des figures pouvait devenir tout au plus *indirecte;* il nous reste à voir ce qui a lieu quand la corrélation est idéale, c'est-à-dire telle (6), que certaines parties de la figure primitive deviennent impossibles dans sa dérivée. C'est dans cette circonstance surtout que la Géométrie rationnelle se refuse, d'une manière absolue, à suivre les conséquences de l'Analyse ; car, dans celle qui précède, elle pouvait au moins parvenir à ces conséquences, sinon en général et d'une manière immédiate, au moins à posteriori en reprenant, dans chaque cas, la série des raisonnements établis sur la première figure, et les modifiant d'une manière convenable.

Pour donner un exemple bien connu qui puisse faire ressortir, d'une manière évidente, les idées qui précèdent, supposons qu'il s'agisse d'examiner, en particulier, quelle est la propriété dont jouit le système d'une surface sphérique et d'une droite situées d'une manière arbitraire dans l'espace ; nous dirons, en empruntant à peu près les termes de l'auteur de la *Géométrie descriptive* (Monge, p. 49, art. 38) :

Que si, en premier lieu, cette droite est située tout à fait au dehors de la surface donnée, on pourra mener par cette droite

à la surface, deux plans tangents dont chacun déterminera sur
elle un point de contact ; que si l'on conçoit ensuite une
surface conique enveloppant la sphère et ayant son sommet
en un point quelconque de la droite donnée, la courbe plane
du contact mutuel passera nécessairement par les deux points
ci-dessus des plans tangents, et, par conséquent, le plan de
cette courbe contiendra la corde indéfinie qui joint ces deux
mêmes points ; d'où il résulte que, pareille circonstance ayant
lieu pour toute autre surface conique enveloppante dont le
sommet serait sur la droite donnée, on pourra énoncer ce théorème : « Si l'on imagine que le sommet d'une surface conique,
» circonscrite à une sphère, vienne à se déplacer en parcou-
» rant tous les points d'une ligne droite donnée, extérieure à
» cette sphère, le plan de la courbe de contact ne cessera pas,
» dans toutes ses positions, de tourner autour d'une autre
» droite fixe comme la première ».

Le raisonnement que nous venons de rapporter en substance reste vrai et rigoureusement applicable à la figure dans
tous les cas où la droite donnée, venant à se déplacer à l'égard
de la surface sphérique, lui restera entièrement extérieure,
parce que l'on pourra en effet, dans cette position particulière,
toujours mener par cette droite deux plans tangents à la sphère.
Mais, si l'on vient à supposer, au contraire, que la droite et
la sphère se pénètrent, alors les plans tangents, qui servent
d'auxiliaires, devenant impossibles aussi bien que les points
de contact qui leur correspondent, le raisonnement primitif
cessera d'exister d'une manière absolue, quelles que soient
d'ailleurs les modifications particulières qu'on veuille lui faire
éprouver ; afin donc d'étendre à ce dernier cas les conséquences du premier, sans sortir de la marche rigoureuse de la
Géométrie pure, on se verra obligé de refaire une nouvelle
démonstration, non en reprenant la série des premiers raisonnements, comme dans l'art. 12, pour lui faire subir des modifications plus ou moins légères, mais en changeant la forme
même de ces raisonnements, et en remplaçant les objets et les
propositions auxiliaires d'abord employés, par d'autres qui
aient une existence absolue et réelle dans la circonstance
particulière dont on s'occupe.

On doit même remarquer que, en suivant à la lettre l'esprit

de la Géométrie des Anciens, on serait au premier abord fort
tenté de croire que la propriété examinée cesse réellement
d'avoir lieu pour le cas où la droite donnée rencontre la surface sphérique ; car les deux plans tangents, et par conséquent
les points où ils touchent la surface, ayant cessé d'exister
d'une manière géométrique, on pourrait supposer que la
droite indéfinie qui les joint est elle-même entièrement impossible. On arriverait donc ainsi, en suivant les principes les
plus avérés et les plus rigoureux de la Géométrie ancienne, et
précisément parce qu'on aurait suivi à la lettre ces principes, à
une conséquence véritablement absurde ou au moins en apparence contradictoire à ce qui se passe en effet.

15. Les mêmes circonstances et les mêmes difficultés se
reproduisent presque à chaque pas dans la Géométrie descriptive et, en général, dans toutes les théories où l'on cherche à
donner une certaine extension aux conceptions de la Géométrie. Je sais bien que, de nos jours, on ne s'astreint plus ainsi,
à la manière des Anciens, à reprendre la série des raisonnements dans chaque circonstance distincte où ces raisonnements cessent d'avoir lieu, et qu'on étend fort souvent, sans se
faire aucun scrupule, les conséquences d'un premier raisonnement établi sur une figure donnée, à toutes les figures qui
n'en diffèrent que par le déplacement relatif de certaines
parties, c'est-à-dire à toutes les figures corrélatives (6) ; que
c'est même en cela que la Géométrie des modernes est si fort
au-dessus de celle des Anciens ; mais en réalité c'est que l'on
se fonde tacitement sur un principe général, qui se manifeste d'une manière explicite dans les résultats de l'Analyse
algébrique, et qui appartient en effet bien moins à cette
science, comme nous le verrons plus tard, qu'au penchant
naturel que nous avons à généraliser l'objet de nos conceptions, et à établir des lois régulières, des relations permanentes entre elles.

Pour donner une idée de ce principe, considéré simplement
en tant qu'il appartient à l'Analyse algébrique, d'où les modernes l'empruntent par la grande habitude qu'ils ont acquise
de cultiver cette science, nous anticiperons sur ce que nous
aurons à en dire de général par la suite, en l'appliquant à

l'exemple particulier dont nous venons de nous occuper dans ce qui précède.

Nous avons vu, à l'aide de la seule Géométrie, que, quand la droite donnée ne rencontrait pas la surface sphérique, le plan de contact de la surface conique circonscrite à cette sphère, et dont le sommet est assujetti à parcourir la droite donnée, passait dans toutes ses positions par une autre ligne droite fixe comme la première, et que, dans le cas contraire où la droite donnée rencontre la surface sphérique, on ne pouvait plus savoir à priori, par la seule Géométrie, si en effet la propriété en question subsistait toujours; nous avons même fait voir que, à ne consulter que les premières apparences, il semblerait que la propriété cessât d'être vraie pour ce cas, parce que la corde de contact paraît elle-même ne plus avoir aucune existence géométrique. Cependant, il n'en est réellement rien, car la Géométrie analytique, dont les résultats sont indépendants de la position relative de la surface et de la droite, fournit la même conséquence dans un cas et dans l'autre,

Qu'on se donne, en effet, les équations de cette droite et de cette surface, il est clair que, quelle que soit leur position relative, les coefficients constants qui déterminent l'une et l'autre de ces équations, quoique ayant implicitement des valeurs numériques distinctes, selon la position particulière des parties, y entrent, malgré cela, de la même manière et sous la même forme, en sorte que la question pour le cas où la droite rencontre la surface, et celle qui est relative au cas où elle ne la rencontre pas, ne sauraient, envisagées d'une manière générale, être distinguées l'une de l'autre. Ainsi, comme il est déjà prouvé par la voie géométrique que la proposition dont on s'occupe a lieu d'une manière générale et indéterminée dans le cas où la droite ne rencontre pas la surface, elle est, par là même et en vertu du raisonnement précédent, démontrée pour tous les cas possibles, et, en particulier, pour celui où cette droite vient à pénétrer la surface.

16. C'est donc en s'appuyant tacitement sur cette conséquence générale de l'Analyse des coordonnées : que *les relations appartenant à une certaine figure demeurent, dans leur*

forme explicite, applicables à toutes les situations possibles de cette figure, que l'auteur de la *Géométrie descriptive* est parvenu à donner à la proposition examinée toute l'extension dont elle est susceptible; car il est visible que, pour le cas actuel, la Géométrie pure ne possède en elle-même aucun principe qui permette d'étendre ainsi, à priori, les conséquences de ses conceptions naturellement limitées. Or, on en peut dire tout autant de presque toutes les autres belles propriétés de l'étendue que nous devons à ce célèbre géomètre et à ceux de ses disciples qui se sont efforcés de suivre ses traces. Si cette marche a fait faire quelques progrès à l'esprit humain, si elle a contribué, comme on n'en saurait douter, à élever l'édifice des sciences exactes, c'est à l'institution de l'*École Polytechnique,* c'est surtout à ses illustres professeurs qu'on en doit la reconnaissance entière!

17. Au surplus, on retrouve l'emploi tacite et non suffisamment justifié du même principe dans presque tous les écrits de nos jours (1818), où l'on s'attache à une certaine généralité dans les idées et les conceptions; c'est ainsi notamment qu'un de nos grands géomètres a tenté de démontrer à priori et dans un très-petit nombre de pages, tous les théorèmes fondamentaux de la Géométrie élémentaire, sans faire usage d'aucune de ces constructions accessoires et de ces vérités auxiliaires qui retardent, il est vrai, et embarrassent si fort la marche des Anciens. C'est encore sur le même principe, plus ou moins déguisé, que s'appuient toutes les recherches basées sur la considération métaphysique des *infiniment petits* et des *infiniment grands.* En effet, dans ces recherches, on commence toujours par rapporter le système à un autre qu'on suppose lui être corrélatif, et dans lequel toutes les quantités sont d'une grandeur absolue et finie; on examine alors les propriétés soit métriques, soit descriptives de ce dernier système, et l'on en étend immédiatement la signification à la limite (*), c'est-à-dire au système particulier qu'il s'agissait

---

(*) Nous aurons, par la suite, occasion de revenir sur cette idée et de la développer davantage.　　　　　　　　(*Note de* 1818.)

d'examiner; or cette extension ne peut avoir lieu évidemment qu'en vertu du principe même qui nous occupe.

18. Nous pourrions appuyer ces assertions générales d'une foule d'exemples particuliers, extraits de nos meilleurs auteurs et parmi lesquels les plus intéressants seraient, sans doute, ceux que nous offre la *Géométrie de position*, en ce qui concerne la théorie générale de la *corrélation des figures*; mais la discussion approfondie qu'exigerait un tel ouvrage nous entraînerait bien au delà des bornes que nous nous sommes prescrites ici (*); nous voulons et nous devons nous renfermer dans les idées générales qui précèdent. Cependant, pour ne pas laisser trop à désirer, nous extrairons de l'écrit de Carnot deux passages où l'auteur semble avoir voulu lui-même mettre en évidence le principe sur lequel repose essentiellement toute sa doctrine.

A la page xxvii de sa Dissertation préliminaire, après avoir parlé d'un tableau général qui comprendrait toutes les propriétés actuelles d'une figure donnée, l'auteur s'exprime ainsi :

« Ce tableau des propriétés de la figure primitive une fois
» établi, il s'agit de savoir quelles modifications on doit y ap-
» porter pour qu'il puisse représenter successivement, de
» la même manière, les propriétés des figures qui lui sont
» corrélatives. La construction de chacune de celles-ci étant
» essentiellement la même que celle de la figure primitive,
» on *sent* que les formules qui en expriment les propriétés
» doivent avoir d'autant plus d'*analogie* avec celles de cette
» figure primitive, qu'il y a moins de *disparité* entre elles :
» les quantités correspondantes doivent s'y trouver combi-
» nées de la *même manière*, quant à leurs valeurs propres ou
» absolues; il ne s'agit donc que d'exprimer la diversité des
» positions, et c'est ce qui s'opère par la *mutation des signes*
» qui affectent ces quantités ou les différents termes des for-
» mules du tableau. »

L'auteur s'exprime à peu près dans les mêmes termes au

(*) *Voir* le précédent Cahier.

commencement de la Sect. II, lorsqu'après avoir défini ce qu'il entend par *figures corrélatives*, il ajoute :

« En considérant toutes ces figures corrélatives comme les » différents états du système primitif qui varie par degrés in- » sensibles, on pourra *regarder* les formules trouvées comme » *appartenant à toutes les autres*, et il ne s'agira pour l'appli- » cation que d'attribuer dans chaque cas particulier aux di- » verses variables les valeurs absolues qui leur conviennent, » et de faire les *changements de signes* qu'exigent les modifi- » cations éprouvées par le système. »

L'identité parfaite de ces notions avec celles qui découlent du principe qui nous occupe est très-facile à apercevoir, et l'on peut se convaincre par là, sans qu'il soit besoin d'entrer dans un examen plus circonstancié et plus sévère, que la théorie de l'auteur est entièrement basée sur l'admission de ce principe, considéré comme un axiome en quelque sorte évident par lui-même.

19. Ce nouvel exemple vient ajouter à tous ceux qui pré- cèdent, pour prouver que la Géométrie ordinaire ne pos- sède en soi aucun moyen de généraliser ses conceptions, et qu'elle en doit nécessairement emprunter le principe à toute autre doctrine; que si, sous ce rapport, la Géométrie des mo- dernes semble l'emporter de beaucoup sur celle des Anciens, elle ne le doit précisément qu'à l'admission, tantôt tacite et tantôt ouverte, du principe même qui vient de nous occuper, soit que ce principe ait été considéré comme une de ces vé- rités premières et fondamentales qu'on ne saurait révoquer en doute et au delà desquelles il n'est pas possible de remon- ter, soit que ce principe ait été regardé comme une consé- quence rigoureuse et nécessaire des principes mêmes de la Géométrie analytique.

Dans tous les cas, il est facile de voir qu'il n'a pas été admis, dans les considérations géométriques, avec toute la généralité qui lui est propre, et qu'il n'a été employé que dans certaines circonstances favorables, où il ne pouvait contrarier les idées ordinairement reçues : on se serait en effet, sans cette res- triction, jeté dans toutes ces considérations métaphysiques des *imaginaires*, qui ont été, jusqu'à cette heure, constamment repoussées du sanctuaire étroit de la Géométrie rationnelle (*).

§ II.

EXAMEN DU PRINCIPE DE CONTINUITÉ DANS LA GÉOMÉTRIE ANALYTIQUE OU DES COORDONNÉES.

20. Après avoir ainsi mis en évidence le principe auquel la Géométrie de notre époque doit, en majeure partie, son élégance et sa généralité, il nous reste, pour compléter l'objet des discussions précédentes, à examiner, d'une manière plus particulière encore, ce principe dans l'Analyse même des coordonnées; car, si c'est là qu'il a en effet pris naissance, c'est là aussi qu'il faut en rechercher, en examiner les causes de certitude et la nature véritable.

Soit donc une figure géométrique composée de points, de lignes et surfaces courbes quelconques situées dans l'espace et assujetties dans leurs dépendances mutuelles à des relations métriques ou descriptives données; supposons qu'ayant mis, à l'aide de la méthode des coordonnées, chacune de ces lignes ou surfaces en équation, on exprime par d'autres équations les dépendances mutuelles qui existent entre toutes les parties de la figure; d'après les principes généralement reçus, ces diverses équations, qui définissent le système pour la position adoptée, demeureront invariables, dans leur forme explicite et indéterminée, quels que soient le déplacement et la transposition réelle que l'on conçoive s'opérer entre les parties actuellement fixes du système, sans changer la nature de ces parties, et sans violer la liaison et la loi primitivement établie entre elles; en d'autres termes, ces équations demeureront explicitement de la même forme pour toutes les figures corrélatives de la première.

(*) Je ne connais qu'un seul exemple où l'on se soit servi avec cette extension, mais sans justification ni commentaire, du principe de continuité comme moyen de démonstration en Géométrie; c'est celui qui a été offert par M. Dupin, dans son remarquable Mémoire sur la *Description des lignes et des surfaces du second ordre*, inséré au XIVᵉ Cahier du *Journal de l'École Polytechnique*.   (*Note de* 1818.)

En effet, cette figure primitive étant supposée dans une situation générale et indéterminée à l'égard de toutes celles qu'elle peut recevoir, pour rendre les équations qui lui correspondent applicables à une autre situation quelconque, il suffira d'attribuer implicitement aux diverses lettres ou coordonnées qui y entrent, les valeurs et les signes relatifs au nouveau système, sans changer effectivement la forme explicite des équations, qui demeure invariable dans tout le cours des calculs ; car, d'après les principes reçus, on peut, pour chaque cas particulier, se borner à effectuer la substitution dans le résultat final auquel auront conduit ces calculs.

Supposons, maintenant, qu'ayant posé les équations qui définissent le système primitif, on en déduise, par une suite de transformations algébriques, une ou plusieurs nouvelles équations, elles exprimeront des propriétés du système, soit qu'elles indiquent des relations indéterminées relatives, par exemple, à la trace d'un point mobile, etc., ou en général des dépendances descriptives, soit qu'elles indiquent des propriétés, des relations métriques entre les grandeurs de certaines parties de la figure.

Ces équations, comme celles dont elles proviennent, ne renfermant que des lettres, par hypothèse indéterminées quant à ces grandeurs tout implicites, appartiendront non-seulement à la figure donnée prise pour point de départ, mais aussi à toutes les figures corrélatives qui n'en différeraient que par la transposition, le déplacement possible d'une ou de plusieurs des parties regardées d'abord comme fixes ou constantes.

21. Dans leur forme actuelle, ces équations n'expriment en quelque sorte, que des relations entre les auxiliaires abscisses et ordonnées des diverses parties du système ; il reste donc, après les avoir obtenues, à les interpréter et à les traduire sur la figure elle-même ; or il y aura ici nécessairement une distinction essentielle à établir entre les propriétés descriptives et les propriétés métriques.

Si les propriétés sont purement descriptives, elles ne concerneront, dans leur énoncé explicite sur la figure, c'est-à-dire dans leur traduction géométrique, aucune espèce de grandeur mesurée, et ne dépendront par conséquent que de la forme générale et explicite des équations qui les expriment. Mais, en vertu des raisonnements qui précèdent, ces équations sont invariables dans cette forme, comme les équations primitives d'où elles proviennent; donc aussi :

Les propriétés graphiques trouvées pour la figure primitive subsistent, sans autres modifications que celles du déplacement des parties, pour toutes les figures corrélatives qui peuvent être censées provenir de la première.

22. Les propriétés purement métriques, au contraire, ne concernant que les relations de grandeur entre certaines parties de la figure, demeureront, il est vrai, permanentes dans leur forme générale, mais elles pourront éprouver, dans chaque cas, une variation dans les signes algébriques des lettres ou grandeurs implicites qui y entrent; car, d'après ce qui précède, les équations dont elles sont la traduction exacte sur la figure, sont elles-mêmes susceptibles d'une variation dans les signes des abscisses et ordonnées.

La règle de ces variations de signes étant censée bien établie pour les équations entre coordonnées, on pourra toujours déterminer à posteriori les signes des relations correspondantes entre les parties mêmes de la figure, en traduisant les unes de ces relations dans les autres; mais, comme cette traduction est souvent très-difficile, et que d'ailleurs un pareil moyen de déterminer les signes n'est que fort indirect, il paraîtra beaucoup plus simple et plus géométrique d'avoir recours aux tableaux de corrélation établis par M. Carnot, dans la Sect. II de sa *Géométrie de position.*

En adoptant ces règles provisoirement et les conséquences qui découlent, d'après ce qui précède, de l'Analyse tout algébrique des coordonnées de Descartes, on pourra donc aussi conclure que :

Les propriétés métriques découvertes pour la figure primitive demeurent applicables, sans autres modifications que celles du changement des signes, à toutes les figures corrélatives qui peuvent être censées provenir de la première.

23. Telles sont les conséquences générales auxquelles on est forcément conduit, quand on adopte, avec les géomètres de notre époque, les principes de l'Analyse des coordonnées; ces conséquences, qui se confondent évidemment avec le principe de corrélation dont jusqu'ici j'ai entrepris de démontrer la certitude géométrique, doivent nécessairement se reproduire dans toutes les recherches particulières fondées sur les procédés de cette Analyse, et leur imprimer ce caractère d'extension et de généralité dont les résultats de la Géométrie pure sont naturellement dépourvus. On voit qu'elles s'appliquent, non-seulement aux états d'une figure dont la corrélation avec la primitive est simplement indirecte et par conséquent réelle, mais encore à tous ceux où certaines parties de la figure sont devenues nulles, *imaginaires*, *infinies*, en perdant ainsi leur existence géométrique individuelle, c'est-à-dire à tous les états qui n'auraient plus conservé qu'une corrélation *idéale* avec l'état primitif du système.

Considérées sous un certain point de vue, ces conséquences générales constituent ce qu'on peut appeler proprement le *principe de la continuité ou permanence des relations mathématiques de la grandeur figurée* (*); elles établissent, en effet, une continuité en général absolue, mais quelquefois aussi purement idéale, c'est-à-dire fictive et abstraite, entre les dépendances métriques ou descriptives qui appartiennent aux divers états d'une même figure. Nous avons vu qu'on suppose, de nos jours, cette continuité dans toutes les recherches géométriques où l'on veut donner une certaine généralité au raisonnement et aux conceptions; nous pourrions ajouter qu'on la suppose également dans l'exposé des principes fondamentaux des théories des diverses sciences exactes; mais nous voulons nous borner à ce qui concerne proprement la Géométrie.

(*) Nous aurons occasion de voir, par la suite, comment cette définition se rattache à l'idée qu'on a ordinairement du mot de *continuité*. En attendant, nous ferons observer que le principe d'extension qui nous occupe, établissant, de fait, qu'une relation démontrée pour un certain point d'une ligne ou d'une surface courbe donnée s'étend immédiatement à tous ses autres points, introduit par là même, dans la conception de cette relation, l'idée d'une continuité qui n'existe proprement que dans la surface ou dans la ligne qu'on la suppose représenter. Au reste, nous n'employons ici cette expression que dans le but d'abréger le discours et d'éviter les périphrases. (*Note de* 1818.)

24. Quoique le principe de continuité se présente comme une conséquence rigoureuse et nécessaire de la manière actuelle d'envisager et de traiter l'Analyse des coordonnées, il ne faut pas croire toutefois qu'il ait, dans cette science, une raison d'être distincte de celle que nous lui avons reconnue dans la Géométrie elle-même; c'est, en effet, parce qu'on l'a admis d'une manière tacite comme un axiome dans ses déductions élémentaires, que ce principe est apparu dans toutes les conséquences qui en dérivent. A la vérité, il paraît presque impossible de ne pas l'y admettre, et il semble inséparable de la nature même de l'Analyse algébrique; mais, en ayant soin de revenir aux notions naturelles et rigoureuses du raisonnement ordinaire, en examinant attentivement les conventions successives auxquelles cette science doit sa naissance et ses progrès, en ayant soin surtout de séparer ce qui lui appartient en propre de ce qui est essentiellement inhérent à l'objet particulier auquel on l'applique, on reconnaît sans beaucoup de peine, que l'extension attribuée à tous ses résultats n'en est pas moins purement gratuite, *inductionnelle* pour ainsi dire, et qu'elle n'a de certitude mathématique que celle que lui impriment deux siècles d'expérience et de succès.

25. Si nous reprenons, en effet, le raisonnement de l'article **20**, nous verrons qu'il se compose de deux parties entièrement distinctes. Dans la première, on admet en principe que les équations primitives, celles qui définissent le système, demeurent invariables dans leurs formes explicites, sauf la grandeur absolue et le signe des lettres qui y entrent, pour toutes les situations possibles du système auquel elles appartiennent; car s'il en était autrement, comment pourrait-on en conclure que les équations finales, celles qui en dérivent algébriquement, demeurent elles-mêmes invariables dans leurs formes explicites? Dans la seconde partie, on admet que ces équations finales ou les résultats obtenus algébriquement au moyen des équations primitives du système, demeurent invariables dans leurs formes explicites en même temps que ces dernières, et que, par conséquent, ces résultats s'appliquent immédiatement, en vertu des principes mêmes de l'Algèbre pure, à tous les états du système que l'on considère.

· Ainsi l'on admet forcément, d'une part, que la continuité subsiste dans les relations primitives, dans les lois géométriques qui définissent le système ; d'une autre, dans les résultats des combinaisons et des opérations abstraites de l'Algèbre pure.

Ce sont ces deux hypothèses, sur lesquelles s'appuie nécessairement la Géométrie analytique, qu'il s'agit maintenant de mettre en lumière et de discuter.

26. La première n'est recevable qu'autant que les relations primitives auraient leur démonstration dans des propositions déjà établies par les principes de l'Analyse algébrique ; mais alors, en remontant de proche en proche jusqu'à celles qui sont nécessairement placées en tête. de toutes les autres, on arrive aux relations ou équations élémentaires mêmes qui définissent et construisent les lignes, les objets les plus simples de la Géométrie ; or, chacune de ces équations n'est au fond que l'expression algébrique d'une propriété géométrique appartenant simultanément à tous les points individuels de la ligne qu'elle représente ; donc, puisque cette propriété est tirée des notions de la Géométrie pure, que l'extension qu'on lui accorde doit avoir sa raison d'être dans la nature même des choses, dans l'observation d'un *fait*, elle ne peut résulter d'aucune notion antérieure, d'aucun principe étranger à la simple Géométrie ; la règle des signes, qu'on est alors obligé d'admettre à priori pour rendre l'équation de définition applicable indistinctement à tous les points et à toutes les régions de la courbe, résulte elle-même de l'observation de ce fait purement géométrique. La nécessité de son admission dérive ainsi de la volonté d'établir la continuité entre les diverses régions de la courbe ; elle n'est point une convention particulière ; sa possibilité et son universalité se trouvent dans l'accord qui règne, de fait, entre les diverses figures élémentaires. J'en dirai tout autant de l'admission des imaginaires : c'est parce que, dans ces figures, la chose représentée perd son existence précisément dans les mêmes limites où l'expression algébrique correspondante devient imaginaire, qu'il est possible et permis d'adopter, dans tous les cas, cette expression pour la définition rigoureuse et la représentation exacte de

cette chose; et ainsi s'établit une continuité indéfinie, tantôt absolue et tantôt fictive, entre tous les états d'un même système géométrique.

Par exemple, l'équation

$$a^2 = b^2 + c^2,$$

qui exprime la relation connue entre les trois côtés d'un triangle rectangle, peut être regardée comme la définition, l'équation véritable de ce triangle, même quand il devient impossible géométriquement; car, alors, celui des côtés qui perd toute réalité géométrique ne conserve plus dans l'équation qu'une existence de signe, et l'équation elle-même exprime et implique l'incompatibilité et la non-existence absolue.

27. Si l'on admettait, au contraire, que la relation algébrique qui définit une certaine ligne n'eût pas été tirée de la Géométrie elle-même, et qu'elle eût été donnée à priori pour construire et discuter cette ligne, l'extension, la continuité indéfinie qu'on lui attribue ne serait plus une conséquence nécessaire d'un fait géométrique; elle serait une convention arbitraire, propre à caractériser la courbe qu'on veut représenter et définir. La loi qu'on adopterait alors entre la position et les signes serait une pure induction de la loi déjà observée dans les autres relations tirées de la Géométrie; elle ne serait elle-même qu'une convention arbitraire, conforme à ce qui a lieu dans ces dernières par la nature propre des choses.

Pour qu'il en fût autrement, il faudrait que la courbe et l'équation qui la représente pussent, comme dans le cas précédent, être censées provenir d'autres lignes, d'autres relations où la loi fût déjà justifiée, et ainsi de suite jusqu'aux relations élémentaires déduites immédiatement de la Géométrie; encore faudrait-il admettre la seconde des hypothèses (25) que nous avons à examiner, concernant les transformations purement algébriques. On retomberait donc ainsi dans les conséquences présentées dans l'article précédent, c'est-à-dire qu'alors la loi de continuité et celle des signes existeraient de fait et n'auraient besoin d'aucune sorte de démonstration. Si la relation qu'on se donne à volonté devait, au contraire, représenter l'une des courbes élémentaires, le cercle par exemple, il faudrait alors prouver l'identité de la courbe représentée avec la circonférence du cercle, telle qu'on la considère dans la simple Géométrie; ce serait encore une vérification de fait établie à posteriori, tout comme dans la supposition précédente.

Concluons donc que, quand l'équation qu'on se donne pour représenter une ligne courbe est purement algébrique et ne tire son origine d'aucune relation antérieure, comme il arrive, par exemple, pour les courbes d'un ordre général m, soi-disant *algébriques*, il ne faut pas chercher d'autre raison de la loi de continuité et des signes qu'on y aperçoit, que celle d'une hypothèse fondée sur l'induction et l'observation de ce qui a lieu dans les courbes mêmes de la Géométrie rationnelle.

28. Que penser, d'après tout ceci, de ces théories où l'on entreprend de démontrer, à priori et d'une manière générale, la règle ordinaire des signes, sans s'appuyer sur l'observation et sans remonter aux faits primitifs de la Géométrie? Doit-on s'étonner que ces théories soient encore demeurées, jus-qu'aujourd'hui, aussi obscures et aussi contradictoires?

Il n'est pas dans mon plan actuel de développer davantage ces idées; je pourrai y revenir plus tard, si l'on juge qu'elles puissent offrir dans leur exposition quelques éclaircissements utiles à l'application générale de l'Algèbre à la Géométrie. Pour le moment, je prétends seulement en déduire cette première conséquence, relative à l'hypothèse dont l'examen nous occupe, que le principe de continuité admis sans discussion dans les relations de la Géométrie analytique, doit, à la vérité, son origine à l'habitude que nous a fait contracter cette science d'étendre la signification et l'application d'une même formule ou équation à tous les états du système auquel elle se rapporte, mais que la raison et la certitude première de ce principe résident uniquement dans l'accord constant de cette hypothèse avec les faits et les principes mêmes de la Géomé-trie; que la loi des signes, en particulier, n'a pas d'autre ori-gine ni d'autre raison; qu'elle est le complément nécessaire de la loi de continuité, puisque cette dernière ne porte que sur la forme générale et explicite des relations, et que l'autre, au contraire, a exclusivement trait aux modifications toutes spéciales, qu'elles doivent éprouver dans les signes des quantités qui y entrent, pour les faire concorder d'une manière exacte avec les faits géométriques.

29. Pour en venir maintenant à la seconde des deux hypothèses sur lesquelles se fondent nécessairement la puissance et l'extension de la Géométrie analytique (25), considérons une ou plusieurs équations algébriques données entre des quantités appartenant, si l'on veut, à une figure géométrique, et supposons qu'en conséquence de l'hypothèse que nous venons d'examiner, ces équations dussent demeurer, par le fait, invariables de forme, mais seulement variables dans les grandeurs absolues et dans les signes des quantités qui y entrent, pour tous les états que peut prendre le système auquel elles appartiennent; considérons cependant ce système dans un état primitif, c'est-à-dire d'abord connu et déterminé. Les équations qui s'y rapportent étant purement algébriques et *littérales*, rien ne pourra rappeler, dans la suite des transformations abstraites qu'on leur fera subir, la grandeur implicitement attribuée aux différentes lettres qui y entrent; ces lettres n'en laisseront plus aucune trace, et il faudra recourir à l'énoncé lui-même ou au système donné pour reconnaître l'ordre de grandeur actuellement supposé; en un mot, on se verra entraîné, comme malgré soi, à supposer toute l'indétermination possible aux lettres qui représentent ces grandeurs; on confondra ainsi, sans en avoir l'intention expresse et sans y prendre garde, les opérations sur des *grandeurs indéterminées* ou *implicites* avec celles qui sont absolues : les expressions $a-b$, $\sqrt{a-b}$, etc., par exemple, seront traitées dans tous les cas comme de véritables quantités, que a soit implicitement plus petit ou plus grand que b; on abandonnera donc le *raisonnement explicite ordinaire* (*), le seul dont les conséquences soient regardées comme rigoureuses et nécessaires.

Admettons toutefois qu'en traitant successivement les équa-

____

(*) Par raisonnements, formules, etc., *explicites*, j'entendrai toujours des raisonnements, formules, etc., qui concernent des quantités dont la grandeur est actuellement déterminée et connue d'une manière explicite, soit numériquement, soit géométriquement; j'attache une signification précisément contraire aux expressions *raisonnement, formule implicites;*

tions primitives pour leur faire subir diverses transformations, il soit possible de se rappeler l'ordre de grandeur des quantités, et qu'en conséquence on ait le soin de passer toujours d'une transformation à la suivante, et ainsi de suite jusqu'à la dernière, par des opérations et des raisonnements permis et tout à fait explicites, c'est-à-dire sans abandonner la marche rigoureuse qu'on suit d'ordinaire hors de l'Algèbre ; on arrivera ainsi à une ou plusieurs équations purement littérales, comme les primitives, dans leurs formes apparentes, et indiquant sous ces formes de nouvelles dépendances entre les diverses quantités du système. Ces équations, dans l'hypothèse actuelle, doivent nécessairement indiquer des opérations et des relations *absolues et explicites*, comme la série même des raisonnements qui y ont fait parvenir ; ainsi elles appartiennent en toute rigueur au système proposé et à l'hypothèse particulière établie sur l'ordre de grandeur des quantités qui le composent ; mais il faut bien prendre garde qu'elles n'appartiennent rigoureusement qu'à cet état particulier du système, et que rien ne prouve à priori que, pour un autre état déterminé, elles conserveraient sans altération leurs formes primitives, en sorte qu'il faut de toute nécessité reprendre, pour chaque état déterminé et distinct, la série entière des raisonnements établis dès l'abord. Il est visible, en effet, que le changement d'ordre et de grandeur des quantités du système peut amener aussi un changement, non dans l'ordre, mais dans la nature des raisonnements, et les rendre par là même entièrement inapplicables au nouvel ordre admis.

30. Cette limitation, cette restriction des résultats de l'Algèbre, quand on la considère d'une manière tout à fait rigoureuse et tel qu'on le fait en Géométrie ordinaire, acquiert en quelque sorte un degré de plus d'évidence, quand on vient à supposer que les équations primitives doivent éprouver des

---

le raisonnement explicite est nécessairement absolu ; l'autre peut n'être que figuré. Au reste, nous n'employons ces expressions qu'en vue d'abréger et de préciser le discours, et nous devons faire observer qu'elles ont été mises en usage, dans un sens à peu près semblable, par l'auteur de la *Géométrie de position*. (*Note de* 1818.)

modifications dans les signes et la nature même des quantités du système ; car, alors, la difficulté peut subsister dès les premières transformations qu'on veut faire subir à ces équations : il est visible, en effet, que si elles renferment des expressions qui puissent devenir *négatives* ou *imaginaires*, telles que $a - b$, $\sqrt{a - b}$, on se verra forcé, quoi qu'on fasse, de traiter ces expressions comme si elles représentaient des grandeurs numériques absolues, et d'abandonner ainsi, pour passer outre, le raisonnement explicite ordinaire, le seul, comme nous l'avons déjà dit, dont les conséquences soient véritablement incontestables et rigoureuses. Dans cette circonstance, on sera donc encore bien moins fondé à regarder le résultat final des transformations algébriques comme applicable à tous les états possibles du système.

31. Entre la proposition qui nous occupe pour l'Algèbre pure, et celle des articles 11, 12 et suivants, qui concernait proprement la Géométrie, et dont on était certes loin de contester la vérité, la parité me semble rigoureuse et parfaite, et si l'on veut admettre les conséquences de l'une, il faut nécessairement admettre en même temps celles de l'autre, et inversement. La seule, l'unique différence qu'on puisse trouver entre ces deux cas de la Géométrie et de l'Algèbre, consiste en ce que, dans l'un, le changement d'ordre et la non-existence de certaines grandeurs sont manifestes et sautent pour ainsi dire aux yeux, en sorte qu'on se voit arrêté dès les premiers pas qu'on veut faire ; tandis que, dans l'autre, au contraire, rien ne pouvant avertir du changement survenu et tout restant explicitement le même, on continue le raisonnement d'une manière involontaire, sans qu'il soit possible de s'en douter. Or cette différence ne touche nullement le fond des choses et ne tient qu'à la manière de les présenter au point de vue particulier sous lequel on les considère ; ainsi, tout reste semblable de part et d'autre, et la distinction qu'on voudrait établir serait illusoire et nullement fondée.

32. Il a été, sans doute, bien naturel aux algébristes qui firent usage les premiers de caractères abstraits dans le calcul pour représenter les grandeurs numériques, de supposer

que les formules obtenues par les transformations propres
à ce calcul, pussent appartenir, non-seulement à la question
proposée en particulier, à l'ordre de grandeur actuellement
admis entre les quantités du système, mais à toutes les questions possibles qui ne diffèrent de la première que par un
changement dans la valeur absolue, dans les signes et dans la
nature même de ces quantités; car, ayant négligé, dans la
suite des raisonnements sur lesquels s'appuient les transformations algébriques, d'avoir égard aux grandeurs implicitement attribuées aux lettres, ils ont dû nécessairement en
conclure que ces transformations restaient les mêmes dans
tous les cas possibles, ainsi que le résultat final qui est la conséquence de ces transformations. Mais on peut apercevoir, par
ce qui précède, qu'agir ainsi c'est réellement abandonner le
raisonnement synthétique ordinaire, que c'est supposer enfin,
au moins d'une manière tacite, que l'on puisse opérer et raisonner indifféremment sur les quantités implicitement négatives, imaginaires, etc., comme sur les quantités absolues et
réelles; or, qu'est-ce qui peut justifier à priori cette hypothèse? n'est-ce pas, comme l'a dit l'illustre Carnot, l'accord
constant et la conformité qui règnent entre les conséquences
de cette manière de raisonner et celles du raisonnement ordinaire employé en Arithmétique et en Géométrie?

On peut se convaincre en outre, en se reportant à l'origine
de l'Analyse algébrique, que ce n'est pas l'admission ouverte
des êtres de raison qui a conduit au principe d'extension des
formules de cette Analyse, mais bien au contraire l'admission
involontaire et tacite de ce même principe qui a conduit aux
êtres de raison et, en général, à toutes ces notions métaphysiques qui en sont la conséquence nécessaire, notions repoussées, ou méconnues des Anciens, et qui, de nos jours,
sont devenues si familières, que nous leur accordons la même
confiance qu'aux vérités regardées généralement comme les
plus rigoureuses et les mieux démontrées.

33. Quoi qu'il en soit, les premiers algébristes admettant,
d'une part, la généralité des résultats de l'analyse, et rejetant,
de l'autre, les valeurs négatives et imaginaires toutes les fois
qu'elles se présentaient à eux sous une forme explicite et appa-

rente, agissaient contradictoirement à leurs principes, même quand ces résultats n'exprimaient que des opérations explicites et réellement possibles (*), car rien n'empêche que le raisonnement et la suite des transformations qui y ont fait parvenir n'aient porté, ainsi que nous l'avons déjà fait voir, sur des expressions implicitement négatives ou imaginaires, $a - b$, $\sqrt{a - b}$, qui, ayant ensuite changé de forme par suite des opérations diverses du calcul, soient redevenues réelles et n'aient plus laissé aucune trace d'incompatibilité dans les conséquences finales de ce calcul.

Ce n'est que depuis que les géomètres adoptèrent ouvertement ces formes extraordinaires et convinrent de les traiter, sans aucune distinction, comme les quantités absolues et réelles, que l'admission du principe de continuité en Algèbre devint, sinon motivée d'une manière rigoureuse, au moins logique et rationnelle dans les conséquences qui en dérivent. C'est, redisons-le, aux immortels travaux d'Euler, de Lagrange et des profonds géomètres qui les suivirent, que la science doit d'avoir franchi ce pas vraiment sublime et digne de l'attention la plus sérieuse de nos philosophes. Les doutes qu'élevèrent, dans le même temps, quelques autres géomètres ne purent ébranler la confiance établie; l'Analyse algébrique avait fait, dès lors, des progrès si considérables, sa certitude avait été constatée dans tant de circonstances différentes par la conformité de ses résultats avec ceux du raisonnement ordinaire, qu'il devint également impossible de rétrograder ou de s'arrêter dans la route déjà ouverte; on continua donc de généraliser et d'abstraire sans cesse les objets des conceptions algébriques. Quels heureux résultats ne sont-ils pas dus à cette marche hardie, mais rapide et sûre, qu'a embrassée pour toujours l'esprit humain ! Que ne doit-on pas en espérer encore pour l'avenir !

(*) Aujourd'hui encore (1863), on repousse de certains calculs et raisonnements les expressions symboliques ∞ ou $\frac{1}{0}$, $\frac{1}{\infty}$ ou 0, sans prendre garde qu'en les admettant à priori comme limites idéales des grandeurs, elles peuvent donner de la généralité et de l'extension à la langue algébrique, sinon toujours de la clarté et de la rigueur.

34. Ce que nous venons de dire du principe d'extension admis, sans raison suffisante peut-être, par les algébristes, doit aussi s'entendre du principe de continuité tour à tour admis et repoussé de nos jours dans les spéculations de la Géométrie : tant qu'on n'y aura pas adopté ouvertement les conséquences et le langage implicite et figuré auxquels il entraîne inévitablement, tant qu'on n'y recevra ce genre de démonstration qu'avec des restrictions plus ou moins grandes, on tombera dans des difficultés et des contradictions inextricables, et les résultats qui pourront s'en déduire ne seront ni logiques, ni rigoureusement nécessaires. L'admission ouverte de tels principes conduira, il est vrai, à des difficultés singulières, à des vérités paradoxales; mais ces difficultés, ces paradoxes subsistent également dans l'Analyse algébrique et n'ont pourtant point arrêté sa marche ni ses progrès. Est-il raisonnable de repousser en Géométrie ordinaire des notions généralement admises dans la théorie des coordonnées, et dont personne ne conteste plus aujourd'hui la rigueur? Pourquoi deux langages, deux manières différentes de raisonner dans une même science, la science de l'étendue ? Qui empêcherait enfin de recourir en Géométrie à ce précepte de d'Alembert, devenu fameux pour avoir été si souvent répété : *Allez en avant, et la foi vous viendra!* Mais revenons à l'Algèbre pure dont ces réflexions nous ont un instant écartés.

35. On a pu voir, par ce qui précède, comment les géomètres qui cultivèrent l'Analyse algébrique dès le temps de Viète, époque à laquelle il faut rapporter véritablement l'origine et la naissance de la généralité de cette Analyse (*), on a

---

(*) Avant cette époque, l'Algèbre n'était que la science des nombres : Viète, l'un des hommes qui honorent le plus la France et l'humanité, a eu l'heureuse et philosophique idée de représenter indistinctement toutes les grandeurs par des caractères alphabétiques, et par là il changea totalement la face des sciences mathématiques; il ouvrit à l'esprit humain une route entièrement nouvelle et sûre, au moyen de laquelle il put désormais s'élever aux plus sublimes abstractions! L'Algèbre devint dès lors une langue véritable, la langue du raisonnement abstrait et mathématique, mais non pas simplement, comme le veut Newton, une Arithmétique universelle : elle devint la langue de tout ce qui est susceptible de

pu voir, dis-je, comment ces géomètres parvinrent naturellement, et sans pour ainsi dire le vouloir, à ces formes extraordinaires, à ces êtres de raison qui paraissent contrarier
et confondre l'entendement, quand on veut les considérer en
eux-mêmes et leur appliquer les notions ordinairement admises pour les êtres réels et absolus. Cela vient évidemment
de ce qu'ils ont représenté les grandeurs limitées et finies par
des caractères étrangers à ces grandeurs, et qui, n'en conservant plus de traces, laissent, malgré celui qui les emploie, à
ces grandeurs, une indétermination absolue qu'elles n'ont
réellement pas, éteignent en lui, en quelque sorte, le souvenir
de la mesure, du rapport, et le forcent à raisonner d'une manière purement *implicite*, sur les combinaisons abstraites du
calcul, sans lui permettre d'apercevoir quelle est la nature
des expressions algébriques qui sont le résultat de ces combinaisons, et par conséquent aussi ne lui permettent pas de re-

---

rapport, de mesure ; *en dépouillant les quantités de ce qu'elles peuvent
avoir d'étranger à l'essence de la grandeur abstraite, elle ramena tout à
des lois générales ; elle plana également* (expression de Lagrange) *sur
l'Arithmétique et la Géométrie*, sans devenir, à proprement parler, une
véritable Géométrie ; car elle ne raisonne pas sur les formes elles-mêmes,
en tant que décrites et figurées dans l'espace ; elle n'envisage que les
rapports d'étendue qui appartiennent à ces formes, et c'est la Géométrie
qui les lui livre d'abord, et qui en interprète ensuite les transformations
sur la figure.

Quoi qu'il en soit, et gardons-nous de l'oublier, c'est en essayant
de soumettre aux combinaisons du calcul les questions de la Géométrie
ordinaire, où toutes les quantités sont nécessairement représentées par
des caractères étrangers à la grandeur, que Viète eut l'idée d'introduire
les lettres alphabétiques en Algèbre ; c'est donc à la Géométrie, ou plutôt aux conceptions géométriques, que le calcul algébrique est redevable
de son plus beau perfectionnement. Osons le dire, les perfectionnements
ultérieurs qu'a reçus ce calcul depuis Viète, sous le rapport de la généralité et de l'extension de ses résultats, ne furent qu'accessoires et subordonnés à celui-là : telle est la notation des exposants de Descartes, qui,
en tant qu'elle servit d'abord à remplacer l'expression d'un nombre déterminé de facteurs égaux, n'offrit qu'une abréviation précieuse en elle-
même, sous le rapport de la facilité des opérations, mais qui étendit bientôt d'une manière prodigieuse la puissance du raisonnement algébrique,
dès l'instant où, saisissant l'idée de Viète, on remplaça à son tour l'expo-

connaître s'il cesse implicitement de suivre la marche rigoureuse du raisonnement explicite ordinaire.

36. Qu'on ne croie pas néanmoins que ces étranges conséquences de l'Analyse algébrique tiennent uniquement à la faculté qu'elle a de représenter les opérations par des signes conventionnels, ni même à l'emploi qu'elle fait de notations particulières ; car, sans faire usage de ces signes et de ces notations, on peut arriver, d'une manière tout à fait directe et également simple, à toutes ces conséquences, en continuant à se servir du discours ordinaire ; il suffit, pour cela, de désigner les quantités absolues qu'il s'agit de considérer, par des dénominations vagues et abstraites, qui fassent perdre de vue l'ordre de leurs grandeurs relatives dans le cours des raisonnements qu'on leur applique (*) ; car, le résultat final de ces raisonnements ne conservant plus aucune trace des transformations

---

sant numérique par un indice abstrait, en lui-même vague et indéterminé, par une lettre ; car cette lettre ne portant plus avec elle la trace de la grandeur effective qu'elle représente, les géomètres s'habituèrent peu à peu à la regarder comme négative, irrationnelle et même imaginaire, et cela, quelquefois, sans en avoir l'intention expresse, sans même s'en douter. On en peut dire, à certains égards, autant de la notation des factorielles de Kramp ; cependant, que signifie cette notation dans l'état actuel de nos connaissances, quand l'indice est quelconque, par exemple irrationnel, imaginaire? Que signifie le coefficient différentiel $\dfrac{d^n y}{dx^n}$ d'une fonction variable de x, quand n est seulement fractionnaire? On n'a pas jusqu'ici encore, ce me semble, eu l'idée de s'en occuper d'une manière directe et approfondie, ou plutôt le calcul n'a pas encore conduit à une telle généralité de conception. Cependant, cette dernière question ne diffère pas essentiellement des deux autres, et, toutes les fois qu'on créera une notation nouvelle, on sera conduit aux mêmes recherches; si l'on trouve ensuite une expression générale et d'une forme déjà connue en Algèbre qui équivaille à cette notation pour un indice abstrait, elle aura un sens réel et bien déterminé sous le rapport purement algébrique, et elle ne sera plus, dans sa généralité, un objet entièrement illusoire de notre imagination. (*Note de* 1818.)

(*) On pourrait, par exemple, désigner, dans le discours ordinaire, par les mots *rouge, blanche, noire,* etc., les diverses quantités que l'on considère, et c'est ainsi, comme on sait, qu'en usèrent dans leur Algèbre

qu'il aura fallu faire subir aux rapports primitivement donnés,
et n'étant même plus que l'indication générale des relations
nouvelles qui existent entre les grandeurs indéterminées du
système, il arrivera alors ce qui arrive dans l'Analyse algébrique elle-même, qu'on se verra, malgré soi, entraîné à regarder ces relations comme appartenant et demeurant applicables à tous les états possibles du système; rien, en effet,
ne rappellera, dans le discours qui traduit ces relations,
l'échelle de grandeur des objets sur lesquels il porte.

Quand une fois on a admis cette extension indéfinie des
résultats du raisonnement, on se voit bientôt jeté dans les
considérations métaphysiques des quantités négatives, infinies, imaginaires, qui en sont la conséquence nécessaire, et

---

les géomètres indous, longtemps avant qu'on songeât à employer les
lettres en Europe. (*Voir* la Notice curieuse publiée par M. Terquem
dans le IIIᵉ volume de la *Correspondance polytechnique*.) C'est encore
ainsi que les algébristes du xvıᵉ siècle parvinrent à la résolution des
équations du 3ᵉ et du 4ᵉ degré. A cette époque, les lettres n'étant point
encore introduites dans le calcul, on ne pouvait évidemment arriver à des
résultats généraux et applicables à tous les cas, qu'au moyen du langage
ordinaire, et de là sans doute dérive le nom de *formule* appliqué à toute
expression algébrique qui indique une série d'opérations à effectuer en
général sur certaines grandeurs pour en trouver d'autres. L'inconnue du
problème se désignait alors par le mot *cosa* (chose), et il est digne de
remarque que cette seule dénomination abstraite a suffi pour donner au
raisonnement toute l'indétermination possible et pour le rendre purement
implicite. Aussi les algébristes furent-ils conduits, dès les premiers siècles, aux formes négatives et imaginaires. C'est donc à cette seule idée
de remplacer les grandeurs par des indices abstraits, que l'Analyse algébrique doit sa puissance et sa prodigieuse généralité; c'est par là qu'elle
se distingue véritablement de la théorie des nombres ou de l'Arithmétique proprement dite. « L'Algèbre, dit notre illustre Lagrange (page vı
» de l'introduction au *Traité de la résolution des équations*) n'est pas
» précisément l'*Arithmétique universelle*; son objet n'est pas de trouver
» les valeurs mêmes des quantités cherchées, mais le système d'opéra-
» tions à faire sur les quantités données pour en déduire les valeurs des
» quantités qu'on cherche dans les conditions du problème. » Elle a pour
but, en d'autres termes, non l'évaluation, mais la détermination générale
et la construction des inconnues au moyen des quantités données.

(Note de 1818.)

ainsi la connaissance des unes et des autres aurait pu précéder, de longtemps, la découverte de l'Algèbre proprement dite.

37. On doit voir par là, si je ne me trompe, que si l'emploi de telles considérations ou qualifications a jusqu'ici constitué le caractère propre de l'Analyse algébrique, celui qui la distingue éminemment des autres sciences de la grandeur, ce n'est pas un motif pour croire qu'on ne puisse en introduire l'usage dans ces sciences, et en particulier dans la Géométrie rationnelle, sans en altérer le degré de rigueur ou de certitude et sans y introduire les procédés du calcul algébrique ; car il suffit qu'on y admette le raisonnement purement implicite ou les conséquences de ce genre de raisonnement, tout en repoussant d'ailleurs l'emploi. des opérations en quelque sorte hiéroglyphiques, mnémoniques et mécaniques qui appartiennent en propre à ce genre de calcul.

38. Dans le fond, cette manière de raisonner et de procéder à la recherche de vérités nouvelles ne diffère pas autant qu'on pourrait le croire de celle qui a été adoptée, dans certaines circonstances, par les Anciens, marche à laquelle ils donnaient, comme nous, le nom d'*analyse* (*). Par elle, en effet, ils admettaient, à priori, comme vraie et existante telle proposition, telle construction qu'il s'agissait de démontrer ou de découvrir ; partant ensuite de cette hypothèse, ils parvenaient, par une série de raisonnements bien liés, à ramener l'objet de la question à une proposition ou à une construction plus explicite ou plus élémentaire. Quand cette dernière expression du raisonnement se trouvait être une vérité ou une construction déjà connue et démontrée, quand enfin le résultat, la conclusion n'offrait en soi rien d'absurde, de contradictoire ou d'impossible, la proposition de l'hypothèse était justifiée, l'objet de la construction était établi ; c'est-à-dire

---

(*) *Voir* le Discours préliminaire de la *Géométrie* de M. Lacroix, page 3 de la 3e édition : ce savant professeur y rapporte la traduction d'un passage du VIIe livre des *Collections mathématiques* de Pappus, qui renferme une définition complète de *l'analyse* et de la *synthèse* employées par les Grecs dans les recherches mathématiques.

(Note de 1818.)

qu'on avait déterminé la dépendance explicite qui lie la proposition de l'hypothèse à des propositions déjà connues, et celle qui subsiste entre les quantités inconnues d'où l'on part avec les quantités données; le but de l'analyse se trouvait ainsi rempli.

Pour établir cette série de raisonnements, les Anciens se voyaient naturellement forcés d'admettre dans le discours et la conception, des grandeurs indéterminées ou implicites, c'est-à-dire des lignes et des combinaisons de lignes dont on ne connaît, en réalité, ni la position, ni la grandeur absolue, ni même, bien souvent, l'existence géométrique. Les raisonnements établis sur les unes et les autres n'avaient donc aucun des caractères qui constituent le raisonnement explicite; la proposition et la construction de l'hypothèse pouvant être impossibles, les lignes inconnues et les auxiliaires pouvaient l'être elles-mêmes; mais, dans le cas contraire, comment affirmer que telle ligne auxiliaire adoptée dans la figure, rencontre effectivement telle ou telle ligne supposée connue, donnée à priori, et qu'en conséquence telle ou telle relation métrique ou descriptive auxiliaire, admise dans le discours ou le raisonnement, se rapporte effectivement à des objets, à des grandeurs réelles? Sans doute que les Anciens avaient recours à l'inspection attentive de la figure; mais s'il arrive que le tracé de cette figure avertisse, dans quelques cas très-simples, de la non-existence de certaines lignes, cela ne saurait plus avoir lieu quand la figure est tant soit peu compliquée, et encore moins quand les lignes n'en sont pas construites et seulement déterminées par certaines conditions, comme de passer par des points donnés; d'ailleurs, les lignes auxiliaires ou inconnues ne sont qu'hypothétiques et n'ont pas la situation qui leur convient. Si ces dernières lignes faisaient partie intégrante de la proposition ou de la figure à laquelle il s'agit de parvenir, les circonstances diverses qu'elles pourraient présenter à l'égard des autres, donneraient naturellement lieu à examen de la part du géomètre qui prétend être rigoureux, parce que ces circonstances influent directement et modifient le résultat qui s'y rapporte; les lignes auxiliaires, au contraire, ne laissent plus aucune trace et disparaissent du résultat final.

Ainsi, les Anciens ont, comme nous, employé le raisonne-

ment sur des quantités implicitement imaginaires, infinies, etc.,
qui n'avaient dans le discours et dans la pensée qu'une existence de signe, et c'est par la contemplation scrupuleuse et
souvent pénible de la figure, qu'ils ont pu éviter l'emploi explicite et manifeste de ces sortes de quantités, à peu près
comme le faisaient les algébristes des xvie et xviie siècles, quand
les formes négatives et imaginaires se présentaient à eux à la
suite des calculs ou de quelque substitution particulière faite
dans une formule. Aussi les uns et les autres ne se fiaient-ils
pas tellement à la forme du raisonnement *analytique,* qu'ils ne
se crussent obligés de le refaire en employant une marche inverse, la *synthèse,* dans laquelle on part d'une proposition ou
d'une construction déjà connue, pour s'élever de proche en
proche jusqu'à la vérité ou la proposition à laquelle on veut
parvenir.

39. Les philosophes ont beaucoup disserté sur la véritable
signification des mots *analyse* et *synthèse,* sans qu'ils soient
parvenus à s'entendre d'une manière parfaite ; les uns n'ont
vu qu'analyse là où les autres ne voyaient que synthèse, et réciproquement.

On n'est guère mieux d'accord en Géométrie : tantôt on
nomme indifféremment *synthèse* et *analyse* les deux marches
inverses, *progressive* et *rétrograde,* du raisonnement ordinaire ; tantôt on appelle *analyse* tout mode de raisonner qui
s'appuie sur le calcul algébrique, tandis que l'on nomme au
contraire *synthèse* celui où l'on se refuse l'usage du même
calcul. Il semble cependant que, si l'on voulait s'en tenir à la
définition donnée par les Grecs dans le passage cité des *Collections* de Pappus, il ne saurait plus y avoir aucun sujet de
discussion ni de doute ; car cette définition est aussi claire
qu'elle est complète. Quoi qu'il en soit, c'est pour éviter toutes
ces difficultés et pour rendre nos discours plus concis que
nous avons mis en usage les mots : *raisonnement implicite,*
raisonnement explicite, afin de distinguer entre elles, d'une
manière positive, les deux formes générales sous lesquelles il
est possible de raisonner en mathématiques.

40. Concluons enfin, de toutes les discussions qui précè-

dent, que l'extension attribuée aux résultats de l'Algèbre pure n'est pas mieux démontrée dans cette science qu'en Géométrie elle-même; qu'à la vérité elle s'y présente d'une manière plus naturelle et, pour ainsi dire, à l'insu du calculateur, mais qu'elle n'en est pas moins une hypothèse gratuite, justifiée seulement par le fait d'une longue expérience et la conformité de ses résultats avec ceux du raisonnement explicite ordinaire; qu'en un mot, ce principe hypothétique de généralisation et d'extension constitue, jusqu'ici, une de ces vérités premières qu'il est impossible de ramener à des idées et à des notions plus simples, parce qu'elles ont leur source et leur certitude immédiates dans notre manière de voir autant que dans les faits eux-mêmes, dans la nature des choses.

Concluons aussi que, à moins de vouloir se traîner éternellement sur les traces des géomètres de l'école d'Alexandrie, à moins d'abandonner entièrement la route nouvelle que nous ont ouverte les grands hommes qui font la gloire des temps modernes, il faut, de toute nécessité, adopter ce principe dans la Géométrie rationnelle, avec toute la généralité qu'il comporte, et cela indépendamment de l'Analyse algébrique elle-même, et sans s'inquiéter des notions et des conséquences singulières ou paradoxales qui peuvent en découler; car, si l'on veut être conséquent et logique comme le furent toujours les Anciens, il faut, ou l'admettre ouvertement et dans toute sa généralité, ou le bannir à jamais du domaine de la Géométrie et de celui de toutes les sciences exactes qui se fondent sur l'Analyse algébrique.

§ III.

CONSÉQUENCES QUI RÉSULTENT DE L'ADMISSION OUVERTE DU PRINCIPE DE CONTINUITÉ EN GÉOMÉTRIE RATIONNELLE.

41. Nous avons examiné, dans ce qui précède, le principe de continuité dans son origine primitive, dans les raisons et les hypothèses qui le firent admettre tacitement ou involontairement dans la Géométrie rationnelle et dans l'Analyse algébrique : il nous reste à l'étudier en lui-même et dans les conséquences générales qu'il entraîne par son admission ouverte en Géométrie pure, afin d'en acquérir une notion assez précise

et assez claire pour prévenir toutes les difficultés et les paradoxes auxquels ce principe, mal entendu, peut facilement
conduire dans les applications particulières.

Le principe de continuité, considéré dans la Géométrie rationnelle, consistant en ce que (21, 22) les propriétés métriques ou descriptives d'une figure donnée demeurent applicables, sauf les variations de signes et de position des parties,
à toutes les figures corrélatives définies d'après l'art. 6, ce
principe suppose naturellement que, dans la figure type,
celle d'où l'on part et à laquelle on rapporte, au moins tacitement, les autres, les objets et les grandeurs considérés soient
tous réels et géométriques; car, par hypothèse, les relations
primitives ont été démontrées d'une manière entièrement
rigoureuse au moyen du raisonnement explicite ordinaire;
l'esprit humain, en effet, ne peut arriver à des vérités certaines
et incontestables qu'en procédant du connu à l'inconnu, du
réel à ce qui ne l'est pas : c'est là sa marche invariable et nécessaire. Si donc une relation, actuellement donnée entre les
objets d'une figure géométrique, concerne déjà un état idéal
de cette figure, ou indique des opérations qui ne soient pas
absolues, ce ne peut être que parce qu'on en a étendu tacitement la signification à cet état, en invoquant le principe de
continuité, ou parce qu'on a fait usage, pour y parvenir, du
raisonnement implicite, qui est tout à la fois le fondement et
la conséquence de ce principe; cette relation a nécessairement
son origine dans un état antérieur où tout était réel et absolu;
voilà ce qu'il faut admettre, au moins quand il s'agit de procéder d'une manière certaine à l'examen d'une vérité, d'une
notion à établir ou justifier, et c'est ce qu'il ne faudra jamais
perdre de vue dans ce qui va suivre.

42. D'après la nature même des choses, le principe de continuité est immédiatement applicable à tous les états réels et
absolus d'un même système qui se transforme par degrés insensibles, et nous avons vu que, dans ce cas en effet, il se
présente d'une manière si naturelle, qu'il peut être regardé
comme un véritable axiome, et qu'il a été admis comme tel,
au moins d'une manière tacite, dans presque toutes les recherches soumises à l'influence du calcul algébrique. Malgré

ce haut degré d'évidence que porte avec lui, dans les circonstances semblables, le principe de continuité, on ne doit pourtant pas oublier que, même alors, son admission est purement gratuite ; car si les figures dérivées restent en corrélation absolue et réelle, quant aux parties dont elles se composent explicitement, avec la figure d'où elles proviennent, elles ne le sont souvent pas, quant aux auxiliaires qu'il faut y introduire pour parvenir, par le simple raisonnement, aux relations définitives ; il arrive, en effet, que ces auxiliaires, par lesquelles on a dû passer, ne laissent plus aucune trace dans ces relations définitives.

Quoi qu'il en soit, il n'y a évidemment aucune difficulté à admettre le principe pour tous les états réels et absolus d'une figure ; or, il résulte de là même qu'il ne saurait y avoir de contradiction à l'y admettre, au moins idéalement, pour tous ceux des états de cette figure où certains objets seraient devenus impossibles, pourvu qu'on ait soin de ne rien prononcer, avant un examen exact et rigoureux, sur l'existence et la nature de ces objets et de ceux qui en dérivent d'après les lois du système. Car si, après un tel examen, on a reconnu qu'en effet certains objets ou certaines grandeurs ont cessé d'être d'une manière géométrique, on sera par là même averti que l'existence qu'on leur supposait est purement hypothétique, et que la relation qui les concerne est elle-même idéale à l'égard de ces objets.

Ainsi le principe de continuité n'exprime dans sa généralité rien que de relatif : en prononçant sur la permanence des relations, il ne prononce nullement sur la nature et l'existence absolue des objets ou des grandeurs que ces relations concernent. Cependant, ces relations cessant d'exprimer quelque chose de réel quand certains objets ont perdu leur existence géométrique, on ne voit pas quel sens on devra leur attribuer ni comment il faudra les interpréter d'une manière rationnelle dans les applications. Or, je dis qu'alors même elles ne sont devenues ni absurdes ni insignifiantes, et qu'elles servent encore à caractériser et à déterminer la véritable nature du système auquel elles s'appliquent, par l'incompatibilité des dépendances qu'elles expriment entre les objets demeurés réels et ceux qui, au contraire, ont perdu toute existence géométrique individuelle.

43. Considérons, en effet, une figure quelconque jouissant d'un certain nombre de propriétés métriques ou descriptives, que nous supposerons n'exprimer actuellement rien que de bien réel et de bien intelligible (41) : on pourra évidemment regarder ces propriétés comme propres à définir et à caractériser la dépendance graphique qui lie entre elles les parties du système que ces propriétés concernent, et, en particulier, on pourra les regarder comme propres à construire numériquement ou graphiquement celles de ces parties qui doivent précisément perdre leur existence géométrique en vertu du passage de la figure actuelle à celles qui lui sont corrélatives, et par conséquent regarder ces parties elles-mêmes comme les inconnues d'un problème.

Pour la figure primitive, ces relations ou propriétés étant par hypothèse concordantes, les objets qu'on suppose inconnus seront définis et construits d'une manière absolue par elles ; dans les figures corrélatives, au contraire, ces relations pourront devenir incompatibles entre elles en ce sens que les constructions correspondantes, cessant de concorder dans leur détermination graphique supposée, manifesteront l'impossibilité actuelle des objets inconnus, ou, si l'on veut, leur non-existence géométrique. Les relations qu'on examine sont donc encore vraies, en ce sens qu'elles expriment l'état véritable du système, et qu'elles servent à caractériser la non-existence même des objets.

44. Considérons, par exemple, une circonférence de cercle et le système de deux tangentes à cette circonférence ; on sait que leur ensemble jouit de cette propriété que le centre du cercle, le point de concours des deux tangentes et leurs points de contact sont distribués sur une autre circonférence de cercle, ayant la distance des deux premiers points pour diamètre ; or, cette propriété cesse d'être absolue quand le point de concours des deux tangentes passe du dehors au dedans du cercle ; les deux tangentes correspondantes deviennent en effet impossibles. Cependant, cette propriété n'est pas, pour cela, devenue absurde ou insignifiante ; car, en considérant la dépendance graphique qu'elle exprime comme propre à construire les points de contact et leurs tangentes, lorsque le cercle et le point

22.

de concours de ces tangentes sont donnés, on voit que cette dépendance est encore vraie quand le point de concours est renfermé dans la circonférence du cercle, en ce sens qu'elle cesse naturellement de construire, d'une manière réelle, les points de contact correspondants. En effet, alors les deux circonférences qui doivent les contenir simultanément se trouvent renfermées l'une dans l'autre, et ne sauraient par conséquent s'entrecouper d'une manière effective.

La même chose se dirait de la relation connue entre l'ordonnée et l'abscisse du cercle, et, en général, de toutes les relations descriptives ou métriques qui appartiennent aux figures ; la raison en est encore que, d'après la nature même de ces relations, elles ne cessent d'exprimer quelque chose de possible, qu'en même temps que les grandeurs qu'elles sont propres à construire deviennent imaginaires, en sorte qu'elles demeurent toujours d'accord avec l'état véritable de la figure ; ainsi, il n'y a ni erreur ni contradiction à admettre, dans tous les cas, ces relations comme propres à définir et à caractériser la nature vraie de cette figure.

45. Remarquons cependant que, quand plusieurs relations sont nécessaires pour déterminer et construire certain objet qu'on regarde actuellement comme inconnu dans la figure, il peut fort bien se faire qu'individuellement ces relations ou propriétés n'expriment rien d'absurde ni d'impossible : c'est ce qui arriverait, par exemple, dans la proposition ci-dessus examinée si, faisant abstraction du cercle donné, on ne considérait que celui qui, passant par le centre de ce cercle et par le point de concours des tangentes, doit contenir les points de contact de ces mêmes tangentes, car ce cercle ne cesserait jamais de subsister : dans ces circonstances, les relations ne deviennent incompatibles que dans leur simultanéité, et, sous ce point de vue, elles n'en sont pas moins propres à caractériser la nature véritable du système.

On arriverait à des paradoxes fort étranges si, au lieu de considérer le système complet des relations qui définissent et construisent d'une manière directe la figure qu'on examine, on n'avait égard seulement qu'à quelques-unes d'entre elles ; car ces relations sembleraient établir des dépendances toujours réelles entre les objets de cette figure, et seraient ainsi en contradiction manifeste avec ce qui se passe en effet.

46. Considérons, par exemple (*fig.* 148 et 149, p. 307), le système d'un cercle O et de deux sécantes SA et SC rencontrant ce cercle en A et B, C et D respectivement : on a, comme on sait, $SA.SB = SC.SD$; or, cette relation demeure toujours réelle dans sa forme et dans son énoncé, même quand l'une SC, des deux sécantes, vient à ne plus rencontrer le cercle, ce qui paraît au premier abord contradictoire et absurde ; mais cela ne l'est pourtant pas, si l'on considère que la relation examinée ne suffit pas à elle seule, pour définir et construire les deux points C et D, car il y a deux inconnues SC et SD.

Qu'on abaisse en effet, du centre O, la perpendiculaire OK sur la sécante SC, on aura la nouvelle relation

$$2\,SK = SC + SD,$$

qui exprime, il est vrai, comme la première, une dépendance toujours réelle, mais qui, étant incompatible avec elle pour toutes les circonstances où la sécante SK sort du cercle, sert par là même à caractériser et à définir l'état du système, et lui demeure ainsi applicable dans tous les cas possibles.

47. De ce que certaines relations appartenant à une figure donnée sont individuellement réelles, on ne peut donc pas affirmer que les objets auxquels elles correspondent et qu'elles servent à construire, soient eux-mêmes toujours possibles ; pour le faire avec certitude, il faut que ces relations soient en nombre suffisant pour les définir et les déterminer d'une manière complète ; ainsi, de ce que l'on a trouvé, art. 44, que les points de contact des tangentes examinées doivent se trouver sur une circonférence de cercle toujours constructible et toujours réelle, il ne suit nullement que ces points et les tangentes qui leur appartiennent soient eux-mêmes toujours réels ; et, en effet, ces points devant se trouver simultanément sur cette circonférence et sur la proposée, cesseront d'avoir une existence géométrique toutes les fois que l'une d'entre elles se trouvera entièrement enveloppée dans l'autre. Or, de cette simple remarque il résulte réciproquement que, de ce qu'un objet est actuellement impossible, ce n'est pas une raison pour croire que les relations ou les signes qui en dépendent et qui le construisent doivent par là même cesser d'avoir une existence effective : ainsi, dans l'exemple déjà cité, quoique les deux tangentes issues d'un point intérieur au cercle donné soient inconstructibles, le cercle dont la circonférence renferme avec la proposée leurs points de contact n'en est pas moins toujours réel et possible, et il peut en être évidemment de même pour d'autres circonférences de cercle ou d'autres lignes propres à construire ou à définir ces deux points de contact et leurs tangentes.

Les considérations préliminaires de l'art. 14 nous ont déjà offert l'exemple d'une figure où, certaines parties devenant impossibles, d'autres qui en dépendent d'une manière directe, sont pourtant demeurées réelles ; nous pourrions, dès à présent, présenter un grand nombre de circonstances toutes semblables ; mais il suffit à notre objet actuel d'en avoir fait la remarque d'une manière générale, et d'avoir ainsi signalé et détruit un préjugé géométrique, à la vérité fort naturel, mais qui n'a aucun fondement exact : l'admettre en principe, ce serait borner le champ des découvertes, et s'exposer volontairement à des difficultés, à des contradictions continuelles.

48. Nous pouvons conclure de ces diverses réflexions que, quand les relations ou propriétés qu'on examine sont en nombre suffisant pour construire et déterminer les objets auxquels elles se rapportent, et qui peuvent devenir impossibles dans les figures corrélatives, il ne saurait jamais exister de difficultés véritables à les interpréter et à les admettre ; car alors elles indiqueront, soit séparément, soit simultanément, la non-existence des objets de la figure, et serviront ainsi, par leur incompatibilité, à définir et à caractériser, dans tous les cas possibles, le véritable état de cette figure. Les difficultés ne naissent qu'alors que, cessant d'avoir égard à l'ensemble des relations qui définissent directement la figure, on les envisage en elles-mêmes et d'une manière tout à fait individuelle ; en ce cas seulement elles peuvent paraître inintelligibles, et ne plus conserver qu'une signification purement hypothétique et idéale, comme les objets mêmes qu'elles concernent et qui ont perdu leur existence géométrique.

49. La répugnance qu'on éprouve, dans des circonstances semblables, à admettre le principe de continuité, vient uniquement de ce qu'on fait usage du sens de la vue pour aider la mémoire et guider le fil des idées et du raisonnement géométrique ; il en résulte en effet, fort souvent, que la non-existence de certaines parties de la figure devient manifeste, indiscutable, et qu'alors, n'ayant plus aucun moyen de se les représenter à l'imagination, ni aucun terme qui puisse les rappeler à la mémoire, le discours et les idées s'arrêtent indépendamment de la volonté. Cette répugnance cesse d'avoir lieu toutes les fois que la figure se complique ou que les rapports qui en lient les parties se multiplient, parce qu'il n'est plus possible alors de discerner, au simple coup d'œil, si ces rapports entraînent ou n'entraînent pas la non-existence de certaines de ces parties. C'est cette circonstance qui arrive en particulier quand ces parties sont l'objet d'une recherche faite sur la figure, c'est-à-dire quand elles sont précisément les inconnues d'un problème qu'on se propose sur cette figure (**38**). C'est encore ce qui a lieu quand la figure n'est pas décrite, et c'est là sans doute une des causes de la généralité des conceptions de cette Géométrie qui considère les objets dans l'espace, et dont notre illustre Monge peut, à de si justes titres, être appelé le vrai créateur.

50. En Algèbre, comme nous l'avons déjà fait voir (**29**), la difficulté d'admettre dans chaque cas le principe de continuité est entièrement nulle, parce que la non-existence des grandeurs conserve naturellement un signe dans le calcul, et cela indépendamment même de la volonté de celui qui l'emploie ; cette non-existence s'exprime et se présente presque toujours sous les mêmes signes explicites que la grandeur absolue et réelle ; car $a - b$, $\dfrac{a - b}{c - d}$, $\sqrt{a - b}$ peuvent indiquer indistinctement des grandeurs absolues, idéales ou imaginaires ; de là vient la possibilité, la nécessité même, d'employer les êtres de raison comme les êtres réels, et de les soumettre aux combinaisons du calcul et aux formes logiques du raisonnement ordinaire.

51. Ce que nous venons de dire ici de l'Analyse algébrique s'étend évidemment ou peut s'étendre à la Géométrie rationnelle, lorsqu'on ne considère que des relations purement métriques; car, dans ces circonstances aussi bien qu'en Algèbre, les diverses grandeurs sont représentées par des lettres, signes ou caractères abstraits, incapables en eux-mêmes de rappeler la grandeur absolue des objets qu'ils concernent. A la vérité, ces grandeurs se rapportent à une figure mise actuellement sous les yeux ; mais on peut toujours faire abstraction, par la pensée, de cette figure, et considérer les relations examinées en elles-mêmes, et indépendamment des objets figurés auxquels elles s'appliquent. Dans cette supposition particulière des propriétés métriques, on peut donc continuer mentalement et d'une manière naturelle l'existence de ceux de ces objets qui cessent d'être constructibles et géométriques, par cela précisément qu'ils sont représentés à l'aide de signes abstraits, et il n'y a interruption, ni dans la conception des relations examinées, ni dans l'expression de ces relations.

52. Pareille chose n'a plus lieu à l'égard des propriétés purement descriptives : là les termes sont l'expression des objets figurés eux-mêmes ; ils les rappellent continuellement à l'esprit et à l'imagination, et il n'est pas facile de les abstraire par la pensée, de les détacher de ces objets, et, encore moins, de les combiner entre eux, quand ces objets cessent d'exister d'une manière absolue et géométrique.

L'usage et l'habitude de l'Analyse algébrique pendant deux siècles ont heureusement tranché la difficulté, en introduisant et en consacrant, dans le langage ordinaire de la Géométrie, certaines expressions qui rappellent et caractérisent les êtres de non-existence, et font même considérer ces êtres fictifs comme des objets réels dans le raisonnement et la conception. C'est ainsi que l'on a déjà reçu en Géométrie les *infiniment grands* et les *infiniment petits,* dont l'existence est purement hypothétique ; car, lorsqu'on admet, par exemple, que deux droites parallèles se rencontrent à l'infini, on donne idéalement une existence indéfinie à leur point commun d'intersection, et par là aussi on établit l'idée de la continuité dans le mouvement possible de ce point. D'un autre côté, le mot *infini* rappelle la non-existence géométrique de l'objet désigné, et indique que l'existence supposée est purement idéale. Il est vrai que ces notions ont encore quelque chose de naturel, et répugnent moins que celles des *imaginaires* ; mais cela provient purement de l'habitude, et la preuve en est que certains géomètres, peu accoutumés aux nouvelles méthodes, refusent encore de les admettre, quelque simples et rigoureuses qu'elles puissent d'ailleurs paraître.

53. Il importe extrêmement, pour l'admission du principe de continuité en Géométrie, d'y recevoir les expressions figurées qui peuvent servir à caractériser les êtres de non-existence ; car l'application de ce principe se bornerait, comme nous l'avons déjà fait observer, aux états réels du système que l'on considère ; il existerait des lacunes, des situations particulières, où l'on ne pourrait l'admettre même idéalement, puisque l'on manquerait à la fois d'images dans la conception et de termes dans le discours pour s'exprimer.

D'ailleurs, le but de cette admission est uniquement d'introduire l'idée de la continuité ou permanence indéfinie des lois de la grandeur figurée, continuité qui, pour être souvent fictive, n'en est pas moins propre à caractériser et à faire découvrir les lois véritables et absolues de cette grandeur.

54. C'est évidemment dans les phénomènes de la conjonction réciproque des lignes et des surfaces courbes qu'il faut aller chercher les divers caractères de la non-existence des grandeurs géométriques, et chacun de ces caractères se trouve nécessairement dans le mode par lequel s'est opérée la non-existence, l'accident qui a précédé et accompagné cette non-existence. Les expressions figurées naissent, à leur tour, de la nécessité de distinguer ces différents caractères afin de ne pas les confondre ; car, de même qu'on a des noms pour exprimer les divers modes d'existence qu'on veut comparer, il faut aussi en avoir pour exprimer ceux de la non-existence, afin de donner à la fois de la justesse et de la précision à la langue du raisonnement géométrique. Enfin, les notions métaphysiques elles-mêmes ont leur source véritable dans la persévérance qu'on a d'appliquer l'idée de la continuité à un état purement idéal d'un système, et d'y étendre les conceptions et les lois qui n'appartenaient qu'à l'état primitif et réel de ce système.

D'après ces idées, on voit comment il faudrait s'y prendre pour parvenir à tracer le tableau fidèle et complet de toutes les notions métaphysiques qui appartiennent à la grandeur figurée; mon intention n'est pas de l'entreprendre, il faudrait plus de hardiesse et de talent que je n'en possède pour oser livrer un tel travail au jugement de la critique sévère des géomètres : il me suffira d'avoir indiqué à de plus habiles que moi la route certaine à suivre, et d'y avoir fait les premiers pas. Je me bornerai en conséquence, dans l'impuissance de mieux faire, à présenter, à la place de ce tableau, quelques-unes des généralités dont il se compose, afin d'offrir au moins des exemples qui puissent éclairer les idées qui précèdent, et leur servir d'appui et de complément nécessaire. C'est par ces exemples que je terminerai cet écrit, dont le but spécial était l'examen du principe de continuité considéré dans son origine, dans sa nature et dans les conséquences diverses auxquelles il entraîne par son admission ouverte en Géométrie.

55. Considérons, en premier lieu, le système de deux lignes droites situées dans un même plan, et admettons (41) que, dans leur position actuelle, elles se rencontrent en un point réel; si l'on vient à écarter une de ces lignes droites de sa position primitive, en lui imprimant un mouvement progressif et *continu*, toujours dans le même sens et dans le plan primitif, il arrivera bientôt que le point de leur intersection commune, après s'être écarté de son origine à une distance plus grande que toute distance donnée, finira par cesser tout à fait d'être, circonstance qui aura lieu quand ces deux droites seront devenues *parallèles;* pour conserver, malgré cela, à ce point un signe dans le discours, qui caractérise en même temps le mode de sa non-existence géométrique, on dit qu'il est à l'*infini* sur le plan des deux droites; or, de là dérive aussi cette notion si généralement admise :

« Le système de deux droites parallèles a son point de con-
» cours placé à l'infini ; elles convergent à l'infini. »

Cette notion s'étend également à un faisceau quelconque de

droites parallèles situées ou non dans un même plan ; ainsi,
« le faisceau de plusieurs droites parallèles, situées ou non
» dans un même plan, a son point de concours placé à
» l'infini. »

Par la même raison on dit, on conçoit que la distance du
point de concours à un point quelconque *donné* dans l'espace
est *infinie*, et cette distance se mesure évidemment sur une
autre parallèle.

Ainsi, en vertu du principe de continuité, on applique ou
l'on étend aux systèmes de droites parallèles, dont l'intersection n'est qu'idéale, les mêmes notions que celles qu'on a reconnues appartenir aux droites qui concourent en un point
réel. Mais ce n'est pas tout : puisque, dans le cas examiné de
deux droites situées dans un même plan, le point de leur intersection réelle est toujours unique, il faut aussi admettre, pour
la continuité, qu'il est encore unique quand ces deux droites
deviennent parallèles, et de là dérive cette conséquence paradoxale, mais pourtant nécessaire :

« Les deux extrémités d'une droite indéfinie se rejoignent
» et se confondent à l'infini. »

56. Substituons aux deux lignes droites précédentes, le système de deux plans quelconques qui se pénètrent d'abord selon une droite réelle ; en imaginant, de même, que l'un de ces
plans se meuve suivant une loi quelconque, mais continue,
de façon qu'il s'écarte sans cesse de sa position primitive, il
arrivera un instant où la droite de son intersection avec le
plan fixe, aura perdu son existence géométrique, après s'être
transportée tout entière à une distance plus grande que toute
distance donnée ; les deux plans étant alors devenus parallèles et leurs points d'intersection ayant passé à l'infini, il en
résulte que « le système de deux plans parallèles a tous ses
» points de concours distribués sur une ligne droite à l'in-
» fini. »

La même notion s'étend évidemment au système d'un nombre quelconque de plans parallèles.

Deux plans quelconques ne pouvant jamais se pénétrer qu'en
une seule droite réelle, il faut bien aussi admettre, pour la
continuité, qu'elle demeure encore unique quand les deux

plans deviennent parallèles; mais, comme chacun de ces plans renferme tous les points qui sont à l'infini sur l'autre, il en faut nécessairement conclure que, de même que les extrémités d'une droite se rejoignent et se confondent à l'infini, pareillement aussi les extrémités d'un plan indéfini se trouvent distribuées sur une seule et unique ligne droite à l'infini; mais il y a cette différence ici que cette droite, quoique regardée comme unique, a une situation entièrement arbitraire et indéterminée sur le plan que l'on considère; car, quelle que soit la direction d'une droite donnée sur ce plan, on peut toujours concevoir qu'elle se transporte d'un mouvement continu et parallèlement à elle-même jusqu'à une distance infinie et sans quitter le plan; or il faudra bien admettre alors qu'elle se confond avec la précédente; ainsi

« Tous les points situés à l'infini sur un plan doivent être » considérés, d'une manière idéale, comme distribués sur » une seule et même ligne droite, dont la direction est d'ail— » leurs entièrement indéterminée. »

57. Maintenant, si l'on considère qu'une surface plane a pour principal caractère d'être toujours coupée par un plan arbitraire suivant une seule et unique ligne droite, située à une distance donnée ou infinie, il faudra également conclure des notions qui précèdent, et toujours par suite de l'admission du principe de continuité en Géométrie, que

« Tous les points à l'infini de l'espace doivent être considé- » rés, d'une manière idéale, comme distribués sur une seule et » unique surface plane située à l'infini, dont la direction est » d'ailleurs entièrement indéterminée. »

Quelque étranges et paradoxales que paraissent ces dernières notions, comme elles découlent, d'une manière nécessaire, de l'admission du principe de continuité en Géométrie, elles doivent inévitablement se reproduire dans toutes les recherches particulières où l'on invoque ce principe, et influencer par conséquent les résultats et les conséquences qu'on en peut déduire. Nous aurons, par la suite, occasion de justifier ces notions au moyen de considérations tirées de la perspective et par des exemples nombreux déduits d'une manière directe de la simple Géométrie.

58. Pour passer à des considérations et à des notions nouvelles, examinons, toujours sous le point de vue qui précède, le système d'une ligne droite et d'une courbe quelconque continue (*), situées l'une et l'autre sur un même plan; supposons encore (41) que, dans leur position actuelle, elles se coupent suivant le plus grand nombre possible de points tous réels et distincts : si l'on vient à écarter la ligne droite de sa position primitive par un mouvement progressif et continu, mais d'ailleurs quelconque, il pourra arriver que, si la courbe a des branches illimitées, un certain point d'intersection, après s'être écarté sans cesse des autres, finisse par s'en trouver à une distance plus grande que toute distance donnée; alors ce point aura passé à l'infini et la droite sera devenue *parallèle* à la branche correspondante de la courbe. Cette circonstance rentrant, pour le fond, dans celle déjà examinée pour le cas de deux lignes droites, il devient inutile de s'en occuper de nouveau; faisons-en donc, pour un instant, abstraction, et reprenons l'examen qui nous occupe.

59. Par suite du mouvement imprimé à la ligne droite, il pourra arriver aussi que deux quelconques d'entre les points d'intersection réels se rapprochent continuellement et finissent par se confondre, en cessant par conséquent d'être distincts; leur distance mutuelle se sera alors évanouie et aura perdu toute existence géométrique. Pour lui conserver, malgré cela, une existence au moins idéale, et, par suite, pour rendre les deux points d'intersection correspondants distincts dans la conception, comme ils l'étaient auparavant, on dit et l'on conçoit qu'ils sont à une distance *plus petite que toute distance donnée*, à une *distance infiniment petite;* la droite qui les renferme a alors un *élément infiniment petit* en commun avec la courbe proposée, elle lui est tangente, ou, ce qui re-

---

(*) Par ligne continue on entend, en général, une courbe dont tous les points sont soumis à un même mode de génération, c'est-à-dire à une même loi, et dont tous les éléments se succèdent sans intervalle fini et sont par conséquent contigus. Du reste, cette courbe peut se composer de la réunion de deux ou de plusieurs branches distinctes, également continues. La même définition s'étend aux surfaces courbes.

(*Note de* 1818.)

vient au même, elle la *touche, l'oscule,* ou a un **contact du premier ordre** au point considéré.

Pour chaque point individuel et chaque branche distincte de la courbe proposée, il existe évidemment, *en général,* une tangente unique, dont la position est assignée encore par la loi de continuité.

60. Notre ligne droite étant devenue, dans sa position actuelle, tangente à la ligne courbe correspondante, si l'on vient à supposer qu'elle continue à se mouvoir en s'écartant toujours de sa position primitive, il pourra arriver que les deux points d'intersection que l'on considère en particulier, après s'être rapprochés à une distance infiniment petite, perdent tout à coup et simultanément leur existence géométrique, parce que la droite se sera détachée de la portion de courbe correspondante; alors, pour leur conserver une existence de signe, au moins idéale, dans le discours et dans la conception, on dit que « ces deux points sont devenus à la » fois *imaginaires,* aussi bien que les distances qui les sépa- » rent de tout point réel donné; » et ainsi s'établit l'idée d'une continuité indéfinie dans la commune intersection des deux lignes.

Le système des deux points examinés pourra rester dans cet état imaginaire pendant un intervalle plus ou moins considérable, et par conséquent pour une série de positions successives de la droite mobile qui les porte, jusqu'à ce qu'enfin elle redevienne tangente à la courbe, puis de nouveau sécante, et ainsi de suite d'une manière périodique. Cependant, il peut arriver que cette droite passe tout entière à l'infini : dans ce cas tous les points de son intersection avec la courbe sont évidemment eux-mêmes à l'infini ; du reste, elle pourra alors être tangente à la courbe, avoir des points imaginaires en commun avec elle, tout comme les sécantes qui sont à des distances données, et cela résulte immédiatement encore de l'admission de la continuité (*).

(*) Quoique les points à l'infini cessent véritablement d'exister d'une manière géométrique, il est pourtant essentiel de ne pas confondre ceux qui d'abord étaient réels avec ceux qui, au contraire, étaient imaginaires. Les premiers se distinguent des autres en ce qu'ils retiennent encore

Si la sécante, au lieu de passer tout entière à l'infini, prend une situation telle, que deux des points réels de son intersection avec la courbe, après s'être rapprochés sans cesse, finissent par se confondre en passant à la fois à l'infini, elle sera devenue tangente à cette courbe à l'infini, elle sera ce qu'on appelle une *asymptote* à cette courbe.

61. Il ne peut arriver évidemment d'autres accidents que ceux reconnus dans ce qui précède, en raison de ce que, par l'hypothèse de la continuité, les points d'une même branche de courbe sont nécessairement contigus; on peut donc conclure qu'un point d'intersection d'une ligne courbe et d'une droite ne peut perdre son existence individuelle et géométrique que par trois modes entièrement séparés et distincts, mais d'ailleurs susceptibles de se combiner entre eux : ou parce qu'il se rapproche d'un autre point d'intersection d'un mouvement continu, en finissant par se confondre avec lui, ou parce qu'il s'en écarte, au contraire, en demeurant réel à une distance infinie, ou enfin parce que, après s'être confondu avec le précédent en un seul, il perd, ainsi que lui et pendant un certain intervalle, toute existence géométrique absolue, c'est-à-dire physique et mathématique.

On voit par cette discussion, que, pour établir l'idée de la continuité dans la conjonction de la droite et de la courbe pendant toute la durée du mouvement de cette droite, on est obligé de conserver aux points de leur intersection commune une existence individuelle et purement hypothétique, toutes les fois qu'ils viennent à cesser d'être d'une manière absolue.

Il suit de là que le nombre de ces points d'intersection réels ou fictifs est toujours regardé comme le même dans quelque position qu'occupe la droite qui les porte, ce qui s'étend, comme nous l'avons vu, au cas même où la droite passe tout entière à l'infini. Ce nombre invariable, qui marque aussi le

---

quelque chose des propriétés qui appartiennent aux points géométriques et absolus. Pour ne pas créer un nouveau terme, nous disons que ce sont des *points réels à l'infini* et que les autres, au contraire, sont des points *imaginaires à l'infini*. (*Note de* 1818.)

plus grand nombre possible de points d'intersection réels, est ce qu'on nomme le *degré* de la courbe (*).

62. Nous pouvons, dès à présent, faire sentir l'utilité et la justesse des notions qui précèdent, en présentant quelques-unes des conséquences générales qui en découlent, et en faisant voir leur liaison avec des vérités déjà connues et reçues des géomètres algébristes; par là nous jetterons quelque jour sur ces notions abstraites, et nous ferons voir comment, considérées même dans l'Analyse, elles doivent leur origine à l'admission du principe de continuité.

Soit une ligne courbe continue quelconque tracée sur une surface plane, d'après l'art. 57, tous les points à l'infini sur cette courbe doivent être regardés idéalement comme distribués sur une ligne droite unique, et, d'après l'article qui précède, le nombre de ces points est égal à celui qui marque le degré de la courbe, pourvu que l'on conserve une existence distincte, au moins hypothétique, à ceux de ces points qui sont confondus ou imaginaires. Or, il résulte immédiatement de là que si, d'un point donné sur le plan de la courbe, on conçoit des droites qui passent respectivement par ceux de ces points qui sont à l'infini, ces droites, qui seront parallèles à ses diverses branches et dont la position est assignée par la loi de continuité, se trouveront être *en nombre égal à celui qui marque le degré de cette courbe*, proposition qui dérive immédiatement aussi des principes reçus dans l'Analyse des coordonnées.

Pareillement, si l'on conçoit une tangente ou asymptote en chacun de ces points à l'infini, le nombre de ces asymptotes sera encore égal à celui qui marque le degré de la courbe; mais, de ces asymptotes, les unes seront imaginaires, les autres réelles et géométriques, d'autres enfin placées entièrement à l'infini; les premières correspondront à des branches entièrement fermées ou tout à fait imaginaires, les secondes à des branches *hyperboliques*, et les troisièmes à des branches *paraboliques*.

(*) Quand ce nombre est infini, la courbe est dite *transcendante*; elle est simplement *géométrique* dans le cas contraire.   (*Note de* 1818.)

Le nombre de ces dernières sera évidemment égal à celui des asymptotes qui sont tout entières à l'infini; or, on doit alors considérer idéalement ces asymptotes comme réunies en une seule (57), avec la droite qui renferme tous les points à l'infini du plan; donc le nombre des branches paraboliques sera précisément égal à celui des points de contact distincts de la courbe avec cette droite; chacun de ces points devant compter pour deux, leur nombre total sera, au plus, moitié de celui qui marque le degré de la courbe.

D'après ces notions, les courbes du second degré ne peuvent avoir, au plus, que deux asymptotes; ainsi elles ne sauraient offrir que ces trois caractères distincts : deux asymptotes réelles ou deux points distincts et réels à l'infini, deux asymptotes imaginaires ou deux points imaginaires à l'infini, enfin deux asymptotes réunies en une seule à l'infini ou deux points consécutifs à l'infini.

Ce que nous disons ici d'une courbe unique peut s'appliquer aussi au système de plusieurs courbes situées sur un plan : ainsi, par exemple, deux paraboles ordinaires, situées sur un même plan, peuvent être regardées idéalement comme ayant une tangente commune à l'infini.

Ces notions cadrent parfaitement avec celles que l'on peut déduire de l'Analyse des coordonnées; leur avantage est de rapprocher entre elles les diverses affections qui appartiennent aux courbes d'une même famille, et de déterminer, à l'avance, les caractères spécifiques qui les distinguent entre elles.

En terminant, nous ferons remarquer que nous avons fait abstraction, dans l'examen qui précède, de tous les accidents particuliers qui peuvent avoir lieu dans le cours de la courbe, comme il arrive aux points d'*inflexion* et de *rebroussement*, aux points *multiples* et *conjugués;* mais ces points ayant des positions singulières et distinctes, rien n'est changé aux conséquences générales qui précèdent, et une nouvelle discussion serait, sinon inutile, au moins peu nécessaire (*).

(*) Cette discussion serait d'ailleurs facile, car le caractère de chacun des points singuliers peut se déterminer d'une manière tout à fait directe à l'aide du principe de continuité. Ainsi, un point conjugué n'est autre

63. Si au lieu de considérer, comme dans l'examen qui précède, le système d'une droite et d'une ligne courbe, on considérait le système de deux lignes courbes quelconques continues, situées à la fois sur une même surface plane ou courbe et se pénétrant d'abord dans le plus grand nombre de points possibles, les circonstances déjà examinées se reproduiraient évidemment de la même manière et dans le même ordre, lorsque l'on viendrait à faire varier l'une des deux courbes de position ou de forme à l'égard de l'autre, par un mouvement progressif et continu, et sans en changer la nature, ni par conséquent le degré et les propriétés. Ainsi, certains points d'intersection, d'abord réels, pourraient passer à l'infini, se confondre en un seul, ou devenir simultanément et deux à deux imaginaires. Mais il peut arriver, en outre, dans le cas actuel, que la courbe variable, après être devenue tangente à la courbe fixe, lui demeure encore tangente pendant un certain intervalle, au lieu de s'en détacher brusquement, comme dans le cas qui précède, et qu'alors un troisième, un quatrième point... d'intersection vienne, par un mouvement progressif et continu, à se rapprocher de ceux confondus au point de contact jusqu'à une distance infiniment petite ; les deux courbes acquièrent alors, en ce dernier point, deux, trois,... éléments consécutifs en commun, elles ont un contact ou une *osculation* du *second*, du *troisième ordre*, et ainsi de suite, pour un nombre quelconque de points réunis en un seul.

---

chose qu'une branche de courbe fermée, qui a acquis des dimensions infiniment petites ; un point de rebroussement, une portion de branche de courbe terminée d'abord par un point multiple ou par la rencontre des deux côtés de la branche, en forme de *nœud* ou de *boucle*, et qui a acquis ensuite des dimensions infiniment petites, etc. (*a*).

(*Note de* 1818.)

(*a*) Plus tard, lorsque je me proposai d'approfondir davantage l'étude des propriétés projectives des courbes et surfaces géométriques, je rédigeai un assez long article sur ce sujet, qui devait faire partie de l'introduction à un Traité d'ensemble, pour ainsi dire exclusivement fondé sur l'intuition géométrique et le principe de continuité ; mais faute de loisirs indispensables à l'accomplissement d'une pareille œuvre, je fus contraint d'y renoncer, et me bornai à l'occasion, comme on peut le voir dans mon Mémoire souvent cité de 1830, à offrir quelques aperçus ou tentatives éparses de cette espèce.   (*Note de* 1863.)

64. Deux courbes qui ont en commun un nombre pair d'éléments consécutifs se croisent évidemment en même temps qu'elles s'osculent, et elles s'enveloppent, au contraire, aux environs du contact, quand le nombre de ces éléments est impair : cela résulte immédiatement de la continuité; or, il est visible que, dans cette dernière circonstance, les deux courbes pourront se détacher entièrement l'une de l'autre aux environs du contact, en sorte qu'il y aura un. nombre pair de points qui deviendront imaginaires, tandis que, au contraire, dans l'autre circonstance, elles ne pourront se détacher d'une manière absolue; l'un des points confondus au point de contact devra évidemment demeurer réel. Il y a donc toujours un nombre pair de points qui deviennent imaginaires, soit que ces points perdent leur existence par groupes de deux, quatre, etc., points, soit que ces groupes deviennent imaginaires à la fois ou isolément, dans les diverses régions des deux courbes.

Il n'en est pas ainsi des points réels qui perdent leur existence géométrique en passant à l'infini : ces points peuvent indifféremment être en nombre pair ou impair. Si l'on suppose, par exemple, que le point d'osculation qui précède vienne à s'écarter sans cesse de sa position primitive sur la courbe fixe, par un mouvement progressif et continu, jusqu'à s'en éloigner à une distance infinie, il n'y aura évidemment aucune distinction à faire entre le cas où le nombre des points qu'il représente est pair ou impair.

Quand deux courbes ont ainsi plusieurs points communs à l'infini, réunis en un seul, elles sont ce qu'on nomme *asymptotiques* du premier, du second... ordre, selon que ces points sont au nombre de deux, de trois, etc., etc.

Du reste, il est visible que, puisque tous les points à l'infini de l'espace doivent être regardés idéalement comme sur un plan (58), il est impossible que le nombre de ceux de ces points qui appartiennent en commun aux deux courbes, soit plus grand que celui qui marque le degré même de ces lignes courbes.

65. La position d'une courbe qui devient osculatrice ou asymptotique d'une autre n'est pas entièrement arbitraire et indéterminée; car il faut qu'elle remplisse autant de conditions distinctes qu'il y a de points qui se sont réunis en un seul, et ces conditions sont assignées à l'avance par la loi de continuité; les points d'osculation étant donnés, ces conditions sont, en effet, que la courbe variable passe par un certain nombre de points infiniment près du premier, tous placés sur la courbe, et dont la position est par conséquent déterminée : c'est ainsi que par trois points consécutifs d'une courbe on ne peut faire passer qu'une seule circonférence de cercle, qui par conséquent est osculatrice du second ordre à la courbe proposée, de même que par deux points consécutifs de cette courbe on ne peut également mener qu'une seule ligne droite qui lui soit tangente ou osculatrice du premier ordre. Quant à la détermination effective, à la construction de la courbe osculatrice, elle ne peut s'obtenir qu'au moyen d'une propriété appartenant simultanément au système général des points d'intersection des deux courbes, lorsque ces points sont séparés et distincts, puis étendant ces propriétés à l'état particulier que l'on considère au moyen du principe de continuité.

66. En général, si trois ou un plus grand nombre de courbes se coupent en plusieurs points communs, tous actuellement réels, leur système jouira dans cet état de certaines propriétés métriques ou descriptives, et ces propriétés seront propres, à leur tour, à exprimer l'état particulier du système, elles seront la définition de ce système; or, il résulte du principe de continuité que ces propriétés demeureront applicables à toutes les figures corrélatives de la première (6), que cette corrélation demeure d'ailleurs réelle ou idéale; il n'y a donc pas de distinction à faire entre le cas où les points d'intersection commune sont réels et ceux où ils sont confondus en un seul, imaginaires ou placés à l'infini, soit en tout, soit seulement en partie; la conception de l'un et de l'autre de ces systèmes demeure la même, sous le point de vue idéal, et pareille chose a lieu évidemment pour les surfaces courbes. Ainsi, par la raison que trois courbes, osculatrices d'un certain ordre, peuvent être regardées comme ayant un certain nombre de points communs réunis en seul, ou séparés les uns des autres par des distances infiniment petites, on est en droit

d'affirmer que, dès l'instant où deux quelconques de ces courbes sont osculatrices d'un ordre quelconque à la troisième, elles sont nécessairement osculatrices du même ordre entre elles, et jouissent par conséquent, deux à deux, sous ce rapport, des mêmes propriétés.

Pareillement, de ce que trois surfaces sphériques, qui s'entrecoupent d'une manière réelle, sont telles, que les trois plans de leur section mutuelle concourent en une même droite, on est en droit d'affirmer la même chose de trois sphères qui cesseraient de s'entrecouper en tout ou en partie, et cette conséquence du principe de continuité, quoique au premier aspect étrange et paradoxale, suffit pour prouver que les plans de section idéale n'ont pas cessé de subsister et d'être constructibles; car, si l'on considère deux sphères entièrement isolées, et qu'on les coupe à la fois par une même troisième, les deux plans de section réelle donneront, par leur pénétration, une ligne droite qui, d'après ce qui précède, devra appartenir au plan de la section idéale des deux sphères données; et, comme il en serait de même à l'égard d'une nouvelle sphère prise à volonté, le plan de cette section idéale se trouvera entièrement déterminé.

67. Quand une fois on a reconnu et déterminé les divers caractères et les notions abstraites ou figurées que peut présenter la conjonction des lignes, on s'élève, sans beaucoup de peine, à ce qui peut concerner celle des surfaces courbes situées à volonté dans l'espace.

Considérons, en effet, deux surfaces quelconques, mais assujetties dans leur cours à la loi de continuité : elles se pénétreront, en général, en plusieurs branches de lignes courbes, appartenant à leurs diverses nappes, et que je supposerai actuellement être réelles et distinctes; or, si l'une des deux surfaces vient à varier de forme et de situation dans l'espace à l'égard de l'autre, par un mouvement continu qui n'en change ni la nature, ni les propriétés primitives, il pourra se faire que l'une des branches d'intersection s'étendant sans cesse, finisse bientôt pas passer tout entière à l'infini; alors les nappes correspondantes seront devenues parallèles dans leur cours illimité, elles pourront être regardées idéalement comme ayant en commun une section plane à l'infini (58), mais dont la situation, bien qu'unique, est arbitraire et indéterminée.

Si l'on suppose, au contraire, que la branche examinée se rétrécisse sans cesse et finisse par se réduire à des dimensions infiniment petites, les deux surfaces auront au point correspondant un élément plan tout entier en commun, et seront tangentes ou osculatrices du premier ordre en ce point.

La surface variable, continuant à se mouvoir dans le même sens, finira bientôt par s'isoler, aux environs du contact, de la surface restée fixe, et alors la branche devenue d'abord infiniment petite cessera tout à coup de subsister d'une manière géométrique ; elle deviendra entièrement *imaginaire*, et continuera de rester telle pendant un certain intervalle et pour une série de positions successives de la surface variable.

68. On retombe ainsi sur les divers caractères de non-existence que nous avons déjà reconnus appartenir à la mutuelle intersection des lignes, et l'on ne peut évidemment en obtenir d'autres en poursuivant l'examen qui nous occupe ; la raison en paraîtra toute simple, si l'on considère que l'une et l'autre des deux surfaces données peuvent, à chaque instant, être regardées comme engendrées séparément par les traces de deux lignes courbes variables situées dans un même plan, mobile de situation dans l'espace. C'est d'après de semblables considérations que l'on dit que *deux surfaces quelconques sont osculatrices d'un certain ordre en un point donné, lorsque les sections planes, faites par ce point dans ces surfaces, sont elles-mêmes respectivement osculatrices de cet ordre.* Pour le cas du contact du premier ordre, cette notion coïncide évidemment avec celle qui résulte de l'examen qui précède ; on peut faire voir la même chose pour les contacts des ordres supérieurs au premier.

Supposons, en effet, que l'une des branches d'intersection communes aux deux surfaces étant devenue infiniment petite et s'étant évanouie au point de leur contact mutuel, une autre branche d'intersection se rapproche de ce point en restant d'une grandeur finie, jusqu'à n'en être éloignée, vers une certaine portion de son cours, qu'à une distance infiniment petite : il est visible que les deux surfaces seront devenues mutuellement osculatrices du 2e ordre dans le sens même de la définition qui précède ; car, toute section plane faite dans les deux surfaces par le point de contact commun donnera nécessairement deux lignes courbes, ayant d'abord deux points communs réunis en un seul au contact, puis un troisième point à une distance infiniment petite des deux autres, résultant de la pénétration du plan qui renferme les deux courbes et de la seconde branche dont, par hypothèse, le cours passe à une distance infiniment petite du point de contact que l'on considère.

Si la seconde branche, au lieu de passer simplement par le point de contact ou à une distance infiniment petite de ce point, se rétrécissait sans cesse et finissait par avoir des dimensions infiniment petites et par se confondre tout à fait avec la première au point de contact, les sections planes faites par ce point deviendraient évidemment osculatrices du 3e ordre, et il en serait de même des deux surfaces qui les renferment. En faisant intervenir successivement d'autres branches de l'intersection commune des deux surfaces, on s'élèverait sans peine aux contacts des ordres supérieurs.

69. Nous pourrions ici reproduire, pour les surfaces, les diverses notions que nous avons vues se rapporter aux simples lignes continues, mais cette discussion deviendrait fastidieuse par sa longueur, et il sera très-facile d'y suppléer ; nous terminerons en conséquence par faire observer que, si deux branches, au lieu de s'évanouir, demeuraient finies en se rapprochant dans toute l'étendue de leur cours jusqu'à se confondre, ou, si l'on veut, jusqu'à se trouver à une distance infiniment petite, les deux surfaces acquerraient par là un contact du 1er ordre suivant toute une ligne courbe ; elles deviendraient osculatrices du 2e, du 3e... ordre, suivant la même ligne, si une, deux... branches venaient, par un mouvement continu, se réunir aux deux premières. Si, dans ces diverses circonstances, les lignes de contact passaient tout entières à l'infini, les surfaces correspondantes deviendraient *asymptotiques* du 1er, du 2e, du 3e ordre..., elles s'osculeraient suivant toute une section *plane* qui leur serait commune à l'infini (58).

70. Dans l'examen rapide que nous venons de faire des objets de non-existence, nous n'avons point rencontré les quantités inverses ou négatives ; la raison en est toute simple, c'est que ces êtres, qui appartiennent proprement au calcul algébrique, n'expriment que des modifications réelles arrivées dans l'état du système, tenant à un simple changement d'ordre des grandeurs absolues, ou de disposition des objets qui composent ce système, et non pas à l'impossibilité de construire et de représenter géométriquement ces objets. Car, de ce que, en vertu des changements arrivés dans une figure, un point aura passé de la droite à la gauche d'une ligne ou d'un autre point du système, il n'y a pas là de modification assez essentielle pour qu'on ne puisse étendre la conception des relations purement métriques du premier système à celui qui lui est corrélatif, et les regarder l'un et l'autre comme un seul et même système réel, considéré dans des positions différentes.

Toutefois, si ces modifications n'influent que très-légèrement sur la conception géométrique du système, et qu'il soit inutile d'y avoir égard quant aux relations descriptives, elles n'en sont pas moins très-importantes quant aux relations purement métriques, puisqu'en vertu de ces modifications de telles relations peuvent cesser d'être immédiatement applicables au nouvel état de la figure ; certaines grandeurs qui y entrent devant elles-mêmes changer de signe, et passer d'un état positif à un état négatif.

71. Les notions dont l'examen vient de nous occuper, combinées entre elles, conduisent à un grand nombre de conséquences également abstraites qu'il serait peut-être intéressant de parcourir et d'énumérer ; notre but, comme nous l'avons déjà dit, n'a été que d'en donner une esquisse fort légère, afin de faire voir, d'une manière générale, comment elles découlent sans peine et naturellement de la seule admission du principe de continuité en Géométrie.

Au reste, la plupart de ces notions ne sont, à proprement parler, que des définitions de mots imprimés aux divers caractères que peut présenter la conjonction des formes géométriques ; elles ne peuvent actuellement servir qu'à rapprocher entre eux ces différents caractères, et à les présenter à la conception sous un même point de vue, sous une unité d'origine; elles demeureraient éternellement stériles si on ne les appliquait, au moyen du principe de continuité, à des propriétés déjà connues, à des lignes ou à des surfaces dont la loi métrique ou descriptive, et par conséquent la définition *génétique*, fussent à l'avance bien connues.

Néanmoins, ces notions peuvent conduire à des vérités générales et nouvelles appartenant à toutes les formes possibles de l'étendue, et qui deviennent par là très-propres à comparer ces formes entre elles, et à ramener ainsi l'étude de celles qui sont compliquées à la contemplation de celles qui sont élémentaires et déjà bien connues. Les écrits géométriques de nos jours sont pleins de ces vastes et utiles vérités; j'en citerai un seul exemple, pour montrer comment elles se rattachent toutes aux notions qui viennent de nous occuper :

« Lorsque deux surfaces ont dans toute l'étendue d'une
» ligne courbe un contact de l'ordre m, un plan tangent à
» cette courbe, et qui coupe les deux surfaces, y produit deux
» sections qui ont un rapprochement de l'ordre $2m+1$ au
» point de contact. »

En effet, par le point dont il s'agit et que j'appelle T, concevons un plan quelconque qui coupe de nouveau la courbe de contact aux points T′, T″,..., il coupera aussi les deux surfaces suivant deux lignes passant par les mêmes points T, T′, T″,..., et ayant, en chacun d'eux, un contact de l'ordre m, ou $m+1$ points communs réunis en un seul (70). Cela posé, concevons que le plan, d'une direction d'abord arbitraire tourne autour de T, de manière que le point suivant T′ s'en rapproche sans cesse par un mouvement continu, jusqu'à se confondre avec lui en un seul, auquel cas le plan dont il s'agit sera évidemment devenu tangent à la courbe de contact; les deux intersections faites dans les surfaces par ce plan, qui, d'après ce qui précède, ont $m+1$ points communs confondus en un seul, soit en T ou en T′, en auront acquis $2(m+1)$ en commun au point de contact du plan, et seront par conséquent osculatrices de l'ordre $2(m+1)-1$ en ce point.

Si le point T″ venait à se réunir aux deux premiers, c'est-à-dire si le plan sécant devenait osculateur de la courbe de

contact, ses deux intersections avec les surfaces données auraient évidemment $3(m+1)$ points communs réunis en un
seul, elles seraient osculatrices de l'ordre $3(m+1)-1$.

Enfin, les mêmes raisonnements prouvent que, si au plan
on substitue une surface coupante quelconque ayant au point T
un rapprochement de l'ordre n avec la courbe de contact, elle
déterminera, dans les surfaces données, deux lignes d'intersection qui seront osculatrices de l'ordre $(m+1)(n+1)-1$
au même point T (*).

72. Dans ce qui précède, nous nous sommes efforcé de
nous élever à toute la hauteur des notions abstraites qui découlent de l'admission du principe de continuité en Géométrie; nous avons cherché par là à donner une idée générale et
précise de l'influence qu'il exerce dans toutes les recherches
où on l'emploie, et de l'importance qu'il peut un jour acquérir
s'il est admis dans la Géométrie rationnelle, sans aucune restriction et dans toute l'étendue des conséquences qui lui sont
propres. Dans un travail que nous nous proposons de faire paraître à la suite de cet écrit, et qui était d'abord destiné à en
faire partie, nous chercherons à présenter des vérités plus particulièrement utiles; en faisant usage des conséquences du
principe qui vient de nous occuper, nous tâcherons, autant que
possible, de ne pas abandonner la marche du raisonnement
ordinaire; nous éviterons surtout de nous jeter, dès les premiers pas, dans les considérations métaphysiques des imaginaires, auxquelles l'esprit ne saurait s'accoutumer que peu à
peu et par une gradation insensible dans les idées. Par là nous
ne risquerons pas de devenir inintelligible; nous imiterons la
prudence et la circonspection des algébristes, qui n'adoptèrent
qu'à la longue, et après bien des tentatives et des succès, les
conséquences abstraites du principe de continuité.

(*) Dupin, *Développements de Géométrie*, pages 226 à 232. (*Voir* à
la page suivante, une heureuse application de ce genre de considérations
à la théorie de la courbure des surfaces.)

ADDITION AU IVe CAHIER PAR M. MOUTARD (1863).

Nous aurions pu joindre à la démonstration du n° 71, page 361, celle de plusieurs autres théorèmes tirés de l'ouvrage de M. Dupin, ou d'anciennes Notes manuscrites; mais cela eût été d'une faible importance scientifique et aurait inutilement surchargé ce volume; il m'a paru bien plus profitable pour les lecteurs amis de la nouveauté, d'insérer à la suite de ce Cahier, l'extrait d'une lettre beaucoup trop modeste, que M. Moutard a bien voulu m'autoriser à publier, et qui aurait encore gagné en intérêt si l'état avancé de l'impression et de la mise en pages, lui avait permis d'en développer davantage les remarquables conséquences géométriques.

« Frappé, dit notre savant professeur, de la simplicité avec laquelle
» vous démontrez, à l'aide de notions uniquement basées sur la continuité,
» le théorème de M. Charles Dupin, relatif à deux surfaces qui ont dans
» toute l'étendue d'une ligne courbe un contact d'ordre m, j'ai essayé
» d'appliquer les mêmes notions à l'étude du contact d'un ordre quel-
» conque de deux surfaces en un point unique, et, en suivant pour ainsi
» dire pas à pas votre mode de démonstration (p. 361), je suis parvenu
» aisément à retrouver un théorème qui me paraît digne d'intérêt et
» que j'avais précédemment rencontré à l'occasion d'autres recherches.
» Considérons deux surfaces qui aient en un point A un contact d'or-
» dre m, et concevons qu'un plan sécant mobile se rapproche indéfini-
» ment du point A. Parmi les points communs à ce plan et à la ligne
» d'intersection des deux surfaces, il y en a $m+1$ qui viennent à la li-
» mite se confondre en A, puisque les sections des deux surfaces par les
» plans qui contiennent A ont, en général, un contact d'ordre m.
» Ceci étant vrai pour toutes les directions du plan sécant, on en con-
» clut que la ligne d'intersection des deux surfaces a, en général, $m+1$
» branches réelles ou imaginaires qui se croisent en A.
» Imaginons maintenant qu'un plan passant par A tourne autour de ce
» point jusqu'à ce que l'une de ses intersections avec l'une des $m+1$
» branches vienne à se confondre avec lui; il est clair que l'ordre du
» contact des sections que ce plan détermine dans les deux surfaces se
» trouvera élevé d'une unité, et sera par conséquent $m+1$. Dans sa
» situation finale, ce plan contient la tangente en A à l'une des branches
» de la courbe d'intersection, et n'est d'ailleurs soumis à aucune autre
» condition.
» Enfin, faisant tourner de nouveau ce plan autour de cette tangente
» jusqu'à ce qu'il devienne osculateur de la branche correspondante, un

» nouveau point d'intersection des deux courbes, suivant lesquelles ce
» plan coupe les surfaces, viendra se confondre avec A, et l'ordre du
» contact encore élevé d'une unité sera devenu $m + 2$.

» En résumé, nous pouvons donc énoncer le théorème suivant :

» *Lorsque deux surfaces ont, en un point A, un contact de l'ordre m,*
» *elles se coupent en général suivant une ligne gauche dont $m + 1$ bran-*
» *ches réelles ou imaginaires se croisent en A. Un plan quelconque, con-*
» *tenant l'une des tangentes menées en A à ces $m + 1$ branches, coupe*
» *les deux surfaces suivant des courbes dont le contact en A est d'un*
» *ordre immédiatement supérieur $m + 1$; enfin, parmi tous les plans*
» *sécants qu'on peut mener par l'une de ces tangentes, il en existe un,*
» *à savoir le plan osculateur de la branche correspondante, pour lequel*
» *les sections ont un contact d'un ordre encore plus élevé $m + 2$.*

» Parmi les nombreux corollaires que l'on peut déduire de ce théorème
» général en y joignant quelques autres considérations, je me bornerai à
» citer les suivants :

» *Si autour d'une tangente quelconque menée à une surface en un*
» *point A, on fait tourner un plan, et que dans chacune de ses positions*
» *on construise la conique qui a en A avec la surface un contact du*
» *4ᵉ ordre, il existera en général deux positions, réelles ou imaginaires,*
» *du plan sécant, pour lesquelles le contact montera au 5ᵉ ordre. L'en-*
» *semble de toutes ces coniques forme d'ailleurs une surface du 2ᵉ ordre,*
» *en général, simplement osculatrice à la proposée.*

» *Par chaque point d'une surface continue, il est en général possible*
» *de mener 27 coniques, ayant avec la surface, en ce point, un contact*
» *du 6ᵉ ordre.*

» Dans le cas particulier où la surface donnée est du 3ᵉ degré, les po-
» sitions singulières du plan sécant mené par une tangente quelconque,
» pour lesquelles le contact avec une conique peut monter au 5ᵉ ordre,
» sont celles qui contiennent les asymptotes de l'indicatrice relative au
» point où la tangente considérée perce de nouveau la surface. On peut
» ajouter que le plan tangent en ce dernier point contient la courbe d'in-
» tersection de la surface osculatrice formée par toutes ces coniques avec
» la polaire du 2ᵉ degré du point A par rapport à la surface du 3ᵉ ordre
» donnée.

» Ces derniers énoncés ont besoin de quelques modifications pour
» s'étendre aux surfaces algébriques de degré quelconque, mais ce n'est
» pas le lieu d'insister sur ce point. »

CINQUIÈME CAHIER.

ESSAI SUR LES PROPRIÉTÉS PROJECTIVES
DES SECTIONS CONIQUES (*).

(Présenté à l'Académie des Sciences de l'Institut le lundi 1ᵉʳ mai 1820.)

Il n'en est pas de la méthode purement géométrique comme
de celle de l'Analyse des coordonnées ; dans celle-ci, tout se
ramène immédiatement à des principes connus, à des procédés uniformes de calcul, et il ne reste à celui qui l'emploie
qu'à en développer les conséquences d'une manière plus ou
moins élégante et rapide ; dans l'autre, au contraire, les principes peuvent entièrement manquer, au moins ceux d'où découle d'une manière directe et immédiate l'objet particulier
que l'on a en vue, et, pour remplir les lacunes, on se voit
souvent obligé, après plusieurs essais, de reprendre les choses
d'un peu haut pour se frayer une route plus facile.

(*) Le Mémoire dont ce Vᵉ Cahier est la copie textuelle, est un extrait
abrégé d'une première ébauche ou rédaction du *Traité des Propriétés
projectives des figures;* rédaction qui contenait non-seulement l'exposé
des nouveaux principes de projection par des voies essentiellement géométriques, mais encore les applications qui paraissaient le plus propres à
initier le lecteur aux nouvelles doctrines concernant les sécantes ou cordes
idéales, les intersections imaginaires des courbes et des surfaces, situées
à des distances données ou infinies, confondues ou non entre elles. Ainsi,
par exemple, on y résolvait un grand nombre de questions dans lesquelles
les sections coniques étaient assujetties à passer par des points, à toucher des droites imaginaires en nombre pair ou ayant des contacts doubles ou simples, mais de divers ordres, en des points donnés ou inconnus
d'autres sections coniques. D'ailleurs, la solution de ces questions pouvait, même dans le cas du second degré, s'opérer à l'aide de la règle seule
ou de méthodes purement linéaires, pourvu que les systèmes des lignes
ou des points donnés fussent convenablement définis, et qu'on assignât
sur leur plan commun, un seul cercle tracé et de centre connu.

De telles solutions, et les conséquences qui en dérivent dans chaque cas,
étaient très-propres à montrer les avantages géométriques de l'adoption

Tel est précisément le cas des recherches que nous voulons entreprendre : comme elles se rattachent nécessairement à des notions jusqu'ici étrangères à la simple Géométrie, nous nous voyons entraîné naturellement à exposer d'abord ces notions, pour parvenir ensuite, d'une manière à la fois rapide et sûre, à l'objet particulier et véritable de ces mêmes recherches ; ainsi, au lieu de procéder de suite à l'examen des principes de projection qui doivent former la base de ce travail, nous nous occuperons d'abord d'exposer les notions générales sur lesquelles ces principes reposent de toute nécessité.

Si cette marche n'a pas l'avantage d'être aussi directe qu'on pourrait le désirer, elle nous fournira, en revanche, l'occasion de présenter, sur les dépendances qui lient entre elles les sections coniques et les lignes droites, un grand nombre de considérations nouvelles qui nous mettront à même de généraliser le langage et les conceptions de la Géométrie ; ce qui n'est pas le but le moins important que nous ayons cherché à atteindre en entreprenant ce travail.

Au reste, loin de nous abandonner à tous les développements dont ces considérations sont susceptibles, nous ferons toujours en sorte de ne jamais perdre de vue l'objet véritable

---

des nouveaux principes de projection et de celui de continuité, jusqu'ici rarement combattu et encore moins mis en défaut, que je sache. Mais ce genre de questions étant devenu familier aux amateurs de la Géométrie, depuis l'apparition du *Traité des Propriétés projectives des figures*, et comportant des développements et des détails qui nécessiteraient un ouvrage tout spécial, nous nous voyons à regret contraint d'y renoncer et de renvoyer le lecteur aux résumés rapides, incomplets, que renferme le Mémoire ci-après et le texte même du Traité dont il s'agit, auquel d'ailleurs ils peuvent servir d'utiles commentaires.

Quant au Rapport fait à l'Académie des Sciences sur le Mémoire que contient ce Vᵉ Cahier, le lecteur est prié de recourir à la fin du volume où il se trouve accompagné d'observations critiques indispensables. Qu'il suffise ici de remarquer que cette considération m'a fait un devoir rigoureux de n'apporter aucun changement essentiel à la rédaction, où il m'a été, par conséquent, impossible de mettre à profit aujourd'hui (1863), comme lors de sa présentation à l'Institut en 1820, aucun des résultats ou conséquences encore inconnues à cette dernière époque et que renferment les précédents Cahiers des t. I et II de ces *Applications* (1863).

de nos recherches, et de ne recueillir sur notre route que des
vérités qui s'y rattachent de la manière la plus intime, et qui
puissent, par la suite, nous être particulièrement utiles. Ainsi,
ayant pour objet spécial l'examen des *propriétés projectives*
des sections coniques, nous nous bornerons à exposer les
considérations et les notions qui peuvent appartenir en propre
à ces courbes particulières, sans chercher à les étendre aux
surfaces du second ordre. On aura lieu de s'apercevoir, d'ailleurs, qu'au moyen des principes posés dans le cours de ce
Mémoire, cette extension devient assez facile et assez évidente
pour que nous puissions laisser à d'autres le soin de la développer, et nous renfermer dans les justes limites du sujet que
nous voulons traiter.

Pour exposer la théorie des cordes *réelles* et *idéales,* nous
admettrons quelques propriétés connues des sections coniques ; mais nous supposerons expressément que ces propriétés aient été déduites, d'une manière purement géométrique, de la considération du cône oblique à base circulaire,
comme l'ont fait les Anciens, et plus particulièrement Apollonius. D'ailleurs, ces propositions recevront naturellement leur
démonstration de principes qui seront exposés un peu plus
tard, dans la seconde Section, sans rien emprunter de ceux qui
forment la base de la première. Il nous eût été facile d'éviter cette
inversion apparente en changeant l'ordre des matières, et an-
ticipant sur les applications de la doctrine des projections ; mais
cette marche eût fait perdre à l'exposition du sujet principal le
degré de simplicité et d'uniformité dont il peut être susceptible.

Enfin, nous croyons devoir prévenir expressément encore,
avant d'entrer en matière, que les droites, les courbes, les
plans, etc., dont il sera fait mention dans ce Ier Mémoire, seront
supposés indéfiniment prolongés dans l'espace ou dans le plan
qui les contient ; le discours fera connaître les cas où l'on n'en
considérerait qu'une portion terminée et finie.

§ Ier. — Notions préliminaires sur les cordes ou sécantes
idéales des sections coniques.

1. Une ligne droite située dans le plan d'une section conique quelconque, et qui rencontre la courbe en deux points

constructibles d'une manière géométrique, se nomme *corde* ou *sécante réelle* de cette section conique. Les deux points d'intersection sont appelés également *points d'intersection réels*.

Dans le cas où la ligne droite sort tout à fait au dehors de la courbe et cesse de la rencontrer, on dit que ses deux points d'intersection avec elle sont *imaginaires*.

Dans ces mêmes circonstances, en supposant qu'on persiste à regarder la droite en question comme une sécante de la courbe, nous dirons, pour conserver l'analogie entre les idées et le langage, qu'elle est *corde* ou *sécante idéale* de la courbe, et nous la distinguerons ainsi de toute ligne droite entièrement inconstructible dans son cours et dans sa direction indéfinie, laquelle conservera la dénomination déjà reçue de *droite imaginaire*.

2. Les mêmes définitions peuvent s'étendre au système de deux sections coniques situées sur un même plan, et, en général, au système de deux lignes courbes ou de deux surfaces quelconques ; mais nous voulons nous borner ici à ce qui concerne le système particulier d'une ligne droite et d'une section conique.

3. Pour concevoir l'objet de ces définitions, il suffit de supposer que la section conique que l'on considère ne soit pas décrite, mais seulement donnée par certaines conditions, et qu'alors on se propose de rechercher les points où elle est rencontrée par la droite réelle, tracée sur son plan ; car on ignore alors si ces points sont ou non constructibles, et il est naturel de persister, dans tous les cas, à regarder cette ligne droite comme une véritable sécante de la courbe, et par conséquent de la traiter comme telle dans le raisonnement géométrique qui sert à faire découvrir les deux points qu'on cherche. Ces définitions, comme on aura lieu de le voir plus tard, servent à agrandir les idées, et tendent à abréger le discours, en caractérisant la non-existence de certaines grandeurs ; elles ne sont ni indifférentes, ni inutiles en elles-mêmes, parce qu'elles permettent d'établir un point de contact entre des figures qui paraissent, au premier aspect, n'avoir aucun rapport, et de découvrir sans peine les relations et les propriétés qui leur sont communes.

4. Pour poursuivre l'objet de ces premières définitions, soient *mn* et (C), *fig.* 150, la droite et la section conique que

Fig. 150.

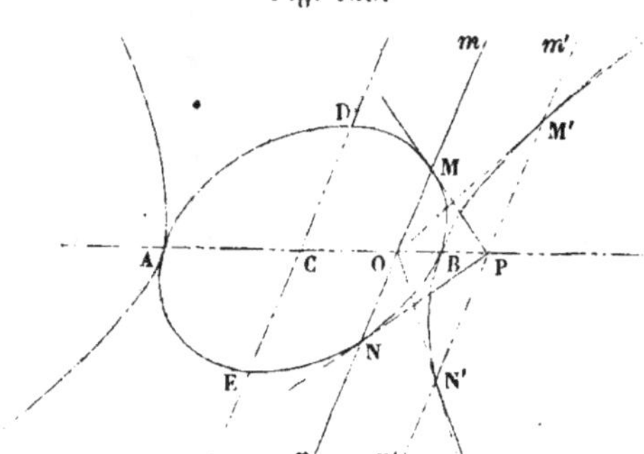

l'on considère; appelons M et N les points de leur intersection commune, supposée d'abord réelle; si l'on conçoit une suite de cordes terminées à la courbe, parallèles entre elles et à la droite *mn*, tous les milieux de ces cordes seront, comme on le sait, situés sur un diamètre unique AB, dont le conjugué sera lui-même parallèle à la droite *mn*; de plus, quelle que soit la position de cette droite à l'égard de la section conique, le diamètre AB sera toujours constructible et viendra toujours la rencontrer en un point O réel; nous appellerons, dans tous les cas possibles, ce point unique *centre* ou *milieu* de la corde indéfinie *m*MN*n*, que cette corde, cette sécante soit d'ailleurs réelle comme en *mn*, ou idéale comme en *m′n′*.

5. Aux points M et N, supposés d'abord réels, menons à la courbe les tangentes PM, PN : elles iront concourir en un point P du diamètre AB, et l'on aura, pour déterminer ce point, la proportion *harmonique*

$$ \text{OA} : \text{OB} :: \text{PA} : \text{PB} \; (^{*}); $$

or, cette relation définit le point P d'une manière réelle, dans tous les cas possibles, même quand la corde indéfinie *m*MN*n* devient idéale et les tangentes PM et PN imaginaires.

(*) C'est la XXXVIIIe proposition du Ier livre des *Coniques* d'Apollonius de Perge.

En effet, il en résulte que le point P et le point O, centre toujours réel de cette corde (4), jouissent de la même relation *réciproque* à l'égard des points A et B de la courbe ; si donc la corde ou sécante mMNn devient idéale en $m'n'$, son centre restant réel et sortant de la courbe en P, on pourra construire le point O, qui lui correspond sur le diamètre AB, en menant inversement, de P, deux tangentes à cette courbe, puis la corde qui joint les deux points de contact ; car, d'après la proposition qui précède, cette corde viendra rencontrer le diamètre AB en un nouveau point O, tel qu'on aura la proportion réciproque

$$\text{PA} : \text{PB} :: \text{OA} : \text{OB},$$

identique avec la première.

Ainsi, les points O et P, qui jouissent des mêmes propriétés à l'égard de la courbe, sont tels, que chacun d'eux est réciproquement, mais tour à tour, le concours des tangentes qui correspondent à la corde passant par l'autre.

Le point P, toujours réel, jouit à l'égard de la section conique et de la droite mn, d'un grand nombre de propriétés remarquables ; sa considération est très-importante dans les recherches, et c'est à cause d'une de ces propriétés qu'il a reçu des géomètres le nom de *pôle* de la droite mn ; nous pourrons faire usage de cette dénomination, à cause de sa simplicité, sans d'ailleurs nous attacher, quant à présent, à l'idée qu'elle entraîne d'après son acception ordinaire ; mais nous dirons aussi, toujours dans la vue de généraliser le langage et les conceptions, et afin de rappeler, d'une manière plus particulière, l'origine du point P : qu'il est le point de *concours réel* ou *idéal* des tangentes aux extrémités de la corde MN, selon que ces tangentes sont elles-mêmes réelles ou *imaginaires*. La droite mn, toujours réelle, quant à sa direction indéfinie par rapport à P, prendra, selon ces diverses circonstances, le nom de *corde*, de *sécante de contact*, *réelle* ou *idéale*. D'après l'usage actuel, cette droite pourrait aussi s'appeler la *polaire* du point P.

6. Nous venons de voir que les points O et P, dont l'un est le centre de la corde MN et l'autre son pôle, jouissaient réciproquement de la même propriété à l'égard des points A et B ; or, il résulte de cette réciprocité qu'à mesure que le point O

s'approche du centre C de la courbe, son correspondant P s'en écarte, au contraire, sans cesse, et qu'enfin, quand le point O s'est confondu avec C, le point P s'est transporté à une distance infinie sur le diamètre AB; mais alors la corde MN est devenue un diamètre de la courbe dont le conjugué est AB; donc « le pôle d'un diamètre quelconque d'une section coni- » que est situé à l'*infini* sur le conjugué à ce diamètre; les » tangentes MP, NP, qui renferment ce pôle, sont, de leur côté, » devenues parallèles et concourent à l'*infini.* »

7. Réciproquement aussi, quand le point O ou la sécante *mn* s'écarte à l'infini sur le plan de la courbe (C), le pôle P se confond avec le centre de cette dernière; en sorte que « toute » droite située à l'infini sur le plan d'une section conique, a » pour pôle le centre même de la courbe. »

8. Dans ces circonstances, les points M et N sont passés à l'infini; ils sont réels pour l'hyperbole, imaginaires pour l'ellipse. Les tangentes MP, NP deviennent elles-mêmes impossibles pour l'ellipse, mais demeurent réelles pour l'hyperbole et reçoivent le nom d'*asymptotes.* Ainsi :
« Les *asymptotes* d'une section conique ne sont autre chose » que des tangentes aux points à l'infini de son cours, elles » passent à la fois par son centre, et sont toutes deux *imagi-* » *naires* pour l'ellipse et *réelles* pour l'hyperbole. »
Dans le cas particulier de la parabole, le centre C est lui-même à l'infini; les asymptotes sont donc alors tout entières à l'infini, elles se confondent nécessairement avec la sécante *mn*, qui devient par là tangente à la courbe; ainsi :
« La parabole a deux asymptotes confondues en une seule » à l'infini, c'est-à-dire qu'elle a une tangente située entière- » ment à l'infini, ou enfin deux points confondus en un seul » à l'infini. »
Ces notions sont déjà bien connues; notre intention, en les rappelant ici, est de les rapprocher sous un point de vue qui puisse conduire sans peine aux considérations nouvelles qui doivent former la base de ce travail.

9. Revenons maintenant au cas général où la sécante indéfinie *mn* a une situation quelconque sur le plan de la

courbe (C), et proposons-nous de déterminer les points **M** et **N** où elle rencontre cette courbe, que nous supposerons non décrite et seulement donnée par le système de ses diamètres conjugués **AB** et **DE**, dont l'un a une direction parallèle à la droite **MN**. La question reviendra évidemment à chercher sur cette droite un point **M**, tel que le carré de OM soit au rectangle OA.OB dans un rapport donné, celui du carré des diamètres conjugués ; appelant donc A^2 le carré du diamètre principal **AB**, et B^2 celui de son conjugué, on aura, pour déterminer le point **M**,

$$\overline{OM}^2 : OA.OB :: B^2 : A^2 \quad (^*).$$

La question ainsi présentée sera, comme on le voit, toujours soluble d'une manière géométrique ; car **B** et **A** sont des grandeurs invariables, indépendantes de la position de *mn*, et le rectangle OA.OB est, à chaque instant, donné ; mais cela suppose que l'on n'ait point égard à la nature particulière de la section conique que l'on envisage. On sait, en effet, que, quand le point O est placé entre **A** et **B**, la relation précédente appartient à une ellipse, tandis que, au contraire, elle appartient à une hyperbole décrite sur le même diamètre **AB**, quand le point O se trouve au delà des points **A** et **B** ; il est donc facile de confondre ce qui appartient à l'une de ces deux courbes avec ce qui appartient à l'autre, puisqu'elles sont définies par une seule et même propriété.

10. L'analogie que nous venons de reconnaître entre l'hyperbole et l'ellipse se soutient dans un grand nombre de circonstances différentes ; notre objet n'est pas d'en faire la recherche particulière, mais de faire quelques rapprochements qui nous seront utiles pour l'objet de ce travail.

Nous appellerons désormais deux sections coniques ainsi conjuguées *sections* ou *coniques supplémentaires* l'une de l'autre, parce que, en effet, l'une quelconque d'entre elles répond aux questions faites sur l'autre, dans le sens que nous venons d'indiquer.

(*) C'est la XXIe proposition du Ier livre des *Coniques* d'Apollonius.

Il est à remarquer qu'une même section conique a une infinité de supplémentaires, correspondant à l'infinité de systèmes de diamètres conjugués qui lui appartiennent ; mais, parmi cette infinité de coniques supplémentaires, il n'y en a jamais qu'une seule qui corresponde à une droite donnée *mn*, parce que nous n'admettons que celle dont le premier diamètre AB, ou le diamètre de contact, n'est pas parallèle à la droite *mn*.

11. Cette définition ne concerne évidemment que l'ellipse et l'hyperbole, mais elle peut s'étendre facilement à la parabole ; en effet, dans cette courbe (*fig.* 151), l'ordonnée MO est moyenne proportionnelle entre le paramètre et le segment BO

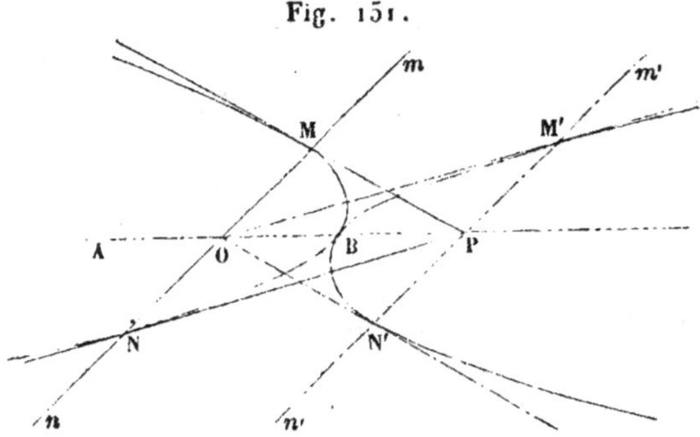

Fig. 151.

formé sur le diamètre AB, conjugué à la droite *mn* ; mais, que la droite *mn* rencontre ou ne rencontre pas la courbe, on peut toujours trouver sur elle deux points qui satisfassent à cette condition : supposant donc que la droite *mn* se meuve parallèlement à elle-même, le diamètre AB, le sommet B et le paramètre demeurant invariables, les points M et N, obtenus comme on vient de l'indiquer, traceront d'abord la parabole MBN, puis une seconde parabole M'BN', d'une situation contraire et renversée par rapport à AB, mais ayant le sommet B, le paramètre et la direction du diamètre AB en commun avec la première, et lui étant par conséquent parfaitement égale.

Je nomme, par la même raison que ci-dessus, ces deux paraboles *supplémentaires* l'une de l'autre, par rapport à la droite donnée *mn*.

Une section conique quelconque a donc toujours une conique supplémentaire ; dans ce qui va suivre, il sera question seulement de l'ellipse et de l'hyperbole; mais ce que nous dirons de ce cas général pourra facilement s'appliquer à la parabole, comme cas particulier, et nous nous dispenserons pour cette raison d'y avoir égard.

12. Actuellement, soit une section conique donnée (C) (*fig.* 150); d'après ce qui précède, toute droite *mn*, qui rencontre cette section conique en deux points réels, aura, avec sa supplémentaire, deux points *imaginaires,* et réciproquement; cette droite sera donc en même temps corde idéale de l'une et corde réelle de l'autre. Pareillement le centre O de cette corde (4) sera réel par rapport à l'une et idéal par rapport à l'autre. Enfin, son pôle P, ou le concours des tangentes qui lui correspondent, sera le même par rapport aux deux courbes, et appartiendra à la fois à deux tangentes imaginaires de l'une et à deux tangentes réelles de l'autre. En effet, d'après la définition (5), on a à la fois, dans les deux courbes supplémentaires, pour déterminer le pôle qui appartient à la droite *mn,*

$$OA : OB :: PA : PB.$$

Ces rapprochements peuvent servir à justifier les définitions admises, et en donnent ainsi, dès à présent, une interprétation géométrique à la fois exacte et naturelle.

13. Lorsqu'une ligne droite, située sur le plan de deux sections coniques, passe par deux points réels appartenant à la fois aux deux courbes, on dit qu'elle est *corde réelle commune* à ces deux courbes.

Nous dirons par analogie qu'une ligne droite située sur le plan de deux sections coniques sera *corde idéale commune* à ces deux courbes, quand elle sera corde réelle commune aux deux supplémentaires qui lui correspondent à la fois sur le plan de ces mêmes courbes.

Il résulte de cette définition que, pour qu'une droite indéfinie *mn* (*fig.* 152) soit corde idéale commune à deux sections coniques ADB, ou (C), A'D'B', ou (C'), tracées sur un même plan, il faut :

1° Que les diamètres AB, A'B', conjugués à cette droite dans l'une et l'autre courbe, viennent se rencontrer précisément en un point O de la droite *mn*;

2° Qu'appelant A et B les diamètres conjugués qui corres-

Fig. 152.

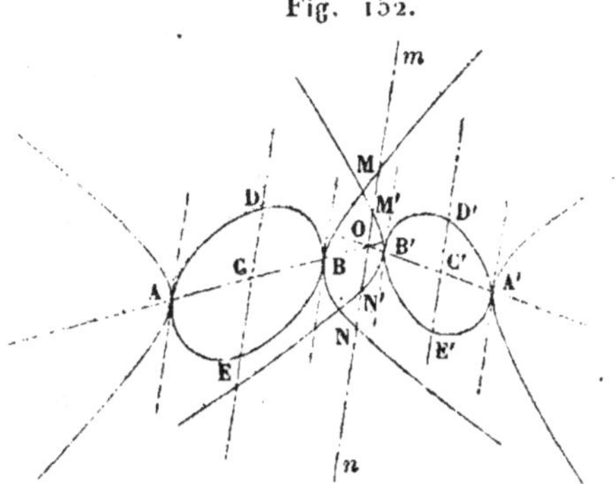

pondent à ADE, et A′, B′ ceux qui correspondent à A′D′B′, on ait à la fois (9)

$$A^2 : B^2 :: OA.OB : \overline{OM}^2, \quad A'^2 : B'^2 :: OA'.OB' : \overline{OM}^2,$$

ou, en divisant par ordre ces deux proportions, etc.,

$$A^2.B'^2 : A'^2.B^2 :: OA.OB : OA'.OB';$$

relation qui convient aussi aux cordes réelles communes ;

3° Que la droite MN ne rencontre ni l'une ni l'autre des deux courbes données (C) et (C′).

Ces définitions s'accordent avec celles qu'on déduit de considérations purement analytiques : pour qu'une corde soit, analytiquement parlant, commune à deux sections coniques, il est nécessaire et il suffit, en effet, que son milieu, par rapport à l'une, se confonde avec son milieu par rapport à l'autre, puis que le carré de la partie interceptée à la fois sur cette droite par les deux courbes, soit le même de part et d'autre, de grandeur et de signe ; et, comme on dit alors que ces courbes ont en commun deux points *imaginaires* situés sur la droite en question, nous pourrons adopter provisoirement la même expression par pure analogie, sauf à la justifier ensuite.

14. La question actuelle est de savoir si deux sections coniques, tracées sur un même plan, ont effectivement, pour des positions générales, des cordes communes idéales remplissant toutes les conditions qui précèdent.

Pour parvenir à la résoudre, nous remarquerons d'abord

qu'il y a sur le plan des deux courbes (C), (C') une infinité de points O et de droites correspondantes *mn* qui satisfont à la première de ces conditions. En effet, pour obtenir un système semblable, il suffit évidemment de mener dans une direction quelconque des tangentes, parallèles entre elles, aux deux courbes ; de tracer ensuite les diamètres AB et A'B' qui passent respectivement par leurs points de contact ; car le point O de leur intersection commune sera le point demandé, et la droite *mn*, menée de ce point dans une direction parallèle aux tangentes, sera la droite qui lui correspond. Tous les points O, ainsi obtenus, sont sur une certaine courbe, et cette courbe passe évidemment par les centres C, C' des proposées (*).

Les dernières conditions exigent, en outre, qu'ayant tracé les coniques supplémentaires aux proposées qui correspondent à la droite *mn*, déterminée ainsi que nous venons de le dire, les parties MN, M'N', interceptées sur cette droite par l'une et par l'autre courbe, soient égales entre elles, ou, ce qui revient au même, que OM soit égal à OM'. Cette condition ne sera évidemment pas remplie pour une position quelconque de la droite *mn* ; mais si, pour chacune des situations qu'elle peut prendre, on détermine le point M correspondant à la courbe (C) et celui M' qui correspond à la courbe (C'), chacun de ces points engendrera évidemment une courbe particulière, et ces nouvelles courbes, par leurs rencontres mutuelles, indiqueront les positions des points générateurs M et M' pour lesquelles ils se confondent, et pour lesquelles, par conséquent, les parties ou ordonnées OM et OM' seront égales, et les droites correspondantes *mn* des sécantes idéales communes aux deux sections coniques proposées.

Nous pourrions arrêter ici l'examen qui nous occupe ; car il est visible que les courbes (M) et (M'), n'ayant entre elles qu'une dépendance générale, doivent aussi, en général, se couper selon la position relative des sections coniques (C) et (C') ; mais, pour ne rien laisser à désirer, nous allons faire

---

(*) Pour démontrer cette assertion, il suffit d'observer que, quand le diamètre AB, par exemple, a atteint la position CC', celui A'B' qui lui correspond, et qui renferme avec lui le point O, le rencontre nécessairement au centre C' lui-même.   (*Note de* 1818.)

voir, par l'examen d'un cas très-étendu, qu'en effet les courbes (M) et (M') sont susceptibles de s'entrecouper d'une manière réelle, et, par conséquent, de donner des cordes idéales communes à celles (C) et (C').

15. Prenons (*fig.* 152) pour exemple le système de deux ellipses (C) et (C'), de grandeur et de situation arbitraires, mais pourtant telles, qu'elles soient entièrement extérieures l'une à l'autre. La courbe parcourue par le point O, passant nécessairement par les centres C et C' des deux ellipses, aura une partie de son cours entièrement au dehors de ces ellipses, et il existera une infinité de positions correspondantes de la droite *mn*, pour lesquelles elle sera tout à fait extérieure à ces mêmes courbes.

Cela posé, considérons, comme ci-dessus, les deux coniques supplémentaires qui correspondent à une telle position de la droite *mn*; il est évident qu'on aura démontré que le point M se confond, pour une certaine position de *mn*, avec le point M', et, par conséquent, le point N avec le point N', si l'on parvient à prouver que, parmi toutes les grandeurs que peut prendre la corde MN, il y en a deux telles, que l'une soit plus grande et l'autre plus petite que celle de M'N' qui lui correspond; car, à cause de la *loi de continuité*, il y aura nécessairement une position intermédiaire où ces cordes seront parfaitement égales. Or, si l'on suppose que, dans la situation actuelle des hyperboles supplémentaires, MN soit plus grand que M'N', il ne sera pas difficile de s'apercevoir qu'il existe une autre position du système pour laquelle la corde MN devenant nulle, les points M et N se réunissent au point O.

En effet, cette circonstance arrive nécessairement quand le point O se trouve sur l'ellipse correspondante (C), en sorte qu'il suffit de démontrer que la courbe des points O rencontre effectivement cette ellipse; mais c'est ce qui a lieu précisément dans la supposition actuelle, puisque la courbe (O) passe par les centres C et C' (14), et que les ellipses étant entièrement extérieures l'une à l'autre, le point O doit nécessairement les traverser toutes deux par un mouvement continu.

Donc, en effet, il existe une position du point O pour laquelle la corde MN est plus grande, et une autre pour laquelle cette corde est plus petite que sa correspondante M′N′; ce qui ne peut avoir lieu qu'autant qu'il existe une position intermédiaire où ces cordes sont parfaitement égales et se confondent par conséquent en une seule, qui devient ainsi une corde idéale commune aux deux ellipses proposées.

16. La courbe des points O rencontrant nécessairement chacune de celles (C) et (C′), au moins en deux points réels, puisque, après être entrée dans leur intérieur et avoir passé par leurs centres respectifs, elle doit nécessairement en ressortir, on pourrait prouver, en suivant l'esprit des raisonnements que nous venons de mettre en usage, que les deux sections coniques dont il s'agit ont une autre corde idéale commune différente de celle qui précède. Enfin, il ne serait pas difficile de constater l'existence de semblables cordes pour d'autres circonstances également étendues; mais il suffit, pour notre objet actuel, d'avoir prouvé la chose d'une manière générale et en quelque sorte indéterminée, et d'avoir fait connaître même les moyens propres à construire ces cordes graphiquement dans tous les cas possibles. En effet, dans la discussion qui précède, nous n'avons attribué aucune grandeur absolue ou fixe aux parties qui déterminent la grandeur et la position du système : la seule condition admise ne tient qu'à une limitation de la possibilité de résoudre le problème, et cette limitation laisse d'ailleurs tout indéterminé. La nature particulière supposée aux deux sections coniques ne détruit pas la généralité des raisonnements, car ces raisonnements en sont indépendants, et ils subsistent, pourvu qu'une partie de la courbe des points O soit à la fois au dehors des deux sections coniques, quelle que soit d'ailleurs leur espèce; or, cette condition laisse entièrement indéterminée, entre certaines limites, la grandeur des parties du système.

Il en est ici comme de l'analyse elle-même, où l'on regarde une quantité, objet d'un problème, comme généralement possible quand les conditions de sa réalité, dans les équations finales qui le déterminent, sont indépendantes de toute grandeur ou relation absolue et donnée, et que ces conditions laissent variables entre certaines limites les diverses quantités qui fixent le système.

Concluons donc que :

« Deux sections coniques, situées sur un même plan, ont
» en général et pour des situations indéterminées, des cordes
» et des sécantes idéales communes, tout comme elles ont,
» pour de semblables situations, des points d'intersection
» réels et des cordes réelles également communes. »

17. Pour faire entrevoir à l'avance l'utilité que peut présenter la considération des cordes idéales, et, en même temps,
pour faire sentir le but qu'on se propose en les admettant dans
les recherches géométriques, nous présenterons, dès à présent, un exemple bien connu, où leur emploi peut paraître de
quelque importance pour la solution d'une difficulté singulière, qui se présente assez souvent dans les applications de
la Géométrie descriptive.

Quand on se propose de rechercher la courbe d'intersection
de deux surfaces de révolution dont les axes sont dans un même
plan, on arrive, comme on sait, à la construction suivante,
pour déterminer un point quelconque de la projection de la
courbe sur le plan diamétral qui contient à la fois les deux
axes (*).

Soient SB, SB′ (*fig.* 153) les deux axes en question ; AMB,

Fig. 153.

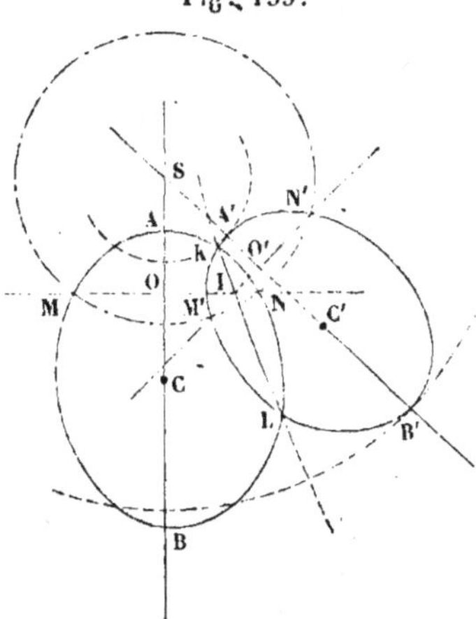

A′M′B′ ou (C) et (C′) les deux courbes génératrices, situées

(*) *Voir* la *Géométrie descriptive* de Monge, art. 83.

l'une et l'autre dans le plan commun des axes, courbes que nous supposerons ici toutes deux des ellipses ; du point d'intersection S de ces axes, comme centre, soit décrite à volonté une circonférence de cercle rencontrant à la fois les deux courbes ; soit tracée pour chacune d'elles la corde MN ou M'N' qui lui est commune avec ce cercle, le point I de l'intersection mutuelle des deux cordes ainsi tracées appartiendra à la projection de la courbe de pénétration des deux surfaces sur le plan commun des axes.

Cette construction s'applique très-bien à tous les points de la courbe qui sont situés entre les limites extrêmes où le cercle cesse de rencontrer à la fois les ellipses génératrices, et, en cela, elle sert à donner tous ceux qui peuvent répondre à la commune intersection des deux surfaces que l'on considère ; mais elle est tout à fait inapplicable à ceux qui sont situés au delà de ces mêmes limites : les points M et N, M' et N', où la circonférence coupe les deux génératrices, deviennent, en effet, en tout ou en partie imaginaires.

A ne consulter que la manière ordinaire de voir en Géométrie, il semblerait naturel de penser que la génération de la courbe ne s'étend pas au delà des limites que nous venons de reconnaître, et qu'ainsi cette génération ne serait pas sujette à la loi de continuité qui subsiste dans toutes les courbes géométriques ; mais ce serait une véritable erreur que de le supposer, erreur qui serait contraire aux notions et aux résultats les plus certains de l'Analyse algébrique. On trouve, en effet, par les procédés qui lui sont propres, que la courbe des points I s'étend à l'infini par une loi continue, et qu'en particulier, c'est une hyperbole quand les axes de révolution SB, S'B' sont en même temps des axes principaux des ellipses correspondantes.

18. Ce paradoxe géométrique disparaît dès l'instant où l'on admet, ainsi qu'il est naturel de le faire, que les sécantes communes MN, MN', qui d'abord étaient réelles et absolues, se sont changées en des sécantes communes purement idéales, jouissant d'ailleurs des mêmes caractères quant à l'objet qu'on se propose. Il résulte, en effet, des principes qui précèdent, que ces sécantes pourront subsister et se construire, même

quand le cercle auxiliaire en question ne rencontrera plus les courbes génératrices, ou, si l'on veut, les rencontrera en des points imaginaires.

Supposons, pour exemple, le cas déjà cité où les droites AB, A′B′ sont les axes principaux des deux ellipses : ayant décrit à volonté une circonférence de cercle qui ne rencontre ni l'une ni l'autre de ces courbes, pour trouver, malgré cela, les sécantes communes correspondantes qui seront nécessairement idéales, on tracera pour chaque ellipse, pour celle AMB par exemple, la conique supplémentaire qui a mêmes axes qu'elle et AB pour diamètre de contact. On tracera pareillement l'hyperbole *équilatère* qui correspond au cercle auxiliaire et a le diamètre compris sur SB pour axe de contact ; cherchant ensuite celle des sécantes communes à ces supplémentaires qui est perpendiculaire à l'axe AB, ce sera évidemment la sécante idéale commune au cercle auxiliaire et à l'ellipse AMB. Une opération semblable donnerait celle qui correspond à la courbe A′M′B′, et le point où sa direction irait couper celle de la première serait nécessairement un de ceux du prolongement de la courbe des points I. Il est visible, en effet, que les points ainsi obtenus jouiront de la même propriété que les premiers, savoir : que, « si de l'un quelconque » d'entre eux on abaisse des perpendiculaires sur les diamètres » AB et A′B′, les rectangles des segments qu'elles y formeront » seront toujours entre eux dans un rapport constant (56). »

Il est à remarquer, au surplus, que la construction précédente donnerait simultanément deux sécantes idéales correspondant à chaque courbe génératrice, et qu'ainsi leur intersection mutuelle donnerait à la fois quatre points appartenant à la courbe cherchée.

19. On voit, par cet exemple particulier, combien il devient nécessaire d'étendre le langage et les conceptions de la Géométrie ordinaire et de les rapprocher de celles déjà admises dans la Géométrie analytique. Vouloir repousser des expressions fondées sur des rapports exacts et rigoureux, quoique parfois purement figurés, pour y substituer des noms insignifiants et qui ne rappellent que des caractères particuliers ou insolites de l'objet défini ; éviter de se servir dans le raisonnement géo-

métrique des expressions et des notions qui qualifient la non-existence et la rappellent, ce serait véritablement refuser à la Géométrie rationnelle les seuls moyens qu'elle ait de suivre les progrès de l'Analyse algébrique, et d'interpréter d'une manière satisfaisante les conséquences des résultats souvent bizarres, auxquels elle parvient.

Mais il est temps que nous revenions à l'objet véritable des discussions que nous avons un instant abandonnées, dans le dessein de répandre quelque jour sur la nature du sujet.

20. Appelons M, N, P et Q (*fig.* 154) quatre points appartenant à l'intersection mutuelle de deux sections coniques, et

Fig. 154.

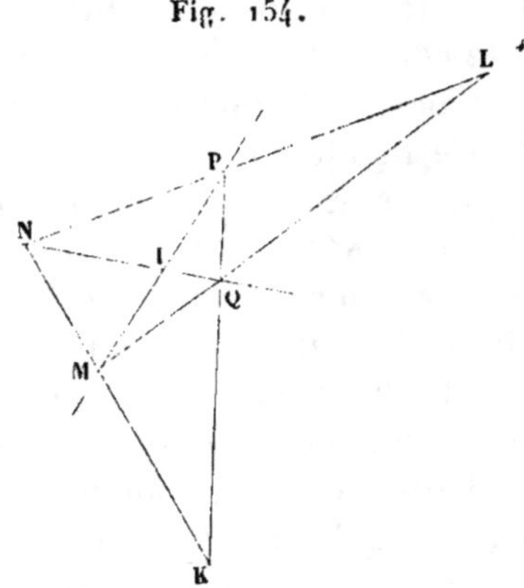

joignons deux à deux ces points par des lignes droites indéfiniment prolongées : on obtiendra six cordes communes à la fois aux deux courbes, qui seront telles, que chacune d'entre elles en rencontrera une autre, et seulement une autre, au dehors du périmètre de ces courbes; il y aura donc trois systèmes semblables de cordes communes qui formeront un quadrilatère ordinaire MNPQ avec ses deux diagonales; nous appellerons les deux cordes d'un même système *cordes communes conjuguées*. D'après cela, dans la figure, les cordes MN et PQ qui se rencontrent en K, au delà du périmètre des deux courbes, sont conjuguées entre elles; il en est de même du système des cordes MQ, NP et de celui MP, NQ.

Nous verrons plus tard les raisons qui peuvent déterminer à adopter cette dénomination, d'ailleurs très-naturelle; pour le moment, nous ferons remarquer que si deux cordes conjuguées, telles que PN et QM, par exemple, viennent à se rapprocher jusqu'à se réunir enfin en une seule, les points **M** et **N**, communs à la fois aux deux coniques, se réuniront aussi en un seul, de même que leurs opposés **P** et **Q**; les cordes conjuguées MN et PQ deviendront donc des tangentes communes à la fois aux deux courbes, le point K de leur intersection mutuelle étant ainsi le pôle commun des quatre autres cordes confondues en une seule avec celle de contact.

Dans ces mêmes circonstances, les deux sections coniques correspondantes sont devenues tangentes en deux points réels, et la droite qui joint le pôle avec le centre de la corde commune de contact est à la fois, dans l'une et l'autre courbe (5), le diamètre conjugué à celui qui est parallèle à cette corde de contact.

21. Quand deux sections coniques tracées sur un même plan seront telles, qu'ayant un système de coniques supplémentaires remplissant les conditions de l'article 13, ces supplémentaires se touchent, en outre, en deux points réels, la corde de contact de ces points, qui, d'après la définition, est une corde idéale commune aux deux courbes proposées, pourra être considérée, selon ce qui précède, comme la réunion de deux cordes réelles communes aux supplémentaires et, par conséquent aussi, comme la réunion de deux cordes idéales communes aux proposées. Il sera donc naturel de dire alors que les sections coniques données ont une *corde idéale de contact*, qu'elles se touchent en deux points *imaginaires* suivant cette même corde, qu'enfin ces courbes ont encore deux autres cordes communes, toutes deux imaginaires et qui sont les tangentes aux points de contact en question.

22. Si l'on se rappelle (9) que la section conique supplémentaire d'une conique par rapport à une corde idéale donnée sur un plan, a même centre, même diamètre conjugué à cette corde; que, de plus, le pôle de cette dernière, son milieu ou centre sont aussi les mêmes (12) pour l'une et pour l'autre, et se trouvent situés à la fois sur le diamètre en question, on pourra en conclure que deux sections coniques qui ont une corde idéale de contact commune, et se touchent par consé-

quent en des points imaginaires, d'après la définition qui pré-
·cède, sont absolument dans les mêmes circonstances à l'égard
de cette corde que si le contact des deux sections coniques
était réel ; car les cordes réelles et les cordes idéales communes, considérées dans leur direction indéfinie, sont assujetties aux mêmes conditions, et il en est ainsi des pôles qui
leur correspondent respectivement. Ces deux systèmes, jouissant d'une propriété commune, sont donc véritablement deux
systèmes soumis à la même loi, et qui ne diffèrent absolument
l'un de l'autre que par la situation particulière des deux courbes
dont ils se composent ; il en est ici évidemment comme du
système de deux sections coniques quelconques, qui ont des
cordes communes réelles pour certaines positions et des
cordes communes idéales pour d'autres.

23. De tout ce qui vient d'être dit sur les contacts doubles
des sections coniques, il résulte qu'il sera toujours facile de
reconnaître, à priori, si deux semblables courbes, situées sur
un même plan, sont entre elles en *contact idéal*, ou ont une
corde idéale de contact commune ; car il suffira de tracer le
diamètre qui passe à la fois par leurs centres, puis de décrire
les coniques supplémentaires conjuguées à ce diamètre et aux
deux courbes données, et de s'assurer ensuite, d'une façon
ou d'une autre, qu'elles ont un double contact réel.

Les considérations que nous venons d'offrir sur les cordes
réelles ou idéales communes au système de deux sections
coniques conduisent directement à quelques notions nouvelles touchant les sections coniques. Nous croyons, pour le
moment, devoir nous borner à l'examen de celles d'entre
elles qui peuvent présenter le plus d'intérêt par leur généralité, et c'est par là que nous terminerons ce premier paragraphe.

24. Deux hyperboles situées sur un même plan, qui sont
semblables et semblablement placées sur ce plan, ont évidemment leurs asymptotes respectivement parallèles, et concourent par conséquent en deux points réels à l'infini, appartenant à la fois aux deux systèmes d'asymptotes dont il s'agit(7):
donc *elles ont une corde réelle commune située à une distance
infinie sur leur plan.*

Pareillement, quand deux ellipses, situées sur un même plan, sont semblables et semblablement placées sur ce plan, il existe une infinité de systèmes d'hyperboles supplémentaires, conjuguées à une même direction de diamètres des ellipses proposées (10), et, pour chacun de ces systèmes en particulier, les hyperboles supplémentaires sont évidemment semblables et semblablement situées, et ont, d'après ce qui précède, une corde commune à l'infini ; donc aussi les ellipses proposées *ont une corde idéale qui leur est commune à l'infini*, c'est-à-dire, en d'autres termes, qu'elles peuvent être regardées comme ayant *deux points imaginaires en commun à l'infini*.

Au reste, on peut remarquer que la direction de la corde dont il s'agit est nécessairement indéterminée, puisqu'il y a une infinité de systèmes d'hyperboles supplémentaires autour des ellipses proposées, répondant à l'infinité pareille de systèmes de diamètres conjugués dont la direction est commune à ces ellipses. La même indétermination subsiste évidemment quant à la direction de la corde à l'infini commune à deux hyperboles semblables et semblablement placées sur un plan, car rien n'indique à priori si cette corde fait plutôt partie de tel système de cordes parallèles que de tel autre. Ainsi :

« Deux hyperboles ou deux ellipses semblables et sembla-
» blement placées sur un même plan, ont une corde com-
» mune à l'infini, qui est réelle pour les hyperboles et idéale
» pour les ellipses, mais, dans tous les cas, entièrement
» indéterminée de situation à l'égard des courbes auxquelles
» elle appartient. »

25. Si, au lieu de deux hyperboles ou de deux ellipses, on en considérait un nombre quelconque qui soient toutes semblables et semblablement placées sur un même plan, on prouverait également qu'elles ont à l'infini une corde unique qui est à la fois commune à tout leur système ; mais cette corde serait nécessairement idéale pour le système des ellipses, c'est-à-dire que :

« Le système d'un nombre quelconque d'hyperboles ou
» d'ellipses, toutes situées sur un même plan, semblables et
» semblablement placées sur ce plan, a une corde à l'infini

» commune à toutes les courbes du système, mais qui est
» réelle pour le système des hyperboles et idéale pour celui
» des ellipses.

26. Quand deux hyperboles semblables et semblablement
placées sur un même plan sont en outre concentriques, elles
ont évidemment mêmes asymptotes ou mêmes tangentes aux
deux points qui leur sont communs à l'infini; ainsi elles se
touchent en deux points réels, et par conséquent elles ont
une *corde réelle de contact;* mais cette corde est située entièrement à l'infini. Or il suit de là et du raisonnement qui
précède, que deux ellipses qui sont concentriques, semblables
et semblablement situées sur un même plan, ont également
une corde de contact commune à l'infini, mais qui est idéale;
et, comme la même chose subsiste nécessairement pour un
nombre quelconque d'ellipses ou d'hyperboles, on peut
énoncer ce nouveau principe :

« Le système d'un nombre quelconque d'hyperboles ou
» d'ellipses, toutes concentriques, semblables et semblable-
» ment placées sur un même plan, a une corde de contact à
» l'infini commune à toutes les courbes du système, mais qui
» est réelle pour le système des hyperboles et idéale pour
» celui des ellipses. »

Les propositions réciproques résultent évidemment des
principes mêmes qui viennent d'être posés ; ainsi, par
exemple :

« Si deux ou plusieurs sections coniques, situées sur un
» même plan, ont une corde commune réelle ou idéale située
» à l'infini, elles sont nécessairement semblables et sembla-
» blement placées sur ce plan. »

27. Nous remarquerons, avant de terminer ce sujet, que
l'indétermination qui a lieu pour la corde commune à l'infini, quand on considère des sections coniques semblables et
semblablement placées sur un plan, subsiste également quand
ces sections coniques deviennent concentriques. En général,
quand une ligne droite se transporte d'un mouvement continu, mais d'ailleurs quelconque, jusqu'à une distance infinie,
sans quitter le plan de la figure à laquelle elle appartient, elle
devient nécessairement indéterminée de situation sur ce plan

à l'égard des autres objets de la figure. Cela résulte immédiatement de ce que, par suite de l'admission de la continuité dans les lois géométriques, « tous les points à l'infini d'un » plan doivent être considérés idéalement comme distribués » sur une ligne droite unique, située à l'infini sur ce plan, » mais d'ailleurs indéterminée de situation à l'égard des autres » objets de la figure. »

Les considérations qui viennent de nous occuper peuvent servir, dès à présent, à justifier cette notion purement métaphysique; nous la verrons se reproduire sous plusieurs formes, dans diverses circonstances particulières, et nous aurons même occasion de la justifier d'une manière générale et d'en donner une explication satisfaisante au moyen des considérations propres à la perspective. Au reste, cette même notion pourrait se justifier directement au moyen des principes reçus en Analyse; mais nous croyons la chose pour le moins peu utile, si ce n'est superflue (*); car là, comme en Géométrie, les notions abstraites et purement figurées ont pour principe unique la volonté qu'on a d'étendre la conception d'une figure, actuellement géométrique et possible, à tous les états que peut prendre cette figure, même à ceux où certains objets perdent leur existence absolue.

Après avoir posé, dans ce premier paragraphe, les notions générales qui concernent les cordes réelles ou idéales des sections coniques, nous croyons devoir, avant de passer aux principes de projection qui forment la base principale de ces recherches, nous arrêter quelque temps à l'examen des diverses propriétés dont ces cordes jouissent dans le cas simple de la circonférence du cercle. Par là nous acquerrons des idées nouvelles et précises sur la nature de ces lignes; nous éclairerons l'objet des définitions qui précèdent, et nous pourrons ensuite poursuivre, sans beaucoup de peine, l'examen des sections coniques en général.

(*) *Voir* dans le IVe Cahier, art. 3 de ce volume, une note récente annexée au Mémoire sur la *théorie des polaires réciproques,* extraite des *Annales de Mathématiques* de Montpellier (t. VIII, janvier 1818).

25.

§ II. — Des cordes et sécantes idéales considérées dans le cas particulier de la circonférence de cercle.

28. La conique supplémentaire d'une circonférence de cercle est évidemment une hyperbole équilatère (9) ayant même centre et même diamètre qu'elle. Comme pour les autres sections coniques, le nombre de ces hyperboles supplémentaires est infini; mais il n'y en a qu'une seule qui corresponde à une droite donnée sur le plan du cercle : c'est celle dont le diamètre de contact est perpendiculaire à cette droite.

Soient *mn* et ABT, ou (C), *fig.* 155, la droite et la circonférence de cercle en question; supposons que cette droite

Fig. 155.

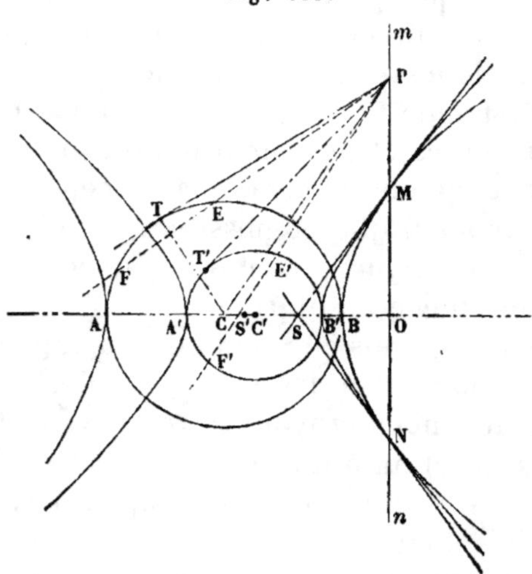

soit corde ou sécante idéale du cercle, et qu'ainsi elle ne le pénètre pas; abaissons-lui du centre C, le diamètre perpendiculaire AB; décrivons sur ce diamètre une hyperbole équilatère : elle rencontrera la corde idéale aux points M et N, et sera, d'après ce qui précède, la supplémentaire correspondante du cercle (C); le point O, où le diamètre AB rencontre la corde *mn*, sera le centre idéal de cette corde; de plus, on aura aussi, d'après la propriété connue de l'hyperbole équilatère,

$$\mathrm{OM.ON} = \overline{\mathrm{OM}}^2 = \mathrm{OA.OB}.$$

D'un point quelconque P de la corde mn, menons une tangente PT au cercle (C), traçons le rayon de contact CT et la droite CP, on aura

$$\overline{PT}^2 = \overline{CP}^2 - \overline{CT}^2 = \overline{PO}^2 + \overline{OC}^2 - \overline{AC}^2 = \overline{PO}^2 + OA.OB,$$

et, par conséquent,

$$\overline{PT}^2 = \overline{PO}^2 + OA.OB = \overline{PO}^2 + \overline{MO}^2.$$

Telle est la propriété qui lie la corde idéale MN au cerle (C) et à son hyperbole supplémentaire; elle est, comme on peut s'en assurer, parfaitement analogue à celle qui aurait lieu pour le cercle (C) lui-même, considéré seul, si la corde mn était réelle; car, en répétant le raisonnement qui précède, on aurait alors

$$\overline{PT}^2 = \overline{PO}^2 - OA.OB = \overline{PO}^2 - \overline{OM}^2.$$

Au lieu de mener au cercle, dans le cas qui précède, la tangente TP, traçons la sécante arbitraire PF, on aura

$$\overline{PT}^2 = PE.PF;$$

donc, pour tous les points de la sécante idéale mn, on a

$$PE.PF = \overline{PO}^2 + OA.OB = \overline{PO}^2 + \overline{OM}^2.$$

29. Pour que deux circonférences de cercle, tracées sur un même plan, aient une corde idéale commune, il faut, d'après la définition (13), qu'en premier lieu le diamètre conjugué à la direction de cette corde, par rapport à l'un des deux cercles, et celui qui est conjugué à la même corde, par rapport à l'autre, se rencontrent au point milieu ou centre de la corde idéale : or, dans le cercle, le diamètre conjugué à la direction d'une droite est perpendiculaire à cette droite; donc la direction des diamètres dont il s'agit doit être la même pour l'un et l'autre cercle, et se confondre, par conséquent, avec celle de la droite indéfinie qui joint leurs centres; ainsi la corde idéale commune à deux cercles, si elle existe, doit être perpendiculaire à la ligne des centres, comme cela a lieu pour les cordes réelles. En second lieu, les hyperboles supplémentaires à chaque cercle, décrites sur les diamètres respectifs appartenant à la droite des centres, doivent avoir une corde réelle commune perpendiculaire à cette droite. Ces conditions sont nécessaires et suffisent pour déterminer complétement toutes les cordes idéales communes aux cercles proposés.

Puisque les hyperboles qui donnent les cordes dont il s'agit sont équilatères, leurs asymptotes sont nécessairement parallèles ; donc les branches correspondantes concourent respectivement à l'infini, et ont deux points, ou une corde, en commun à l'infini (7) ; et, comme cette circonstance a lieu indépendamment de la situation respective des deux cercles donnés, on peut dire d'une manière figurée que :

« Deux circonférences de cercle, situées d'une manière » quelconque sur un même plan, ont toujours une corde » idéale commune placée à l'infini sur ce plan. »

30. Cette conséquence aurait pu se déduire immédiatement du principe de l'article 24, dont elle n'est qu'un cas très-particulier ; car deux circonférences de cercle quelconques, situées sur un même plan, sont évidemment deux courbes semblables et semblablement situées sur ce plan.

31. Les deux hyperboles supplémentaires décrites sur les diamètres respectifs de la ligne des centres ayant, d'après ce qui précède, déjà deux points en commun à l'infini, ne pourront évidemment se couper de nouveau en plus de deux points réels : (C) et (C′), *fig.* 155, étant les deux circonférences de cercle, soient M et N les points dont il s'agit ; traçons la corde correspondante *mn* ; on aura nécessairement (28)

$$\overline{OM}^2 = OA.OB = OA'.OB'.$$

Telle est donc la condition nouvelle qui fixe la position de la corde commune à l'égard des deux cercles : or cette condition, qui donne la corde idéale commune à ces cercles quand ils n'ont aucun point d'intersection réel, appartient aussi à leur corde réelle commune, quand ces cercles se coupent ; donc ces cordes s'échangent réciproquement, sans jamais exister ensemble, et, comme cependant la relation ci-dessus est toujours réelle et possible, on peut affirmer que :

« Deux circonférences de cercle, situées d'une manière
» quelconque sur un même plan, ont toujours, outre leur
» corde idéale commune à l'infini, une autre corde commune
» réelle ou idéale située à une distance donnée; mais elles
» n'en ont qu'une seule de cette sorte, qui est réelle quand
» les deux cercles se coupent ou se touchent, et idéale dans
» le cas contraire. »

32. Ainsi, deux circonférences de cercle, situées d'une manière quelconque sur un plan, peuvent être regardées comme ayant quatre points en commun, dont deux sont nécessairement imaginaires et à l'infini (13).

Quand l'un des cercles que l'on considère devient infiniment petit ou se réduit à son centre, l'hyperbole correspondante se confond avec ses asymptotes, et ce qui précède subsiste toujours ; mais alors, (C') étant ce cercle, OB' devient égal à OA', et l'on a, pour la condition qui détermine la corde commune à distance finie,

$$OA \cdot OB = \overline{OA'}^2.$$

Si pareille chose arrive pour le second cercle (C), les cordes communes subsisteront toujours, et l'on aura, pour déterminer celle à distance finie,

$$\overline{OA}^2 = \overline{OA'}^2 \quad \text{ou} \quad OA = OA';$$

Ce sera donc la perpendiculaire élevée au milieu de la distance CC' des centres.

33. Si les deux circonférences, au lieu de se réduire à des points, devenaient concentriques en conservant des dimensions finies, la corde qui leur est en général commune à l'infini, deviendrait (26) une corde idéale de contact, et la même chose aurait lieu si l'on considérait un nombre quelconque de circonférences de cercle. Ainsi :

« Deux ou un plus grand nombre de circonférences de
» cercle concentriques, et situées sur un même plan, ont une

» corde idéale de contact commune à l'infini, ou se touchent
» en deux points imaginaires à l'infini. »

34. Enfin, si l'on suppose que les circonférences de cercle,
toujours en nombre quelconque, au lieu d'être concentriques,
aient une situation arbitraire sur le plan qui les renferme à la
fois, leur système aura également une corde idéale commune
à l'infini (25); mais ce ne sera qu'une corde simple et non
une corde de contact; c'est-à-dire que :

« Le système d'un nombre quelconque de circonférences
» de cercle, situées d'une manière arbitraire sur un plan, a
» toujours une corde idéale à l'infini commune à la fois à tous
» les cercles dont il s'agit. »

35. Des cercles placés arbitrairement sur un même plan ne
sont donc pas tout à fait indépendants entre eux ; ils ont idéalement deux points imaginaires à l'infini en commun, et, sous
ce rapport, ils doivent jouir de certaines propriétés appartenant à la fois à tout leur système.

L'examen que nous allons faire des propriétés des cordes
communes aux circonférences de cercle pourra servir à confirmer, pour ce cas particulier, la justesse des définitions et
des rapprochements que nous venons d'établir ; en nous y
arrêtant un instant, nous aurons principalement en vue les
propriétés qui nous seront utiles pour l'examen des sections
coniques en général, et nous ne dirons des autres, qui sont
aujourd'hui pour la plupart généralement connues, que ce qui
pourra paraître indispensable à l'intelligence des premières.

36. Soit mn (*fig.* 155) une corde idéale commune à deux
circonférences de cercle (C) et (C'); appelons M et N les deux
points où la coupent à la fois les hyperboles supplémentaires
qui lui correspondent ; d'un point quelconque P de cette corde
menons arbitrairement une sécante PF dans le cercle (C),
et une autre PF' dans le cercle (C') : on aura (28), en tant que
la corde mn appartient au cercle (C) et à son hyperbole supplémentaire,

$$PE.PF = \overline{PO}^2 + \overline{OM}^2,$$

et, en tant qu'elle appartient à l'autre cercle (C′),

$$ \mathrm{PE'.PF'} = \overline{\mathrm{PO}}^2 + \overline{\mathrm{OM}}^2 ; \quad \text{donc} \quad \mathrm{PE.PF} = \mathrm{PE'.PF'}, $$

quel que soit le point P qu'on ait choisi sur la corde *mn*.

Si l'on traçait les tangentes PT, PT′ aux mêmes cercles, elles seraient évidemment égales ; ainsi :

« La corde idéale commune à deux circonférences de cercle » est le lieu des points du plan de ces cercles pour lesquels » les tangentes correspondantes sont égales. »

Or cette propriété et celle qui précède, toutes deux propres à construire la corde dont il s'agit, appartiennent aussi aux cordes réelles communes à deux circonférences de cercle ; donc les cordes idéales ne diffèrent en rien des cordes réelles : les unes et les autres répondent à la même question et se construisent de la même manière ; la seule distinction nécessaire, c'est que les unes appartiennent à deux points *imaginaires,* et les autres à deux points *réels* communs à ces mêmes cercles.

37. Puisque le produit des segments PE, PF est égal à celui des segments PE′, PF′, les quatre points E, F, E′, F′ appartiennent à une même circonférence de cercle : la réciproque est également vraie ; donc :

« Si l'on décrit une circonférence de cercle quelconque qui » coupe celles (C) et (C′) en quatre points E, F, E′, F′ ; qu'on » trace ensuite les cordes EF et E′F′, elles iront concourir » sur la corde commune *mn* ; cette corde sera donc, dans » tous les cas, très-facile à obtenir, qu'elle soit réelle ou » idéale. »

Quand les sécantes PF et PF′ deviendront tangentes en T et T′ aux cercles donnés, ce qui peut avoir lieu de quatre manières différentes, la circonférence EFF′E′ deviendra elle-même tangente en T et T′ à ces cercles, et, réciproquement :

« Si une circonférence de cercle touche d'une manière » quelconque deux cercles (C) et (C′), les tangentes aux deux » points de contact iront concourir, dans tous les cas pos- » sibles, sur la corde *mn* qui leur est commune. »

Ces propositions demeurent toutes applicables au cas où

l'une des circonférences données devient infiniment petite ou se réduit à un point, car la corde commune, quoique idéale, subsiste toujours (31); il en est de même du cas où les deux circonférences données se réduisent à la fois à un point. Mais nous reviendrons plus tard sur ces circonstances particulières; retournons au cas général.

38. Quand deux circonférences de cercle, situées sur un même plan, se rencontrent en deux points réels, et ont par conséquent une corde réelle commune, on peut en construire une infinité d'autres passant par ces points et ayant la même corde qu'elles. Pour déterminer une quelconque de ces circonférences, il faudra l'assujettir à une condition nouvelle, par exemple à celle de passer par un point donné ou de toucher une droite également donnée sur son plan ; or les propriétés qui précèdent serviront à tracer cette circonférence, sans qu'il soit besoin de recourir aux points de l'intersection commune des cercles donnés, et seulement en employant la corde qui passe par ces points, de sorte que la construction demeurera applicable même au cas où cette corde serait idéale. Donc, quand deux circonférences de cercle ont une corde idéale commune, et se coupent par conséquent en deux points *imaginaires* situés sur cette corde, on peut aussi construire une infinité de nouvelles circonférences toutes réelles, ayant la même corde en commun avec les premières, et qui passent ainsi idéalement par ces deux points imaginaires.

La même chose aurait lieu évidemment à l'égard des deux points réels ou imaginaires, situés à la rencontre d'une droite quelconque et d'un cercle.

39. Les deux séries de cercles qui nous occupent, étant déterminées et construites de la même manière par rapport à la corde réelle ou idéale qui leur est commune, doivent nécessairement jouir des mêmes propriétés.

Ainsi, que d'un point de la corde commune à l'une ou l'autre série, on mène des tangentes aux divers cercles de cette série, toutes ces tangentes seront égales (36), et les points de contact seront par conséquent rangés sur une seule circonférence de cercle, ayant son centre sur la corde commune au point même d'où sont issues les tangentes; de plus, ce cercle et tous ses semblables, coupant à angles droits tous ceux de la série qu'on examine, auront eux-mêmes évidemment une corde idéale commune (36), qui est la ligne des centres de cette série ; mais cette corde sera nécessairement idéale quand l'autre sera réelle, et *vice versâ*.

Le cas où la corde commune à une série de cercles est idéale offre une circonstance particulière qui mérite d'être remarquée en passant : c'est que, parmi l'infinité de cercles dont elle se compose, il en est toujours deux qui ont des dimensions infiniment petites, ou qui sont réduits à des points placés symétriquement sur la ligne des centres à l'égard de la corde commune. Ces points sont précisément ceux où passent à la fois toutes les circonférences de cercle de la série *réciproque* rencontrant à angles droits celles de la première ; ainsi ils sont faciles à construire. En les appelant *cercles* ou *points limites* de la série à laquelle ils appartiennent, on pourra énoncer ce théorème :

Théorème I. — *Si, d'un point quelconque de la corde réelle ou idéale commune à une série de circonférences de cercle situées sur un même plan, on mène deux tangentes à chaque cercle de cette série, la suite de tous les points de contact déterminera une nouvelle circonférence de cercle passant par les points limites du système quand ces points subsistent, et, si l'on considère de plus le système de toutes les circonférences pareilles, coupant orthogonalement les premières, elles auront réciproquement la ligne des centres primitifs pour corde réelle ou idéale commune à tout leur système.*

40. En général, on voit que les cordes idéales des cercles se comportent absolument comme les cordes réelles, et ne peuvent être distinguées dans les recherches. On doit donc facilement concevoir que tout ce qu'on a pu jusqu'ici découvrir des unes s'applique immédiatement aux autres ; ainsi, par exemple, sachant que trois cercles qui s'entrecoupent d'une manière réelle sont toujours tels, que les cordes qui leur sont deux à deux communes vont concourir en un même point, on pourra énoncer cette proposition d'une manière beaucoup plus générale, ainsi qu'il suit :

Théorème II. — *Quelle que soit la situation respective de* *trois cercles sur un même plan, les trois cordes réelles ou idéales, qui leur sont deux à deux communes, vont toujours concourir en un seul et même point* (*).

Ce point jouit de propriétés nombreuses et remarquables. C'est à cause d'une de ces propriétés qu'il a été nommé *centre radical* des trois cercles par M. Gaultier de Tours, qui a pareillement désigné par l'expression d'*axe radical* de deux cercles, ce que nous avons jusqu'ici appelé leur corde réelle ou idéale commune. Au reste, toutes ces propriétés, aussi bien que celles qui précèdent, étant généralement connues des géomètres (**), nous n'insisterons pas davantage.

41. La série des cercles que nous venons d'examiner, qui ont, outre leur corde idéale à l'infini, une autre corde réelle ou idéale commune à une distance donnée, jouit d'un grand nombre de propriétés remarquables qu'il serait intéressant d'étudier d'une manière complète pour l'objet subséquent de ces recherches ; mais nous nous bornerons, pour le moment, à exposer quelques-unes de celles qui se rattachent plus particulièrement au sujet qui nous occupe, et qui deviennent par là susceptibles d'être démontrées d'une manière assez simple sans le secours de considérations étrangères.

D'un point A (*fig.* 156), pris à volonté sur le plan d'une suite de cercles (C), (C′),... ayant une corde *mn*, réelle ou idéale, commune à distance finie, soient menées deux tangentes AT et AT′ à chaque cercle dont elle se compose ; soit joint le point A au centre C de ce cercle par une droite AC ; soit enfin tracée la corde de contact ou polaire TT′ correspondante à A : je dis, en premier lieu, que la suite de tous les points B′ de l'intersection mutuelle de ces deux droites sera sur la circonférence d'un cercle passant par le point A, et ren-

---

(*) Ce théorème reçoit sa démonstration directe de l'art. 36.

(**) XVIᵉ Cahier du *Journal de l'École Polytechnique*. On supprime ici une note historique qui se trouve textuellement rapportée dans le *Traité des Propriétés projectives* de 1822, et par laquelle je revendique sinon mes droits de priorité, du moins l'ancienneté des recherches relatives aux systèmes de cercles, qui se trouvent consignées dans le Iᵉʳ Cahier du précédent volume des *Applications d'Analyse et de Géométrie* (1863).

contrant orthogonalement tous ceux de la série proposée, circonférence dont le centre P est nécessairement (36) sur la corde mn commune à tous les cercles de cette série.

En effet, soit tracé le rayon CT perpendiculaire à la ten-

Fig. 156.

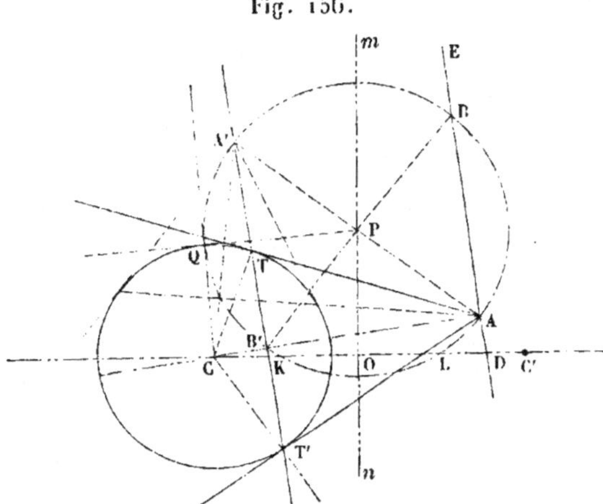

gente AT, on aura, dans le triangle rectangle ACT, en tant que le point B′ appartient à la corde TT′,

$$\overline{CT}^2 = CB'.CA ;$$

soit tracé aussi le cercle (P), passant par le point A et coupant le cercle (C) orthogonalement au point Q (39), les rayons CQ et PQ qui lui correspondent seront réciproquement tangents à ce cercle; donc on aura aussi, en tant que le point B′ est supposé sur la droite CA et sur la circonférence (P),

$$\overline{CQ}^2 = \overline{CT}^2 = CA.CB',$$

relation qui, étant la même que la précédente, apprend que le point B′, intersection de TT′ et de AC, appartient, en effet, à la circonférence fixe (P), orthogonale aux cercles de la suite (C) (39), comme il s'agissait de le prouver.

Si l'on fait attention que le point B′ n'est autre chose que le point milieu de la corde de contact TT′, on pourra énoncer ainsi ce thorème :

THÉORÈME III. — *Si, d'un point pris à volonté sur le plan*

d'une série de cercles ayant une corde réelle ou idéale commune, on mène deux tangentes à chaque cercle de cette série, tous les points milieux des cordes de contact correspondantes seront distribués sur une nouvelle circonférence de cercle coupant orthogonalement les premières.

42. En second lieu, puisque tous les points B′ appartiennent à la circonférence de cercle invariable (P), les cordes de contact ou polaires TT′, qui correspondent au même point A et à chaque cercle (C) de la suite proposée, iront toutes concourir au point invariable A′ de la circonférence (P), situé à l'extrémité du diamètre AP qui passe par A ; proposition qu'on peut énoncer ainsi :

Théorème IV. — *Si, d'un point pris à volonté sur le plan d'une suite de cercles ayant une corde réelle ou idéale commune, on mène deux tangentes à chaque cercle dont elle se compose, toutes les cordes de contact ou polaires correspondantes iront concourir en un point unique.*

43. Les points A et A′ jouissent évidemment de propriétés réciproques à l'égard des cercles de la suite, puisque, si l'on appliquait au point A′ le raisonnement fait sur le point A, on trouverait que le point de concours correspondant est encore sur le cercle (P), à l'extrémité du diamètre invariable A′PA ; ainsi ces deux points sont réciproquement les concours des polaires qui leur correspondent.

Quand le point A est pris sur la corde commune *mn*, son *réciproque* A′ s'y trouve nécessairement aussi, car la direction du diamètre AP se confond alors avec celle de cette corde ; ainsi encore :

Théorème V. — *Tous les points de la corde commune à une suite de cercles tracés sur un même plan, sont tels, que les polaires correspondantes vont concourir réciproquement en des points appartenant à cette même corde.*

44. Cette proposition peut, au reste, être considérée comme un corollaire très-simple de ce qui a été dit à l'article 37 ; on voit, en outre, qu'elle s'applique aussi à la corde idéale qui est commune à l'infini à un système de cercles quelconques

situés sur un plan, car les polaires d'un point de cette corde
deviennent évidemment alors parallèles entre elles et concourent réciproquement à l'infini, ce qui peut servir à justifier
le principe de l'article 34.

Le cercle (P), qui passe par le point A, et qui rencontre
orthogonalement tous les cercles de la série proposée, est
évidemment unique pour un même point donné A; mais il
est variable en même temps que ce point. D'après l'observation faite à l'article 39, la suite de tous les cercles semblables
doit avoir la droite CC' pour corde réelle ou idéale commune,
selon que celle *mn* du système proposé est, au contraire,
idéale ou réelle, et ils doivent tous passer, dans le premier de
ces deux cas, par les points K et L, qui représentent les
cercles infiniment petits limites de tous ceux de ce système.
Or, de cette remarque, on peut déduire une proposition qui
nous sera particulièrement utile par la suite.

Soient K et L (*fig.* 157) les deux points par où doivent
passer toutes les circonférences orthogonales; *mn* la droite

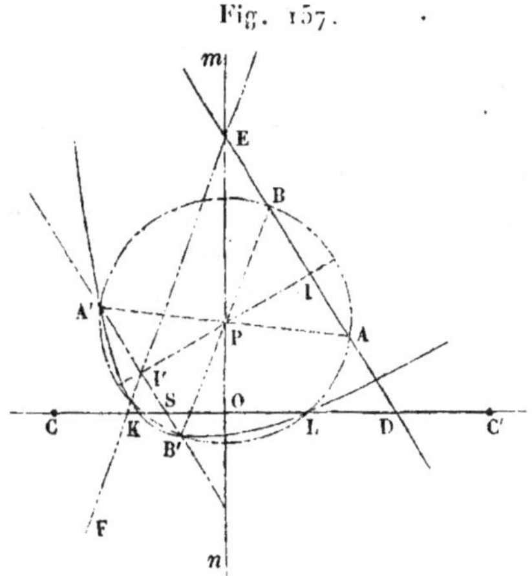

qui renferme leurs centres et qui sert de corde idéale commune à la suite examinée; soit enfin ED une droite, donnée
arbitrairement sur son plan, qu'on suppose devoir être parcourue par le point A; je dis que tous les réciproques à ce
point seront situés sur une section conique passant par les
points K et L.

Concevons, en effet, une circonférence quelconque (P) passant par K et L ; elle ira rencontrer la droite donnée aux deux points A et B, et, si l'on trace les diamètres APA′ et BPB′, leurs nouvelles extrémités A′ et B′ appartiendront évidemment (43) à la courbe des réciproques de ED. Or la corde A′B′, qui passe par ces extrémités et coupe KL en S, est parallèle à la droite donnée ED dans toutes les positions qu'elle peut prendre en rendant variable le cercle (P); de plus, on a pour toutes ces positions

$$SA′.SB′ = SK.SL,$$

propriété qui ne peut convenir qu'à une section conique, puisque d'ailleurs la suite des points I′, milieux des cordes A′B′, est nécessairement sur une droite diamétrale unique EF (*).

La section conique, qui renferme à la fois tous les points A′, B′, passe évidemment par les points K et L, qui représentent les cercles limites du système dont mn est la corde commune, quand ces points existent, c'est-à-dire quand mn est corde commune idéale aux cercles de ce système (39); dans le cas contraire, la droite des centres ne rencontrant plus les cercles (P), les points K et L deviennent *imaginaires;* mais la direction indéfinié de cette droite n'en demeure pas moins une corde idéale commune à la section conique et aux cercles dont il s'agit, comme on pourrait facilement s'en assurer d'une manière directe et comme cela résulte d'ailleurs du principe de continuité, puisque cette droite jouit des mêmes propriétés dans tous les cas possibles (40).

(*) Cette dernière assertion paraîtra évidente si l'on considère que la double apothème II′ aux cordes AB et A′B′ du cercle (P) demeure toujours parallèle à elle-même, et qu'elle est toujours divisée également au point de son intersection avec la corde commune mn du système de cercles dont on examine les propriétés. Quant à l'autre, elle le devient pareillement, en faisant attention que la courbe passe nécessairement par les points K et L; en sorte que le rectangle des ordonnées SA′, SB′ est dans un rapport constant avec celui des abscisses correspondantes SK, SL, proposition qui n'est qu'une extension de celle qui a été mise en usage à l'article 13 du Iᵉʳ paragraphe, et qui revient à la XVIIᵉ du Livre III des *Coniques* d'Apollonius.   (*Note de* 1818).

Ainsi, nous pouvons énoncer ce théorème :

Théorème VI. — *Tous les points qui sont réciproques de ceux d'une droite donnée sur le plan d'un système de cercles, ayant une corde réelle ou idéale commune, sont situés sur une seule et même section conique passant par les deux points réels ou imaginaires, limites des cercles du système.*

45. Si l'on se donnait une autre droite quelconque sur le plan des cercles du système, la section conique correspondante passerait encore par les points K et L; elle aurait donc la droite OD des centres pour corde réelle ou idéale commune avec la première. Il est visible d'ailleurs que le point, réciproque de celui où ces deux droites se coupent, est également un point appartenant à la fois aux deux courbes.

Quand la directrice donnée se confond avec la ligne des centres des cercles du système, les polaires des points qui s'y trouvent deviennent évidemment toutes parallèles entre elles et à la corde *mn* de ce système; elles concourent donc toutes à l'infini, et la conique des réciproques se réduit ainsi à un point situé à l'infini sur cette corde.

Il résulte de cette remarque que la section conique qui renferme les réciproques d'une droite quelconque donnée, passe elle-même par le point dont il s'agit; car cette droite a nécessairement un de ses points placé sur la ligne des centres du système. Ainsi, toutes les sections coniques pareilles passent à la fois par les points limites du système et par celui qui est situé à l'infini sur la corde commune à tous les cercles dont il se compose.

Enfin, quand la directrice ED (*fig.* 157) devient parallèle à la corde commune *mn*, la section conique des réciproques dégénère elle-même en une ligne droite, qui est évidemment parallèle et symétriquement placée à l'égard de la corde *mn*, car alors A′B′ se confond avec le diamètre fixe EI′F, quel que soit le cercle (P) qu'on ait choisi pour l'obtenir (44).

46. Soit toujours DE (*fig.* 156, p. 397) une droite donnée sur le plan d'un système de cercles (C), (C′) ayant une corde commune *mn*; du centre C d'un cercle quelconque du système soit abaissée la perpendiculaire CA sur DE; du pied A de cette perpendiculaire soient menées les tangentes AT, AT' au cercle (C), puis la corde de contact TT', polaire du point A : elle ira couper AC en un point B', qui sera réciproquement le pôle de la direction donnée DE (5), car cette droite est parallèle à la corde TT'.

Cela posé, concevons la circonférence (P), qui, passant par le point A, coupe à angles droits la série de cercles proposée : elle renfermera nécessairement le pôle B' (41); mais l'angle B'AE est droit, par hypothèse; donc l'extrémité B du diamètre BPB' appartiendra à la droite donnée, et par conséquent le point B', pôle de cette droite et du cercle (C), appartient, de son côté, à la courbe des réciproques de cette même droite (43); théorème que l'on peut énoncer ainsi :

THÉORÈME VII. — *La section conique, lieu de tous les points réciproques d'une droite donnée à volonté sur le plan d'un système de cercles qui ont une corde commune, est aussi le lieu de tous les pôles de cette même droite par rapport aux cercles dont se compose le système.*

47. Nous ne pousserons pas plus loin, pour le moment, ces considérations sur les suites de cercles qui ont une corde réelle ou idéale commune : peut-être trouvera-t-on que nous avons déjà trop dit à ce sujet; ce qui suit concernera principalement les propriétés appartenant aux cordes communes au système simple de deux circonférences de cercle situées sur un même plan.

Rappelons d'abord quelques définitions et quelques propositions généralement connues.

Soient (C) et (C'), *fig.* 158, deux circonférences de cercle situées sur un même plan; on sait qu'il existe toujours, sur la ligne CC' de leurs centres, deux points S et S' par lesquels passent respectivement les deux faisceaux de droites qui joignent les extrémités de deux rayons parallèles quelconques, selon que ces rayons sont dirigés dans le même sens ou en sens contraire par rapport aux centres C et C'. On sait aussi que ces points sont en même temps ceux où concourent respectivement les tangentes extérieures et intérieures communes aux deux cercles, quand ces tangentes sont réelles et possibles. Afin de distinguer ces points entre eux et de tout

autre point du plan des deux cercles correspondants, les géomètres ont donné, depuis quelque temps, le nom de centre

Fig. 158.

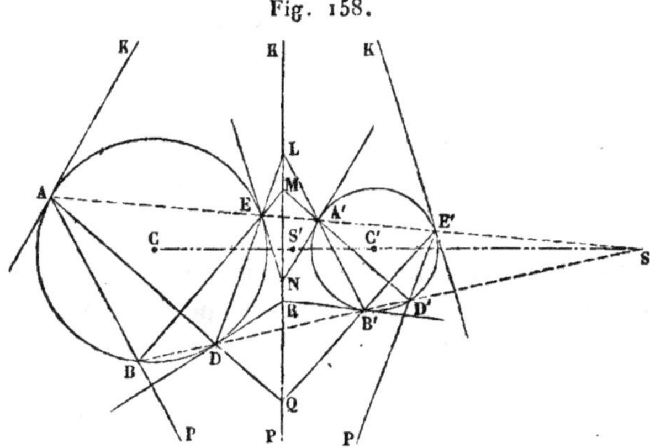

de *similitude directe* au point S où concourent les tangentes
extérieures communes, et celui de centre de *similitude opposée* au point S' où concourent, au contraire, les tangentes intérieures communes.

Ces définitions sont aussi simples que naturelles, puisque
deux circonférences de cercle, situées sur un même plan,
sont respectivement semblables et semblablement placées à
l'égard de chacun de ces points. On en peut dire autant de
l'expression d'*axe radical* employée pour désigner la corde
commune à deux cercles ; mais les unes et les autres offrent le
désavantage de ne présenter qu'un caractère particulier de
l'objet défini, applicable seulement au cas du cercle, et de
faire perdre de vue, par conséquent, la dépendance générale
et purement graphique qui lie cet objet aux autres parties de
la figure : or, le but principal de ces recherches étant de généraliser et d'étendre immédiatement la conception géométrique des figures, nous croyons devoir ne pas abandonner
entièrement la définition primitive et jusque-là généralement
admise, de *points de concours des tangentes communes ;* seulement, pour éviter l'espèce de contradiction qui peut avoir
lieu, dans certains cas, entre les termes et les objets qu'ils
servent à désigner, nous continuerons à employer les adjec-
tifs *réel* et *idéal,* qui ne portent que sur la manière d'être de

26.

l'objet défini à l'égard des autres qu'on rappelle, et non sur son existence propre, censée toujours réelle. Nous réservons, au reste, le mot *imaginaire* pour le cas où l'objet en question serait tout à fait impossible. D'après cette remarque, nous appellerons, selon les cas, les points S et S′ *centres de similitude directe ou opposée, points de concours des tangentes extérieures ou intérieures communes*, et nous dirons que chacun de ces points est *réel* ou *idéal*, selon que les tangentes correspondantes seront elles-mêmes *réelles* ou *imaginaires*.

48. Nous pouvons, au surplus, justifier à priori ces dernières définitions, de la même manière que nous l'avons fait pour les cordes réelles ou idéales communes au système de deux sections coniques. Si l'on considère, en effet, deux circonférences de cercle quelconques (C) et (C′), *fig.* 155, situées sur un même plan, et les deux hyperboles supplémentaires de ces cercles, conjuguées à la fois à la direction de la corde commune *mn*, il paraîtra évident que ces hyperboles, étant équilatères et, par conséquent, semblables et semblablement situées sur le plan des deux cercles, devront avoir mêmes centres de similitude S et S′. Ainsi, comme chacun de ces centres est nécessairement au dedans de l'un des deux cercles quand il est au dehors de l'hyperbole correspondante, et réciproquement, il faut qu'il appartienne à la fois à deux tangentes imaginaires communes à ces mêmes cercles, et à deux tangentes réelles communes aux hyperboles, et *vice versâ*, c'est-à-dire que chacun de ces points est, à la fois, point de concours idéal pour les deux cercles et point de concours réel pour les hyperboles correspondantes; ce qui justifie la définition admise.

49. Les points S et S′, étant déterminés de la même manière par rapport aux cercles (C) et (C′), *fig.* 158, doivent évidemment jouir de propriétés semblables à l'égard de ces cercles. On démontre, en effet, que, quel que soit celui de ces points que l'on considère en particulier, si l'on mène par l'un d'eux S, les transversales arbitraires SA, SB ; qu'on trace ensuite les cordes qui correspondent aux quatre points de son intersection avec chaque cercle respectif :

« 1° Les quatre systèmes AB et A′B′, DE et D′E′, AD et

» A'D', BE et B'E', dont les deux cordes respectives appar-
» tiennent à des cercles différents et ont une situation sem-
» blable à l'égard des centres C et C' et du point S, sont des
» systèmes de cordes parallèles.

» 2° Les quatre autres systèmes AB et D'E', DE et A'B',
» BE et A'D', AD et B'E', dont les deux cordes respectives
» appartiennent à des cercles différents et ont une situation
» dissemblable à l'égard des centres C, C' et du point S, sont
» des systèmes tels, que les quatre points qui leur appar-
» tiennent respectivement sont sur une seule et même cir-
» conférence de cercle différente des proposées. »

Cela étant, puisque les deux cordes des quatre premiers
systèmes sont parallèles entre elles, elles concourent à l'infini
en un point qu'on peut regarder comme appartenant à la corde
idéale commune aux deux cercles à l'infini (29).

En second lieu, puisque les quatre extrémités A, B, D', E'
qui appartiennent à deux cordes AB, D'E' de l'un quelconque
des quatre derniers systèmes, sont sur une circonférence de
cercle, ces deux cordes prolongées iront concourir (37) en un
point P de l'autre corde commune aux cercles (C) et (C') située
à une distance donnée ou finie.

Si donc nous appelons *homologues directes* les cordes de
l'un quelconque des premiers systèmes, et *homologues inverses* celles qui font partie de l'un des quatre autres, en remarquant, pour les distinguer entre elles, que celles qui sont
homologues directes sous-tendent, du côté de S, deux arcs de
cercle qui opposent à la fois leur concavité ou leur convexité
vers ce point, et que celles qui, au contraire, sont homologues
inverses sous-tendent, du côté de S, des arcs dont la convexité
ou la concavité n'est pas dirigée à la fois vers ce point, on
pourra énoncer ce théorème général :

THÉORÈME VIII. — *Deux circonférences de cercle quelconques
étant situées sur un même plan, si, de l'un des points de concours des tangentes extérieures ou intérieures qui leur sont
communes, on mène à volonté deux transversales qui les coupent, puis qu'on trace, pour chaque cercle, les cordes qui passent par les points d'intersection respectifs :*

1° *Les cordes homologues directes seront parallèles, et iront concourir deux à deux sur la corde idéale à l'infini commune aux deux cercles ;*

2° Les cordes homologues inverses iront concourir deux à deux sur l'autre corde commune à ces mêmes cercles, située à une distance déterminée et finie.

50. Quand les deux tranversales **SA** et **SB** viennent à se rapprocher jusqu'à se confondre, la proposition subsiste évidemment toujours ; mais alors les quatre cordes **AB**, **DE**, **A′B′**, **D′E′** deviennent des tangentes aux cercles respectifs. Donc :

Théorème IX. — *Si, de l'un quelconque des points de concours des tangentes extérieures ou intérieures communes à deux cercles, on mène à volonté une transversale qui les coupe, puis les quatre tangentes aux points d'intersection correspondants :*

1° Les tangentes homologues directes seront parallèles, et iront concourir sur la corde idéale commune à l'infini aux deux cercles ;

2° Les tangentes homologues inverses iront concourir, à l'inverse, sur la corde commune à ces cercles, située à une distance donnée et finie.

51. Toutes ces propriétés subsistent encore, en vertu de la continuité, quand on vient à supposer que l'un des deux cercles glisse, en variant de grandeur, entre les deux tangentes qui lui sont communes avec l'autre, jusqu'à se confondre avec lui en un seul et même cercle : la corde commune devient alors évidemment la corde de contact du cercle et des tangentes fixes, c'est-à-dire la polaire du point de concours de ces tangentes ; les cordes et tangentes, que nous avons appelées homologues directes, se confondant deux à deux ; quant à celles qui sont homologues inverses, elles concourent respectivement sur la corde de contact ou polaire : on parvient donc ainsi, par forme de simple corollaire, à toutes les propriétés connues du pôle et de la polaire pour le cas de la circonférence du cercle.

Notre intention n'est pas de nous arrêter, pour le moment, à ces sortes de propriétés, nous aurons occasion d'y revenir par la suite et de traiter la chose sous un point de vue plus général. Retournons donc à notre objet véritable.

Les propriétés que nous venons de reconnaître ci-dessus, pour le système de deux circonférences de cercle quelconques, donnent évidemment lieu aux réciproques suivantes :

THÉORÈME X : — *Si, d'un point quelconque de l'une ou de l'autre des cordes communes à deux circonférences de cercle, on mène des tangentes à ces cercles, qu'on joigne ensuite deux à deux, par des lignes droites, les points de contact qui appartiennent à des circonférences distinctes :*

1° Celles qui joignent des points de contact dont les arcs tournent à la fois leur convexité ou leur concavité du côté de la corde commune, tendent toutes au point de concours de tangentes extérieures communes ;

2° Celles qui correspondent à des arcs dont la concavité n'est pas tournée à la fois vers la corde commune, tendent, au contraire, au point de concours des tangentes intérieures communes.

52. Quand le point d'où partent les tangentes est sur la corde commune à l'infini, ces tangentes sont parallèles, et alors les droites de la première espèce sont celles qui passent par des points de contact situés du même côté de chaque cercle ; l'inverse a lieu pour les autres.

53. Il suit de la dernière partie de la réciproque qui nous occupe que, si un point jouissait à l'égard du système de deux circonférences de cercle de la propriété que les cordes homologues directes correspondantes soient parallèles et concourent, par conséquent, à l'infini, ce point serait nécessairement un de ceux où se coupent les tangentes extérieures ou intérieures communes ; mais on peut remarquer plus généralement encore, que, dès l'instant où deux courbes quelconques situées sur un même plan jouissent, à l'égard d'un certain point de ce plan, des propriétés dont il s'agit, ces deux courbes sont nécessairement semblables et semblablement situées à l'égard de ce point, qui est ainsi un centre de similitude. Supposant donc que l'une des deux courbes devienne une circonférence de cercle, l'autre sera nécessairement aussi une circonférence de cercle ayant le point en question pour concours réel ou idéal de tangentes communes.

54. Les propositions précédentes donnent lieu à quelques corollaires faciles que nous allons examiner.

Soient (C) et (C′), *fig.* 159, deux circonférences de cercle situées sur un même plan; considérons en particulier leur

Fig. 159.

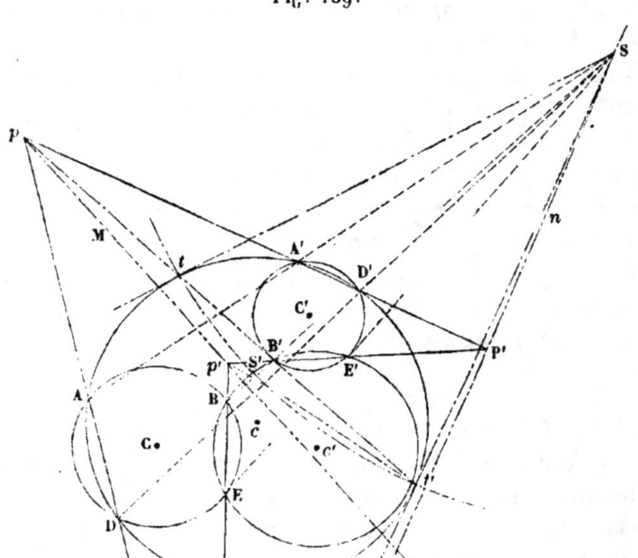

centre de similitude directe S; ce que nous pourrons dire de ce point sera immédiatement applicable au centre de similitude opposée (49). Du point S menons deux transversales arbitraires SA, SD pour déterminer les cordes homologues inverses AD, A′D′ concourant en *p* sur la corde commune **MN** du système; les quatre points A, A′, D, D′ appartenant à ces cordes seront situés (49) sur une troisième circonférence de cercle; or, il résulte de là réciproquement que, si par les points A et A′, qui se correspondent, on mène une circonférence de cercle quelconque AA′D′D, les deux derniers points D, D′ obtenus ainsi appartiendront à une ligne droite DD′ dirigée vers S comme la première AA′; en sorte que les cordes AD et A′D′ seront homologues inverses. Si donc on appelle, en général, *homologues inverses* deux points tels que A et A′, qui sont sur une droite dirigée vers S et appartiennent à des arcs dont la convexité est tournée *en sens contraire* par rapport à ce même point, on pourra énoncer la proposition suivante :

« Si, par deux points A et A′ homologues inverses par rap-
» port à S, on mène une circonférence de cercle quelcon-
» que (*c*), elle ira rencontrer de nouveau les cercles donnés
» (C), (C′) en deux points D et D′ homologues inverses comme
» les premiers » (*).

55. Cela posé, imaginons que du point S on mène la tangente S*t* au cercle (*c*), puis qu'on trace le cercle (S), qui a S
pour centre et S*t* pour rayon, il coupera à la fois orthogonalement le cercle (*c*) et tous ses semblables, car

$$\overline{St}^{2} = SA.SA' = \text{const.},$$

quelle que soit la direction de SA ; de plus, ce cercle aura MN
pour corde commune avec les cercles (C) et (C′), puisqu'il
passe nécessairement par les points de leur intersection mutuelle quand ces cercles se coupent (**). Donc (40), si l'on trace
la corde *tt′* qui lui est commune avec chaque cercle (*c*), cette
corde ira concourir au point *p* où se coupent déjà celles AD,
A′D′ et MN.

Quand le point S est intérieur aux cercles (C) et (C′), la
tangente S*t* et le cercle (S) deviennent imaginaires, mais la
propriété subsiste toujours. En effet, la corde *tt′* n'est autre

---

(*) Tout cercle qui coupe orthogonalement les cercles (C) et (C′) appartient évidemment à la suite des cercles (*c*), car son centre est sur la
corde commune MN, et ses points d'intersection avec les proposés sont
les points de contact des tangentes égales issues de ce centre (39), par
où l'on voit (Théor. X) que le cercle orthogonal dont il s'agit appartient
à la fois aux cercles (*c*) qui correspondent à S et à ceux qui correspondent au centre de similitude opposée S′. (*Note de* 1818.)

(**) Ce raisonnement s'appuie sur l'admission du *principe de continuité* ; mais au moyen de la note qui précède, on peut démontrer la
même chose d'une manière tout à fait directe ; il en résulte, en effet, que
le cercle (S) est orthogonal à tous ceux de la suite réciproque à (C)
et (C′), ce qui ne peut avoir lieu sans qu'il fasse partie de la suite que
déterminent ces derniers (39). (*Item.*)

chose que la polaire de S, laquelle, subsistant toujours (5), doit aussi toujours jouir des mêmes propriétés.

Réciproquement, quand un cercle, d'ailleurs quelconque, est orthogonal au cercle (S) qui vient de nous occuper, il fait nécessairement partie des cercles (c), c'est-à-dire que les points de son intersection avec les proposés sont deux à deux homologues inverses (54) et, par conséquent, placés dans le même ordre sur des droites dirigées vers S. Pareillement, tout cercle qui a un contact *semblable* ou de *même espèce* avec chacun des cercles (C) et (C′) est évidemment tel (37, 51), que « la droite qui joint ses points de contact passe par le centre » de similitude directe S »; donc il appartient aussi à la suite des cercles (c) et jouit des mêmes propriétés qu'eux; seulement les cordes AD et A′D′ sont devenues nulles ou tangentes aux cercles correspondants.

56. Admettons maintenant une nouvelle circonférence (c'), décrite comme la première : elle jouira des mêmes propriétés relatives; de plus, elle jouira conjointement avec elle de propriétés appartenant simultanément à leur système; par exemple, les cordes AD et BE, qui leur appartiennent, ainsi qu'à (C), iront concourir (37) en un point P de la corde mn qui leur est commune, et il en sera de même des cordes correspondantes A′D′, B′E′. Pareillement, puisque les tangentes aux cercles (c) et (c'), issues du point S, sont toutes égales (55), ce point appartient aussi à la corde commune mn (36); donc

« Les trois points P, P′ et S sont sur une même ligne droite » corde commune au système des cercles (c) et (c'). »

Deux systèmes de cordes respectivement homologues inverses, tels que AD et A′D′, BE et B′E′, déterminent toujours deux circonférences de cercle (c) et (c'); on peut donc énoncer généralement ainsi ce théorème, qui se rattache d'une manière intime à ceux des articles 49 et 50 :

THÉORÈME XI. — *Les points de concours* P *et* P′ *de deux systèmes de cordes respectivement homologues inverses* AD *et* BE, A′D′ *et* B′E′ *sont sur une droite passant par le centre de similitude correspondant* S, *c'est-à-dire qu'ils sont eux-mêmes* homologues inverses *à l'égard de ce point* (54).

57. Le cas particulier où les cercles (c) et (c') deviennent tangents, de même espèce, aux cercles donnés (C) et (C') est surtout remarquable en ce qu'il y a réciprocité complète entre les deux systèmes qu'ils forment. Il est visible, en effet, que les cercles (C) et (C') sont réciproquement tangents de même espèce, aux cercles (c) et (c'); en sorte qu'ils jouissent, à l'égard de ces cercles, de leur centre de similitude directe et du cercle orthogonal qui a son centre en ce point, de toutes les propriétés qui viennent de nous occuper.

Soient donc (c) et (c'), *fig.* 160, deux cercles quelconques ayant aux points A et A', B et B' un contact de même espèce

Fig. 160.

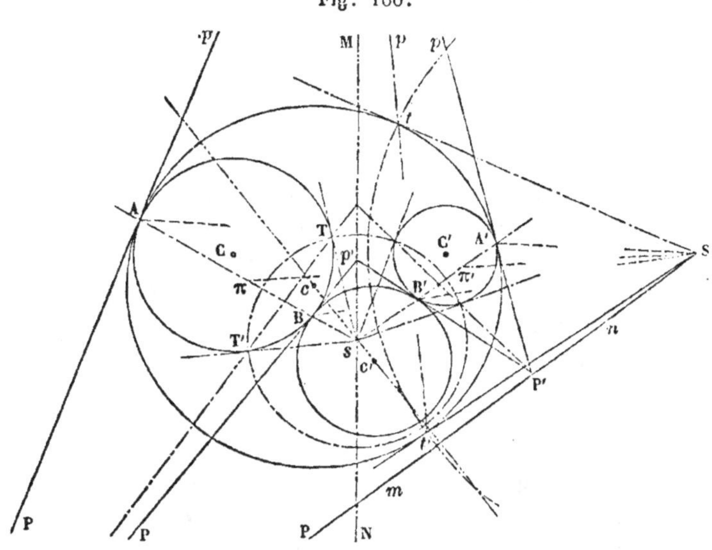

à l'égard de chacun des cercles donnés (C) et (C'); il résultera de cette simple remarque et de tout ce qui précède, que :

« 1° Les droites AA' et BB', qui sont les cordes de contact » dans (c) et (c'), iront concourir au centre de similitude di- » recte S des cercles (C) et (C');

» 2° Les droites AB et A'B', qui sont les cordes de con- » tact dans (C) et (C'), iront au contraire concourir au centre » de similitude s des cercles (c) et (c');

» 3° Les pôles p et p' des cordes de contact AA' et BB'

» seront situés, ainsi que s, sur la corde MN commune au
» système des cercles (C) et (C') (Théor. X);

» 4° Les pôles P et P' des cordes de contact AB et A'B'
» seront au contraire situés, ainsi que S, sur la corde mn
» commune aux cercles (c) et (c');

» 5° Le cercle (S), qui a S pour centre, et pour rayon une
» tangente quelconque St aux cercles (c) et (c'), passe par les
» points d'intersection des cercles (C) et (C') et a par consé-
» quent MN pour corde commune avec eux; de plus, la
» corde tt', qui lui est commune avec l'un quelconque des
» cercles (c) et (c'), et qui est aussi la polaire du point S dans
» ce cercle, passe par le pôle correspondant p (55);

» 6° Les mêmes choses ont lieu à l'égard du cercle (s) et des
» cordes qui lui sont communes avec (c), (c'), (C) et (C');
» ainsi, par exemple, sa corde TT', commune avec (C), ou
» la polaire de s dans ce cercle, passe par le pôle P de AB;

» 7° Enfin les pôles π et π' de la corde mn, commune aux
» cercles (c) et (c'), sont rangés respectivement sur les cordes
» de contact AB et A'B' appartenant aux cercles (C) et (C'),
» et pareille chose a lieu pour la corde MN. »

Cette dernière conséquence se démontre en observant que,
puisque P est le pôle de AB dans le cercle (C), par exemple,
la droite Sm, qui passe par ce point, doit avoir réciproquement
pour pôle un point de AB (51).

58. Deux cordes homologues inverses quelconques, telles
que AB et A'B', déterminent évidemment toujours deux circonférences de cercle (c) et (c') tangentes aux cercles (C) et (C');
mais nous venons de voir que les pôles de ces mêmes droites
sont rangés sur une nouvelle droite passant par le centre de
similitude S ; donc on peut énoncer ce théorème :

THÉORÈME XII. — *Les pôles respectifs* P *et* P' *de deux cordes
homologues inverses quelconques* AB *et* A'B', *sont rangés sur
une ligne droite passant par le centre de similitude correspondant* S, *c'est-à-dire qu'ils sont eux-mêmes homologues
inverses à l'égard de ce point.*

59. Quand les deux transversales SA et SB viennent à se
confondre en une seule, les cordes homologues dont il s'agit

peuvent également se confondre avec elles ; les points **P** et **P'** deviennent, dans cette hypothèse, les pôles de la nouvelle sécante, et comme sa direction demeure pourtant arbitraire, il en résulte ce nouveau corollaire :

Théorème XIII. — *Les pôles de toute ligne droite, passant par l'un des points de concours des tangentes à la fois communes à deux circonférences de cercle situées sur un même plan, sont rangés sur une nouvelle droite passant réciproquement par ce point.*

60. Cette proposition, qui est, comme la précédente, une conséquence très-simple de celle de l'article 56, est tellement caractéristique, que, dès l'instant où elle subsiste à l'égard de deux cercles et d'un point situés sur un même plan, il faut nécessairement que ce point soit un de ceux où concourent les tangentes communes à ces cercles. Il est visible, en effet, que lorsque la transversale qui passe par ce point devient tangente à l'un des deux cercles, elle devient nécessairement aussi tangente à l'autre, car les deux pôles correspondants se trouvent alors à la fois sur cette transversale.

61. On pourra objecter contre cette démonstration qu'elle n'est applicable qu'au cas où le point que l'on considère est extérieur aux cercles qui lui correspondent ; mais, outre que l'extension d'un cas à l'autre peut avoir lieu directement, en invoquant le *principe de continuité,* puisque les systèmes correspondants sont assujettis à la même loi et ne diffèrent que par la transposition des parties, on peut encore choisir un tour de démonstration qui soit indépendant de la condition dont il s'agit ; mais alors les conséquences seront de nouveau restreintes au cas où la transversale, passant par le point donné, serait susceptible de couper à la fois les deux cercles.

En effet alors, et en vertu de la propriété ci-dessus, ce point est nécessairement placé quelque part sur la ligne des centres ; cela résulte immédiatement de la discussion. Soient donc (C), (C') et S les deux cercles et le point donné (*fig.* 161) ; SA une transversale arbitraire passant par S, mais rencontrant à la fois les deux cercles ; traçons les tangentes aux points d'intersection, afin d'obtenir les pôles P et P' de la droite SA ; menons enfin les rayons CA, C'A' et les droites CP, C'P', qui

Fig. ı6ı.

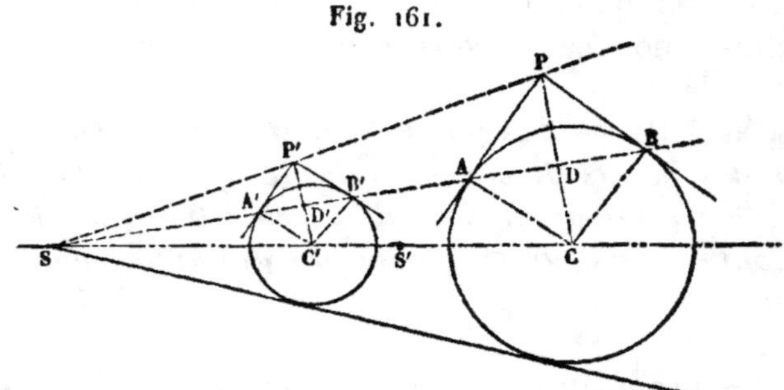

sont nécessairement perpendiculaires à la droite SA, et par suite parallèles entre elles ; on aura évidemment

$$\overline{CA}^2 = CD.CP, \quad \overline{CA'}^2 = C'D'.C'P',$$

d'où

$$\overline{CA}^2 : \overline{CA'}^2 :: CD.CP : C'D'.C'P';$$

mais les triangles respectivement semblables **CDS** et **C'D'S**, **CPS** et **C'P'S** donnent

$$CD : C'D' :: CS : C'S, \quad CP : C'P' :: CS : C'S;$$

donc

$$CD.CP : C'D'.C'P :: \overline{CS}^2 : \overline{C'S}^2,$$

et par conséquent

$$CA : C'A' :: CS : C'S,$$

relation qui apprend que les rayons **CA** et **C'A'** sont toujours parallèles, ce qui ne peut convenir qu'aux deux points de concours des couples de tangentes extérieures ou intérieures, communes aux cercles (C) et (C'), soit que ces tangentes subsistent ou ne subsistent pas.

62. Ces deux démonstrations comprennent évidemment tous les cas possibles ; car, d'après la propriété dont jouit le point **S** que l'on considère, ce point doit nécessairement être, ou tout à fait intérieur aux deux cercles, ou tout à fait extérieur à ces mêmes cercles. Dans le premier cas, les transversales passant

par ce point rencontreront à la fois les deux cercles ; dans le second, les tangentes issues de ce point seront possibles. On peut donc affirmer généralement que :

« Si un point, situé sur le plan commun à deux circonfé-
» rences de cercle, est tel, que les pôles d'une droite quel-
» conque passant par ce point soient rangés sur une nouvelle
» droite passant réciproquement par le même point, ce point
» est nécessairement un de ceux où se coupent deux tan-
» gentes communes aux cercles proposés. »

63. La difficulté que nous venons de rencontrer dans la démonstration de ce théorème provient de ce qu'il existe d'autres points que les centres de similitude directe et opposée qui jouissent de la propriété examinée, car nous venons de voir qu'il n'y a pas de nécessité que les droites issues de ce point rencontrent à la fois les deux cercles, caractère qui appartient proprement aux deux centres dont il s'agit ; toutefois, comme, dans le cas contraire, ce point doit nécessairement être situé au dehors des deux cercles, il faut, d'après ce qui précède, qu'il appartienne toujours à la mutuelle intersection de deux tangentes communes ; ce sera donc un des quatre points qui sont la rencontre de deux tangentes communes de différente espèce. Or on peut démontrer directement, et nous aurons occasion de démontrer plus tard, qu'en effet chacun de ces quatre points jouit à l'égard des deux cercles de la propriété ci-dessus énoncée (56), propriété qui n'a encore été établie jusqu'ici que pour les points de concours des tangentes communes de même espèce, c'est-à-dire que pour les centres de similitude de ces cercles.

Ainsi, la propriété qui nous occupe appartient à la fois aux six points où peuvent concourir deux à deux les tangentes communes aux deux circonférences de cercle ; ces points forment donc séparément autant de systèmes assujettis à la même loi, et il n'y a de différence entre eux que dans la situation respective des lignes et dans la réalité ou la non-réalité des points d'intersection qui leur correspondent.

Nous avons beaucoup insisté sur cet exemple particulier, afin de montrer combien l'admission ouverte du principe de continuité en Géométrie rationnelle, peut abréger et même faciliter les démonstrations et les recherches. Il est visible, en effet, qu'en adoptant les conséquences de ce principe, il n'y a point de nécessité de refaire la démonstration de l'article **60**, et que cette démonstration est aussi satisfaisante que complète. Dans des cas plus compliqués, l'avantage de l'admission du principe est bien autrement évident : nous en rencontrerons de nombreux exemples dans le cours de ces recherches ; il nous suffit d'en avoir donné dès à présent une idée.

64. Les diverses propriétés qui nous ont occupés dans ce qui précède conduisent d'une manière si naturelle, si directe, à celles du cercle tangent à trois autres situés sur un plan, que nous ne croyons pas devoir nous abstenir de les rapporter ici, quoiqu'elles appartiennent à un sujet tant de fois traité par de savants et illustres géomètres. D'ailleurs, comme ces propriétés se rattachent d'une manière intime à la théorie des cordes et des tangentes communes aux circonférences de cercle, et que nous aurons même occasion par la suite de les étendre aux sections coniques en général, je pense qu'on me pardonnera facilement l'espèce de digression qu'elles amènent pour le moment.

65. Considérons donc le système de trois circonférences de cercle (C), (C′), (C″), *fig.* 162, situées sur un même plan ; on sait qu'à ces trois

Fig. 162.

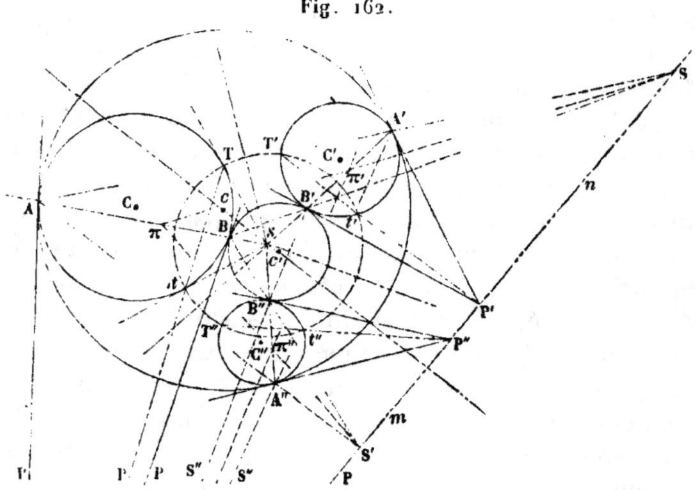

cercles répondent toujours six centres de similitude directe ou opposée, distribués, trois à trois, sur quatre lignes droites ou *axes de similitude*; examinons en particulier celui de ces axes qui renferme les trois centres S, S′, S″ de similitude directe, et qui correspond par conséquent aux cercles (c) et (c'), ayant à la fois un contact de même espèce avec les trois cercles proposés (55); ce que nous dirons de cet axe sera immédiatement applicable à chacun des trois autres et aux systèmes de cercles tangents qui leur correspondent respectivement. Cela posé, on conclura directement de l'article 57, et sans qu'il soit besoin de recourir à de nouveaux raisonnements, que :

« 1° Le centre de similitude s des cercles tangents (c) et (c') est, à la fois, sur chacune des trois cordes communes aux cercles proposés, et se trouve par conséquent à leur intersection mutuelle.

» 2° La corde commune aux mêmes cercles passe à la fois par S, S′, S″, et se confond par conséquent avec l'axe de similitude SS′S″ des cercles proposés.

» 3° La ligne des centres de ces cercles, qui passe par s, est par suite perpendiculaire à cet axe.

» 4° Si l'on trace le cercle TT′T″ ou (s), qui a s pour centre et pour rayon une quelconque des tangentes aux cercles (C), (C′), (C″), issues de ce même point, il coupera à la fois orthogonalement ces trois cercles, et aura SS′S″ pour corde commune avec les cercles tangents (c) et (c').

» 5° Si l'on trace les trois cercles (S), (S′), (S″) qui appartiennent aux cercles (C), (C′), (C″) pris deux à deux (55), ils auront respectivement même corde commune avec ceux qui leur correspondent, et couperont à la fois orthogonalement les cercles (c), (c') et (s); de sorte que, ayant leurs centres sur l'axe de similitude SS′S″, ils appartiendront à la série orthogonale réciproque de ces cercles, et auront par conséquent la droite des centres c et c' pour corde commune (36, 39).

» 6° Les trois points de contact A, A′, A″ ou B, B′, B″, qui appartiennent à chaque cercle tangent aux proposés sont, deux à deux, sur trois droites concourant respectivement aux centres de similitude S, S′, S″ qui leur correspondent, en sorte que les trois cordes de contact AB, A′B′, A″B″ sont, dans le même ordre, homologues inverses.

» 7° Ces cordes de contact passent toutes trois par le centre de similitude s des cercles (c) et (c'), c'est-à-dire par le point de concours unique des cordes deux à deux communes aux cercles proposés.

» 8° Les pôles P, P′, P″ de ces cordes respectives sont tous trois rangés sur la corde commune à (c) et (c'), c'est-à-dire sur l'axe de similitude SS′S″ que l'on considère.

» 9° Les cordes Tt, T′t', T″t'', deux à deux communes au cercle (s) et aux cercles proposés, c'est-à-dire les polaires qui correspondent à ces cercles et au point s, vont concourir respectivement aux pôles P, P′, P″ dont il s'agit.

» 10° Les pôles π, π', π'' de l'axe de similitude SS′S″, dans chaque cercle proposé, sont situés respectivement sur les trois cordes de contact AB, A′B′ et A″B″.

» 11° Enfin, ces mêmes pôles sont deux à deux homologues inverses, c'est-à-dire qu'ils sont, dans le même ordre, sur des droites passant par les centres de similitude S, S′, S″ correspondants (59). »

A ces diverses propositions on pourrait joindre la suivante, bien facile à démontrer :

« 12° Les centres des cercles tangents (c) et (c') se trouvent à la fois situés sur trois sections coniques, ayant chacune pour foyers deux des centres des cercles proposés, et pour grand axe la différence des rayons qui leur correspondent respectivement. »

66. Voilà en peu de mots, tout ce qu'on connaît d'intéressant sur le cercle tangent à trois autres décrits sur un plan. Les Propos. III, VIII et IX donnent la solution du problème correspondant, qui appartient à M. Gaultier de Tours (*), mais un peu généralisée ; les VIIᵉ et Xᵉ donnent une solution qui revient, quant au fond, à celle qu'a présentée du même problème, M. Gergonne, rédacteur des *Annales de Mathématiques*.

Les mêmes considérations vont nous conduire à une autre solution non moins directe et non moins simple que les premières, et qui jouit avec elles de l'avantage de pouvoir être exécutée avec la règle seule, quand on a la connaissance préalable des centres de similitude qui appartiennent deux à deux aux cercles proposés.

67. Nous venons de voir que le cercle (s), orthogonal à la fois aux cercles (C), (C'), (C''), et qui a son centre au point s où se coupent les cordes communes à ces cercles, a lui-même l'axe de similitude SS′S″ pour corde commune avec les cercles tangents (c) et (c') ; mais, au moyen des remarques de l'article 54, on peut facilement déterminer un cercle quelconque de la suite à laquelle il appartient, ainsi que (c) et (c'), sans la connaissance préalable du point s.

Par le centre de similitude S (*fig.* 163), menons en effet une transversale quelconque SA dans les cercles correspondants (C) et (C′), pour obtenir deux points A et A′ homologues inverses (54) ; par l'un de ces points, par le point A, par exemple, menons de nouveau la transversale S′A dirigée au centre de similitude S′, et rencontrant le troisième cercle (C″) au point A″ homologue inverse de A ; par les points A, A′, A″ ainsi obtenus, faisons passer une circonférence de cercle, elle rencontrera de nouveau les proposées aux points B, B′, B″, et appartiendra nécessairement à la suite des cercles (c) et (c') ; car, par construction, elle est

---

(*) *Voir* le Mémoire déjà cité (40), où se trouvent aussi exposées d'une manière synthétique les propositions qui viennent de nous occuper.

orthogonale à la fois aux cercles (S) et (S'), n° 55, ce qui ne peut avoir lieu à moins qu'elle n'appartienne à la suite réciproque de ces cercles

Fig. 163.

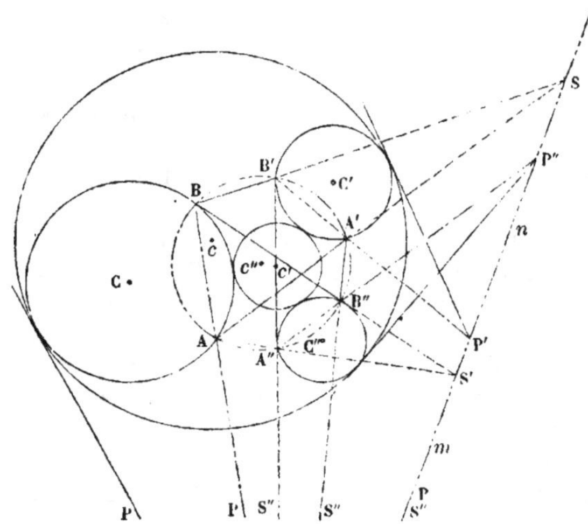

(36, 39) et du cercle (S"), puisque ce dernier a même corde commune avec les deux autres, c'est-à-dire à la suite (c), (c').

Il résulte de là immédiatement et de la construction du cercle dont il s'agit, que si l'on trace les droites BB', BB", B'A", B"A', ainsi que les cordes AB, A'B' et A"B", qui sont communes à ce cercle et à chacun des proposés :

« 1° Chacune des premières ira concourir (54, 55) au centre de similitude directe S, S' ou S" des deux cercles auxquels cette droite correspond, en sorte que les trois autres droites ou cordes AB, A'B', A"B" seront deux à deux homologues inverses.

» 2° Ces trois cordes iront concourir respectivement aux points P, P', P" déterminés ci-dessus, pôles invariables des cordes de contact des deux cercles (c), (c') tangents aux proposés (56).

» 3° La figure AA'B"BB'A"A, dont les sommets s'appuient deux à deux sur les cercles proposés et qui est en même temps inscrite au cercle $(c")$ de la suite que l'on considère, forme naturellement un hexagone fermé dont les côtés opposés vont respectivement concourir aux centres de similitude S, S', S", et les diagonales AB, A'B', A"B", qui joignent les sommets opposés aux trois points P, P', P" désignés ci-dessus. »

68. D'après cela, réciproquement, si l'on essaye à volonté de construire un hexagone tel que celui qui précède, dont les sommets s'appuient sur les cercles proposés et soient deux à deux consécutivement homologues

inverses (54) à l'égard des cercles et du centre de similitude auxquels ils appartiennent, il arrivera que :

« 1° Cet hexagone viendra naturellement se refermer au point pris pour sommet de départ.

» 2° Cet hexagone sera inscriptible à une même circonférence de cercle, appartenant à la suite que déterminent les cercles tangents à la fois aux proposés.

» 3° Les diagonales qui joignent les sommets opposés de cet hexagone viendront rencontrer l'axe de similitude SS'S" aux pôles invariables P, P', P" des cordes de contact des cercles tangents dont il s'agit. »

69. Si l'on se proposait seulement de déterminer le pôle P" et la corde de contact qui lui correspond dans le cercle $(C")$, la description de l'hexagone deviendrait inutile ; car il résulte de ce qui précède, que si, au lieu de tracer l'hexagone tout entier, on s'arrête aux trois premiers côtés A"A, AA', A'B", en prenant pour sommet de départ un point quelconque A" du cercle que l'on considère, on formera naturellement une portion de polygone A"AA'B", dont les sommets extrêmes A", B", ceux qui correspondent au cercle $(C")$ que l'on considère, appartiendront à l'une des diagonales de l'hexagone ci-dessus, et seront par conséquent situés sur une droite passant par le pôle P" cherché.

Cette nouvelle propriété peut s'exprimer ainsi :

« Si l'on construit à volonté une portion de polygone A"AA'B" com-
» posée de trois côtés, dont les sommets soient consécutivement et deux
» à deux homologues inverses, ses sommets extrêmes A" et B" seront
» nécessairement à un même cercle $(C")$ et, en général, distincts entre
» eux ; mais, si l'on trace la droite A"B" qui les renferme à la fois, elle
» concourra sans cesse au pôle P" appartenant à ce cercle. »

70. En appliquant aux diverses considérations qui viennent de nous occuper, les conséquences du principe de continuité, on arrive directement à quelques corollaires faciles, qu'il ne sera pas hors de propos d'examiner ici.

Considérons toujours, comme dans ce qui précède, le système de trois circonférences de cercle quelconques situées sur un même plan, et supposons qu'on leur ait mené les tangentes qui leur sont deux à deux extérieures communes, afin d'obtenir, par leurs intersections respectives, les trois centres de similitude directe S, S', S" qui leur appartiennent. Cela posé, imaginons que l'une des circonférences dont il s'agit glisse entre les deux tangentes qui lui sont communes avec l'une des deux autres, jusqu'à s'en rapprocher à une distance d'abord infiniment petite, puis ensuite nulle, c'est-à-dire jusqu'à se confondre avec le cercle fixe ; concevons que, par suite du même mouvement, la dernière circonférence glisse également entre les deux tangentes qui lui sont communes avec le cercle fixe, mais de manière cependant que le centre de similitude qui lui appartient, ainsi qu'au premier cercle variable, reste toujours à la même place, chose évidemment possible, il arrivera nécessairement que cette circonférence se rapprochant sans cesse de celle qui reste fixe, finira par s'y confondre en même temps que l'autre qui en dirige le mouvement : or, dans ce nouvel état du système, les divers objets de la figure devront jouir entre eux des mêmes propriétés que dans la figure primitive, pourvu qu'on ait égard aux modifications qui auront pu s'y opérer ; donc, si l'on observe que les trois points S, S', S" peuvent être remplacés par trois points quelconques situés en ligne droite, on conclura immédiatement des nᵒˢ 68 et 69, ces deux nouveaux théorèmes appartenant à la Géométrie de la règle :

« 1° Trois points en ligne droite étant donnés à volonté sur le plan
» d'une circonférence de cercle, si l'on essaye d'inscrire à cette circonfé-
» rence un hexagone dont les côtés respectivement opposés concourent aux
» trois points en question, cet hexagone se refermera de lui-même sur
» la courbe, quel que soit le sommet ou le côté qu'on ait choisi pour
» point de départ.

» 2° Les mêmes choses étant données, si l'on inscrit, à volonté, dans
» ce cercle, un quadrilatère dont les trois premiers côtés concourent res-
» pectivement aux points donnés, le dernier côté, resté libre, ira sans
» cesse concourir en un quatrième point fixe, situé sur la droite qui ren-
» ferme les trois autres. »

71. Le premier de ces théorèmes n'est, au fond, que la proposition connue sous le nom de l'*hexagramme mystique* de Pascal ; quant à l'autre, il fait partie d'une proposition beaucoup plus générale que nous avons énoncée, sans démonstration, dans un article inséré au tome VII des *Annales de Mathématiques*. Notre dessein, en les présentant ici, n'a pas été de les examiner en eux-mêmes, puisque nous nous proposons d'y revenir d'une manière générale par la suite, mais de faire voir seulement, par un exemple remarquable, comment l'admission de la continuité en Géométrie peut servir à étendre les conceptions et les idées, et comment aussi elle sert à établir une liaison étroite et intime entre des vérités et des figures en apparence distinctes.

Au reste, on pourrait déduire des considérations qui précèdent d'autres conséquences également remarquables, mais qui ne seraient pas ici à leur place, et nous feraient tout à fait perdre de vue l'objet véritable de ce paragraphe, dont nous nous sommes déjà beaucoup trop écartés ; seulement, nous ferons remarquer, en terminant, que ces considérations sur les cercles tangents à trois autres s'appliquent immédiatement au système d'un nombre quelconque de circonférences de cercle également tangentes à deux autres sur un plan ; en sorte que la théorie qui précède, uniquement basée sur les propriétés des cordes réelles ou idéales communes, donne tout ce que l'on peut désirer de plus général sur les cercles qui se coupent ou se touchent sur un même plan.

72. Toutes les propriétés que nous avons jusqu'ici établies pour le cas général de deux circonférences de cercle quelconques situées sur un même plan, subsistent évidemment, en tout ou en partie et avec les modifications convenables, dans les diverses circonstances particulières que le système de ces cercles peut présenter ; c'est une conséquence nécessaire et ici tout à fait évidente du principe de continuité. L'examen de quelques-unes de ces circonstances va nous servir à justifier, à posteriori, les notions exposées au commencement de ce paragraphe.

Et d'abord, on peut remarquer, en général, qu'il existe entre les cordes communes à distances finie et infinie, toutes deux ayant constamment lieu à la fois (31), une dépendance tellement intime, que, quand l'une est donnée, l'autre s'ensuit nécessairement et par une même loi ; car la même construction, appliquée à chacune d'elles (51), donne simultanément les deux centres de similitude des cercles correspondants ; or chacun de ces points est propre, à son tour (50), à donner simultanément des systèmes de droites concourant sur l'une et l'autre corde commune.

Cette liaison intime entre les deux cordes qui nous occupent, peut servir à justifier à posteriori et pour le cas du cercle, la définition admise à l'article 20 pour les cordes communes qui se rencontrent au dehors du périmètre des deux courbes ; car elles forment naturellement ici un système de cordes *conjuguées* entre elles. Au reste, la dépendance qui lie entre eux les deux centres de similitude est non moins remarquable, et porte également à leur appliquer le nom de *points de concours conjugués des tangentes communes.* Nous étendrons plus tard le sens de cette définition, quand nous en viendrons à considérer les propriétés des cordes et des tangentes communes aux sections coniques en général.

73. Pour passer maintenant à l'examen de quelques cas particuliers, supposons que les deux circonférences proposées deviennent concentriques ; d'après l'article 33, les deux cordes communes qui leur appartiennent, se confondent alors en une seule située à l'infini. Or cette circonstance se retrace parfaitement à l'aide des considérations générales ci-dessus.

En effet alors, les centres de similitude directe et opposée se réunissent au centre commun des deux cercles, et si l'on trace par ce point, des transversales arbitraires pour obtenir des cordes homologues suivant la définition, il arrivera évidemment que celles qui sont inverses, et qui précédemment allaient concourir sur la corde commune à distance donnée, seront parallèles aux cordes homologues directes qui leur correspondent, et par conséquent concourront avec elles en des points à l'infini, ce qui exige que les cordes communes, elles-mêmes, se soient confondues à l'infini.

On voit qu'ici les propriétés des cordes homologues, directes ou inverses, acquièrent un grand degré d'évidence, à cause de la symétrie des deux cercles autour de leur centre commun. Or il en est de même de toutes les autres propriétés générales dont on s'est occupé dans ce qui précède, et chacune d'elles, en particulier, peut servir à prouver réciproquement que les cercles concentriques se comportent comme si leur corde commune ordinaire était passée à l'infini.

74. Concevons actuellement que l'un des deux cercles, au lieu de devenir concentrique à l'autre, comme dans la supposition précédente, acquière des dimensions infiniment petites ou se réduise à un point. D'après ce que nous avons vu (32), le système correspondant devra conserver encore, outre sa corde idéale commune à l'infini, une autre corde idéale commune à distance donnée, laquelle jouira des mêmes propriétés à l'égard de ce système.

Qu'on trace, par exemple, une circonférence de cercle quelconque passant par le point qui représente le cercle infiniment petit, la corde qui lui est commune avec ce dernier cercle sera évidemment la tangente au point en question ; quant à la corde commune à ce petit cercle et à celui du système proposé, elle devra concourir avec la première, sur la corde idéale commune de ce système, comme cela résulte du cas général, et pourrait facilement se vérifier à priori.

Pareillement, si du point dont il s'agit, qui représente évidemment à la fois le centre du cercle infiniment petit et les deux centres de similitude du système, on mène une transversale arbitraire rencontrant le cercle donné en deux points, puis qu'on trace les deux tangentes qui correspondent à ces points et les deux parallèles à ces tangentes passant par le point donné, lesquelles, de leur côté, représenteront (49) les tangentes du cercle infiniment petit, homologues aux premières, il arrivera que les tangentes homologues non directes ou qui se rencontrent, iront concourir sur la corde idéale commune au système du point et du cercle proposé (50).

Pour démontrer en particulier cette dernière assertion d'une manière tout à fait directe, soient (C) et (C'), *fig.* 164, le cercle

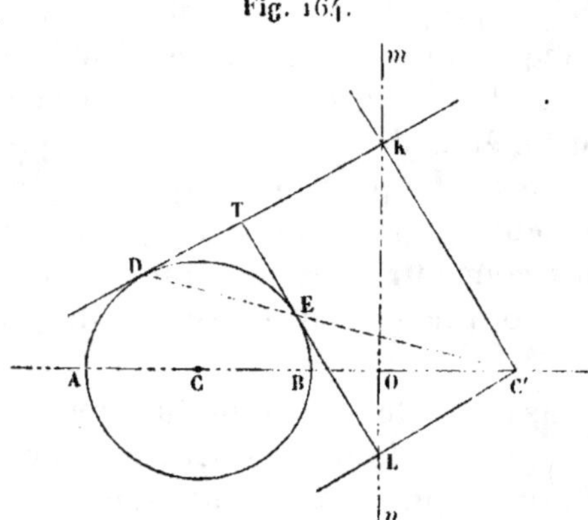

Fig. 164.

et le point proposés, C'D une transversale arbitraire passant par C' et rencontrant le cercle (C) en E et D ; par le point C' soient menées les parallèles C'K et C'L aux tangentes ET et DT, qui correspondent au cercle (C) et à la sécante C'D : elles rencontreront les tangentes dont il s'agit aux points K et L qui, d'après l'hypothèse, appartiendront à la corde *mn* commune au système du point C' et du cercle (C).

Considérons en particulier le point K, et abaissons de ce point la perpendiculaire indéfinie KO sur la ligne des centres CC'; en regardant cette perpendiculaire comme une corde idéale du cercle (C), on aura (**28**)

$$\overline{KD}^2 = \overline{KO}^2 + OA \cdot OB;$$

mais, par construction,

$$\overline{KD}^2 = \overline{KC'}^2 = \overline{KO}^2 + \overline{OC'}^2,$$

à cause que le triangle **KDC'** est isocèle, et le triangle **KOC'** rectangle ; donc

$$\overline{OC'}^2 = OA \cdot OB,$$

ce qui est conforme à la définition (32) de la corde idéale commune au cercle (C) et au point C' (*), et apprend que tous les points **K** sont sur cette droite indéfinie.

75. On pourrait pousser plus loin cet examen, mais les rapprochements que nous venons de faire doivent suffire pour justifier, quant à ce qui concerne la circonférence du cercle, les définitions et les notions jusqu'ici admises. Dans ce qui suit, nous nous occuperons spécialement des principes de projection à l'aide desquels on peut ramener la recherche ou la démonstration des propriétés générales des sections coniques à celle des propriétés de la circonférence du cercle. En nous appuyant sur les diverses considérations présentées au premier paragraphe, nous établirons ces principes d'une manière entièrement géométrique et extrêmement simple, si on compare nos démonstrations à celles qu'on pourrait déduire de la Géométrie analytique. Mais, pour y arriver d'une manière qui soit en même temps naturelle, nous aurons à exposer quelques définitions et quelques notions déjà connues de la doctrine des projections, et c'est à cela que nous consacrerons le commencement du paragraphe ci-après.

§ III. — Principes de la doctrine des projections.

76. Dans ce qui suit, nous donnerons toujours au mot de *projection* le même sens que celui de *perspective ;* ainsi la projection sera *centrale.*

(*) N'oublions pas que, en conservant à ces lignes droites le nom de *cordes,* nous entendons par là que le cercle correspondant ait reçu des dimensions infiniment petites, et non pas nulles ; car autrement l'expression de *corde* ou *sécante* serait non-seulement peu naturelle, mais encore absurde et opposée aux notions que nous avons jusqu'ici admises (1818).

Dans cette sorte de projection, la surface sur laquelle on projette la figure donnée peut être quelconque ; cette figure elle-même peut être située arbitrairement dans l'espace ; mais cette grande extension étant inutile à l'objet des recherches qui suivent, nous supposerons toujours que la figure donnée et la *surface de projection* soient l'une et l'autre planes.

Ainsi, que l'on conçoive que, d'un point donné pris pour *centre* de projection, parte un faisceau de lignes droites dirigées vers tous les points d'une figure tracée sur un même plan ; si l'on vient à couper ce faisceau de *droites projetantes* par un autre plan disposé d'une manière arbitraire dans l'espace, il en résultera sur ce plan une nouvelle figure, qui sera la *projection* de la première.

77. Cette projection ne change évidemment ni la disposition, ni le degré des lignes de la figure primitive, ni, en général, toute espèce de dépendance graphique entre les parties de cette figure, qui ne concernerait que la direction indéfinie des lignes, leur intersection mutuelle, leur contact, etc.; mais elle pourra faire varier seulement l'espèce particulière de ces mêmes lignes, et, en général, toutes les dépendances qui concerneraient des grandeurs constantes et déterminées, telles que : ouvertures d'angles, paramètres, etc. Ainsi, par exemple, de ce qu'une ligne est normale à une autre dans la figure primitive, on ne saurait en conclure qu'elle le soit dans la projection de cette figure sur un nouveau plan.

Toutes ces propriétés de la projection centrale résultent, d'une manière purement géométrique, de sa nature propre et des notions les plus communément admises, et il n'est pas besoin de recourir à l'Analyse algébrique pour les reconnaître et les démontrer; notamment, pour prouver qu'une ligne du degré m reste de ce degré dans la projection, il suffit de remarquer que, la première ne pouvant être coupée en plus de m points par une droite arbitraire tracée dans son plan, il devra nécessairement en être de même de l'autre, puisque la projection d'une droite est toujours une ligne droite passant par tous les points qui correspondent à ceux de la première.

Une figure, dont les parties n'auront entre elles que des dépendances graphiques de la nature des précédentes, c'est-à-dire des dépendances indestructibles par l'effet de la projection, sera généralement appelée, dans ce qui va suivre, *figure projective*.

Ces dépendances elles-mêmes, et, en général, toutes les relations ou propriétés qui subsistent à la fois dans la figure donnée et dans ses projections, seront appelées également *relations* ou *propriétés projectives*.

78. Il résulte de la nature même des propriétés projectives, telles que nous venons de les définir, que, voulant établir une semblable propriété sur une figure donnée, il suffira de démontrer qu'elle a lieu pour l'une quelconque de ses projections. Or, parmi toutes les projections possibles de cette figure, il peut en exister qui soient réduites à des circonstances plus simples, et sur lesquelles la démonstration ou la recherche qu'on se propose devienne d'une première facilité et n'exige qu'un léger coup d'œil, ou, tout au plus, la connaissance de quelques propriétés élémentaires de la Géométrie. Par exemple, la figure renfermant, en particulier, une section conique, pourra être regardée comme la projection d'une autre, pour laquelle la section conique sera remplacée par une circonférence de cercle, et cette seule remarque suffira pour ramener les questions les plus générales des sections coniques à d'autres qui soient purement élémentaires.

On conçoit, d'après cela, de quelle importance peut être la doctrine des projections pour toutes les recherches géométriques, et combien les considérations qu'elle offre peuvent abréger et faciliter ces recherches. C'est ainsi que déjà, quelques géomètres de notre époque démontrent, d'une manière fort élégante, diverses propriétés nouvelles et curieuses de la *Géométrie de la règle*, qu'il serait aussi pénible que difficile de démontrer de toute autre manière.

79. Une figure étant donnée, tout se réduit, comme on le voit, à rechercher celle de ses projections qui présentera des circonstances plus élémentaires et plus propres par leur simplicité, à faire découvrir les relations particulières que l'on a en vue. La doctrine des projections fournit déjà quelques principes pour y parvenir, mais il s'en faut de beaucoup qu'elle n'en puisse fournir encore d'autres, et notre objet actuel est précisément de les rechercher et de les faire connaître, d'une manière purement géométrique, à l'aide des notions établies dans le premier paragraphe de ce Mémoire.

Pour mettre dans cette exposition de l'ordre et de la clarté, nous commencerons par rappeler, d'une manière succincte, ceux des principes de projection qui, déjà connus des géomètres, peuvent être utiles à l'objet particulier de ces recherches, à cause de leur extrême simplicité; nous nous contenterons d'en rapporter l'énoncé sans nous attacher à en donner la démonstration, qui, d'ailleurs, est on ne peut plus facile, pour ne pas dire évidente.

80. THÉORÈME I. — *Le système d'un nombre quelconque de droites situées dans un même plan, et ayant un point de concours unique, peut toujours être regardé comme la projection d'un autre système composé d'un égal nombre de droites parallèles, situées aussi sur un même plan.*

Il suffit évidemment, pour que cela ait lieu, que le plan de projection soit parallèle à la ligne droite qui joint le point de concours du premier système au centre, d'ailleurs arbitraire, de projection. Réciproquement :

THÉORÈME II. — *Le système d'un nombre quelconque de droites parallèles, situées sur un même plan, a toujours pour projection un égal nombre de droites concourant en un point unique, sauf le cas particulier où ces droites demeurent parallèles; ce qui arrive quand le plan de projection est lui-même parallèle aux droites données.*

81. Dans l'un et l'autre cas, le point de concours du second système est sur une droite projetante parallèle au plan du premier.

Ces deux propositions donnent l'interprétation géométrique de cette notion généralement admise : *les droites parallèles concourent en un point unique à l'infini.* On voit, en effet, que les points de concours à distance infinie ou à distance donnée, s'échangent réciproquement par l'effet de la projection.

En admettant cette notion, et l'étendant à des lignes courbes quelconques, on peut généraliser ainsi les théorèmes bien connus qui viennent de nous occuper.

Théorème III. — *Une figure plane quelconque, qui renferme un système de droites ou de courbes ayant un point de concours commun, peut toujours être regardée comme la projection d'une autre, du même genre, dans laquelle le point de concours est passé à l'infini et les lignes correspondantes sont devenues parallèles.* Réciproquement :

Théorème IV. — *Une figure plane quelconque, qui renferme un système de lignes droites ou courbes parallèles, ou concourant à l'infini, a toujours pour projection une figure de même genre, dans laquelle les lignes correspondantes concourent en un point commun à distance donnée, projection de celui du premier système.*

82. Ici, comme dans le Théor. II, le point de concours de la projection peut être situé lui-même à l'infini, comme celui d'où il provient, dans le cas particulier où le plan de projection est parallèle au plan de la figure primitive.

Nous ferons remarquer aussi que, d'après la nature même de la projection centrale (78), si le point de concours que l'on considère était en même temps un point de contact pour certaines lignes de la figure primitive, son correspondant serait également un point de contact pour la projection de ces mêmes lignes; de sorte que, le point passant à l'infini, les lignes en question deviendraient *tangentes* à l'infini au lieu d'être simplement parallèles ; ce qu'on exprime ordinairement en disant qu'elles sont *asymptotiques.*

D'ailleurs, elles seraient asymptotiques du premier, du second, ..., ordre, si les primitives étaient elles-mêmes osculatrices de cet ordre.

83. **Théorème V.** — *Deux ou un plus grand nombre de systèmes de droites situées sur un même plan, et qui concourent, dans chaque système en particulier, en un point unique, peuvent être considérés, quand tous les points de concours sont rangés sur une même ligne droite, comme la projection d'un égal nombre de systèmes particuliers de droites parallèles, mais ayant une inclinaison différente, selon le système auquel elles appartiennent.*

Il suffit évidemment, pour que cela ait lieu, que le plan de projection soit parallèle à celui qui renferme la droite des points de concours de la figure primitive et le centre, d'ailleurs arbitraire, de projection. Réciproquement :

THÉORÈME VI. — *Deux ou un plus grand nombre de systèmes particuliers de droites parallèles, situées sur un même plan, ont, en général, pour projection un égal nombre de systèmes différents de droites concourant séparément en un point unique, et tels que tous les points de concours semblables sont rangés sur une seule et même ligne droite.*

84. Dans le cas particulier où le plan de projection se trouve être parallèle à celui de la figure primitive, les droites qui étaient parallèles demeurent parallèles ; ainsi, dans ce cas, les points de concours et la droite qui les renferme demeurent tous à l'infini, comme dans la figure primitive.

Les deux propositions qui viennent de nous occuper sont susceptibles d'être ainsi généralisées, au moyen des remarques que contient l'art. 81.

THÉORÈME VII. — *Une figure plane quelconque, où entre une certaine ligne droite, peut être considérée comme la projection d'une autre, dans laquelle la droite correspondante est passée tout entière à l'infini ; de sorte que tout système de lignes qui concourent en un point de la première droite, sur la figure primitive, est devenu un système de lignes parallèles ou concourant à l'infini dans la projection considérée. Réciproquement :*

THÉORÈME VIII. — *Une figure plane quelconque, qui renferme un nombre arbitraire de systèmes de lignes, droites ou courbes, respectivement parallèles, c'est-à-dire qui concourent à l'infini dans chaque système respectif, a, en général, pour projection une autre figure dans laquelle les points de concours à l'infini de la première se trouvent rangés sur une seule et même ligne droite, à distance donnée et finie.*

85. Ces diverses considérations, déduites uniquement des principes élémentaires de la projection centrale, peuvent servir à interpréter et à justifier même cette notion métaphysique que nous avons déjà fait connaître (27) :

« Tous les points situés à l'infini sur un plan peuvent être

» considérés idéalement, comme distribués sur une ligne
» droite unique, mais indéterminée de situation. »

On voit, en effet, par ce qui précède, que tous ces points
sont représentés en projection par ceux d'une ligne droite unique, située, en général, à une distance donnée et finie. Quant
à la direction de la droite à l'infini, on doit évidemment la regarder comme indéterminée par rapport à celle des autres
lignes de la figure ; car, quelle que soit la direction d'une
droite donnée sur un plan, on peut toujours concevoir qu'elle
se transporte, parallèlement à elle-même, à une distance infinie sur ce plan, auquel cas elle doit se confondre avec celle
qui, selon ce qui précède, renferme nécessairement tous les
points à l'infini du même plan.

Cette notion paradoxale reçoit ainsi un sens fixe et déterminé, quand on l'applique à une figure donnée sur un plan, et
qu'on suppose cette figure mise en projection sur un autre
plan quelconque. L'indétermination observée dans la direction de la droite à l'infini vient précisément de l'indétermination même qui existe dans celle du plan qui projette cette
droite, au moment où il va devenir parallèle au plan de la
figure donnée ; mais on voit aussi que cette indétermination
n'a lieu que parce qu'on persiste à donner mentalement une
existence réelle à la droite de leur intersection commune,
quand ils deviennent tout à fait parallèles et que cette droite
passe à l'infini. Au reste, l'indétermination n'existe véritablement que dans la loi ou la construction primitive qui donnait
cette droite lorsqu'elle était constructible, et non dans sa direction même, puisque réellement elle cesse alors d'exister d'une
manière purement géométrique.

86. Ces observations générales sont parfaitement d'accord
avec les remarques particulières que nous avons eu occasion
de faire aux n⁰ˢ 24 et 27. On trouvera, peut-être, que nous
aurions dû rapprocher entre elles les considérations d'où elles
dérivent, en nous occupant d'abord de la projection des
figures ; mais, ainsi que nous l'avons déjà fait observer au
commencement de ces recherches, en suivant cette marche
nous aurions risqué de faire perdre au sujet principal le degré
de simplicité et d'uniformité dont il peut être susceptible.

Notre objet d'ailleurs, en présentant ces remarques dès le Iᵉʳ paragraphe, a été moins de justifier certaines notions de l'infini, que de donner, à l'avance, une idée des conséquences abstraites auxquelles pouvait conduire la considération des cordes communes aux systèmes de coniques.

Revenons maintenant à notre sujet principal, que les discussions précédentes nous ont fait un instant abandonner.

87. Aux principes de projection ci-dessus, dont la démonstration géométrique est facile et généralement connue, nous pourrions ajouter celui qui consiste à dire « qu'une sec- » tion conique quelconque peut être regardée comme la pro- » jection d'une circonférence de cercle; » mais ce principe n'est autre que la définition même des sections coniques, et il se trouve d'ailleurs implicitement compris dans l'énoncé de ceux qui vont nous occuper.

On peut remarquer, en outre, que, dans tous les principes qui précèdent, rien ne fixe la position du centre de projection dans l'espace : elle est tout à fait arbitraire, et, pour un point quelconque donné, on pourra toujours remplir l'une ou l'autre des conditions prescrites. Il n'en est pas ainsi des principes qui suivent, ils ne peuvent avoir lieu que pour une série de positions particulières du centre de projection, et, comme la démonstration en est assez difficile et n'est pas encore connue des géomètres, nous croyons devoir nous y arrêter quelque temps et la donner d'une manière complète.

88. Théorème IX. — *Une figure plane quelconque, où entrent une certaine ligne droite et une certaine section conique, peut, en général, être regardée comme la projection d'une autre, pour laquelle la droite est passée entièrement à l'infini et la section conique est devenue une circonférence de cercle; de sorte que, suivant le Théor. VII, tout système de lignes continues qui concouraient en un point de la droite en, question dans la première figure, est devenu un système de lignes parallèles dans la projection, et vice versâ.*

Pour démontrer ce principe d'une manière complète, et qui ne laisse absolument rien à désirer sous le point de vue purement géométrique, nous supposerons qu'il s'agisse de résoudre la question suivante :

Étant données à volonté, sur un plan, une droite MN *et une section conique* (C), *fig.* 165, *trouver un centre et un*

Fig. 165.

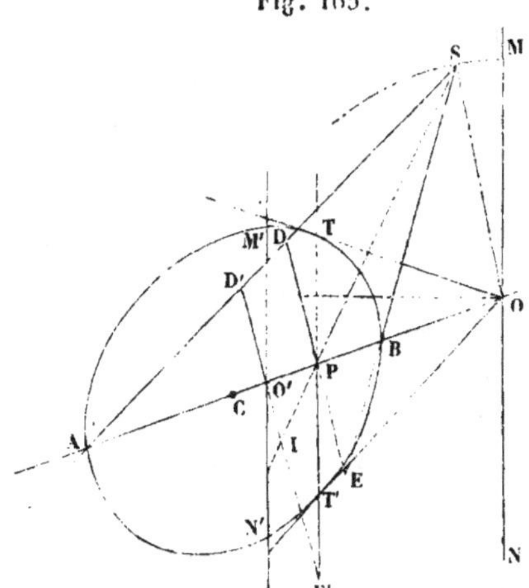

plan de projection tels, que la droite donnée MN *soit projetée à l'infini sur ce plan, et que la section conique* (C) *y soit en même temps représentée par un cercle.*

Supposons le problème résolu. Soit S le centre de projection; concevons le cône oblique qui aurait son sommet en ce point et pour base la section conique donnée : ce sera la surface conique projetante de cette courbe ; concevons pareillement, par le même point, un plan qui passe par la droite donnée MN : ce sera le plan projetant de cette droite. D'après les conditions du problème, il doit exister un certain plan de projection qui coupe la surface conique projetante suivant une circonférence de cercle, et le plan projetant suivant une droite à l'infini, c'est-à-dire qu'il doit être parallèle à ce dernier plan ; or, ces deux conditions sont incompatibles si le plan projetant et la surface du cône projetant se pénètrent. Donc :

« 1° La droite donnée MN doit être située tout entière au
» dehors de la section conique (C), c'est-à-dire qu'elle doit
» en être corde ou sécante idéale. »

En second lieu, si ces conditions sont remplies par rapport à un certain plan, elles le seront évidemment aussi pour tous les plans parallèles; car les sections parallèles de la surface projetante sont nécessairement toutes semblables, et par conséquent circulaires, dans l'hypothèse actuelle.

Considérons en particulier, une de ces sections circulaires. Soit M'N' la trace de son plan sur celui de la base (C); cette trace sera parallèle à MN d'après ce qui précède, et, en supposant qu'elle rencontre cette base, elle y interceptera une corde M'N' qui sera commune à cette courbe et à la section circulaire correspondante; le milieu ou centre O' de la corde M'N' sera d'ailleurs, comme on sait, situé sur le diamètre **AB**, conjugué à la direction de **MN**, et pareille chose aura lieu à l'égard de toute autre section circulaire parallèle à la précédente; de sorte que tous les centres O' des cordes M'N', qui leur sont communes avec la section conique (C), se trouvent être distribués sur le diamètre **AB**, conjugué à leur direction commune et à **MN**.

Cela posé, concevons par le sommet S et par le diamètre **AB** un plan **SAB** que nous appellerons *plan diamétral;* ce plan coupera évidemment en deux parties égales toutes les cordes terminées à la surface conique projetante, et qui sont parallèles à M'N' ou MN. Donc sa trace sur le plan de chaque section circulaire M'N' sera un diamètre D'E' de cette section, perpendiculaire, en son milieu O', à la corde correspondante M'N', et, par conséquent, sa trace SO sur le plan projetant SMN, parallèle à ceux de ses sections circulaires, sera **aussi** perpendiculaire sur le milieu O de la corde idéale **MN; car** elle est parallèle aux cordes M'N'.

On conclut de là, que le sommet S doit nécessairement se trouver sur une certaine droite SO perpendiculaire à la corde idéale **MN** au centre O; c'est-à-dire, en observant qu'il y a nécessairement une infinité de perpendiculaires semblables **toutes** situées dans un même plan, que :

« 2° Le centre inconnu de projection doit être situé **dans** » le plan élevé perpendiculairement au centre O de la **corde** » idéale **MN.** »

Considérons actuellement ce qui doit se passer en particulier dans le plan diamétral **SAB**. Soient **SA** et **SB** les arêtes du cône projetant situées dans ce plan; D'E' la trace de ce plan sur celui de la section circulaire M'N', terminé de **part** et d'autre aux arêtes dont il s'agit. D'après ce qui précède, cette trace est un diamètre du cercle correspondant, perpendiculaire sur le milieu O' de la corde $M'N'$ appartenant à ce même cercle ; de sorte qu'on a

$$\overline{O'M'}^2 = O'D'.O'E'.$$

Mais les lignes $D'E'$ et SO étant parallèles, les triangles $AO'D'$, AOS sont semblables, aussi bien que les triangles $BO'E'$, BOS, et, par conséquent,

$$SO : OA :: O'D' : O'A, \quad SO : OB :: O'E' : O'B,$$

ou, en multipliant par ordre,

$$\overline{SO}^2 : OA.OB :: O'D'.O'E' : O'A.O'B,$$

et enfin

$$\overline{SO}^2 : OA.OB :: \overline{O'M'}^2 : O'A.O'B :: B^2 : A^2,$$

A et B étant les demi-diamètres conjugués à la direction de la sécante idéale MN (9).

Telle est la relation qui doit exister entre les lignes de la figure, pour que les sections que l'on considère soient des circonférences de cercle ; or, cette relation apprend que la distance SO doit être égale (**9, 12**) à la demi-corde interceptée par MN dans la section conique supplémentaire de la proposée, qui correspond à la direction de cette droite ; donc cette distance est constante, et, par conséquent (*) :

« 3° Le centre S de projection doit se trouver sur une cir-
» conférence de cercle décrite du point O pour centre, avec
» l'ordonnée de la section supplémentaire dont nous venons
» de parler pour rayon. »

(*) La marche que nous venons de suivre pour établir cette proposition est entièrement rigoureuse et ne souffre aucune restriction ; car on peut toujours supposer qu'on ait choisi la corde $M'N'$, de façon à rencontrer la section conique ; mais on peut y arriver d'une manière beaucoup plus directe et plus simple, en invoquant le principe de continuité. En effet, $O'M'$ étant une ordonnée commune à la fois au cercle de la section circulaire et à la conique (C), on doit avoir, quelle que soit cette section,

$$\overline{O'M'}^2 \text{ ou } O'D'.OE' : O'A.O'B :: B^2 : A^2,$$

A et B étant les demi-diamètres conjugués à la direction de MN. Or, pour

28.

Comme il n'y a aucune autre condition à remplir, on peut conclure qu'il existe une infinité de positions du centre auxiliaire S, qui satisfont aux données de la question proposée; mais, pour cela, il faut que la droite donnée MN, sans cesser d'avoir une situation générale et indéterminée à l'égard de la courbe, soit pourtant de l'espèce de celles que nous avons nommées cordes idéales, c'est-à-dire qu'elle ne doit.pas rencontrer cette courbe; autrement, en effet, le rayon SO et, par suite, la circonférence qui renferme le centre de projection deviendraient entièrement imaginaires.

Ainsi, la proposition énoncée en tête de cet article est vraie pour une série de positions générales et indéterminées de la droite que l'on considère, et elle cesse de l'être pour une autre série de positions semblables de la même droite, ou, si l'on veut, elle devient purement idéale pour les positions qui correspondent à cette série. C'est dans ce sens seulement que nous avons prétendu dire, dans l'énoncé, que le principe avait lieu *en général*, à peu près comme on pourrait dire que, « d'un » point donné sur le plan d'un cercle, on peut, en général, » mener deux tangentes à ce cercle ». Cette manière de s'exprimer étant universellement admise dans l'Analyse des coordonnées, nous ne croyons pas qu'on puisse la récuser en Géométrie, ni, par conséquent, avoir des doutes sur le sens que nous lui attribuerons dans ces recherches.

La construction du problème que nous venons de résoudre dérive immédiatement de tout ce qui précède, et ne peut offrir aucune espèce de difficultés; au lieu de la rapporter ici, nous résumerons en peu de mots les conséquences ci-dessus qui la déterminent, en les énonçant sous la forme d'un théorème, comme il suit.

THÉORÈME X. — *Une section conique et une ligne droite étant*

---

la section circulaire infiniment petite SMN, qui passe par le sommet S, $\overline{O'D'}.\overline{O'E'}$ devient $\overline{SO}^2$, et $O'A.O'B$ se change, de son côté, en $OA.OB$, en sorte que la relation trouvée prend cette nouvelle forme

$$\overline{SO}^2 : OA.OB :: B^2 : A^2,$$

comme il s'agissait de le démontrer.   (*Note de* 1818.)

données à volonté sur un plan, la suite de tous les centres de projection susceptibles de projeter la figure sur un nouveau plan, de façon que la droite passe à l'infini sur ce plan et que la section conique y devienne en même temps une circonférence de cercle, est distribuée sur une autre circonférence de cercle, unique et dont le plan est perpendiculaire sur le milieu de la droite donnée, considérée comme corde de la section conique correspondante, qui a précisément ce point milieu pour centre, et pour diamètre réel la corde interceptée par cette droite dans la section conique conjuguée à sa direction et supplémentaire de la proposée (*). Quant à la direction du nouveau plan de projection, elle est parallèle à celle du plan qui renferme à chaque instant la droite donnée et le centre auxiliaire de projection.

89. La question qui vient de nous occuper donne lieu à quelques observations intéressantes qu'il ne sera pas hors de propos de faire connaître.

Nous ferons d'abord remarquer que le centre et le plan du cercle qui contient tous les sommets des surfaces coniques projetantes, ne cessent jamais d'avoir une existence réelle, quoique cette circonférence puisse d'ailleurs devenir imaginaire. La raison en est qu'il règne une très-grande analogie entre la question que nous avons résolue (*fig.* 165) pour la section conique (C) et celle où l'on se proposerait la même question pour la section supplémentaire correspondante à la droite donnée MN; car tout ce qui a été dit de l'une peut s'appliquer immédiatement à l'autre, de sorte que le centre et le plan du cercle qui renferme les sommets auxiliaires S, appartiennent à la fois et indistinctement à toutes les deux; seulement, cette circonférence elle-même devient imaginaire pour l'une quand elle est réelle pour l'autre, et *vice versâ*. D'ailleurs on peut facilement s'assurer que le même centre et le même

---

(*) Algébriquement, cela revient à dire que le carré de ce diamètre est égal au carré de la corde interceptée dans la section conique donnée par la droite correspondante, mais pris avec un signe contraire; de sorte que ce diamètre est réel ou imaginaire selon que l'inverse a lieu pour la corde correspondante. (*Note de* 1818.)

plan de projection donnent simultanément une circonférence de cercle pour l'une des sections coniques, et une hyperbole équilatère pour l'autre; car la relation $\overline{O'M'}^2 = O'D'.O'E'$, d'où nous sommes partis dans le cas du cercle, peut aussi appartenir à l'hyperbole équilatère, dont $O'M'$ est l'ordonnée et $D'E'$ le diamètre principal, pourvu que le point O' soit supposé dans le prolongement et non sur la direction même de ce diamètre.

Ce qui vient d'être observé pour le centre et le plan du cercle qui renferme le sommet auxiliaire S, a également lieu pour le point P, projection unique, sur le plan de la base (C), de tous les centres I des sections circulaires $M'N'D'E'$; c'est-à-dire que ce point ne cesse pas d'être réel quoique le sommet S devienne tout à fait impossible. En effet, d'après l'observation précédente, il doit appartenir à la fois à la section conique proposée et à celle qui lui est supplémentaire par rapport à la direction de MN; en sorte qu'il est tantôt la projection des centres des sections circulaires, et tantôt la projection des centres des hyperboles équilatères correspondantes à la section conique proposée. Mais on peut, en outre, démontrer que le point P est entièrement invariable sur le plan de cette section conique, en faisant voir qu'il est le pôle de la corde ou sécante idéale MN.

D'abord il est visible que tous les centres I des sections circulaires $D'E'$, sont placés sur une droite unique passant par S et située entièrement dans le plan diamétral correspondant SAB, en sorte que le point P, qui est un de ces points, se trouve situé sur le diamètre AB, conjugué à la direction de la droite indéfinie MN.

Secondement, si, au lieu de considérer, comme dans l'article précédent, une section circulaire quelconque $M'N'D'E'$, on s'occupe en particulier de celle TT′DE qui correspond à P, on obtiendra, par la comparaison des triangles APD et AOS, BPE et BOS, respectivement semblables, à cause des parallèles DE et SO,

$$OA : SO :: PA : PD, \quad OB : SO :: PB : PE = PD;$$

d'où

$$OA : OB :: PA : PB;$$

relation qui est précisément celle qui définit le pôle de la droite MN (5), puisque d'ailleurs ABO est le diamètre conjugué à cette droite.

De là ce corollaire, qui nous sera utile.

Théorème XI. — *Si l'on projette une section conique et une ligne droite sur un nouveau plan, de façon que la section conique devienne une circonférence de cercle et que la droite passe à l'infini, le pôle de cette ligne droite aura pour projection le centre même de la circonférence de cercle dont il s'agit. Réciproquement, si l'on projette une circonférence de cercle sur un nouveau plan quelconque, son centre aura pour projection le pôle de la ligne droite qui représente celle à l'infini sur le plan de ce cercle.*

90. Nous nous sommes beaucoup étendus sur la question à laquelle donne lieu le principe du n° 88, parce qu'elle est vraiment élémentaire, et qu'elle sert de base à toutes celles qui vont suivre ; nous terminerons ce que nous avons à en dire, par faire observer que les raisonnements employés pour parvenir à sa solution demeurent, à quelque chose près, applicables à tous les cas possibles, même à celui où la section proposée est une circonférence de cercle. Le principe dont il s'agit est donc général quelle que soit la section conique que l'on considère, et il en est ainsi de toutes les conséquences dérivant de la proposition qui a servi à l'établir.

On peut remarquer, au surplus, que, dans le cas particulier du cercle, la section circulaire devient une section *sous-contraire* du cône projetant, et que le rayon SO du cercle qui renferme à la fois tous les sommets auxiliaires de pareils cônes, est précisément égal à la tangente OT, menée du centre de la corde idéale MN à la courbe de base (C) ; circonstance qui rend extrêmement facile, pour le cas particulier du cercle, la construction du lieu des sommets auxiliaires S.

91. **Théorème XII.** — *Une figure plane quelconque qui renferme une certaine section conique et un point, peut, en général, être considérée comme la projection d'une autre, pour laquelle la section conique est devenue un cercle, ayant précisément pour centre la projection de ce point.*

Ce principe est un corollaire très-simple du Théor. XI.

En effet, soient (C) et P (*fig.* 165) la section conique et le point que l'on considère : si l'on détermine la droite MN, polaire de P, elle sera évidemment telle, qu'en lui appliquant, ainsi qu'à la section conique (C), la question résolue dans ce qui précède, le cercle de projection aura précisément pour centre (89) la projection du point donné P.

On voit, d'après cela, que la projection sera possible toutes les fois que le point P se trouvera situé dans l'intérieur de la section conique, ce qui laisse d'ailleurs sa position entièrement arbitraire, et que, au contraire, la projection cessera d'être réelle ou deviendra purement idéale toutes les fois que ce point sera pris, d'une manière également arbitraire, au dehors de cette même courbe. Ainsi, le principe qui nous occupe est assujetti, en tout, aux mêmes conditions et aux mêmes limitations que celui du n° 88 ; comme lui, il est applicable à toutes les sections coniques possibles, et, en particulier, à la circonférence de cercle.

92. Théorème XIII. — *Une figure plane quelconque qui renferme deux sections coniques, peut, en général, être regardée comme la projection d'une autre, pour laquelle les sections coniques sont devenues des circonférences de cercle.*

Ce principe peut être regardé comme un corollaire immédiat et presque évident de ce qui a été dit aux n°ˢ 13, 14 et 88 ; car, d'après le n° 14, deux sections coniques situées sur un même plan ont, en général, des cordes idéales communes, et, d'après le n° 88, il paraît évident que, si l'on met l'une de ces coniques en projection, de façon qu'elle devienne un cercle, et que l'une des cordes idéales en question passe à l'infini, l'autre de ces coniques deviendra nécessairement aussi une circonférence de cercle sur le plan de projection.

Quoique cette démonstration soit satisfaisante en elle-même, il nous paraît cependant utile, pour l'objet ultérieur de ces recherches, de faire voir qu'il n'existe, en effet, sur le plan des deux courbes, que les seules cordes idéales communes qui puissent remplir les conditions de l'énoncé du principe. Pour cela, nous nous proposerons de résoudre d'une manière complète la question suivante :

Étant données deux sections coniques quelconques sur un

même plan, déterminer la suite des centres et des plans de projection tels, que ces sections coniques soient représentées sur ces derniers suivant deux circonférences de cercle (*).

Soient (C) et (C′) les deux sections coniques données ; nommons toujours S le centre auxiliaire de projection ; il s'agit de déterminer ce centre de façon que les surfaces coniques projetantes, qui ont les courbes (C) et (C′) pour bases, soient susceptibles d'être coupées chacune par un même plan, suivant une circonférence de cercle.

Imaginons, pour un moment, que la question soit résolue, si en effet elle peut l'être, et qu'on connaisse par conséquent la position du sommet S et celle du plan qui doit couper les deux cônes correspondants suivant des cercles ; concevons, de plus, qu'on mène par ce sommet un plan parallèle au précédent, ce plan viendra couper celui des deux courbes (C) et (C′) suivant une certaine ligne droite que j'appelle X, qui nous est inconnue, et dont nous nous proposons actuellement de déterminer la position.

D'après ce qui a été démontré au n° 88, la droite inconnue X, qui se trouve nécessairement projetée à l'infini sur le plan des deux cercles, doit être telle que, si on la considère comme corde de la courbe (C), et que, par son centre, on lui

---

(*) Cette question intéressante a été proposée, à peu près dans les mêmes termes, aussi bien que la démonstration du principe qui en est la conséquence, à la page 128 du tome VII des *Annales de Mathématiques.* M. Brianchon s'est même servi, longtemps auparavant, de ce principe dans un Mémoire inséré au Xe cahier du *Journal de l'École Polytechnique,* mais sans en faire connaître d'ailleurs la démonstration. Je ne sache pas que, depuis l'appel fait aux géomètres dans les *Annales,* personne soit encore parvenu à une démonstration ou à une solution bien satisfaisante. L'ébauche purement algébrique qui en a été publiée dans le volume déjà cité des *Annales* est plutôt propre, en effet, à faire sentir la difficulté de la question qu'à la résoudre. Au reste, cette difficulté tient au fond même des choses, et dépend très-peu de la marche algébrique que l'on peut mettre en usage ; car l'Analyse doit naturellement conduire, dans tous les cas, pour la courbe lieu des centres auxiliaires de projection, à une équation du 12e degré, décomposable en facteurs du 2e degré, représentant autant de circonférences de cercle, mais inséparables d'une manière purement rationnelle. (*Note de* 1818.)

élève un plan perpendiculaire, ce plan passe par le sommet S; même chose doit avoir lieu à l'égard de la droite X, considérée comme corde de l'autre section conique (C'). Or, d'un même point S on ne peut abaisser qu'un seul plan perpendiculaire à une droite donnée; la droite X doit donc être telle, que son milieu, quand on la considère comme corde de la courbe (C), et son milieu, quand on la considère comme corde de (C'), se confondent en un seul et même point.

Il a été, en outre, démontré au même endroit, que la distance de ce point au sommet S doit être égale à la demi-corde interceptée par X, dans la section conique supplémentaire qui lui est conjuguée relativement à (C), et, par conséquent, aussi égale à la demi-corde qu'elle intercepte dans la supplémentaire correspondante de (C'). Donc ces deux cordes doivent être égales entre elles et se confondre, puisque d'ailleurs elles ont même point milieu; ce qui ne peut avoir lieu évidemment, à moins (13) que la droite X ne soit une corde idéale commune à la fois aux sections coniques (C) et (C').

Maintenant, si l'on applique à la droite X, ainsi déterminée de position sur le plan des courbes (C) et (C'), la solution obtenue au nº 88 cité, soit qu'on la combine avec la courbe (C) ou avec la courbe (C'), le centre ou la suite des centres S de projection ainsi trouvés, rempliront toutes les conditions du problème à l'égard des plans de projection correspondants; plans dont la direction est constamment parallèle à celle du plan qui renferme la droite connue X et le centre de projection considéré en particulier.

En rapprochant ces conséquences de celles du nº 88, on en déduit la proposition suivante.

Théorème XIV. — *Tous les points de l'espace qui sont susceptibles de projeter à la fois, suivant des cercles, deux sections coniques quelconques situées sur un même plan, sont distribués sur autant de circonférences de cercle déterminées qu'il y a de cordes idéales communes aux deux courbes proposées. Ces circonférences sont situées dans des plans respectivement perpendiculaires sur le milieu de chacune de ces cordes, elles ont précisément ces milieux pour centres, et pour diamètre respectif la partie interceptée par chaque corde idéale dans les sections coniques supplémentaires des proposées, qui correspondent à cette même corde. Enfin, le plan de projection qui donne à chaque fois des sections circulaires, est parallèle à celui qui passe par la corde idéale et par le centre de projection considéré en particulier.*

93. Nous aurions pu énoncer cette proposition d'une manière moins restreinte, en disant qu'il y a autant de circonférences de cercle, lieux des centres auxiliaires de projection, qu'il existe de cordes communes aux deux sections coniques proposées; car la dernière condition de l'énoncé détermine quelles sont celles de ces circonférences dont les diamètres étant imaginaires, sont, par là même, impossibles à construire (*). On voit, en effet, que ces circonférences appartiennent aux cordes réelles communes aux deux courbes, puisque ces cordes ne sauraient couper les sections supplémentaires correspondantes. Au reste, on peut remarquer que, malgré que ces circonférences soient devenues imaginaires, néanmoins leurs centres et les plans qui les contiennent sont toujours demeurés réels et constructibles (89).

En adoptant cette généralité dans les expressions, généralité qui ne saurait induire en erreur d'après ce qui précède, et faisant en outre attention que, quand on projette deux sections coniques suivant des circonférences de cercle, la corde commune · correspondante passe entièrement à l'infini sur le plan de ces cercles, on pourrait énoncer ainsi brièvement le principe de projection qui fait le sujet du n° 92 :

Deux sections coniques situées sur un même plan, et qui ont une corde commune quelconque, peuvent, en général, être regardées comme la projection de deux circonférences de

---

(*) On pourrait rendre cet énoncé plus concis encore et plus conforme à l'esprit de l'Analyse, au moyen de la remarque que contient la note du n° 88 ; car, selon cette remarque, le carré du diamètre du cercle, qui appartient aux centres auxiliaires, devrait être égal au carré de la corde commune que l'on considère, pris avec un signe contraire. Toutes ces circonstances sont fidèlement retracées par l'Analyse des coordonnées, qui donne, dans tous les cas, six circonférences de cercle correspondant aux six cordes communes aux deux sections coniques dont il s'agit (1818).

cercle, pour lesquelles la corde commune est tout entière passée à l'infini sur leur plan.

94. Notre objet, en cherchant ainsi à étendre le sens et l'énoncé des divers principes qui se présentent, est, nous le répétons encore, de généraliser les conceptions de la simple Géométrie et de les rapprocher de celles de l'Analyse algébrique. Nous justifierons plus tard cette extension d'une manière entièrement satisfaisante, en démontrant rigoureusement l'identité de nature qui règne entre les cordes réelles et idéales; car, si nous prouvons qu'elles répondent aux mêmes questions, qu'elles se déterminent et se construisent de la même manière, il paraîtra evident qu'il n'y a aucune distinction à faire entre elles, et qu'on peut appliquer aux unes ce qu'on a dit des autres, pourvu qu'on ne prononce pas sur la réalité des lignes et des points qui en dépendent.

Nous reviendrons, à la fin de ce paragraphe, d'une manière générale sur ces diverses remarques.

95. THÉORÈME XV. — *Une figure plane, qui renferme un nombre quelconque de sections coniques, ayant une corde commune, peut, en général, être regardée comme la projection d'une autre, pour laquelle la corde commune est passée à l'infini et les sections coniques sont devenues autant de circonférences de cercle d'ailleurs quelconques.*

Ce principe est une conséquence évidente des propositions qui précèdent; car si la corde dont il s'agit ne rencontre aucune des sections coniques qui lui correspondent, ce qui ne particularise nullement l'état du système, elle sera nécessairement telle, qu'en cherchant à la mettre en projection sur un nouveau plan, de façon qu'elle y passe entièrement à l'infini et que l'une des sections coniques proposées y devienne un cercle, toutes les autres sections coniques se changeront pareillement en des circonférences de cercle (88).

Quoique les circonférences de cercle de la projection proviennent de sections coniques qui ont une corde idéale commune, il ne faut pas croire qu'elles aient, pour cela, entre elles une position particulière; car on peut démontrer réciproquement qu'un système de cercles quelconques, situés à volonté sur un plan, a toujours pour projection un système composé d'un même nombre de sections coniques ayant une corde idéale commune.

En effet, ces sections coniques peuvent être considérées, à leur tour, comme ayant pour projection les cercles dont elles proviennent; or, nous avons démontré en toute rigueur (92) que deux et, par suite, un nombre quelconque de sections coniques situées sur un même plan, ne pouvaient être projetées suivant des circonférences de cercle qu'autant que la droite X, qui, sur le plan des sections coniques, est la projection de celle à l'infini du plan des cercles, ne soit une corde idéale commune au système de ces sections coniques.

La remarque que nous venons de faire est parfaitement conforme aux notions posées d'une manière directe dans le second paragraphe; nous y avons, en effet, prouvé que deux ou un plus grand nombre de circonférences de cercle quelconques pouvaient toujours être regardées comme ayant une corde idéale commune à l'infini.

En combinant cette remarque avec celles du n° 88, concernant l'identité des lignes droites situées à l'infini sur un plan, on en conclut naturellement ce corollaire général :

Quand on projette deux ou un plus grand nombre de sections coniques situées sur un même plan, et ayant une corde idéale commune, de façon qu'elles deviennent toutes des circonférences de cercle, la corde dont il s'agit, passant à l'infini sur le nouveau plan, devient nécessairement une corde idéale ou imaginaire commune à la fois à toutes les circonférences qui lui correspondent.

96. Au surplus, les conséquences dont il s'agit étant indépendantes de l'espèce particulière des sections coniques que l'on envisage (90), demeurent immédiatement applicables au cas où ces sections coniques sont, en tout ou en partie, des circonférences de cercle ayant une corde idéale commune à distance donnée et finie; et comme, dans le cas particulier où les sections coniques sont toutes des circonférences de cercle, il y a nécessairement réciprocité entre la figure primitive et sa projection, on voit que :

Deux ou un plus grand nombre de cercles, tous situés sur

un même plan et ayant une corde idéale commune à distance finie, outre celle qui leur appartient en général à l'infini, étant mis en projection sur un nouveau plan non parallèle au premier, de façon qu'ils s'échangent tous en de nouveaux cercles, il se fera un pareil échange entre les deux systèmes de cordes idéales communes qui leur appartiennent respectivement, c'est-à-dire que la corde à distance finie de l'une des séries de cercles sera la projection de celle à l'infini de l'autre série, et réciproquement.

97. Ce corollaire très-simple des principes qui précèdent peut servir à justifier, à priori et d'une manière générale, la correspondance et l'identité de nature qui règnent entre les deux espèces de cordes idéales pouvant, en général aussi, être communes au système de deux ou plusieurs circonférences de cercle tracées sur un même plan. On peut d'ailleurs observer que la même réciprocité et la même correspondance règnent entre les deux centres de similitude, qui appartiennent à la fois au système de deux cercles quelconques, c'est-à-dire que le centre de similitude directe devient en projection le centre de similitude opposée, et *vice versâ*.

98: **Théorème XVI.** — *Une ligne plane quelconque, qui renferme deux sections coniques ayant entre elles un double contact, peut, en général, être regardée comme la projection d'une autre, pour laquelle les sections coniques sont devenues des circonférences de cercle concentriques.*

En effet, puisque les deux sections coniques que l'on considère ont un double contact, elles ont nécessairement une corde de contact commune qui, en général et pour une série de positions indéterminées des deux courbes, est purement idéale (**22**), et ne rencontre ni l'une ni l'autre de ces courbes. En outre, d'après la nature particulière du système, le pôle de cette corde est le même pour les deux sections coniques proposées (**20**). Donc, si l'on vient à mettre la figure en projection sur un nouveau plan, de façon que l'une des sections coniques devienne une circonférence de cercle et que la corde en question passe à l'infini, l'autre de ces sections coniques deviendra également une circonférence de cercle (**88**) ayant même centre que la première ; car la projection du centre de chaque cercle sur le plan de la figure donnée est précisément (89) le pôle de la corde de contact par rapport à la section conique correspondante, et, par hypothèse, ce pôle est le même dans les deux courbes.

Le principe qui nous occupe peut servir à justifier, d'une manière générale, ce que nous avons dit (art. 33) sur les circonférences de cercle concentriques ; car on peut démontrer sans peine que deux circonférences concentriques, situées sur un même plan, mais d'ailleurs quelconques, ont réciproquement pour projection, sur un nouveau plan arbitraire, deux sections coniques ayant un double contact idéal.

On voit aussi que la corde de contact, commune à l'infini à deux circonférences de cercle concentriques, n'est autre chose que la projection de celle qui appartient aux sections coniques correspondantes, et réciproquement ; donc

1° *Quand on met deux sections coniques, ayant un double contact, en projection de façon qu'elles deviennent des circonférences de cercles concentriques, leur corde de contact a pour projection, de son côté, la corde idéale de contact commune à l'infini aux deux cercles.*

2° *Quand on projette deux cercles concentriques sur un nouveau plan quelconque, les deux sections coniques qui en résultent ont pour corde idéale de contact la projection de celle à l'infini sur le plan des deux cercles.*

99. Si la corde de contact de deux sections coniques était par elle-même à l'infini, ces sections coniques seraient nécessairement (26) concentriques, semblables et semblablement situées. Or il n'est pas difficile de voir que, malgré cela, elles pourraient encore être projetées suivant des circonférences de cercle, et la chose aurait également lieu pour le cas particulier où ces sections coniques seraient déjà des circonférences de cercle. Ainsi le théorème qui vient de nous occuper s'applique à ces diverses circonstances, et ne souffre d'autres restrictions que celles qui tiennent à la réalité géométrique des points de contact. De même que ceux qui précèdent, il est vrai pour une série de positions indéterminées du système, et il cesse de l'être pour une autre série de positions semblables de ce système. Enfin, ce principe s'étend évidemment à un nombre quelconque de sections coniques et de circonférences de cercle ayant un double contact ; on peut donc énoncer ce principe général :

THÉORÈME XVII. — *Une figure plane, qui renferme un nombre quelconque de sections coniques, ayant un double contact commun, peut, en général, être regardée comme la projection d'une autre dans laquelle les sections coniques sont devenues des circonférences de cercle, toutes concentriques entre elles, et ayant une corde de contact commune à l'infini, projection de la première.*

100. Les principes de projection que nous avons fait connaître jusqu'à présent donnent lieu à beaucoup d'autres, également propres à étendre les conceptions géométriques et à interpréter certaines notions abstraites de l'infini ; mais il serait aussi long qu'inutile de les rapporter dans ce paragraphe, à cause de l'extrême facilité avec laquelle ils peuvent se déduire des premiers. Nous nous bornerons, en conséquence, à en citer quelques-uns pour servir d'exemples.

Quand on met une section conique en projection sur un nouveau plan, de façon qu'une de ses tangentes passe à l'infini sur ce plan, elle devient nécessairement une parabole ; cela résulte immédiatement de la définition de la parabole, en tant qu'on la considère comme section du cône.

Réciproquement, si l'on met une parabole en projection sur un nouveau plan quelconque, elle se changera en une conique ayant pour une de ses tangentes la projection de la droite à l'infini sur son plan.

Cela posé, considérons le système de deux sections coniques quelconques situées sur un même plan : elles auront, en général, des tangentes communes ; donc, si l'on met la figure en projection sur un nouveau plan, de façon que l'une de ces tangentes passe à l'infini, les sections coniques deviendront, d'après ce qui précède, des paraboles ayant une tangente commune à l'infini sur ce plan. Donc :

Deux sections coniques quelconques, tracées sur un même plan, peuvent, en général, être regardées comme la projection de deux paraboles ayant une tangente commune à l'infini ;

et réciproquement deux paraboles quelconques ont pour pro-jection, sur un plan arbitraire, deux coniques ayant pour tan-gente commune la projection de celle à l'infini des paraboles.

101. Deux sections coniques quelconques, situées sur un même plan, se coupent, en général, en quatre points : il existe donc aussi, en général, un quadrilatère à la fois inscrit à ces courbes. Cela posé, si l'on circonscrit à ce quadrilatère une troisième section conique, qui ne rencontre nulle part la droite joignant ses deux points de concours des côtés opposés, et qu'on mette la figure en projection sur un nouveau plan, de façon que cette dernière conique devienne un cercle et que la droite passe à l'infini (88), le quadrilatère de la projection inscrit à ce cercle aura ses côtés opposés parallèles : ce sera donc un rectangle, à la fois inscrit aux coniques projections des proposées, lesquelles, devenues concentriques, auront même direction d'axes principaux.

Deux sections coniques tracées sur un même plan peuvent, en général, être regardées comme la projection de deux autres, qui, étant concentriques, ont même direction d'axes.

Il n'est pas indispensable que l'on prenne, comme dans ce qui précède, une troisième section conique auxiliaire : on peut choisir l'une des deux proposées; mais alors sa projec-tion devient un cercle. Ainsi, on peut énoncer ce théorème, qui nous sera particulièrement utile :

THÉORÈME XVIII. — *Deux sections coniques tracées sur un même plan peuvent, en général, être mises en projection de façon que l'une quelconque d'entre elles devienne une circonférence de cercle concentrique à la section conique, d'ailleurs quelconque, qui répond à l'autre* (*).

(*) On arriverait plus directement aux mêmes conséquences en faisant attention qu'on peut mettre les deux sections coniques en projection sur un nouveau plan, de façon que l'une d'elles devienne une circonférence de cercle, ayant pour centre la projection du point d'intersection de deux des cordes communes qui appartiennent à leur système (91); car il est visible que ce centre serait commun à la fois au cercle et à l'autre courbe. puisqu'il diviserait en parties égales deux cordes qui leur appartiennent simultanément. (*Note de* 1818.)

102. On démontrerait avec presque autant de facilité, que deux sections coniques situées sur un même plan, peuvent être mises en projection sur un nouveau plan, de façon qu'elles deviennent semblables et semblablement situées sur ce plan. On peut prouver, en effet, que si l'on met ces sections coniques en projection, de façon que l'une des cordes qui leur sont communes passe à l'infini, elles seront nécessairement devenues semblables et semblablement placées sur le nouveau plan (26). Au surplus, on ramènerait aisément la démonstration de ce principe à des considérations du genre de celles que nous avons mises en usage au nᵒ **88**, ce qui offrirait l'avantage de faire connaître, d'une manière directe, le lieu des centres auxiliaires de projection, et les conditions que **doit** remplir le plan de projection correspondant.

Il deviendrait fastidieux de multiplier davantage les exemples. Ce que nous venons de dire suffira pour mettre sur la voie propre à en faire trouver d'autres, quand cela sera jugé nécessaire pour faciliter une recherche relative à une certaine figure. On voit d'ailleurs qu'il dépendra tout à fait de la sagacité du géomètre de choisir dans chaque cas particulier, parmi tous les principes que peut fournir la doctrine des projections, ceux qui seront susceptibles de conduire plus directement ou plus facilement au but qu'il se propose d'atteindre. La partie de ces recherches que nous destinons aux applications pourra tenir lieu de préceptes généraux à cet égard. Dans ce qui nous reste à dire sur la doctrine des projections, nous nous bornerons à présenter quelques réflexions propres à résoudre certaines difficultés et à étendre les conséquences géométriques auxquelles l'usage de cette doctrine peut faire parvenir.

103. La plupart des théorèmes ou principes qui viennent de nous occuper, sont susceptibles d'une plus ou moins grande limitation, c'est-à-dire qu'ils sont vrais pour une série de positions indéterminées des parties de la figure que chacun d'eux concerne, mais qu'ils peuvent cesser de l'être d'une manière absolue et géométrique, pour une série d'autres positions, également indéterminées, de ces parties. Nous avons vu, en effet, que la projection d'une figure dans des conditions données pouvait devenir, en certains cas, impossible, imaginaire, quoiqu'en d'autres aussi généraux elle fût possible et réelle.

Il résulte de là que les propriétés projectives qu'on pourra déduire de nos principes, d'après ce qui a été enseigné au commencement de ce paragraphe, ne seront elles-mêmes des conséquences absolues et rigoureusement nécessaires des raisonnements établis, que pour une série de positions indéterminées de la figure comprises entre certaines limites, tandis que pour une autre série de positions pareillement renfermées entre ces limites, mais qui sont au delà quand les autres sont en deçà et réciproquement, pareille chose ne saurait plus avoir lieu, à cause que la projection correspondante aura cessé d'exister d'une manière absolue et purement géométrique. Ainsi, les propriétés examinées seront démontrées d'une manière rigoureuse, pour les premières de ces positions, mais elles cesseront de l'être pour les autres.

Toutefois, on ne doit pas se hâter de conclure que l'objet des raisonnements primitifs étant devenu illusoire, la propriété ait par là même cessé de subsister ; car les deux séries de positions que l'on considère renferment toutes celles que peut prendre la figure, sans changer les conditions qui la déterminent, et, par hypothèse, ces positions sont telles, qu'on peut regarder à volonté les unes comme provenant des autres, par le mouvement progressif et continu de certaines parties de cette figure, sans violer la liaison et les lois primitivement établies entre elles. Or, quand deux figures géométriques sont ainsi liées entre elles, les propriétés de l'une sont directement applicables à l'autre, sauf les modifications qui peuvent survenir dans les signes de position ou dans la réalité et la grandeur absolue des parties, modifications qu'il est toujours facile de reconnaître à l'avance, à la simple inspection de la figure. C'est là ce qui constitue en effet, pour la Géométrie, le *principe de continuité*, généralement adopté dans les recherches qui se fondent sur l'Analyse algébrique. Or ce principe, que nous avons déjà mis en usage plusieurs fois dans le cours de ce Mémoire, alors que son application était conforme aux idées déjà reçues en Géométrie, peut se justifier d'une manière générale et rigoureuse, en se fondant sur des considérations à priori, elles-mêmes à l'abri de toute objection.

29.

104. En Géométrie pure, son admission ouverte ne saurait donner lieu à aucune difficulté sérieuse ; car, si la propriété examinée, par hypothèse établie pour une situation non singulière mais indéterminée des parties de la figure, ne concerne que des objets actuellement réels et constructibles, elle aura lieu d'une manière absolue et géométrique ; dans la supposition contraire, elle cessera d'être applicable à ces objets d'une manière purement géométrique, sans, pour cela, devenir ni fausse, ni absurde à l'égard des objets demeurés réels ; de sorte que, si l'on conserve mentalement une existence de signe ou d'expression aux objets impossibles, la propriété devient simplement idéale à l'égard de ces objets. C'est précisément dans ce sens que j'ai entendu dire, jusqu'ici, qu'une propriété, une relation quelconque est vraie, *en général*, alors même qu'elle l'est pour une série indéfinie de positions de la figure, en cessant de l'être pour d'autres soumises à la même loi.

105. D'ailleurs, il est essentiel de remarquer que certains objets qui ont avec d'autres, devenus impossibles, une dépendance connue et donnée, ne deviennent pas pour cela eux-mêmes inconstructibles ; car ces objets peuvent être liés à des parties différentes de la figure par des dépendances plus générales, et qui demeurent toujours réelles.

Ainsi la corde indéfinie qui passe par les deux points de contact d'une section conique et des tangentes, issues d'un certain point, demeure toujours constructible et réelle (5), quoique ces tangentes elles-mêmes puissent devenir imaginaires, quand ce dernier point passe à l'intérieur de la courbe : la même chose a lieu, comme nous l'avons vu, à l'égard de la corde commune à deux cercles ou à deux sections coniques situées sur un même plan, etc. En général, on peut poser pour principe propre à faire reconnaître, à l'avance, les objets figurés qui peuvent demeurer réels, quand les parties qui les construisent deviennent imaginaires, que ces objets doivent nécessairement dépendre, d'une manière symétrique et simultanée, d'un nombre pair de ces dernières. La considération de ces sortes d'objets est extrêmement importante en Géométrie, et nous ne craignons pas d'avancer qu'elle seule peut parvenir à donner une interprétation satisfaisante de certains résultats étranges de l'Analyse algébrique, concernant les grandeurs susceptibles de devenir imaginaires.

106. En ayant égard à ces diverses remarques, ainsi qu'à celles qui se trouvent répandues dans le cours de ce travail, nous regarderons donc comme générales et applicables à toutes les situations, les propriétés géométriques qu'il sera possible de déduire des principes de projection qui viennent d'être exposés, quand bien même ces principes pourraient cesser d'avoir lieu géométriquement pour certaines dispositions des parties de la figure, et qu'en conséquence sa projection pût devenir imaginaire.

Ainsi, par exemple, toutes les propriétés projectives qui appartiennent au système de deux circonférences de cercle concentriques, appartiennent aussi au système de deux sections coniques ayant un double contact, que ce contact soit d'ailleurs réel ou idéal ; nous avons vu, en effet (**22**), que l'un de ces cas ne diffère pas essentiellement de l'autre, et qu'ils sont assujettis à la même loi ; de sorte que, sans violer cette loi et sans particulariser les deux courbes, on peut faire coïncider celles d'un système avec celles de l'autre par un mouvement progressif et continu.

Pareillement, toutes les propriétés projectives dont jouit le système général de deux circonférences de cercle situées sur un même plan, appartiennent aussi au système de deux sections coniques quelconques également situées sur un seul plan, et ces propriétés demeureraient applicables à la circonstance même où les deux courbes se couperaient en quatre points réels ; circonstance pour laquelle leur projection, suivant des cercles, serait évidemment impossible. Nous en dirons autant des autres principes exposés dans le cours de ce paragraphe, que pour cette raison nous avons énoncés sous une forme indépendante de toute restriction.

107. Nous le redisons encore avant de terminer, en regardant comme générales et applicables à tous les cas, les propriétés qui peuvent découler de nos principes, nous n'entendons pas pour cela prétendre qu'elles ont un sens toujours absolu et réel, mais seulement qu'elles ne peuvent, à proprement parler, devenir fausses, ni entraîner, par conséquent,

dans leur adoption et dans leurs conséquences, à des erreurs
véritables, à des absurdités manifestes et contraires aux axiomes incontestables de la raison. Ainsi, ces propriétés pourront bien ne conserver, dans certains cas, qu'une signification
purement idéale, à cause qu'une ou plusieurs des parties
qu'elles concernent auront perdu leur existence absolue et
géométrique ; elles deviendront, si l'on veut, illusoires, paradoxales dans leur objet ; mais elles n'en seront pas moins
logiques et propres, si on les emploie d'une manière convenable, à conduire à des vérités incontestables et rigoureuses,
bien que susceptibles des mêmes restrictions.

108. Il me paraît actuellement inutile de développer davantage ces idées, d'autant que, la suite de ce travail ayant spécialement pour objet d'appliquer les notions qui précèdent à la
recherche des propriétés projectives des sections coniques,
cette application servira d'éclaircissement naturel à tout ce
que ces notions pourraient encore conserver d'obscur ou de
difficile à comprendre. On verra, d'ailleurs, avec quelle simplicité ces notions conduisent aux propriétés déjà connues et à
une infinité d'autres que la Géométrie ordinaire semblerait ne
pouvoir facilement atteindre, et cela sans employer aucune
construction auxiliaire, et en ne se fondant que sur les propositions les plus simples, celles qui, ne concernant que la direction des lignes dans les figures élémentaires, n'exigent, bien
souvent, qu'un léger coup d'œil pour être aperçues et senties.

SIXIÈME CAHIER.

ARTICLES DIVERS PARTIELLEMENT ENTRÉS DANS LA COMPOSITION DU TRAITÉ DES PROPRIÉTÉS PROJECTIVES; EXTRAITS DES ANNALES DE MATHÉMATIQUES DE MONTPELLIER (T. VIII à XII, années 1817 à 1822) (*).

I.

THÉORÈMES NOUVEAUX SUR LES LIGNES DU SECOND ORDRE.

(Voir t. VIII des *Annales*, p. 1, 1er février 1817.)

On s'est, jusqu'à présent, beaucoup occupé des propriétés des sections coniques concernant, soit la direction, soit la longueur de certaines lignes droites qui en dépendent; mais on s'est peu appliqué, ce me semble, à rechercher les propriétés de ces courbes qui ne seraient relatives qu'à la relation des angles formés par ces mêmes droites. Cependant, on sait depuis longtemps (Newton et Maclaurin) que les sections coniques peuvent être engendrées d'une infinité de manières différentes, par le mouvement d'angles constants qui tournent autour de leurs sommets comme pôles; d'où il paraît naturel d'inférer qu'il doit exister des dépendances mutuelles, très-remarquables, entre les angles de certains systèmes de droites liées entre elles d'une manière relative à la nature générale de ces courbes. Le cas du cercle, en particulier, présente un grand nombre de semblables propriétés, soit à l'égard des polygones qui lui sont inscrits, soit à l'égard de ceux qui lui sont circonscrits, soit, etc.: la plupart de ces propriétés sont même connues depuis la plus haute antiquité. Comment donc se fait-il qu'on ait jusqu'ici si peu songé à les généraliser, en cherchant à les étendre à une section conique quelconque? N'en résulterait-il pas, en effet, un grand avantage pour la parfaite connaissance de ces dernières courbes, et n'obtiendrait-on pas de leur rapprochement des solutions élégantes et simples de problèmes difficiles, quand on les attaque par les voies ordinaires?

(*) Je n'ai point rapporté dans ce Cahier les notes du rédacteur des *Annales*, quelquefois étendues, et dont le manque d'intérêt ou d'à-propos aurait pu faire suspecter mes intentions scientifiques.

On doit regretter que M. Carnot, à qui la Géométrie est redevable de tant de perfectionnements heureux, n'ait pas donné plus d'extension et plus de développement à l'idée lumineuse qu'il expose au commencement de la Sect. IV de sa *Géométrie de position*, touchant les figures dans lesquelles on peut déterminer les angles, sans l'intervention des quantités linéaires ou trigonométriques. On conçoit, en effet, que cette théorie ne doit pas se borner aux figures composées de lignes droites seules, et qu'elle doit s'étendre également à toutes celles dans lesquelles il entre des courbes dont la génération peut avoir lieu par le moyen des angles seulement; pourvu toutefois que le système de droites dont on examine les angles soit lié, d'une manière convenable, à la nature particulière de ces courbes. Un cercle, par exemple, est dans le cas dont il s'agit ; car il peut être considéré comme le lieu du sommet d'un angle constant, dont les côtés tourneraient autour de deux point fixes : aussi sait-on que ce cercle jouit d'un grand nombre de propriétés relatives aux angles de certaines lignes droites, tracées d'une manière convenable sur son plan. Je répète à dessein le mot *convenable* ; car si, par exemple, on considérait un triangle inscrit à ce cercle, il est évident que cette circonstance n'établirait point une nouvelle dépendance entre ses angles, puisqu'un triangle quelconque est toujours inscriptible au cercle. Il n'en serait plus de même si l'on considérait un quadrilatère ou, en général, un polygone quelconque inscrit à ce cercle ; car un quadrilatère, et à plus forte raison un polygone d'un plus grand nombre de côtés, n'est pas indistinctement, comme un triangle, susceptible d'être inscrit à cette courbe particulière.

Ces idées demanderaient à être développées et éclaircies plus que nous ne venons de le faire ; mais une pareille entreprise sortirait des bornes de cet Article ; et nous nous contenterons, pour le moment, de présenter, sans aucune réflexion et le plus rapidement qu'il nous sera possible, une suite de propriétés des sections coniques, relatives aux angles de certaines droites ; propriétés qui pourront être envisagées comme l'extension d'autant de propriétés du même genre, correspondant à la circonférence du cercle.

Nous rappellerons d'abord la proposition suivante, dont la démonstration (p. 49 du Ve volume des *Annales*) est due à l'illustre Maclaurin (*Geometria organica*, sect. III, p. 102) :

« Si l'un des côtés d'une équerre passe constamment par l'un des foyers
» d'une section conique, et que son sommet parcoure la circonférence
» décrite sur le premier axe comme diamètre, s'il s'agit de l'ellipse et
» de l'hyperbole, ou la tangente au sommet, s'il s'agit d'une parabole,
» l'autre côté de l'équerre sera constamment tangent à la courbe. »

Soit PNN′ ou (C), *fig.* 166, la circonférence décrite sur le premier axe, et F le foyer de la section conique dont il s'agit ; Tt, Tt', tt' étant trois tangentes quelconques à cette courbe, et FN, FN′, Fn trois perpendiculaires abaissées respectivement du foyer F sur ces tangentes ; leurs pieds N, N′, n, seront, d'après ce qui précède, sur la circonférence (C). Prolongeons les trois tangentes jusqu'à leurs rencontres respectives en

Fig. 166.

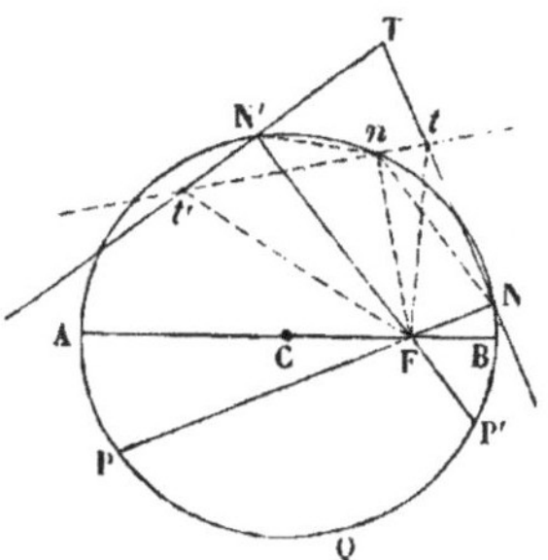

T, t, t′, et les deux perpendiculaires FN, FN′, jusqu'à leurs nouvelles intersections, en P, P′, avec la circonférence (C). Traçons enfin nN, nN′, et Ft, Ft′.

Puisque les angles n, N′ du quadrilatère nFN′t′n sont droits, ce quadrilatère est inscriptible au cercle ; donc

$$\text{ang } F t'n = \text{ang } FN'n = \frac{1}{2}\text{ arc.}\, nNP'.$$

On prouverait pareillement que le quadrilatère nFNtn est aussi inscriptible au cercle ; donc

$$\text{ang. } F tn = \text{ang. } FN n = \frac{1}{2}\text{ arc. }\, nN'P.$$

De ces valeurs des angles Ft′n, Ftn du triangle tFt′, on conclut

$$\text{ang } tF t' = \frac{1}{2}\text{ cir NN'PP'N} - \frac{1}{2}\text{ arc } nNP' - \frac{1}{2}\text{ arc } nN'P = \frac{1}{2}\text{ arc PQP'}.$$

Supposons donc que, les tangentes Tt, Tt′ restant fixes, la tangente tt′ devienne mobile ; les perpendiculaires FN, FN′ ne varieront pas, ni conséquemment l'arc PQP′, compris entre elles ; donc l'angle tFt′ restera de la même grandeur, pour toutes les positions de la tangente mobile tt′.

La démonstration est encore plus simple pour le cas de la parabole ; mais alors l'angle constant tFt′ devient précisément le supplément de l'angle T des deux tangentes fixes. On peut donc énoncer généralement ce théorème :

1. *L'angle sous lequel on voit, de l'un des foyers d'une section conique, la partie d'une tangente mobile interceptée entre deux tangentes fixes, est toujours constant pour toutes les positions de cette première tangente.*

Dans le cas particulier de la parabole, cet angle constant est le supplément de l'angle formé par les deux tangentes fixes.

Parmi les conséquences nombreuses auxquelles ce théorème peut conduire, nous nous contenterons de rapporter les suivantes, parce qu'elles offrent quelque chose de simple et de facile à saisir.

Supposons que, dans une de ses positions, la tangente mobile tt' vienne à se confondre avec l'une des deux tangentes fixes, avec TN par exemple ; les points t', t se confondront alors, l'un avec T et l'autre avec le point de contact de cette tangente et de la courbe ; pareille chose arriverait si la tangente mobile se confondait avec l'autre TN' des tangentes fixes. Donc

2. *Si, de l'un des foyers d'une section conique, on mène des droites tant au sommet de l'angle formé par deux tangentes quelconques à la courbe qu'aux points de contact des deux côtés de cet angle avec elle, la première de ces deux droites divisera en deux parties égales l'angle formé par les deux autres.*

Ce théorème devant avoir lieu quelle que soit la position des deux tangentes en question, il sera vrai encore dans le cas où un ou plusieurs des trois points ci-dessus seront situés à une distance infinie ; ce qui conduit à plusieurs conséquences sur lesquelles il est inutile de s'arrêter.

Si l'on se donnait le foyer F d'une section conique et trois tangentes quelconques TN, TN', tt', l'angle tFt' serait déterminé de grandeur, et par conséquent, en le faisant tourner autour du foyer donné F, la droite tt' qui le sous-tend deviendrait mobile, et roulerait, d'après ce qui précède, sur la section conique elle-même, dont on aurait ainsi une infinité de tangentes. Le dernier des théorèmes donnerait ensuite, pour chacune des tangentes mobiles et des tangentes fixes, le point où cette tangente vient toucher la courbe.

Au lieu de se donner une position de la tangente mobile tt', on peut ne se donner que l'angle constant tFt' ; et alors, en faisant mouvoir cet angle autour de son sommet F, sans en changer la grandeur, les conséquences seront encore les mêmes. Donc

3. *Si, sur le plan d'un angle fixe donné, on fait tourner autour d'un point arbitraire et fixe, pris pour sommet, un angle quelconque invariable de grandeur, et qu'on trace ensuite, pour chacune de ses positions, les deux droites qui sous-tendent à la fois l'angle fixe et l'angle mobile, chacune des deux séries formées par ces droites enveloppera, en particulier, une seule et même section conique, ayant précisément pour foyer le sommet fixe de l'angle mobile, et les deux côtés de l'angle fixe pour tangentes. En outre, si l'on abaisse du foyer des perpendiculaires, tant sur les deux côtés de l'angle fixe que sur toutes les autres tangentes appartenant à une même série, les pieds de ces perpendiculaires seront sur une même circonférence de cercle ayant le premier axe de la courbe pour diamètre.*

Dans le cas particulier où l'angle mobile est égal à l'angle fixe ou en est le supplément, l'une des deux courbes devient une parabole, et le cercle qui ui correspond dégénère en une tangente au sommet de cette parabole.

Cinq droites quelconques étant tracées sur un même plan, la section conique qui les touche toutes à la fois est, comme l'on sait, déterminée et unique, et l'on en peut aisément trouver les foyers avec la règle et le compas. Donc, si l'on considère deux de ces cinq tangentes comme représentant les deux tangentes fixes dont il a été question ci-dessus, et les trois autres, terminées à celles-là, comme représentant la tangente mobile dans trois de ses situations, on aura résolu, avec la règle et le compas, cette question assez difficile quand on prétend l'attaquer d'une manière directe.

4. *Trouver le point duquel on verrait sous le même angle les parties de trois droites données sur un même plan, interceptées entre deux autres lignes droites aussi données sur ce plan.*

Ce problème est analogue à celui que M. Carnot a résolu, dans sa *Géométrie de position* (p. 381, art. 327), et l'on voit que sa solution donnerait aussi celle de cet autre problème fort intéressant : *Trouver directement les foyers d'une section conique inscrite à un pentagone donné.*

Jusqu'ici nous n'avons encore considéré que ce qui se passe à l'égard de l'un des foyers d'une section conique; mais il est évident que les mêmes propriétés ont lieu relativement à l'autre foyer; car les raisonnements ci-dessus demeurent les mêmes dans les deux cas. Nous n'avons donc plus, pour le moment, qu'à nous occuper des propriétés qui peuvent appartenir simultanément au système de ces deux foyers.

Soient F, F' (*fig.* 167) les deux foyers dont il s'agit, (C) la circonférence du cercle décrit sur le premier axe comme diamètre, enfin TN, TN' deux

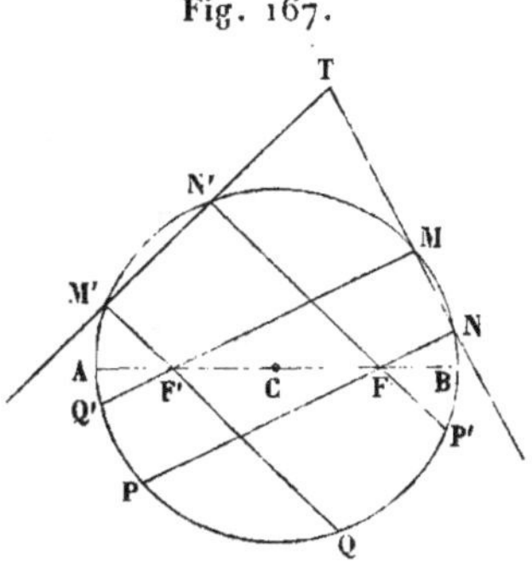

Fig. 167.

tangentes quelconques à la conique; d'après ce qui a été démontré plus haut, l'angle sous lequel on verrait du foyer la partie d'une troisième tangente arbitraire comprise entre les deux autres, aurait pour mesure la moitié de l'arc PQP', intercepté sur la circonférence (C) par les prolongements FP, FP' des perpendiculaires FN, FN' abaissées du foyer F sur les deux tangentes TN, TN'. Par la même raison, l'angle sous lequel on verrait, de l'autre foyer F', cette même partie de la troisième tangente, aurait pour mesure la moitié de l'arc QPQ', intercepté sur la circonférence (C) par les prolongements F'Q, F'Q' des perpendiculaires F'M', F'M abaissées du foyer F' sur les deux tangentes TN', TN. Appelant donc F le premier de ces angles, F' le second, on aura

$$F = \frac{1}{2}\, \text{arc}\, PQP', \quad F' = \frac{1}{2}\, \text{arc}\, QPQ' = \frac{1}{2}\, \text{arc}\, PQ' + \frac{1}{2}\, \text{arc}\, PQ.$$

Or, à cause des parallèles, symétriquement placées par rapport au centre du cercle, on a

$$\text{arc}\, PQ = \text{arc}\, MN' \quad \text{et} \quad \text{arc}\, PQ' = \text{arc}\, MN\,;$$

donc

$$F' = \frac{1}{2}\, \text{arc}\, MN + \frac{1}{2}\, \text{arc}\, MN' = \frac{1}{2}\, \text{arc}\, NMN'\,;$$

$$F + F' = \frac{1}{2}\, \text{arc}\, PQP' + \frac{1}{2}\, \text{arc}\, NMN'\,;$$

mais on a aussi

$$\text{ang.}\, NFN' = \frac{1}{2}\, \text{arc}\, PQP' + \frac{1}{2}\, \text{arc}\, NMN'\,;$$

donc $\qquad F + F' = \text{ang.}\, NFN' \quad \text{ou} \quad F + F' = 200° - T,$

puisque, dans le quadrilatère TNFN', les deux angles opposés N, N' sont droits.

Nous avons supposé, dans ce raisonnement, que les deux foyers F, F' étaient intérieurs au cercle, et c'est ce qui arrive pour l'ellipse. S'ils lui étaient extérieurs, ainsi qu'il arrive pour l'hyperbole, on trouverait que ce n'est plus la somme, mais la différence des angles F, F' qui est égale au supplément de l'angle T.

En appelant donc, pour abréger, *angles vecteurs* d'une même droite les angles sous lesquels cette droite est vue des deux foyers d'une section conique, on aura ce théorème, dont l'analogie avec un autre théorème très-connu est digne de remarque :

5. *Lorsqu'une tangente à une section conique se termine à deux autres tangentes à la même courbe, la somme des angles vecteurs de cette première tangente, dans l'ellipse, et leur différence dans l'hyperbole, est constante et égale au supplément de l'angle des deux tangentes fixes* (*).

(*) L'angle dont il s'agit ici est celui qui comprend les deux foyers entre ses côtés dans l'ellipse, ou qui n'en comprend aucun dans l'hyperbole.

Note additionnelle de 1863. — L'énoncé général de la Propos. V, mise à

Quand la section conique devient une parabole, on a $F' = 0$, et par conséquent $F = 200° - T$, ce qui s'accorde avec ce que nous avons dit plus haut. Pareillement, quand elle devient un cercle, on a $F' = F$, et par conséquent $2F = 200° - T$, comme on peut le vérifier à priori. Le cas où T serait nul ou égal à 100 degrés offrirait aussi des circonstances remarquables; mais nous ne nous y arrêterons pas.

Revenons à la propriété qui fait le sujet principal de cet article, et examinons en particulier les conséquences qui en résultent pour le cas où la section conique est une parabole.

Soient (*fig.* 168) F le foyer; TM, TN deux tangentes quelconques données, et *mn* une troisième tangente mobile de la parabole dont il s'agit,

Fig. 168.

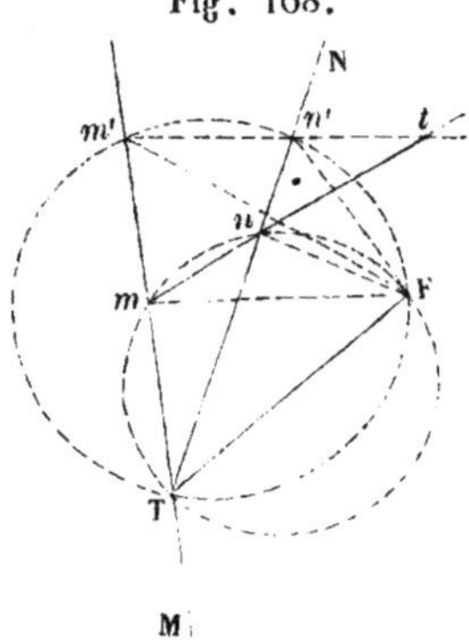

D'après ce qui a été dit plus haut, l'*angle vecteur m*F*n* est toujours constant et égal au supplément de l'angle MTN des deux premières tangentes; donc ce même angle sera égal à l'angle *m*T*n*, et par conséquent, si l'on trace FT, le quadrilatère FT*mn* sera inscriptible au cercle. De là suit ce théorème :

6. *Un triangle étant circonscrit à une parabole, si on lui circonscrit, à son tour, une circonférence de cercle, elle passera nécessairement par le foyer même de la courbe.*

Donc, si l'on se donnait à volonté une quatrième tangente *m'n'* à la parabole, on obtiendrait immédiatement son foyer en circonscrivant des circonférences de cercle à deux quelconques des quatre triangles formés par les rencontres mutuelles de cette nouvelle tangente avec les trois au-

---

profit par divers géomètres postérieurement à 1817, me paraît entièrement neuf et original; mais on peut voir, par les citations des n°s 467 et 469 du *Traité des Propriétés projectives des figures*, que les corollaires relatifs au cas de la parabole et des triangles circonscrits, appartiennent en partie au célèbre géomètre allemand Lambert. (*Voir* aussi l'Art. *Correspondance* du VIIe Cah.)

tres. Le point d'intersection de ces quatre circonférences, qui n'appartient à aucune des tangentes données, est évidemment un point unique par où elles passent toutes à la fois ; car une même parabole ne saurait avoir deux foyers à une distance finie.

Nous venons déjà de voir que l'angle $m\,\mathrm{F}\,n$ est égal à l'angle $m\,\mathrm{T}\,n$, qui est opposé à mn dans le triangle $m\,\mathrm{T}\,n$; mais il est visible que ce même angle pourrait n'être qu'égal à son supplément, suivant la position de ce dernier ; donc

7. *Un triangle quelconque étant circonscrit à une parabole, l'angle sous lequel on voit, du foyer de la courbe, chacun des trois côtés de ce triangle est le supplément de l'angle opposé du même triangle ou lui est égal, suivant que le foyer se trouve ou ne se trouve pas compris entre les côtés de cet angle, indéfiniment prolongés.*

Puisque le quadrilatère $\mathrm{F}\,nm\,\mathrm{T}$ est inscriptible à un cercle, quelle que soit la tangente mobile mn, l'angle $\mathrm{FT}\,m$ sera toujours supplément de son opposé $\mathrm{F}\,nm$, et égal, par conséquent, à l'angle $\mathrm{F}\,nt$; mais l'angle $\mathrm{FT}\,m$ est invariable, puisque, par hypothèse, TM et TN sont fixes ; donc

8. *Si l'un des côtés d'un angle invariable passe constamment par le foyer d'une parabole, et que son sommet parcoure une tangente quelconque à la courbe, l'autre côté de l'angle mobile sera aussi constamment tangent à la courbe.*

On peut aussi énoncer ce théorème ainsi qu'il suit :

9. *Si du foyer d'une parabole on abaisse, sous un même angle donné, des obliques sur toutes les tangentes à cette courbe, les pieds de ces obliques se trouveront appartenir à une seule ligne droite, tangente elle-même à la parabole.*

Ces théorèmes ont leurs analogues, pour le cas d'une section conique quelconque. Alors les pieds des obliques appartiennent à une même circonférence de cercle touchant la courbe en deux points.

On peut déduire de ce qui précède, plusieurs conséquences faciles et très-remarquables.

10. *Toutes les paraboles inscrites à un même triangle quelconque, ont leurs foyers sur la circonférence d'un même cercle, circonscrit à ce triangle.*

Chaque point de la circonférence dont il s'agit peut, d'après cela, être considéré comme le foyer d'une parabole inscrite au triangle auquel cette circonférence est inscrite. Donc

11. *Si, d'un point quelconque de la circonférence d'un cercle circonscrit à un triangle donné, on abaisse, sous un même angle arbitraire, des obliques sur les directions des trois côtés de ce triangle, leurs pieds seront situés sur une seule et même ligne droite.*

Ce dernier théorème est une extension de celui de R. Simson, rappelé à la p. 251 du t. IV des *Annales*, par M. Servois, qui l'emploie à résoudre d'une manière très-élégante un problème de Géométrie pratique concernant les alignements sur le terrain.

Ce qui précède suffirait sans doute, pour établir la vérité de ce que nous avons avancé au commencement de cet Article, touchant l'avantage qu'il y aurait à considérer, d'une manière plus spéciale qu'on ne l'a fait jusqu'ici, les propriétés des sections coniques qui n'ont rapport qu'aux angles seuls de certains systèmes de lignes droites dépendantes de ces courbes; mais, par l'effet de la négligence des géomètres sur ce point, la matière est si riche, que nous ne pouvons nous refuser, malgré l'étendue de cet Article, à présenter encore quelques recherches du même genre, particulières à la parabole, et remarquables surtout par leur analogie avec certaines propriétés des polygones réguliers inscrits et circonscrits au cercle.

Soient (*fig.* 169) f le foyer d'une parabole *mnopq; bo*, *bn* deux tangentes quelconques à cette parabole, la touchant aux points respectifs o, n.

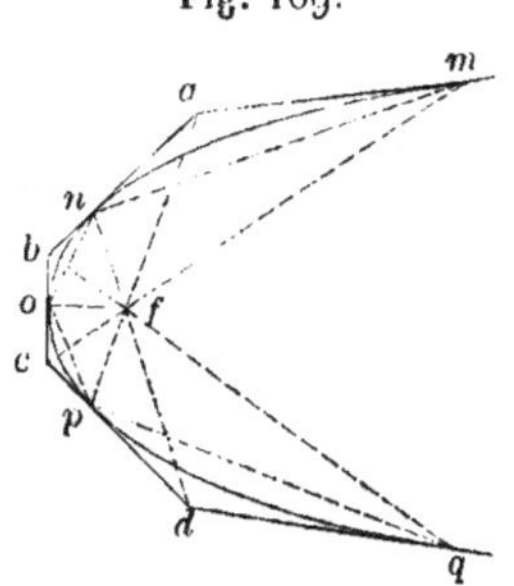

Fig. 169.

Qu'on trace les rayons vecteurs fo, fn correspondant à ces derniers points, et la droite fb, joignant le foyer au point de concours des deux tangentes; d'après les Théor. II et V, les angles bfn, bfo sont égaux entre eux et au supplément de l'angle nbo, d'où il suit que leur somme nfo est double de ce supplément, et que, dans le quadrilatère $nbof$, on a

$$f = 400^\circ - 2b;$$

comme on a d'ailleurs

$$o + n + b + f = 400^\circ,$$

il s'ensuit qu'on doit avoir aussi

$$b = o + n.$$

Supposons présentement que *abcd*... soit un polygone circonscrit à la parabole, et dont tous les angles soient égaux entre eux; en menant des rayons vecteurs tant aux sommets a, b, c, d,... qu'aux points de contact m, n, o, p, q,... il résultera de ce qui précède :

12. *1° Que le rayon vecteur dirigé vers chacun des sommets, divisera en parties égales l'angle de ceux qui se termineront aux deux points de contact entre lesquels ce sommet se trouve compris;*

2° Que le rayon vecteur dirigé vers chacun des points de contact, divisera aussi en parties égales l'angle formé par ceux qui se termineront aux sommets entre lesquels ce point de contact se trouve compris;

3° Que, par conséquent, tous les angles formés autour du foyer par les rayons vecteurs consécutifs sont égaux entre eux; d'où il suit que chacun de ces angles doit être égal à quatre angles droits divisés par leur nombre, lorsque le polygone est formé.

Rappelons-nous présentement cette proposition, démontrée par le marquis de l'Hôpital (*) :

« La suite des sommets mobiles d'un angle de grandeur donnée et con- » stante, circonscrit à une parabole, forme une seule et même section » conique, dont un des foyers se confond précisément avec celui de la » parabole. »

Et cette autre, démontrée par M. Brianchon (Xᵉ Cahier du *Journal de l'École Polytechnique*, p. 14) :

« Si le sommet d'un angle mobile et variable est assujetti à parcourir » une première section conique, et que ses côtés soient assujettis à en » toucher une seconde, la corde de contact avec celle-ci en enveloppera » une troisième. »

En remarquant, de plus, que, dans le cas actuel, cette troisième section conique a un foyer commun avec la première, on pourra encore conclure :

4° Que le polygone circonscrit à notre parabole est lui-même inscriptible à une autre section conique qui a un foyer commun avec elle, et qui est évidemment une hyperbole;

5° Qu'enfin si l'on joint les points de contact consécutifs par des cordes de manière à former un polygone inscrit, ce polygone sera lui-même circonscriptible à une nouvelle section conique, qui sera évidemment une ellipse dont le foyer coïncidera également avec celui de la première.

ADDITION *au précédent Article, extraite d'une lettre adressée de Metz, au Rédacteur des* Annales, *en date d'octobre* 1817.

J'ai avancé, dans les énoncés des deux dernières propositions de cet Article, que les coniques qui correspondent aux polygones inscrits et circonscrits à la parabole donnée avaient pour un de leurs foyers le foyer même de cette parabole. Comme je n'en ai point apporté de démonstra-

---

(*) *Traité analytique des sections coniques*, liv. **VIII.**

tion, il me semble qu'il vaudrait mieux supprimer, dans l'énoncé, ce qui est relatif aux foyers, et terminer l'article par ce qui suit :

Nous avons déduit ces deux dernières propositions de théorèmes déjà connus, afin d'être plus courts; mais nous aurions pu en donner une démonstration géométrique directe et très-simple, fondée sur des considérations particulières d'un autre genre que celles qui précèdent. Nous regrettons de ne pouvoir la rapporter ici.

En suivant toujours la marche géométrique, on démontrerait pareillement que :

6° *Les sections coniques, correspondant aux polygones inscrits et circonscrits à la parabole donnée, ont l'une et l'autre pour foyer commun le foyer même de cette parabole.*

7° *Si l'on joint, par des lignes droites, chacun des sommets du polygone circonscrit avec le foyer commun ci-dessus, ces droites renfermeront précisément les points de contact des côtés correspondants du polygone inscrit, avec la section conique que ce polygone enveloppe.*

Ces dernières propositions complètent entièrement ce que nous avions à dire touchant l'analogie qui existe entre les propriétés de certains polygones inscrits et circonscrits au cercle et à la parabole.

Au reste, on pourrait étendre beaucoup les recherches qui précèdent. Nous nous bornerons à citer seulement quelques-unes des propositions auxquelles nous sommes parvenus, en faveur de la liaison intime qu'elles ont avec celles qui font le sujet de cet Article.

13. *Si, autour d'un point pris sur le périmètre d'une section conique, on fait mouvoir un angle constant, de grandeur arbitraire, dont le sommet est en ce point, et qu'on trace ensuite successivement toutes les cordes de la courbe qui sous-tendent cet angle, le système de ces cordes enveloppera une seule et même section conique,* laquelle se réduira à un point, quand l'angle générateur sera droit (*).

Quand l'angle générateur est variable suivant certaines lois, on trouve que la corde mobile peut tourner autour de *pôles* distincts, dans plusieurs cas très-remarquables. Nous renverrons, pour quelques-uns d'entre eux, au Mémoire de M. Frégier (*Annales*, t. VI, p. 322).

14. *Si, autour d'un point pris à volonté dans le plan d'une section conique, on fait mouvoir un angle droit dont le sommet soit en ce point, et qu'on trace ensuite successivement toutes les cordes de la section conique qui sous-tendent cet angle, le système de ces cordes enveloppera une seule et même section conique,* qui se réduira à un point quand le *pôle* fixe sera pris sur le périmètre même de la section donnée.

(*) Cette dernière remarque a déjà été faite par M. Frégier qui l'a démontrée par l'Analyse (*Annales*, t. VI, p. 231).

Cette proposition s'étend évidemment au cas où la section conique donnée serait remplacée par un cercle; mais alors ce cas particulier est accompagné de quelques circonstances remarquables :

15. *La courbe sur laquelle roule la corde mobile a précisément pour foyers le pôle fixe et le centre du cercle donné.*

Si, pour chaque position de la corde mobile, on mène, à ses deux extrémités, des tangentes au cercle donné, le point de concours de ces tangentes ne cessera pas de rester sur une autre circonférence de cercle, non concentrique à la première.

16. *Si un quadrilatère est, en même temps, inscrit à un cercle et circonscrit à un autre, les cordes qui oindront les points de contact des côtés opposés se couperont à angle droit, et précisément au point d'intersection des deux diagonales. Quand on viendra ensuite à déformer ce quadrilatère, il ne cessera pas de rester inscrit et circonscrit aux deux cercles dont il s'agit; et le point où se coupent à la fois les deux diagonales et les cordes qui réunissent les points de contact opposés demeure invariable de position.*

Ainsi que je l'ai déjà dit plus haut, je ne rapporte l'énoncé de ces propositions qu'en faveur de leur analogie avec quelques-unes des premières.

II.

RÉFLEXIONS SUR L'USAGE DE L'ANALYSE ALGÉBRIQUE EN GÉOMÉTRIE, ET SOLUTIONS DE DIVERS PROBLÈMES DÉPENDANT DE LA GÉOMÉTRIE DE LA RÈGLE (*).

(T. VIII des Annales, 1er novembre 1817.)

Monsieur, vous ne trouverez pas indiscrète, sans doute, la liberté que je prends de vous adresser quelques réclamations touchant la comparai-

---

(*) Cet Art. II est le texte d'une lettre en date du 18 octobre 1817, annexée à celle qui contenait l'ADDITION au précédent Article (t. VIII des *Annales,* p. 141). Je ferai en outre observer qu'à l'époque dont il s'agit, j'avais en main le texte des premiers Cahiers de ce second volume rédigé pendant l'hiver de 1814 à 1815. Toutefois, j'appréhende fort que le présent Article de *Philosophie mathématique* et peut-être quelques-uns des suivants, venus d'un jeune officier désireux de se préparer à l'avance un nom pour la publication du *Traité des Propriétés projectives,* n'aient indisposé, malgré ses formelles intentions, le savant rédacteur des *Annales* de Montpellier contre leur auteur qui, probablement à ses yeux, n'avait point encore acquis le droit de combattre, quoique avec circonspection et courtoisie, les idées philosophiques d'un ancien professeur, déjà justement estimé pour ses services scientifiques.

son que vous établissez (*Annales*, t. VII, p. 289 et 325) entre les résultats de la *Géométrie pure* et ceux de la *Géométrie analytique*. L'impartialité dont vous faites profession m'est un garant assuré que tout ce qui peut tendre à éclairer la partie philosophique des sciences exactes doit, indépendamment de vos opinions personnelles et de votre manière particulière d'envisager les choses, trouver un libre accès dans votre journal, principalement destiné, à ce qu'il paraît, à recueillir les discussions qui peuvent s'élever entre les géomètres sur l'estime relative que l'on doit accorder aux diverses méthodes propres à agrandir le domaine de la science.

J'admire, avec tous les amateurs de la belle Analyse, la manière élégante avec laquelle vous savez la faire ployer, sans efforts, aux questions les plus difficiles de la Géométrie; et j'avoue que je ne trouve rien de plus ingénieux que la marche à la fois nouvelle, simple et rapide que vous proposez pour parvenir à leur solution graphique définitive. Je pense que les exemples que vous avez offerts sont bien propres à faire connaître toute la fécondité de l'Analyse, et à la venger, en quelque sorte, des reproches qu'on ne se croit que trop souvent en droit de lui faire; mais je ne saurais cependant admettre sans restriction ceux que vous adressez, à votre tour, aux résultats auxquels conduit l'usage exclusif des considérations géométriques.

Si je ne me suis pas trompé sur le sens des réflexions qui précèdent ou qui terminent les Articles rappelés ci-dessus, l'Analyse, ou plutôt la *Méthode de Descartes*, employée d'une manière convenable, aurait l'avantage de conduire, pour la solution des problèmes de Géométrie, à des constructions bien supérieures, pour l'élégance et la simplicité, à celles que fournit la *Géométrie pure*. En supposant que, par ce mot de Géométrie pure, vous vouliez entendre seulement celle des Anciens, c'est-à-dire celle qu'ont cultivée les Euclide, les Apollonius, les Viète, les Fermat, les Viviani, les Halley, etc., j'avouerai volontiers que, malgré l'estime qu'elle mérite à plusieurs égards, je suis parfaitement d'accord avec vous. J'ajouterai même que je ne pense pas qu'avec le secours seul de cette Géométrie, on puisse jamais parvenir à quelque chose de bien général. Or, on ne saurait douter que la généralité des solutions ne soit, le plus souvent, la source de leur élégance et de leur simplicité.

Mais si, par Géométrie pure, vous voulez entendre, en particulier, celle où l'on s'interdit simplement l'usage de la méthode des coordonnées, ou même de toute espèce de calcul qui permettrait de perdre momentanément de vue la figure dont on s'occupe; si par là vous voulez désigner cette Géométrie, cultivée par les modernes, dans laquelle, au moyen des notions d'infiniment grands et d'infiniment petits, on parvient à découvrir les relations qui existent entre les diverses parties d'une figure supposée variable; si vous voulez parler enfin de cette Géométrie qui consiste à chercher, dans les propriétés de l'étendue à trois dimensions, la solution des problèmes de la Géométrie plane, pour repasser ensuite de celle-ci à ce qui concerne la Géométrie de l'espace; je déclare franchement que je ne saurais admettre avec vous, Monsieur, que cette Géométrie ne puisse donner, à la fois, des solutions aussi simples et aussi élégantes que celles qu'on déduit du Calcul. J'avoue même et j'incline fortement à penser que, traitée à son tour d'une manière convenable, moins restreinte qu'on ne l'a fait jusqu'ici, elle peut fournir, par la voie d'intuition qui lui est propre et pour certaines classes de problèmes, des solutions qui l'emportent sur celles qu'on déduit de la Géométrie analytique, même dans l'état de perfection où elle est aujourd'hui parvenue.

Je ne répéterai pas, en faveur de la Géométrie pure, ce qu'en ont déjà dit les plus grands géomètres; j'essayerai seulement, dans ce qui va suivre, de donner des exemples particuliers, propres à confirmer et à justifier l'opinion que je me suis formée sur ce point. Il ne suffirait pas, en effet, dans cette matière, de rapporter des témoignages plus ou moins consacrés, ni même de simples raisonnements, quelque solides qu'ils pussent d'ailleurs paraître; mais il faut, en quelque sorte, des preuves de faits, des preuves expérimentales, qui puissent entrer en parallèle, pour l'élégance des résultats, avec celles que vous avez vous-même offertes en faveur de la méthode des coordonnées.

Je ne prétends pas, au surplus, que la Géométrie rationnelle ait toujours l'avantage sur l'Analyse, ni qu'on doive constamment la préférer à cette dernière dans les recherches purement géométriques. Je pense, au contraire, avec M. Dupin (*Développements de Géométrie*, Ire partie, p. 238), que chacune de ces deux sciences a des moyens qui lui sont propres, et qu'on ne pourrait, sans un grand préjudice pour l'avancement de la science, cultiver l'une ou l'autre d'une manière exclusive. J'ajouterai même qu'il me paraît qu'on ne saurait trop s'efforcer de les élever, pour ainsi dire, de front ou à la même hauteur, en employant les principes généraux de l'Analyse à donner aux résultats de la Géométrie toute l'extension qui leur manque d'ordinaire, et qui appartient essentiellement à ceux de la première; tout en se servant réciproquement dans celle-ci des considérations de la Géométrie, soit pour simplifier l'état de la question en la ramenant à des circonstances particulières plus facilement accessibles, soit pour faire le choix d'inconnues le plus convenable, soit enfin pour interpréter et pour développer les conséquences géométriques des résultats de ses calculs.

J'ai tout lieu de croire, Monsieur, que vous souscrirez volontiers à ces dernières réflexions, et que vous les trouverez tout à fait conformes à vos propres idées sur la Géométrie pure et sur la Géométrie analytique. Je crois du moins en avoir pour preuve un grand nombre d'articles que vous avez fournis à votre recueil périodique, et notamment le dernier des articles déjà cités, où vous faites usage de considérations géométriques préliminaires pour simplifier la question, en remarquant qu'une construction qui peut s'effectuer avec la règle seule, pour l'une quelconque des sections coniques, est par là même indistinctement applicable à toutes les autres lignes de cette espèce.

Après cette espèce d'explication qui m'a paru indispensable pour bien faire connaître mes idées et l'intention qui m'anime, je passe aux exemples que j'ai promis d'offrir en faveur de la Géométrie pure. Je me bornerai simplement à indiquer les constructions, sans entrer dans aucun détail sur les raisonnements qui y ont conduit et peuvent servir à les justifier; me réservant de faire connaître, dans une autre occasion, les principes théoriques sur lesquels ces constructions reposent; principes dont le développement excéderait nécessairement les bornes d'une simple lettre.

———

Le premier des exemples qui suivent paraîtra d'autant plus convenable que c'est précisément, Monsieur, le problème général dont vous avez traité le cas le plus simple à la p. 325 de votre VIIe volume. Il convient, au surplus, de prévenir qu'il y a près de quatre ans que j'en ai découvert les solutions ci-après. J'étais alors prisonnier de guerre en Russie; et, dès mon retour en France, je m'empressai d'en donner communication à MM. Français et Servois, auteurs de plusieurs Mémoires très-remarquables, insérés dans les *Annales*.

1° *A une section conique donnée et tracée sur un plan, inscrire un polygone de m sommets, dont les côtés, prolongés s'il le faut, passent respectivement par un même nombre de points donnés, placés arbitrairement sur ce plan, en ne faisant usage que de la règle.*

2° *A une section conique donnée, et tracée sur un plan, circonscrire un polygone de m côtés, dont les sommets s'appuient respectivement sur un même nombre de droites données, tracées arbitrairement sur ce plan, en faisant usage de la règle seulement.*

Je réunis les énoncés de ces deux problèmes, car, encore bien qu'ils soient d'une nature différente, rien n'est plus facile, comme l'on sait, que de passer, au moyen de la théorie des pôles, de la solution de l'un quelconque à la solution de l'autre, sans employer autre chose, pour y parvenir, que le tracé de simples lignes droites. Aussi ne m'occuperai-je principalement et presque exclusivement, dans ce qui va suivre, que de ce qui concerne, en particulier, le premier de ces problèmes où il s'agit d'inscrire à une section conique donnée un polygone dont les côtés passent respectivement par des points aussi donnés.

Ce problème, énoncé ainsi d'une manière générale, se compose essentiellement de deux parties distinctes : l'une appartenant à la *Géométrie de situation*, et l'autre dépendant simplement de la *Géométrie ordinaire*. Rien n'indique, en effet, dans l'énoncé, quel est l'ordre ou la succession des côtés du polygone inconnu, relativement à la disposition des points donnés par lesquels ils doivent passer respectivement. Or, il est évident que chacun des arrangements possibles et différents de ces côtés donnera lieu à un problème particulier, tout à fait distinct des autres, dont la solution devra proprement appartenir à la géométrie ordinaire. La première question à résoudre, celle qui appartient tout à fait à la Géométrie de situation, consiste donc à rechercher *quel est le nombre et l'espèce des polygones, réellement différents quant à la succession des côtés, qu'il est possible de former, en assujettissant ces mêmes côtés à passer par un nombre m de points donnés.*

Or, il est aisé de voir que le nombre de ces polygones est

$$\frac{1.2.3 \ldots (m-1)}{2} = 3.4.5 \ldots (m-1);$$

et, quant à la manière de les former, on appellera a, b, c, d, ... k les points où doivent passer les divers côtés du polygone, et l'on supposera que ces mêmes lettres appartiennent aussi aux côtés correspondants; puis on placera arbitrairement toutes ces lettres, celles a, b, c, par exemple, sur le périmètre d'un premier cercle; le nombre des arrangements divers de ces trois lettres ne saurait évidemment surpasser un, parce qu'on les peut lire indifféremment de droite à gauche ou de gauche à droite. Pour passer de ce premier cas à celui où il y aurait quatre lettres a, b, c, d, il faudrait intercaler la lettre d successivement entre deux des trois premières, ce. qui ne donnera évidemment que trois arrangements possibles et réellement différents, qu'il faudra écrire séparément sur trois nouvelles circonférences, afin de ne point les confondre entre eux. On trouvera pareillement les arrangements qui correspondent à une cinquième lettre e, introduite parmi les autres, et l'intercalant, sur chacune des circonférences dont il vient d'être question, entre deux lettres consécutives des arrangements de quatre lettres qu'elles représentent séparément; on obtient ainsi quatre arrangements possibles de cinq lettres, pour chacune de ces circonférences; d'où il suit que le nombre total de ces divers arrangements est de $3.4 = 12$. Pour les distinguer les uns des autres, on pourra les écrire, à leur tour, sur autant de circonférences particulières. En continuant ainsi, de proche en proche, on parviendra enfin à obtenir tous les arrangements possibles et différents qui correspondent aux m points donnés; et l'on voit bien que leur nombre sera, en général, $3.4.5 \ldots (m-1)$, ainsi que nous l'avions annoncé.

Rien n'est plus facile que de concevoir l'usage qu'on pourra faire de cette espèce de tableau artificiel. Supposons, par exemple, que l'on considère en particulier un arrangement $adcb\ldots f$; en se reportant à la figure du problème, cela signifiera qu'en faisant passer par a le premier côté du polygone à construire, le second devra passer par d, le troisième par c, le quatrième par b, et ainsi de suite, et enfin le dernier par f.

C'est donc ce polygone particulier, différent de tous les autres quant à l'arrangement des côtés relatifs aux points donnés, qu'il s'agira de construire, par la géométrie ordinaire, de telle sorte qu'il soit inscrit à la section conique donnée. Le problème général qui nous occupe, ainsi particularisé, pourra donc s'énoncer de la manière suivante :

Problème spécialisé. — *A une section conique donnée et décrite sur un plan, inscrire un polygone de m sommets dont les côtés, prolongés s'il le faut, passent respectivement, et dans un ordre assigné, par autant de points situés arbitrairement sur ce plan, en ne faisant usage que de la règle ?*

Je donnerai de ce problème deux solutions, l'une et l'autre entièrement géométriques et assez remarquables, ce me semble, par leur simplicité et leur généralité. Dans la première, je commencerai par examiner les cas particuliers du triangle et du quadrilatère, et j'indiquerai ensuite les constructions à effectuer pour ramener la solution du cas général à celle de ces derniers (*).

On peut remarquer, au surplus, que la question, dans tous les cas, se réduit évidemment à assigner l'un des sommets du polygone demandé, attendu que, ce sommet une fois déterminé, la solution s'achève, avec la règle seulement, de la manière la plus simple. Nous supposerons constamment, dans tout ce qui va suivre, que les points donnés, pris dans l'ordre de succession qu'on aura choisi à volonté, sont p, p', p'',... $p^{(m)}$, et que le sommet cherché, que nous appellerons *dernier sommet*, est celui de l'angle dont les côtés passent respectivement par les deux points extrêmes p et $p^{(m)}$.

Observons enfin qu'une corde de ligne courbe, supposée double et contenant deux points quelconques donnés sur son plan, peut être considérée comme une sorte de polygone à deux côtés seulement et dont les côtés passent respectivement par ces deux points.

Première solution : graduelle. — 1° *Pour deux points donnés p, p'.* Joignez ces deux points par une droite, dont chacune des intersections avec la courbe pourra être prise pour le sommet cherché.

2° *Pour trois points donnés p, p', p''.* Inscrivez à volonté, à la section conique, une portion de polygone de trois côtés, dont le premier ab passe par p, le second bc passe par p', et le troisième cd par p''. Tracez la polaire de l'un quelconque des deux points extrêmes p, p'', de p'' par exemple ;

---

et menez par les deux autres p, p', une droite qui viendra couper cette polaire en q. Menez, par q et c, une sécante coupant de nouveau la courbe en r. Menez enfin rd, coupant la polaire en P', et ra coupant l'autre droite $pp'q$ en P. Alors traçant PP', chacune des intersections de cette droite avec la courbe pourra être prise pour le sommet cherché.

3° *Pour quatre points donnés p, p', p'', p'''.* Inscrivez à volonté, à la section conique, une portion de polygone de quatre côtés, dont le premier côté ab passe par p, le second bc par p', le troisième cd par p'', et le quatrième de par p'''. Menez par les deux premiers points p, p', et par les deux derniers p'', p''', deux droites indéfinies se coupant en q. Menez, par q et c, une sécante coupant de nouveau la courbe en r. Menez enfin ra, rc, coupant respectivement les droites indéfinies qpp', $qp''p'''$ en P, P'. Alors traçant PP', chacune des rencontres de cette dernière droite avec la courbe pourra être prise pour le sommet cherché.

4° *Pour des points donnés, au nombre de plus de quatre.* Inscrivez, à volonté, à la section conique, une portion de polygone d'autant de côtés qu'il y a de points donnés et dont les côtés passent respectivement par ces points. Soient traités quatre côtés consécutifs quelconques de cette portion de polygone comme il a été dit de la portion de polygone elle-même, dans le cas précédent. On obtiendra ainsi deux points P, P'. En les substituant à ceux par lesquels passaient les quatre côtés consécutifs, on se trouvera avoir en tout deux points de moins qu'auparavant. En continuant ainsi à diminuer de deux unités le nombre des points donnés, tant qu'ils se trouveront au nombre de plus de trois, on arrivera enfin à n'avoir plus que deux ou trois points, que l'on traitera comme il a été dit au premier ou au second cas.

DEUXIÈME SOLUTION : DIRECTE. — *Le nombre des points donnés étant quelconque.* — Inscrivez à volonté et successivement, à la section conique, trois portions de polygones d'autant de côtés qu'il y a de points donnés et dont les côtés passent respectivement par ces points. Soient a, a', a'' les premières extrémités de ces portions de polygones, et k, k', k'' les dernières, respectivement. Soient considérés ces six points comme les sommets d'un hexagone inscrit à la section conique, ayant pour sommets opposés a et k, a' et k', a'' et k''; les trois points de concours de ses côtés opposés seront, comme l'on sait, sur la même droite, et cette droite coupera la section conique en deux points dont chacun pourra être pris pour le sommet cherché.

Quelque incontestable que soit la supériorité de cette seconde solution sous le rapport de la généralité et de la symétrie, je crois cependant devoir faire observer que, lorsque les points donnés sont peu nombreux, la première semble lui être préférable sous le rapport de la simplicité, car elle exige le tracé d'un moindre nombre de lignes.

Toutes ces constructions ayant une partie arbitraire, on peut profiter de ce qu'elles présentent d'indéterminé pour les rendre plus simples. Par exemple, on peut faire passer l'un des côtés extrêmes de la portion de polygone par les deux premiers ou les deux derniers des points donnés. Ce côté comptera alors pour deux, et l'extrémité de la portion de polygone pourra être indistinctement supposée à l'une ou à l'autre de ses extrémités. En appliquant cette remarque au cas du triangle dans la première solution, on aura deux manières de déterminer le point P' sur la polaire p''. On pourra donc se dispenser de construire cette polaire, et la recherche du sommet inconnu se réduira ainsi au tracé de neuf lignes droites seulement. .

On voit, par ce qui précède, que, pour un ordre de succession quelconque des points donnés, le problème peut avoir deux solutions au plus. Puis donc que nous avons trouvé d'ailleurs que ces différents ordres étaient au nombre de $3.4.5\ldots(m-1)$, il s'ensuit que le nombre des solutions sera au plus de $1.2.3\ldots(m-1)$.

Quoique nous ayons annoncé que nous n'insisterions pas sur le second des deux problèmes généraux que nous nous sommes proposés, à raison de l'extrême facilité avec laquelle il se ramène au premier, nous ne pouvons cependant nous refuser au plaisir de faire connaître une construction directe de ce problème, tout à fait remarquable par sa parfaite analogie avec celle donnée en dernier lieu pour l'autre. La voici :

Circonscrivez successivement et à volonté à la section conique, trois portions de polygones d'autant de sommets qu'il y a de droites données, et dont les sommets soient respectivement sur ces droites. Soient a, a, a'' les premiers côtés de ces portions de polygone, et k, k', k'' les derniers respectivement. Soient considérées ces six droites comme les côtés d'un hexagone circonscrit à la courbe, ayant pour ses côtés opposés a et k, a' et k', a'' et k'', les trois diagonales joignant les sommets opposés de cet hexagone se couperont, comme l'on sait, en un même point, et la polaire de ce point déterminera, par son intersection avec la courbe, deux nouveaux points dont chacun pourra être pris pour le point de contact de cette courbe avec le polygone cherché.

Parmi le grand nombre de cas particuliers que peuvent offrir nos deux problèmes relativement à la situation des points ou des droites donnés, il en est deux qui sont trop remarquables, soit par les circonstances qu'ils présentent, soit par la simplicité de la solution qui leur est relative, pour que nous puissions nous permettre de les passer sous silence ; ce sont les deux suivants :

1° *A une section conique donnée, inscrire un polygone donné de tant de sommets qu'on voudra, dont les côtés passent par un même nombre de points donnés, situés sur une même ligne droite, en faisant usage de la règle seule ?*

2° *A une section conique donnée, circonscrire un polygone de tant de côtés qu'on voudra, dont les sommets s'appuient sur un égal nombre de droites données, concourant en un même point, en faisant aussi usage de la règle seulement ?*

SOLUTION DU PREMIER DE CES PROBLÈMES. — Inscrivez, à volonté, à la courbe proposée, une portion de polygone dont les côtés passent respectivement par les points donnés. Le nombre de ces points pourra être pair ou impair.

Le nombre des points donnés étant pair, si le polygone ne se referme pas de lui-même, le problème ne pourra pas être résolu ; et si, au contraire, il se referme de lui-même, tout autre se refermera également, et, conséquemment, le problème sera susceptible d'un nombre indéfini de solutions.

Le nombre des points donnés étant impair, la corde qui joindra les deux extrémités de la portion de polygone ira couper la droite unique qui contient les points donnés en un point dont la polaire, par son intersection avec la courbe, déterminera deux points dont chacun pourra être pris pour le dernier sommet du polygone demandé.

SOLUTION DU SECOND PROBLÈME. — Circonscrivez, à volonté, à la courbe, une portion de polygone dont les sommets s'appuient respectivement sur les droites données. Le nombre de ces droites pourra, selon les cas, être pair ou impair.

Le nombre des droites données étant pair, si les deux côtés extrèmes de la portion de polygone ne se confondent pas en un seul, le problème ne pourra être résolu; et si, au contraire, ils coïncident de manière à former un polygone fermé, ce polygone et tous les autres qu'on pourra construire sous les mêmes conditions que celui-là, résoudront le problème, qui ainsi aura une infinité de solutions.

Le nombre des droites données étant impair, la droite qui joindra le point de concours des côtés extrèmes de la portion de polygone avec le point de concours des droites données coupera la section conique en deux points, dont chacun pourra être pris pour le point de contact de cette courbe avec le dernier côté du polygone cherché.

Toutes les constructions précédemment indiquées sont principalement déduites de deux théorèmes généraux dont nous nous bornerons, pour le présent, à faire connaître l'énoncé.

THÉORÈME I. — *Un polygone quelconque étant inscrit à une section conique, si l'on vient à le faire varier de toutes les manières possibles, de façon cependant qu'il ne cesse pas d'être inscrit à la courbe, et que tous ses côtés, un seul excepté, passent constamment par des pôles fixes; le côté libre restera, dans son mouvement, pareillement tangent à une autre section conique touchant la première en deux points.*

Dans le cas particulier où tous les pôles fixes seront situés sur une même ligne droite et en nombre impair, le côté libre tournera constamment autour d'un point fixe situé sur cette droite.

Théorème II. — *Un polygone quelconque étant circonscrit à une section conique, si l'on vient à le faire varier de toutes les manières possibles, de sorte cependant qu'il ne cesse pas d'être circonscrit à la courbe, et que tous ses sommets, un seul excepté, s'appuient constamment sur des droites fixes; le sommet libre décrira, dans son mouvement, une autre section conique touchant la première en deux points.*

Dans le cas particulier où toutes les directrices, concourant en un même point, sont en nombre impair, le sommet libre décrit une ligne droite qui concourt aussi en ce point.

Je passe à l'autre exemple que j'ai promis, au commencement de cette lettre, en faveur de la Géométrie pure.

Problème. — *Une section conique étant tracée sur un plan, et deux points étant donnés arbitrairement sur ce plan, le premier sur le périmètre de la courbe et le second quelconque; déterminer autant de points qu'on voudra d'une autre section conique qui, passant par les deux points donnés, ait, au premier de ces points, un contact du troisième ordre avec la première, en faisant usage de la règle seulement.*

Solution. — Soit P le point donné sur le périmètre de la courbe, et soit A l'autre point quelconque.

Soit menée en P, à la section conique donnée, une tangente indéfinie. Soit menée aussi la sécante PA, coupant de nouveau la courbe en Q. Par un autre point quelconque R de cette courbe et par le point Q, tracez une sécante rencontrant en S la tangente en P. Menez enfin PR et SA, ces deux droites concourront en un point M, qui appartiendra à la courbe cherchée. En variant donc la position du point R sur la courbe donnée, on obtiendra tant de points M qu'on voudra de la courbe inconnue.

Si le point A était infiniment éloigné, auquel cas l'osculatrice demandée devrait être une parabole ou une hyperbole, la même construction subsisterait encore, mais alors elle ne pourrait plus s'exécuter avec la règle seulement.

Si, à la place du point A, on se donnait une tangente à l'osculatrice demandée, la construction, un peu différente dans sa première partie, ne perdrait rien d'ailleurs de sa simplicité. Il ne serait pas difficile, au surplus, de déduire de la précédente construction toute la théorie des osculations des sections coniques entre elles, mais ce n'est point ici le lieu.

Je crois, Monsieur, ces exemples suffisants pour l'objet que j'avais en vue. Mais, pour fixer l'attention d'une manière plus particulière encore, je crois devoir faire observer que les problèmes qui viennent d'être résolus ne sont peut-être pas les plus difficiles de ceux que je suis parvenu à traiter par la Géométrie sans le secours du calcul algébrique. Entre les divers exemples que j'en pourrais citer, je me bornerai aux deux suivants qui, à raison de l'intérêt qu'ils présentent, semblent se recommander d'une manière plus spéciale.

1° Deux sections coniques étant tracées sur un même plan, construire un polygone de tant de côtés qu'on voudra, qui soit à la fois inscrit à l'une d'elles et circonscrit à l'autre, en ne faisant usage que de la règle ?

2° En un point donné d'une courbe géométrique quelconque tracée sur un plan, mener une tangente à cette courbe, en ne faisant usage pareillement que d'une simple règle ?

J'ai peine à me persuader que la Géométrie analytique puisse parvenir à des constructions générales à la fois plus symétriques et plus élégantes que celles qui précèdent, à raison du grand nombre des données qui doivent simultanément concourir à la détermination des inconnues. Toutefois, Monsieur, après les exemples que vous avez offerts aux articles déjà cités des *Annales*, il est peut-être prudent de ne rien préjuger sur ce point. C'est la faute que j'avais moi-même commise avant de connaître vos solutions, et cela prouve de nouveau qu'on ne doit jamais se hâter d'imputer à l'Analyse des imperfections qui souvent sont uniquement le fait de ceux qui ne savent point en faire un usage convenable (*).

III.

SOLUTIONS DE PROBLÈMES DE GÉOMÉTRIE (**), SUIVIES D'UNE THÉORIE DES POLAIRES RÉCIPROQUES ET DE RÉFLEXIONS SUR L'ÉLIMINATION.

(t. VIII des *Annales*, 1er janvier 1818.)

Quel est le lieu du sommet d'un angle mobile, de grandeur invariable, perpétuellement circonscrit à une section conique ? Quelle est la courbe

---

(*) Je supprime ici les *réflexions* que l'article précédent de philosophie a suggérées à M. Gergonne, et dans lesquelles, pour établir la supériorité des méthodes algébriques sur celles de la Géométrie pure, il rappelait ses élégantes solutions des problèmes relatifs aux cercles et aux sphères tangents à d'autres donnés à volonté sur un plan ou dans l'espace. Mais, outre que ces solutions avaient été précédées par d'autres purement géométriques qui, sauf le manque de généralité, n'étaient point dénuées d'un certain mérite, le savant rédacteur des *Annales* aurait dû ne pas oublier que le succès de ses méthodes trigonométriques est principalement dû à l'heureux mélange qu'il a su faire des considérations géométriques avec celles de l'Analyse algébrique. Moi-même, je dois le reconnaître, j'ai eu le tort grave de ne pas déclarer que j'avais mis en usage la méthode des coordonnées de Descartes, pour établir les bases premières des théories et solutions géométriques énumérées dans le précédent Article, comme on peut s'en assurer à la lecture du t. Ier de ces *Applications*.

(**) Ces deux problèmes avaient été proposés à la p. 36 du même volume des *Annales*, Cahier d'août 1817; j'ai saisi la circonstance toute naturelle de

enveloppe de la corde de contact, variable de grandeur, de cet angle mobile ?

Ce problème, comme on le voit par l'énoncé, se partage en deux autres très-distincts, et qu'il convient de traiter séparément : je commencerai par le premier, qui paraît le plus facile, c'est-à-dire par celui où il s'agit de trouver le lieu du sommet de l'angle mobile et invariable de grandeur, constamment circonscrit à une section conique.

I. Supposons, afin d'embrasser tous les cas, que la courbe donnée soit rapportée à l'un de ses sommets comme origine ; les axes des x et des y se confondant, l'un avec l'axe principal, l'autre avec la tangente à son extrémité. L'équation sera, comme on sait, de cette forme :

$$(1) \qquad y^2 + Ax^2 + Bx = 0.$$

Appelons α, β les coordonnées variables du sommet de l'angle constant circonscrit à la courbe ; désignons par m, m' les tangentes tabulaires des angles que forment, avec l'axe des x, les deux côtés de cet angle, et soit enfin k la tangente tabulaire de l'angle donné que doivent faire ces deux côtés l'un avec l'autre, nous aurons, d'après l'énoncé du problème, cette première équation de condition :

$$(2) \qquad \frac{m - m'}{1 + mm'} = k, \quad \text{ou} \quad m - m' = k(1 + mm').$$

Parmi les divers moyens de faire trouver m, m' en fonction des coordonnées α, β, il n'en est point de plus simple que celui employé par M. Lefrançois, à la p. 105 de son *Essai de Géométrie analytique*. Nous le rappellerons ici en peu de mots, en l'appliquant au cas qui nous occupe.

Qu'on imagine une droite quelconque passant par le point (α, β), et ayant par conséquent une équation de cette forme :

$$(3) \qquad y - \beta = m(x - \alpha),$$

elle rencontrera, en général, la section conique en deux points, dont on obtiendra les abscisses en combinant son équation (3) avec l'équation (1)

---

leur solution, pour obtenir plus aisément du rédacteur la rare faveur de faire imprimer un extrait des recherches, qui m'avaient dès lors occupé, sur la *théorie des polaires réciproques*, et dont, plus tard, M. Gergonne et d'autres ont su habilement tirer un si avantageux profit, sans jamais avouer ni vouloir reconnaître l'emprunt fait aux méthodes et aux idées du présent Mémoire ; procédé scientifique peu honorable sans doute quand il est calculé, volontaire, mais qui, en revanche, permet, au dernier survenu, de passer de son vivant pour un esprit original et inventif, tout en accordant d'ailleurs une scrupuleuse justice aux médiocrités du jour et des temps passés.

de cette courbe. En exprimant ensuite que les deux racines de l'équation à laquelle on sera parvenu sont égales, on obtiendra une équation de condition, qui indiquera évidemment que la droite en question est devenue tangente à la courbe; et cette équation étant en α, β, m et des constantes, donnera précisément, pour l'expression algébrique de m, les valeurs cherchées m, m'.

Éliminant donc y entre les équations ($1, 3$), puis écrivant que les deux racines de la résultante en x sont égales, il viendra, toutes réductions faites,

$$4(A\alpha^2 + B\alpha)m^2 - 4(2A\alpha\beta + B\beta)m + (4A\beta^2 - B^2) = 0.$$

En désignant donc par m, m' les deux racines de cette équation, on aura

$$m + m' = \frac{2A\alpha\beta + B\beta}{A\alpha^2 + B\alpha}, \quad 4mm' = \frac{4A\beta^2 - B^2}{A\alpha^2 + B\alpha};$$

retranchant la seconde de ces équations du carré de la première, il viendra, en extrayant la racine,

$$m - m' = \frac{B\sqrt{\beta^2 + A\alpha^2 + B\alpha}}{A\alpha^2 + B\alpha};$$

on aura en outre

$$1 + mm' = \frac{4A(\alpha^2 + \beta^2) + 4B\alpha - B^2}{4(A\alpha^2 + B\alpha)};$$

substituant à leur tour ces valeurs dans l'équation (2) et carrant, il vient

$$(4) \qquad 16B^2[\beta^2 + A\alpha^2 + B\alpha] = k^2[4A(\alpha^2 + \beta^2) + 4B\alpha - B^2]^2.$$

D'après les conditions du problème, k est une quantité constante et donnée. L'équation qui précède fournira donc le système des valeurs de α et β qui répondent aux sommets des angles égaux circonscrits à la section conique, et sera par conséquent l'équation même de la courbe cherchée (*).

(*) Je supprime ici une longue note du rédacteur des *Annales* dans laquelle il prouve, sur l'exemple de l'ellipse, que l'équation (4) est en elle-même indécomposable en facteurs du 2e degré. Par contre, je ferai observer que la courbe à deux branches distinctes, représentée par cette équation et symétrique autour du centre de la proposée, mériterait une étude spéciale qui se rattache à la théorie des signes de position et des constantes mobiles dont nous nous sommes occupés dans la dernière partie du IIIe Cahier. Qu'il me suffise de dire que cette courbe, d'une construction géométrique facile et rapide, jouit de cette singulière propriété d'être coupée par chacune des tangentes à l'ellipse directrice, en quatre points réels et distincts, susceptibles d'être déterminés par des opérations graphiques qui ne dépendent que du second degré, c'est-à-dire de la règle et du compas. (Cette note et les trois précédentes datent de 1863.)

II. Cette courbe est, comme on le voit, du quatrième degré, et il est aisé de s'assurer, par un simple déplacement de l'origine sur l'axe des x, qu'elle est concentrique avec la proposée ; mais c'est à quoi nous ne nous arrêterons pas, non plus qu'à discuter son cours et ses propriétés. Nous nous bornerons à parcourir, d'une manière succincte, les cas particuliers déjà connus où son équation s'abaisse au second degré, et représente par conséquent une section conique (*) :

1° Si l'angle mobile circonscrit est nul ou égal à deux droits, ce qui arrive lorsque ses deux côtés se confondent, la constante k est nulle aussi, et l'équation ci-dessus devient

$$\beta^2 + A\alpha^2 + B\alpha = 0,$$

c'est-à-dire l'équation même de la section conique, ce qui d'ailleurs est évident à priori (**).

2° Si la courbe donnée est une circonférence de cercle, A sera égal à l'unité, et l'équation (4) deviendra, en développant et ordonnant par rapport à $\beta^2 + \alpha^2 + B\alpha$,

$$16\,k^2(\beta^2 + \alpha^2 + B\alpha)^2 - 8\,B^2(2 + k^2)(\beta^2 + \alpha^2 + B\alpha) + k^2 B^4 = 0\,;$$

d'où l'on tire

$$\beta^2 + \alpha^2 + B\alpha = \frac{B^2}{4\,k^2}\left(1 \pm \sqrt{1 + k^2}\right)^2\,;$$

équation qui représente le système de deux circonférences concentriques avec la **proposée**, comme cela était facile à prévoir.

3° Si l'angle invariable est droit, k sera infini, et l'équation (4) deviendra

$$4A(\beta^2 + \alpha^2) + 4B\alpha - B^2 = 0\,;$$

c'est l'équation d'une circonférence de cercle, concentrique à la section conique donnée. En supposant que A soit nulle dans cette équation, auquel cas l'équation (1) de la section conique donnée devient $y^2 + Bx = 0$, et représente une parabole, elle se réduit à cette forme encore plus simple,

$$4\alpha - B = 0\,;$$

c'est évidemment l'équation de la directrice même de cette parabole.

(*) *Voir* un Mémoire de Lahire, dans le volume de l'*Académie royale des Sciences,* de Paris, pour 1704.   (*Note de* 1817.)

(**) **Dans le cas où** k **est nul, on satisfait encore à l'équation** (4) **en posant**

$$4A(\beta^2 + \alpha^2) + 4B\alpha - B^2 = \infty\,;$$

c'est l'équation d'une circonférence concentrique avec la section conique, ayant un rayon infini. C'est qu'alors les deux côtés de l'angle invariable circonscrit sont parallèles.   (*Note de* M. Gergonne.)

4° Si, enfin, sans rien statuer sur la valeur de k, on suppose, comme dans le cas précédent, que la courbe donnée soit une parabole, et que, par conséquent, A soit égal à zéro, l'équation générale (4) deviendra, en l'ordonnant,

$$\beta^2 - k^2 x^2 + \frac{B(2 + k^2)}{2}\,\alpha - \frac{B^2 k^2}{16} = 0 :$$

équation d'une *hyperbole* (*) dont le grand axe se confond, pour la direction, avec celui de la parabole donnée, et qui, de plus, a l'un de ses foyers en commun avec cette parabole, comme cela a été énoncé à la p. 13 du présent volume des *Annales* (t. VIII).

Pour prouver cette assertion, proposons-nous de rechercher les foyers de l'hyperbole dont il s'agit.

On sait qu'un des caractères du foyer d'une section conique, quand elle est rapportée à son grand axe comme axe des abscisses, est que sa distance à un point quelconque de la courbe est une fonction rationnelle et entière de l'abscisse correspondante. Nommant donc f la distance inconnue de ce foyer à l'origine, on aura, en faisant attention à l'équation ci-dessus de l'hyperbole, pour la distance de ce point à un point quelconque (α, β) de cette même courbe,

$$\sqrt{\beta^2 + (\alpha - f)^2} = \sqrt{(1 + k^2)\,\alpha^2 - \left(2f + B.\frac{2 + k^2}{2}\right)\alpha + \left(f^2 + \frac{B^2 k^2}{16}\right)}.$$

Cette expression ne peut être rationnelle, à moins que la quantité sous le radical ne soit un carré parfait ; f doit donc être telle, qu'on ait

$$\left(2f + B.\frac{2 + k^2}{2}\right)^2 = 4(1 + k^2)\left(f^2 + \frac{B^2 k^2}{16}\right) ;$$

(*) Si, comme le prouve **M. Gergonne**, la courbe que représente l'équation (4) est réellement du 4e degré, on peut se demander ce qu'est devenue la seconde branche de cette courbe, distincte de l'hyperbole. Or, k n'entrant qu'au carré dans les équations de l'une et l'autre courbes et représentant la tangente tabulaire d'un angle constant, il est évident qu'au point de vue géométrique, cet angle peut recevoir, dans le tracé de la courbe lieu du sommet mobile, toutes les ouvertures qui correspondent en général à une même valeur, positive ou négative de k : tel est un angle aigu donné et son supplément, etc. Dès lors, il y a lieu de considérer deux angles circonscrits et distincts comme le suppose la première des notes ci-dessus, et par conséquent, pour chaque tangente de la parabole directrice, quatre sommets d'angles circonscrits dont deux sur l'hyperbole et deux à l'infini, appartenant à une branche conjuguée à l'hyperbole, doublement rectiligne, elle-même à l'infini ; ce qui prouve que tous les mystères de la Géométrie analytique ne sont point jusqu'ici entièrement éclaircis.   (*Note de* 1863.)

ou, en développant et ordonnant,

$$16\,k^2 f^2 - 8\,B(2+k^2)f - B^2(4+3k^2) = 0,$$

d'où l'on tire pour f ces deux valeurs

$$f = -\frac{B}{4}, \quad f = \frac{3B(1+k^2)}{4k^2},$$

dont la première est évidemment l'abscisse du foyer de la parabole donnée. Donc, en effet, ce foyer est aussi un de ceux de l'hyperbole qui nous occupe.

Pour compléter le rapprochement entre ces deux courbes, nous allons faire voir qu'elles ont une directrice commune, correspondant précisément au foyer ci-dessus.

La directrice d'une section conique, répondant à l'un de ses foyers, n'est autre chose, comme on le sait (BRIANCHON), que la *polaire* même de ce foyer ; ce caractère la distinguant de toute autre droite tracée sur le plan de cette courbe, il paraît convenable de la désigner par l'expression de *polaire focale*, qui en rappelle la nature d'une manière plus complète et plus absolue que le mot commun et générique de *directrice*, et c'est ainsi que nous en userons dans ce qui va suivre. Afin de déterminer cette polaire dans le cas actuel de l'hyperbole trouvée, soient x', y' les coordonnées d'un point quelconque, considéré comme pôle ; l'équation de la polaire qui lui correspond sera évidemment (*)

$$16yy' + 4[B(2+k^2) - 4k^2 x']x + 4B(2+k^2)x' - k^2 B^2 = 0.$$

Si l'on substitue pour y' et x' les valeurs 0 et $-\dfrac{B^2}{4}$, qui appartiennent, comme nous l'avons vu ci-dessus, au foyer de l'hyperbole commun à la parabole donnée, cette égalité deviendra

$$4x - B = 0 ;$$

équation qui appartient précisément à la polaire focale de la parabole dont il s'agit ; comme on s'était proposé de le démontrer.

III. Passons maintenant à la solution de la seconde partie du problème proposé, celle où il s'agit de trouver la nature de la courbe enveloppe de la corde de l'angle mobile et constant, circonscrit dans toutes les positions de cet angle.

(*) Ici, comme dans tout ce qui va suivre, je suppose que l'on ait une connaissance parfaite de la *Théorie analytique des pôles*, exposée par M. Gergonne, à la page 293 du t. III de ce Recueil. (*Note de 1817.*)

Je remarque d'abord que la corde dont il s'agit n'est autre chose que la polaire du sommet mobile (α, β), et que, de plus, la courbe que parcourt ce sommet est déjà connue par ce qui précède ; d'où il suit que la question se trouve naturellement ramenée à celle-ci :

Le pôle d'une section conique étant assujetti à parcourir une courbe donnée, quelle sera la courbe enveloppe de la polaire de ce point, dans toutes ses positions?

On trouve facilement, par la théorie des pôles, que, pour la courbe (1), la polaire qui répond à un point (α, β) a pour équation

$$(5) \qquad 2\beta y + (2A\alpha + B)x + B\alpha = 0.$$

Dans cette équation, β est une fonction de α, en vertu de l'équation (4) ; or, d'après la théorie des enveloppes, quand une ligne varie en même temps qu'un certain *paramètre*, qui entre dans son équation, on obtient une nouvelle relation appartenant au point correspondant de l'enveloppe, c'est-à-dire appartenant au point où cette ligne la touche, en différentiant l'équation, par rapport à ce paramètre comme variable, et regardant les coordonnées courantes comme constantes. Différentiant donc l'équation (5) par rapport à α, et laissant x et y constantes, il viendra cette nouvelle équation

$$2\frac{d\beta}{d\alpha}y + 2Ax + B = 0,$$

qui servira, conjointement avec celle ci-dessus, à calculer les coordonnées x, y d'un point de l'enveloppe, quand α, β et $\frac{d\beta}{d\alpha}$ seront connus.

On obtiendra la valeur de $\frac{d\beta}{d\alpha}$ en différentiant l'équation (4) par rapport à α et β, ce qui donnera

$$\frac{d\beta}{d\alpha} = -\frac{2A\alpha+B}{2\beta}\cdot\frac{k^2\left[4A(\beta^2+\alpha^2)+4B\alpha-B^2\right]-2B^2}{Ak^2\left[4A(\beta^2+\alpha^2)+4B\alpha-B^2\right]-2B^2}.$$

Substituant cette valeur dans l'équation trouvée ci-dessus, elle deviendra

$$(6) \quad \left\{ \begin{array}{l} (2A\alpha+B)\left\{k^2\left[4A(\beta^2+\alpha^2)+4B\alpha-B^2\right]-2B^2\right\}y \\ -2A\beta\left\{Ak^2\left[4A(\beta^2+\alpha^2)+4B\alpha-B^2\right]-2B^2\right\}x \\ -B\beta\left\{Ak^2\left[4A(\beta^2+\alpha^2)+4B\alpha-B^2\right]-2B^2\right\}=0. \end{array} \right.$$

Cette dernière équation et l'équation (5) devant, d'après ce qui précède, donner conjointement un point (x, y) de la courbe cherchée, quand on y mettra, pour α et β, des valeurs qui conviennent à l'équation (4), il s'ensuit que, en éliminant α et β entre ces trois équations, on obtiendra, en x et y, l'équation même de cette courbe.

IV. A ne consulter que le degré de chacune de ces équations, on voit que l'équation finale pourrait s'élever jusqu'au 32e degré ; et, en supposant que l'équation linéaire (6) ne se comporte que comme une équation du 1er degré, ce qui est assez probable, on voit que cette équation monterait encore au 16e degré. Il serait, à ce que je crois, long et pénible d'effectuer en toutes lettres cette élimination, à cause des facteurs étrangers qui, nous le verrons plus tard pour un cas particulier, compliquent nécessairement le résultat final auquel on doit parvenir. J'avoue que je n'ai pas eu le courage de l'entreprendre, quelle que fût d'ailleurs ma bonne volonté de le faire.

Cependant, comme c'est une question fort intéressante en elle-même que celle de trouver, en général, quel est le degré de la courbe sur laquelle roule la polaire d'une section conique, quand le pôle parcourt une courbe de degré donné, et réciproquement, j'ai été entraîné à faire les recherches suivantes, qui, je l'espère, pourront dédommager en partie le lecteur de l'attention qu'il aura bien voulu accorder à l'ébauche infructueuse que je viens de lui offrir.

Théorie des polaires réciproques.

V. Avant d'entrer en matière, j'exposerai, pour l'intelligence de ce qui va suivre, ce théorème général, qui résume en lui-même toute la théorie des pôles et polaires :

Si un certain point est situé sur une ligne droite tracée dans le plan d'une section conique, sa polaire passera par le pôle de cette droite.

Soit α le pôle d'une certaine droite, assujetti à parcourir une courbe quelconque tracée sur le plan de la section conique qui sert de *directrice* ou d'*intermédiaire ;* si l'on suppose que ce pôle α se déplace infiniment peu de sa position primitive sur la courbe *parcourue*, c'est-à-dire sur celle qu'il est assujetti à décrire, il n'aura pas quitté la tangente au point correspondant de cette courbe ; d'un autre côté, sa polaire, d'après le théorème qui précède, n'aura pas quitté non plus un certain point fixe, qui est le pôle même de la tangente en question. Or, ce point est précisément celui où la polaire de α touche la courbe *enveloppe*, puisqu'il est, par hypothèse, le point d'intersection de deux tangentes consécutives de cette courbe ; donc, de même que chaque point de la courbe parcourue par le point α peut être considéré comme le pôle d'une certaine tangente de l'enveloppe ; pareillement, chaque point de cette dernière peut, à son tour, être considéré comme le pôle d'une certaine tangente à la courbe parcourue par le point α.

Il résulte de là que les deux courbes dont il s'agit jouissent de propriétés réciproques à l'égard de la section conique qui leur sert d'intermédiaire ou de directrice commune ; c'est-à-dire que la courbe des points α peut être considérée à son tour, comme enveloppe commune des polaires des divers points de l'autre, et *vice versâ ;* on peut donc appeler l'une de ces courbes la réciproque de l'autre; et, comme chacune d'elles peut être considérée comme le lieu des pôles des éléments de sa réciproque, on peut, pour plus de précision encore, l'appeler sa *polaire réciproque*. Cette dénomination permet d'exprimer ainsi, d'une manière très-abrégée, les conséquences des remarques qui précèdent :

La polaire réciproque d'une courbe donnée sur le plan d'une section conique, est à la fois le lieu des pôles de toutes les tangentes à cette première courbe, et l'enveloppe de l'espace parcouru par les polaires des points de cette même courbe.

En langage ordinaire, cette proposition s'exprimerait ainsi :

Une courbe quelconque étant donnée sur le plan d'une section conique, celle sur laquelle roule, dans son mouvement, la corde de contact de l'angle mobile et variable circonscrit à cette section conique dont le sommet parcourt constamment la courbe donnée, est aussi celle que devrait décrire le sommet d'un autre angle mobile et variable, circonscrit à la section conique, pour que l'enveloppe de l'espace parcouru par sa corde de contact fût la première courbe elle-même.

VI. Supposons actuellement, afin de reconnaître quel est le degré de la polaire réciproque d'une courbe donnée, que l'on trace arbitrairement dans son plan une ligne droite quelconque; cette droite la rencontrera, en général, comme l'on sait, en autant de points que son degré renfermera d'unités. Or, d'après ce qui précède, chacun de ces points est le pôle d'une certaine tangente à la courbe donnée; et, par la théorie des pôles (V), cette tangente passe nécessairement par le pôle de la droite arbitraire; donc cette dernière rencontrera la polaire réciproque en autant de points que, par son pôle, on pourra mener de tangentes à la courbe donnée. La question se trouve ainsi ramenée à celle-ci :

VII. *Combien, d'un point arbitrairement donné, sur le plan d'une courbe quelconque, peut-on mener de tangentes à cette courbe?*

Dans le cas où la courbe est transcendante, on sait qu'en général on peut lui mener, d'un point donné, une infinité de tangentes réelles ou imaginaires; donc, la polaire réciproque qui lui correspond sera susceptible d'être coupée en un pareil nombre de points réels ou imaginaires, par une droite arbitrairement tracée dans son plan (VI), et sera par conséquent transcendante elle-même comme la proposée; mais ce n'est pas là le cas qui nous intéresse. Passons donc à celui où la courbe proposée est purement algébrique.

Dans ce cas, en désignant par m le degré de la courbe dont il s'agit, le nombre des tangentes possibles, partant d'un même point, sera fini; et, suivant Waring (*), il ne saurait surpasser le carré de m. Mais nous allons faire voir que le nombre effectif de ces tangentes est, en général

---

(*) *Miscellanea analytica,* p. 100.

et au plus $m(m-1)$; ce qui diminue de m le nombre indiqué par ce géomètre.

Supposons, en effet, qu'on mette en perspective la courbe et le point donnés, de manière que ce point soit situé à une distance infinie; les tangentes, au lieu de concourir, deviendront alors parallèles; de plus, le degré de la courbe n'aura pas varié, non plus que le nombre des tangentes, puisque chacune des tangentes de la figure primitive se trouvera remplacée par sa perspective. Il suffira donc de démontrer le théorème énoncé pour le cas particulier où les tangentes doivent toutes être parallèles à une même droite donnée.

Le coefficient différentiel du premier ordre $\dfrac{\mathrm{d}y}{\mathrm{d}x}$ d'une courbe plane quelconque étant l'expression même de la tangente tabulaire de l'angle que forme, avec l'axe des x, la tangente au point correspondant de cette courbe, il suffira, dans le cas actuel, d'écrire que cette expression est égale à une quantité donnée et constante (*); ce qui fournira une équation de condition, exprimant la relation qui doit exister entre les coordonnées des points de contact cherchés, et servira par conséquent, con-

---

(*) En proposant, dans des notes annexées à cet alinéa, de simplifier davantage encore la démonstration en prenant pour axe des x la droite à laquelle les tangentes doivent être parallèles, ce qui dispense de considérer le dénominateur de l'expression algébrique du coefficient différentiel, le Rédacteur des *Annales* me paraissait avoir parfaitement saisi l'esprit et la rigueur géométrique de ce mode abréviatif de démonstration. Comment donc se fait-il qu'après s'y être associé, en 1817, pour établir la vérité du théorème ci-dessus relatif aux $m(m-1)$ tangentes à une courbe plane du degré m, issues d'un point donné, M. Gergonne ait complétement oublié ou méconnu ce théorème en 1826, et qu'il ait fallu mes avertissements réitérés et ceux de Bobillier, qui en reportait faussement d'ailleurs le mérite à M. Vallès, pour que l'auteur d'une fictive *dualité* revint de ses absurdes prétentions à l'encontre d'une théorie assez largement ébauchée dans le présent Article des *Annales* pour que les conséquences en devinssent d'une évidence palpable aux esprits non imbus de billevesées métaphysiques? On le concevra facilement si l'on réfléchit que le théorème en question faisait crouler un vaste échafaudage philosophique, enté sur un principe tiré lui-même d'une incomplète analogie, et dont l'erreur, le manque de généralité obligeaient l'inventeur à substituer au mot *degré* celui de *classe*, en cela averti, guidé par mes propres critiques et les observations que contenait déjà le n° VIII du texte ci-dessus. Mais cette tardive rectification de mots n'a point modifié les prétentions de M. Gergonne et de ses admirateurs intéressés, qui se gardèrent bien de reconnaître ostensiblement mes droits, évidents pour tout géomètre nourri des doctrines de l'École de Monge, à la priorité de l'invention du principe de *réciprocité polaire*, du moins quant aux *propriétés descriptives* ou de situation des figures, les seules dont M. Gergonne et ses adeptes se fussent occupés. Je n'avais alors, il est vrai, rien publié de bien explicite sur la dualité des relations *métriques projectives*. (*Note de* 1864.)

jointement avec celle de la courbe donnée, à déterminer tous ces points de contact. Or, l'expression du coefficient différentiel d'une courbe du degré m est une fonction dont le numérateur et le dénominateur ne sont évidemment que du degré $m - 1$; donc l'équation de condition dont il s'agit sera elle-même du degré $m - 1$, et l'élimination de x ou de y, entre elle et la proposée, du degré m, conduira à une équation finale qui s'élèvera, tout au plus, au degré $m(m - 1)$, comme cela résulte des théories connues. Donc, finalement, on ne saurait mener à une courbe de degré m plus de $m(m - 1)$ tangentes par un point quelconque de son plan.

Dans la démonstration qui précède, nous n'avons fait usage des considérations de la perspective que pour abréger ; il ne serait pas difficile de démontrer le principe établi, d'une manière directe et tout à fait algébrique ; mais cela nous aurait entraîné dans quelques calculs que, bien qu'ils soient fort simples, nous avons préféré épargner au lecteur.

VIII. L'équation de condition dont il a été question ci-dessus, étant en général du degré $m - 1$ entre les coordonnées x et y des points de contact, représente évidemment une *courbe de ce degré qui coupe aux mêmes points la courbe proposée*. Si, par exemple, celle-ci est une conique, on aura $m - 1 = 1$; d'où il suit que les points de contact, au nombre de deux seulement, se trouveront sur une certaine droite, qui sera évidemment la polaire du point de départ des tangentes. Si la courbe donnée était du troisième degré, le nombre des points de contact serait *six*, et la courbe qui couperait la proposée en ces points serait une section conique. Ces deux courbes, la proposée et celle qui la coupe suivant les points de contact des tangentes issues d'un même point, jouissent en général de propriétés nombreuses et remarquables ; mais ce serait sortir du sujet qui nous occupe que de les faire connaître ici (*).

IX. Nous venons de voir que, d'un point pris à volonté sur le plan d'une courbe géométrique du degré m, on ne peut mener plus de

---

(*) Ceci se rapporte aux théories géométrico-analytiques qui terminent le IIIe Cahier de ce volume (p. 149 et suiv.), rédigé dans l'hiver de 1815 à 1816. Ces mêmes théories ont été reprises et développées avec succès, en 1827, par Bobillier, esprit intelligent et singulièrement actif, déjà cité dans le premier volume de ces *Applications*, et qui, après avoir épousé les idées de M. Gergonne, voulut bien enfin reconnaître sa propre injustice à mon égard, dans une correspondance et des relations particulières datant de 1828 à 1829 ; époque où il se lia d'une amitié sincère avec moi par l'intermédiaire de M. Bardin, professeur à l'École régimentaire d'artillerie de Metz, et bien au fait de mes anciens travaux de Géométrie. Certainement, la *réciprocité polaire* et d'autres grands principes de Géométrie, découverts dès avant 1824 et dont on a déduit, sans prononcer mon nom, tant de théorèmes et de corollaires évidents, mais

$m\,(m-1)$ tangentes à cette courbe ; donc (VI) la polaire réciproque d'une courbe donnée, de degré m, ne pourra être rencontrée, à son tour, en plus de $m\,(m-1)$ points, par une droite quelconque, tracée arbitrairement sur son plan ; et tel sera par conséquent, en général, le degré de cette même courbe.

Prenons pour exemple particulier le problème qui fait le sujet de cet article. Nous avons vu (I) que le sommet mobile de l'angle constant, perpétuellement circonscrit à une section conique donnée, parcourait, dans toutes ses positions, une courbe du quatrième degré ; donc, dans ce cas, le degré de la courbe enveloppe de l'espace parcouru par la corde de contact ne saurait être au plus que $4\,(4-1)=12$: ce degré pourra d'ailleurs être moindre, attendu que la courbe parcourue par le sommet de l'angle n'est pas la plus générale de son degré ; mais, vu la complication des éliminations à effectuer (IV), c'est déjà quelque chose que d'avoir prouvé que la courbe enveloppe ne saurait être d'un degré plus élevé encore.

Quoique la réciproque d'une courbe donnée soit en général du degré $m\,(m-1)$, quand le degré de celle-ci est m, on ne peut cependant lui mener, d'un point pris arbitrairement sur son plan, que m tangentes au plus ; bien qu'il semble (VII) que le nombre des tangentes possibles. pour une courbe de ce degré, soit $m\,(m-1)\,[\,m\,(m-1)-1\,]$. Mais c'est que cette courbe n'est pas générale, c'est-à-dire qu'elle est d'une espèce particulière parmi toutes celles du même degré, et qu'une courbe du degré m n'a pas toujours et nécessairement $m\,(m-1)$ tangentes possibles concourant en un même point, pris à volonté sur son plan. La parabole cubique, par exemple, n'a au plus que trois tangentes, soit réelles, soit imaginaires, passant par un point arbitraire, quoiqu'une courbe du troisième degré puisse en général en avoir six, comme nous l'avons vu ci-dessus. On peut s'assurer toutefois que, même dans ce cas particulier, la courbe de contact est encore une section conique, comme dans le cas général ; mais sa nature et sa situation sont liées à celles de la parabole cubique de manière à ne couper celle-ci qu'en trois points au plus.

étrangers au but général que je cherchais à atteindre ; certainement ces principes sont devenus aujourd'hui l'objet d'une infinité de démonstrations géométriques ou algébriques, élégantes et faciles ; mais, envisagés comme point de départ d'autant de doctrines philosophiques et de duplication des vérités connues, ils ont acquis une universalité d'application et une portée que l'on nierait en vain, et qui est entièrement comparable à celle de la doctrine des projections centrales ou de l'homologie, dont Jacobi et quelques esprits d'élite ont fait comprendre l'influence, même pour les progrès ultérieurs de l'Analyse algébrique. Ceci me dispense de revenir sur leur extrême importance, et répond à bien des dénigrements, d'injustes dédains, ou à des insinuations obliques, qui, pour l'époque actuelle, ont été l'origine de tant de confusion, de méprises et d'oublis plus ou moins volontaires. *(Note de 1864.*

X. La dépendance intime entre une courbe donnée et sa polaire réciproque est extrêmement remarquable, comme on a pu le voir par tout ce qui précède ; nous ajouterons de plus, pour compléter ce rapprochement, que : 1° les points d'inflexion de l'une correspondent aux points de rebroussement de l'autre, et réciproquement ; 2° les points situés à l'infini sur l'une correspondent aux points de contact de l'autre avec les tangentes partant du centre de la section conique directrice ; 3° ces points de contact sont précisément les pôles des asymptotes de la première, et ces mêmes tangentes les polaires des points situés à l'infini où ces asymptotes la touchent ; 4° quand la proposée a une ou plusieurs branches *paraboliques*, c'est-à-dire une ou plusieurs branches dont les asymptotes sont entièrement à l'infini, la réciproque a un même nombre de branches passant par le centre de la section conique directrice ; 5° cette réciproque est ouverte ou fermée, suivant que de ce centre on peut ou ne peut pas mener des tangentes à la courbe dont il s'agit ; et le nombre de ses branches infinies est précisément égal au nombre de ces tangentes possibles ; 6° les points multiples de la courbe donnée sont les pôles des tangentes communes à la fois à plusieurs branches de la réciproque, et précisément à un nombre de branches marqué par l'ordre de multiplicité des points dont il s'agit. Les points de contact de ces sortes de tangentes sont des points singuliers très-remarquables dans les courbes, en général ; et l'on voit qu'ici ces points de contact sont les pôles des tangentes aux points multiples de la courbe primitive ; 7° etc.

Toutes ces conséquences découlent naturellement des n^{os} V et VI qui précèdent, et il me paraît inutile de m'y arrêter davantage. Je terminerai ce que je me proposais de dire sur les polaires réciproques, en faisant connaître, au moyen d'un exemple particulier, assez remarquable, le parti qu'on en peut tirer pour la recherche ou la démonstration géométrique de certaines affections des lignes courbes, en général. Voici cet exemple :

XI. *Deux courbes géométriques, l'une du degré* m, *et l'autre du degré* n, *étant tracées sur un même plan, le nombre des tangentes qui leur sont communes est en général et au plus* $mn\,(m-1)\,(n-1)$ (*).

(*) Qui ne voit nettement, dans cette simple et originale application, la manifestation d'un principe, non de *dualité* universelle, vague et indéfinie, mais de *réciprocité polaire*, rigoureuse, générale et embrassant l'ensemble des propriétés *descriptives* ou *de situation*, c'est-à-dire indépendantes de toutes grandeurs absolues et déterminées, en un mot caractérisées par l'épithète de *projectives*; les seules, je le répète, envisagées par M. Gergonne et ses fervents disciples ? Qui ne voit encore que cette doctrine s'étend tout aussi bien au cas de l'espace qu'à celui du plan, puisque Monge, proclamé devant un savant auditoire, immortel par l'immortel Lagrange, a non-seulement défini géométriquement

Pour le prouver, traçons dans le plan de ces deux courbes une section conique quelconque, et regardons-la comme la directrice commune aux polaires réciproques qui correspondent aux deux premières ; ces polaires seront (IX), en général, l'une du degré m $(m-1)$, et l'autre du degré n $(n-1)$;

---

le *plan polaire* d'un point, l'*axe polaire* conjugué ou réciproque d'une droite quelconque par rapport à une surface du second degré, mais qu'il a également établi, cette fois par des équations algébriques, les théorèmes relatifs, soit au cône du degré m $(m-1)$, circonscrit à une surface donnée de degré m, soit à sa courbe de contact située sur une surface polaire de degré $m-1$ seulement ; théorèmes d'une généralité admirable, dont quelques esprits étroits, d'ailleurs fort peu doués du sens analytique, ont vainement contesté la rigueur de démonstration? (*Annales de Montpellier*, t. XV, 1824 à 1825, p. 133.)

De telles objections, si peu fondées au point de vue de la philosophie des sciences, et quelques autres inspirées par la lecture du Rapport de M. Cauchy sur la *Théorie des propriétés projectives* (*voir* VI⁰ et VII⁰ Cahiers), n'ont-elles pas servi de moyen d'excitation et d'encouragement à la pédantesque mais tardive manifestation (t. XVI et XVII des *Annales*, 1826 et 1827) du principe métaphysique de *dualité?* Or ce principe, en dehors de la théorie géométrique des pôles et polaires réciproques, ou des autres procédés de démonstration algébriques imaginés depuis 1827, c'est-à-dire longtemps après mes démonstrations propres, ce principe constituait-il, je le demande encore, autre chose qu'une simple induction, tirée du rapprochement d'un petit nombre de théorèmes particuliers parmi lesquels on distinguait ceux de Brianchon, dont l'énoncé remarquable était restreint aux figures hexagonales entièrement détachées de la directrice des pôles et polaires? L'exposé, en double colonne, des applications de cette dualité dans les endroits cités des *Annales*, manquait donc totalement de rigueur pour les courbes et les surfaces de degré quelconque ; aussi, dans son état d'abstraction métaphysique, avait-il réellement besoin d'être rectifié, traduit et justifié par les procédés connus de l'Analyse ou de la Géométrie.

Mais, si cette dualité douteuse et ses énoncés à double colonne réclamaient une telle contre-épreuve, il n'en était nullement ainsi de la *réciprocité polaire*, fondée à priori sur l'intuition et le raisonnement géométriques ; d'autant plus que la loi des signes de position et le principe de continuité sur lesquels la méthode de Descartes repose inévitablement, constituent de véritables pétitions de principe dès qu'on prétend bannir la notion de l'infini, et ont eux-mêmes, comme le témoignent une foule d'écrits modernes, besoin d'être justifiés, ou tout au moins discutés d'une manière logique et sérieuse. C'est ce que j'ai tenté dans les III⁰ et IV⁰ Cahiers de ce volume, d'une date antérieure à celle de 1817, où j'adressai le présent Article aux *Annales de Mathématiques*.

D'après cela, n'est-il pas évident que la prétendue découverte et les démonstrations analytiques diverses du principe de dualité données depuis 1827, n'ont rien pu ajouter de bien essentiel aux doctrines dont il s'agit ici, et qui se trouvent suffisamment développées dans mes publications de 1822 et 1824, peut-être déjà trop souvent citées, mais que des discussions où la vérité n'a point toujours été respectée, ont rendu indispensables après tant d'années de silence obligé, de ma part?

donc ces courbes se couperont, en général, en $mn(m-1)(n-1)$ points. Or, chacun de ces points, en tant qu'il appartient à l'une des réciproques, est (V) le pôle d'une certaine tangente à celle des courbes données qui lui correspond, et en tant qu'il appartient à l'autre de ces mêmes réciproques, il est aussi le pôle d'une certaine tangente à la seconde des courbes données; donc, un même pôle ne pouvant avoir qu'une seule et unique droite polaire, ce point d'intersection des deux réciproques sera précisément le pôle d'une tangente commune aux deux courbes proposées. De plus, il est visible qu'à son tour toute tangente commune à ces courbes est nécessairement la polaire d'un certain point commun aux deux réciproques; d'où il suit que le nombre de ces tangentes communes sera précisément égal à celui des points d'intersection des deux réciproques, c'est-à-dire $mn(m-1)(n-1)$, comme on s'était proposé de le démontrer.

Quant aux courbes polaires elles-mêmes, bien qu'elles soient d'un degré plus élevé que leurs correspondantes, elles ne sauraient évidemment avoir plus de mn tangentes communes, puisque leurs réciproques primitives, étant respectivement des degrés m et n, ne sauraient se couper en plus de mn points.

Nous pourrions transporter les généralités qui précèdent dans l'espace, mais il sera plus convenable de descendre de ces mêmes généralités au cas particulier où la courbe donnée est une section conique, comme la directrice; parce qu'il se rattache au second des problèmes qui ont été l'occasion sinon l'objet principal de cet article. Nous terminerons par rechercher, d'une manière générale, l'équation de la polaire réciproque, pour ce cas particulier, tant parce que cet objet n'a point encore été rempli d'une manière purement algébrique, que pour faire connaître la cause de la complication des équations du problème général qui nous a occupés dans le n° III.

XII. Nous avons vu ci-dessus (VI) que le degré de la polaire réciproque d'une courbe donnée est, en général, égal au nombre des tangentes que l'on peut mener d'un point quelconque à cette dernière; or, dans le cas actuel d'une section conique, le nombre de ces tangentes est visiblement *deux*; et il n'est pas besoin, pour cela, de recourir à l'art. VII; donc la polaire réciproque d'une section conique donnée est elle-même une autre conique; ce qu'on peut aussi (V) énoncer en cette manière :

Si le pôle d'une section conique se meut sans cesser d'appartenir à une autre section conique, sa polaire ne cessera pas non plus de toucher une troisième conique, différente des deux premières.

Et réciproquement,

Si la polaire d'une section conique se meut, sans cesser d'être tangente à une autre section conique, son pôle ne quittera pas non plus une troisième conique, différente des deux premières.

Ces deux théorèmes rentrent pour le fond, comme nous l'avons assez fait voir, dans une proposition unique, qui ne diffère pas de celle citée à la p. 464 de ce volume. Le raisonnement qui précède en fournit une démonstration nouvelle, purement géométrique, et qui me paraît aussi directe que simple ; elle s'étendrait avec facilité au cas où les sections coniques seraient remplacées par des surfaces du second ordre, situées arbitrairement dans l'espace, ce qui donnerait lieu au beau théorème démontré pour la première fois par M. Brianchon, à la p. 308 du XIIIᵉ Cahier du *Journal de l'École Polytechnique*.

XIII. D'après ce qui a été dit ci-dessus (X), la polaire réciproque d'une section conique donnée sera ouverte ou fermée, selon que, du centre de la section conique directrice on pourra ou on ne pourra pas mener des tangentes à la section conique donnée. Il suit de là que cette polaire sera une *ellipse*, une *parabole* ou une *hyperbole*, suivant que le centre de la directrice sera situé au dedans, sur ou bien en dehors de la section conique donnée. En remarquant en outre, d'après le même article, que les points de contact dont il vient d'être question sont précisément les pôles des asymptotes de la polaire réciproque de cette même section conique, on en pourra conclure que la corde de contact qui joint ces deux points est, dans tous les cas possibles, la polaire même du centre de la réciproque à la courbe proposée.

De plus, si l'on fait attention (V) que deux sections coniques étant réciproques, les points de l'une sont les pôles des tangentes de l'autre, par rapport à la conique directrice, on en conclura aussi que ceux où l'une d'elles coupe cette dernière conique indiquent précisément sur cette courbe, les points de contact des tangentes qui lui sont communes avec l'autre.

Deux sections coniques étant données, rien ne sera plus facile, comme on le voit, que de déterminer les quatre tangentes qui leur sont communes. Il suffira, en effet, de regarder l'une d'elles comme la directrice par rapport à l'autre, puis de chercher sur cette directrice les points où la coupe la réciproque de la première, et ces points seront ceux où elle est touchée par les tangentes en question. On pourra d'ailleurs tracer la polaire réciproque dont il s'agit, soit en en recherchant le centre et les asymptotes, s'il y a lieu, au moyen de ce qui a été dit ci-dessus, soit en en déterminant cinq points, à volonté, avec la règle seule, puis en traçant ensuite, au moyen de l'*hexagone mystique* de Pascal, la section conique qui passe par ces cinq points.

Réflexions sur l'élimination, à propos des problèmes de la p. 476.

XIV. Nous avons fait connaître (II) les cas pour lesquels la courbe parcourue par le sommet d'un angle mobile, mais constant, perpétuellement circonscrit à une section conique donnée, se réduisait elle-même à une autre section conique. Il résulte de ce qui précède que, dans les mêmes cas, la courbe enveloppe de l'espace parcouru par la corde de contact de l'angle mobile se réduira aussi à une conique.

Examinons, en particulier, le cas où la section conique donnée est une parabole ; nous avons vu qu'alors le lieu de tous les sommets est une hyperbole, dont l'axe principal se confond, pour la direction, avec celui de cette parabole, et qui a un de ses foyers et la polaire focale correspondante confondus avec ceux de cette même courbe.

Puisque la courbe parcourue dans le cas actuel n'a aucune de ses tangentes passant par le centre de la parabole qui lui sert de directrice, c'est-à-dire n'a aucune tangente parallèle à l'axe de cette parabole, on en conclut de suite (XIII) que la polaire réciproque correspondante est entièrement fermée, et ne saurait, par conséquent, être qu'une *ellipse*. Je dis de plus, que cette ellipse a un de ses foyers et la polaire focale correspondante en commun avec les deux premières.

En effet, si l'on se rappelle que, dans une section conique quelconque, la droite qui passe par l'un des foyers et celle qui joint le pôle de cette droite avec le même foyer, sont perpendiculaires entre elles, quel que soit d'ailleurs celui des systèmes de ces droites qu'on ait choisi en particulier, on pourra en conclure, pour le cas actuel, que, si d'un point pris, à volonté, sur la polaire focale commune à la parabole et à l'hyperbole proposées, on mène à ces courbes quatre tangentes, deux pour chacune, les quatre points de contact seront situés, à la fois, sur une seule et même ligne droite, passant par le foyer correspondant. laquelle sera évidemment la polaire de ce même point. Cela posé, appelons T le point de la polaire focale d'où partent les tangentes (*) ; P, P′ les points de contact appartenant à la courbe parcourue, c'est-à-dire à l'hyperbole ; D, D′ ceux qui appartiennent à la courbe qui sert de directrice, c'est-à-dire à la parabole ; F le foyer commun à ces mêmes courbes ; enfin, E, E′ les points où la droite PP′ rencontre la courbe enveloppe, c'est-à-dire l'ellipse. Il ne sera pas difficile de voir (V, VI) que le point E de l'enveloppe est le pôle de la tangente TP à l'hyperbole ; et par conséquent, que le point P de contact est, à son tour, le pôle de la tangente en E à l'enveloppe ; or, le point P d'une droite PP′ a nécessairement pour polaire (V) une droite passant par le pôle T de la première ; donc la tangente au point E de l'enveloppe passe par ce même point T ; et, comme pareille chose peut se démontrer à l'égard de son correspondant E′, il s'ensuit que, par rapport à la section conique enveloppe, considérée en elle-même et indépendamment des deux autres, le point F est précisément le pôle de la droite qui sert de polaire focale commune à celles-ci.

(*) Le lecteur est prié de suppléer la figure.

Maintenant, si l'on se reporte à l'observation d'où l'on est parti dans le raisonnement qui précède, on pourra en conclure que, relativement à la section conique enveloppe, le point F est tel, que la droite EE′ qui passe par ce point, et celle TF qui joint le pôle de cette dernière au même point, sont perpendiculaires l'une à l'autre, quelle que soit d'ailleurs la droite EE′ qu'on ait choisie en particulier ; or, il n'existe, comme l'on sait, sur le plan d'une section conique donnée, d'autres points que les foyers mêmes de cette courbe qui jouissent d'une semblable propriété (*). Donc le point F est en effet le foyer de l'ellipse enveloppe ; et par conséquent, cette ellipse a ce même foyer et la polaire focale qui lui correspond, en commun, avec les deux autres sections coniques.

La première de ces deux conséquences a été avancée d'une manière gratuite, à la p. 464 de ce volume ; et nous avons été bien aise d'en donner en passant la démonstration, sans faire usage d'autres principes que ceux déjà exposés dans le présent Article, et sans même sortir du sujet principal qu'on s'y propose. Au reste, on pourrait démontrer, en suivant à peu près la marche qui précède, qu'en général la section conique réciproque d'une autre ne saurait avoir même foyer avec elle et avec celle qui leur sert de directrice commune, à moins que ces dernières n'aient, à la fois, même polaire et même foyer, comme ci-dessus.

XV. Proposons-nous maintenant, pour terminer d'une manière conforme à ce qui a été annoncé, de démontrer d'une manière purement algébrique le théorème du n° **XII**, afin de faire connaître, par un exemple particulier, en quoi consiste la difficulté que nous avons rencontrée (III, IV) au sujet du degré de l'équation finale.

Appelons, comme nous l'avons déjà fait dans ces mêmes articles, α, β les coordonnées courantes de la section conique donnée dont on veut trouver la polaire réciproque, afin de les distinguer de celles de la section conique qui sert de directrice, désignées à l'ordinaire par x, y.

(*) Cette propriété du foyer offre une parfaite analogie avec une propriété bien connue du centre du cercle, et me paraîtrait, pour cette raison, devoir être substituée aux définitions peu naturelles d'où partent les auteurs de *Géométrie analytique* pour parvenir à la détermination de ce point remarquable des sections coniques. Elle présente d'ailleurs l'avantage de permettre d'aborder la question d'une manière générale, purement algébrique, et de faire parvenir ainsi, dans tous les cas possibles, à la détermination directe de ce foyer. En suivant cette marche, on trouve qu'il existe quatre points semblables, remplissant également les conditions demandées, situés deux à deux sur les axes de la courbe ; mais il arrive que l'un de ces deux couples, qui correspondent respectivement à ces axes, étant réel, l'autre de ces deux couples est par là même imaginaire, et par conséquent inconstructible ; conséquence remarquable, et bien différente de celle à laquelle on parvient par les voies ordinaires.   (*Note de* 1817.)

Puisque l'une et l'autre de ces deux courbes sont du second degré, nous pourrons représenter, en général, l'équation de la première par

$$(s) \qquad a\beta^2 + 2b\alpha\beta + c\alpha^2 + 2d\beta + 2e\alpha + f = 0,$$

et celle de la seconde par

$$(s') \qquad a'y^2 + 2b'xy + c'x^2 + 2d'y + 2e'x + f' = 0.$$

D'après les conditions du problème, la réciproque de la courbe donnée (s) doit être telle, que chacune de ses tangentes ait précisément pour pôle un point (α, β) de cette dernière ; mais on trouve facilement que l'équation de la polaire d'un point (α, β), par rapport à la section conique directrice (s'), est

$$y(a'\beta + b'\alpha + d') + x(b'\beta + c'\alpha + e') + d'\beta + e'\alpha + f' = 0, \quad \text{ou}$$

$$(a) \quad \beta(a'y + b'x + d') + \alpha(b'y + c'x + e') + d'y + e'x + f' = 0 ;$$

telle est donc aussi celle d'une tangente à la courbe cherchée.

En la différentiant par rapport à α et β seuls (*), et laissant x et y constants selon la théorie des enveloppes (III), la nouvelle équation

$$\frac{d\beta}{d\alpha}(a'y + b'x + d') + b'y + c'x + e' = 0,$$

ainsi obtenue, appartiendra, avec la première (a), au point où la droite que celle ci représente touche la courbe cherchée. Substituant ensuite la valeur de $\frac{d\beta}{d\alpha}$, tirée de l'équation (s), il viendra

$$(b) \quad (b\beta + c\alpha + e)(a'y + b'x + d') - (a\beta + b\alpha) + d)(b'y + c'x + e') = 0.$$

Le système des équations (a), (b) représentant un point quelconque de l'enveloppe ou réciproque, quand on attribue à α et β des valeurs qui conviennent à l'équation (s), il est visible qu'on obtiendra l'équation même de cette courbe, en éliminant α et β entre ces trois équations.

En faisant, pour rendre cette élimination plus facile,

$$a'y + b'x + d' = p, \quad b'y + c'x + e = q, \quad e'x + d'y + f' = r,$$

(*) On pourrait, dans le cas actuel, se passer aisément du secours du calcul différentiel, en faisant attention que le point de contact cherché est précisément (V) le pôle d'une tangente correspondante de la courbe donnée ; mais nous avons préféré nous rapprocher de la marche suivie au n° III, afin de rendre immédiatement applicables au cas général de cet article les observations que nous aurons à faire, dans le cas particulier qui nous occupe.

(Note de 1817.)

celles (a) et (b) deviendront respectivement, en les ordonnant,

$$p\beta + q\alpha + r = 0, \quad (bp - aq)\beta + (cp - bq)\alpha + cp - dq = 0.$$

On tire de là

$$\alpha = +\frac{p(dq + br - cp) - aqr}{cp^2 - 2bpq + aq^2}, \quad \beta = -\frac{q(dq + br - cp) + r(cp - 2bq)}{cp^2 - 2bpq + aq^2},$$

ce qui donne, en posant de nouveau, pour abréger,

$$dq + br - cp = B, \quad cp^2 - 2bpq + aq^2 = D,$$

$$\alpha = +\frac{pB - aqr}{D}, \quad \beta = -\frac{qB + r(cp - 2bq)}{D}.$$

Substituant ces expressions à la place de α et β dans l'équation (s), chassant les dénominateurs, développant en particulier les termes non affectés de D, les ordonnant par rapport à B, observant enfin que l'expression $cp^2 - 2bpq + aq^2$ peut être remplacée par D, il viendra

$$B^2.D - 2br B.D + acr^2 D + 2d[r(2bq - cp) - Bq]D$$
$$+ 2c[Bp - aqr]D + fD^2 = 0.$$

Observant que cette équation est décomposable en deux facteurs dont l'un est D, égalant séparément à zéro chacun de ces facteurs, et remettant pour B et D les quantités qu'elles représentent, on aura enfin, pour les équations de solution du problème,

$$(s'')\quad \begin{cases} (e^2 - cf)p^2 - 2(bd - ae)qr + (d^2 - af)q^2 \\ -2(be - cd)pr + (b^2 - ac)r^2 - 2(de - bf)pr = 0, \end{cases}$$

$$(c)\qquad cp^2 - 2bpq + aq^2 = 0.$$

La première de ces équations représente évidemment, en général, une section conique; car les quantités p, q, r, qui n'y entrent qu'au second degré, sont linéaires en x et y. Quant à la seconde, on peut s'assurer sans beaucoup de peine, qu'elle représente le système de deux droites. Si l'on y suppose, en effet, $q = -mp$, elle prendra la forme

$$(d)\qquad am^2 + 2bm + c = 0,$$

et donnera par conséquent pour m deux valeurs toutes connues en a, b, c; en les substituant donc dans $q = -mp$, qui remplace la proposée (c), et y mettant ensuite pour p et q leurs valeurs en x et y, on aura

$$(e)\qquad b'y + c'x + c' = -m(a'y + b'x + d'),$$

équation qui, en y attribuant à m les valeurs constantes ci-dessus, représentera évidemment le système de deux lignes droites, comme on l'avait annoncé.

D'autre part, si l'on fait attention que la ligne cherchée ne saurait être une droite que dans des circonstances tout à fait particulières, puisqu'elle doit être en général l'enveloppe de l'espace parcouru par une autre ligne droite, on en conclura que l'équation (s'') représente seule la véritable courbe satisfaisant pleinement aux conditions du problème. Donc cette courbe est une seule et même section conique, conformément à ce qui a déjà été démontré (XII) d'une manière purement géométrique.

XVI. Nous pourrions ici passer en revue, au moyen de l'Analyse, les diverses conséquences auxquelles nous sommes déjà parvenus (XII), relativement à la dépendance qui existe entre les trois courbes (s), (s'), (s''); mais cela serait d'un trop faible intérêt, et il vaut beaucoup mieux, pour l'objet que nous avons en vue, nous occuper de l'interprétation géométrique des facteurs étrangers auxquels la précédente analyse nous a conduits d'une manière presque inévitable.

Nous venons déjà de voir, par ce qui précède, que l'équation (c), mise sous la forme (e), représente, en y attribuant à m les valeurs constantes déduites de l'équation (d), le système de deux lignes droites particulières, et, en apparence, tout à fait étrangères à l'objet réel du problème ; on peut s'assurer, en outre, d'une manière trop facile pour qu'il soit convenable de s'y arrêter, que cette équation représente précisément un diamètre de la courbe (s'), dont le conjugué fait avec l'axe des x un angle qui a m pour tangente tabulaire, ou, si l'on veut encore, qu'elle représente un diamètre de cette courbe dont les tangentes extrêmes sont parallèles à une droite d'inclinaison donnée par m. Il ne reste donc maintenant, pour obtenir l'interprétation complète de l'équation (c) ou plutôt (e), qu'à rechercher la signification de m, et pour cela il faut recourir à l'équation (d), d'où elle tire sa valeur.

On aperçoit d'abord, à la simple inspection de cette équation (d), que m ne dépend absolument que des constantes a, b, c, qui appartiennent en propre à la courbe (s). Je dis, de plus, que cette équation ne représente autre chose que les valeurs des tangentes tabulaires des angles formés avec l'axe des x, par les asymptotes de (s).

Afin de trouver les tangentes dont il s'agit, supposons, en effet, par l'origine des coordonnées, une droite parallèle à l'une quelconque de ces asymptotes et concourant par conséquent à l'infini avec elle : cette droite renfermera le point de contact de cette asymptote avec la courbe (s); donc les coordonnées x et y correspondant à ce point, bien qu'elles soient infinies, n'en conservent pas moins entre elles un rapport fini et donné, lequel est précisément égal à la tangente tabulaire de l'angle que forme avec l'axe des x, la droite et l'asymptote dont il s'agit. Si donc, dans l'équation (s) de la courbe, on remplace le rapport $\frac{\beta}{\alpha}$ par une constante inconnue k, ou, ce qui revient au même, si l'on y substitue kz pour β, puis qu'on y suppose ensuite α infini après avoir préparé convenablement l'équation, on en obtiendra une autre qui donnera précisément les diverses valeurs des tangentes tabulaires cherchées (*).

En opérant ainsi sur l'équation (s), on obtient

$$(f) \qquad\qquad ak^2 + 2bk + c = 0,$$

équation qui est absolument de même forme que celle (d), et qui donne par conséquent pour k les mêmes valeurs que celle-ci pour m; donc, en effet, comme il s'agissait de le prouver, la quantité m de l'équation (e) n'est autre chose que la tangente tabulaire de l'angle que forme, avec l'axe des x, l'asymptote correspondante de la courbe (s) (**).

XVII. Maintenant, si l'on fait attention que le pôle d'un diamètre d'une section conique est situé à l'infini sur une droite parallèle au conjugué de ce diamètre, on pourra conclure de tout ce qui précède, que l'équation de condition (c) n'est autre chose que celle du système de deux diamètres de la courbe (s'), ayant précisément pour pôles les points de la courbe (s), situés à l'infini, et que, par conséquent, ces points étant singuliers par rapport à (s), l'équation (c) n'est au fond qu'une *solution particulière*, purement algébrique, du problème proposé.

On aurait tort toutefois de rejeter sans un examen préalable, les facteurs qui correspondent à ces sortes de solutions étrangères; car : 1° ils ne sont pas insignifiants, comme nous venons de le faire voir; 2° ils ne sont pas toujours inutiles, comme nous pourrions aussi en montrer plusieurs exemples; 3° enfin, ces facteurs sont liés d'une manière intime aux équations d'où l'on est parti, et en sont de véritables solutions, quoiqu'elles ne paraissent pas l'être de l'énoncé verbal lui-même.

La théorie de ces sortes de facteurs, quand elle sera perfectionnée,

---

(*) Il n'est pas inutile de faire observer que, en suivant la même marche pour le cas général d'une courbe quelconque, on parviendrait, avec autant de facilité, à trouver les diverses valeurs des tangentes tabulaires des angles formés par les asymptotes sur l'axe des x. On voit, de plus, que le nombre de ces asymptotes serait, en général, égal à celui qui marque le degré de cette même courbe. Dans le cas où l'équation obtenue aurait des racines égales, les groupes de ces racines correspondraient évidemment aux divers systèmes d'asymptotes parallèles, etc., etc.

En transportant les mêmes considérations dans l'espace, on obtiendrait sans peine l'équation de la surface conique parallèle à la *surface développable* asymptotique d'une surface donnée.

Ces remarques nous seront utiles pour ce qui va suivre. (*Note de* 1817.)

(**) *Voir* la Note additionnelle à ce IIIe Article, p. 500.

ourra répandre un grand jour sur la marche de l'Analyse, et, si je ne me trompe, contribuera à en hâter d'une manière inattendue le progrès, devenu si indispensablement nécessaire.

XVIII. D'autre part, si l'on veut connaître jusqu'à la raison pour laquelle le facteur (c) se trouve être solution du problème dont il s'agit, il faudra de toute nécessité remonter aux équations d'où l'on est parti pour faire l'élimination. On voit très-bien d'abord ce que signifient les équations (s) et (a) : l'une est celle de la courbe donnée que parcourt le pôle ou sommet mobile (α, β), l'autre représente la tangente de la courbe cherchée, relative à une position particulière de ce pôle ; il n'y a donc que l'équation (b), qui a servi à l'élimination avec les deux autres, dont l'interprétation puisse souffrir quelque difficulté.

En la mettant sous cette nouvelle forme

$$\frac{b'y + c'x + e'}{a'y + b'x + d'} \qquad \frac{b\beta + c\alpha + e}{a\beta + b\alpha + d},$$

et remarquant que ses deux membres sont respectivement les expressions des tangentes tabulaires des angles que forment, avec l'axe des x, les tangentes en (x, y), (α, β) aux courbes (s') et (s), mais prises avec des signes contraires, on en conclura, comme on l'a déjà fait ci-dessus à l'égard de l'équation (e), que cette équation, en y regardant x et y comme les coordonnées courantes, et α, β comme constantes, représente un diamètre de la courbe (s), dont le conjugué fait avec l'axe des x un angle précisément égal à celui que forme, avec ce même axe, la tangente en (α, β) de la courbe (s) ; c'est donc l'intersection de ce diamètre avec la tangente (a) à la courbe réciproque cherchée qui donne le point de contact de cette tangente avec cette même courbe. Or, quand le point (α, β) vient passer à l'infini sans quitter la courbe (s), le diamètre et la tangente dont il s'agit se confondent évidemment dans toute leur étendue (XVII), et ne donnent aucun point déterminé d'intersection appartenant à la courbe cherchée, ou plutôt donnent à la fois pour points d'intersection tous ceux du diamètre même dont il s'agit. Donc, l'équation finale devant donner simultanément les points qui appartiennent au système des équations (a) et (b), elle doit donner aussi tous ceux de ce même diamètre, et renfermer par conséquent l'équation de ce diamètre en facteur.

XIX. L'interprétation que nous venons de donner du facteur (c), pour le cas particulier de l'exemple qui précède, nous fait voir que, si la même courbe donnée (s), au lieu d'être une section conique, était en général du degré m, le nombre des points situés à l'infini sur cette courbe étant alors en général m, il y aurait un même nombre de diamètres de la courbe (s') qui appartiendraient à la solution analytique du problème ; l'équation finale se trouverait, par là, affectée d'un facteur étranger du degré m, qui la multiplierait inévitablement sans qu'il fût possible de l'en délivrer à priori par aucun procédé d'élimination, à moins de changer la forme même des équations primitives, c'est-à-dire la mise en équation, ou de le supprimer d'une manière implicite dans le résultat final. Ainsi, notamment, dans le cas particulier qui nous occupe, si, après avoir substitué les valeurs trouvées pour α, β dans l'équation (s), au lieu de réduire de suite, comme nous l'avons fait, tout au même dénominateur, on eût réuni séparément les numérateurs des termes ayant D^2 pour dénominateur commun, et qui sont les seuls où x et y paraissent entrer au delà de la seconde puissance, on eût trouvé que D entre aussi comme facteur dans ce numérateur, et alors, en le supprimant, on serait nécessairement retombé sur l'équation (s''), à laquelle nous sommes déjà parvenus. Mais on voit qu'en opérant ainsi on aurait réellement et à posteriori supprimé un facteur de l'équation finale. Il n'y aurait de différence entre cette manière de procéder et celle d'abord employée, qu'en ce qu'on aurait supprimé ce même facteur d'une manière implicite, et sans s'en être rendu aucun compte préalable, comme nous l'avons fait dans l'autre des deux cas dont il s'agit.

Si, présentement, on fait attention qu'il peut très-bien arriver que le facteur supprimé, par l'effet des opérations intermédiaires, représente précisément la véritable solution du problème, on devra comprendre que, s'il est des manières de procéder qui abrégent le calcul de l'élimination, il en est aussi qui peuvent par là conduire à des espèces d'absurdités, en faisant manquer le but réel qu'on se propose d'atteindre.

Dans les procédés généraux de l'élimination, les réductions partielles dont il vient d'être question ne peuvent plus avoir lieu d'une manière immédiate, et alors il arrive que les équations finales renferment d'une manière implicite les facteurs singuliers qui les compliquent inévitablement. On attribue à l'opération elle-même d'avoir introduit ces facteurs soi-disant étrangers, tandis que, comme on vient de le faire voir, ce n'est, au contraire, que par l'effet d'opérations particulières que ces facteurs peuvent disparaître fortuitement du résultat final, dont ils font nécessairement partie sous le rapport purement analytique. Si l'on s'attachait à bien étudier les équations de départ, on pourrait peut-être parvenir à connaître à l'avance le degré et la forme même de ces facteurs, et alors rien ne serait plus facile que de les supprimer après coup, s'ils ne répondaient pas immédiatement à l'énoncé verbal de la question proposée.

XX. Il résulte clairement de tout ce qui précède, que le résultat de l'élimination entre les équations (4, 5, 6) de l'art. III doit renfermer, conformément à ce qui a été annoncé (IV), un facteur étranger qui complique nécessairement son expression, et qu'il est impossible de supprimer à priori. c'est-à-dire autrement que dans l'équation finale elle-même; que ce facteur est du quatrième degré, et représente le système de quatre droites

32.

particulières; qu'enfin on peut obtenir à l'avance l'expression de ce facteur en agissant conformément à ce qui a été dit (XVI, XVII, XVIII), c'est-à-dire en recherchant les diamètres de la section conique (s') qui ont pour pôles les points situés à l'infini sur la courbe donnée (4), et multipliant leurs équations entre elles.

Si, au lieu de considérer des lignes planes comme dans ce qui précède, on considérait des surfaces courbes abitrairement situées dans l'espace, la surface directrice (s') étant toujours du second ordre, on trouverait (Note de l'art. XVI) que le facteur étranger représente une seule et unique surface conique, ayant son sommet au centre même de la surface (s') qui sert de directrice, et dont les génératrices rectilignes seraient respectivement parallèles à celles de la surface *développable asymptotique* de la proposée. Mais c'est assez s'arrêter sur les conséquences de l'analyse qui précède.

NOTE ADDITIONNELLE *aux n°s XV et XVI, relative à la détermination des asymptotes, au lieu des points à l'infini de l'espace, etc.* (1863).

Avant de nous occuper de ce dernier objet, remarquons que les numéros dont il s'agit donnant analytiquement l'inclinaison des asymptotes d'une courbe plane, on a, par cela même, un moyen d'en déterminer la position absolue, en recourant aux considérations relatives aux polaires de contact, rapidement ébauchées dans l'art. IV du IIe Cahier (p. 142 à 161). Par exemple, pour les simples coniques, il suffit de mener parallèlement aux directions obtenues, autant de lignes droites passant par le centre de la courbe, pôle de la droite à l'infini du plan et que détermine immédiatement, pour la conique (s), le système des équations linéaires

$$a'y + b'x + d' = 0, \quad b'y + c'x + e' = 0.$$

Quant aux courbes planes et aux surfaces géométriques d'ordre quelconque, on comprend que la solution relative à la détermination des droites ou développables asymptotes ne saurait dépendre d'éléments aussi simples, et qu'il serait nécessaire de recourir aux considérations géométriques de l'art. IV cité où la transversale rectiligne et le plan qui, à l'infini, contiennent les points de contact des tangentes asymptotiques, seraient pris pour directrice des *pôles* ou points de convergence p, des faisceaux de tangentes à la courbe ou surface considérée. Mais il ne saurait en être question dans cette *Note additionnelle*, et je préfère insister sur quelques points des indications rapides des n°s XV à XX du texte ci-dessus imprimé en 1817, qui, à cette époque, n'ont pas suffi pour attirer l'attention, peut-être à cause de l'usage que j'y faisais de l'Analyse infinitésimale, aujourd'hui encore bannie de nos colléges et très-imparfaitement suppléée par la doctrine des *dérivées*, malgré le vœu formel des plus éminents professeurs, qui apprécient les avantages inhérents à l'admission de la continuité et de l'infini. En réalité, depuis un certain temps, l'enseignement public en France est livré à une sorte d'anarchie provenant du mélange des méthodes, du décousu des programmes et de l'arbitraire, de l'esprit d'indépendance des professeurs, des examinateurs et même des *colleurs* dont la délicate profession était fort peu connue de nos ancêtres.

Quant à l'objet dont il s'agit, il me semble inutile de se livrer à de profondes méditations et à de longs calculs pour apercevoir que les n°s XV et XVI et les notes qui les accompagnent contiennent implicitement la justification analytique des principes, d'apparence métaphysique, démontrés géométriquement dans le Ve Cahier de ce volume et dans le *Traité des Propriétés projectives des figures*. Car, d'après les considérations analytiques de ces numéros, les droites qui, partant d'un point donné quelconque (soit l'origine même des coordonnées), vont aux différents points à l'infini d'une courbe ou d'une surface continue, forment un faisceau convergent dont les diverses tangentes tabulaires d'inclinaison par rapport aux axes ou aux plans coordonnés, sont soumis à des conditions algébriques analogues à celles de l'équation

$$(f) \qquad\qquad ak^2 + 2bk + c = 0,$$

déduite de l'équation (s) de la courbe considérée dans le cas particulier du texte, par un mode d'opérer qui, en remplaçant à son tour dans l'équation ainsi transformée k par $\frac{\beta}{\alpha}$, redonne la première partie,

$$(g) \qquad\qquad a\beta^2 + 2b\alpha\beta + c\alpha^2 = 0,$$

de la proposée (s); c'est-à-dire précisément celle qui se compose de la somme des termes de plus haute puissance en α et β, et qu'on eût obtenue de suite, en observant que les points à coordonnées variables α et β, dont on s'occupe, étant situés à l'infini, les termes de puissances ou de produits inférieurs des mêmes variables sont comme nuls et doivent disparaître par rapport à ceux de puissances supérieures, selon un principe généralement admis parmi les géomètres algébristes qui n'ont pas absolument horreur de la notion abstraite de l'infini.

Ces considérations, étant applicables, mot pour mot, aux courbes et aux surfaces algébriques de tous les degrés, il devient permis d'en tirer des conséquences générales et rigoureuses, sans être obligé de recourir à des artifices de calcul, et de renoncer à la méthode classique des coordonnées de Descartes.

Remarquons d'abord que l'équation (f) ou son analogue dans le cas général d'une courbe plane de degré m, donnant, par sa résolution au moins implicite, les m valeurs réelles ou imaginaires de l'inclinaison k du faisceau des parallèles aux asymptotes issues de l'origine des coordonnées, cela prouve que le nombre des points à l'infini sur la courbe est le même que celui du degré m de cette courbe, et suppose évidemment que les points à l'infini de son plan sont sur une certaine droite indéterminée de situation dans ce plan, ainsi qu'on l'a démontré géométriquement dans le Ve Cahier de ce volume.

Donc aussi, l'équation (g), ou son analogue dans le cas général, est l'équation même du faisceau convergent des parallèles aux asymptotes, c'est-à-dire le produit des équations linéaires des diverses droites de ce faisceau, ayant ici chacune la forme $\beta - k\alpha = 0$.

Supposant, comme exemple très-particulier, que l'équation (s) soit celle d'un *cercle* de position quelconque, on aura $a = c$, $b = 0$; ce qui réduit les équations (f) et (g) aux deux suivantes :

$$k^2 + 1 = 0, \quad \beta^2 + \alpha^2 = 0; \quad \text{d'où} \quad k = \pm\sqrt{-1}, \quad \beta = \pm\alpha\sqrt{-1},$$

et par là fait connaître algébriquement les points où le cercle est rencontré par la droite à l'infini de son plan. De plus, comme on parvient à des résultats entièrement identiques pour d'autres circonférences de cercle quelconques situées sur le même plan, il en résulte la vérification algébrique à posteriori du n⁰ XXXIV de l'énoncé du précédent Cahier (p. 392); énoncé qui, d'après ce qui précède et un autre théorème d'Analyse bien facile à démontrer, s'étend évidemment à des systèmes de coniques ou de courbes algébriques d'ordre quelconque, *semblables et semblablement placées* sur un plan.

Quant au cas de l'espace, la méthode algébrique et ses principales conséquences restent les mêmes, à cela près que les équations comportent alors trois coordonnées indépendantes x, y, z, ou α, β, γ, et que ces équations sont doubles ou triples pour chacune des parallèles aux asymptotes et des lignes courbes proposées ou données. Ainsi, par exemple, pour fixer les idées, dans le cas très-particulier encore d'une surface du second degré, où l'équation (s) serait remplacée par la suivante :

$$A\alpha^2 + B\beta^2 + C\gamma^2 + D\alpha\beta + E\alpha\gamma + F\beta\gamma + G\alpha \ldots = 0,$$

et l'équation unique de la parallèle aux nappes infinies ou asymptotiques, par les deux équations

$$\alpha = i\gamma, \quad \beta = k\gamma,$$

les équations (f) et (g), ci-dessus, seraient elles-mêmes changées en celles-ci :

$$A i^2 + B k^2 + C + D i k + E i + F k + G i \ldots = 0,$$
$$A\alpha^2 + B\beta^2 + C\gamma^2 + D\alpha\beta + E\alpha\gamma + F\beta\gamma = 0,$$

dont la dernière représente un cône à double nappe indéfinie, réelle ou imaginaire, parallèle à la développable conique et asymptote de la surface proposée (MONGE). Ce cône ayant ici pour sommet l'origine des axes coordonnés, et pour section (réelle ou imaginaire) par un plan quelconque parallèle à celui des $\alpha\beta$, une courbe semblable et semblablement placée par rapport à la section correspondante de la surface proposée, il est clair que ces deux sections vont se superposer rigoureusement à l'infini sur le cône, c'est-à-dire pour la valeur $\gamma = \infty$. Or, ceci ayant lieu pour des surfaces algébriques d'ordre et en nombre quelconque, démontre à posteriori que *tous les points à l'infini de l'espace peuvent et doivent*, aussi au point de vue analytique, *être supposés sur un plan*, etc.

D'autre part, comme les équations des surfaces algébriques semblables et semblablement placées ne diffèrent entre elles, à un facteur constant près, que par les coefficients des termes de degrés inférieurs; cela justifie encore que de telles surfaces ont un même plan de section commune, réelle ou imaginaire, à l'infini, etc., etc.

Lorsque, il y a près d'un demi-siècle, je m'occupai de ces démonstrations, plutôt analytiques que géométriques, je considérais, ainsi qu'on a pu s'en apercevoir, comme chose évidente, d'après les procédés des n⁰ˢ XV et XVI et les théories bien connues de l'Algèbre, que le nombre des points à l'infini d'une courbe plane étant précisément égal à celui qui en marque le degré, ces points devaient être supposés appartenir à une droite à l'infini, indéterminée de direction dans le plan ou l'espace. Pour s'en convaincre plus directement encore, soit

$f(\alpha, \beta) = 0$ l'équation de la courbe et $\beta = k\alpha$, comme au n° XVI, celle d'une droite allant de l'origine des coordonnées à l'un quelconque des points à l'infini de cette courbe; soit enfin $\beta = A\alpha + B$ l'équation d'une transversale arbitraire, il paraît évident que les équations

$$f(\alpha, A\alpha + B) = 0, \quad f(\alpha, k\alpha) = 0,$$

provenant de la substitution des deux valeurs ci-dessus de β, seront identiques si l'on y suppose simultanément B et α infinis, ainsi que

$$A\alpha + B = k\alpha \quad \text{ou} \quad k - A = \frac{B}{\alpha},$$

égalité susceptible d'être satisfaite, quelles que soient les valeurs attribuées à l'indéterminée $\frac{B}{\alpha}$ devenue $\frac{0}{0}$, quand la transversale $\beta = A\alpha + B$ passe tout entière à l'infini; A étant une constante, donnée entièrement arbitraire, et k une autre constante déterminée par le calcul, comme on l'a montré dans ce qui précède.

Or, ce genre de raisonnement qu'on pourrait développer davantage d'après l'exposé des pages précédentes, étant considéré comme admissible en Analyse algébrique et s'étendant au cas des surfaces, prouve, avec une rigueur désormais incontestable, la vérité du principe dont il s'agit, déduit des notions de la continuité et de l'infini considéré dans ses divers ordres hiérarchiques ou subordonnés de grandeur et de petitesse variables. Ces notions métaphysiques, mises en parfaite évidence dans les multiples et curieux phénomènes de la Géométrie descriptive, ont éclairci déjà bien des obscurités, des mystères de l'Analyse algébrique, et contribueront, par la suite, à en éclaircir bien davantage encore; notamment en ce qui concerne l'abaissement du degré des équations des courbes et surfaces par la disparition de certains termes, de certains coefficients ou paramètres, d'où résulte soit l'évanouissement même de certaines branches, soit leur transport à l'infini, en vertu desquels elles se changent en autant de points isolés ou en autant de lignes droites tantôt distinctes, tantôt confondues entre elles.

Le principe de Géométrie relatif aux limites idéales de l'espace, qui, en raison de ce qu'une portion déterminée et finie d'une surface sphérique de rayon infini doit algébriquement ou figurativement être supposée plane, ne contredit nullement l'apophthegme des Anciens, mentionné dans la note de la p. 146, où je regrette de n'avoir pu mettre à profit le contenu d'une dissertation historique approfondie qu'a bien voulu me communiquer M. de Loménie, savant professeur de littérature au Collége de France et à l'École Polytechnique. Qu'il me suffise de joindre aux noms déjà cités dans cette note, ceux de *Timée de Locres* chez les Anciens, et, chez les modernes, de Rabelais qui avait probablement répété cet apophthegme plutôt au point de vue de la théologie qu'à celui des mathématiques. Toutefois la conception première d'une telle maxime me semblerait bien plutôt devoir être attribuée à *Platon*, ce généralisateur du cône et des coniques, dont l'École est célèbre par ces mots : *Nul n'entre ici s'il n'est géomètre*, et auquel on doit probablement aussi l'épithète d'*éternel géomètre*, appliquée à Dieu, l'esprit générateur et organisateur de toutes choses, cause, force ou principe, dont nous étudions ici-bas les lois et les effets divers.

IV.

RECHERCHES SUR LA DÉTERMINATION D'UNE HYPERBOLE ÉQUILATÈRE, AU MOYEN DE QUATRE CONDITIONS DONNÉES ; PAR MM. BRIANCHON ET PONCELET.

(T. XI des *Annales*, 1er janvier 1821.)

THÉORÈME I. — *Dans tout triangle inscrit à une hyperbole équilatère, le point de concours des trois hauteurs est situé sur la courbe.*

Démonstration. — On sait que, pour tout hexagone ABCDEF (*fig.* 170) inscrit à une section conique, les trois points de concours H, I, K des côtés opposés sont en ligne droite. Si donc, la courbe ayant des branches infinies, on suppose que l'hexagone ait deux de ses sommets, comme E, F, situés à l'infini, le point I, concours des deux côtés EF, BC, se trouvera à l'infini ; ce qui revient à dire que BC et HK seront parallèles.

Maintenant, la courbe étant une hyperbole, il est clair que les deux côtés DE, FA, adjacents à EF qui est à l'infini, seront respectivement

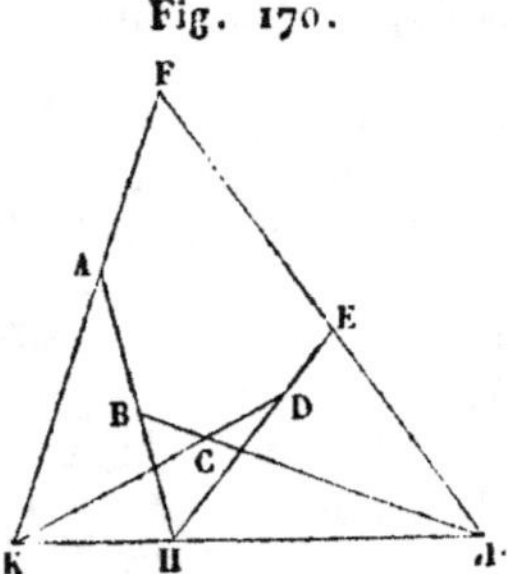

Fig. 170.

parallèles aux deux asymptotes, et, partant, seront rectangulaires, pour le cas de l'hyperbole équilatère, qui est celui dont il s'agit ici.

Les deux derniers sommets E, F de l'hexagone inscrit à cette courbe étant ainsi portés à l'infini, les quatre autres resteront arbitraires. Soient

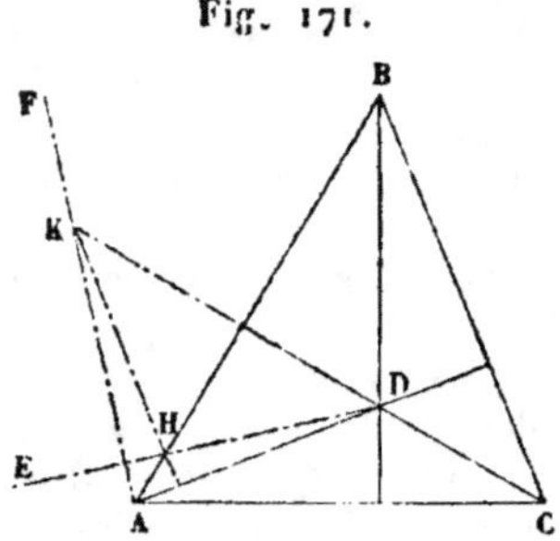

Fig. 171.

donc pris à volonté les trois premiers A, B, C (*fig.* 171), et soit marqué le quatrième D tel que les deux côtés AB, CD, respectivement opposés à DE, FA, soient rectangulaires entre eux. Il résulte de ceci que AH est perpendiculaire sur DK. D'ailleurs AK est perpendiculaire sur DH, par la propriété des asymptotes; donc le point A est le croisement des trois hauteurs du triangle DHK; donc AD est perpendiculaire sur HK, et conséquemment aussi sur BG, parallèle à HK. Mais, par construction, CD est perpendiculaire sur AB; donc le point D est le croisement des trois hauteurs du triangle ABC. Or, le triangle ABC a été inscrit à volonté à la courbe; donc généralement « dans tout triangle ABC, inscrit à une » hyperbole équilatère, le point de croisement D des trois hauteurs est » un point de la courbe » ; *ce qu'il fallait démontrer.*

Si l'un A des angles du triangle inscrit varie de grandeur, en tendant vers l'angle droit, le point D se déplacera sur la courbe en s'approchant continuellement du sommet A; ce qui revient à dire que la sécante AD, perpendiculaire sur BC, tendra sans cesse à toucher la courbe en A, et qu'enfin elle sera tangente quand l'angle A sera droit. Donc :

THÉORÈME II. — *Dans tout triangle rectangle inscrit à une hyperbole équilatère, la perpendiculaire abaissée du sommet de l'angle droit sur l'hypoténuse est tangente à la courbe.*

Il suit de là que, si l'angle droit oscille sur son sommet, l'hypoténuse se déplacera parallèlement à elle-même et à la normale menée à ce sommet; ce qui est un cas particulier du beau théorème démontré par M. Frégier dans le présent recueil (*Annales*, t. VI, p. 229 et 321, t. VII, p. 95).

Au moyen de ce qui précède, si on connaissait deux points A, B (*fig.* 172) de la courbe, et la tangente AP en l'un A de ces points, on pourrait en

Fig. 172.

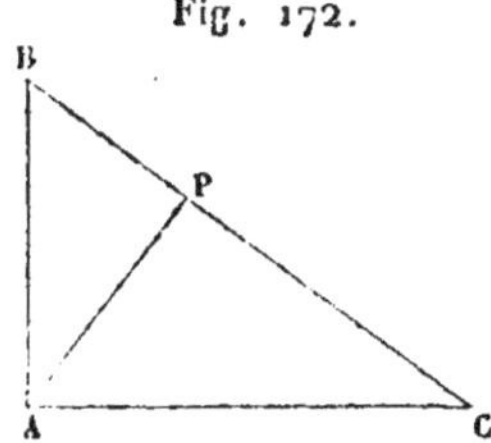

construire un troisième C en cette manière : du point B abaissez une perpendiculaire BC sur la tangente donnée, elle ira couper au point cherché C la perpendiculaire AC à AB.

On sait donc résoudre ces trois problèmes :

Décrire une hyperbole équilatère dont on a trois points et la tangente en l'un d'eux.

Décrire une hyperbole équilatère dont on a deux points et les tangentes en ces points.

Décrire une hyperbole équilatère dont on a deux points, la tangente en l'un de ces points et une autre tangente quelconque.

En effet, par la construction qui vient d'être indiquée, on obtiendra un nouveau point de la courbe ; après quoi, pour achever, on aura recours aux solutions connues de ces questions (*) :

Décrire une section conique dont on a quatre points et la tangente en l'un d'eux.

Décrire une section conique dont on a trois points et les tangentes en deux de ces points.

Décrire une section conique dont on a trois points, une tangente quelconque et la tangente en l'un de ces points.

Il résulte encore du Théorème I que, lorsqu'on connaît trois points A, B, C (*fig.* 171) d'une hyperbole équilatère, on en a un quatrième D, qui est le croisement des trois hauteurs du triangle ABC ; en sorte qu'on sait aussi résoudre ces deux problèmes :

Décrire une hyperbole équilatère dont on a quatre points.

Décrire une hyperbole équilatère dont on a trois points et une tangente.

Car, au moyen de la construction indiquée, on obtiendra un nouveau point de la courbe ; après quoi, pour achever, on aura recours aux solutions connues de ces questions (**) :

Décrire une section conique dont on a cinq points.

Décrire une section conique dont on a quatre points et une tangente.

Théorème III. — *Si deux points, situés sur le plan d'une hyperbole équilatère, sont les milieux ou les pôles respectifs de deux cordes ou de deux droites quelconques également situées sur ce plan ; et que, par chacun d'eux, on mène une parallèle à la corde ou à la polaire qui correspond à l'autre, le cercle qui passera par ces deux points et par celui où se coupent les parallèles passera aussi par le centre de la courbe.*

Démonstration. — Soient, en premier lieu, CE. CF (*fig.* 173) les direc-

Fig. 173.

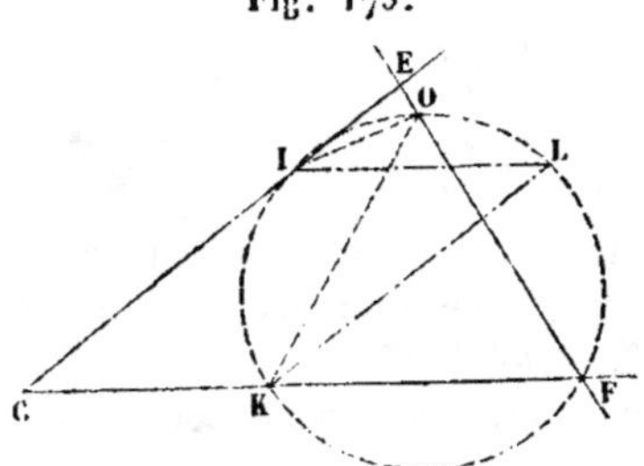

tions indéfinies des deux cordes en question, I, K leurs milieux respec-

---

(*) *Mémoire sur les lignes du second ordre, etc.*, par C.-J. Brianchon, Paris, 1817.

(**) Même ouvrage.

tifs, O le centre de l'hyperbole équilatère et EF l'une de ses asymptotes, rencontrant en E, F, les deux cordes CI, CK prolongées; les droites OK, OI seront les diamètres de la courbe, conjugués à la direction de ces cordes.

Cela posé, puisque l'angle des asymptotes est droit et que le point K est le milieu de la partie interceptée par ces asymptotes sur la direction de CF, la distance KO = KF et par conséquent l'angle KFO = KOF. Par la même raison, l'angle IEO = IOE; mais, à cause du triangle CEF, l'angle C est supplément de la somme des angles E, F, et par conséquent supplément de celle des angles KOF, IOE; donc il est égal à l'angle IOK, formé de l'autre côté de IK par les diamètres IK, IO. D'ailleurs, on prouverait de la même manière que, si le point O était supposé du côté du sommet de l'angle C, l'angle IOK, formé par ces mêmes diamètres, serait égal au supplément de l'angle C; donc il est sur la circonférence du cercle qui passe par les points K, I et par celui L où se coupent les parallèles KL, IL menées par chacun d'eux à la corde qui passe par l'autre : c'est-à-dire que,

1° « Si par chacun des points milieux de deux cordes quelconques d'une » hyperbole équilatère, on mène une parallèle à la corde qui correspond » à l'autre, le cercle qui passera par ces deux points et par celui où se » coupent les parallèles passera aussi par le centre de la courbe. »

En second lieu, soient PG, PH (*fig.* 174) deux droites quelconques, situées sur le plan d'une hyperbole équilatère; R, Q leurs pôles respec-

Fig. 174.

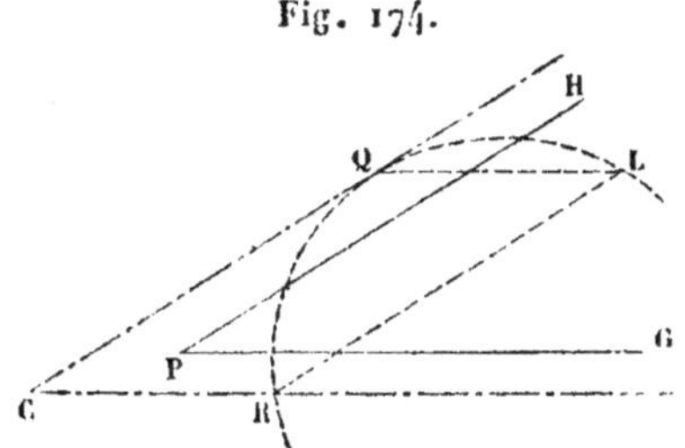

tifs, par rapport à cette courbe. Concevons, par le point Q, la parallèle QC à la polaire PH de ce point; la corde correspondante sera évidemment partagée en deux parties égales en Q; car, d'après la théorie généralement connue des pôles, « le diamètre d'une section conique qui renferme » les milieux de toutes les cordes parallèles à une même droite, située » sur le plan de la courbe, passe aussi par le pôle de cette droite. »

Par la même raison, si, par le point R, pôle de la droite PG, on mène la parallèle CR à cette droite, rencontrant la première au point C, la corde qui lui correspond, dans l'hyperbole équilatère, sera divisée en deux parties égales en R; ainsi, les points R, Q seront les milieux des droites ou cordes indéfinies RC, QC, qui passent respectivement par ces points et sont parallèles aux deux droites PG, PH.

Il suit de là et de ce qui précède que :

2° « La circonférence qui passe par deux points quelconques R, Q, situés
» sur le plan d'une hyperbole équilatère, et par le point L où se cou-
» pent les parallèles menées par chacun d'eux à la polaire PG ou PH de
» l'autre, passe aussi par le centre de la courbe. »

Il est d'ailleurs évident que les mêmes choses auraient encore lieu si, à
la place de l'une des deux droites et de son pôle, on substituait une corde
et son point milieu ; ce qui complète la démonstration du théorème
énoncé.

S'il arrivait, dans le cas où l'on considère deux droites PG, PH et leurs
pôles R, Q, que chacun de ces derniers fût situé sur la droite qui correspond à l'autre ; c'est-à-dire, si le point Q se trouvait sur PG et le
point R sur PH, les parallèles RL, QL se confondraient évidemment avec
ces droites ; donc la circonférence qui renferme le centre de l'hyperbole équilatère correspondante passerait alors par le point P où se rencontrent ces mêmes droites ; mais, d'après la théorie des pôles, ce point
a évidemment pour polaire la droite qui passe par les points Q, R ; de
sorte que ces trois points sont tels, que chacun d'eux est le pôle de la
droite qui contient les deux autres ; on peut donc énoncer la proposition
suivante :

THÉORÈME IV. — *Lorsque trois points situés sur le plan d'une hyperbole équilatère sont tels, que chacun d'eux est le pôle de la droite qui
contient les deux autres, le cercle qui passe par ces trois points passe
aussi par le centre de la courbe.*

Quatre tangentes AB, BC, CD, DA (*fig.* 175) à une même section conique forment, par leurs intersections mutuelles, un quadrilatère complet

Fig. 175.

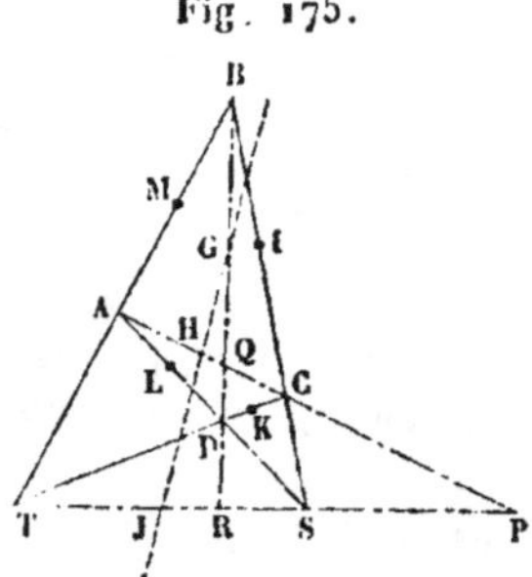

TABCSD, dont les trois diagonales AC, BD, ST sont, comme l'on sait,
telles que « chacune d'elles est la polaire de l'intersection des deux
autres ; » de sorte que, si la courbe est une hyperbole équilatère, la circonférence qui passera par les trois points P, Q, R, intersection des diagonales, passera aussi, d'après ce qui précède, par le centre de la courbe ;
d'où résulte ce nouveau théorème :

Théorème V. — *Si l'on mène quatre tangentes quelconques à une hyperbole équilatère, le centre de la courbe sera situé sur la circonférence qui passe par les trois points d'intersection des diagonales du quadrilatère complet formé par ces tangentes;*

Ou, ce qui revient au même :

Les centres de toutes les hyperboles équilatères tangentes à quatre droites quelconques, tracées sur un plan, sont situés sur la circonférence d'un cercle unique qui passe par les trois points d'intersection des diagonales du quadrilatère complet formé par ces droites.

D'un autre côté, il résulte d'un théorème découvert par Newton (*Principes mathématiques, etc.*, liv. I, Lem. XXV, Corol. III) que

« Dans tout quadrilatère circonscrit à une conique quelconque, les » trois points milieux des diagonales sont sur une droite unique qui passe » par le centre de la courbe; »
Ou, ce qui revient encore au même :
» Les centres de toutes les sections coniques tangentes à quatre droites » quelconques, tracées sur un même plan, sont situés sur la droite unique » qui passe par les trois points milieux des diagonales du quadrilatère » complet formé par ces droites. »
Donc, dans le cas de l'hyperbole équilatère, le centre de la courbe se trouve à la fois sur la droite unique dont il s'agit et sur la circonférence du cercle qui passe par les trois points P, Q, R, où se croisent les diagonales; en sorte qu'on peut aussi résoudre ce nouveau problème :

Décrire une hyperbole équilatère dont on a quatre tangentes.

En effet, ayant déterminé, au moyen de ce qui précède, le centre de la courbe (et il y en a évidemment deux, en général, qui résolvent la question), on le joindra par une droite avec l'un quelconque P des points d'intersection des diagonales, laquelle ira rencontrer la diagonale opposée BD, polaire de P, en un point X qui, d'après la théorie des pôles, sera nécessairement le milieu de la corde correspondante, et par conséquent aussi le milieu de la partie interceptée par les asymptotes sur cette diagonale; portant donc, à partir du point X, deux distances égales à OX sur la direction de la droite indéfinie BDX, leurs extrémités appartiendront aux deux asymptotes de la courbe, qui ainsi sera parfaitement déterminée de grandeur et de situation; car le point qui divisera en deux parties égales la distance interceptée par les asymptotes sur l'une quelconque des quatre tangentes données sera le point de contact de cette tangente.

Supposons maintenant que ABCD soit un quadrilatère inscrit à une section conique quelconque; les points de concours S, T de ses côtés opposés et le point d'intersection Q de ses deux diagonales simples seront encore, d'après la théorie des pôles, trois points tels, que « chacun d'entre eux sera le pôle de la droite qui passe par les deux autres »; donc, si la courbe est une hyperbole équilatère, son centre se trouvera situé, d'après le Théorème IV démontré ci-dessus, sur la circonférence du cercle qui passe par les trois points Q, S, T, et par conséquent :

THÉORÈME VI. — *Dans tout quadrilatère simple, inscrit à une hyperbole équilatère quelconque, le cercle passant par les deux points de concours des côtés opposés et par le point d'intersection des diagonales passe aussi par le centre de la courbe.*

Il suit de là que, quand quatre points A, B, C, D sont donnés sur un plan, on connaît aussi la circonférence qui passe par le centre de l'hyperbole équilatère passant par ces quatre points (*); d'ailleurs le Théorème III indique d'autres circonférences qui renferment également ce centre; donc il est entièrement déterminé de position sur le plan des quatre points donnés, et il en est par conséquent de même des asymptotes de la courbe; car, si l'on prend le milieu K de l'une quelconque CD des distances qui séparent deux à deux les points donnés, puis qu'on porte, à partir de K, sur la direction infinie de CD, deux longueurs égales à la distance de ce même point au centre de la courbe, leurs extrémités appartiendront aux asymptotes de cette courbe. Voilà donc une nouvelle solution, très-directe et très-simple, du problème déjà résolu plus haut, dans lequel il s'agit de *décrire une hyperbole équilatère passant par quatre points donnés sur un plan.*

On peut tirer du Théorème III d'autres conséquences remarquables.

Que A, B, C (*fig.* 176) soient trois points quelconques, appartenant à une hyperbole équilatère; si l'on divise les côtés CA, CB du triangle ABC,

Fig. 176.

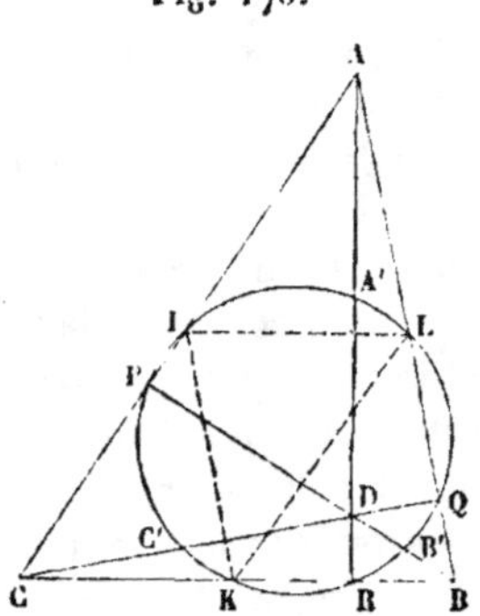

formé par ces points, en deux parties égales, aux nouveaux points I, K,

---

(*) On peut remarquer que, à quatre points donnés sur un plan, correspondent toujours trois quadrilatères simples différents, mais qui tous redonnent les mêmes points Q, S, T; en sorte que la circonférence en question est unique.

et que, par ces derniers, on mène les parallèles IL, KL aux côtés CB, CA, elles viendront se couper en un point L qui, d'après le théorème cité, appartiendra au cercle qui, passant par I, K, passe en outre par le centre de l'hyperbole équilatère ; mais le point L se confond évidemment avec le milieu du troisième côté AB du triangle ABC ; donc

THÉORÈME VII. — *Dans tout triangle inscrit à une hyperbole équilatère, le cercle qui passe par les trois points milieux des côtés passe aussi par le centre de la courbe ;*

Ou, ce qui revient au même :

Les centres de toutes les hyperboles équilatères circonscrites à un même triangle quelconque, sont sur la circonférence d'un cercle qui renferme les trois points milieux des côtés de ce triangle.

On peut conclure de là et de ce qui précède que, quand un quadrilatère quelconque ABCD (*fig.* 175) est inscrit à une hyperbole équilatère, le centre de la courbe doit se trouver, à la fois, sur les circonférences de huit cercles différents.

En effet, si l'on trace les diagonales AC, BD de ce quadrilatère, on obtiendra quatre triangles inscrits à la courbe, dont les points milieux G, H, I, K, L, M, qui sont aussi ceux des diagonales et des côtés du quadrilatère, détermineront un égal nombre de circonférences, passant par le centre de cette courbe ; d'ailleurs, ce centre devra aussi se trouver sur la circonférence qui renferme les trois points Q, S, T, où se coupent les diagonales et les côtés opposés du quadrilatère (Théor. VI) ; et il en sera de même encore de chacune des trois circonférences qui, passant par les points milieux de deux côtés opposés ou des deux diagonales de ce quadrilatère, renfermerait aussi le point où se coupent les deux parallèles menées par chacun d'eux (Théor. III) au côté ou à la diagonale qui renferme l'autre.

Le point où se coupent les huit circonférences dont il vient d'être question est nécessairement unique ; car, s'il était possible qu'il y en eût un second, toutes les circonférences devraient y passer à la fois, comme par le premier ; or, toutes ces circonférences, excepté celle qui renferme les points Q, S, T, et pourvu qu'on ne combine pas entre elles celles qui passent par les milieux des deux côtés opposés ou des diagonales du quadrilatère, sont évidemment telles que, prises deux à deux, elles ont pour intersection commune l'un des points milieux de ces côtés et de ces diagonales ; donc il faudrait que tous ces points milieux fussent confondus en un seul, ce qui est absurde ; donc enfin le centre de l'hyperbole équilatère qui passe par quatre points donnés sur un plan est unique.

Si l'on fait attention à la manière particulière dont se trouve déterminé le point dont il s'agit, relativement aux côtés et diagonales du quadrilatère ABCD, il sera permis d'en déduire cette conséquence générale :

Théorème VIII. — *Quatre points étant pris à volonté sur un plan, il existe un autre point, et un seul point, tel, qu'en le joignant par des droites avec les milieux des six distances qui séparent les quatre premiers deux à deux, l'angle formé par deux quelconques de ces droites est égal à celui des deux distances qui leur correspondent, ou en est le supplément. Ce point unique est, en outre, le centre de l'hyperbole équilatère passant par les quatre points dont il s'agit.*

Ce théorème souffre pourtant une exception qu'il est nécessaire de signaler : c'est lorsque l'un D (*fig.* 176) des quatre points que l'on considère, est le croisement des hauteurs du triangle ABC formé par les trois autres ; car alors (Théor. I) il y a une infinité d'hyperboles équilatères passant par les quatre points A, B, C, D ; et par conséquent la position du centre de la courbe ne saurait être unique ; elle est nécessairement indéterminée. Or, il résulte de là que les huit circonférences de cercle dont il vient d'être question, et qui renferment simultanément le centre, doivent se confondre en un seul et même cercle ; ce qui donne lieu à la proposition suivante appartenant à la Géométrie élémentaire :

Théorème IX. — *Le cercle qui passe par les pieds des perpendiculaires abaissées des sommets d'un triangle quelconque sur les côtés respectivement opposés, passe aussi par les milieux de ces trois côtés, ainsi que par les milieux des distances qui séparent les sommets du point de croisement des perpendiculaires.*

Démonstration. — Soient P, Q, R (*fig.* 176) les pieds des perpendiculaires abaissées des sommets du triangle ABC sur les côtés opposés, et soient K, I, L les points milieux de ces côtés.

Les triangles rectangles CBQ et ABR étant semblables, on aura

$$BC : BQ :: AB : BR ;$$

d'où, à cause que K et L sont les points milieux de BC et AB,

$$BK \cdot BR = BL \cdot BQ ;$$

c'est-à-dire que les quatre points K, R, L, Q appartiennent à une même circonférence.

On prouverait semblablement que les quatre points K, R, I, P sont sur un cercle, aussi bien que les quatre points P, I, Q, L.

Cela posé, s'il était possible que les trois cercles en question ne fussent pas un seul et même cercle, il faudrait que les directions des cordes qui leur sont deux à deux communes concourussent en un point unique ; or, ces cordes sont précisément les côtés du triangle ABC, lesquels ne sauraient concourir en un même point ; donc il est également impossible de supposer que les trois cercles diffèrent entre eux ; donc ils se confondent en un seul et même cercle.

Soient maintenant C′, A′, B′ les points milieux des distances DC, DA, DB qui séparent le point de croisement D des hauteurs du triangle ABC de chacun de ses sommets respectifs. Les triangles rectangles CDR et CQB étant semblables, on aura

$$CD : CR :: CB : CQ,$$

d'où, à cause que les points C′ et K sont les milieux des distances CD et CB,

$$CC' . CQ = CR . CK,$$

c'est-à-dire que le cercle qui passe par K, R, Q passe aussi par C′.

On prouverait de la même manière que ce cercle passe par les deux autres points A′, B′; donc il passe à la fois par les neuf points P, Q, R, I, K, L, A′, B′, C′.   C. Q. F. D.

Les théorèmes qui précèdent subsistent, en tout ou en partie, et avec des modifications convenables, dans les diverses circonstances particulières que peut présenter le système des trois ou quatre points que l'on considère, et qu'on suppose appartenir à une hyperbole équilatère.

Par exemple, si l'un A des sommets du triangle ABC s'éloigne à l'infini des deux autres, et que, par conséquent, les côtés CA, AB deviennent parallèles comme l'exprime la *fig.* 177, le pied R de la perpendiculaire AR

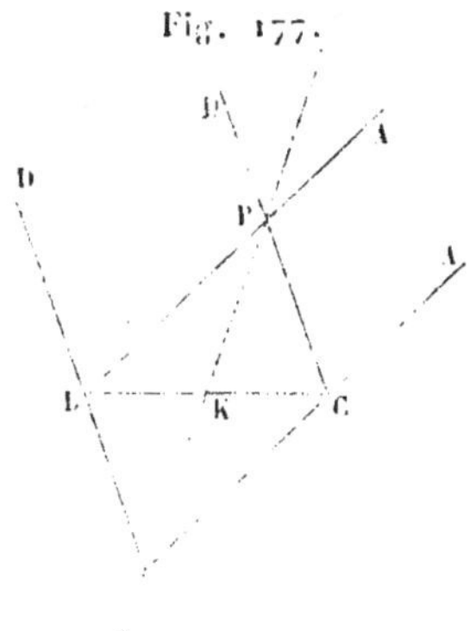

Fig. 177.

s'écartera à l'infini sur BC, et il en sera de même des milieux I, L des côtés AC, AB du triangle et des points A′, B′, C′; par conséquent, une portion tout entière du cercle qui passe par ces points sera elle-même passée à l'infini, c'est-à-dire qu'elle se sera confondue avec la droite qui contient tous les points à l'infini du plan de la figure.

Il suit de là que l'autre partie de ce cercle sera aussi devenue une ligne droite, et c'est ce qui a lieu en effet; car (*fig.* 176), si des sommets B, C on abaisse des perpendiculaires sur les côtés opposés du triangle, leurs pieds respectifs R, Q seront en ligne droite avec le milieu K du côté BC.

Dans le cas particulier qui nous occupe donc, la suite des centres des hyperboles équilatères appartenant aux points A, B, C doit se trouver sur la droite indéfinie PKQ, comme cela a lieu en effet.

Dans la même hypothèse, où le point A s'éloigne à l'infini et où les côtés CA, BA deviennent par conséquent parallèles, le point de croisement D des trois hauteurs du triangle ABC étant aussi passé à l'infini, il est, dans ce cas particulier, bien évident que c'est, avec les trois autres, un quatrième point de l'hyperbole équilatère.

Il y a ici une remarque essentielle à faire ; c'est que, bien que par quatre points donnés à volonté sur un plan, on puisse toujours faire passer une hyperbole équilatère, cependant, quand deux de ces points doivent être situés à l'infini, il n'est pas possible de se les donner arbitrairement par le système de deux droites quelconques concourant respectivement en ces points ; il faut nécessairement que les droites dont il s'agit soient perpendiculaires entre elles, puisqu'elles doivent être parallèles aux asymptotes de la courbe.

Si le sommet A du triangle ABC (*fig.* 176), au lieu de s'écarter indéfiniment des deux autres B, C, se rapprochait, au contraire, de l'un d'eux C, jusqu'à ce que le côté AC devînt infiniment petit ou nul, en conservant toujours sa direction primitive, les points L, K se trouveraient eux-mêmes rapprochés à une distance infiniment petite l'un de l'autre, sur une parallèle à AC passant par le milieu du côté AB ou CB ; quant au point milieu I du côté AC, il serait confondu avec le sommet A.

Soit donc AP (*fig.* 178) la direction indéfinie de la droite qui renferme

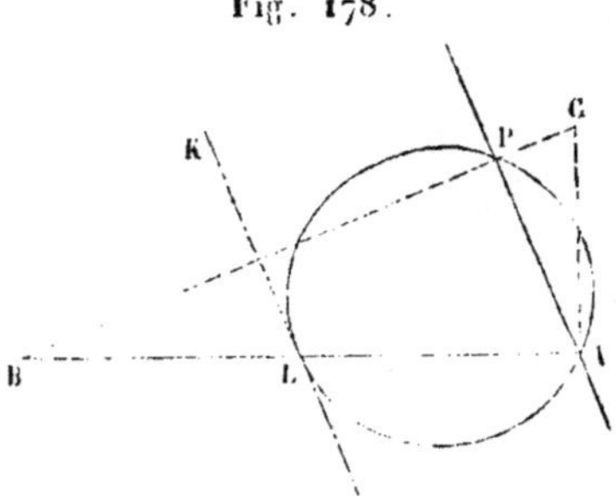

Fig. 178.

les deux points ou sommets confondus en un seul au point A, et soit B le troisième point ou le troisième sommet que l'on considère ; divisons le double côté BA en deux parties égales au point L par la parallèle LK à AP, le cercle qui passera par A et touchera la parallèle KL en L représentera évidemment celui qui, dans le cas général, contient les milieux des côtés du triangle ABC ; par conséquent il renfermera la suite des centres des hyperboles équilatères qui passent par les points A, B et touchent la droite AP en A. Du reste, il serait facile de reconnaître ce que sont devenues les autres propriétés du cercle dont il s'agit, et d'en déduire divers théorèmes analogues aux précédents, mais qui n'en seraient que des cas particuliers.

Ainsi, le moyen que nous avons indiqué ci-dessus, pour trouver le centre et finalement les asymptotes d'une hyperbole équilatère assujettie à passer par quatre points donnés sur un plan, s'applique très-bien au cas particulier où l'on suppose ces points, en tout ou en partie, réunis deux à deux en un seul sur des droites ou tangentes dont la direction est assignée, ainsi que le point de contact, comme il s'applique aussi très-bien à celui où un ou deux de ces mêmes points passent à l'infini sur des droites dont la direction est également assignée.

Mais quand on ne se donne que trois points de l'hyperbole équilatère avec une tangente quelconque, il n'est plus possible de déterminer de la même manière le centre de la courbe, car alors on n'obtient qu'un seul cercle dont la circonférence renferme ce centre; il faut donc avoir recours au procédé indiqué plus haut, au moyen duquel on peut obtenir directement un quatrième point de la courbe : ce qui ramène le problème à celui où il s'agit de *décrire une section conique dont on a quatre points et une tangente.*

Enfin, quand on se donne deux points et deux tangentes quelconques de l'hyperbole équilatère, ou seulement un point et trois tangentes quelconques, les deux procédés dont il s'agit sont également en défaut. Néanmoins, dans le premier de ces deux cas, on trouve encore un cercle dont la circonférence renferme le centre de la courbe; ce qui donne lieu à ce nouveau théorème :

Théorème X. — *Les centres de toutes les hyperboles équilatères tangentes à deux droites et passant par deux points donnés sur un plan sont situés sur une circonférence de cercle unique.*

Dans le même cas, on parvient à déterminer d'une manière très-simple un système de deux droites dont l'intersection avec le cercle en question donne encore la position des centres des quatre hyperboles équilatères qui résolvent le problème; mais la démonstration de ces diverses propositions exige l'emploi de principes qui sont, jusqu'à un certain point, étrangers à l'objet actuel de cet article.

On a vu, dans ce qui précède, le rôle qu'on peut faire jouer aux différents lieux des centres des sections coniques assujetties à certaines conditions, pour fixer entièrement la position du centre de la courbe, et par conséquent celle de cette courbe elle-même, quand le nombre de ces conditions ne laisse plus rien d'arbitraire ni d'indéterminé. Il se présente à ce sujet une question fort intéressante, et qui nous semble n'avoir pas encore été résolue d'une manière complète et dans toute sa généralité ; en voici l'énoncé :

Déterminer quelle est la nature de la courbe qui renferme les centres

33.

de toutes les sections coniques assujetties à quatre conditions telles que de passer par des points ou de toucher des droites données sur un plan.

Aux divers cas particuliers dont il a déjà été question dans le présent Article, et dont le plus remarquable est sans contredit celui qui résulte du théorème cité de Newton, sur le quadrilatère circonscrit à une section conique, nous ajouterons les suivants, qui, si nous ne nous trompons, n'ont pas jusqu'ici été démontrés ou résolus :

Les centres de toutes les sections coniques assujetties à passer par quatre points donnés sur un plan, sont situés sur une autre conique passant par les points où se coupent les deux diagonales et les côtés opposés du quadrilatère correspondant aux quatre points donnés.

Les centres de toutes les sections coniques assujetties à toucher deux droites et à passer par deux points donnés sur un plan sont situés sur une autre section conique passant par le point d'intersection des deux droites, par le milieu de la distance qui sépare entre eux les deux points, et par le milieu de la partie interceptée par ces droites sur la direction indéfinie de celle qui renferme les deux mêmes points (*).

V.

RECHERCHES DIVERSES SUR LE LIEU DES CENTRES DES SECTIONS CONIQUES ASSUJETTIES A QUATRE CONDITIONS, ET SOLUTION DE DEUX PROBLÈMES PROPOSÉS A LA PAGE 372 DU TOME XI DES ANNALES.

(T. XII des *Annales*, 1er février 1822.)

PROBLÈME. — *Déterminer le lieu des centres de toutes les sections coniques qui, touchant à la fois deux droites données, passent en outre par deux points donnés ?*

Solution. — Concevons une droite par les deux points dont il s'agit ; sa direction indéfinie sera celle d'une sécante commune à la fois à toutes les sections coniques proposées ; ainsi, nous pouvons poser la question d'une manière plus générale, comme il suit :

(*) Je supprime ici une note où M. Gergonne, rappelant son élégante et générale solution du problème des sphères et des cercles tangents, émet, comme moyen d'émulation permis au rédacteur d'un *Journal*, l'opinion que le problème proposé, p. 254 du t. VIII des *Annales*, où il s'agit de *décrire une conique qui en touche cinq autres sur un plan*, est peut-être susceptible d'une construction élégante et facile. Mais l'Article ci-après et ses propres recherches analytiques, insérées au t. XI des *Annales*, ont dû convaincre M. Gergonne qu'il n'en pouvait être ainsi. (Note de 1863.)

Quel est le lieu des centres de toutes les sections coniques qui, ayant une corde commune, toucheraient en outre deux droites données?

La corde commune donnée pouvant être aussi bien une *corde idéale* qu'une *corde réelle*, relativement à toutes les sections coniques dont il s'agit (*), et le système de ces dernières devant jouir des mêmes propriétés dans les deux cas, on peut, en général, considérer ce système comme la projection ou perspective d'un autre système composé de circonférences de cercles, pour lesquelles la corde ou sécante commune est passée tout entière à l'infini; mais, dans ce nouveau système, les centres des sections coniques seront évidemment représentés par les pôles de la droite qui, sur le plan des sections coniques, est elle-même à l'infini; car la polaire du centre d'une telle courbe est nécessairement à l'infini; donc la question est ramenée à cette autre purement élémentaire :

Quel est le lieu des pôles d'une droite donnée, par rapport à une suite de cercles tangents à la fois à deux droites données sur un plan?

Or, ces cercles présentent deux séries bien distinctes : l'une qui appartient à l'angle même formé par les deux droites données, l'autre qui appartient au supplément de cet angle. Dans l'une et l'autre, les centres des cercles demeurent sur une droite qui partage l'angle correspondant en deux parties égales, tandis que les cordes de contact avec les côtés de cet angle se meuvent parallèlement à elles-mêmes et à la ligne des centres de l'autre série, c'est-à-dire concourent avec elle en un point de la sécante à l'infini, commun à la fois à tous les cercles; enfin, il est facile de prouver, soit géométriquement, soit analytiquement, que le lieu des pôles d'une droite quelconque, donnée sur le plan de ces cercles, est, pour chacune des séries dont ils se composent, une section conique passant par le sommet commun des angles que l'on considère, et touchant en ce point la droite des centres qui lui correspond. Si donc on se reporte à la figure primitive, où les cercles sont remplacés par des coniques quelconques ayant une sécante commune, on en conclura sans peine :

1° Que ces sections coniques forment deux séries distinctes dont les cordes de contact avec les droites données pivotent séparément sur deux points fixes placés sur la sécante qui leur est à la fois commune (**), et divisant *harmoniquement* ou en segments proportionnels, tant la corde correspondante que la portion de la sécante comprise entre les deux droites données;

2° Que ces deux points fixes sont en outre tels, que l'un quelconque

---

d'entre eux est le pôle de la droite qui passe par l'autre et par le sommet de l'angle des droites, relativement à toutes les sections coniques proposées ;

3° Que le lieu des centres de l'une quelconque des séries formées par ces sections coniques est lui-même une autre section conique passant par le sommet de l'angle des deux droites données, et touchant en ce point la polaire du point sur lequel pivotent les cordes de contact appartenant à cette série.

La discussion apprend en outre :

4° Que chacune des deux courbes des centres passe par le milieu de la distance qui sépare entre eux les deux points donnés et par le milieu de la partie interceptée par les droites données sur la direction de la sécante commune qui contient les deux mêmes points ;

5° Qu'enfin le centre commun des deux courbes dont il s'agit est au point milieu de la distance qui sépare le sommet de l'angle des deux droites données et le point milieu déjà mentionné de la distance qui sépare les deux points donnés.

D'après cela, on voit que les deux sections coniques, lieux des centres des proposées, ne diffèrent entre elles que par la direction de la tangente au sommet de l'angle des deux droites données.

Comparons maintenant ces résultats avec ceux de la page 395 du t. **XI** des *Annales*.

Soient CX, CY (*fig.* 179) les deux droites données, prises respectivement, comme à l'endroit cité, pour axes des x et des y ; nommons pareillement a, b, a', b' les coordonnées des points donnés A, A'.

Cela posé, on aura d'abord, pour l'équation de la droite AA',

$$y - b = \frac{b - b'}{a - a'}(x - a).$$

Soient x', y' les coordonnées du milieu k de la partie XY de cette droite interceptée entre les axes ; nous aurons

$$x' = -\frac{1}{2}\frac{ab' - ba'}{b - b'}, \quad y' = +\frac{1}{2}\frac{ab' - ba'}{a - a'},$$

et x'', y'' étant les coordonnées du milieu I de la distance AA',

$$x'' = \frac{1}{2}(a + a'), \quad y'' = \frac{1}{2}(b + b').$$

Enfin x''', y''' étant les coordonnées du milieu O de CI, nous avons

$$x''' = \frac{1}{2}(a + a'), \quad y''' = \frac{1}{2}(b + b').$$

Reste à déterminer la direction des droites CP, CQ, qui passent par l'origine C, et renferment les points P, Q sur lesquels pivotent les cordes de contact respectives appartenant aux deux séries de sections coniques proposées; car, d'après ce qui précède, on aura tout ce qu'il faut pour déterminer complétement le lieu des centres de ces séries.

Soient α, β les coordonnées de l'un P des deux points fixes dont il s'agit: l'équation de la droite correspondante CP sera

$$y = \frac{\beta}{\alpha} x = \lambda x,$$

en faisant, pour abréger, $\beta = \lambda \alpha$; de sorte que tout consiste à déterminer λ.

On pourrait, à cet effet, employer le calcul algébrique; mais il exigerait une suite d'opérations très-pénibles. On parviendra plus simplement

Fig. 179.

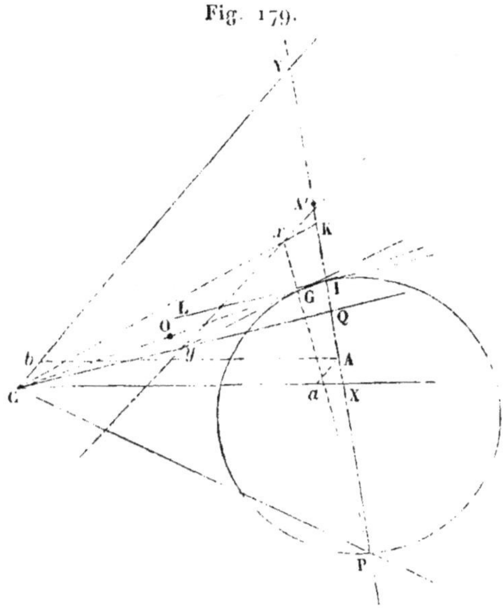

au même but en employant les relations obtenues par la Géométrie. En effet, indépendamment de celles déjà signalées ci-dessus, et qui suffisent pour déterminer le point P que l'on considère en particulier, on a encore la suivante, qu'il serait au surplus facile d'en déduire, si déjà elle ne se trouvait toute établie,

$$\frac{\overline{PX}^2}{\overline{PY}^2} = \frac{AX}{AY} \cdot \frac{A'X}{A'Y} \quad (*).$$

(*) *Voir* le n° XV du Mémoire précédemment cité de Brianchon.

Mais, en abaissant de l'un quelconque A des deux points donnés les coordonnées Aa, Ab sur les axes CX, CY, on a, par les triangles semblables AaX, AbY, CXY :

$$\frac{AX}{Aa} = \frac{XY}{CY}, \quad \frac{AY}{Ab} = \frac{XY}{CX};$$

d'où l'on tire

$$\frac{AX}{AY} = \frac{CX}{CY} \cdot \frac{Aa}{Ab} = \frac{CX}{CY} \cdot \frac{b}{a}.$$

On aurait de même

$$\frac{A'X}{A'Y} = \frac{CX}{CY} \cdot \frac{b'}{a'},$$

et, de plus,

$$\frac{PX}{PY} = \frac{CX}{CY} \cdot \frac{\beta}{\alpha} = \frac{CX}{CY} \cdot \lambda;$$

donc

$$\frac{AX}{AY} \cdot \frac{A'X}{A'Y} = \left(\frac{CX}{CY}\right)^2 \cdot \frac{bb'}{aa'} = \left(\frac{CX}{CY}\right)^2 \lambda^2,$$

et par conséquent

$$\lambda = \pm \sqrt{\frac{bb'}{aa'}}.$$

De ces deux valeurs, l'une appartient évidemment au point P que l'on considère, et l'autre au point Q, puisque ces deux points doivent jouir des mêmes propriétés. D'après cela, on a tout ce qu'il faut pour déterminer les éléments des courbes, lieux des centres des coniques proposées; car, en ne considérant que l'une d'entre elles, puisqu'elle passe par l'origine son équation sera de la forme

$$A x^2 + B y^2 + 2\,C x y + 2\,A' x + 2\,B' y = 0.$$

On exprimera qu'elle touche la droite *CP* (*Annales,* t. IX, p. 131), en écrivant

$$A' + \lambda B' = 0;$$

et, comme elle doit de plus passer par le point K, milieu de XY, et avoir son centre au milieu O de CI, on aura encore

$$A x'^2 + B y'^2 + 2\,C x' y' + 2\,A' x' + 2\,B' y' = 0,$$

$$A x''' + C y''' + A' = 0, \quad B y''' + C x''' + B' = 0.$$

Remplaçant donc x', y', x''', y''' par leurs valeurs trouvées ci-dessus, ces trois dernières deviendront

$$(a - a')^2 (ab' - ba')\,A - 4(b - b')(a - a')^2\,A' + (b - b')^2(ab' - ba')\,B$$
$$+ 4(a - a')(b - b')^2\,B' - 2(a - a')(b - b')(ab - ba')\,C = 0,$$

$$(a + a')\,A + (b + b')\,C + 4\,A' = 0,$$
$$(b + b')\,B + (a + a')\,C + 4\,B' = 0;$$

en y joignant de plus l'équation $A' + \lambda B' = 0$, on en tirera

$$B = \frac{(a-a')^2}{(b-b')^2}A, \quad C = -\frac{(a+a')(b-b')^2 + (b+b')(a-a')^2\lambda}{(b-b')^2[(b+b') + \lambda(a+a')]}A,$$

$$A' = \frac{(a-a')^2(b+b')^2 - (a+a')^2(b-b')^2}{4(b-b')^2[(b+b') + \lambda(a+a')]}\lambda A, \quad B' = -\frac{(a-a')^2(b+b')^2 - (a+a')^2(b-b')^2}{4(b-b')^2[(b+b') + \lambda(a+a')]}A;$$

substituant donc ces valeurs dans l'équation $A x^2 + B y^2 + 2 C xy + 2 A'x + 2 B'y = 0$, divisant par A, remettant successivement pour λ ses deux valeurs

$$+\sqrt{\frac{bb'}{aa'}}, \quad -\sqrt{\frac{bb'}{aa'}},$$

et chassant les dénominateurs, on aura, pour l'une des équations cherchées des courbes lieux des centres,

$$4(b-b')^2\left[(b+b') + (a+a')\sqrt{\frac{bb'}{aa'}}\right]x^2 + 4(a-a')^2\left[(b+b') + (a+a')\sqrt{\frac{bb'}{aa'}}\right]y^2$$

$$-8\left[(a+a')(b-b')^2 + (b+b')(a-a')^2\sqrt{\frac{bb'}{aa'}}\right]xy + 2\left[(a-a')^2(b+b')^2 - (a+a')^2(b+b')^2\right]\sqrt{\frac{bb'}{aa'}}\,x$$

$$-2\left[(a-a')^2(b+b')^2 - (a+a')^2(b-b')^2\right]y = 0;$$

et, pour l'autre des deux mêmes équations, également du second degré, et qui ne diffère de la première que par le signe des radicaux,

$$4(b-b')^2\left[(b+b') - (a+a')\sqrt{\frac{bb'}{aa'}}\right]x^2 + 4(a-a')^2\left[(b+b') - (a+a')\sqrt{\frac{bb'}{aa'}}\right]y^2$$

$$-8\left[(a+a')(b-b')^2 - (b+b')(a-a')^2\sqrt{\frac{bb'}{aa'}}\right]xy - 2\left[(a-a')^2(b+b')^2 - (a+a')^2(b-b')^2\right]\sqrt{\frac{bb'}{aa'}}\,x$$

$$-2\left[(a-a')^2(b+b')^2 - (a+a')^2(b-b')^2\right]y = 0.$$

Pour rapprocher ces résultats de ceux obtenus t. XI, p. 395 des *Annales*, il ne s'agit plus que de multiplier par ordre les deux équations qui précèdent ; car, si tout est exact de part et d'autre, on devra obtenir une équation du quatrième degré qui ne pourra différer, au plus, que par un facteur fonction des données de celle à laquelle on est parvenu au même endroit. Cette opération est nécessairement très-longue et très-laborieuse ; néanmoins nous avons eu le courage de l'entreprendre, et le plaisir d'en voir ressortir une vérification complète des raisonnements géométriques ci-dessus, qui s'étendent, comme on le voit, au cas où les points donnés sont imaginaires et où la droite XY, qui passe par ces points, est une sécante idéale commune à toutes les sections coniques proposées.

En multipliant, en effet, nes deux équations entre elles, développant et observant que les diverses fonctions

$$aa'(b+b')^2 - bb'(a+a')^2, \quad aa'(b-b')^2 - bb'(a-a')^2,$$
$$aa'(b^2+b'^2) - bb'(a^2+a'^2), \quad -(ab-a'b')(ab'-ba'),$$
$$\frac{(a+a')^2(b-b')^2 - (b+b')^2(a-a')^2}{4},$$

sont équivalentes entre elles, on trouvera que tous les termes de l'équation résultante sont exactement divisibles par la quantité constante

$$\frac{4\left[(a+a')^2(b-b')^2 - (b+b')^2(a-a')^2\right]}{aa'}.$$

Supprimant donc ce facteur, on parviendra à l'équation du quatrième degré

$$(b-b')^4 x^4 - 4(a+a')(b+b')^2(b-b')x^3y - 4(a+a')(b+b')^2(a-a')xy^3$$
$$+ (a-a')^4 y^4 + \left[3(a-a)^2(b-b')^2 + 8aa'(b-b')^2 + 8bb'(a-a')^2\right]x^2y^2$$
$$+ 4(a+a')(b-b')^2 x^3 - 4(a+a')\left[2aa'(b-b')^2 - bb'(a-a')^2\right]xy^2$$
$$+ 4(b+b')(a-a')^2 y^3 - 4(b+b')\left[2bb'(a-a')^2 - aa'(b-b')^2\right]x^2y$$
$$+ 4aa'\left[aa'(a-a')^2 - bb'(b-b')^2\right]y^2 + 4bb'\left[bb'(a-a')^2 - aa'(b-b')^2\right]x^2 = 0$$

or, c'est à cela que revient exactement l'équation de la p. 393 du t. XI des *Annales*, en la développant et l'ordonnant comme celle-ci. Ainsi, cette équation est décomposable en deux facteurs représentant chacun une section conique, conformément à ce qui avait été annoncé.

Supposons qu'il s'agisse de rechercher, parmi toutes les sections coniques qui, passant par les différents points A, A' touchent les droites données CX, CY, celles d'entre elles qui sont en même temps des hyperboles équilatères, ces hyperboles pouvant faire partie de l'une ou de l'autre série de sections coniques proposées. Supposons, pour plus de simplicité encore, qu'on se borne à celles dont les cordes de contact avec la droite donnée passent toutes par le point fixe P. D'après ce qui précède, ces hyperboles devront avoir leur centre quelque part, sur une section conique, passant par C, I, K, ayant la droite CI pour diamètre et CQ pour tangente à l'extrémité C de ce diamètre ; de telle sorte que la parallèle IL à CQ sera tangente à l'autre extrémité I de ce diamètre. Pour résoudre entièrement la question, il ne s'agit donc plus que de trouver une seconde ligne qui renferme également les centres des hyperboles équilatères ; car on aura tout ce qu'il faut pour les déterminer d'une manière complète (Théor. VI, p. 73).

Nous avons vu ci-dessus, que la droite CQ n'était autre chose que la polaire du point P, par rapport à toutes les sections coniques passant par A, A′ et touchant les deux droites données ; donc elle est aussi la polaire de ce point par rapport à chacune des hyperboles que l'on cherche ; mais, d'un autre côté, I est le point milieu de la corde AA′, commune à ces hyperboles ; donc

« Si, par chacun des points I, P, on mène une parallèle à la polaire ou
» à la corde qui passe par l'autre, le cercle qui contiendra ces deux
» points et celui où le coupent les parallèles, passera aussi par le centre
» des hyperboles cherchées (Théor. III, p. 69).

Il résulte évidemment de là que le cercle qui passe par I et P et touche la parallèle IL à la polaire CQ de P doit renfermer les centres des hyperboles équilatères cherchées ; de sorte que ces centres doivent se trouver à l'intersection de ce cercle et de la section conique déjà construite, ayant IL pour tangente commune avec lui au point I.

Le point I ne pouvant être évidemment le centre d'une hyperbole équilatère satisfaisant aux conditions du problème, il s'ensuit que, relativement à la série de sections coniques que l'on considère, et dont les cordes de contact passent par P, le problème ne peut avoir que deux solutions au plus, et par conséquent quatre solutions seulement, quand on le considère dans toute sa généralité. On peut d'ailleurs éviter entièrement le tracé de la section conique auxiliaire lieu des centres, en observant que tout consiste à rechercher les points d'intersection du cercle correspondant avec la sécante commune à ce cercle et à la section conique auxiliaire.

Dans un ouvrage que je ferai paraître incessamment, je donnerai le moyen de construire directement la sécante commune au système de deux sections coniques qui se touchent sur un plan, sans recourir au tracé des deux courbes. Il serait trop long de développer ici le principe de cette construction ; c'est pourquoi je me bornerai à indiquer la solution appliquée au cas particulier qui nous occupe. On sait d'ailleurs construire les deux points P, Q (Mémoire cité de Brianchon) : tout consiste, en effet, à faire passer un cercle quelconque par les points donnés A, A′ ; menant ensuite des points X, Y, deux paires de tangentes à ce cercle, et joignant deux à deux, par des droites, les points de contact qui n'appartiennent pas à une même paire de tangentes, ces quatre droites donneront évidemment, par leur croisement mutuel, les deux points P, Q dont il s'agit.

Cela posé, soit G le second point d'intersection de CI et du cercle qu. renferme les centres des hyperboles équilatères que l'on considère en particulier : en menant PG, cette droite ira rencontrer la droite CK en un premier point x de la sécante commune ; menant ensuite la tangente au point G du cercle, cette dernière droite ira rencontrer CQ en un second point y de la sécante commune, qui se trouvera ainsi complétement déterminée, et coupera, en général, notre cercle en deux points qui seront les centres des hyperboles demandées.

On voit, d'après cela, en quoi consiste l'inadvertance commise dans l'énoncé du Théor. X, p. 79 du IV article : on n'y a considéré qu'un seul cercle, au lieu de deux qu'il fallait envisager, et l'on a appliqué à ce cercle unique les propriétés qui lui appartenaient en commun avec l'autre. Voici donc le nouvel énoncé à substituer au premier :

Les centres de toutes les hyperboles équilatères, au nombre de quatre au plus, tangentes à deux droites et passant par deux points donnés, sont situés sur deux circonférences de cercle distinctes, aux intersections respectives de ces circonférences et de deux droites faciles à déterminer.

D'après ce qui vient d'être dit sur le lieu des centres des sections coniques assujetties à passer par deux points et à toucher deux droites données, on pourrait penser que le lieu des centres des sections coniques assujetties à passer par trois points et à toucher une droite donnée, qui se présente, comme le premier, sous la forme d'une courbe du quatrième degré, doit aussi être le système de deux sections coniques, et que, conséquemment, le premier membre de l'équation du quatrième degré qui exprime ce lieu doit être décomposable en deux facteurs du second degré. Mais si, considérant, comme ci-dessus, une des sécantes communes à toutes les sections coniques proposées qui renferment, deux à deux, les trois points donnés, on suit la figure en projection sur un nouveau plan, de manière que toutes ces sections coniques deviennent des cercles, les centres de ces sections coniques se trouvant toujours représentés sur le nouveau plan par les pôles d'une droite quelconque relatifs aux cercles dont il s'agit, on aura à considérer dans la projection :

« Quel est le lieu des pôles d'une droite donnée, par rapport à une
» suite de cercles touchant une autre droite quelconque, et passant en
» outre par un point fixe aussi donné de position. »

Or, tandis que, dans la première question posée ci-dessus, la suite des centres des cercles se trouvait sur deux droites distinctes, on voit qu'ici, au contraire, la suite de ces mêmes centres est sur une parabole ayant le point donné pour foyer et la droite tangente aux cercles pour directrice ; de sorte que tous ces cercles ne forment qu'une seule et unique série non décomposable en deux autres distinctes, une section conique quelconque pouvant être considérée comme représentant le système de deux lignes droites non séparables ; il est donc naturel de croire que, quand le centre du cercle variable considéré parcourt une parabole, le lieu des pôles de la droite donnée n'est plus simplement le système de deux sections coniques distinctes, mais une courbe essentiellement du quatrième degré.

Au reste, quand le point par lequel passent tous les cercles est sur la tangente commune donnée, c'est-à-dire quand le foyer de la parabole est sur la directrice, cette parabole se confond doublement avec son axe, et la question revient à se demander « le lieu des pôles d'une droite don- » née, sur le plan d'une suite de cercles ayant un point de contact com- » mun, ou, plus généralement, ayant une sécante commune ». Or, il est facile de prouver, soit géométriquement, soit d'une manière algébrique, qu'alors le lieu des pôles est une section conique, comme cela a été établi à la p. 395 du t. XI des *Annales*.

Il résulte aussi de cette dernière remarque que *le lieu des centres des sections coniques assujetties à passer par quatre points donnés sur un plan, est également une autre section conique passant d'ailleurs par les points de concours des deux diagonales et des directions des côtés oppo-sés du quadrilatère qui a pour ses sommets les quatre points dont il s'agit;* proposition qui a été simplement énoncée à la p. 219 du t. XI des *Annales*, et démontrée algébriquement à la p. 396 du même volume.

En réunissant ces considérations sur le lieu des centres des sections coniques variables suivant certaines lois, à celles qui concernent le cas particulier où les sections coniques touchent à la fois quatre droites don-nées, ou n'en touchent que trois seulement en passant d'ailleurs par un point donné, problèmes traités à la p. 109 du t. XII des *Annales*, on aura, comme l'on voit, une solution complète et purement géométrique du problème proposé à la p. 228 du t. XI. Il serait bien inutile d'exami-ner les moyens de construire les différents lieux des centres par la con-naissance des points particuliers par où ils passent, cette tâche se trou-vant déjà parfaitement remplie à la p. 379 de ce volume. D'autre part, on voit que ces différentes questions, relatives au lieu des centres des coni-ques variables, assujetties à quatre conditions données, conduisent im-médiatement, par les principes de projection mis en usage dans ce qui précède, à celles où, au lieu des centres, on substitue celui des pôles d'une droite donnée sur le plan des sections coniques ; de sorte que les solutions doivent être les mêmes de part et d'autre, quant au degré de ces lieux. Enfin, au moyen de la *Théorie des pôles et polaires récipro-ques*, p. 31, on est immédiatement conduit à la solution des questions analogues, sur les lieux qu'enveloppent les polaires d'un point donné, sur le plan d'une suite de sections coniques, assujetties aux mêmes conditions

de passer par des points donnés ou de toucher des droites données. Ainsi,
par exemple, il en résulte que :

*Les polaires d'un point donné sur le plan d'une suite de sections co-
niques qui passent par quatre autres points aussi donnés sur ce plan,
vont toutes concourir en un point unique distinct du premier, et qui jouit
avec lui de la même propriété réciproque.*

Pareillement encore :

*Les polaires d'un point donné sur le plan d'une suite de sections
coniques tangentes à quatre droites aussi données, enveloppent une dernière section conique touchant à la fois les trois diagonales du quadrilatère complet formé par ces quatre droites.*

Et ainsi du reste.

Il résulte encore des considérations qui précèdent, une solution très-
simple des deux problèmes de Géométrie proposés à la p. 372 du t. **XI**
des *Annales* et conçus en ces termes :

1° *Étant donnés, sur un plan, trois droites indéfinies et deux points,
correspondant respectivement à deux d'entre elles, sur quelle courbe doit
être situé un troisième point pour que ces trois points puissent être considérés respectivement comme les pôles des trois droites, par rapport à
une même section conique ?*

2° *Étant donnés, sur un plan, trois points et deux droites indéfinies,
correspondant respectivement à deux d'entre eux, à quelle courbe une
troisième droite doit-elle toujours être tangente pour que les trois droites
puissent être considérées respectivement comme les polaires des trois
points, par rapport à une même section conique ?*

Considérons, en effet, deux points donnés et les deux droites qui
doivent en être les polaires respectives par rapport à une même section
conique; en joignant ces deux points par une droite indéfinie, elle ira
rencontrer leurs polaires en deux nouveaux points tels, que la distance
comprise entre chacun d'eux et celui des deux premiers qui lui correspond devra être divisée à la fois harmoniquement par toutes les sections
coniques que l'on considère. Or, quand deux points inconnus P, Q
doivent diviser, à la fois, en segments proportionnels, deux distances
données XY, AA', rangées sur une même droite, ces deux points sont,
d'après ce qu'on a dit plus haut, entièrement déterminés de situation
à l'égard des quatre autres, et, de plus, ils sont toujours uniques; donc,
toutes les sections coniques proposées passent à la fois par les points
P et Q. D'un autre côté, ces deux points fixes étant respectivement les
pôles des deux droites données, la droite qui les renferme aura elle-
même pour pôle le point d'intersection des deux premières; c'est-à-dire
que les sections coniques proposées, en passant par les points P, Q déjà

trouvés, ci-dessus, auront en outre, en ces points, mêmes tangentes, allant concourir à l'intersection des deux droites données. Ainsi, les questions proposées reviennent aux suivantes :

1° *Quel est le lieu des pôles d'une droite donnée, par rapport à une suite de sections coniques touchant toutes aux mêmes points les deux côtés d'un angle également donné?*

2° *Quelle est l'enveloppe des polaires d'un point donné, par rapport à une suite de sections coniques touchant toutes aux mêmes points les deux côtés d'un angle également donné?*

Ces questions ont évidemment leur réponse dans ce qui précède, ou, plus généralement, dans la théorie des pôles; et il en résulte que, pour la première, le lieu demandé est une ligne droite qui passe par le sommet de l'angle donné et par le quatrième harmonique des deux points de contact et du point où la droite donnée rencontre celle qui renferme ces points de contact.

Pour la seconde question, l'enveloppe des polaires du point donné est elle-même évidemment un point placé sur la droite indéfinie qui renferme les deux points de contact des sections coniques, et dont la position sur cette droite est telle, qu'il divise la distance comprise entre ces points en deux segments proportionnels à ceux qu'y détermine la droite qui contient le sommet de l'angle donné et le point des polaires duquel on recherche l'enveloppe.

Note additionnelle au précédent article (mars 1864).

L'article précédent a été écrit à la hâte, au milieu des assujettissements d'un service militaire où je m'occupais beaucoup plus de projets de fortifications, de ponts-levis, ponts éclusés, etc., que de théories abstraites ou mathématiques. D'après mes intentions, manifestées dans une lettre d'envoi à M. Gergonne dont je supprime ici un long et inutile extrait, cet article, en quelque sorte confidentiel, n'aurait pas dû être imprimé dans l'état d'ébauche où il se trouvait; il était simplement destiné à mettre le Rédacteur des *Annales* en mesure de rectifier quelques erreurs commises, par moi et par lui, dans les Articles des p. 109 et 379 du t. XI du *Recueil*, relatifs aux *lieux du centre des sections coniques assujetties à quatre conditions distinctes;* car je le laissais maître de disposer de mes nouvelles remarques sur la solution de cet intéressant problème, de la manière la plus profitable aux intérêts de son Journal. Mais il trouva beaucoup plus simple de les insérer textuellement, en les faisant suivre d'un article de rectification de ses propres calculs, où se trouve vérifiée à posteriori, par des procédés désormais faciles, la possibilité de décomposer l'équation du 4e degré, obtenue sous la forme

$$[(ay - bx)^2 - (a'y - b'x)^2]^2 = 4[(bx + ay - ab) - (b'x + a'y - a'b')]$$
$$\times [(ay - bx)^2(b'x + a'y - a'b') - (a'y - b'x)^2(bx + ay - ab)],$$

à la p. 393 du t. XI des *Annales*, en deux facteurs du 2e degré, équation qui, selon les affirmations de cet endroit, ne pouvait être ni *à une simple section conique ni au système de deux sections coniques*. Évidemment j'avais blessé, sans le vouloir, la susceptibilité jalouse de M. Gergonne; mais il se gardait bien de le laisser voir dans ses lettres tout amicales et qui, au rebours des miennes dont je n'ai aucune copie, mériteraient d'être imprimées en entier pour leur remarquable correction, les réflexions philosophiques, les questions ou les encouragements divers qu'elles contenaient : je me contenterai ici de transcrire textuellement quelques passages de ces lettres.

Lettre datée de Montpellier, le 27 février 1821. — « J'ai commencé, Mon-
» sieur, à m'occuper de votre problème sur le *lieu des centres des sections co-*
» *niques assujetties à quatre conditions*.... Voici déjà à quoi je suis parvenu :
» THÉORÈME. *Le lieu des centres de toutes les sections coniques circonscrites*
» *à un même quadrilatère est une autre section conique.*
» *Elle a son centre au milieu commun des droites qui joignent les milieux soit*
» *des deux diagonales, soit de deux côtés opposés du quadrilatère, etc., etc.* »

Lettre du 10 *décembre* 1821. — En m'accusant réception de l'Art. V ci-dessus,
» extrait des *Annales*, M. Gergonne ajoute : « Vous avez très-judicieusement
» relevé une étourderie que j'avais commise et dont je ne saurais m'excuser
» que sur la célérité que le peu de temps dont je puis disposer m'oblige à
» mettre dans tout ce que j'entreprends. Ne trouvez-vous pas, au reste, assez
» singulier que, tandis que tous les cas de votre problème donnent des lignes
» du premier, ou tout au plus du second ordre, un seul d'entre eux vienne
» faire exception et donne une courbe du quatrième degré? Cela est presque
» impertinent. »

Lettre du 11 *décembre* 1821. — « Je suis affligé des contrariétés que vous
» éprouvez pour l'impression de votre ouvrage...; les détails que vous me don-
» nez dans votre lettre ne peuvent qu'exciter ma curiosité et mon désir. Vous
» avez pu juger, Monsieur, par divers endroits de mon Recueil, que je suis
» comme vous, tout à fait dévoué à l'*ancienne doctrine des quantités négatives*
» et à toutes les conséquences qu'on en peut déduire relativement à la *théorie*
» *des imaginaires*, et je conçois très-bien que vous puissiez fonder sur cette
» base une doctrine de la continuité en géométrie. Lors donc que j'ai mani-
» festé quelques scrupules sur l'usage de cette loi dans les recherches géomé-
» triques, c'était seulement dans l'hypothèse où l'on aurait voulu l'introduire
» d'emblée dans la science, sans lui préparer à l'avance des fondements bien
» assurés. »

Lettre du 14 *avril* 1826. — A propos d'un prétendu théorème de feu le professeur Olivier, sur l'icosaèdre inscrit à une surface du second degré, M. Gergonne, après en avoir énoncé tout au long la réciproque polaire, ajoute
courtoisement : « Et cela en vertu de mon *principe de dualité, qui est aussi le*
» *vôtre, Monsieur,* et que pourtant beaucoup ont regardé comme une sorte de
» jeu d'esprit sans voir que c'est un principe qui va au cœur même de la
» Géométrie et qui tient essentiellement à la nature métaphysique de l'étendue.
» Mais la plupart des gens croient que la Géométrie consiste uniquement à
» entasser théorème sur théorème sans liaison et sans ordre, et n'ont jamais
» songé à regarder les choses d'un peu haut et un peu en grand. »

Lettre du 1er *novembre* 1826. — « J'ai vu dernièrement ici (Montpellier)
» M. Arago qui m'a parlé, Monsieur, d'un Mémoire que vous avez adressé *ré-*
» *cemment* à l'Académie, de manière à piquer vivement ma curiosité, sans
» cependant la satisfaire complétement. Seriez-vous assez bon, au retour de
» M. le Dr Lallemand, de le charger de quelques développements un peu plus
» instructifs pour moi. M. Arago m'a ajouté, au surplus, qu'aujourd'hui ces
» sortes de spéculations étaient *presque passées de mode à l'Académie,* et
» qu'en conséquence il était bien aise pour vous que vous ayez tourné vos
» méditations vers les machines. Serait-ce par hasard que ces messieurs se sont
» vus un peu débordés? et qu'ils n'estimeraient que les choses dans lesquelles
» ils ont une incontestable supériorité? Quant à moi, je pense qu'il y a beau-
» coup encore à faire dans la Géométrie pure, ou plutôt que nous commen-
» çons seulement à y voir un peu clair, grâce aux larges méthodes de Monge
» et des géomètres de son école. Si l'on veut que la science fasse de rapides
» progrès, il faut qu'elle devienne populaire; et elle ne deviendra telle qu'au-
» tant qu'on sera parvenu à la réduire à un très-petit nombre de théorèmes
» généraux, d'une démonstration facile, desquels découlent comme autant de
» germes féconds, toutes les vérités antérieurement connues. »

On conçoit, d'après cette dernière missive, que je m'empressai d'adresser à
M. Gergonne une analyse de mon Mémoire sur la théorie des *polaires réci-*
proques, lu à l'Institut, non en 1826, comme il le donnait à entendre, mais en
juin 1824. Je n'essayerai pas de dépeindre mon désappointement quand je vis
paraître trois mois après (avril 1827), dans les *Annales de Mathématiques,* l'Article antidaté et à doubles colonnes de M. Gergonne, intitulé : *Philosophie, etc.,*
où mon nom ni aucun de mes écrits antérieurs (1817 à 1822) n'étaient mentionnés,
mais où, en revanche, ceux de MM. *Sorlin* et *Dandelin* se trouvaient scrupu-
leusement cités tout en employant les mots *relations métriques,* empruntés à
mes propres écrits et opposés à ceux de *relations de situation* qu'on substituait
à l'expression de *propriétés descriptives,* dont préférablement je m'étais servi
auparavant. Or, fort heureusement pour moi, on rencontrait, dans ce même
Article sur la *dualité,* des erreurs ou non-sens déjà en partie relevés à la p. 485
de ce volume des *Applications.*

Cependant, malgré la cruelle maladie que le chagrin d'un déni de justice aussi
déloyal m'avait occasionnée, je ne perdis pas entièrement courage, et, dès
1827, je m'empressai d'adresser de très-vives protestations, soit au rédacteur
même des *Annales,* soit au *Bulletin des Sciences mathématiques* qui avait précisément pour rédacteur de la partie géométrique l'inévitable M. Gergonne. Mais
ce prétendu philosophe et le Bon de Férussac ne tinrent compte de ces protestations que tardivement (1827 et 1828) et pour ainsi dire contraints, forcés
par les instances réitérées de mon excellent et honorable ami, le savant et modeste colonel du génie Augoyat; ce qui donna lieu à une polémique dont
il serait hors de propos d'analyser ici les diverses et scandaleuses péripéties
(*Annales,* t. XVIII; *Bulletin des Sciences mathématiques,* t. IX et X).

SEPTIÈME ET DERNIER CAHIER.

CORRESPONDANCE ET POLÉMIQUE RELATIVES AUX PRINCIPES FONDAMENTAUX DU TRAITÉ DES PROPRIÉTÉS PROJECTIVES DES FIGURES; SOUVENIRS ET FRAGMENTS DIVERS (*).

> Barbarus hic ego sum quia non intelligor illis.
> (Ovid., *Tristium*, lib V, elegia X)

I.

ÉCHANGE DE LETTRES ENTRE L'AUTEUR ET MM. TERQUEM, SERVOIS ET BRIANCHON, SUR LES PRINCIPES DE LA PROJECTION CENTRALE, LE PRINCIPE DE CONTINUITÉ, ETC.

1. — *Poncelet, capitaine du génie à Metz, à M. O. Terquem, ancien professeur de mathématiques et bibliothécaire au Musée d'artillerie à Paris*. (Metz, le 23 novembre 1818.)

« Monsieur, il y a fort longtemps que je me suis proposé d'avoir l'honneur de vous écrire; la bonté avec laquelle vous avez bien voulu accueillir mes recherches géométriques et m'encourager à les poursuivre,

---

(1) Je réunis dans ce dernier Cahier, sinon le texte, du moins un extrait abrégé ou analytique des feuilles manuscrites qui n'ont pu entrer dans le cadre resserré des divers chapitres de ce deuxième volume, à cause de leur étendue, de leurs dates ou des disparates qu'elles y auraient amenés, et dont néanmoins la plupart ont été rapidement mentionnées dans les notes courantes qui l'accompagnent, ainsi que dans le précédent volume. J'ai tenu toutefois, et pour cause comme on le verra, à publier *in extenso* le texte de quelques Articles de correspondance avec des savants bien connus, ainsi que le Rapport fait à l'Académie des Sciences sur le Mémoire inséré dans le Ve Cahier, tout en regrettant que l'espace et le temps m'aient manqué pour publier de même textuellement une partie de mes anciennes et préalables études sur les Porismes d'Euclide, l'ouvrage de Pappus ainsi qu'un grand nombre d'autres anciens ouvrages, très-peu ou mal connus à l'époque de 1822, et dont les citations multipliées, mais trop écourtées je le constate, qui accompagnent, au point de vue historique d'une consciencieuse équité, le texte du *Traité des Propriétés projectives*, ont néanmoins suffi pour mettre sur la voie d'autres géomètres plus habiles ou moins empêchés que moi.

l'offre obligeante même que vous avez daigné me faire d'entrer à ce sujet
en correspondance avec moi et de m'aider de vos lumières et de vos
conseils, m'ont fait espérer que vous accueilleriez avec une égale indulgence les communications nouvelles que je pourrais avoir à vous adresser
à diverses occasions. C'est dans cette persuasion que je prends la liberté
de vous transmettre directement une exposition, ou plutôt un *sommaire
abrégé*, de la partie de mon travail qui concerne la métaphysique de la
Géométrie; travail entrepris, en quelque sorte, d'après vos conseils et sous
vos auspices, puisque, en daignant entrer dans les idées que j'eus l'honneur de vous communiquer lors de votre voyage à Metz (1817), vous
voulûtes bien y attacher assez d'importance pour m'engager à les approfondir et à les faire paraître.

» Les recherches dont il s'agit devaient précéder la publication de mes
recherches sur les *sections coniques*, etc.; mais, ainsi que j'ai déjà eu
l'honneur de le mander à M. Servois, après avoir beaucoup écrit sur ce
sujet, j'avais fini par l'abandonner entièrement, en en retenant toutefois
ce qui était indispensable pour l'intelligence de la partie des applications.

» Comme j'ai déjà donné à notre savant conservateur du Musée d'artillerie quelques détails sur cette nouvelle rédaction de mon travail, je
crois inutile de m'y arrêter de nouveau ; en conséquence, je ne vous en-
tretiendrai que de l'objet de mes premières recherches, sur lesquelles je
pourrai bien revenir un jour, si l'on juge qu'elles en valent la peine, et
qu'elles puissent intéresser les progrès de la Géométrie.

» Tout le monde convient, en général, de la supériorité de l'Analyse
algébrique sur la Géométrie, nommée si improprement *synthèse;* mais
personne, si je ne me trompe, n'a recherché en quoi, précisément, consiste cette supériorité. A la vérité, de grands géomètres ont dit que la
puissance de l'Analyse tient à la faculté qu'elle a de faire usage des *êtres
de raison*, de réduire le raisonnement à un pur mécanisme qui soulage la
mémoire et l'attention; mais ces explications générales, quoique très-
exactes, sont loin de satisfaire, d'une manière complète, l'esprit et le
jugement. On veut savoir quelle est véritablement cette puissance, à quel
principe elle doit son origine et sa certitude; car, si elle tient à la faculté
qu'a l'Analyse algébrique de se servir des *êtres de raison* (CARNOT), on
peut demander encore d'où lui vient cette faculté, et si on ne la lui
accorde pas d'une manière gratuite. Enfin, on se demande pourquoi la
Géométrie ordinaire est si restreinte dans ses conceptions, et s'il ne serait
pas possible, jusqu'à un certain point, de la faire jouir des mêmes avantages que l'Analyse algébrique. Tel était l'objet des recherches et des réflexions que j'avais essayé de mettre par écrit l'année dernière, mais dont
je ne me propose d'offrir ici qu'une esquisse très-sommaire, et par suite
très-imparfaite.

» Depuis longtemps j'avais cru entrevoir que la puissance de l'Analyse

34.

tenait à l'admission tacite et presque involontaire d'un principe très-étendu, dont on récusait l'emploi général en Géométrie synthétique, principe qui est précisément celui de la *continuité des lois mathématiques de la grandeur figurée*, dont j'ai déjà eu l'honneur de vous entretenir. Il s'agissait d'établir la chose d'une manière irrécusable, à cause de son importance, et voici comment j'ai cru pouvoir y parvenir.

» Je commence par examiner la marche de la Géométrie ordinaire dans la solution des problèmes ou dans la démonstration des théorèmes, et j'en conclus cette différence essentielle entre la Géométrie et l'Analyse, que les conceptions de l'une se bornent à l'état particulier du système ou de la figure que l'on envisage, tandis que celles de l'autre s'étendent, comme on sait, immédiatement à tous les états possibles de ce système. Je prouve par cet examen et par des exemples, que la Géométrie ordinaire ne possède en elle-même aucun moyen de généraliser ; qu'elle doit nécessairement en emprunter le principe à toute autre doctrine ; que déjà, à la vérité, elle paraît douée, çà et là, d'une certaine extension dans les écrits modernes, mais que cette extension lui vient précisément de l'habitude assez généralement acquise depuis Monge, d'y appliquer le calcul algébrique, habitude qui a fait admettre comme un axiome incontestable dans certains cas, les conséquences générales qui découlent de ces principes. Cela est si vrai, que les Cavalieri, les Roberval, les Descartes, les Desargues, les Pascal, etc., qui firent usage les premiers, en Géométrie pure, de la notion métaphysique de l'infini, furent précédés de longtemps par la découverte du calcul algébrique.

» Cette discussion me porte naturellement à faire voir que la doctrine de la *corrélation des figures,* doctrine qui étend si considérablement le domaine de la Géométrie synthétique, n'est elle-même fondée que sur l'admission tacite du principe d'extension qu'on vient de définir et d'examiner. Je termine ce sujet en faisant observer que le principe de continuité n'a pas été reçu en Géométrie dans toute la généralité qui lui est propre, mais seulement dans certaines circonstances favorables où il ne pouvait contrarier les idées ordinairement admises, puisque, sans cela, on se serait nécessairement jeté dans les considérations métaphysiques des imaginaires, qui ont toujours été repoussées jusqu'ici du sanctuaire étroit de la Géométrie : sur quoi j'observe que, si l'on veut être rigoureux et logique comme le furent les Anciens, il faut entièrement bannir de la Géométrie le principe, l'axiome dont il s'agit, ou l'admettre dans toute sa généralité, sans s'inquiéter des conséquences singulières et paradoxales qui peuvent en résulter dans les applications, de même qu'on l'a fait en Analyse algébrique, où ces difficultés subsistent et n'ont pourtant point arrêté sa marche ni ses progrès. Pourquoi, en effet, en cette occasion comme dans tant d'autres, n'userait-on pas de ce principe de d'Alembert devenu presque vulgaire à force d'être répété : *Allez en avant et la foi vous viendra.*

» Passant ensuite à l'examen de la marche même suivie par l'Analyse algébrique dans la résolution des questions, je fais voir que, quoique le principe de continuité s'y présente d'une manière naturelle et presque à l'insu du calculateur, il n'en est pas moins entièrement gratuit, comme en Géométrie synthétique, puisqu'il revient en définitive à admettre que les opérations élémentaires de l'Algèbre s'étendent immédiatement à tous les états, même imaginaires, des lettres que ces opérations concernent. Or on sait combien cette extension volontaire est jusqu'ici peu démontrée, et qu'elle n'a de certitude que celle que lui a imprimée l'expérience de deux siècles de découvertes et de travaux mathématiques.

On aurait tort de croire que cette puissance extensive de l'Algèbre lui appartienne d'une manière exclusive, et qu'elle ne puisse dériver d'aucune autre forme de raisonnement ; car, pour y parvenir par le discours ordinaire, il suffit de donner aux quantités que l'on considère des dénominations vagues et abstraites, qui fassent perdre de vue l'ordre particulier de leur grandeur ; c'est-à-dire qu'à la place du raisonnement *explicite* ordinaire, qu'on appelle souvent *synthèse*, il suffit d'admettre le raisonnement *implicite* sur des grandeurs indéterminées. Il est visible, en effet, que les résultats ne conservant plus aucune trace de la grandeur absolue et particulière des quantités, on sera entraîné à en étendre la signification à tous les états ou valeurs possibles de ces quantités ; et c'est ce qui arrive nécessairement, même en Géométrie rationnelle, à l'égard des lignes inconnues d'un problème. Aussi les anciens ne se fiaient-ils pas plus à leur *Analyse géométrique* que les algébristes des premiers siècles ne se fiaient eux-mêmes aux résultats du calcul algébrique, les uns et les autres se croyant obligés de refaire la démonstration de ces résultats dans un ordre inverse et purement synthétique.

» L'axiome jusqu'ici examiné n'est au fond, quand on le considère sous un certain point de vue, que le *principe* de permanence ou *continuité indéfinie des lois mathématiques des grandeurs variables par succession insensible*, continuité qui pour certains états d'un même système ne subsiste souvent que d'une manière purement abstraite et idéale. Cette loi de continuité, sur laquelle repose implicitement l'Algèbre pure, est de nouveau invoquée, ouvertement ou non, dans les principes des diverses théories particulières qui la composent, telles entre autres que la théorie des équations et celle du calcul infinitésimal, etc., et c'est ce qui laisse encore de nos jours quelques scrupules dans l'esprit de certains géomètres. On la suppose de même dans les applications de l'Algèbre à la Géométrie, à la Mécanique, etc.; car lorsqu'elle a lieu dans les relations particulières à ces sciences, cela ne peut résulter que des conventions ou de la nature propre des choses, et non du fait même des opérations et de l'algorithme de l'Algèbre pure, dont les lois symboliques ou numériques sont abstraites et indépendantes de la forme et des affections réelles de la grandeur.

» Le principe de la continuité, considéré sous le rapport de la Géométrie, consiste, comme on a pu le voir par ce qui précède, en ce que, *si l'on conçoit qu'une figure donnée vienne à changer de situation par un mouvement progressif et continu des parties dont elle se compose, sans cependant violer la liaison et la dépendance primitivement établies entre elles, les relations ou propriétés métriques qui concernaient la figure dans la situation première demeurent applicables, dans leur forme générale, à toutes les figures dérivées, sans autre changement que celui des dénominations simples* plus *et* moins *qui peuvent s'intervertir entre elles dans ces relations. Quant aux relations purement graphiques ou descriptives qui concernent la figure primitive, elles demeurent applicables à toutes les figures dérivées sans autres modifications que celles survenues dans la situation respective des lignes.*

» Je m'arrête quelque temps à examiner le sens dans lequel on doit entendre ce principe et les notions métaphysiques qui découlent de son admission en Géométrie, notions généralement reçues dans l'Analyse des coordonnées. Je donne ainsi successivement la définition des expressions figurées qui s'y emploient et la signification attribuée aux expressions *négatives* et *imaginaires* offerte par le calcul.

» C'est en partant de l'observation facile qu'en Géométrie les êtres de raison ne peuvent provenir que de la volonté qu'on a d'étendre la loi de continuité aux cas mêmes où la conjonction des lignes est impossible physiquement, que je parviens à établir les caractères propres et distinctifs qui leur appartiennent respectivement. Je déduis du même examen diverses notions métaphysiques qui me paraissent importantes et nouvelles ; telle est entre autres la suivante : *Tous les points à l'infini de l'espace doivent être regardés, sous le point de vue de la continuité, comme distribués sur un plan à l'infini, indéterminé de situation.*

» Après avoir ainsi examiné, en lui-même et dans ses conséquences, le principe de continuité en Géométrie, je reviens aux réflexions générales sur l'application de l'Algèbre à cette science particulière.

» Je fais voir combien il est essentiel de séparer l'Algèbre pure de ce qui concerne ses applications à des théories ou à des recherches particulières. Je démontre, en effet, que, quand bien même la loi de continuité serait admise et constatée d'une manière rigoureuse pour les relations abstraites de l'Algèbre, il ne s'ensuivrait nullement qu'on puisse directement en appliquer les conséquences aux conceptions propres à la Géométrie. Car l'application de l'Algèbre elle-même aux relations qui concernent les figures suppose déjà que ces relations, quelles qu'elles soient, demeurent invariables de forme, et soient assujetties à la loi algébrique des signes pour toutes les situations que peuvent prendre les figures correspondantes. S'il en était autrement, en effet, comment pourrait-on affirmer que les résultats qui en dérivent algébriquement demeurent eux-mêmes applicables dans leur forme explicite à toutes les situations de ces figures.

Cela paraîtra surtout évident à l'égard du changement des signes de position. Or, comment pourra-t-on avoir égard à la variation de ces signes dans les résultats, si l'on n'en a étudié à l'avance la loi pour la figure et les relations primitives d'où les figures dérivées proviennent? Ainsi la loi des signes et la loi de continuité, dans les résultats obtenus algébriquement pour ces diverses figures, ne peuvent découler virtuellement et d'une manière absolue, que des lois inhérentes aux formes ou objets figurés de la Géométrie; c'est donc par l'observation directe et attentive de ce qui se passe dans les relations premières, celles d'où toutes les autres dérivent, qu'il faudra les établir d'abord d'une manière certaine et rigoureuse.

» On doit sentir ici quelle est la cause du vague qui règne dans presque toutes les théories qu'on a données sur les signes considérés dans l'application de l'Algèbre à la Géométrie : on a voulu démontrer ces théories à priori, et sans remonter aux propriétés ou faits primitifs auxquels elle doit sa naissance et son infaillibilité. Aussi les auteurs de ces théories ont-ils été obligés d'admettre tacitement ce qu'il s'agissait précisément de démontrer. C'est ainsi que M. Gaudin, dans son *Essai sur la théorie des signes* (*), entre en matière en posant ce principe : *Ce qui existe dans le calcul doit aussi exister en Géométrie, par la seule raison que le calcul est applicable à tous les objets que cette science considère.* Indépendamment du vague et de l'obscurité qui règnent dans cet énoncé, il est très-certain que le principe est entièrement gratuit et non démontré. Cela seul suffit, ce me semble, pour faire voir que la théorie de M. Gaudin pèche par la base, et ne saurait expliquer clairement les faits qu'elle entreprend d'examiner.

» M. Carnot aurait jeté un grand jour sur ces matières, si, en s'appuyant, non tacitement, mais explicitement, sur le principe de la continuité, pour en déduire la règle véritable des signes de corrélation, il eût toujours eu soin, dans les applications particulières, de séparer ce qui tient aux notions fondamentales et géométriques de ce qui est dû proprement à l'Analyse algébrique. Il ne nous appartiendrait guère de revenir sur ce qu'a dit ce célèbre géomètre, si la théorie qu'il expose avait paru satisfaire tous les esprits, et si les conséquences qu'elle entraîne et les objections qu'elle fait naître ne tendaient à détruire, jusqu'à un certain point, la confiance que l'on doit avoir dans la certitude et dans la généralité de l'Analyse algébrique. D'ailleurs, l'objet des recherches qui nous occupent est d'introduire en Géométrie, dans toutes ses conséquences, le principe de continuité dont l'admission exige absolument qu'on ait égard à la variation des signes; et, quoiqu'on puisse admettre, à priori, la règle indiquée par M. Carnot. relativement aux quantités *directes* et *inverses*, règle en

---

elle-même très-exacte, il importe toutefois de la présenter sous un jour plus simple, plus conforme à la manière ordinaire de voir, et qui puisse faire éviter toutes les difficultés dont elle est hérissée dans les applications particulières.

» Le but que je me propose dans ce qui va suivre est donc d'examiner, sous ce point de vue spécial, et le principe de continuité et la loi des changements de signe, puis d'en tirer des conséquences exactes pour l'application de l'Algèbre à la Géométrie en général.

» J'admets en principe, avec M. Carnot, que *toute propriété ou équation déduite algébriquement d'une ou de plusieurs relations données, demeure invariable de forme, et par conséquent applicable à tous les états des quantités qui y entrent, quand les premières, celles d'où elles proviennent, jouissent elles-mêmes de ce caractère* dans lequel réside véritablement le principe de continuité admis en Algèbre pure. Quoique ce principe n'ait point jusqu'ici été rigoureusement démontré, je l'adopte toutefois sans discussion parce qu'il est parfaitement clair, exact en lui-même et reçu au moins implicitement par la généralité des géomètres, si on le considère indépendamment de ses applications.

» J'examine, pour les figures élémentaires et fondamentales de la Géométrie, l'influence de la position sur les signes des quantités qui entrent dans les relations correspondantes ; j'en déduis cette règle si connue : que, *dans les divers changements de situation que peuvent éprouver ces figures, ou les parties qui les composent, il y a permanence de signes en même temps que permanence de situation et de sens à l'égard de l'origine d'où se mesure chaque grandeur respective, et qu'il y a au contraire variation de signe avec variation de sens à l'égard de cette même origine.* Au moyen du principe cité, j'étends d'abord cette règle des signes aux relations métriques qui peuvent se déduire algébriquement des premières ; puis, par un raisonnement fort simple et souvent employé, je l'étends de nouveau à toutes les relations géométriques possibles des figures, en observant que les plus compliquées d'entre elles se décomposent toujours en quelques-unes des figures élémentaires d'abord examinées, en même temps que les relations qui leur appartiennent dérivent de la combinaison algébrique de celles de ces dernières.

» La règle des signes ainsi posée en général, j'examine comment on peut l'appliquer aux systèmes corrélatifs, dans lesquels certaines grandeurs figurées cessent de subsister d'une manière physique ou graphique. Je fais voir que cela consiste à regarder les lettres ou expressions qui les représentent comme inconnues à la fois de grandeur et de signe pour tout l'intervalle où elles restent imaginaires, en ayant égard cependant à la règle des signes pour les autres quantités du système qui sont demeurées réelles. Les relations correspondantes à ces états du système sont purement idéales dans les propriétés géométriques qu'elles expriment, mais elles n'en sont pas moins exactes et rigoureuses, en ce sens qu'elles ma-

nifestent l'état véritable du système par leur incompatibilité et par la
nature des expressions qu'elles donnent pour les valeurs des quantités
regardées comme inconnues. Je termine ce sujet en examinant et expli-
quant les difficultés faites contre la règle ordinaire des signes; telle est
entre autres celle que présente la sécante d'un arc plus grand que
200°, qui se confond exactement avec la sécante correspondante d'un
arc moindre que 100°, et qui pourtant est, comme on le sait, affectée d'un
signe contraire à celui que porte cette dernière.

» Cette objection, d'abord mise en avant par M. Carnot dans la *Géométrie de position*, puis reproduite à la fin de son Mémoire sur la *Théorie
des transversales*, comme un exemple propre à détruire l'opinion ordinairement reçue en Géométrie sur la nature des quantités négatives, a de
nouveau été examinée par M. Gaudin (art. 35 et 49) de l'ouvrage déjà
cité; l'auteur cherche à détruire cette objection en affirmant qu'on
s'exprime d'une manière abrégée lorsqu'on dit que *la sécante d'un arc
plus grand que 200° est négative;* mais l'explication de M. Carnot, fondée
sur la théorie des quantités directes et inverses et celle même de
M. Gaudin ne sont nullement satisfaisantes et ne détruisent aucunement
l'objection; nous faisons voir, en effet, que la difficulté tient simplement
à ce que, dans le mouvement de rotation d'une droite qui porte certaines
distances variables et constantes, on confond aisément entre eux les deux
sens opposés (*dexter* et *sinister*) que ces distances peuvent prendre à
l'égard de leur origine commune.

» Après avoir ainsi examiné la véritable règle des signes, ou plutôt le
sens véritable que l'on doit attacher à la règle ordinairement reçue en
Géométrie analytique, je passe à l'application de l'Algèbre à la résolution
des problèmes qu'on peut se proposer sur les figures. Je démontre rigoureusement, par des raisonnements et par des exemples, que, quand le
problème a été bien mis en équation, c'est-à-dire quand le système des
équations primitives n'exprime ni plus ni moins que l'énoncé verbal lui-
même, et en est par conséquent la traduction exacte et fidèle, que les
racines algébriques obtenues satisfont toutes à la fois aux conditions du
problème; les racines positives indiquant des grandeurs qui ont précisément le sens qu'on leur avait attribué primitivement, les racines négatives
représentant forcément toujours des solutions qui ont un sens opposé ou
inverse (pourvu qu'on donne au mot *sens* l'acception qui lui est propre
d'après la loi posée pour les signes), enfin les racines imaginaires indiquant des solutions impossibles pour le cas actuel et qui peuvent devenir réelles en changeant, non le sens, la nature du problème énoncé,
comme le veut M. Carnot, mais la grandeur absolue de quelques-unes de
ses données. Je fais voir que toutes les difficultés particulières que l'on
peut rencontrer viennent toujours de ce que le problème a été mal mis
en équation, ou de ce que l'on a confondu le système cherché avec un
autre système qui en diffère soit géométriquement, soit analytiquement.

Toutes les racines trouvées satisfaisant en effet algébriquement aux équations de départ, et ne satisfaisant qu'à ces seules équations, elles indiquent des solutions rigoureuses du système propre à ces équations, et il ne saurait s'en trouver parmi elles aucune qui soit ou absurde ou insignifiante, et provenant purement des transformations algébriques, comme le prétend encore notre illustre géomètre.

» Je donne ici plutôt les conséquences que l'analyse de la dernière partie de mon travail, parce que dans une matière aussi épineuse et où les difficultés tiennent à des notions vicieuses généralement reçues, et souvent aussi à des amphibologies de mots et d'expressions, on ne saurait se faire comprendre, d'une manière parfaite, que par des raisonnements souvent répétés et appuyés de la discussion exacte d'un grand nombre d'exemples difficiles.

» Au reste, Monsieur, l'objet véritable de cette lettre, ainsi que j'ai eu déjà l'honneur de vous l'annoncer lors de votre visite à Metz, était moins de vous offrir une analyse raisonnée de mon travail qu'une esquisse rapide, propre à vous faire connaître seulement le but exact que je m'étais proposé d'atteindre dans mes recherches, afin que vous puissiez juger à l'avance, non du mérite, mais du degré d'intérêt qu'elles pourraient offrir aux géomètres qui aiment comme vous à s'occuper de la partie métaphysique des sciences.

» C'est sous ce rapport seulement que j'ose recommander cette longue lettre à votre attention et à votre indulgence, ainsi qu'à celles de nos respectables amis MM. Servois et Brianchon. Si vous daignez me transmettre, d'une façon ou d'une autre, votre avis et le leur sur la nature de l'accueil qu'on pourrait faire aux idées principales qu'elle renferme, vous fixerez l'incertitude et le doute qui m'empêchent jusqu'à ce jour de rien faire paraître; car, il faut bien que je le dise, voulant baser toutes mes recherches sur l'admission du principe de continuité en Géométrie et de toutes les conséquences métaphysiques qu'il entraîne, j'appréhende, en leur donnant le jour, de contrarier les idées ordinairement reçues, et de ne point obtenir l'assentiment des hommes éclairés que je veux précisément prendre pour juges. L'exemple de Wronski m'effraye et m'intimide à plus d'un titre, sans cependant me faire croire que mon travail ait rien de commun avec les rêveries de la philosophie d'*outre-Rhin* (*). Il y a, il est

---

(1) M. Servois, mon ancien maître et honorable ami, dont plusieurs fois déjà j'ai eu l'occasion de citer les écrits géométriques dans ces *Applications*, et dont le nom se trouve souvent rappelé dans le *Traité des Propriétés projectives des figures*, est l'auteur de divers Mémoires (1800 à 1810) sur les principes du calcul des variations, du calcul différentiel, des fonctions *distributives et commutatives*, etc., approuvés par l'Institut en 1812, dont les idées et les théories sont en partie reproduites dans des écrits imprimés à Nîmes en 1814 et les *Annales de Mathématiques*. Dans ces divers articles, pleins d'une érudition

vrai, beaucoup d'autres difficultés qui m'arrêtent encore dans la rédaction de mon travail, ce sont le défaut de santé, le manque de temps et mon incapacité naturelle pour écrire; mais elles ne sont qu'accessoires à la première, et avec de la persévérance on en vient tant bien que mal à bout. Lors de votre voyage à Metz, en 1817, vous me donnâtes l'idée, Monsieur, de présenter mes recherches à l'Institut; Brianchon m'a réitéré depuis le même conseil. Je désirerais savoir si la lecture de cette lettre vous aura laissés l'un et l'autre dans les mêmes sentiments; je souhaiterais beaucoup aussi que M. Servois daignât joindre son avis particulier aux vôtres, je lui en garderais une profonde reconnaissance. »

2. — *M. O. Terquem à M. Poncelet.* (Paris, 21 janvier 1819.)

« Mon cher compatriote, l'instructive et profonde dissertation que vous m'avez adressée sous le titre modeste d'une amicale épître, a été long-temps l'objet de *nos* méditations. MM. Servois et Brianchon l'ont lue, re-lue, débattue, discutée, controversée et approuvée, et ont ainsi appliqué le sceau de leur autorité aux résultats de mes propres réflexions; je re-grette de n'avoir pas votre lettre sous la main; mon intention est de répondre catégoriquement à tous les articles qui méritent d'être pris *in-dividuellement* en considération. En me conformant à vos intentions, j'ai remis la lettre à l'ami Brianchon, et depuis un mois mes réclamations voyagent journellement de Paris à Vincennes, où demeure le savant pro-fesseur de la Garde. Il paraît qu'il se dispose aussi à faire une réplique adaptée à la circonstance; mais, en attendant, il me prive du plaisir de pouvoir motiver mon adhésion à vos idées, qui paraissent devoir trans-porter les généralités algébriques dans les domaines jusqu'ici assez res-treints de la Géométrie. Il est de l'essence de l'Arithmétique universelle, autrement dit de l'Algèbre, de traiter tous les éléments soumis à l'opération, comme des nombres abstraits et comme tels de faire subir à ces éléments

---

savante, mais où, conformément à l'esprit de l'Algèbre et de la théorie des nombres discrets, on néglige entièrement la notion de continuité, et confond trop souvent les méthodes de démonstration ou d'exposition avec les méthodes d'invention, M. Servois s'est livré à une critique spirituelle et railleuse, sinon toujours juste et éclairée, contre la témérité de l'auteur de la *Technie algorith-mique,* ce disciple de Kant, qui, tout en osant entreprendre la *Réfutation de la théorie des fonctions analytiques* de Lagrange, annonçait fastueusement avoir résolu les équations de tous les degrés, et trouvé dans l'infini la solution des plus grands problèmes, des plus grandes difficultés de l'Analyse algébrique. M. Servois était donc, mieux que personne, en état de décider si mes idées géométriques avaient une analogie, même lointaine, avec celles du philosophe et de la philosophie *d'outre-Rhin.*   (*Note de* 1863.)

les deux seules modifications premières que des nombres puissent éprouver : l'augmentation et la diminution. La seule abstraction que l'Algèbre se permet ne porte que sur la nature des unités ; aussi ses éléments sont essentiellement abstraits, discontinus et finis : abstraits dans leur essence, discontinus dans leur coexistence, et finis dans leurs limites. Mais c'est dans la science de l'étendue que la faculté d'*abstraire* développe toute sa puissance, qui va jusqu'à anéantir successivement les trois dimensions primordiales des corps : elle fait abstraction de la substance (*sub stare*) et s'occupe essentiellement de l'enveloppe, pour ainsi dire de la *surstance*, ou, en se servant de l'expression usitée, de la surface des corps. Par une seconde et une troisième abstraction, on arrive aux idées des lignes et des points. Les surfaces, les lignes sont ou limitées ou illimitées ; dans ce dernier cas, elles appartiennent, il me semble, à la Géométrie exclusivement ; mais dans le premier cas elles sont encore, par leur nature générique, soumises aux lois qui régissent les êtres géométriques, mais numériquement parlant, comme quantités discontinues, elles font partie de l'apanage de l'Arithmétique. Les êtres géométriques *limités* établissent donc une sorte de liaison naturelle entre la Géométrie et l'Algèbre, et c'est toujours par eux, d'une manière tacite ou ostensible, directe ou indirecte, qu'on a introduit une de ces sciences dans l'autre. Je n'ai jamais pu me rendre nettement compte pourquoi l'Algèbre, si pauvre en abstraction, est si riche en généralités, tandis que tout le contraire s'observe dans la Géométrie. Les faces nouvelles sous lesquelles vous nous faites considérer ces sciences, paraissent devoir jeter un grand jour sur cette question et enrichir chacune d'elles aux dépens du surabondant des deux. Un seul changement de signes suffit à l'Algèbre pour transporter les propriétés du cercle à l'hyperbole équilatère. Au moyen de votre ingénieux système interprétatif, la Géométrie trouvera dans son sein de quoi opérer de semblables et d'aussi heureuses métamorphoses. Dans une prochaine lettre, j'espère entrer dans de plus grands détails et vous faire part de quelques difficultés du genre de celles dont M. Servois dit : « M. Poncelet » vous dira cela. » Notre pauvre conservateur souffre en ce moment d'une ophthalmie qui l'empêche de vous envoyer des éloges ; il me charge provisoirement de prendre l'initiative et de vous engager à bientôt publier la suite de vos travaux ; tels que je les ai vus, ils méritent déjà de voir le jour, et il est à craindre qu'en différant plus longtemps, d'autres personnes ne trouvent moyen, d'après les données que vous avez déjà fait connaître, sinon de vous enlever, mais du moins de vous disputer l'antériorité de vos découvertes. Si vous avez l'intention de faire imprimer vos ouvrages à Paris, vous pouvez disposer entièrement de ma bonne volonté. Les relations que j'ai d'office avec les libraires du pays me donnent peut-être des facilités à vous servir, ce qui me serait très-agréable. J'attends là-dessus la manifestation de vos dispositions. Mais surtout ménagez votre santé. Quand on en fait un si noble usage, elle devient le bien de tous ceux qui s'intéressent aux progrès de la raison, il est de votre devoir de la leur conserver. — J'ai l'honneur d'être votre très-dévoué compatriote.

» Signé : O. TERQUEM.

» *P. S.* Connaissez-vous l'ouvrage latin de Lambert, sur les comètes? il renferme une foule de propriétés des coniques extrèmement ingénieuses, et dont quelques-unes sont consignées dans votre lettre à M. Gergonne, imprimée dans les *Annales*. »

3. — *M. O. Terquem à M. Poncelet.* (Sans date, probablement en septembre 1819.)

« Mon cher, nous avons reçu avec beaucoup de plaisir des nouvelles de votre santé, sur le rétablissement de laquelle nous avions besoin d'être rassurés. Le Mémoire intéressant que vous avez bien voulu nous confier nous a été d'autant plus agréable qu'il est un document précieux à l'appui de votre amitié pour nous; n'allez pas nous accuser de répondre à votre affectueuse épître par des formes diplomatiques; par nous j'entends parler de MM. Servois, Brianchon et de votre serviteur. Différents travaux nous ont empêchés de nous livrer de suite à la lecture suivie et attentive de votre production; M. Brianchon l'a lue le premier et seul; ensuite M. Servois et moi l'avons lue ensemble. Ces messieurs m'ont chargé d'être l'interprète de leurs sentiments. Je vais tâcher de m'acquitter le moins mal que je pourrai de cette importante mission.

» Opinion de M. Brianchon :

» Il me l'a fait connaître par lettre. Il me dit qu'il n'a trouvé rien à reprendre dans votre écrit, quelques expressions exceptées; qu'on devrait de suite procéder à l'impression, afin de hâter l'apparition du second Mémoire que vous annoncez dans le premier. La doctrine est neuve, piquante et d'une vérité incontestable.

» Opinion de MM. Servois et Terquem :

» Nous avons analysé et discuté soigneusement avec toute l'attention dont nous sommes capables; il règne, en général, une grande clarté dans l'exposition des principes, et vous faites très-bien ressortir l'emploi tacite que font les géomètres de quantités imaginaires, ou du moins dont ils ne connaissent pas d'avance les conditions et conséquemment la possibilité apodictique de l'existence; emploi qui a lieu même dans les démonstrations les plus rigoureuses, lorsqu'on suppose qu'on mène certaines lignes et qu'on suppose certaines grandeurs sans s'inquiéter de la possibilité réelle de mener ces lignes et de fixer ces grandeurs. Les algébristes se distinguent en cela des géomètres, qu'ils se servent des imaginaires tacitement et ouvertement. Ainsi, lorsqu'ils disent que la somme des racines d'une équation est égale au deuxième terme pris négativement, cette somme est réelle, mais elle comprend tacitement les racines imaginaires de cette équation. Lorsque ensuite ils opèrent sur des quantités de la forme $a \pm b \sqrt{-1}$, qu'ils les élèvent à des puissances et les soumettent à toutes les modifications arithmétiques, ils travaillent d'une manière patente sur des objets d'idéale existence. C'est à enrichir la Géométrie de cette dernière sorte de travaux, à doter la science de l'étendue des ressources qu'offre la science des quantités numériques, que tendent tous vos travaux ; nous croyons, avec vous, que la réussite de cette entreprise amènerait de grandes simplifications et d'importantes découvertes ; votre troisième Section en offre d'intéressants exemples. Toutefois, il reste encore quelques points obscurs, ou qui nous paraissent tels ; comme nous jugeons toujours les idées d'autrui en les comparant aux nôtres, nous croyons vous donner les moyens de faire disparaître les difficultés qui nous arrêtent, en vous faisant connaître notre manière de considérer les relations mutuelles de similitude et de dissemblances que nous trouvons entre l'Algèbre et la Géométrie. Dans cette dernière, comme vous l'avez fort bien remarqué, il existe deux sortes de propriétés : les unes, *métriques*, supposent la préexistence d'une ou de plusieurs unités connues et déterminées ou déterminables ; les autres, *descriptives*, sont indépendantes de toutes unités ; mais nous croyons remarquer aussi deux sortes de propriétés distinctes en Algèbre, savoir : les propriétés métriques et les propriétés opératoires ou algorithmiques ; les premières ne dépendent que de la grandeur soumise aux opérations, tandis que les secondes dépendent de la nature de l'opération, selon qu'elle exige des extractions de racines, des élévations de puissance, des différentiations, des intégrales, l'usage des logarithmes, etc.

De là doivent résulter deux sortes d'impossibilités : les unes métriques, les autres algorithmiques, et que malheureusement nous savons distinguer en très-peu de cas. Ainsi, nous savons que la possibilité de $\sqrt{a}$ tient à la propriété métrique de $a >$ ou $<$ o, et ainsi des autres imaginaires ; mais on a longtemps discuté pour savoir si log $- a$ était dans le possible ou non, quoique cela ne tienne qu'à une propriété métrique. Mais lorsque les conditions de l'existence sont réglées sur la nature de l'opération, c'est alors que les ténèbres nous enveloppent de tous côtés : sait-on ce que signifient les factorielles, les différentielles, les logarithmes, les intégrales à exposants fractionnés ; ne sont-ce peut-être que des quantités essentiellement imaginaires, indépendamment de toute propriété métrique? Du moins, avant de prononcer, il est permis de douter ; mais ce doute nous semble porter atteinte à votre théorie. En effet vous faites voir, en prenant pour exemple les intersections de deux lignes, que l'une restant fixe pendant que l'autre tourne autour d'un de ses points comme centre de rotation, plusieurs points d'intersection s'évanouissent par suite du mouvement ; des grandeurs réelles deviennent imaginaires, et vous dites que ces imaginaires répondent exactement aux imaginaires algébriques. Nous vous demanderons d'abord à quelle espèce d'imaginaires : algébriques, métriques ou algorithmiques? vous vous décidez pour les métriques, et vous avez raison dans le cas particulier qui vous occupe. En effet, les intersections sont déterminées par des abscisses ou ordonnées toujours racines d'une même équation; les coefficients de cette équation peuvent se construire dans tous les cas géométriquement, parce qu'ils ont une existence réelle indépendante de leurs racines et conséquemment des points d'intersection possibles et non; mais qu'il s'agisse d'une courbe plane et d'une droite située dans son plan; supposons que la droite s'élève tant soit peu hors du plan, voilà toutes les intersections qui deviennent impossibles à la fois, et alors à quelle impossibilité algébrique correspond cette impossibilité géométrique? nous n'en savons rien, et nous recevrons avec beaucoup d'empressement vos éclaircissements sur ce passage brusque de l'être au non-être. Nous ne connaissons rien de semblable en Analyse; les imaginaires radicales passent insensiblement du possible à l'impossible en traversant le néant et les imaginaires opératoires? Ici commencent les mystères: c'est au ministre à nous initier; vous avez entr'ouvert la porte du temple, peut-être qu'elle cédera à vos efforts; le passé est d'un heureux augure pour l'avenir. Nous espérons beaucoup de votre second Mémoire, et voici ce que nous vous conseillons relativement au premier.

» La première et la seconde Section renferment des idées qui, se rapprochant beaucoup de celles de Carnot, sont aujourd'hui assez répandues parmi les géomètres pour qu'on puisse se dispenser d'entrer dans de grands développements; ainsi nous croyons que ces deux parties, considérablement réduites et convenablement présentées, pourraient se réduire à quelques pages qui, ajoutées à la troisième partie, seraient une bonne et excellente introduction au Mémoire que vous annoncez. Nous pensons que vous devez achever ce Mémoire et différer jusque-là la publication de celui-ci. Les idées abstraites, de nos jours, n'obtiennent accès que lorsqu'on les fait suivre immédiatement de fertiles et d'utiles applications; les vôtres sont de ce nombre, nous en avons des preuves multipliées. Nous désirons, par ceci, vous donner à notre tour une preuve de la sincérité de nos intentions et de l'intérêt que nous prenons à vos découvertes et à la réputation qu'elles sont destinées à fonder.

» Signé : O. Terquem. — F.-O. Servois. »

4. — *Réponse de M. Poncelet aux deux lettres précédentes.*
(Metz, le 14 octobre 1819.)

« Monsieur et cher compatriote, j'ai reçu avec reconnaissance la lettre pleine d'intérêt que vous m'avez fait l'honneur de m'écrire au nom de trois personnes que j'estime et que j'aime également; je suis on ne peut plus flatté de l'attention qu'elles ont bien voulu donner à une faible production d'un de leurs disciples dans la science de l'étendue, et vous prie

d'être auprès d'elles à la fois l'interprète de mes inaltérables sentiments.

» Pour reconnaître, autant qu'il est en moi, la bonté et l'indulgence
qu'elles me témoignent, je crois ne pouvoir mieux faire que de répondre
avec une entière franchise aux observations qu'elles ont daigné me transmettre, en me dépouillant, s'il se peut, de tout amour-propre d'auteur.
Puissent-elles au moins reconnaître dans cette réponse le vif besoin que
j'éprouve d'obtenir leurs suffrages et leur approbation !

» Je m'occuperai d'abord des réflexions et des observations générales,
de celles qui sont comme le résultat de l'examen de mon écrit, parce que
ce sont celles-là qui me tiennent le plus au cœur ; je tâcherai ensuite de
répliquer, le moins mal que je pourrai, aux observations particulières
qu'on m'a faites. Je m'abstiendrai, du reste, de parler de celle des opinions émises (Brianchon) qui m'est tout à fait favorable, parce qu'il est
fort naturel et fort simple qu'en ma qualité d'auteur j'en trouve les conséquences à mon gré ; quant aux corrections que cette même opinion
indique, je répondrai que, non-seulement je les approuve, mais qu'encore
je souhaiterais qu'on daignât rayer impitoyablement toute expression,
toute phrase inconvenante, obscure ou trop ambitieuse. Par exemple, si
j'avais donné à entendre quelque part que je déduirai des principes ren-
fermés dans mon écrit, de fertiles et d'utiles applications, de celles qui
sont d'un intérêt général, j'aurais mal expliqué ma pensée, et j'aurais
contre mon gré, donné sujet moi-même à l'application de la fable de *la
Montagne qui enfante une souris*. Je déclare donc que je ne refuse pas
d'effacer, de corriger, et qu'on me rendra un grand service en usant largement de cette faculté.

» J'insiste beaucoup là-dessus, parce qu'il me semble qu'on s'est mépris
sur le but véritable de mes recherches, et qu'on en a conçu une opinion
beaucoup trop avantageuse ou trop relevée, et à laquelle je me sens inca-
pable de répondre. Ainsi, mon objet n'a pas été d'attaquer des idées reçues, de créer une théorie nouvelle pour l'opposer à l'ancienne, je n'ai
pas formé le chimérique espoir de dissiper les ténèbres qui nous enveloppent de toutes parts, quand nous voulons remonter aux premiers principes
des sciences. J'ai voulu simplement mettre en évidence un fait, un axiome
devenu familier à la plupart des géomètres analystes, sans qu'ils s'en soient
rendu explicitement un compte bien clair et bien déterminé, puisque s'ils
l'ont fort souvent admis, ils l'ont plus souvent encore repoussé, lorsqu'il
conduisait, dans les applications, à des difficultés, à des conséquences
étranges ou paradoxales.

» M. Carnot, lui-même, rejette ces conséquences, quoique tacitement il
s'en soit appuyé pour établir sa théorie de la corrélation des figures ; c'est
une contradiction continuelle, qui jette du louche dans cette théorie, et
principalement sur les exemples dont elle s'appuie. Si je ne l'ai pas signalée, c'est par respect pour le grand homme ; j'ai pourtant remarqué, à

dessein (art. 6 de mon Mémoire), qu'on ne devait pas confondre la corrélation de signes avec la corrélation de situation des figures, sans justification préalable; or, c'est ce que M. Carnot fait souvent d'une manière purement implicite.

» Après ces éclaircissements sur l'axiome ou principe de continuité considéré en Géométrie, j'ai voulu montrer qu'il n'avait pas mieux sa raison en Analyse, et en déduire cette conséquence qu'il doit être admis sans restriction dans la première de ces deux sciences, de même qu'il l'a été naturellement, et en quelque sorte forcément, dans l'autre. Telle est la conclusion comme le but véritable de mon écrit; ce que j'ai ajouté dans le troisième paragraphe ne concerne proprement que des applications générales, et forme ainsi un complément utile, mais non indispensable, des deux premières parties.

» Voilà, Monsieur, ce que j'ai déjà eu l'honneur de vous mander dans ma première lettre (novembre 1818), qui renfermait comme l'analyse de mon *Mémoire* actuel et d'un autre, qui pourra le suivre un jour, sur l'application de l'Algèbre en général à la Géométrie. Je vous suppliais, dans cette même lettre, de me donner votre avis sur le degré d'intérêt que pourraient présenter ces idées aux yeux des géomètres; c'est-à-dire si elles vous paraissaient neuves, si elles valaient la peine d'être écrites : j'attendais avec impatience votre réponse pour m'y conformer dans la rédaction de ce Mémoire. Celle que vous me fîtes parvenir (en janvier 1819) n'était que provisoire et ne dissipait nullement mes incertitudes; cependant l'hiver s'écoulait, et avec lui, le court moment de loisirs que nous laisse le service militaire; c'est alors que notre ami Brianchon fixa mon irrésolution en me conseillant de faire imprimer, à part et à mes frais, la partie métaphysique de mon travail, jugeant avec raison qu'elle figurerait mal avec l'autre, et qu'elle l'allongerait désagréablement aux yeux des géomètres qui, ainsi que vous le dites vous-même dans votre dernière missive, aiment avant tout les applications solides et utiles. J'ai donc rédigé mon deuxième Mémoire et vous l'ai envoyé, afin de profiter de l'offre obligeante que vous m'avez faite de le relire et de le faire imprimer.

» Avec plus de talent dans l'art d'écrire, j'aurais pu sans nul doute m'exprimer en moins de mots, l'aurais-je fait avec autant de clarté pour tout le monde? Voilà ce qui, selon moi, n'est pas très-certain. Que des savants, qui ont beaucoup réfléchi sur la marche de la Géométrie et de l'Analyse algébrique, conçoivent, du premier jet, des idées qui leur sont déjà devenues familières par l'usage autant que par la méditation, cela ne me paraît pas du tout surprenant; mais je doute que les développements que j'ai donnés à certaines d'entre elles paraissent superflus au grand nombre de ceux qui, n'étant pas aussi bien initiés par eux-mêmes, connaissent pourtant le Discours préliminaire et la première Section de la *Géométrie de position*; les principes exposés dans cet immortel ouvrage ne sont pas tous tellement évidents, qu'ils n'aient été déjà combattus à diverses reprises par des géomètres, d'ailleurs estimables et d'une excellente réputation. Enfin, il ne me paraît pas du tout clair et hors de doute que mes idées rentrent assez dans celles de M. Carnot, pour qu'il paraisse inutile de les énoncer sous une nouvelle forme, et, peut-être même, inconvenant de ne lui en pas faire un hommage ostensible et complet.

» Cet illustre géomètre recherche la mutation des signes qui peut survenir dans une formule pour la rendre applicable aux figures corrélatives de celle à laquelle elles s'appliquent ; il se sert pour cela, mais sans l'énoncer ni l'examiner explicitement, du principe de la continuité, et, ainsi que je l'ai déjà dit, c'est encore avec des restrictions qu'il en fait usage implicitement, comme d'un axiome évident par lui-même. Or, il n'est clair et évident que pour les états absolus ou réels du système de la figure, pour ceux où la corrélation est simplement *directe* ; aussi l'auteur ne l'a-t-il admis que mentalement, et comme malgré lui, dans les cas les plus compliqués.

» Pour faire voir la contradiction qui résulte de là dans les conséquences de ses principes, il suffit de se rappeler (n° 2, Sect. I ; n° 78, Sect. II, *Dissertation préliminaire*, p. XXVII) qu'il nomme figures *corrélatives* celles qui naissent de la figure donnée, en vertu d'une transformation opérée par degrés insensibles, et par conséquent continue, ce qui suppose forcément qu'elle ait lieu d'une manière absolue et réelle, possible géométriquement. Qu'arriverait-il néanmoins si quelqu'une des grandeurs du système devenait impossible ? Faudra-t-il multiplier son expression dans les formules primitives par les signes $\sqrt{-1}$, ± 1, etc., comme l'auteur semble le dire, n°s 6 et 543. En un mot la corrélation sera-t-elle *imaginaire, complexe* ou simplement *indirecte ?* Voilà ce qu'on ne saurait résoudre affirmativement à l'aide des principes posés ; il est même évident qu'on serait en droit de conclure, d'après ces .principes, qu'il faudrait multiplier l'expression dont il s'agit par $\sqrt{-1}$ ou son carré par -1, ce qu'on peut démontrer être ici vraiment faux et absurde. Il manque donc quelque chose à cette théorie, et elle n'est pas aussi claire qu'on pourrait le désirer. Enfin, notre célèbre auteur ne s'occupe nullement des modifications qui arrivent, non dans les propriétés métriques, dans les formules, mais dans les propriétés *descriptives*, dans l'état des grandeurs figurées et décrites. Mon Mémoire, au contraire, a pour objet d'examiner l'axiome de la continuité en lui-même, sans s'occuper des règles et des signes ou opérations algébriques, mais seulement des grandeurs figurées ou décrites, en un mot, des notions abstraites et des expressions de langage qui appartiennent aux divers états d'un système géométrique dans ses transformations diverses par degrés insensibles.

» En voilà assez, je pense, pour montrer que mes idées ne se rapprochent pas, autant qu'on pourrait le croire, de celles de M. Carnot, et pour prouver que, si elles ont semblé aux yeux de savants et estimables géomètres être empreintes d'un certain air de famille, elles n'en valent pas moins la peine d'être énoncées d'une manière formelle et entièrement explicite. Je dois, bien plus, me féliciter d'avoir ainsi fondu en quelque sorte mes idées dans les leurs, et d'avoir par là obtenu pour elles à l'avance une approbation certaine, sinon complète. Le jugement que ces savants ont porté sur les deux premières parties de mon Mémoire, me confirme tout au moins dans la conviction que je n'ai pas erré, et que les conséquences auxquelles je suis arrivé, tout étranges qu'elles puissent paraître en Géométrie pure, ne me seront pas contestées. Mais, au lieu de conclure avec eux que ces deux parties doivent être réduites à quelques pages, je m'en appuie, au contraire, pour me renforcer dans l'opinion intime et profonde qu'elles doivent être conservées en entier, sauf les corrections qu'on pourra juger à propos d'y faire et que j'ai déjà réclamées comme une faveur exceptionnelle.

» Ce jugement me rappelle celui de M. Badelle (mon ancien professeur de mathématiques au lycée de Metz en 1806 et 1807), à une époque déjà bien reculée; depuis lors j'ai eu le temps de réfléchir, de méditer la *Géométrie de position*, de me convaincre enfin que mes efforts pour éclairer la métaphysique de la simple Géométrie n'étaient pas tout à fait inutiles. Cette réflexion, qui arrive d'une manière toute naturelle, me fait ressouvenir à son tour que M. Badelle est en ce moment à Paris, et que je lui dois un souvenir d'estime et d'amitié, dont je vous prie, Monsieur, d'être auprès de lui l'interprète à la fois fidèle et officieux.

» Il me reste maintenant à répondre à quelques objections que vous m'avez adressées dans votre lettre; leur solution ne me paraît pas, à beaucoup près, aussi difficile et aussi délicate que celle des questions qui viennent de m'occuper. En effet, je suis d'accord avec vous que l'Algèbre n'est pas purement la science des grandeurs numériques, mais la science des opérations algorithmiques, c'est l'avis de Lagrange, et je m'y range formellement dans mon Mémoire; je n'en conclus pas pour cela qu'il y ait en Algèbre *deux sortes d'impossibilités, les unes métriques, les autres algorithmiques;* je dis au contraire qu'il n'y en a que d'une seule espèce, savoir : les impossibilités métriques. Si l'on demande, par exemple, la décomposition d'un polynôme, de $a^2 + b^2$ je suppose, en facteur du 1er degré, on trouve qu'il y a impossibilité numérique, car ces facteurs sont

$$a + b\sqrt{-1}, \quad a - b\sqrt{-1};$$

mais il n'y a évidemment aucune impossibilité algorithmique, puisqu'on a rigoureusement

$$a^2 + b^2 = \left(a + b\sqrt{-1}\right)\left(a - b\sqrt{-1}\right);$$

et il en est de même des autres impossibilités algébriques; ainsi

$$\log(-1) = (2m+1)\pi\sqrt{-1}$$

35.

est impossible numériquement et possible sous le point de vue algorithmique ; c'est aussi ce qui porte à regarder $\log(-1)$ comme un symbole, une expression qui n'est pas tout à fait illusoire, et de là résulte l'*antinomie* que présentent en général les êtres de non-existence à l'entendement.

» La question, si longtemps débattue, de savoir si $\log(-1)$ était réel, revient à demander si l'équation ci-dessus renferme ou donne toutes les *valeurs*, toutes les *racines* de cette expression. Or, d'Alembert a présenté ce doute, qu'Euler a laissé subsister en son entier, savoir : que quand $x = \frac{1}{2}$ dans l'équation $y = a^x$, on avait algébriquement

$$y = \pm (a)^{\frac{1}{2}} \quad \text{ou} \quad \frac{1}{2} = \operatorname{Log} y = \operatorname{Log}\left(\pm \sqrt{a}\right),$$

de sorte qu'il semble que les irrationnels négatifs ne soient pas compris dans la règle ci-dessus.

» Au reste, je n'ai pas la prétention de prononcer, c'est une réflexion qui me vient à l'occasion de la vôtre. Les *factorielles*, les *différentielles*, les *logarithmes*, les *intégrales à indices fractionnaires* $\sqrt{-1}$ sont-ils des imaginaires absolus, algorithmiques ou métriques? Je répondrai à votre doute en disant qu'il est possible, et peut-être permis, de supposer que le contraire ait lieu; car, ainsi que je l'ai dit, la question n'est pas plus absurde que tant d'autres, et la solution ne dépend que des progrès qu'on pourra faire faire, par la suite, à l'algorithmie. Je dirai plus, j'ai vu quelque part que les coefficients différentiels à indices fractionnaires répondent à des interpolations véritables.

» D'ailleurs, Monsieur, je n'ai émis qu'un doute, et ce doute, qui ne fait rien à la théorie de mon Mémoire, ne peut pas être combattu par un autre doute; si j'ai dit ou supposé que les impossibles géométriques répondent exactement aux imaginaires algébriques, je n'ai fait que me conformer à l'opinion généralement admise, que toutes les fonctions imaginaires se ramènent à la forme $a \pm b\sqrt{-1}$; je ne crois pas avec vous que cela porte atteinte à ma théorie.

» On me fait à cette occasion l'objection suivante : *Une droite et une courbe étant dans un même plan, leurs points d'intersection seront en effet tour à tour réels, imaginaires; mais si l'on vient à supposer que la droite se détache tant soit peu du plan, toutes les intersections deviendront impossibles; à quelle impossibilité algébrique correspondra cette impossibilité géométrique?* La réponse est toute simple : je demande, en effet, si les deux états du système sont comparables, homogènes et peuvent être géométriquement comparés? Sont-ils assujettis à la même dépendance, à la même loi, au même mode de génération? Le principe, la loi de continuité ne sont-ils pas violés, puisqu'il y a changement d'hypothèse, de condition, ou plutôt anéantissement des conditions primitives? Or, dans toute recherche, les conditions essentielles et constitutives du système doivent rester les mêmes; ce qui fait qu'il n'y a pas seulement ici impossibilité, *imaginarité,* mais bien absurdité absolue, c'est qu'il faut une condition distincte pour qu'une ligne soit sur un plan, et qu'on la viole ou qu'on change la question, en la supposant ensuite dans l'espace : les imaginaires véritables ne tiennent qu'au simple changement de grandeur relative ou absolue des parties, et non au changement des conditions ou relations constitutives.

Si l'on me demande cependant comment l'Algèbre répond à l'absurdité d'une question ainsi présentée, il me suffira de poser les équations de deux lignes, l'une sur le plan des xy et l'autre dans l'espace; je trouverai une équation entre les constantes qui m'indiquera qu'il faut une condition particulière pour que l'intersection ait lieu, de sorte que la question est entièrement illusoire, si cette condition est violée ou non remplie. Au surplus, je remarque que la question revient, en dernière analyse, à trouver les intersections de celle des deux lignes qui est sur le plan des xy, avec un certain nombre de points également situés sur ce plan; question non moins illusoire en apparence que celle de demander l'intersection mutuelle de deux points, et qui ne peut avoir de sens rationnel et géométrique qu'autant qu'on supposerait ces points représenter des courbes fermées infiniment petites, par exemple des cercles, des ellipses, etc.

Aussi l'Analyse algébrique donne-t-elle, dans cette hypothèse, une réponse toute simple et naturelle, à cause que l'idée de la continuité et de l'homogénéité subsiste entre le cas général et le cas particulier. En effet, ces points, ces cercles infiniment petits, ont évidemment pour équations

$$(x-a)^2 + (y-b)^2 = 0, \quad (x-a')^2 + (y-b')^2 = 0;$$

en les retranchant l'une de l'autre, on obtiendra d'abord

$$2(a-a')x + 2(b-b')y + a'^2 - a^2 + b'^2 - b^2 = 0,$$

équation de la corde idéale commune, qui n'est autre chose que la perpendiculaire élevée sur le milieu de la distance des deux points.

On obtiendra ensuite entre les constantes, par l'élimination de x ou de y, les deux équations suivantes :

$$[(a-a')^2 + (b-b')^2][4(x-a)^2 - 4(a-a')(x-a) + (a-a')^2 + (b-b')^2] = 0,$$
$$[(a-a')^2 + (b-b')^2][4(y-b)^2 - 4(b-b')(y-b) + (a-a')^2 + (b-b')^2] = 0,$$

auxquelles on peut satisfaire simultanément par l'équation de condition unique

$$(a-a')^2 + (b-b')^2 = 0,$$

qui exige la coïncidence des deux points proposés; mais elles peuvent encore être satisfaites, indépendamment de l'égalité à zéro du facteur qui leur est commun, en posant les équations

$$y - b = \frac{b-b'}{2} \pm \frac{a-a'}{2}\sqrt{-1}, \quad x - a = \frac{a-a'}{2} \mp \frac{b-b'}{2}\sqrt{-1},$$

lesquelles donnent les coordonnées des points d'intersection imaginaires des deux cercles.

Ainsi l'analyse répond encore par des imaginaires à l'impossibilité géométrique de la question, telle qu'elle vient d'être posée. On voit que, pour le cas général des deux courbes quelconques dans l'espace, on obtiendrait des résultats semblables, en substituant, comme il est rationnel de le faire, des surfaces *canaux* infiniment minces à la place de ces deux courbes, la question cesserait en effet, alors, de devenir entièrement illusoire et absurde, quand on viendrait à détacher l'une des deux courbes de son plan, mais l'Analyse n'en donnerait pas moins la condition au moyen de laquelle on peut rendre la solution tout à fait raisonnable ou réelle : savoir que les deux courbes étant planes doivent être situées dans le même plan.

» Je n'insisterai pas davantage sur cette difficulté, qui me semble suffisamment éclaircie, et terminerai là cette discussion (beaucoup trop longue, sans doute, pour le degré d'importance du Mémoire qui en est l'objet), en en tirant la conclusion naturelle : que je me crois autorisé à persévérer dans l'intention de le faire imprimer, soit à mes frais, soit à ceux d'un libraire qui voudra bien s'en charger aux conditions énoncées dans ma précédente lettre. A cet effet je vous supplierai, Monsieur, si ce n'est pas trop vous causer d'importunités, de me servir d'intermédiaire auprès de celui des libraires de la capitale avec lequel vous avez des relations plus particulières et plus immédiates. En usant aussi librement de l'offre obligeante que vous m'avez faite, je vous donne une preuve sincère de l'inaltérable confiance que j'ai dans vos bontés. Comme je vous laisse toute la latitude possible pour les conditions du marché, que je m'engage formellement à remplir telles que vous les aurez fixées, je ne pense pas qu'il puisse y avoir aucun obstacle, ni aucune sérieuse difficulté ; toutefois, si le contraire avait lieu, ou que vos occupations ne vous permissent pas de vous en occuper, j'entrerais, s'il le faut, en correspondance directe avec le libraire, ou bien M. Brianchon, qui me doit une lettre, aurait la complaisance de m'en donner avis par occasion. J'oublie d'ajouter que je suis définitivement décidé à ce que mon Mémoire soit imprimé sous format grand in-8°, toujours avec beau papier et beau caractère selon le goût moderne.

» Je vous envoie ci-joint, Monsieur, le Mémoire que je vous ai depuis longtemps annoncé (*Propriétés projectives des sections coniques*) ; je le soumets comme l'autre à votre critique sévère et impartiale, ainsi qu'à celle de MM. Servois et Brianchon ; j'ose vous supplier, ainsi qu'eux, de lui accorder la même faveur et la même attention qu'au précédent, supposé toutefois que ce ne soit pas trop compter sur votre indulgence et votre bonté. J'ai rédigé ce Mémoire dans l'hypothèse où l'autre serait déjà publié, mais non encore généralement connu des géomètres ; j'ai en conséquence admis que le lecteur ne serait pas parfaitement familiarisé avec l'emploi du principe de continuité, en sorte que je reviens souvent sur les mêmes idées, afin de les éclairer peu à peu et d'une façon naturelle. Il m'eût été beaucoup plus facile de traiter les choses d'un point de vue plus élevé et par un procédé entièrement direct; j'aurais pu ainsi réduire mon Mémoire à un petit nombre de pages; mais je me suis assuré, par un premier essai de rédaction, que j'aurais beaucoup risqué de perdre du côté de la rigueur et de la clarté; j'ai donc tâché de le rendre facile et intelligible au grand nombre de ceux qui cultivent la Géométrie, et ce sera là toujours le but de mes recherches ultérieures. Si cette manière de traiter la science offre moins d'éclat, elle est plus utile, ce me semble, et prouve au moins qu'on sait faire, jusqu'à un certain point, le sacrifice de l'amour-propre.

» C'est pour cette même raison notamment que je rappelle et démontre, chemin faisant, toutes les propositions auxiliaires ou lemmes qui ne sont pas généralement connus, et qui, étant indispensables à ma théorie, sont susceptibles d'en recevoir une extension facile et naturelle. C'est dans cette situation particulière d'esprit que je vous prie, Monsieur, d'avoir la bonté d'accueillir et d'examiner ce nouveau Mémoire auquel j'avais joint d'abord un discours préliminaire où, en disant à peu près les mêmes choses, je rendais hommage aux savants qui, à diverses époques, ont envisagé sous un point de vue analogue les propriétés des sections coniques; j'y rappelais aussi mon Mémoire sur le *principe de continuité*, en prévenant que c'est, en partie, sur son admission que s'appuient mes recherches; je terminais enfin par annoncer les deux Mémoires qui doivent renfermer proprement les applications du précédent; mais j'ai supprimé cet *Avant-propos*, et ne le livrerai à l'impression que quand le sort des deux premiers aura été fixé.

» Ceux-ci, au surplus, ont le désavantage regrettable de ne renfermer que des principes généraux; le temps me manque pour rédiger de suite les deux autres, et j'en sens toute la conséquence et la fatalité; je compte toutefois me dédommager avant le printemps prochain, le plus difficile est de commencer. Je pense, en outre, que rien n'empêche qu'on ne publie, dès à présent, ceux qui sont terminés; une cinquantaine de pages de métaphysique ennuyeuse, ajoutées aux nombreux volumes qui existent déjà sur ce sujet, n'influenceront guère, j'ose l'espérer du moins, la bonne ou la mauvaise opinion qu'on pourra se former de mes autres recherches, et qu'on les oubliera si elles ne valent pas la peine, en effet, d'être conservées : ce qui ne sera un grand malheur ni pour moi, ni pour ceux qui auront eu la patience de les lire et de les méditer.

» Je viens de m'expliquer, dans tout ce qui précède, avec franchise et sans crainte, parce que je connais toute l'indulgence des savants géomètres auxquels j'ai osé m'adresser; je croirais avoir manqué aux égards et au respect que je dois à leur façon de voir et de juger, si je ne leur avais pas dévoilé tout le fond de ma pensée; j'ai cru devoir, pour obtenir et mériter leurs suffrages, discuter et combattre de tous mes moyens l'opinion défavorable qu'ils ont conçue des deux premières parties de mon Mémoire, et pense avoir par là prouvé combien je suis inconsolable de n'avoir pas obtenu leur approbation tout entière. Il ne me reste plus maintenant, pour terminer, comme je le dois, cette longue et pénible lettre, que de leur demander des excuses sur les embarras et les peines que je leur cause malgré moi, en leur témoignant toute la reconnaissance que j'éprouve de leurs bontés et les priant de me faire la grâce de me les continuer, comme par le passé.

» Daignez, je vous prie, Monsieur, me recommander au souvenir de notre savant et respectable conservateur du Musée d'Artillerie, etc. »

5. — *Réponse à la précédente lettre, par M. Terquem.*
(Paris, 12 janvier 1820.)

« Mon cher, nous nous étions flattés longtemps de l'espoir de vous posséder à Paris ; c'est ce qui m'avait engagé à retarder la réponse à votre dernière lettre : votre présence aurait sans doute été très-favorable à l'exécution de vos projets typographiques. Comme, à ce qu'il paraît, votre voyage est différé, il ne s'ensuit pas que vos projets doivent en souffrir ; j'ai parlé à M. Bachelier, libraire, qui m'a donné les renseignements portés dans la Note ci-jointe. Nous sommes convenus de réunir en un volume les deux Mémoires, avec ce titre : *Nouvelles propriétés des courbes, précédées de considérations sur le principe de la continuité dans la Géométrie.*

» Nous attendons vos observations sur le titre, que nous croyons propre à attirer des chalands ; car c'est à cela qu'il faut viser lorsqu'on s'adresse au public. C'est une maxime de libraire, qu'il n'est pas prudent de négliger. Si vous aviez encore quelque chose de préparé, il serait bon de l'envoyer afin de faire paraître tout à la fois. Vos Mémoires seront imprimés tels que vous les avez rédigés, sauf quelques légères corrections dont je me charge ainsi que de la révision des épreuves. Vous pouvez compter que M. Servois et moi ne négligerons rien en ce qui concerne les soins et la correction typographique. M. Servois a lu votre second Mémoire et il en paraît très-content. Des occupations multipliées ne m'ont pas encore permis de me livrer à cette lecture, qui doit être faite avec attention ; mais je sanctionne de confiance la décision servoisienne ; je ne doute pas qu'elle ne soit portée en connaissance de cause. J'ai lu avec plaisir vos observations en réponse aux nôtres sur votre premier Mémoire. Nos remarques *subsistent ;* je crois toujours que votre Mémoire gagnerait non-seulement en intérêt, mais même en clarté, s'il était réduit à des dimensions moindres, au quart par exemple. Voilà un langage qu'on ne tient pas ordinairement aux auteurs, d'accord ; mais qu'on devrait toujours tenir aux amis dont on estime le caractère, dont on admire le talent et dont on désire sincèrement le succès. Votre très-dévoué ami et compatriote. »

II.

EXAMEN CRITIQUE DES OPINIONS ET DU JUGEMENT ÉMIS PAR M. CAUCHY DANS SON RAPPORT SUR LE MÉMOIRE INSÉRÉ AU Ve CAHIER.

Observations préalables.

Le Rapport à l'Académie des Sciences de Paris, mentionné ci-dessus, a été imprimé une première fois en septembre 1820, dans les anciennes *Annales de Mathématiques*, avec des *Annotations du rédacteur* qui n'étaient guère propres à relever les doctrines de l'*Essai sur les coniques* de l'état de discrédit où l'avait plongé le Rapporteur, qui jouissait alors de toute l'influence accordée à sa brillante renommée scientifique. Néanmoins les annotations de M. Gergonne, partant d'un esprit philosophique, bien que parfois aventureux, ne pouvaient être entièrement défavorables au *principe de continuité*; et c'est ce que prouve le passage suivant de la note insérée à la p. 73 du t. XI des *Annales :* « Il
» faut employer le principe de M. Poncelet, ainsi que le tour de démonstration
» introduit par Monge, à peu près comme on employait le calcul différentiel
» lorsqu'on n'en voyait pas bien encore la métaphysique, c'est-à-dire unique-
» ment comme instrument de découverte; mais ce n'en seront pas moins des
» instruments très-précieux, car le plus souvent, en mathématiques, découvrir
» est tout; ce ne sont pas d'ordinaire les démonstrations qui embarrassent
» beaucoup. »

Plus tard il est vrai, en 1827, M. Gergonne, moins indulgent, s'exprime ainsi dans une note de la p. 135 du t. XVIII des *Annales :*

« Je persiste à penser que M. Poncelet a gravement compromis ses doctrines
» en mêlant au *classique* que tout le monde admet, le *romantique* que, pour
» ma part, je suis fort loin de repousser, mais sur lequel enfin *on discute encore,*
» et que MM. les Commissaires de l'Académie eux-mêmes, au jugement desquels
» M. Poncelet déclare attacher beaucoup de prix, ont traité *assez sévèrement.* »

M. Gergonne confond ici, comme s'il eût ignoré les usages académiques pourtant bien connus, le texte du Rapport de M. Cauchy avec les conclusions favorables à mon Mémoire de 1820, conclusions débattues, arrêtées et signées par MM. Arago et Poisson, puis approuvées par l'Académie. J'ai donc pu témoigner une respectueuse déférence pour le jugement des Commissaires, sans néanmoins adopter les opinions personnelles du Rapporteur, contre lesquelles je viens aujourd'hui protester, quoique tardivement, comme je l'ai déjà fait dans une discussion relative aux *pertes de forces vives pendant le choc* et au théorème de Carnot. Dans cette discussion M. Cauchy, coutumier du fait, revendiquant des droits de priorité mal acquis (t. XLIV des *Comptes rendus,* année 1857) et à bout d'arguments, n'a pas craint, en présence d'un nombreux auditoire, de me taxer d'ingratitude, parce que je lui avais reproché son peu de sympathie pour les théories géométriques en général, et les miennes en particulier, à peu près comme l'avait fait 30 ans auparavant, le rédacteur des anciennes *Annales de Mathématiques,* dans une circonstance analogue et en termes non moins pénibles pour l'amour-propre où le persiflage tenait lieu de justice et de raison. Or, je ne puis consentir à rester indéfiniment sous le coup des publiques et absurdes récriminations que contenait la dernière lecture de M. Cauchy, dont je n'avais point jusqu'ici voulu rappeler le souvenir, et que l'Académie des Sciences, à mon grand regret, à mon préjudice peut-être, n'a pas permis qu'on imprimât dans ses *Comptes rendus;* car il m'eût été facile alors d'en rétorquer les singuliers arguments et les illusions venant d'une fausse interprétation puisée dans la lettre d'envoi et dans quelques passages pleins de déférence, du *Traité des Propriétés projectives* dont, en 1822, j'avais adressé un exemplaire au savant Rapporteur du Mémoire de 1820.

Quant à la discussion sur les pertes de forces vives, on peut consulter le volume cité des *Comptes rendus* dont j'ai fait tirer à part, en 1857, la partie qui concerne cette discussion et que le lecteur trouvera à la librairie même de ce Recueil, afin de montrer que, dès l'époque précitée, je ne craignais pas de dire publiquement et de son vivant l'entière vérité à mon ancien Rapporteur. En réimprimant pour la seconde fois, en tête du *Traité des Propriétés projectives*, le Rapport de M. Cauchy, j'avais l'espoir que les nombreuses applications qui y étaient faites du principe de continuité et de la doctrine des projections, pourraient ramener l'opinion des savants et celle du Rapporteur lui-même, à de plus justes appréciations sur la portée et l'exactitude mathématique des théories par lesquelles je mettais les amateurs de Géométrie pure en état, sinon de *créer*, de *suppléer le véritable génie d'invention*, du moins de trouver, démontrer ou généraliser sans calcul ni contention nouvelle de l'esprit, une multitude de propositions et corollaires, tout en passant du fini à l'infini, du réel à l'imaginaire, ou réciproquement.

Mon attente ayant été en majeure partie déçue, et M. Cauchy, dans un insignifiant et tardif Rapport de février 1828, sur la *théorie des polaires réciproques*, ayant, à propos du principe de continuité, persisté dans ses opinions antiphilosophiques, dont la reproduction ne pouvait pas ajouter au tort que m'occasionnaient quatre années d'un silence pour moi bien fâcheux; je pris la courageuse mais très-pénible résolution d'ajourner jusqu'à l'époque de ma retraite, le soin de publier l'ensemble de mes travaux antérieurs à 1822; et c'est pourquoi je réimprime aujourd'hui pour la troisième et dernière fois, le Rapport dont il s'agit, avec des observations critiques qui, prématurées et dangereuses, peut-être, lors de la publication du *Traité des Propriétés projectives*, mettront, je l'espère, en plus parfaite évidence que dans les précédents Cahiers, le caractère qui distingue l'esprit du calcul algébrique de celui de la Géométrie pure.

Au surplus, pour expliquer la circonspection et l'extrême réserve de ma conduite scientifique au début de ma carrière, il faudrait encore évoquer les tristes souvenirs de l'état d'abaissement et d'intimidation où nous avaient plongés, aux époques antérieures à 1830, des passions réactionnaires, morales ou politiques, qui ont exercé plus d'influence qu'on ne le suppose sur l'avenir des sciences. Mais c'est ce dont je me garderai bien par respect pour la dignité des questions dont nous devons nous occuper exclusivement ici; car la Géométrie n'a rien à voir dans les humiliations imposées à quelques-uns de ses anciens représentants, infimes ou illustres. Qu'il me suffise de déclarer que, depuis l'époque d'avril 1820 où je venais, non sans appréhension, présenter mon premier Mémoire au jugement de l'*Académie royale des Sciences*, j'ai d'autant plus apprécié la promptitude d'un Rapport, dont il est vrai, la faveur m'a été reprochée en 1857, que je me trouvais infiniment mieux traité qu'Abel de

Christiania victime du silence et de l'oubli; déni de justice qui prouve que, même dans le sanctuaire de l'Académie des Sciences, il est indispensable d'avoir des amis et des protecteurs influents.

Rapport *à l'Académie royale des Sciences, sur un Mémoire relatif aux propriétés projectives des sections coniques* (*Séance du 5 juin* 1820).

L'Académie nous a chargés, MM. Arago, Poisson et moi, de lui rendre compte d'un Mémoire de M. Poncelet sur les propriétés *projectives* des sections coniques. L'auteur appelle ainsi les propriétés relatives aux cordes communes, aux points de concours des tangentes communes, et beaucoup d'autres semblables qui, étant indépendantes des dimensions attribuées aux courbes que l'on considère et de leurs paramètres, subsistent lorsqu'on projette ces courbes sur de nouveaux plans, à l'aide de droites qui concourent vers un même point; c'est-à-dire, en d'autres termes, lorsqu'on met ces courbes en perspective; ce qui a également lieu pour le cas où, le point de concours s'éloignant à l'infini, les projections deviennent orthogonales. Nous allons d'abord indiquer les moyens que l'auteur emploie pour établir les propriétés dont il s'agit.

Lorsque plusieurs courbes, qui composent une seule classe ou famille, possèdent en commun diverses propriétés, une des méthodes les plus expéditives pour la démonstration de ces mêmes propriétés consiste à les établir d'abord pour les courbes les plus simples de la classe dont il est question, et à les étendre ensuite aux autres courbes de la même classe, par la comparaison de celles-ci avec les premières. Cette méthode peut même servir à la recherche des propriétés d'une courbe donnée. Veut-on connaître, par exemple, celle d'une ellipse? on commencera par supposer les deux axes égaux; ce qui réduira cette ellipse à une circonférence de cercle. On remarquera que la surface du cercle est égale au carré du rayon multiplié par le nombre qui exprime le rapport de la circonférence au diamètre; que deux rayons qui se coupent à angles droits sont parallèles aux tangentes menées par leurs extrémités; que ces mêmes rayons comprennent entre eux une surface constante; que la somme de leurs carrés est égale à la somme des carrés de leurs projections sur un diamètre quelconque; que les tangentes des .angles aigus qu'ils forment avec un même diamètre, étant multipliées l'une par l'autre, donnent l'unité pour produit; enfin, que la perpendiculaire élevée sur un diamètre est moyenne proportionnelle entre les deux segments adjacents. Si maintenant on considère une ellipse dont les deux axes soient inégaux, on décrira sur le grand axe de cette ellipse, pris pour diamètre, une circonférence de cercle, dont l'ordonnée, comptée perpendiculairement au grand axe, aura un rapport constant avec celle de l'ellipse. Cela posé, si l'on appelle diamètres conjugués de l'ellipse ceux dont les projections sur le grand axe coïncident avec les projections de deux diamètres du cercle qui se coupent à angles droits, on conclura immédiatement des remarques faites à l'égard du cercle que la surface de l'ellipse est égale au produit des deux demi-axes par le nombre qui exprime le rapport de la circonférence au diamètre; que, dans la même courbe, les tangentes menées aux extrémités de deux diamètres conjugués, sont parallèles à ces diamètres; que deux demi-diamètres conjugués comprennent entre eux une surface constante; que les sommes des carrés de leurs projections sur le grand axe et sur le petit axe sont respectivement égales aux carrés des demi-axes, et que, par suite, la somme des carrés des deux demi-diamètres équivaut à la somme des carrés des deux demi-axes; enfin, que le rapport de ces deux derniers carrés mesure à la fois le produit des tangentes des angles aigus formés avec le grand axe par deux diamètres conjugués et le rapport du carré d'une ordonnée aux segments correspondants de ce même grand axe. Au reste, pour obtenir le cercle auxiliaire dont nous venons d'indiquer l'usage, il suffit de chercher dans l'espace un cercle dont l'ellipse donnée soit la projection orthogonale, et de rabattre ensuite le plan de ce cercle sur celui de l'ellipse, après avoir fait tourner le premier autour du diamètre parallèle au second. Plus généralement, on peut considérer une ellipse, une hyperbole ou une parabole comme la perspective ou projection centrale d'un cercle quelconque, et déduire, des propriétés de ce cercle, celles de la projection. Tel est, en effet, le moyen employé par M. Poncelet pour déterminer les propriétés projectives des sections coniques. Il appelle *centre de projection* le point où se trouve placé dans la perspective l'œil du spectateur. Ce point est le sommet d'une surface conique du second degré qui a pour base la courbe proposée. Il est bon de rappeler, à ce sujet, que, si l'on coupe une surface conique quelconque par deux plans parallèles, les deux sections seront toujours semblables entre elles. Il y a plus, si, d'un centre de projection pris à volonté dans l'espace, on mène des rayons vecteurs aux différents points d'un système composé de points, de lignes ou de surfaces quelconques, et que l'on fasse croître ou décroître à la fois tous les rayons vecteurs dans un rapport donné, on obtiendra un second système de points, lignes ou surfaces, semblable au premier et semblablement placé, en sorte que les droites et les plans menés dans les deux systèmes, par des points correspondants, seront toujours parallèles. Le centre commun, vers lequel convergent tous les rayons vecteurs, est ce qu'on peut appeler le *centre de similitude* des deux systèmes. Pour deux cercles, tracés sur un même plan, ce centre de similitude ne peut être que le point de concours des tangentes communes, extérieures ou intérieures. M. Poncelet expose ses diverses propriétés, dont un grand nombre dérivent immédiatement de la définition même que nous venons d'en donner.

Outre la considération des projections centrales, M. Poncelet emploie encore, dans son Mémoire, ce qu'il appelle le *principe de la continuité*. L'admission de ce principe en Géométrie consiste à supposer que, dans le cas où une figure composée d'un système de lignes droites ou courbes conserve constamment certaines propriétés, tandis que les dimensions absolues ou relatives de ses diverses parties varient d'une manière quelconque, entre certaines limites, ces mêmes propriétés subsistent nécessairement lorsqu'on fait sortir les dimensions dont il s'agit des limites entre lesquelles on les supposait d'abord renfermées; et que, si quelques parties de la figure disparaissent dans la seconde hypothèse, celles qui restent jouissent encore, les unes à l'égard des autres, des propriétés qu'elles avaient dans la figure primitive. *Ce principe n'est, à proprement parler, qu'une forte induction, à l'aide de laquelle on étend des théorèmes établis, d'abord à la faveur de certaines restrictions, aux cas où ces mêmes restrictions n'existent plus. Étant appliqué aux courbes du second degré, il a conduit l'auteur à des résultats exacts. Néanmoins, nous pensons qu'il ne saurait être admis généralement et appliqué indistinctement à toutes sortes de questions en Géométrie, ni même en Analyse. En lui accordant trop de confiance, on pourrait tomber quelquefois dans des erreurs manifestes. On sait, par exemple, que, dans la détermination des intégrales définies, et par suite, dans l'évaluation des longueurs, des surfaces et des volumes, on rencontre un grand nombre de formules qui ne sont vraies qu'autant que les valeurs des quantités qu'elles renferment restent comprises entre certaines limites.*

Au reste, nous distinguerons soigneusement les considérations de M. Poncelet sur la continuité de celles qui ont pour objet les propriétés des lignes auxquelles il donne le nom de *cordes idéales* des sections coniques. Comme ces propriétés nous paraissent mériter d'être remarquées, et qu'elles fournissent à l'auteur un troisième moyen de résoudre les questions relatives aux courbes du second degré, nous allons donner à ce sujet quelques développements.

Si, après avoir mené, par le centre d'une hyperbole, un diamètre $2A$ qui rencontre les deux branches, on fait passer, par les points de rencontre des tangentes à l'hyperbole et par le centre, une parallèle à ces tangentes; puis que l'on cherche à déterminer, par l'Analyse, les coordonnées des points où cette parallèle rencontre la courbe et les distances respectives de ces points au centre, on trouvera, pour l'une et l'autre distances, en faisant abstraction du signe, une expression imaginaire de la forme $B\sqrt{-1}$; et par conséquent, pour la distance entre les deux points, une autre expression de la forme $2B\sqrt{-1}$. Le coefficient de $\sqrt{-1}$, dans cette dernière, ou la longueur $2B$, qui est une quantité réelle, peut se construire géométriquement; et, comme la considération de cette longueur peut être utile dans la recherche des propriétés de l'hyperbole, on lui a donné un nom, en disant que $2B$ représente le diamètre conjugué au diamètre $2A$. On sait qu'étant donné le diamètre $2B$, avec sa direction, on peut facilement en déduire le diamètre $2A$; en coupant les asymptotes par une sécante parallèle à la direction donnée, la ligne menée du centre au milieu de la sécante indiquera la direction du diamètre $2A$; et le rapport de cette dernière ligne à la moitié de la sécante sera précisément égal au rapport $\dfrac{A}{B}$.

Supposons maintenant que l'on cherche, par l'Analyse, les points d'intersection, non plus d'un diamètre, mais d'une droite quelconque avec une courbe du second degré, et la distance de ces deux points, ou, en d'autres termes, la corde qui les unit; lorsque la droite ne rencontrera plus la courbe, la distance donnée par l'Analyse deviendra imaginaire, et sera de la forme $2C\sqrt{-1}$; tandis que le point milieu de la corde conservera des coordonnées réelles. Il devient alors utile de substituer à la corde imaginaire, qui n'existe pas, une corde fictive $2C$, comptée sur la droite proposée, et dont le milieu coïncide avec le point dont nous venons de parler.

C'est à cette corde fictive qu'on-pourrait appliquer la dénomination de corde idéale, par laquelle M. Poncelet désigne tantôt la droite indéfinie que l'on considère, et tantôt la corde imaginaire interceptée par la courbe, puisqu'il appelle centre de la corde idéale le point réel que l'Analyse indique comme étant le milieu de la corde imaginaire. Le sens dans lequel l'auteur emploie le mot idéale se trouverait ainsi modifié de telle manière que les longueurs idéales resteraient des longueurs réelles et constructibles en Géométrie. Ainsi, par exemple, dans une hyperbole, dont le grand axe rencontre la courbe, la longueur idéale du diamètre, perpendiculaire au grand axe, serait le petit axe lui-même. Si, en adoptant cette manière de s'exprimer, on construit, pour une section conique quelconque, toutes les cordes idéales parallèles à une direction donnée; les extrémités de toutes ces cordes se trouveront sur une nouvelle section conique, que l'auteur appelle supplémentaire de la première, relativement à la direction dont il s'agit.

Cela posé, il est facile de voir que deux sections coniques supplémentaires l'une de l'autre, relativement à une direction donnée, sont nécessairement ou deux paraboles ou une hyperbole et une ellipse. Dans le premier cas, les deux paraboles ont le même paramètre, avec une tangente commune, parallèle à la direction donnée, et un diamètre commun passant par le point de contact. Dans le second cas, les deux courbes peuvent aisément se déduire l'une de l'autre, d'après la condition à laquelle elles se trouvent assujetties d'avoir en commun deux diamètres conjugués, dont l'un est parallèle à la droite donnée, tandis que l'autre rencontre à la fois les deux courbes qui se touchent ainsi par ses extrémités. Dans le même cas, toutes les fois que l'ellipse se réduit à un cercle, l'hyperbole devient équilatère, et a pour axe transverse le diamètre du cercle. Enfin, l'on prouve aisément que, si deux courbes sont supplémentaires l'une de l'autre, relativement à une direction donnée, indiquée par une certaine droite, leurs projections sur un plan parallèle à cette droite jouiront de la même propriété.

En vertu de ce qui précède, si l'on donne une section conique quel-conque, avec un centre et un plan de projection, il deviendra facile de déterminer, pour la section conique projetée : 1° l'angle formé par deux diamètres conjugués, dont l'un serait parallèle au plan de la section conique proposée ; 2° le rapport de ces mêmes diamètres. En effet, si l'on conçoit d'abord que la section conique projetée soit une hyperbole, un plan quelconque, parallèle au plan de projection, coupera le cône qui a pour base la courbe proposée, et pour sommet le centre de projection suivant des hyperboles semblables et comprises entre des asymptotes pa-rallèles. Par suite, si le plan coupant passe par le sommet du cône, la section se trouvera réduite à deux arêtes parallèles aux asymptotes dont il s'agit. Comme d'ailleurs le même plan coupera évidemment la courbe donnée suivant une certaine corde terminée à ces deux arêtes, il en ré-sulte : 1° que l'angle cherché sera équivalent à celui que forme la corde en question avec la droite qui joint son milieu et le sommet du cône : 2° que le rapport cherché sera celui qui existe entre la longueur de cette droite et celle de la demi-corde. Lorsque la courbe projetée sera une el-lipse, le plan mené par le sommet du cône parallèlement au plan de pro-jection ne rencontrera plus la courbe proposée ; mais sa trace sur le plan de cette dernière sera toujours une droite réelle, à laquelle correspondra une certaine corde idéale de la courbe donnée. Dans la même hypothèse, on appliquera les raisonnements que nous avons employés ci-dessus, non plus à la courbe proposée, mais à la section conique supplémentaire de cette courbe, relativement à la corde idéale dont nous venons de parler ; et l'on en conclura : 1° que l'angle cherché est équivalent à celui que forme la corde idéale avec la droite qui joint le milieu de cette corde et le centre de projection ; 2° que le rapport cherché est celui qui existe entre la longueur de cette droite et la demi-corde. Lorsque la courbe projetée se réduit à un cercle, tous ses diamètres conjugués sont égaux et se coupent à angles droits. Par conséquent, dans ce cas particulier, la droite menée du centre de projection au milieu de la corde idéale de la courbe donnée doit être perpendiculaire sur cette corde et égale à sa moitié.

La question que nous venons de résoudre n'a pas été traitée directe-ment par M. Poncelet ; mais la solution que nous avons déduite des prin-cipes qu'il a établis fournit le moyen *de simplifier et de généraliser,* tout à la fois, celles de plusieurs autres problèmes dont nous parlerons ci-après.

Considérons à présent deux sections coniques tracées sur un même plan. Il peut arriver ou qu'elles se coupent en quatre points, ou qu'elles se coupent en deux points, ou qu'elles ne se coupent pas. Si l'on cherche, par l'Analyse, les abscisses des points d'intersection, on trouvera que ces abscisses sont les racines d'une équation du quatrième degré à coeffi-cients réels, et que cette même équation a quatre racines réelles dans le premier cas, deux racines réelles et deux racines imaginaires conjuguées dans le second, enfin quatre racines imaginaires conjuguées deux à deux dans le troisième. De plus, comme, en combinant les équations des deux courbes, on peut en déduire une troisième équation du second degré, qui ne renferme l'ordonnée qu'au premier degré seulement, il en résulte que l'Analyse indique seulement quatre points d'intersection, et que, pour chacun de ces points, on peut exprimer l'ordonnée en fonctions rationnelle et réelle de l'abscisse. Par suite, si l'on trouve, pour un point d'intersection, une abscisse réelle, l'ordonnée le sera également; et si l'Analyse fournit, pour deux de ces points, deux abscisses imaginaires conjuguées, les ordonnées correspondantes seront elles-mêmes imaginaires et conjuguées. Considérons, en particulier, deux points de cette dernière espèce. Comme, pour transformer les coordonnées de l'une en celles de l'autre, il suffira de remplacer $+\sqrt{-1}$ par $-\sqrt{-1}$, il est clair que toutes les équations et quantités diverses qui, étant rationnelles par rapport à ces ordonnées, ne devront pas être altérées par leur échange mutuel, seront nécessairement des équations réelles et des quantités réelles. Par exemple, l'équation de la droite qui passe par les deux points sera réelle, ainsi que le carré de leur distance mutuelle, ou, en d'autres termes, de la corde qui les unit, et il en sera de même des coordonnées du milieu de cette corde. Toutefois, comme, par hypothèse, les deux points ne sont pas réels, le carré de la corde en question ne pourra être qu'une quantité négative, dont la racine, abstraction faite du signe, sera une expression imaginaire de la forme $2C\sqrt{-1}$.

Pour déterminer le coefficient réel $2C$, dans cette expression, il suffira évidemment de chercher la corde idéale qu'on obtient en considérant la droite réelle qui passe par les deux points imaginaires comme sécante idéale de l'une ou de l'autre des deux courbes proposées. Par conséquent, la longueur $2C$ sera celle d'une corde idéale réellement commune à ces deux courbes. Cela posé, si l'on passe successivement en revue les trois hypothèses que l'on peut faire sur le nombre des points réels communs aux deux courbes proposées, on trouvera que ces deux courbes ont, en général, ou six cordes communes, passant par quatre points réels, ou deux cordes communes, dont une idéale, ou deux cordes idéales communes. Toutefois, pour deux hyperboles semblables, ou du moins comprises entre des asymptotes parallèles, ainsi que pour des ellipses semblables et semblablement placées, une seule corde commune naturelle ou idéale subsiste, tandis qu'une autre s'éloigne à l'infini. C'est ce qui a lieu, en particulier, pour deux circonférences de cercle. De plus, il peut arriver que deux cordes communes viennent à se confondre, et alors, si ces cordes ne sont pas idéales, les deux courbes se toucheront évidemment en deux points réels. Ajoutons que, si l'on projette deux sections coniques, situées dans un même plan sur un nouveau plan, parallèle à une corde idéale qui leur soit commune, la projection de cette corde sera elle-même une corde idéale commune aux projections des deux sections coniques. Par suite, si les deux courbes proposées étaient dissemblables entre elles, auquel cas elles avaient nécessairement plusieurs cordes réelles ou idéales communes ; pour rendre leurs projections semblables et semblablement placées, il faudra faire en sorte qu'une des cordes communes s'éloigne à l'infini. On remplira cette condition en plaçant le centre de projection partout où l'on voudra, pourvu qu'ensuite on prenne le plan de projection parallèle à celui qui passera par ce centre et par l'une des cordes communes aux deux courbes données.

Dans ce qui précède, nous avons déduit de l'Analyse la notion des cordes idéales des sections coniques ; mais on peut arriver au même but par des considérations géométriques.

Par exemple, lorsqu'une ellipse ou une hyperbole se trouve coupée en deux points réels par une sécante quelconque, le milieu de la corde interceptée coïncide avec le point où la sécante est rencontrée par le diamètre conjugué à sa direction, et la corde elle-même est équivalente au double produit du rapport entre le diamètre parallèle et le diamètre conjugué, par une moyenne proportionnelle entre les distances du point que l'on considère aux extrémités du diamètre conjugué. Si l'on détermine, d'après les mêmes conditions, la corde et son milieu, dans le cas où la sécante devient idéale, on obtiendra ce que nous avons nommé la corde idéale relative à cette sécante.

Considérons encore deux cercles non concentriques et situés dans un même plan. Si, par ces cercles, on fait passer deux sphères qui se coupent, le plan d'intersection des deux sphères rencontrera le plan des deux cercles suivant une certaine droite ; et cette droite, si les deux cercles se coupent, passera par les deux points qui leur sont communs. Si, au contraire, les deux cercles ne se coupent pas, cette droite sera précisément la sécante idéale, dont la direction coïncide avec celle de la corde idéale commune, et le point d'intersection de cette sécante avec la droite des centres sera le milieu de la même corde. La construction précédente, en donnant un moyen facile de fixer la direction de la corde idéale commune à deux cercles, sert en même temps à faire connaître ses principales propriétés. Par exemple, si d'un point pris sur cette sécante on mène une suite de tangentes aux deux sphères, elles seront évidemment égales aux tangentes menées par ce même point à leur cercle d'intersection : il en résulte immédiatement que les quatre tangentes menées à deux cercles par un point pris sur la direction de la corde commune sont égales entre elles. Cette propriété était déjà connue des géomètres. On avait remarqué la droite à laquelle elle appartient ; et M. Gaultier, auteur d'un Mémoire inséré dans le XVIe Cahier du *Journal de l'École Polytechnique*, a particulièrement considéré les droites de cette espèce, auxquelles il a donné le nom d'*axes radicaux*.

Après avoir entretenu l'Académie des méthodes employées par M. Poncelet, nous allons présenter une indication sommaire des applications qu'il en a faites. Son Mémoire est divisé en trois paragraphes : le premier est relatif aux cordes idéales des sections coniques, et renferme leur définition ainsi que leurs propriétés générales, déduites de considérations purement géométriques. L'auteur y remarque également que le point de concours des tangentes menées à une section conique, par les extrémités d'une même corde, ou ce qu'on appelle communément le *pôle* de cette corde, est un point réel, lors même que les tangentes deviennent imaginaires. Il montre la relation qui existe constamment entre ce pôle et le milieu de la corde, et s'en sert pour construire le pôle idéal correspondant à une corde idéale donnée.

Dans le second paragraphe, M. Poncelet s'occupe des cordes idéales, considérées dans le cas particulier de la circonférence du cercle, et démontre plusieurs propositions relatives, soit aux cordes réelles ou idéales, soit aux pôles de ces mêmes cordes, soit aux centres de similitude et aux cordes communes de deux ou plusieurs cercles situés sur un même plan. On pourrait déduire un grand nombre de ces propositions des propriétés que possèdent deux points choisis sur une droite et sur son prolongement, de manière que leurs distances aux extrémités de la droite soient entre elles dans le même rapport. Parmi ces propriétés, l'une des plus remarquables consiste en ce que la circonférence décrite sur la droite comme diamètre coupe orthogonalement toutes celles qui passent par les deux points en question. On doit distinguer, dans le même paragraphe, une solution très-élégante du problème dans lequel on demande de tracer un cercle tangent à trois autres.

Dans le troisième paragraphe, l'auteur établit les principes de projection centrale ou perspective à l'aide desquels on peut étendre les théorèmes vérifiés pour le cas du cercle à des sections coniques quelconques. Par exemple, voulant démontrer que les propriétés projectives du système de deux cercles, situés dans un même plan, subsistent pour le système de deux sections coniques, il a seulement à faire voir que le premier système peut être considéré, en général, comme la projection du second. Il recherche, à ce sujet, tous les points de l'espace susceptibles de projeter deux sections coniques suivant deux cercles, et prouve que tous ces points appartiennent à des circonférences décrites avec des rayons perpendiculaires sur les milieux des cordes idéales communes aux deux courbes données, et respectivement égaux aux moitiés de ces cordes. Au reste, on est conduit directement au même résultat par la solution du problème que nous avons traité plus haut. On pourrait même, en s'appuyant sur cette solution, déterminer tous les points de l'espace susceptibles de projeter deux courbes quelconques du second degré, suivant deux autres courbes du même degré, mais semblables entre elles, pour lesquelles le diamètre, parallèle au plan des deux premières courbes, formerait, avec son conjugué, un angle donné, et serait à ce même conjugué dans un rapport donné. On trouverait que ces points sont situés sur des circonférences de cercles décrites par des rayons vecteurs qui, aboutissant aux milieux des cordes naturelles ou idéales communes aux deux courbes proposées, forment avec ces mêmes cordes l'angle donné, et sont à leurs moitiés dans le rapport donné. Plusieurs autres questions du même genre, traitées par l'auteur, dans ce troisième paragraphe, se résolvent d'après les mêmes principes.

D'après le compte que nous venons de rendre du Mémoire de M. Poncelet, on voit qu'il suppose dans son auteur un esprit familiarisé avec les conceptions de la Géométrie et fécond en ressources, dans la recherche des propriétés des courbes, ainsi que dans la solution des problèmes qui s'y rapportent.

Nous pensons, en conséquence, que ce Mémoire est digne de l'approbation de l'Académie ; et nous proposerions de l'insérer dans le *Recueil des Savants étrangers*, si l'auteur ne le destinait à faire partie d'un ouvrage qu'il se propose de publier sur cette matière.

Signés : Poisson ; Arago ; Cauchy, rapporteur.

Remarques critiques et réflexions diverses à propos du précédent Rapport.

Maintenant je reviens à cette Géométrie intuitive, soi-disant métaphysique, qui remonte à Descartes, à Desargues, à Pascal, à Monge dans les temps modernes, mais que Descartes lui-même, écrivant au père Mersenne, prétend avoir été mise en usage par Archimède ; à cette Géométrie que le Rapporteur de l'Académie, grand calculateur algébriste, appréciait si peu à l'époque de 1820, et même à celle de 1824 où, pendant de si longues et pour moi si pénibles années, il retint entre ses mains les deux autres grands Mémoires sur les *centres de moyennes harmoniques* et la théorie des *polaires réciproques*, dont j'ai souvent, trop souvent peut-être, déjà parlé dans ce second volume des *Applications*.

Je remarque, tout d'abord, que les premières pages du précédent Rapport, non-seulement confirment ce que je viens avancer relativement à l'insuffisance de son rédacteur au point de vue géométrique, mais montrent aussi que M. Cauchy, indifférent à de pareilles études, ne semblait nullement connaître ou avoir compris et goûté les divers Articles publiés par moi de 1817 à 1819, dans les anciennes *Annales mathématiques* (VIe Cahier de ce volume) ; c'est par ces motifs, sans doute, et d'autres que j'ignore, qu'il a été amené à me traiter aussi légèrement qu'il l'a fait dans le texte de son Rapport. J'aurais donc volontiers supprimé à l'impression plusieurs des pages de cet écrit peu digne de la haute renommée scientifique de l'auteur, si je n'avais craint qu'une telle suppression ne devint pour quelques lecteurs, un motif de doutes, de reproches même, au sujet des opinions tranchantes que je viens d'émettre, en paraissant ne prendre aucun souci de les justifier explicitement. A plus forte raison, ne saurais-je garder le silence sur ce que le Rapporteur affirme relativement à ce que, dans mon Mémoire de 1820, j'appelais laconiquement : *principe de la continuité*, parce que je sous-entendais, pour la brièveté du discours, les mots : ou *permanence des relations métriques et descriptives des figures*. Pour M. Cauchy, on le voit, ce principe n'était qu'une forte *induction* susceptible de conduire à

36.

des *erreurs manifestes*, etc.; mais ce jugement sévère n'est appuyé d'aucun exemple, d'aucune preuve quelconque; ce n'est là qu'une assertion vague, par conséquent irréfutable logiquement, et qui prenait sa source dans des opinions préconçues sur la *continuité algébrique*.

Avec un peu plus d'expérience des affaires académiques et d'après les vaines tentatives que j'avais faites pour obtenir une audience du savant Rapporteur, ainsi que par les mots bienveillants, mais discrets, échappés à mes anciens et illustres maîtres, Ampère, Arago, Lacroix, Poinsot et Poisson, peu soucieux d'intervenir dans la discussion, j'aurais dû comprendre que l'opinion de M. Cauchy n'était pas favorable à la tendance de mes idées philosophiques. Redoutant, avec raison, que douze années de travaux et de méditations persévérantes ne devinssent pour moi un sujet de déception et peut-être même de ridicule aux yeux de mes supérieurs, de mes camarades et du public géomètre, assez indifférent et peu indulgent en général, je parvins, lors d'une dernière démarche, à atteindre mon inflexible juge à son domicile, rue Serpente, n° 7, au moment où il le quittait pour se rendre à Saint-Sulpice; mais durant ce rapide et trop court trajet, je m'aperçus promptement que je n'avais aucun droit acquis à ses ménagements, à son estime scientifique, et qu'il me serait même impossible de m'en faire comprendre. Aussi me bornai-je, en humble et timide solliciteur, à le prévenir respectueusement que les objections et les difficultés qu'il croyait apercevoir dans l'adoption du principe de continuité en Géométrie, tenaient essentiellement à l'insuffisante attention jusquelà accordée à la loi des signes de position, loi dont je m'étais préoccupé dès 1813, en Russie, mais surtout depuis mon retour en France en 1814, et dont la discussion mathématique aurait précédé ma communication à l'Académie, si d'estimables savants (*voir* p. 130 et suiv.) ne m'en avaient détourné. Mais, sans me permettre d'en dire davantage, il me quitta brusquement en me renvoyant à la future publication de ses Leçons à l'École Polytechnique où la question devait, selon lui, être convenablement approfondie.

Ces Leçons parurent, en effet, l'année suivante (1821), sous le titre de *Cours d'Analyse* (Ire partie, en un volume in-8° de 570 pages); or, je fus grandement désappointé de n'y rencontrer que des théorèmes et problèmes de *synthèse algébrique*, exposés sous une forme de rigueur tout au moins apparente, c'est-à-dire à la manière d'Euclide, de Legendre, etc.; synthèse où se trouvent accumulées les nombreuses difficultés ou objections auxquelles avait donné lieu jusqu'alors l'application du calcul numérique à certaines formules de l'Analyse algébrique qu'il prétendait soustraire à tout reproche, à toute pétition basée sur ce que j'avais nommé *principe de continuité*. Quant à ce principe et à la loi des signes de position considérés en eux-mêmes, en Géométrie ou en Analyse, on en chercherait en vain des traces explicites dans ce volume de 1821. Pourtant l'auteur y admet, avec certaines restrictions il est vrai, même pour les fonctions simples, l'existence de la loi de continuité dont Lagrange et Ampère évitaient, d'une manière plus apparente que réelle, l'emploi dans leurs leçons d'Analyse algébrique (1807 à 1809); leçons auxquelles, pour ce motif, j'ai toujours préféré celles de notre ancien et vénérable professeur Lacroix, et de son spirituel successeur à l'École Polytechnique, Poinsot, qui auraient, sans nul doute, repoussé cette définition hybride mais fort commode au point de vue algébrique (*Cours d'Analyse*, p. 34 et suiv.): *une fonction réelle et simple qui devient infinie entre deux limites données est une fonction discontinue*. De sorte que, notamment, la tangente et la sécante trigonométriques d'un arc de cercle compris entre zéro et un arc supérieur à deux quadrants étant considérées comme discontinues par M. Cauchy, il devait en être ainsi, à fortiori, des arcs, des aires, etc., compris entre deux points appartenant à des branches opposées de l'hyperbole, bien que contigus à une même asymptote : néanmoins, au point de vue géométrique, ces branches sont nécessairement soumises à un même mode de génération continue.

Cette définition, jetée au début d'un Traité d'*Analyse algébrique*, est à coup sûr, je le répète, un moyen commode d'en éluder les difficultés, mais non de les résoudre et de les aborder avec franchise. De plus, une pareille manière de procéder, qui rappelle sans avantage celle des Anciens, accorde une trop grande prépondérance aux faits particuliers sur les faits généraux : elle rompt la liaison des théories et des idées, pour y substituer une série d'énoncés, de recettes pour ainsi dire, dont la science des nombres discrets, jusqu'ici encore soustraite à toute loi de continuité malgré les travaux de Dirichlet, offre un très-remarquable exemple. Évidemment, on ne pourrait s'imposer pour modèle une telle manière sans oublier le but véritable des Mathématiques, et sans courir la chance de nous ramener à la scolastique du moyen âge, dont l'esprit étroit et difficultueux ne s'est, comme j'en ai déjà fait la remarque, que trop propagé dans l'enseignement de nos lycées et collèges, à dater de l'époque où régnait l'examinateur baron Reynaud, puissant personnage à la ville et à la cour, grand faiseur d'objections et de subtiles questions dont il était l'inventeur satisfait; du reste commentateur obscur et ampoulé de Bezout, le plus lucide, avec Lacroix, de nos auteurs de Traités de Mathématiques élémentaires, parce qu'ils ne repoussaient pas l'axiome de la continuité, et s'attachaient plus a l'esprit des méthodes qu'à la solution impromptue de petits problèmes qui eussent embarrassé le modeste Lagrange, et sont propres seulement à avertir les professeurs et à préparer les examens de l'année suivante.

Les procédés de démonstration et d'exposition épineux et décousus, dont je viens de parler, étaient, sans nul doute, l'origine et la base du jugement si légèrement prononcé contre le principe de continuité par M. Cauchy, qui, à mon sens, oubliait trop que la continuité en elle-même est un fait, un axiome indémontré, indémontrable algébriquement, et qu'elle doit se manifester non pas seulement dans les fonctions simples et primitives, mais dans toutes leurs dérivées des divers ordres, comme le témoignent les belles séries de Taylor, de Maclaurin et d'autres développements illimités : employés, en effet, dans des conditions de calcul et d'approximation purement numériques, par conséquent restrictives et étrangères à la Géométrie ou à l'Analyse en général, ces développements sans *limites* ni *restes complémentaires*, seraient susceptibles de conduire à des conséquences absurdes ou contradictoires (*voir* le contenu du n° III qui suit).

Or, ces circonstances singulières, qui exercent aujourd'hui encore la sagacité des calculateurs, ne me préoccupaient nullement dans un Mémoire de pure Géométrie, exclusivement destiné à l'étude des *propriétés projectives des figures;* car elles ne prouvent rien contre le principe de continuité, comme on l'a établi dans le IIIe Cahier de ce volume; ce principe ne cessant de subsister que lorsqu'il y a antagonisme entre les signes des relations métriques primitivement soumises à des conditions incompatibles et étrangères à la situation relative des divers éléments fixes ou mobiles d'une figure géométrique. C'est bien là, si je ne me trompe, un fait irrécusable que le célèbre Rapporteur de l'Académie royale des Sciences ne pouvait connaître, faute d'une préalable et suffisante étude de la matière : la forme algébrique, l'expression générale des résultats ne pouvant changer d'une manière absolue avec les hypothèses primitives que dans ces cas d'antagonisme, dont je pourrais citer des exemples, même dans les machines, indépendamment de ceux qui sont offerts par les formules de l'attraction des sphéroïdes, etc., où les forces et les distances peuvent suivre des lois indépendantes par rapport aux signes de position, et que Lejeune-Dirichlet, l'illustre ami des Crelle et des Borchardt, des Jacobi, des Steiner, des Liouville et le mien propre, a ramené au principe de continuité par un heureux artifice de calcul appliqué à l'intégration des fonctions différentielles dépendante de ce qu'on nomme le *potentiel*.

Ces observations générales me semblent, quant à présent, devoir suffire pour montrer que les scrupules, les objections tranchantes de M. Cauchy, relatives au principe de continuité, étaient sans fondement logique; et ce qui le prouve, c'est que Jacobi et d'autres illustres géomètres étrangers, en citant le *Traité des Propriétés projectives*, ne se sont nullement arrêtés à ces malencontreux scrupules. D'ailleurs la Ire Partie du *Cours d'Analyse*, si volumineuse à cause des nombreux développements sur le calcul des formes imaginaires, est restée sans suite immédiate, et il m'a fallu franchir l'intervalle de 1824 à 1826 où parut le tome Ier des *Leçons sur les applications du calcul infinitésimal à la Géométrie* (Imprimerie Royale), pour voir comment M. Cauchy abordait, dans la théorie des courbes algébriques, le passage délicat du fini à l'infini, qui dans tous les temps a offert de si grandes difficultés aux esprits philosophiques incapables de déguiser la vérité par des artifices de calculs ou de langage conventionnels et sophistiques.

Or, je le déclare sans détour, je n'y ai rien trouvé concernant la loi des signes de position, renvoyée sans doute aux *Traités de Géométrie analytique élémentaires;* rien sur la continuité des courbes, admise à priori et sans réserve pour le premier ordre d'infiniment petits ou d'infiniment grands, mais soigneusement évitée dans les autres ordres, grâce à un mode de démonstration d'une apparente rigueur, emprunté au philosophe Gergonne (*Annales*, t. IX, 1818), qui , blâmant hardiment les doctrines de Leibnitz et de Newton, n'admettait pour légitimes que celles des *dérivées* de Lagrange, critiquées, non sans raison, par Wronski au point de vue de l'Algorithmie et de l'infini.

De là aussi, de la part du Rapporteur académicien, ces reproches adressés au principe de continuité, si embarrassant pour ceux qui ont une aveugle confiance dans les résultats du calcul algébrique, dont l'apparente rigueur fait illusion à beaucoup de jeunes néophytes, qui confondent les formules, les équations de la Géométrie de Descartes avec celles de l'Arithmétique proprement dite; Géométrie qu'on débarrasse ainsi de toutes les difficultés inhérentes à l'Analyse en général, aux signes algorithmiques des fonctions et à la position relative des grandeurs; je veux dire aux signes afférents au mode d'existence propre de ces grandeurs. C'est à tel point, que ces impitoyables et crédules ennemis de la continuité géométrique en sont venus à affirmer nettement, même dans les courbes simplement algébriques, l'existence effective de *points d'arrêt brusques*, de *points saillants*, etc., dont M. Cauchy, d'ailleurs assez mal affermi dans sa voie comme j'en ai déjà apporté des preuves, emprunte sans examen suffisant la doctrine à un Mémoire de 1824 présenté à l'Académie des Sciences par M. Roche.

Au surplus, bien que de telles erreurs se soient propagées dans d'autres écrits recommandables à certains titres, je ne veux pas insister ici sur l'imparfaite ébauche de M. Cauchy, datée de 1826 et qui prouve tout au moins que ses idées sur la continuité des fonctions et des équations algébriques n'étaient pas dès lors parfaitement arrêtées dans son esprit, et qu'il faut descendre jusqu'en 1828 (*Calcul intégral*) et 1829 (*Calcul différentiel*), pour les voir se rapprocher de plus en plus de celles d'Euler, de Lagrange, d'Ampère, de Lacroix et de Poinsot, relatives aux différentielles, aux dérivées, aux limites et aux infiniment petits prescrits par le programme de 1813; mais dont l'exposition, d'une rigueur apparente, se trouve complétée par le calcul des imaginaires, déduit de conventions à priori très-peu propres à infirmer le *principe de continuité*, que, pourtant, le Rapporteur du *Mémoire sur les polaires réciproques* niait encore si obstinément dans cette même année 1828.

Après ces réflexions générales sur la manière vague et imparfaite dont le savant Rapporteur de mon Mémoire de 1820 entendait le principe de continuité, je puis, sans entrer dans des détails inutiles aux lecteurs instruits des progrès récents de l'Analyse appliquée à la Géométrie, me permettre d'insister quelque peu sur la manière tout algébrique dont il a plu à M. Cauchy de traduire, à son propre point de vue, mes idées relatives aux cordes idéales ou imaginaires communes à un système de coniques sur un plan, et aux principes de projection centrale qui les concernent. Les personnes qui ont bien voulu lire avec quelque attention le Ier volume de ces *Applications*, comprendront combien il m'a été pénible de voir interpréter et traiter avec un tel sans façon et si peu d'intelligence philosophique, des notions de Géométrie générale jusque-là, il est vrai, étrangères au Calcul algébrique, trop souvent, je le répète, confondu avec l'Arithmétique.

Par exemple, M. Cauchy, en s'appesantissant pour le démontrer à sa manière sur les propriétés élémentaires d'un système de cercles dans un plan ou de sphères dans l'espace, ne s'est pas aperçu, n'a pas compris que, d'après les principes subséquents de mon Mémoire, ces propriétés, toutes *projectives et linéaires*, s'étendaient à des systèmes de coniques et de surfaces du second degré quelconques, ayant en commun une sécante ou un plan de section. Il est vrai que j'avais laissé aux lecteurs intelligents le soin de cette application, facile quand on prend garde que les cercles et les sphères dont il s'agit ont toujours des *sections imaginaires* communes à l'infini.

Malheureusement, des considérations de cette nature étaient comme non avenues pour le Rapporteur, auquel il eût été au contraire beaucoup plus aisé de mettre en évidence son incontestable supériorité algébrique, en essayant de démontrer par l'Analyse de Descartes, à laquelle je substituais le raisonnement géométrique, l'existence et le mode de construction des cordes idéales communes au système de deux coniques quelconques sur un plan, ainsi que la possibilité de projeter ces courbes suivant des cercles, auxquels le Rapporteur substitue des coniques semblables et semblablement placées sur un second plan à déterminer dans l'espace; mais je ferai remarquer que ce problème, bien qu'en apparence plus général, est, par le fait, moins riche en conséquences utiles, puisque les propriétés relatives aux cercles et aux sphères, étant plus élémentaires, plus abordables à l'universalité des esprits et étant aussi mieux connues, une telle généralisation allait précisément au rebours du but que je voulais atteindre.

Comment d'ailleurs M. Cauchy, qui ne craignait pas de montrer sa supériorité en fait de Géométrie, ne s'est-il pas aperçu que ses démonstrations à postériori, ses prétendues généralisations des théorèmes établis dans mon Mémoire de 1820, étaient dénuées de tout mérite original après la découverte des relations intimes qui lient les cordes communes au système de deux coniques, aux centres et aux plans auxiliaires de projection? S'était-il donc figuré que ces relations fussent le résultat d'une simple intuition ou *improvisation* géométrique, et qu'elles n'eussent donné aucun mal à acquérir, même par la voie de l'Analyse algébrique (*voir* t. Ier des *Applications*, p. 99, 118, 287, 408 à 409)? N'est-il pas décourageant au dernier point, de voir de nos jours que les découvertes géométriques les plus délicates sous le rapport de la philosophie de la science, soient ainsi travesties, rabaissées par des esprits légers, satisfaits, tout au moins inattentifs, et qui n'ont pas peu contribué à jeter dans l'enseignement le désordre et l'indiscipline dont j'ai déjà parlé? N'eût-il pas été beaucoup plus digne de la réputation de M. Cauchy, d'appliquer directement, sans préventions ni idées préconçues, son prodigieux talent d'algébriste à la recherche directe du lieu des sommets communs aux cônes projetants dont il a été parlé? Ce problème, en effet, vainement tenté par d'autres avant ou depuis 1813, et qu'à cette époque j'ai abordé directement par les voies de l'Analyse algébrique, dépend, comme on l'a vu, d'une équation du 12e degré, décomposable implicitement en six autres du 2e, mais dont les coefficients ou constantes dépendent à leur tour d'une équation du 6e degré, réductible au 3e, ce problème méritait bien, je crois, l'intérêt et l'attention du Rapporteur.

Peut-être qu'une pareille tentative eût rendu ce savant plus circonspect, moins dédaigneux envers l'auteur du Mémoire dont la Commission académique l'avait fait Rapporteur, sinon juge exclusif. Peut-être aussi qu'en y réfléchissant davantage, il se fût aperçu que la théorie des coniques supplémentaires, offrant la construction géométrique immédiate des six cordes idéales communes en général à deux coniques données, pouvait servir de point de départ à de plus vastes doctrines concernant, sinon la représentation, du moins l'interprétation simple et naturelle des expressions imaginaires. C'est ce qui arrive, en effet, dans la recherche des propriétés de certaines intégrales périodiques que les géomètres algébristes ont, en dernier lieu, abordées par des méthodes assez peu satisfaisantes au point de vue géométrique, mais que M. Maximilien Marie, connu par de savantes et originales publications, a remplacées par d'autres plus lumineuses, dans un remarquable Mémoire sur la *théorie des fonctions de variables imaginaires*, soumis en 1854 au jugement de l'Académie, Mémoire que M. Cauchy aurait plus favorablement encore apprécié comme Rapporteur, s'il avait gardé un meilleur souvenir de mes écrits de 1820 et 1822. Or, j'insiste quoique bien à regret, M. Cauchy était peu apte à comprendre et goûter les doctrines de la Géométrie, ce dont on se convaincra en lisant le Mémoire sur la *synthèse algébrique* (t. XVI de nos *Comptes rendus*, p. 867 à 881, 967 à 976, 1039 à 1052), où cet académicien reproduit un peu tardivement (1843) les méthodes de son ami et affidé scientifique M. Gergonne, qui consistent à traiter, sans calcul ni éliminations laborieuses, certaines questions de Géométrie élémentaire, relatives aux contacts des cercles, des sphères, etc.

Que l'on consulte encore les divers Articles ou Notes non moins étendues, écrites à l'occasion d'un Rapport sur des Recherches géométriques de M. Amyot, et qui a donné lieu à de longues discussions et réclamations insérées dans le même volume des *Comptes rendus de l'Académie des Sciences* (p. 828 à 833, 938 à 939, 947 à 954, 1105 à 1112), devenues la cause, le motif stimulant des excursions de M. Cauchy dans le domaine de la Géométrie pure, et certes on ne pourra disconvenir avec moi, à part toute prévention morale et scientifique, que M. Cauchy, si puissant comme calculateur, si léger et superficiel dans ses jugements, manquait absolument du sens philosophique et géométrique, nécessaire pour généraliser les méthodes et franchir les bornes établies par ses illustres prédécesseurs.

Maintenant, on doit comprendre comment peu goûté, encore moins encouragé au dedans comme au dehors de l'Académie des Sciences, dans ma téméraire entreprise de publication du *Traité des Propriétés projectives*, j'ai dû, faute de ressources pécuniaires et d'éditeurs bénévoles, recourir à une souscription publique, immédiatement couverte il est vrai, grâce au bienveillant intérêt de mes amis, de mes camarades et de mes chefs, parmi lesquels la reconnaissance me fait un devoir de citer avant tous, le digne et illustre général du génie Baudrand, membre du jury d'examen de l'École d'application de Metz.

On conçoit encore comment, après l'impression entière de ce volumineux ouvrage, en 1822, j'ai dû attendre avec résignation le jugement académique sur les théories générales du *centre de moyenne harmonique* et des *polaires réciproques* que j'ai si souvent mentionnées, parce que, n'ayant obtenu que des Rapports aussi tardifs que peu encourageants et peu intelligibles au point de vue géométrique, ils sont devenus pour moi la source de nombreuses et pénibles déceptions scientifiques, au nombre desquelles on me permettra de rappeler ici l'injuste oubli des successeurs et vulgarisateurs auxquels j'avais donné de plus généreux exemples dans le *Traité des Propriétés projectives*, mais surtout l'hostilité flagrante des rédacteurs ou collaborateurs des *Annales* de Montpellier et du *Bulletin des Sciences mathématiques* (1826 à 1828), dont je n'ai pu combattre et vaincre le mauvais vouloir qu'à force de réclamations, de sollicitations persévérantes, qui ne témoignent pas en faveur de l'impartialité de certains échos de la presse scientifique.

Enfin, on conçoit mieux encore comment, profondément humilié et contrarié de tant de retards et de dénis de justice, je me suis décidé, non sans un regret patriotique amer, à recourir à l'impartial *Journal de Mathématiques*, publié tout récemment alors (1826) à Berlin, par l'honorable et savant Dr Crelle, qui accueillit les Mémoires dont il vient d'être parlé, non il est vrai sans quelques timides réserves dictées par la crainte de déplaire aux rédacteurs alors toutpuissants, des Recueils scientifiques français que je viens de citer.

III.

RÉSUMÉ ANALYTIQUE DE DIVERSES NOTES OU SOUVENIRS ANTÉRIEURS A 1820, AVEC QUELQUES DÉVELOPPEMENTS PLUS RÉCENTS.

Sur la continuité des courbes géométriques et transcendantes.

Envisagée dans le sens le plus général, la *continuité*, dont aujourd'hui encore on ose à peine invoquer le principe, est un fait mathématique qui ne saurait se démontrer à priori, ni en Analyse algébrique, ni en Géométrie, ni même dans la Mécanique rationnelle et abstraite où, cependant, elle semble de toute évidence à l'égard du mouvement, puisque le mobile, quel qu'il soit, ne saurait s'anéantir à aucun instant. Dans la génération des courbes et des surfaces notamment, elle se manifeste par l'accord exact des faits avec les résultats déduits de son admission à priori et de l'application du calcul ou du raisonnement aux relations algébriques et géométriques qui définissent l'état, la constitution et le mode de génération des grandeurs que l'on considère.

J'ai déjà émis, dans diverses notes ou passages du texte (IIIe et IVe Cahiers), quelques idées relatives à la continuité des courbes ou des surfaces, idées qui remontent à l'époque de mon séjour à l'École Polytechnique ; je ne saurais y revenir ici, mais je ne puis me dispenser de rappeler que, longtemps avant la présentation à l'Institut, en 1820, de l'*Essai sur les Propriétés projectives des sections coniques,* j'avais écrit diverses Notes au sujet de la continuité des courbes ; ces Notes, d'ailleurs fort incorrectes, sont trop étendues pour trouver place dans ce volume, outre que plusieurs sont perdues ou échappées partiellement de ma mémoire ; je me bornerai donc à en présenter ici un résumé succinct. J'y admettais à priori, d'après une multitude d'exemples plus ou moins connus, la continuité des courbes dites *algébriques*, pourvu, comme je l'ai déjà expliqué en divers endroits, que l'on donne à leur définition *génétique* ou *organique,* à leur description par points ou enveloppements tangentiels, la généralité et le sens géométrique qui convient, dans chaque cas, d'après le principe même de continuité. Or cela est surtout indispensable pour ce qui concerne les affections multiples que ces courbes ou les surfaces présentent aux points *singuliers* divers de leur cours limité ou infini.

Dans une Note toute spéciale de 1818, relative aux courbes en général, considérant la continuité des lignes exprimées par de simples équations algébriques, comme entièrement hors de cause, je faisais des vœux pour que l'étude à priori en fût développée davantage par cette intuition géométrique dont l'École de Monge a offert de si beaux exemples. Quant aux courbes dites *transcendantes*, je citais divers exemples où la continuité semble cesser d'avoir lieu en des points pour lesquels leur cours éprouve un changement brusque tout au moins apparent; mais ces cas se rapportent généralement à des lignes définies par des équations purement analytiques ou littérales, parmi lesquelles se distinguent, en nombre nécessairement illimité, celles qui renferment des fonctions logarithmiques ou exponentielles et certaines intégrales définies, que l'on considère, à tort, comme autant de formules essentiellement arithmétiques et qui sont trop souvent dépourvues du caractère d'homogénéité inséparable du point de vue géométrique.

Au préalable, je dois rappeler que, dans la Note dont il s'agit, je regardais comme chose évidente en soi : 1° que les courbes décrites par des procédés purement géométriques ou mécaniques, fussent-elles mêmes à évolutions multiples et comprises sous la dénomination de courbes transcendantes, telles que les spirales, les cycloïdes, sinusoïdes, épicycloïdes ou roulettes et développantes diverses; ces courbes, qui se rapportent toutes aux *fonctions* simplement *circulaires*, doivent être considérées comme assujetties à un double mode de génération continue, *directe* ou *inverse, progressive* ou *rétrograde*, c'est-à-dire dans des sens contraires, positifs et négatifs, mais non pas exclusivement dans un seul de ces sens, comme cela se faisait d'habitude, sans doute pour la facilité des discussions; 2° que c'est aussi à tort que, par une abstraction non permise, on sépare souvent les diverses branches d'une même courbe susceptibles en apparence de descriptions distinctes, mais, par le fait, inséparables et intimement liées entre elles d'après le principe de continuité, de permanence des relations métriques et descriptives des figures; car ces relations admettent aussi bien les points imaginaires que les points à l'infini dont, remarquons-le bien, les distances mutuelles peuvent demeurer limitées ou finies et devenir, dans certains cas, négligeables ou comme nulles, par rapport à celles qui sont essentiellement infinies; 3° que les relations métriques, les équations qui définissent algébriquement de pareilles lignes courbes, doivent, n'importe les cas, être homogènes dans leurs termes divers, soit numériquement, soit géométriquement, c'est-à-dire que ces équations, purement littérales, doivent être telles, qu'en divisant chacune des grandeurs simples qui y entrent par l'unité concrète de son espèce, indifféremment considérée comme positive ou négative, selon le sens progressif ou rétrograde qu'il plaît de leur supposer à priori, les diverses unités concrètes, mises ainsi en évidence, disparaissent naturellement comme facteurs communs à tous les termes de l'équation; 4° enfin que, dans le cas où une telle unité, fût-elle la même pour tous les termes de l'équation, ne pourrait disparaître à la fois comme facteur commun, il serait indispensable de l'y laisser subsister d'une manière apparente et explicite, afin de conserver à cette même équation le caractère d'homogénéité géométrique sans lequel il est difficile de ne pas tomber dans des contradictions et des obscurités inextricables. En particulier, la question de savoir si les courbes exponentielles et logarithmiques dont les équations les plus simples, d'ailleurs identiques et de la forme $y = e^x$, $x = \log y$, sont ou non assujetties dans toute leur étendue à la loi de continuité, cette question revient évidemment à étudier la marche même de la fonction e^x, quand x y croît par degrés insensibles.

Or, on sait toutes les difficultés et les divergences d'opinion que cette discussion a fait naître parmi les anciens géomètres algébristes : Leibnitz, d'Alembert, Euler, Jean Bernoulli, etc. Ce sont ces difficultés, aujourd'hui non entièrement résolues sous le rapport géométrique, que j'ai tâché d'approfondir, sinon d'éclaircir parfaitement en 1818, dans une Note qui roule presque exclusivement sur l'opinion consistant à regarder les logarithmes des nombres négatifs comme les mêmes que ceux des nombres positifs : cette opinion, on le sait, a été combattue par Léonard Euler, qui repoussait l'argument de d'Alembert fondé sur la prétendue exactitude des identités ou transformées algébriques

$$(-a)^2 = (+a)^2 = a^2, \quad 2\log(-a) = 2\log(+a), \quad \log(-a) = \log(+a),$$

à la dernière desquelles Euler a substitué, pour les nombres négatifs, cette autre plus générale et plus rigoureuse,

$$\log(-a) = \operatorname{Log} a + (2m+1)\pi\sqrt{-1},$$

tandis que, pour la série des nombres positifs, on aurait simplement

$$\log(+a) = \operatorname{Log} a + 2m\pi\sqrt{-1},$$

$\operatorname{Log} a$ désignant un nombre tabulaire, par conséquent réel et absolu.

Euler, esprit essentiellement juste, n'admettait probablement pas la considération des valeurs multiples de y correspondant à des valeurs numériques fractionnaires de x dans l'équation $y = e^x$, du moins, s'en est-il tu dans sa réplique à d'Alembert, comme il s'est également tu à l'égard de l'objection de Bernoulli, relative à l'aire de l'hyperbole équilatère; chose regrettable au point de vue de la Géométrie analytique, ainsi qu'on le verra ci-après.

En particulier, si l'on substituait dans l'équation $y = e^x$ des valeurs de la forme $\dfrac{m}{2n}$, m et n étant des nombres entiers quelconques, cette équation donnerait algébriquement

$$y = e^{\frac{m}{2n}} = (e^m)^{\frac{1}{2n}}, \quad \text{soit} \quad y^{2n} = e^m,$$

et conduirait, comme on sait, à $2n$ valeurs distinctes de y, dont les deux premières

$$y = +\sqrt[2n]{e^m}, \quad y = -\sqrt[2n]{e^m},$$

sont seules réelles, mais de signes contraires; les $2(n-1)$ autres étant toutes imaginaires et égales au produit de $\sqrt[2n]{c^m}$ par les racines de l'unité, fourni par la formule connue

$$\cos p\,\frac{\pi}{n} + \sin p\,\frac{\pi}{n}\,\sqrt{-1},$$

qui, émanées des théorèmes de Côtes, de Moivre, etc., donnent la division en parties égales de la circonférence du cercle; la lettre p devant prendre toutes les valeurs entières comprises entre $p=0$ et $p=n$.

Les géomètres algébristes admettront encore plus difficilement peut-être, une autre considération avancée, non sans quelque réserve, dans la Note précitée de 1818, en vue d'établir la continuité des fonctions exponentielles e^x, savoir : que si l'on suppose l'unité i de la valeur de x divisée en un nombre infini $2n$ de parties égales, chacune d'elles pourra être représentée par une fraction de la forme $\dfrac{i}{2n}$ où le dénominateur $2n = \infty$ est la limite infinie de nombres entiers positifs; de sorte que la valeur numérique de x serait ainsi exprimée par la quantité fractionnaire $\dfrac{mi}{2n}$ ou $\dfrac{m}{2n}$. C'est ce qui arriverait, par exemple, dans le système de numération où l'on voudrait rapporter tous les nombres à la fraction décimale infiniment petite de l'unité, en se rapprochant ainsi de l'idée qui a donné naissance à la doctrine des *indivisibles* de *Cavalieri* (1635), de *Roberval* et d'autres géomètres initiateurs, auxquels il ne faut pas trop reprocher certaines absurdités qui ne sont que des vices de langage.

L'exponentielle e^x pouvant ainsi être représentée en général par l'expression $e^{\frac{m}{2n}}$, cela fait retomber directement sur les solutions précédentes pour exprimer les valeurs numériques diverses de y; seulement, ici, le nombre p étant infini, ses racines et les ordonnées correspondantes à x sont en réalité inassignables, à l'exception de celles qui répondent à $p=0$, $p=n$, c'est-à-dire aux valeurs

$$y = \pm\,\sqrt[2n]{c^m} = \pm\,c^{\frac{m}{2n}} = \pm\,c^x.$$

Or cela assignerait directement à l'exponentielle $y = c^x$ ou, ce qui revient au même, à la logarithmique $x = \log y$, une infinité de branches imaginaires conjuguées à un *couple* de branches réelles opposées, asymptotes par rapport à l'axe des x, et constituant à l'infini, du côté négatif de cet axe, un point de rebroussement auquel il servirait de tangente; ce qui rétablit la continuité dans l'étendue entière de la courbe.

Ces raisonnements, tout au moins spécieux, supposant que l'unité de mesure de x soit un nombre absolu ou *discret*, ainsi que la constante c et l'ordonnée y, cela ôte à la conséquence tout caractère géométrique relativement à la continuité des courbes exponentielles et logarithmiques. En outre le mode de démonstrations ci-dessus pour établir l'exactitude de l'équation $y = \pm e^x$ ne saurait pleinement satisfaire l'esprit sous le rapport de la rigueur mathématique, quoique notre sévère Lagrange (*Leçons sur le calcul des fonctions*, 2e édition, 1806), dans son exposé algébrique des logarithmes des nombres, les considère (p. 35) comme dérivant de la *racine infinitième* de ces nombres, et comportant, par là même, *une infinité de valeurs, de racines algébriques* réelles ou imaginaires.

Je ne parlerai pas des autres tentatives que j'ai faites avant ou depuis l'époque de 1818, pour justifier la continuité de la logarithmique, soit en recourant au système analytique de projection de la courbe à branche unique, projection dans laquelle, selon l'ancienne hypothèse, les points à l'infini seraient représentés par des *points d'arrêt brusque*, sans raccordement quelconque ; encore moins parlerai-je d'essais infructueux de démonstrations algébriques ou trigonométriques, fondées sur des développements en série de $\sin x$, $\cos x$, etc., démonstrations analogues à celles qui ont été données par Legendre et dans lesquelles l'usage du binôme de Newton, tout au moins indispensable, peut autoriser l'introduction de l'ambiguïté $\pm$. Car ces diverses tentatives algébriques, quoique rationnelles et établies dans l'hypothèse de la progression (ascendante ou descendante) des nombres discrets sans signes de position, ne m'ont conduit à aucune conséquence distincte de celles qui se concluent du mode analytique de démonstration généralement adopté depuis Euler, mode où l'on s'occupe exclusivement de la génération des nombres considérés dans l'ordre *direct* ou positif, tandis qu'il conviendrait non moins, peut-être, de les considérer à priori dans l'ordre négatif, c'est-à-dire *inverse* ou *rétrograde*, comme cela se fait en Géométrie (IIIe Cahier, p. 169 et suiv.).

Ceci conduirait inévitablement à adopter pour les nombres, dans l'échelle rétrograde, une unité également affectée du signe de position — ; de sorte qu'à ce point de vue géométrique, en supposant que y et x fussent de véritables longueurs rapportées à leur unité de mesure propre i, positive ou négative selon la région où on la considère, on devrait remplacer l'équation ordinaire $y = e^x$ par cette autre

$$\frac{y}{i} = e^{\frac{x}{i}}, \quad y = ie^{\frac{x}{i}} ;$$

ce qui donnerait pour la logarithmique, non plus simplement $x = \log y$,

mais bien
$$\frac{x}{i} = \log\frac{y}{i}, \quad x = i\log\frac{y}{i},$$

qui n'offre rien d'absurde quand on suppose à la fois x et i négatifs, et comporte ainsi implicitement le double signe de y et le signe toujours positif et numérique de $\frac{x}{i}$.

Cela étant d'ailleurs admis, et quel que soit le parti ou système d'interprétation qu'on adopte, il restera toujours à résoudre les difficultés inhérentes aux valeurs fractionnaires de $\frac{x}{i}$ et aux bizarres conséquences qui en dérivent pour le tracé par points de la logarithmique, dès que l'on admet de telles valeurs et les longueurs réelles ou imaginaires correspondantes de l'ordonnée y de la courbe. Or ces difficultés disparaissent, comme on l'a vu, dans l'hypothèse de la continuité-et d'une seconde branche réelle, raccordée à l'infini avec la première, raccordement impossible dans le cas d'une branche unique ; même quand on y adjoint toutes ses branches imaginaires en nombre infini.

N'est-il pas regrettable d'ailleurs que nos savants algébristes, cédant à une espèce de lassitude et d'entraînement scientifiques, aient, à l'aide d'une convention générale et tacite, abandonné l'éclaircissement géométrique de pareilles questions, sous le prétexte « qu'elles impliquaient l'in-» fini, et qu'il est difficile dans de telles circonstances de vérifier *la loi* » *de continuité ?* » (Lacroix, *Calcul différentiel et intégral*, in-4°, t. I, » p. 135.). Lacroix, mathématicien érudit et philosophe, a tort d'avancer que la discussion relative aux logarithmes négatifs est, par elle-même, sans importance ; car les difficultés qui viennent du changement de signe de certaines fonctions algébriques, se reproduisent presque à chaque pas, dans les applications du calcul aux quadratures, aux intégrales définies, etc. ; les valeurs de la fonction sous le signe $\int$ étant susceptibles de passer par l'infini, en changeant ou non de signe algébrique, tout comme il lui arrive de passer par zéro dans des conditions analogues. C'est, en effet, ce dont on peut se convaincre même sur les exemples rapportés par notre ancien et vénérable professeur, en un autre endroit de son précieux et grand ouvrage (t. I, p. 156 et suiv.), où, reculant en présence de telles difficultés au lieu de chercher à les résoudre, il aboutit, de guerre lasse sans doute (t. II, p. 161, n° 492), par se ranger à l'opinion d'Euler sur les logarithmes des quantités négatives, contre Jean Bernoulli, qui était pourtant aussi un grand géomètre algébriste, et alléguait l'exemple de la quadrature des espaces asymptotiques de l'hyperbole équilatère, dont, il faut bien le remarquer, l'équation algébrique $xy = a^2$ est véritablement homogène dans le sens précédemment indiqué.

Or cette conclusion est d'autant plus surprenante que Lacroix ne conteste pas, au fond et d'une manière absolue, la continuité de la courbe exponentielle dans la loi de croissance ou de signes des ordonnées et des éléments d'aires, compris entre l'infini positif et l'infini négatif ; que même il soupçonne, à propos de cette épineuse discussion, qu'il pourrait bien y avoir lieu de considérer deux *ordres ou séries naturelles des nombres, les uns positifs, les autres négatifs*. Mais Lacroix ne s'arrête nullement à cette idée, et finit par se ranger, non toutefois sans quelque hésitation, à l'opinion de Leibnitz et d'Euler contre Jean Bernoulli et d'Alembert, sous le prétexte que la théorie algébrique d'Euler avait depuis longtemps reçu *l'assentiment des analystes les plus distingués*, nonobstant les objections soulevées de part et d'autre, mais non entièrement résolues ; ce qui le porte à conclure :

« Que la marche du calcul ne lui permet pas toujours d'exprimer toutes
» les circonstances qui se rencontrent dans les constructions géomé-
» triques... ; ce calcul, ajoute-t-il, redevenant conforme au cours des
» lignes lorsque *ce qui tient à l'infini* en est écarté. »

Toutefois, les hésitations et le jugement définitif de Lacroix, qui ont dû se propager dans les Écoles, sont mal fondés en principe, et tiennent, j'oserai le dire, uniquement à des difficultés relatives aux *signes de position*, que j'avais, comme le prouve le contenu du IIIe Cahier de ce volume, cherché à résoudre selon mes faibles moyens, et en m'efforçant d'éclairer la théorie dans ses applications les plus simples à des questions de Géométrie élémentaire.

Pour s'en convaincre, il suffit de se reporter à l'objection spécieuse et tout algébrique de l'endroit déjà cité de l'ouvrage de Lacroix (t. II, p. 161, n° 402), où ce célèbre professeur pose et discute les formules de quadrature des hyperboles de divers degrés pairs ou impairs, représentées par l'équation

$$y = \frac{1}{(1+x)^n},$$

et dont les aires, à partir de $x = 0$, ont pour expression commune

$$\int_0^x y\,dx = \int_0^x \frac{dx}{(1+x)^n} = \frac{1}{n-1}\left[1 - \frac{1}{(1+x)^{n-1}} \right];$$

car les objections soulevées par le même savant sont plutôt algébriques que géométriques, et ne tiennent pas un compte suffisant de la loi relative aux signes de position, qui s'accorde parfaitement avec les règles ordinaires de l'intégration. Quant à l'objection relative au cas particulier de $n = 1$, où la courbe se réduit à l'hyperbole équilatère du second degré entre des axes rectangulaires asymptotes, cette objection fondée sur ce que la fonction ci-dessus, qui représente en général les aires hyperboliques, n'est point de la même forme que la fonction $\log(1+x)$ représentative de cette hyperbole pour laquelle $n = 1$, cette objection n'est d'aucune valeur. Car, en développant en série l'intégrale générale ci-dessus, d'après la formule du binôme, puis faisant $n = 1$ dans le résultat, cette intégrale cesse d'être indéterminée, et l'on obtient pour l'expression de l'aire hyperbolique correspondante la série indéfinie

$$x - \frac{x^2}{2} + \frac{x^3}{3} - \frac{x^4}{4} + \dots,$$

convergente pour $x < 1$, et qui représente précisément la valeur réelle et positive de $\log(1 + x)$.

D'ailleurs Lacroix, qui redoute de se prononcer pour tous les cas où les fonctions acquièrent explicitement des valeurs infinies, ne prend pas garde que, dans ses calculs analytiques, en passant brusquement d'une valeur positive à une valeur négative de x, il franchit implicitement et sans hésitation les intervalles où les coordonnées x et y, les éléments d'aires asymptotiques ydx, ainsi que les coefficients différentiels réciproques $\dfrac{dy}{dx}$, $\dfrac{dx}{dy}$, qui mesurent les inclinaisons des tangentes de la courbe par rapport aux axes coordonnés, deviennent eux-mêmes nuls ou infinis pour certaines valeurs de l'abscisse x.

Que conclure de tout ceci? C'est que le calcul algébrique, en ce qui concerne la discussion de certaines propriétés des lignes courbes, relatives aux aires ou quadratures, etc., n'a point encore, malgré les travaux des plus grands géomètres algébristes, acquis le degré de clarté et de rectitude désirable pour les applications aux sciences qui reposent sur la Géométrie: fait généralement reconnu par les esprits élevés et sérieux. Tout en applaudissant donc aux efforts multipliés et souvent heureux des modernes, relativement à la théorie des nombres, à la résolution des équations numériques, aux règles du calcul et du développement en séries des fonctions de quantités réelles, imaginaires, etc., je ne puis néanmoins m'empêcher de remarquer que ces diverses théories ou méthodes, demeurées si imparfaites entre les mains de nos prédécesseurs, laissent encore beaucoup à désirer du côté de la rigueur, de la généralité et, par suite, de la clarté.

D'accord avec Lacroix (*Calcul différentiel et intégral*, t. II, p. 162), que « rien n'est plus facile que d'abuser de la métaphysique en mathé- » matiques (*), et de perdre ainsi en vaines subtilités un temps et des » moyens qu'on peut employer à perfectionner les méthodes et à aug- » menter l'édifice analytique, » je ne puis cependant approuver entièrement, si ce n'est comme simple exercice et en dehors des classes, cette profusion souvent stérile et nuisible au succès de la partie intellectuelle

---

(*) Je ne crois pas me tromper en supposant que Lacroix avait ici en vue quelques-uns des successeurs de d'Alembert, Carnot même, mais surtout Wronski et son précurseur Suremain-Misseri, qui, dans sa *Théorie purement algébrique des quantités imaginaires* (an IX, 1801), fondée en partie sur le calcul douteux des radicaux et des séries, combat la démonstration géométrique de Jean Bernoulli, sans la comprendre, sans tenir compte des signes de position, c'est-à-dire par des raisonnements inexacts et confus, en un mot, sans prendre garde que, pour convaincre l'esprit des hommes en général, et à fortiori celui des géomètres, il faut des affirmations logiques, et non des hésitations ou des doutes.

des études, de théorèmes ou de problèmes, où parfois on se sert de considérations inutilement transcendantes pour arriver à ce qui, en soi, est simple et élémentaire; mais c'est un point sur lequel j'ai suffisamment insisté ailleurs.

Quoi qu'il en puisse être de l'opinion de Lacroix, il n'en est pas moins fâcheux que les géomètres algébristes les plus distingués de notre époque, dédaigneux d'approfondir et de dissiper par eux-mêmes les doutes qui retardent encore les progrès de la science, en abandonnent la tâche délicate aux esprits qu'ils nomment *secondaires;* à peu près comme s'il s'agissait du mouvement perpétuel, de la trisection de l'angle ou de la quadrature du cercle, lesquels, en fin de compte, consistent en de simples préjugés ou malentendus émanant d'individus imparfaitement instruits, et qui, apercevant dans la nature et même en Géométrie des phénomènes de mouvement et d'existence physique incontestables, ne saisissent pas bien la différence qui existe entre la réalité indiscutable de ces phénomènes, dont ils ont la vive intuition, et les résultats du calcul et des théories des mathématiciens dont les rectrictions, les dénégations tiennent à une autre manière d'envisager les choses au point de vue des principes ou de l'appréciation numérique des grandeurs.

Pour eux, par exemple, l'existence comme longueur absolue de la diagonale du carré, de la circonférence du cercle, de la tierce partie d'un arc ou d'un angle, etc., est absolument hors de doute, et toute idée d'approximation finie ou même indéfinie leur répugne foncièrement; ce qui est aussi le fait, même des mathématiciens, à l'encontre des incommensurables $\sqrt{2}$, $e = 2,71828\ldots$, qui n'existent pas comme nombres absolus ou discrets, mais simplement comme limites et symboles d'intuition, dont on peut approcher à volonté et numériquement, de manière à satisfaire à tous les besoins des sciences et des arts.

En réalité, Lacroix, esprit éminemment juste et éclairé, aurait dû, moins que tout autre peut-être, blâmer les efforts qui restent à faire pour élucider certains points de doctrine, résoudre certaines difficultés qui obscurcissent encore le domaine de la philosophie dans quelques branches des mathématiques, dont elles limitent par là même le sens et l'étendue, en s'opposant à l'édification, au progrès ultérieur des sciences en général. Tel est notamment ce qui tient, non pas à la métaphysique vague, ténébreuse et alambiquée des rhéteurs de profession, qui traitent de l'infini en dehors de la Géométrie, mais bien à l'interprétation et à l'usage des infiniment grands, des infiniment petits relatifs ou subordonnés, dont, tout le monde le sent, la hiérarchie, absolument analogue quoique inverse à celle des différentielles de divers ordres, demanderait à être exposée d'une manière spéciale et approfondie, mais qu'il ne faut pas confondre avec les limites absolues de toute grandeur, représentées par les symboles o et ∞. En un mot, je ne crains nullement d'insister, il n'y a rien d'absurde à se préoccuper de la manière dont, en Analyse algébrique, on peut sans efforts pénibles, sans ces détours, ces procédés multiples et incohérents aujourd'hui en usage, franchir les mêmes intervalles qui, en Géométrie, correspondent à la coïncidence de certains points, au parallélisme et à la perpendicularité de certaines lignes droites ou courbes, etc.; ce qui, exigeant qu'on s'appuie franchement, explicitement sur le principe de continuité et la loi des signes de position, nécessite une longue étude et des exercices préalables relatifs à leur application à des questions variées. En effet, les difficultés relatives à l'interprétation des formules et des équations algébriques sont tout à fait du même ordre que celles qu'on rencontre dans la discussion des lieux géométriques, dont, contre la propre opinion de Lagrange, on a tort de les isoler, sinon par le fait, du moins en apparence et ostensiblement. Ainsi, de toutes les manières, on est conduit aux mêmes conclusions relativement aux rapports et à la correspondance intime qui existent entre les vérités, les déductions de l'Analyse algébrique et les faits, les conséquences de la Géométrie.

Indépendamment des exemples relatifs à la prétendue discontinuité des courbes exponentielles et logarithmiques, qui viennent de nous occuper, et de toutes les courbes fonctionnelles qui en dérivent, on en a cité beaucoup d'autres qui n'ont pas la même raison d'être, et proviennent toutes de la manière imparfaite dont on discute les équations des courbes algébriques ou transcendantes. Ainsi, entre autres, on cite comme exemple de discontinuité la courbe représentée par l'équation transcendante très-simple,

$$y = x \, \text{arc} \left(\text{tang} = \frac{1}{x} \right),$$

qui aurait à l'origine un point de rebroussement anguleux; mais ce point se change en un point double ordinaire à deux branches continues, quand on suit attentivement le mouvement du point générateur et des signes dans les sens opposés, progressif et rétrograde, de l'arc que détermine la tangente, ici mal à propos censée donnée à priori.

Toutes ces équations et une infinité d'autres de courbes à prétendus points d'arrêt, sont non moins faciles à interpréter, et il serait bien inutile de s'y arrêter. Mais il y aurait au contraire un bien grand intérêt à discuter celles de beaucoup d'autres courbes mécaniques encore inconnues, et qu'on peut concevoir engendrées d'une manière continue par l'enveloppement, le développement, le roulement ou le déroulement de figures elles-mêmes continues dans un plan ou dans l'espace; ce qui conduit à des résultats bizarres, inattendus et difficilement atteints ou expliqués par l'Analyse algébrique.

On consultera utilement à ce sujet un intéressant Mémoire de feu Coriolis, inséré à la p. 5 du t. Ier du *Journal Mathématique* de M. Liouville, et où se trouve aussi indiqué le moyen de décrire sur un cylindre ou d'autres appareils, et par des procédés purement mécaniques, les courbes que représentent en général les équations différentielles

$$\frac{dy}{dx} = yf(x) \quad \text{ou} \quad y\frac{dx}{dy} = \varphi(x), \quad \frac{dy}{dx} = f(x, y),$$

où les fonctions indiquées par les lettres f et φ sont essentiellement continues par hypothèse.

37.

On pourrait encore citer comme exemples de discontinuité au moins apparente, les portions de lignes qu'on obtient dans certains cas par la projection, sur un plan ou un axe fixe, d'une courbe rentrante et continue dans
l'espace ou sur un plan; car il en résulte des *points d'arrêt* extérieurs, et c'est
ce qui a lieu en particulier pour la projection de l'ellipse ou du cercle sur
une droite fixe; projection dans laquelle le mouvement orbitaire continu du
point générateur sur la courbe, se change en un mouvement oscillatoire (de va-
et-vient) analogue à celui du pendule ordinaire où le mouvement s'éteint et
reprend aux points d'arrêt mêmes, en sens contraires, toujours par degrés insensibles, c'est-à-dire continus. Or, on arrive à des résultats plus ou moins
analogues dans des circonstances où le mouvement s'opère sur d'autres courbes
que le cercle et l'ellipse, par exemple sur l'hyperbole, et il faut se garder de
confondre ce genre de points d'arrêt, qui tiennent à des questions de cinématique, dépendantes d'une manière tout au moins implicite du temps, avec ceux
que l'on prétend exister dans certaines courbes algébriques, représentées par
des équations telles que $y = \sqrt{x}$, $y = \sqrt{1 - x^2}$, ..., plutôt arithmétiques que
géométriques, et qui n'ont pu naître que dans des esprits calculateurs préve-
nus contre toute admission du principe de continuité, même dans l'Analyse
des coordonnées linéaires de Descartes, que l'on paraît méconnaître ou oublier
en cela, car elle ne saurait offrir de telles contradictions et absurdités.

D'autre part, nous avons, à diverses reprises, montré par des exemples simples et élémentaires, notamment celui qui concerne le milieu des cordes du
cercle, issues d'un point donné, que, à l'inverse, la génération des lignes, et
partant ces lignes elles-mêmes, pouvaient paraître discontinues au point de
vue du tracé géométrique, quoiqu'il en soit autrement dans le fond et lorsqu'on
s'élève à des conceptions, à des définitions plus générales. Toute la question
est évidemment que la portion ou réunion des courbes considérées soient individuellement continues, et susceptibles d'être indéfiniment prolongées par
des systèmes de constructions ou d'équations analytiques, elles-mêmes soumises
à la loi des signes de position et de continuité; ce qui conduit naturellement
à admettre que l'intersection mutuelle de telles lignes et des surfaces qui en
dérivent soient, à leur tour, continues dans le sens le plus général, qui ne
comporte aucune restriction à l'égard des grandeurs positives ou négatives, imaginaires, *nulles* ou *infinies*.

Dans les Cahiers III et IV qui concernent spécialement la loi des signes de
position et le principe de continuité, pressé par le temps et les devoirs du service, je n'ai pas suffisamment insisté sur quelques déductions essentielles de ce
principe, entre autres sur la facilité avec laquelle il peut servir à démontrer
des vérités, des principes même dont la découverte a exigé les travaux les plus
approfondis des géomètres algébristes. Ainsi, de ce que toute courbe continue
possède en général, en chacun des points de son cours indéfini, une droite
tangente, une circonférence de cercle et des coniques osculatrices d'un ordre
supérieur au deuxième, on en conclut immédiatement et rigoureusement, si
l'on considère d'une part le système des transversales ou sécantes extérieures
à la courbe et parallèles à sa tangente au point examiné, d'une autre la
conique supplémentaire de l'une quelconque des osculatrices construites en
ce point sous les mêmes diamètres conjugués : 1º que les intersections imaginaires des transversales parallèles dont il s'agit sont précisément de la
nature des intersections pareilles du système simple de la sécante idéale du

cercle; 2° que ces intersections sont représentables par les mêmes symboles algébriques, et *fictivement* par les intersections réelles de l'hyperbole supplémentaire correspondante qui ne construisent ou ne déterminent nullement (IIIe Cahier, p. 196, 202, 224, 240 et suiv.) les expressions imaginaires $p + q\sqrt{-1}$, $p - q\sqrt{-1}$, comme on a prétendu me le faire dire; 3° enfin, que, si l'on considère le système entier des intersections de l'une quelconque des transversales parallèles avec la courbe proposée, il est permis de conclure que celles de ces intersections qui, après s'être réunies par couple, cessent d'être possibles géométriquement, sont comme les racines imaginaires mêmes des équations algébriques ou transcendantes, constamment conjuguées entre elles, ou accouplées deux par deux, quelle que soit la nature continue de la courbe et de l'équation qui la représente.

De là d'ailleurs, en s'élevant à la considération des rencontres mutuelles des lignes ou des surfaces continues, on arrive, sans trop de difficultés, à la définition des plans et surfaces de section idéale commune au système des lignes et surfaces considérées, à peu près comme on l'a montré dans le Ve Cahier, à l'égard de deux coniques quelconques situées en un même plan.

Si, à ces considérations générales, et à celles qui terminent le IVe Cahier de ce volume, relativement au nombre des intersections réelles, imaginaires, etc., d'une courbe ou surface continue d'ordre quelconque par une transversale arbitraire, on joint cette autre considération générale non moins rigoureuse et importante, que le nombre dont il vient d'être parlé étant convenablement déterminé, même pour cette position unique (ou une série de positions polaires de la transversale), suffit pour fournir une limite supérieure du degré de la courbe ou surface examinée; si l'on ajoute, enfin, les diverses autres conséquences qui découlent inévitablement de l'adoption du principe de continuité, et qui se trouvent exposées dans les diverses parties de cet ouvrage servant comme de préambule au *Traité des Propriétés projectives des figures*, on ne peut se refuser à reconnaître qu'il n'est nullement nécessaire, comme l'ont fait Newton, Côtes, Maclaurin et leurs successeurs, de recourir au système de Géométrie analytique imaginé par Descartes et à la théorie des équations, pour découvrir et démontrer les propriétés des courbes géométriques, même pour construire les coniques osculatrices en un point donné d'une telle courbe, pourvu toutefois que les intersections imaginaires des transversales rectilignes soient définies, remplacées par des circonférences de cercles, des coniques ou toutes autres courbes géométriques qui les contiennent, comme on en a des exemples dans les IIe et Ve Cahiers de ce volume.

Sur le tracé des lignes courbes et ses applications diverses aux questions d'Analyse et de Géométrie.

Les Anciens et, par là comme toujours j'entends parler des Grecs qui grâce à leurs instincts délicats et leur sens exquis ont perfectionné à un si haut degré les lettres, les sciences et les arts, les Anciens n'ont nullement dédaigné, comme on le sait, de mettre en usage le tracé des courbes par des procédés graphiques et mécaniques qui impliquent la continuité, pour résoudre, même mécaniquement, beaucoup de questions appartenant à un ordre *transcendant* ou simplement supérieur au second degré. Les modernes, en les imitant, ont imprimé aux arts et à l'industrie une impulsion qui, espérons-le, ne se ralentira jamais. Malheureusement, depuis quelques années, les mathématiciens, comme je l'ai dit dans le premier volume de cet ouvrage, tendent, sous l'influence de fâcheux exemples, à se diviser en deux classes fort distinctes, étrangères et pour ainsi dire hostiles l'une à l'autre, les algébristes calculateurs et les géomètres applicateurs; classes que la primitive École Normale et l'École Polytechnique étaient destinées à rapprocher, à unir entre elles, sous les auspices de nos plus illustres maîtres, Monge, Lagrange, Laplace, etc. Pour peu que cette déplorable scission se propage et s'accroisse en France, tandis qu'elle s'efface ailleurs dans l'enseignement public, on verra, sans aucun doute, y décroître en même temps les sciences, les arts et l'industrie qui reposent à la fois sur la Géométrie et le Calcul.

Une séparation complète ne serait nullement à craindre, et il serait inutile de s'enquérir de ce qui se passe à l'étranger, si dans nos Écoles on avait mieux retenu les immortelles leçons des grands géomètres que je viens de citer et qui ont tous, Lagrange notamment (*), recommandé l'emploi de procédés graphiques d'interpolation et de substitution, au moyen des courbes d'erreurs, de tâtonnements ou de fausses positions; procédés qui, tous évidemment, dérivent de la loi, du principe de continuité, admis ici, non plus tacitement ainsi qu'il arrive dans l'Analyse algébrique, mais ouvertement et franchement comme base de solution et même de démonstration en beaucoup de cas où toute autre marche serait, sinon impossible, du moins trop longue ou trop pénible à cause des raisonnements ou des calculs qu'elle exigerait.

A la vérité, la Géométrie descriptive et les arts graphiques en général se servent d'instruments et de procédés d'une exactitude purement relative; mais on doit considérer que, en appropriant la grandeur de l'échelle du dessin et la précision des instruments au but à remplir, ce dont la Géométrie, la Physique et l'Astronomie même nous offrent aujourd'hui de si admirables exemples, on peut atteindre à des résultats qui ne le cèdent en rien, pour ainsi dire, aux Tables numériques et aux méthodes d'approximation, en elles-mêmes indéfinies, du calcul arithmétique; méthodes, comme on sait, d'un usage souvent laborieux, et d'une exactitude également limitée en dehors de quelques cas exceptionnels, qui sont à la fois le triomphe de la Géométrie et de l'Analyse algébrique.

A l'égard de l'utilité dont peuvent être le tracé géométrique des courbes et le sentiment instinctif de la continuité pour la démonstration et la dé-

---

(*) VIIe et VIIIe Cahiers du *Journal de l'École Polytechnique*, 4e et 5e leçons à l'École Normale, p. 245 à 278, leçons dont on aurait tort de dédaigner l'enseignement, sous le prétexte spécieux qu'il s'adressait à un auditoire *révolutionnaire et peu éclairé*, car il comptait des professeurs du plus haut mérite, tels que Lacroix, etc.

couverte de certaines vérités physiques, je pourrais ici rappeler la célèbre et sublime découverte du mouvement elliptique des planètes par *Képler*, qui, après tant de siècles écoulés, eut l'heureuse, la profonde et persistante pensée, que le cours de ces astres devait être soumis à des lois géométriques, éternelles comme *Dieu et l'univers*, et qui, disciple fervent de Copernic et de Tycho-Brahé, ne craignit pas de poursuivre pendant plus de trente années la pénible tâche de tracer de point en point, au moyen des Tables d'observation de ce dernier astronome, son maître et initiateur, le cours entier de plusieurs orbites planétaires, notamment de celle de Mars, si favorable à cause de sa grande excentricité.

Je pourrais encore citer d'autres belles découvertes, d'une moindre importance sans doute, mais qui tendent toutes à prouver l'immense avantage inhérent au tracé géométrique des courbes; soit que ces courbes aient été relevées par une construction directe au moyen de points isolés, soit qu'elles aient été obtenues par le tracé d'un style dépendant d'un de ces appareils à indications continues, dont Watt et Eytelwein ont offert les premiers exemples, et qui se sont si généralement répandus à partir de l'époque de 1827, où commença aussi à se répandre l'idée de se servir du tracé continu des courbes pour la vérification et la démonstration des vérités premières de la Mécanique physique et industrielle, idée qui n'a cessé de se propager, de se généraliser de plus en plus dans ses applications diverses aux siences et aux arts.

Il n'existe à notre époque (1863), si je ne me trompe, aucun appareil *traceur* fondé sur un principe analogue par enveloppement des tangentes, et l'on en comprend aisément le motif; mais existât-il un pareil outil, il resterait toujours à déterminer, par des procédés graphiques simples et rapides, le point de contact quand la tangente est donnée, tout comme, pour le traceur à style ou à pointe, il est souvent indispensable de construire la tangente en un point également donné à priori. Ces problèmes exactement inverses présentent une égale difficulté graphique, et se ramènent l'un à l'autre d'après la théorie des *polaires réciproques*, dont pour la première fois les éléments ont été exposés dans un Mémoire de 1817, réimprimé à la p. 483 du précédent Cahier.

Or, ce qu'il y a de particulièrement digne de remarque dans ce genre de problèmes, c'est que les difficultés dont il vient d'être parlé tiennent précisément à la double indétermination de tout élément infinitésimal de la courbe, soit en position, soit en direction; incertitude qui n'existe qu'en partie seulement quand on sait que le point de contact doit être sur une droite donnée, ou que la tangente doit passer par un point également donné sur le plan de la courbe supposée d'un degré quelconque m. Car, d'après le principe de réciprocité polaire que je viens de rappeler, ces questions sont précisément aussi inverses l'une de l'autre, puisque si, dans la première, le nombre des intersections est simplement m, celui des tangentes dans la seconde est $m(m-1)$; les points de contact, en même nombre, étant déterminés (IIe Cahier, p. 153) par les intersections de la courbe donnée du degré m avec une ligne du degré $m - 1$ seulement. D'ailleurs, ces circonstances montrent par quels liens intimes les problèmes ci-dessus des tangentes, d'une apparence si élémentaire, se rattachent à la théorie des polaires réciproques et des lignes de contact simples ou successives qui m'avaient occupé dès 1816 (p. 149 et suiv.), sous d'autres noms que ceux adoptés postérieurement (1828) par mon excellent et regrettable ami feu Bobillier.

A l'égard du tracé graphique des tangentes, dont on s'occupait beaucoup de mon temps à l'École Polytechnique, comme on peut le voir aux p. 447 et suiv. du t. I de ces *Applications*, il existe, relativement au tracé par *courbes d'erreurs*, etc., divers procédés plus ou moins exacts et ingénieux, consignés dans quelques écrits mathématiques antérieurs même à l'époque de 1816 où, en m'occupant des matières du IIe Cahier de ce second volume, je me proposai de déterminer, sans tâtonnements, d'une manière directe et rationnelle, pour un point donné d'une courbe décrite sur un plan, non pas seulement la tangente, mais l'osculatrice conique d'un ordre quelconque, en suivant partiellement les traces de l'illustre Maclaurin, c'est-à-dire à l'aide de méthodes exclusivement applicables aux courbes géométriques décrites sur un plan et naturellement d'un degré peu élevé. Mais ces procédés n'étant nullement susceptibles de s'étendre aux courbes *transcendantes*, il est souvent nécessaire de recourir à la méthode purement géométrique de Roberval, c'est-à-dire à la considération directe de la loi graphique suivie par le point générateur.

Enfin si, comme il arrive souvent aussi, on ne connaît pas cette loi alors remplacée par une définition, des relations purement métriques, pleine de difficultés sous le rapport des tracés, il ne reste pour dernière ressource que l'emploi de l'*Analyse infinitésimale*, née des premiers efforts de Fermat, de Descartes, de Roberval même, de Barrow, de Newton et de Leibnitz, dans la solution du célèbre problème des *tangentes* que, au point de vue des difficultés, on ne doit pas confondre avec celui des *quadratures* et du *calcul inverse des tangentes*, dont le développement analytique est dû aux Bernoulli, aux Huygens, aux Euler, aux d'Alembert, aux Lagrange, etc. Cependant, j'ose le dire, malgré tant d'admirables découvertes ou d'efforts ingénieux pour généraliser et perfectionner l'instrument analytique, ces hommes célèbres à justes titres, en négligeant trop la voie géométrique tracée par Archimède d'une part, de l'autre par Pascal, Maclaurin et les géomètres des XVIe et XVIIe siècles, ont ainsi entraîné la jeune génération dans l'exclusive et fausse persuasion que, en dehors de l'algorithme algébrique et des théories sur lesquelles il repose, il n'existe aucune source de démonstrations rigoureuses (*).

(*) Comme on le verra plus loin, cette opinion n'était, au fond, nullement partagée par Lagrange, et l'on peut affirmer qu'elle a donné naissance à ce

Revenant aux travaux de Maclaurin, je rappellerai que, dans ses recherches relatives aux propriétés des courbes géométriques, fondées sur la
considération des deux derniers termes des équations algébriques entre
abscisses et ordonnées, cet illustre successeur de Côtes et de Newton avait
parfaitement compris l'insuffisance de telles méthodes pour la détermination des osculatrices aux courbes en général, et c'est pourquoi, dans
son *Traité des fluxions* et son *Algèbre posthume*, Maclaurin aborda
la question par des considérations directes purement géométriques, dans
lesquelles il cherche à tracer, par une série de points successifs, le cercle
osculateur, le diamètre et le paramètre de la parabole osculatrice du
3e ordre en un point donné d'une courbe continue quelconque, censée décrite sur un plan, en faisant pour cela simplement intervenir les portions
de la courbe qui avoisinent le point de contact, et traçant une nouvelle
ligne ou *dérivée* qui sert à déterminer certains points ou paramètres du
cercle de courbure ou de la conique osculatrice.

Comme on voit, cette méthode se rattache à celles qui consistent dans
le tracé des courbes d'erreurs mentionnées précédemment : envisagée à
ce point de vue, elle faisait partie d'une Note manuscrite que, dans ma fer-
veur pour les procédés d'une utilité pratique, j'avais autrefois rédigée et
où se trouvaient réunis divers procédés du même genre, étendus à des
osculations d'ordres supérieurs au troisième, dont l'étude comprenait la
variation de courbure dont Maclaurin s'était exclusivement occupé.

Les mêmes motifs d'utilité pratique me conduisirent, beaucoup plus
tard (1825), c'est-à-dire après MM. Dupin et Hachette, à publier dans les
anciennes *Annales de Mathématiques*, un procédé mixte pour déterminer le cercle osculateur en un point donné d'une courbe gauche, au moyen
de ses projections orthogonales sur deux plans quelconques.

D'ailleurs, on sait très-bien que le tracé graphique des courbes planes
peut, non-seulement s'opérer par points successifs, mais encore par l'enveloppement de droites, d'arcs de cercle, de *patrons*, *gabarits* ou *pisto-
lets* traceurs, composés eux-mêmes d'arcs de diverses courbures, se
raccordant consécutivement et auxquels le dessinateur habile substitue,

---

singulier et facile entraînement qui fait partout substituer le mécanisme du
Calcul algébrique à l'intuition et au raisonnement géométriques. Cette tendance signalée en divers endroits de cet ouvrage, dont notre célèbre Poisson, ce
robuste calculateur algébriste, se plaignait si vivement dans ses examens de
l'École Polytechnique, a failli amener une séparation complète entre cette mère
École et celles des divers services publics ; aujourd'hui même elle oblige l'Université impériale à s'enquérir dans les pays circonvoisins, de l'état de l'enseignement professionnel qu'ils nous ont emprunté sans entraves ; enseignement
que cette Université a jusqu'ici constamment dédaigné, qu'elle méprise peut-
être encore malgré des vœux, des avertissements souvent réitérés, pour lequel
par conséquent elle n'est nullement préparée, et qui tôt ou tard doit amener
sa ruine ou son entière réforme sous une sage et prévoyante liberté.

presque toujours, un tracé direct en se laissant guider d'après le sentiment de la continuité, admirablement développé par de longs, de fréquents exercices, que suppléent trop rarement les instruments à style mobile, d'une perfection égale à celle du compas et quelques autres appareils délicats, propres à la génération continue des courbes; mais, ainsi que j'en ai déjà fait la remarque, aucun de ceux-ci ne s'applique aux lieux définis par les intersections successives de droites ou d'arcs mobiles, dont le mode de génération rappelle la belle découverte des développantes et des développées due à une heureuse inspiration géométrique de Huygens.

J'ai montré au commencement de cet article, par l'exemple de Képler, l'importance du parti que l'on peut tirer du tracé géométrique des courbes pour la découverte des lois naturelles; j'aurais pu en multiplier indéfiniment les exemples. Or, c'est ici le cas de le rappeler, les idées de cause et d'effet continus, de permanence mathématique dans la manifestation des lois phénoménales ou naturelles ; ces idées sont toutes modernes, puisqu'elles datent de Képler et de Galilée, mais elles n'en doivent pas moins être considérées comme résultant d'un sentiment véritablement inné ou instinctif même chez les Anciens, auxquels, si ce n'est peut-être au grand Archimède, il a manqué le patient génie de l'observation et de l'expérience, antérieur aux systèmes philosophiques de Bacon et de Descartes, et qui constitue notre principale supériorité sur les Grecs. Car, j'en ai déjà fait ailleurs la remarque (*Rapport sur l'Exposition de Londres en* 1851 : *Machines-outils*), leurs géomètres, leurs philosophes, leurs orateurs, leurs poëtes, leurs inimitables artistes valaient, s'ils ne surpassaient, les nôtres en génie et en invention, bien que la somme de leurs connaissances acquises en tous genres ne fût pas, à beaucoup près, équivalente à celles de notre époque.

Si l'on veut encore, leur génie mathématique était moins hardi et moins développé, parce qu'ils manquaient de l'admirable instrument de l'Analyse indéterminée, due à Viète et à Descartes, et dont l'usage repose véritablement sur l'axiome ou principe de continuité. Mais ce n'est point à dire pour cela, comme je l'ai montré d'autre part (IVe Cahier), que les Anciens n'eussent pu généraliser les conceptions de la pure Géométrie, et s'élever à toute la hauteur de ce principe, émané de l'emploi du raisonnement implicite, qui nous permet de considérer à priori, les courbes et les surfaces continues comme les limites de polygones ou de polyèdres infinitésimaux, et, à l'inverse, les systèmes de lignes droites et de plans illimités comme des courbes, des surfaces uniques, à branches ou nappes infinies, absolument comme cela peut se dire des équations linéaires de ces lignes ou plans dans le système des coordonnées de Descartes. En effet, séparément, comme dans leur ensemble, les lignes et les surfaces sont soumises au principe de continuité et à la loi des signes de position, et il est toujours permis, en toute rigueur, de supposer que chaque droite, chaque plan, représenté par l'une quelconque des équations, facteurs de la proposée, se raccorde, par voie de continuité, au reste de la figure, absolument comme les branches ou asymptotes d'une hyperbole dont la puissance serait censée infiniment petite.

J'ai dit que les Anciens, notamment Archimède, cet ingénieur du dernier des rois de Syracuse, misérablement assassiné par le soldat de la Rome barbare, au cri d'indignation de la Grèce civilisée, auraient pu, sans calculs algébriques et simplement guidés par l'instinct, l'intuition géométrique et expérimentale, parvenir aux plus fécondes découvertes des temps modernes : je n'en excepterai pas même la Chimie, cette science qui paraît appartenir plus particulièrement à la théorie des nombres, et qui a eu aussi chez nous une déplorable victime de passions politiques aveugles, excitées par la haine, la jalousie occulte de toute supériorité intellectuelle ou de prospérité matérielle. Mais je dois me contenter ici de remarquer que le dédain des algébristes calculateurs pour les méthodes géométriques n'est justifié ni par le prétendu et posthume dégoût historique d'Archimède pour ses admirables inventions dans l'art de l'ingénieur, ni par l'autorité de Lagrange dans la Ve Leçon, déjà citée, de son Cours à l'École Normale, leçon où ce grand géomètre analyste expose, avec une clarté et une simplicité dignes de son génie, le parti avantageux que l'on peut tirer du rapprochement de la Géométrie et de l'Algèbre, notamment du tracé effectif des courbes pour la résolution des problèmes et des équations numériques les plus compliquées, les plus difficiles (*).

Lagrange donc, qui, on doit le reconnaitre sans hésitation, était plus profondément géomètre que Laplace, ne craint pas de s'abaisser en montrant comment, par le tracé des courbes d'erreurs, de fausse position et d'interpolation, ou même par l'usage de véritables instruments mécaniques dont il indique un remarquable exemple, il devient possible de résoudre, d'une manière rapide et approximative, les problèmes et même les équa-

---

(*) Lagrange s'exprime ainsi au commencement de cette V^e leçon (p. 263, du VIIe Cahier du *Journal de l'École Polytechnique*) :

« Tant que l'Algèbre et la Géométrie ont été séparées, leurs progrès ont été » lents et leurs usages bornés ; mais lorsque ces deux sciences se sont réunies, » elles se sont prêté des forces mutuelles et ont marché ensemble d'un pas » rapide vers la perfection. »

Laplace semble moins convaincu des avantages de ce rapprochement, qu'il recommande cependant (p. 110) pour la satisfaction agréable que procure à l'esprit la *vérification à posteriori* des résultats du calcul algébrique. L'inverse peut également se dire, et notre grand géomètre calculateur oublie un peu trop les droits de l'observation phénoménale, de la divination et de l'intuition géométrique à priori.

Quoi qu'il en soit, il serait désirable, aujourd'hui où, par l'absence d'autorités et de convictions scientifiques convenables, la diversité souvent stérile des notations et du langage mathématique règne dans les méthodes d'enseignement en France, il serait désirable, dis-je, que le Gouvernement, si prodigue envers

tions les plus compliquées, qu'il faut bien se garder toutefois de transformer, de ramener à cette forme banale :

$$a x^m + b x^{m-1} + c x^{m-2} - \ldots + p x^2 + q x + r = 0,$$

la seule pour ainsi dire employée naguère dans nos Écoles. Cette forme d'ailleurs a, elle-même, été l'objet des méditations de Lagrange, dans un autre écrit mathématique, où il s'est comme efforcé de bannir toute trace de considérations géométriques (*); ce qu'il a aussi tenté fort malencontreusement, dans sa *Théorie des fonctions analytiques* et ses *Leçons sur le calcul des fonctions*, dont il a été impossible, même du vivant de ce grand homme, d'adopter le texte pour l'enseignement de l'École Polytechnique, par des considérations scientifiques que j'ai déjà suffisamment indiquées.

Lagrange, en recommandant, p. 268 et 269 de ses Leçons à l'ancienne École Normale, d'opérer directement les substitutions dans les équations

---

la littérature et les beaux-arts, fit réimprimer, pour les répandre d'office dans les bibliothèques de nos Facultés et gymnases universitaires, le texte de ces admirables Leçons de Lagrange, de Laplace et de Monge à la primitive École Normale ; car ces *Leçons*, si mal à propos, je le répète, nommées *révolutionnaires*, telles qu'elles ont été réimprimées en 1812 dans le *Journal* déjà cité, ne contiennent pas un mot de politique ; rien qui puisse, explicitement ou implicitement même, rappeler aux professeurs et aux élèves, de tristes et trop malheureux souvenirs, mais bien l'esprit de rénovation dont était animé, en 1795, le gouvernement de la première République française, dont à des époques postérieures on a prétendu en vain dénigrer et combattre les actes véritablement restaurateurs de l'enseignement public en France. Ces actes, en effet, admirés et progressivement imités de toute l'Europe civilisée, avaient eu pour interprètes les plus grands génies mathématiques d'alors, et, malgré de misérables calculs ou préventions politiques, leurs sages et impérissables leçons sont regrettées par tous les esprits philosophiques amoureux du progrès des arts et des sciences dans notre pays.

(*) *Traité de la résolution numérique des équations.* Si cette étude, d'un caractère si différent, je pourrais dire si opposé à celui des *Leçons* dont il vient d'être parlé, a contribué à illustrer Fourier et son disciple Sturm, géomètres algébristes tous deux dignes de ce nom, on doit reconnaître qu'elle a fort peu servi au progrès des sciences d'application, malgré la découverte d'admirables théorèmes et de précieuses, mais lentes et pénibles méthodes de calcul, qui constituent un véritable triomphe pour l'Analyse numérique ou *l'arithmologie* moderne. Je ne crains pas d'ailleurs de me trop aventurer en remarquant que les méthodes géométriques si simples et si élémentaires, recommandées par Lagrange, ont servi, du moins implicitement, de base principale aux plus belles théories de l'Analyse fonctionnelle et des équations ; ce dont je pourrais citer, même dans ces derniers temps, quelques exemples remarquables qui iront sans cesse en se multipliant par le simple développement des idées philosophiques.

numériques de forme quelconque, soit $f(x) = 0$, sans leur faire subir aucune transformation algébrique, avait parfaitement compris, on n'en saurait douter, que loin de simplifier les solutions, on pourrait les compliquer outre mesure. C'est ce dont j'ai vu un exemple remarquable en 1834, même à l'Observatoire royal, dont les calculs étaient alors dirigés par l'habile M. Bouvard, qui, en recourant à des éliminations et transformations laborieuses, avait introduit dans l'équation finale des solutions ou racines en quelque sorte étrangères à la question, sinon tout à fait *fausses* comme je l'ai montré dans le IIIe Cahier de ce volume.

De toutes manières, guidé par le sentiment instinctif de la continuité, on peut, selon la méthode géométrique ci-dessus indiquée, s'aider du tracé de la courbe représentée par l'équation fonctionnelle $y = f(x)$, pour découvrir avec ordre, rapidement, la nature et la grandeur approximative des racines ; y et x appartenant à un système de coordonnées variables quelconques, dont le choix est d'une extrême importance dans chaque cas.

En particulier, la courbe *parabolique* entre coordonnées ordinaires représentée par l'équation

$$y = ax^m + bx^{m-1} + cx^{m-2} + \ldots + px^2 + qx + r = 0,$$

que Lagrange considère principalement dans ses Leçons à l'École Normale, et dont les intersections avec l'axe des abscisses correspondantes à l'ordonnée $y = 0$ font connaître les racines réelles ou imaginaires de l'équation, cette courbe *sinueuse* ou *serpentante*, que l'on pourrait aussi nommer *interpolante*, d'après la remarque même de Lagrange, et dont le tracé manuel est si facile à cause de sa parfaite continuité, lorsqu'on en a déterminé un nombre suffisant de points par la méthode des substitutions ou autrement, cette courbe, dis-je, m'a beaucoup préoccupé autrefois, parce que, indépendamment de ses propriétés résolvantes bien connues des analystes, elle jouit d'un grand nombre d'autres propriétés purement géométriques, dont quelques-unes ont été exposées dans le IIe Cahier de ce volume, où, à l'exemple de Maclaurin et à cause de la facilité même de sa description, elle a constamment été prise pour type des courbes algébriques d'ordre supérieur, coupées par des transversales rectilignes arbitraires.

D'autre part, il est très-facile d'apercevoir que ces courbes planes d'un degré quelconque m, offrent à l'infini, vers l'extrémité commune aux ordonnées parallèles, un point multiple de l'ordre le plus élevé, soit de l'ordre $m - 1$. Or ce genre de courbes, pour le cas où le point multiple a une position arbitraire, a fait l'objet de mes premières recherches sur l'*Analyse des transversales*, dont il ne m'a été loisible de publier le premier Mémoire que fort tard, en 1830, époque où je le présentai à l'Académie des Sciences de l'Institut. Non-seulement ces courbes planes sont d'un tracé linéaire facile, non-seulement elles se rattachent, de la manière la plus intime, à la théorie si féconde des relations à deux termes, nommées *involutions*, généralisée comme je l'ai fait pour des groupes de n points en nombre quelconque (*voir* la note de la p. 118 de ce IIe volume des *Applications*) ; mais encore j'espérais pouvoir déduire de l'examen de ses propriétés essentielles quelque moyen géométrique nouveau et rapide de solution des équations algébriques.

Malheureusement, je l'avouerai en toute franchise, ces longues et déjà si anciennes recherches, limitées même aux cinq premiers degrés, ne m'ont nullement réussi, parce que je prétendais éviter le tracé effectif des courbes auxiliaires et de leurs intersections mutuelles, moyen de solution connu longtemps même avant Descartes, et auquel je prétendais substituer l'emploi plus direct d'un système de lignes droites et de sections coniques, considéré comme une courbe unique de degré m, dont les intersections par l'axe des abscisses devaient coïncider avec celles de l'équation à résoudre. En effet, ce procédé m'a précisément conduit aux mêmes *réduites* ou *résolvantes* qu'on obtient par la méthode de Descartes, telle que l'a exposée Lagrange dans ses Leçons à l'École Normale; ce que j'aurais pu prévoir à l'avance, à cause des combinaisons et permutations symétriques qui doivent nécessairement s'opérer, soit entre les divers groupes de racines algébriques, soit entre les couples d'intersection, avec l'axe des abscisses, des lignes des deux premiers degrés, qu'on a supposées ici passer toutes par le point multiple à l'infini de la sinueuse parabolique, etc.

Mais je n'insisterai pas sur ces anciens souvenirs, où je me proposais de déterminer, par des opérations géométriques dont, à la vérité, on n'a pas toujours sous la main les instruments indispensables, les intersections de certaines courbes au moyen de lignes auxiliaires plus simples. Il me suffit d'avoir rappelé, une fois de plus, l'accord évident en soi qui règne entre les conceptions de la Géométrie et celles de l'Algèbre proprement dite. Ici, en effet, l'ensemble des lignes auxiliaires est censé constituer une ligne unique dont l'équation, représentée par le produit de leurs équations séparées précisément du degré m de la sinueuse parabolique considérée, a, en commun avec elle, ce même point multiple à l'infini d'ordre $m - 1$, et se trouve parfaitement déterminé dans les paramètres et coefficients des facteurs auxiliaires qui y entrent. Or n'est-il pas digne de remarque que les lignes auxquelles ces facteurs correspondent puissent demeurer réelles et constructibles, quand bien même leurs intersections avec l'axe transversal des abscisses seraient : ou toutes imaginaires, chose possible pour les valeurs paires du nombre m; ou imaginaires, à cela près d'une seule répondant à une droite auxiliaire unique, pour les valeurs impaires de ce même nombre m?

Qu'il me soit permis d'ajouter que, au lieu de faire passer le système des lignes auxiliaires dont il vient d'être parlé, par le point multiple à l'infini de la courbe parabolique, on peut tout aussi bien assujettir ces lignes à contenir, en nombre convenable, des points de la sinueuse à abscisses et ordonnées distinctes, obtenues par des substitutions numériques dans l'équation $y = f(x)$ de cette courbe; ce qui donne lieu à différentes propriétés ou combinaisons géométriques, dont je me suis autrefois occupé avec quelque intérêt, mais sur lesquelles il serait fort inutile d'insister ici.

Revenons aux équations $f(x) = o$, $y = f(x)$, dans l'hypothèse où $f(x)$ a ce sens vague et indéfini qu'on lui attribue très-souvent aujourd'hui, même dans l'enseignement secondaire et au début de l'Algèbre, sous le prétexte d'étendre ou généraliser les idées, le langage et les démonstrations, d'après une recommandation mal comprise, mal interprétée de Laplace, dans ses Leçons à l'ancienne École Normale, où néanmoins, tout comme Lagrange dans les siennes, il procède constamment du simple au composé, du particulier au général, sans jamais empiéter, à proprement parler, sur le domaine des sciences d'application. Il est évident à priori que la discussion des équations fonctionnelles dont il s'agit, même en s'aidant des tracés géométriques recommandés par Lagrange, peut offrir, dans certains cas, de très-grandes difficultés, tant sous le rapport de la longueur des calculs que sous celui de l'interprétation intelligente et vraiment utile des résultats.

En effet, un analyste de tact et d'esprit a fait remarquer avec raison, dans des leçons postérieures de beaucoup à celles de l'illustre Lagrange, qu'il n'existe qu'un petit nombre de fonctions, même à une seule variable, dont la valeur ait constamment une signification simple et exactement déterminée, par conséquent susceptible de toutes les opérations ou transformations qu'il est d'usage de leur faire subir en Algèbre et en Arithmétique, telles que divisions, extractions de racines, développements en séries, etc., par différentes méthodes auxquelles on a recours, souvent en désespoir de cause, pour faciliter le calcul numérique de certaines fonctions implicites ou même explicites. On sait en effet, de longue date, que ces transformations, ces développements divers ne fournissent pas toujours, au point de vue algébrique ou géométrique, des résultats rigoureusement équivalents aux fonctions d'où ils émanent; c'est ce dont je crois inutile de rappeler ici la raison.

Quant à cette excessive variété de transformations et de méthodes de calcul, qui n'est point toujours un signe de richesse, tant s'en faut, cette multiplicité exubérante, dis-je, jointe à l'abus du néologisme, des changements arbitraires de définitions, de conventions et de notations symboliques, jette le trouble et le doute dans les esprits non suffisamment avertis ou exercés; et si cette variété, cette multiplicité sont profitables à la spéculation mercantile des libraires et à l'insatiable curiosité du public, qui court après les trompeuses nouveautés, elles sont rarement un véritable progrès pour les sciences mathématiques; sciences aujourd'hui livrées, comme la littérature et les beaux-arts, à un laisser-aller qui pourrait bien constituer une sorte de décadence à laquelle, malgré un incontestable talent algébrique, n'a pas peu contribué ce hardi disciple de Kant, promoteur de la *dualité philosophique* en France, et que précédèrent ou suivirent d'autres brillants prestidigitateurs, moins géomètres qu'artistes technologues en *algorithmie* mathématique.

En terminant ce qui concerne l'usage du tracé des courbes dans la résolution des problèmes de l'Analyse algébrique, je remarque que les fonctions *bien déterminées* mentionnées ci-dessus se réduisent, à proprement parler, à celles qui, n'ayant qu'une seule valeur numérique pour toute valeur pareille de la variable, permettent de calculer rapidement celles des diverses autres formules et fonctions où elles entrent explicitement. A ce point de vue, il parait évident que les courbes et surfaces continues données à priori, ou définies dans toutes leurs parties essentielles, par un système de constructions d'une exactitude relative convenable, remplissent jusqu'à un certain point le même rôle, avec des facilités plus grandes pour suivre en quelque sorte au doigt et à l'œil, la trace du point générateur et des éléments linéaires qui en dépendent, sans risquer de se tromper et de tomber dans ces complications, ces discussions algébriques pénibles où trop souvent, en certains points nommés *dangereux* par une fausse assimilation, on confond les traces dont il s'agit avec celles d'autres branches, nappes ou modes de génération simultanément indiqués, sinon explicitement fournis par l'équation du lieu, en vertu des lois, ici tout implicites, de permutation ou de combinaison des signes des racines et éléments géométriques susceptibles de varier avec la position même de l'ordonnée prise pour transversale de la courbe.

Cet isolement naturel du point type ou descripteur d'un lieu, soit d'une courbe simple et continue, par rapport à ceux qui appartiennent à d'autres régions de cette courbe plane ou gauche, est même l'un des caractères les plus frappants des résultats obtenus par les procédés de la Géométrie descriptive ou de l'observation directe des mouvements relatifs, toujours rapportés à quelque repère supposé fixe ; simplicité qui ne saurait se présenter que dans des circonstances extrêmement rares de l'Analyse fonctionnelle ou algébrique.

Notes complémentaires relatives au symbole d'imaginarité $\sqrt{-1}$ et à la continuité en général.

Je réunis ici, sous un même titre, les résumés analytiques de deux écrits fort anciens, déjà rappelés à diverses occasions, et dont le premier concerne plus particulièrement la Géométrie de situation.

I. Les signes -1 et $\sqrt{-1}$, considérés isolément et abstraction faite de leurs attributs implicites ou explicites, ont une origine purement algébrique, conventionnelle et analogique ; ils ne s'auraient dériver à priori d'aucune considération purement géométrique. Cela résulte des Notes du IIIe Cahier de ce volume, où je prouve que les relations à deux termes de la Géométrie rationnelle ne comportant explicitement aucun signe de position, il est impossible d'admettre les interprétations graphiques proposées, à diverses époques, pour ces signes, notamment : que le symbole $\sqrt{-1}$ est le signe algorithmique de *perpendicularité* ; en un mot, comme je l'ai dit, ces interprétations ne doivent être considérées que comme le résultat d'analogies trompeuses, quoique séduisantes, relatives à l'expression analytique des *cordes* ou *doubles ordonnées imaginaires* des coniques. Or je crois avoir évité toute confusion ou difficulté de cette espèce, en substituant (p. 141 et 367) à ces considérations analytiques celles des cordes ou doubles ordonnées sans signe algébrique, par conséquent toujours réelles et de mêmes directions que les précédentes, dans les *coniques supplémentaires* conjuguées à la section conique proposée ; à peu près comme, dans l'équation analytique $A^2 y^2 - B^2 x^2 = - A^2 B^2$ de l'hyperbole, B est nommé le *demi petit axe* de la courbe, sans qu'on prétende aucunement construire les grandeurs imaginaires d'une manière géométrique ou absolue, comme cela a été proposé dans le t. IV (1813 et 1814) des anciennes *Annales de Mathématiques* (p. 61, 133 et 222), par MM. Français et Argand, dont les théories, du moins celles de ce dernier savant, déjà connues de Legendre, ont été l'objet d'observations approbatives de la part de M. Gergonne, négatives de celle de M. Servois (p. 228), et finalement suivies d'une revendication de priorité par Lacroix, en faveur de M. Buée, qui le premier, en 1806, dans les *Mémoires de la Société Royale* *de Londres,* aurait prétendu que $\sqrt{-1}$ est un signe de perpendicularité géométrique et effective (*).

Je ne parlerai ici que du contenu d'une Note manuscrite que, en 1816, j'ai soumise à M. Français lui-même, mon ancien et honorable professeur à l'École d'application de Metz, qui, instruit de mes études sur la loi des signes et les imaginaires au point de vue géométrique, m'avait franchement encouragé à adresser le contenu de cette Note au rédacteur des *Annales de Montpellier;* ce que je me gardai bien de faire à cause des critiques, d'ailleurs réservées et respectueuses, qu'elle renfermait sur la doctrine en question, critiques qui s'accordaient au fond avec celles de M. Servois et dont l'étendue, la contexture et le caractère de rétrospectivité me dispensent de les rapporter ici. Je me contenterai donc de rappeler que dans cette longue Note commençant par ces mots :

« Dans toute recherche mathématique, on est incontestablement en
» droit de poser des définitions nouvelles, quelque étranges qu'elles puis-
» sent d'ailleurs paraître, quelque contraires qu'elles soient aux notions
» généralement admises. Mais alors on a pris de toute nécessité l'engage-
» ment de raisonner juste sans sortir des définitions premières, et sans se
» permettre des pétitions de principes qui, admises comme vraies en
» général, sont opposées à ces mêmes définitions. »

Dans cette Note, dis-je, j'insistais principalement sur l'argumentation de M. Français, qui, imaginant dans un même plan et autour d'un point fixe ou pôle, des droites ou longueurs a, b, c,..., diversement *dirigées* et formant avec un axe fixe passant par ce pôle, des angles respectifs α, β, γ,..., prenait, pour représenter ces distances en grandeur et en direction, les expressions symboliques a_α, b_β, c_γ,..., et admettait à priori que les angles α, β, γ,..., croissaient exactement en proportion ou progression arithmétique, quand les longueurs a, b, c... suivaient elles-mêmes la loi des proportions ou progressions géométriques; ce qui implique toute la théorie algébrique des fonctions *exponentielles* et *angulaires,* déjà bien connue par les anciens travaux de Viète, de Côtes, de Moivre, d'Euler, de Ber-

---

(*) Jusque dans ces derniers temps, la même thèse a été diversement soutenue et débattue par un grand nombre d'autres savants français ou étrangers, parmi lesquels j'ai déjà eu occasion de citer MM. Vallès et Cauchy dans des renvois au bas des p. 197 et 244. A l'égard de ces derniers savants, je me suis abstenu de m'ériger en juge, non-seulement parce que la question, en soi fort délicate, eût exigé des développements impossibles dans d'aussi courtes notes, mais encore et surtout parce que les doctrines de M. Vallès sur les imaginaires, présentées dès 1840 à l'Académie des Sciences, sont devenues de sa part, dans la séance du 26 juillet 1847, l'objet d'une réclamation envers MM. Cauchy et Poinsot, publiée peu après dans une Revue mensuelle intitulée : *la Phalange,* et dont la contexture algorithmique, en dehors de mes études de pure Géométrie, ne me permettrait nullement de me constituer l'arbitre.

noulli, etc., relatifs à la division géométrique du cercle et à la résolution des équations à deux termes, qui se déduisent, en effet, des propriétés des fonctions c^x, $\cos x$ et $\sin x$ développées par divers moyens en séries indéfinies, dont le principal et plus remarquable caractère consiste à demeurer convergentes pour toutes les valeurs de la variable, et constamment équivalentes à la fonction d'où ces séries émanent.

La doctrine de M. Français, qui conduit (65) aux prétendues identités

$$a_0 = +\,a, \quad a_{\pm\varpi} = -\,a, \quad \sqrt{a_0 . a_{\pm\varpi}} = a_{\pm\frac{\varpi}{2}} = \pm\, a\sqrt{-1}, \quad 1_\alpha = e^{\alpha\sqrt{-1}},$$

dont la dernière serait le *signe de corrélation* des lignes dirigées, cette doctrine ne constitue qu'un rapprochement fort ingénieux, mais non rigoureusement justifié. C'est ce que je prouve de point en point, en observant que les définitions, les équations symboliques qui concernent les lignes dirigées, pèchent toutes contre la règle de l'homogénéité; les raisonnements, les conséquences ou soi-disant corollaires, sous des apparences logiques et séduisantes, reposant sur de véritables pétitions de principes et des hypothèses contradictoires, sont, sinon radicalement fausses au point de vue géométrique ou algébrique, du moins illusoires (*).

A l'égard de l'équation symbolique

$$a_\alpha = a . 1_\alpha = a e^{\alpha\sqrt{-1}} = a\cos\alpha + a\sin\alpha\sqrt{-1},$$

à laquelle M. Français arrive dans son Mémoire pour exprimer la valeur variable des lignes *polaires* ou *dirigées*, je montre à la fin de la Note précitée de 1816, qu'elle revient à supposer que toutes les ordonnées $y = a\sin\alpha$, perpendiculaires à un axe fixe quelconque dans un plan, soient à priori affectées du signe d'imaginarité $\sqrt{-1}$, tandis que les abscisses correspondantes $x = a\cos\alpha$ resteraient réelles; de sorte que l'équation ci-dessus appartiendrait, non à une circonférence de cercle, comme l'auteur le suppose ou sous-entend, mais bien à une *spirale logarithmique*

(*) Je n'en voudrais pour preuve, si le temps et l'espace me le permettaient, que les démonstrations symboliques relatives aux projections des droites polygonales sur un axe fixe, dont l'idée et les théorèmes, tout élémentaires, sont dus au géomètre Simon Lhuillier (de Genève), et ont servi de point de départ à M. Argand et postérieurement, comme on l'a rappelé dans une note de la p. 244, à M. Cauchy, qui, par un singulier entraînement, s'en est aussi servi sous le nom de *somme géométrique*, proposé par quelques adeptes nationaux ou étrangers qui s'en sont disputé la découverte et l'application à divers rapprochements et conséquences dans le genre analytico-symbolique, mais, chose remarquable, toujours dans l'hypothèse des projections exclusivement orthogonales, ce qui limite l'interprétation, en cela non moins arbitraire, du signe d'imaginarité $\sqrt{-1}$.

imaginaire. Or, il serait arrivé à des conséquences tout autres relativement à la courbe ou à la valeur du signe ι_α de corrélation des angles polaires, s'il eût substitué à priori la considération de l'hyperbole équilatère
à celle du cercle, etc.

───────────

II. J'ai répété à différentes occasions que la continuité constituait un *axiome*,
un fait primordial indiscutable, sur lequel reposaient, au moins implicitement,
la plupart des vérités géométriques. C'est ce que je me propose d'examiner ici
d'une manière un peu plus approfondie, d'après deux très-anciennes Notes ou
rédactions, principalement écrites en vue de répondre à des objections stériles
et trop souvent pédantesques, sinon d'élucider parfaitement les notions infinitésimales sur lesquelles s'appuyaient mes Leçons de Mécanique de 1825 à 1835
à Metz, et de 1838 à 1848 à la Faculté des Sciences de Paris; notions qu'il me
serait impossible de publier avec les développements divers que comportent
ces mêmes écrits, et faute desquels beaucoup de passages trop écourtés du texte
ci-dessous, pourront sembler obscurs ou de véritables répétitions par rapport
au contenu des précédents Articles.

Quel que soit le degré de rapprochement des substitutions numériques
opérées dans une formule ou équation algébrique, on peut en opérer de
plus rapprochées encore, et, comme le dit Pascal dans un passage de ses
Pensées, écrit sans doute en vue de certaines doctrines infinitésimales de
son époque, quelque petite que soit une *grandeur géométrique*, on peut
la concevoir divisée ou subdivisible à l'infini. La même chose ne saurait
se dire dans l'ordre physique : quoique la continuité, la divisibilité indéfinie des corps matériels ait été admise par quelques philosophes anciens
et modernes, ce n'en est pas moins une abstraction démentie par les faits,
et qu'il faut se garder d'introduire en Mécanique avec certains géomètres, bien que nos physiciens et nos chimistes soient parvenus à diviser
tous les corps jusqu'à tomber dans le monde *éthéré*, ou d'atomes qui, ré-
vélés à certains de nos instruments et de nos sens, sembleraient échapper à
d'autres et à l'action de la gravité. D'après le P. Boscovich, ces *atomes*,
sorte de points matériels sans dimensions appréciables, quoique *centres*
ou *siéges* de diverses *forces*, constitueraient les causes mystérieuses
d'action ou de mouvement avec lesquels il prétendait recomposer tous
les corps existants et en expliquer les propriétés physiques diverses
(*Theoria philosophiæ naturalis*, 1763, *Dissertatio de lumine*). Mais, il
ne faut pas l'oublier, ces forces tout à fait inconnues, ces points matériels isolés, ces atomes indivisibles groupés dans un ordre relativement
invariable, ce milieu ou fluide éthéré éminemment élastique, continu ou
discontinu, ne sont, en dehors de certaines manifestations de mouvements et de forces bien constatés, que de pures conceptions de l'esprit,
de pures hypothèses plus ou moins conformes à la nature des choses,
et propres seulement à fournir à posteriori, avec ou sans calcul algé-

brique, l'explication mathématique de certains faits ou phénomènes physiques, mais dont quelques hommes de génie, tels que Archimède, Copernic, Képler, Galilée, Torricelli, Pascal, Huygens, Newton, Daniel Bernoulli, Clairault, Borda, Coulomb, Malus, Fourier, Fresnel, Ampère, etc., tout à la fois géomètres et physiciens, ont eu seuls le privilége de découvrir les véritables lois.

Le passage des figures polygonales aux courbes dont il a déjà été parlé ailleurs, suppose que, en vertu de la continuité, les éléments droits ou courbes coïncident en s'évanouissant à la limite, et ce n'est que par des subterfuges sophistiques qu'on échappe à cette notion, qu'il faut admettre comme un axiome primitif qu'on ne saurait prouver logiquement; car nous ne savons que d'une manière intuitive, il faut bien le redire, mais non par définition convenue et indiscutable, ce que c'est qu'un *arc*, un *secteur*, une *tangente* de ligne courbe, dont en effet la *longueur*, l'*aire* et l'*inclinaison* ne peuvent se concevoir à priori que par leur comparaison avec les dimensions, les mesures correspondantes relatives à la sécante ou à la sous-tendante de l'arc; c'est-à-dire, en général, à la ligne droite, au triangle et aux angles, eux-mêmes impossibles à définir autrement que par le tracé et l'intuition géométriques.

D'ailleurs, l'esprit ne conçoit pas nettement et à priori comment une grandeur nulle ou évanouissante, nommée *infiniment petite*, puisse conserver des propriétés, une existence distincte et individuelle au moment même où elle s'anéantit, ni comment une somme d'arcs ou de secteurs, s'ils étaient rigoureusement nuls à la limite, puisse néanmoins conserver ou obtenir une valeur finie et susceptible de mesure exacte. Mais on doit considérer, d'une part, qu'un tout continu est rigoureusement égal à la somme des parties dans lesquelles on le suppose subdivisé, qu'il soit d'ailleurs rectiligne, curviligne, plan ou solide; d'une autre, qu'il ne s'agit en réalité que des rapports numériques de l'arc, du secteur curviligne, etc., de mesure inconnue, avec la corde ou le secteur triangulaire correspondant, etc., censés donnés ou déterminables à priori; rapports qui, à première vue et intuitivement, convergent vers l'unité abstraite, soit individuellement, soit dans les sommes respectivement équivalentes à l'arc et au secteur entier, etc. De là aussi la justification à priori des notions relatives à la courbe polygone ou limite, que les démonstrations à la manière des Anciens ne sauraient rendre plus logiques ni plus rigoureuses dans leurs conséquences, puisque celles-ci reposent elles-mêmes, au moins implicitement, sur la notion de la continuité ou de l'infini adroitement dissimulée, à moins qu'on n'admette à priori et franchement certains lemmes bien connus : par exemple, que *toute ligne enveloppante est plus longue que la ligne enveloppée....* Ces *lemmes*, s'ils étaient admis comme *axiomes* et sans réticence, réduiraient considérablement les difficultés et l'étendue de l'enseignement élémentaire, d'autant plus que des auteurs modernes ont vainement et abusivement cherché à les démontrer par des raisonnements sophistiques bien plus propres à fausser l'esprit des élèves qu'à l'éclairer et à le convaincre.

En général, dans le passage de la ligne droite aux courbes, on suppose, quoi qu'on fasse, que les éléments de ces courbes et ce qui en dépend se succèdent sans intervalle fini, non-seulement en ce sens que leurs grandeurs effectives parviennent à la limite de petitesse, mais aussi que leurs directions finissent par se confondre avec celles des cordes correspondantes; c'est là un genre d'hypothèse tacite ou déguisée, à laquelle nul géomètre n'a pu jusqu'ici se soustraire, pas même Fermat, Descartes, Huygens, Newton, sévères et rigoureux à la manière des Anciens, mais que d'autres moins scrupuleux, *Cavalieri,* Roberval, Leibnitz osèrent les premiers adopter ouvertement en se servant des noms, souvent mal interprétés, d'*indivisibles,* d'*incréments,* d'*infiniment petits,* de *différentielles, etc.,* dont l'usage est aujourd'hui encore repoussé par les esprits difficiles, qui en confondent mal à propos la synonymie avec les hypothèses et les doctrines diverses dont elles ont tiré leur origine au xviie siècle.

Dans l'écrit tout d'abord mentionné et qui portait pour titre : *Notions de Géométrie infinitésimale,* j'avais essayé de commenter et d'éclairer les principales de ces doctrines, notamment celle des *infiniment petits,* d'après Newton, Maclaurin, d'Alembert, Leibnitz même, en m'appuyant explicitement sur l'axiome de la continuité et le résultat de la comparaison de deux quantités A et B, de même espèce. homogènes et susceptibles de varier simultanément jusqu'à la limite absolue (zéro) de petitesse, tandis que leur rapport A : B *converge* lui-même vers une *limite* généralement finie, distincte d'après la loi de continuité, et déterminable à l'aide de divers procédés qui, dans la Géométrie infinitésimale, reposent en définitive sur la comparaison de triangles rectilignes substitués aux triangles curvilignes correspondants, avec lesquels ils se confondent rigoureusement à la limite, tout en convergeant eux-mêmes à cette limite vers une forme semblable à celle d'autres triangles bien déterminés; ce qui conduit à des comparaisons ou identités de rapports, faciles et élémentaires, fondées sur la coïncidence et la similitude des figures.

De là ensuite je déduisais, toujours géométriquement et élémentairement, la justification de cette théorie des infinis de divers ordres, dont la considération, si je ne me trompe, est due à Leibnitz, mais sur laquelle il m'est impossible d'insister ici, me contentant d'observer que j'en déduisais diverses notions de Géométrie infinitésimale indispensables quand il s'agit de démontrer, avec une rigueur apparente et souvent inutile, certains *lemmes* de Mécanique ou de Cinématique rationnelles, qui pourraient également être admis comme autant d'axiomes. Qu'on me permette seulement une dernière remarque.

Soit *d* la différence des deux quantités variables homogènes A et B, avec la condition B < A, de sorte qu'on ait constamment

$$A = B + d, \quad \frac{A}{B} = 1 + \frac{d}{B}.$$

On doit bien se garder, comme cela se fait quelquefois, de prétendre que si d est supposé infiniment petit vis-à-vis de A et B finis ou infiniment grands, on ait rigoureusement A = B et par conséquent $d = 0$, même à l'extrême limite de grandeur ou de petitesse de A et B, limite qui peut d'ailleurs (IIIe Cah.) être absolue et infranchissable sans changement des signes + et —, ou purement relative et franchissable en en changeant; l'*unité* vers laquelle le rapport de A à B converge dans le premier cas, ayant tous les caractères d'une limite analogue à celle que présentent les symboles τ et $\sqrt{2}$. C'est ce dont la *relation harmonique* offre un exemple très-simple, qui se reproduit dans une infinité de circonstances de la théorie des courbes et surfaces, où des distances A et B convergent vers l'infini absolu, tandis que l'intervalle d de leurs extrémités reste fini ou donné à priori. Or c'est là, dans la considération des infinis des divers ordres, l'une des plus grandes difficultés que présente leur application ou interprétation métaphysique à la Géométrie et à l'Analyse algébrique.

Cependant on peut très-bien observer, sans recourir à des calculs transcendants ou à des hypothèses absurdes et contradictoires, que si le rapport des quantités variables A et B ci-dessus, au lieu de converger vers une quantité finie, converge vers une limite elle-même nulle ou infinie, selon le cas, on tombe inévitablement sur des valeurs infiniment petites ou infiniment grandes par rapport aux premières A et B, supposées à priori de cette espèce; c'est-à-dire, en d'autres termes, sur des *infinis d'infinis*, ce qui, en allant de proche en proche d'un ordre quelconque au suivant ou au précédent, constitue la série entière, ascendante ou descendante, des infinis de divers ordres que, par des considérations géométriques, je démontrais se rapporter à la forme générale $k.r^n$, x étant simplement relatif au premier ordre; ce dont je présentais divers exemples relatifs à des figures rectilignes, en *zigzags*, inscrits dans l'angle formé par deux lignes droites ou courbes; cet angle ayant une ouverture finie ou infiniment petite, etc.

En terminant cette analyse imparfaite d'un écrit fort étendu, je crois devoir prévenir qu'il n'était nullement destiné à voir le jour, même à propos de mes anciennes leçons de Mécanique; car j'ai toujours été d'avis qu'il est aussi dangereux que superflu de vouloir justifier à priori la notion intuitive des infiniment petits, autrement que par quelques mots d'éclaircissement simples et naturels amenés en de rares occasions; c'est là, en effet, une maxime aussi sage qu'ancienne : *dans tout enseignement élémentaire, on ne doit jamais courir au-devant des difficultés*, maxime qui a pour complément dogmatique nécessaire, cette autre posée par notre illustre d'Alembert : *Allez en avant, et la foi vous viendra*.

FIN DU TOME DEUXIÈME ET DERNIER DES APPLICATIONS.

TABLE DES MATIÈRES.

TROISIÈME CAHIER.

QUATRIÈME CAHIER.

Pages.

CINQUIÈME CAHIER.

SIXIÈME CAHIER.

SEPTIÈME ET DERNIER CAHIER.